科学出版社“十三五”普通高等教育本科规划教材

普通物理学

（下册）

李成金　钱　铮　编著

科学出版社

北　京

内 容 简 介

本书是作者在从事多年教学的基础上，结合普通物理教学特点以及学生的读书习惯和思维发展规律，遵循经典物理学的发展进程编写而成. 考虑到物理学比较抽象，本书详细叙述了一些概念和规律，并列举了较多例题和日常生活中的实例. 本书采用国际上流行的彩色印刷，图文并茂，通俗易懂，可读性强. 全书分上、下两册，本书为下册，内容包括：真空和物质中的静电场、稳恒电流及其磁场、电磁感应、物质的磁性、电磁波、波动光学基础、近代物理基础等.

本书可作为普通高等学校理工科非物理专业的普通物理教材，也可作为高职院校理工科和教师进修学校的普通物理教材，还可供喜欢物理学的社会读者参考.

图书在版编目（CIP）数据

普通物理学. 下册 / 李成金，钱铮编著. —北京：科学出版社，2019.8
科学出版社"十三五"普通高等教育本科规划教材
ISBN 978-7-03-062235-8

Ⅰ. ①普… Ⅱ. ①李… ②钱… Ⅲ. ①普通物理学-高等学校-教材
Ⅳ. ①O4

中国版本图书馆 CIP 数据核字（2019）第 183096 号

责任编辑：任俊红 田轶静 / 责任校对：杨聪敏
责任印制：吴兆东 / 封面设计：华路天然工作室

科学出版社 出版
北京东黄城根北街 16 号
邮政编码：100717
http://www.sciencep.com
北京九州迅驰传媒文化有限公司印刷
科学出版社发行 各地新华书店经销
*
2019 年 8 月第 一 版 开本：787 × 1092 1/16
2025 年 1 月第六次印刷 印张：19 1/4
字数：493 000

定价：86.00 元
（如有印装质量问题，我社负责调换）

前　言

物理学是研究物质基本结构和基本运动规律的科学，是一切工程科学和技术科学的基础. 历史上，每次工程上、技术上的突破都与物理学的重大发现和发展密切相关，进而极大地改善了人们的日常生活. 如今的信息科学与技术，生命科学与技术，能源、材料、环境等科学与技术的迅速发展都是以物理学的迅速发展为基础的.

物理学的主要任务是研究宇宙中物质各层次的结构、相互作用和运动规律以及它们的实际应用. 从 17 世纪牛顿经典力学的建立到 19 世纪以麦克斯韦方程组为基础的电磁学理论的奠定，物理学逐渐发展成为一门独立的学科. 其主要分支为力学、热学、电磁学以及光学等经典学科. 20 世纪初，量子论和相对论的建立推动了经典物理学的每个分支向纵深方面的发展. 同时形成了许多新的分支学科，如原子物理学、分子物理学、核物理学、量子物理学、粒子物理学、等离子体物理学、凝聚态物理学等.

普通物理课程是以物理学基础为内容的，是高等学校理工科各专业学生的一门非常重要的基础课. 该课程也是工程教育认证和理工科专业认证通用标准中不可或缺的课程. 该课程旨在培养学生的物理观念、科学思维、科学探究、科学态度与责任等科学素养，发展学生发现问题、分析问题、解决问题的基础能力，是其他课程无法替代的. 本书所涉及的基本概念、基本理论和基本方法是构成学生科学素养的重要组成部分，是一个科学工作者和工程技术人员所必备的.

本书是在江苏省教育厅重点项目支持下完成的，总共四篇，分上、下两册，上册主要包括力学、热学两篇，内容包括：质点力学、质点组力学、刚体力学、流体力学、振动和波动、狭义相对论基础、温度和气体分子动理论、热力学第一和第二定律等；下册主要包括电磁学、光学和近代物理基础，内容包括：真空和物质中的静电场、稳恒电流及其磁场、物质的磁性、电磁感应与电磁波、波动光学基础、近代物理基础等.

物理学是工程技术的基础，是为理工科学生的专业发展服务的，同时物理学又涉及日常生活和生产的各个方面. 在编写过程中，我们适当地介绍了物理学在工程技术以及日常生活中的应用. 由于物理学概念和规律比较复杂、抽象，一些知识点介绍得比较详细并且精选和绘制了许多精美的图片，并以全彩色印刷，以增加内容的直观性和可读性，期望读者能够享受其阅读过程.

本书的教学内容要求和安排与国内大部分省份高中物理的教学内容有机衔接，并与教育部高等学校物理学与天文学教学指导委员会物理基础课程教学指导分委员会制定的《理工科类大学物理课程教学基本要求》相适应，内容符合国内各高等学校普通物理教学的基本要求.

本书的第 1～7 章、第 10 章、第 19～21 章由钱铮执笔；第 8 章、第 9 章、第 11～18 章、第 22 章以及附录由李成金执笔；丁云为光学部分绘制了图形，并参加了全书的校对工作. 附录包括两部分内容，附录 A 包括国际单位制基本物理量、导出物理量及其换算、物理常数等；附录 B 为元素周期表. 附录内容以二维码形式出现，请读者扫码参阅.

附录

为实现教材立体化，书中还增加了丰富的数字资源，读者只需扫描二维码即可观看. 数字资源包括：(1)知识点课件及视频讲解；(2)全部例题视频讲解；(3)重难点练习题选讲；(4)各章练习题答案；(5)物理实验或现象视频. 前四部分数字资源由李成金、丁云、肖瑞华以及钱铮老师制作完成。

本书在编写过程中参考了国内外出版的教材，并仿制了一些图片，此外还引用了百度和谷歌等网站上的一些图片，由于原图作者信息不详，无法一一致谢. 本书的作者在此对于相关的教材编者、图片原作者一并表示衷心的感谢!

由于编者水平有限，书中难免存在不妥之处，敬请专家、同行和读者批评指正.

钱　铮　李成金

2018 年 12 月

目　录

第3篇

电 磁 学

上海浦东机场与市区龙阳路之间的磁悬浮列车于2003年1月开始商业运行，全长30km. 磁悬浮列车是一种靠磁力(吸力或斥力)来悬浮并推(拉)动的列车. 由于它悬浮在空中，行走时不同于其他列车需要接触地面，只受来自空气的阻力. 其速度可达500km/h，甚至更快. 磁悬浮技术的研究源于德国. 其中的基本原理属于电磁学. 技术上涉及自动控制、电力电子技术、直线推进技术、机械设计制造、信号系统、故障监测与诊断等众多学科

现在我们来学习物理学的另一个分支——电磁学(电学和磁学). 电磁学在日常生活中扮演着非常重要的角色，几乎生活中的一切都离不开电磁学. 比如，手机、电脑等通信设备，电动汽车、地铁、高铁等交通设备，电子打火炉灶、微波炉、电磁炉、电饭煲等厨具，甚至看书、写字、思考、行走等均与电磁学规律有关. 电磁学的发展经历了一个相当长的时期，据史书记载，我国殷商时期就有关于雷电现象的记载，甲骨文出现了“雷”字. 公元前600年，古希腊的泰勒斯等观察到了电现象和磁现象. 他们发现天然的磁石(Fe_3O_4)可以吸引铁. 战国时期，我们的祖先已经开始使用河北磁山的磁石做成的司南了. 东汉时期哲学家王充在其著作《论衡 · 乱龙》中也讲到“顿牟掇芥，磁石引针”.

移动电话，或称为无线电话，通常称为手机，原本只是一种通信工具，早期又有大哥大的俗称，是可以在较广范围内使用的便携式电话终端，最早是由美国贝尔实验室在1940年制造的战地移动电话机发展而来的

英文的“electric”(电)来自于希腊文“elecktron”，是为英文的“amber”(琥珀)取的名字. 1733年法国物理学家杜菲总结了三种带电方式及静电学的第一个基本原理——“同性相斥、异性相吸”，并指出只有“松脂电”与“玻璃电”等两种电. 直到19世纪，电学与磁学还是各自独立发展的. 1820年丹麦的奥斯特偶然观察到通电导线附近的磁针会偏转，从而发现了电与磁的联系. 受之启发，1831年，英国科学家法拉第与美国科学家亨利几乎同时通过大量实验发现，当导线在磁铁附近移动(或者磁铁在导线附近移动)时，在导线中会出现电流，

并且提出了变化的磁场可以产生电场的思想. 到了 1873 年，英国人麦克斯韦根据实验观察和优美简洁的数学公式(目前教科书中的表达式是由赫兹简化来的)——麦克斯韦方程组，表达了电磁规律，并提出电和磁可以相互产生，从而形成了电磁波的学说. 然而由于没有实验证据，麦克斯韦理论不被大家认可. 就像物理学家劳厄所说："像亥姆霍兹和玻尔兹曼这样有异常才能的人为了理解它也需要几年的力气." 1886～1888 年，德国的物理学家赫兹通过实验产生并且收到了电磁波，证明了麦克斯韦电磁场理论. 麦克斯韦的电磁场理论不只是解决电磁相关的理论问题的几个方程(仅这一点就可以同牛顿定律媲美)，而且可以应用到许多工程技术领域.

范德格拉夫起电机(van de Graaff generator)，又称范德格拉夫加速器，是一种用来产生静电高压的装置. 该装置于 1929 年由荷兰裔美国物理学家罗伯特·杰米森·范德格拉夫发明. 范德格拉夫起电机通过传送带将产生的静电荷传送到中空的金属球表面. 范德格拉夫起电机非常易于获得非常高的电压，现代的范德格拉夫起电机电势可达 500 万伏特. 然而在等电势情况下，人是不会被电击的. 图中的女生怒发冲冠的效果是头发带有同种电荷相互排斥的结果，她站在高度绝缘的物体上，手扶在具有数十万伏高压的范德格拉夫起电机上

本章开始研究电磁学的基本现象和规律. 本章第一个与力学相联系的概念是电力——电荷间的相互作用力. 它是自然界的另一个基本的相互作用——电磁相互作用. 本篇开篇描述了点电荷之间作用力的库仑定律，它与力学中的万有引力定律相似，都是距离平方反比定律，接着介绍类似于重力场的概念——电场及其计算，之后介绍描述静电场的另外一个特性量——电势及其计算，最后研究带电粒子在电场中的运动. 本章较为复杂的问题是电场的概念及其计算.

第 12 章　静电场的基本性质

12.1　电荷守恒定律 库仑定律

1. 静电的基本现象

物理学源于人们对自然现象的观察. 约公元前1300年～约公元前1046年，我国殷商时期的甲骨文就已出现了“雷”的象形文字. 西汉末年就有关于“玳瑁(乌龟壳)吸(细小物体之意)”的记载，元始中(公元3年)记载了“矛端生火”，即金属制的矛的尖端放电的记载. 晋朝还有关于摩擦起电引起放电现象的记载：“今人梳头，解著衣，有随梳解结，有光者，亦有咤声”. 东汉时期，王充所著的《论衡 · 乱龙》一书中记载了“顿牟掇芥”现象，即琥珀(松树油化石，顿牟)可以吸引芥末.

琥珀是距今 4500 万～6500 万年前的松柏科植物的树脂滴落，掩埋在地下千万年，在压力和热力的作用下石化而成，故又被称为“树脂化石”或“松脂化石”. 琥珀的形状多种多样，表面常保留着当初树脂流动时产生的纹路，内部经常可见气泡及古老昆虫或植物碎屑. 西班牙人将埋在地下的阿拉伯胶和琥珀称为“amber”. 中国古代认为琥珀为“虎魄”，意思是虎之魂

公元前 6 世纪，古希腊密利都斯的哲学家泰勒斯观察发现摩擦过的琥珀能吸引碎草等轻小物体. 后来人们又在实验中发现，在环境比较干燥的条件下，一玻璃棒经丝绸摩擦后用绳水平地悬挂起来，再用经动物的毛皮摩擦过的橡胶棒水平地靠近，玻璃棒就会被吸引且旋转起来. 若用第二根经丝绸摩擦过的玻璃棒靠近悬挂的玻璃棒，两者将相互排斥，如图 12-1 所示. 后来人们发现，不仅上述物体间相互摩擦后有相互作用，很多不同的物体间摩擦也会相互排斥或吸引. 法国的物理学家杜菲经过实验提出经各种方法得到的电之间的相互作用只有两种，排斥或吸引，因此电也只有两种——“松脂(松香)电”和“玻璃电”，并且得出了电学的第一个基本规律：“同性相斥、异性相吸”. 后来美国的本杰明 · 富兰克林把这两种电荷命名为正电、负电，同时指出，与丝绸摩擦过的玻璃棒带正电，与毛皮摩擦过的橡胶棒带负电，且与玻璃棒相互排

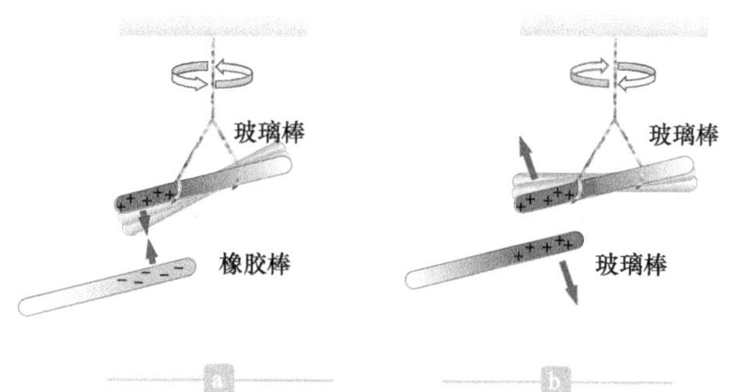

图 12-1　a. 异性电荷间的作用力. b. 同性电荷间的作用力

斥的带电体带正电，与橡胶棒相互排斥的带电体带负电. 实际上电荷的正负是相对的，人为的. 如果当年富兰克林作了相反的规定，即玻璃棒带负电，橡胶棒带正电，那么今天我们在讨论金属导电的电流方向时就变得简单了.

本杰明·富兰克林(B. Franklin，1706～1790)出生于美国波士顿，是美国著名政治家、科学家，更是杰出的外交家及发明家.他曾经进行多项关于电的实验，并且发明避雷针.他是第一个命名正、负电荷的科学家，且对电荷守恒定律的建立有一定贡献.

2. 物质结构

历史上关于“电是什么？”经过了较长时间的争论，一种观点认为电是一种流体，另一种观点认为电是一种像热一样的状态. 但后者被英籍法国人格雷的两个等大栎木球(一个实体，一个空心)实验否定了，于是电流体观点统治了100 多年. 直到 1897 年约瑟夫 · 汤姆孙提出电粒子(简称电子)学说，并在实验中发现了电子，同时测量了其荷质比. 在此基础上 1904 年他又提出了原子结构的梅子布丁模型，即原子是由带正电的布丁包围着电子组成的，其正电与负电相平衡，就像带负电的梅子镶嵌在带正电的布丁里一样，如图 12-2 所示.

然而这个模型被 1909 年卢瑟福的α粒子散射实验所否定，并建立了原子核式模型结构理论. 如图 12-3 所示，在核式模型结构中，原子是由坚硬的原子核及核外电子组成的，原子核由带正电的质子与不带电的中子组成. 质子与电子带等量异号电荷. 质子带正电，电子带负电. 在通常条件下，原子中电子与质子数目相等，所以呈电中性. 现代物质理论认为，物质由分子组成，分子由原子组成. 正常状态时，物质为电中性. 当某种原因使电子脱离原子时，失去电子的物体带正电，而得到电子的物体带负电. 前述的玻璃棒与丝绸摩擦而带正电就是这种情形，而同时丝绸带负电. 那么橡胶棒与毛皮摩擦发生了什么情况？请读者思考.

卢瑟福原子核式模型 ▶

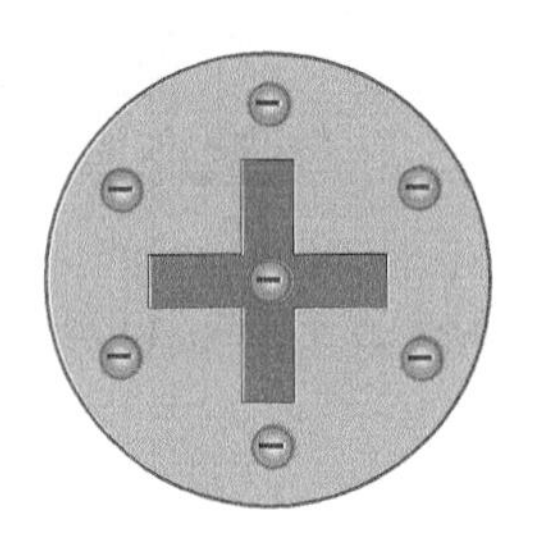

图 12-2 汤姆孙的梅子布丁模型

3. 基本电荷

基本电荷是指电荷所具有的最小单元. 实验研究发现自然界存在的电荷具有最小单元，这个最小单元是电子或质子，据国际科技数据委员会(Committee on Data for Science and Technology，CODATA)2014 年最新推荐的电子电量为

基本电荷——电子电量 ▶

$$e=1.6021766208(98)\times10^{-19}\ \mathrm{C}$$

历史上美国物理学家罗伯特 · 密立根首次用实验证实了基本电荷理论，并先后三次给出了测量值，最后一次(1917 年)给出的数值为：$e=4.774(\pm0.005)\times10^{-10}$esu(esu 是静电系单位，1esu=$3.33564\times10^{-10}$ C).

图 12-3 卢瑟福的原子核式模型

根据基本电荷理论，人们认为电子或质子是不可再分割的，任何带电体所带电量及其变化一定是基本电荷的整数倍，不可能连续变化，这个结论称为电荷的量子化. 随着物理学的发展，1960 年物理学家们发现原子核中的质子存在内部结构，即质子由夸克或准粒子组成. 这些夸克不能独立存在，而只能是以三个夸克的组群存在. 每个夸克携带电量为$\pm\frac{1}{3}e$ 或 $\pm\frac{2}{3}e$. 但是到目前为止还没有在实验中找到独立的、稳定的夸克.

4. 电荷守恒定律

密立根油滴实验，1909~1911

在摩擦起电实验中，如图 12-4 所示，当原来不带电的丝绸与玻璃棒摩擦时，玻璃棒中的电子在受热时转移到了丝绸上面，于是丝绸带上了负电荷，同时等量的正电荷留在了玻璃棒上. 同样毛皮与橡胶棒摩擦也出现类似情况. 大量的实验表明，**在一个孤立系统(与外界没有物质和能量交换)内部发生的过程，不改变系统内部的电荷总量. 电荷既不能被消灭，也不能被创生，只能从一个物体(或物体的一个部分)转移到另一个物体(或另一部分)，在转移或变化当中，总电荷保持不变，这就是电荷守恒定律.** 电荷守恒定律是自然界的四大守恒定律之一，以后会介绍它的数学表达式.

5. 库仑定律

尽管杜菲阐述了“同性相斥、异性相吸”原理，但是定量研究带电体间作用力的大小和方向的工作是由法国物理学家查尔斯 · 库仑于 1785 年完成的.

点电荷 实验表明，带电体间的相互作用力的大小和方向与带电体的电荷量、符号、几何形状以及间距有关. 如果考虑带电体的形状和尺寸，计算带电体间的作用力比较复杂，但是**当它们间的距离远远大于带电体的尺度时，作用力几乎与带电体的形状、尺寸无关，这时我们可以把带电体看成只有电量的几何点——点电荷**. 点电荷是电磁学的一个理想模型，实际上只有电量没有大小的带电体是不存在的，引入这样的模型是为了使问题简化. 例如，当两个带电的人相距 1m 时，当成点电荷来计算作用力误差就会很大. 若距离为数百米，便可以当成点电荷考虑了.

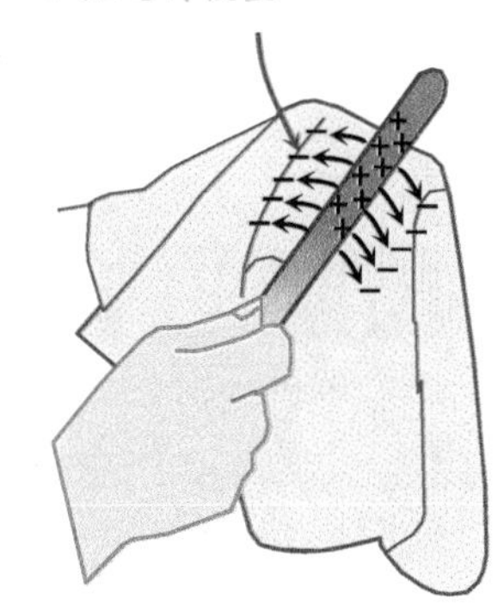

图 12-4 当玻璃棒与丝绸摩擦时，电子从玻璃棒转移到丝绸上. 由于电荷守恒，每个电子都给丝绸增加了负电荷，等量的正电荷就留在了玻璃棒上

库仑定律 库仑是通过自行设计的扭秤定量研究电荷间作用力的. 如图 12-5 所示，库仑扭秤由悬丝、固定于刚性杆的两个小球 A、C 以及小球 B 组成. 先使 A 球带电，并以悬丝自平衡点悬挂起来，再使 B 球带电，自盖孔处深入圆筒至与球 A 等高处. 由于电力作用，球 A 与 B 将排开或吸至一定距离，此时悬丝由于扭转将产生一定的恢复力矩. 当电力矩与恢复力矩相等时，悬挂球将平衡. 此时通过测量悬丝转过的角度可以计算恢复力矩，从而计算球 A、B 间的作用力. 通过此扭秤实验，库仑建立了库仑定律

真空中相对静止的两个点电荷之间的作用力与此二电荷电量的乘积成正比，与它们间距离的平方成反比. 同种电荷相互排斥，异种电荷相互吸引，即

$$\boldsymbol{F}_{12}=k\frac{q_1q_2}{r^2}\hat{\boldsymbol{r}}_{12} \tag{12-1}$$

式中，q_1、q_2 分别是两电荷电量的代数值，单位为库仑，用 C 表示；r 为两电荷间的距离，单位为米，用 m 表示；$\hat{\boldsymbol{r}}_{12}$ 为从电荷 q_1 指向 q_2 方向的单位矢量；$\boldsymbol{F}_{12}$ 为电荷 q_1 对 q_2 的作用力，单位为牛顿，用 N 表示；k 为静电常数，或库仑常数，其值为 k=8.987551788×10^9N · m^2/C^2.

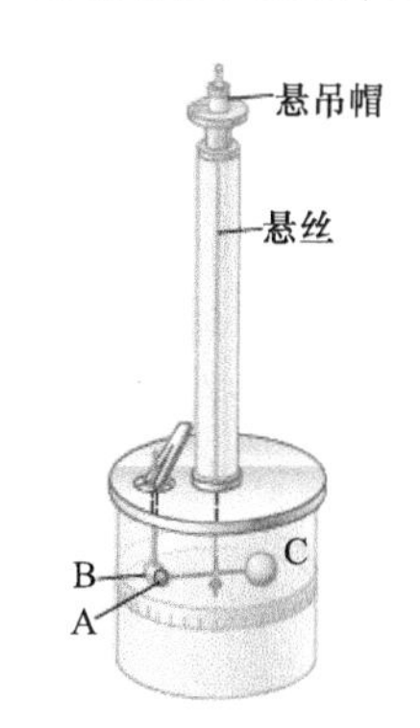

图 12-5 用于建立电力平方反比定律的库仑扭秤

库仑定律表明，点电荷间的作用力——库仑力，与两个电荷电量的乘积 $(q_1 \cdot q_2)$ 成正比，由于电量 q 为代数量，当两者同号时，乘积为正，则 $\boldsymbol{F}_{12}$ 与 $\hat{\boldsymbol{r}}_{12}$

同向，表明库仑力为斥力；当两者异号时，乘积为负，则 $\boldsymbol{F}_{12}$ 与 $\hat{\boldsymbol{r}}_{12}$ 反向，表明库仑力为引力(图 12-6). 显然库仑定律服从牛顿第三定律. 库仑常数有时也写成

$$k=\frac{1}{4\pi\varepsilon_0}$$

式中，ε_0 为真空的介电常数，或真空的电容率. 2014 年 CODATA 公布的数据为 $\varepsilon_0=8.854187817\times10^{-12}\mathrm{C}^2/(\mathrm{N}\cdot\mathrm{m}^2)$. 于是库仑定律可以写为

库仑定律 ▶

$$\boldsymbol{F}_{12}=\frac{1}{4\pi\varepsilon_0}\frac{q_1q_2}{r^2}\hat{\boldsymbol{r}}_{12} \tag{12-2}$$

库仑定律是平方反比定律. 目前其平方的精度为 $\delta\leqslant2\times10^{-16}$.

同性相斥异性相吸 ▶

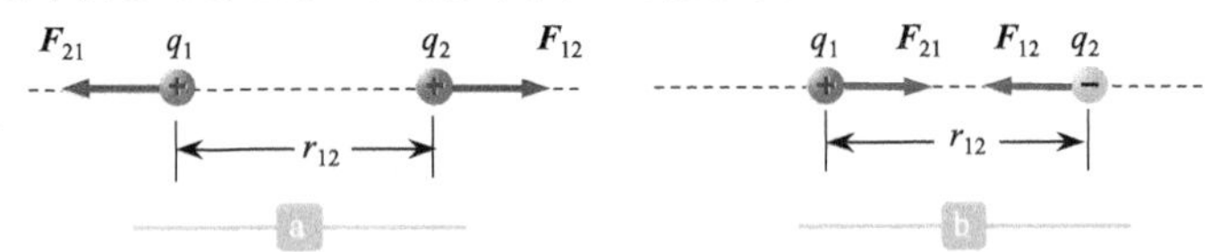

图 12-6 库仑定律. a. 同种电荷相斥. b. 异种电荷

库仑定律是经典电磁学的一个基本定律，其适用条件为：真空中相对静止的点电荷，当两电荷有较大相对速度，计算其间的作用力时，上式不适用，且不服从牛顿第三定律.

例题 12-1 库仑定律

根据卢瑟福原子核式模型，氢原子核内部有一个质子，其外边有一个电子围绕原子核做圆周运动，该圆周轨道半径(也称玻尔半径)为 $a=5.29\times10^{-11}\mathrm{m}$. 已知质子与电子电量等值异号. 电子质量为 $m_e=9.11\times10^{-31}\mathrm{kg}$，质子质量为

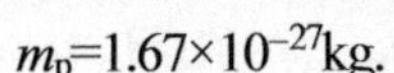

$m_p=1.67\times10^{-27}\mathrm{kg}$.

(1) 试计算它们之间的库仑力 F_C；

(2) 试计算原子核与电子之间的万有引力 F_G；

(3) 比较库仑力与万有引力之间的大小，并可得出什么结论？

库仑 1736 年 6 月 14 日生于昂古莱姆. 1761 年毕业于军事工程学校，由于他在科学中的杰出贡献和一篇题为《简单机械论》(*Theoriedes Machines Simples*)的报告而获得法国科学院的奖励，并由此于 1781 年当选为法国科学院院士

解 (1) 根据库仑定律，核中质子与核外电子之间的库仑力为

$$F_C=\frac{1}{4\pi\varepsilon_0}\frac{q_1q_2}{r^2}=\frac{9\times10^9\times(1.60\times10^{-19})^2}{(5.29\times10^{-11})^2}\approx8.23\times10^{-8}(\mathrm{N})$$

(2) 根据万有引力定律，质子与电子之间的引力为

$$F_G=G\frac{m_1m_2}{r^2}=\frac{6.67\times10^{-11}\times1.67\times10^{-27}\times9.11\times10^{-31}}{(5.29\times10^{-11})^2}$$

$$\approx3.63\times10^{-47}(\mathrm{N})$$

(3) 比较库仑力与万有引力的大小可见,库仑力比万有引力大 39 个数量级！因此，在电磁学中，如果没有特别的说明，在计算电磁力时一般不考虑重力或万有引力. 此外，万有引力都是引力作用，而库仑力为同种电荷相互排斥，异种电荷相互吸引，即电荷之间既可能是引力，也可能是斥力. 归纳一下，库仑力与万有引力还有如下几个相同点：①力的大小均服从距离平方反比定律；②它们都是有心力；③它们都是保守力；④它们所建立的力场或产生的波均以光的速度传递.

6. 电力叠加原理

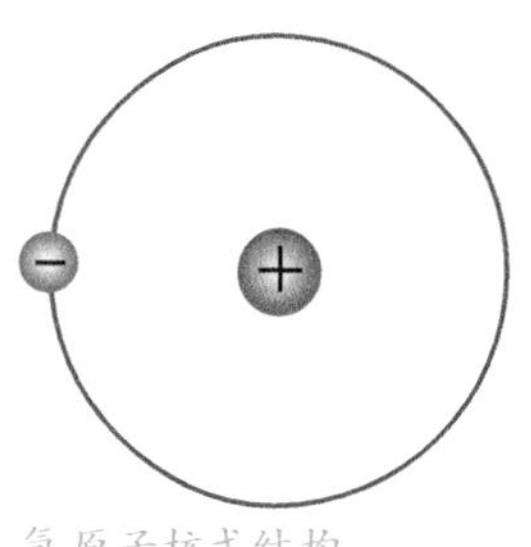
氢原子核式结构

在实际情况中，往往会遇到两个以上的点电荷同时存在的情况. 任意两个点电荷之间的静电力均符合库仑定律，并且符合力的独立作用原理，即任何两个电荷间的库仑力不因其他电荷存在而改变. **作用在某点电荷上的合力等于任何其他电荷对其作用力的矢量和，这就是电力叠加原理.** 如图 12-7 所示，电荷 q_1，q_2，…，q_i，…，q_n 为一个点电荷组，若将点电荷 q_0 置于任意一点 P，则 q_0 受到该电荷组的静电合力等于电荷组中每个电荷单独存在时对它作用力($\boldsymbol{F}_1$，$\boldsymbol{F}_2$，…，$\boldsymbol{F}_i$，…，$\boldsymbol{F}_n$)的矢量和，即

$$\boldsymbol{F}=\boldsymbol{F}_1+\boldsymbol{F}_2+\cdots+\boldsymbol{F}_i+\cdots+\boldsymbol{F}_n=\sum_i \boldsymbol{F}_i \tag{12-3}$$

◀ 电力叠加原理

式中

$$\boldsymbol{F}_i=\frac{1}{4\pi\varepsilon_0}\frac{q_0 q_i}{r_i^2}\hat{\boldsymbol{r}}_i \tag{12-4}$$

其中，r_i 是 q_i 到 q_0 的距离；$\hat{\boldsymbol{r}}_i$ 是 q_i 指向 q_0 的单位矢量.

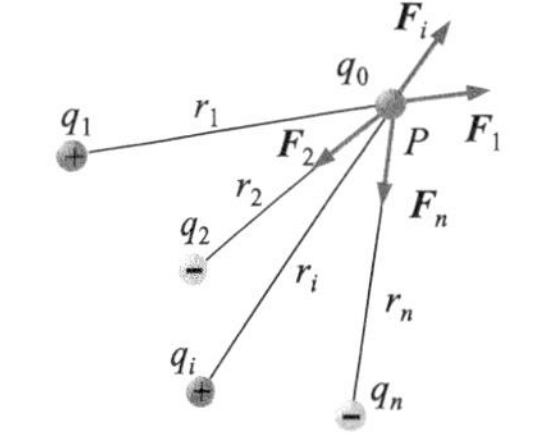

图 12-7　电力叠加原理

例题 12-2　静电力的叠加

如图 12-8 所示，有三个固定的电荷 q_1，q_2 和 q_3，电量分别为 $q_1=-1.0\times10^{-6}$C，$q_2=+3.0\times10^{-6}$C，$q_3=-2.0\times10^{-6}$C，相距为 r_{12}=15cm，r_{13}= 10 cm，角度 θ=30°. 试求作用在 q_1 上的合力.

解　根据库仑定律，q_2 对 q_1 的作用力是吸引力 $\boldsymbol{F}_{21}$，q_3 对 q_1 的作用力是排斥力 $\boldsymbol{F}_{31}$，根据库仑定律，此二力的大小分别为

$$\begin{aligned}F_{21}&=\frac{1}{4\pi\varepsilon_0}\frac{q_1q_2}{r_{12}^2}\\&=\frac{(9.0\times10^9\times1.0\times10^{-6}\times3.0\times10^{-6})}{(1.5\times10^{-1})^2}\\&=1.2(\text{N})\end{aligned}$$

$$\begin{aligned}F_{31}&=\frac{1}{4\pi\varepsilon_0}\frac{q_1q_3}{r_{13}^2}\\&=\frac{(9.0\times10^9\times1.0\times10^{-6}\times2.0\times10^{-6})}{(1.0\times10^{-1})^2}\\&=1.8(\text{N})\end{aligned}$$

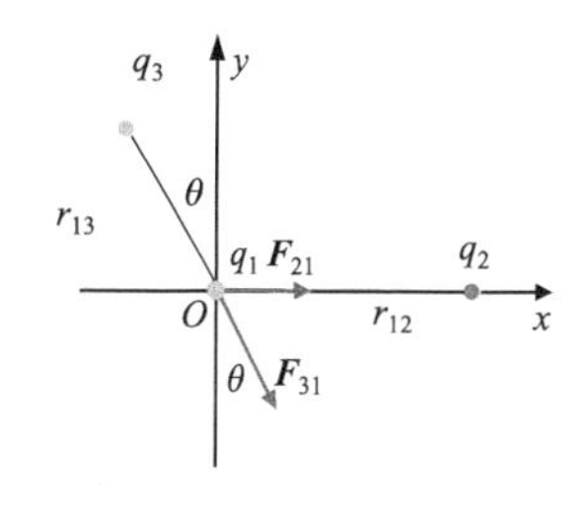

图 12-8　电力叠加例题

$\boldsymbol{F}_{21}$ 和 $\boldsymbol{F}_{31}$ 的方向如图 12-8 所示. 合力在 xOy 平面内的分量为

$$F_{1x}=F_{21x}+F_{31x}=F_{21}+F_{31}\sin\theta=1.2+1.8\times\sin30°=2.1(\text{N})$$

和

$$F_{1y}=F_{21y}+F_{31y}=0-F_{31}\cos\theta=-1.8\times\cos30°\approx-1.6(\text{N})$$

于是作用在 q_1 上的合力矢量 $\boldsymbol{F}_1$ 为

$$\boldsymbol{F}_1=2.1\boldsymbol{i}-1.6\boldsymbol{j}$$

需要注意的是，式(12-3)给出的叠加原理，不仅适用于点电荷组，也适用于

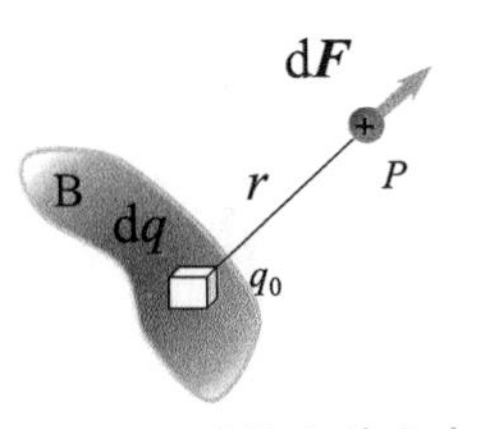

图 12-9 连续电荷分布的电力叠加原理

若干带电体组.

如果有一点电荷 q_0 置于有一定形状的带电体 B 附近的 P 点处，如图 12-9 所示. 如何计算作用于 q_0 上的静电力呢?

从数学上，B 是一个连续的带电体，它可以是一个在三维空间中电荷连续分布的带电体，也可以是电荷连续分布的厚度可以忽略的带电面，或是截面可以忽略的带电线. 对于三维空间连续分布的带电体，其电荷密度可以用ρ_e表示，即单位体积内的电荷——电荷体密度；在面上分布的电荷用σ_e表示，即单位面积上的电荷——电荷面密度；在线上分布的电荷用λ_e来表示，即单位长度上的电荷——电荷线密度.

在计算 q_0 受带电体 B 的静电力时，由于 B 不能视为点电荷，不能直接使用库仑定律. 但从数学上可以把 B 分成许多很小的带电单元，每个带电单元宏观上很小，可以视为点电荷，但微观上仍带有一定量电荷 $\mathrm{d}q$，$\mathrm{d}q$ 称为元电荷. 这个元电荷对于上述提到的电荷分布，可以分别表示为

$$\mathrm{d}q=\begin{cases}\rho_e\mathrm{d}V\to\text{体电荷元}\\ \sigma_e\mathrm{d}S\to\text{面电荷元}\\ \lambda_e\mathrm{d}l\to\text{线电荷元}\end{cases}\tag{12-5}$$

电荷元 $\mathrm{d}q$ 与 q_0 之间的作用力服从库仑定律，即

$$\mathrm{d}\boldsymbol{F}=\frac{1}{4\pi\varepsilon_0}\frac{q_0\mathrm{d}q}{r^2}\hat{\boldsymbol{r}}\tag{12-6}$$

q_0 受到的合力为每个元电荷对其作用力的矢量和，因 B 是连续电荷分布，故矢量和变为矢量积分，即

$$\boldsymbol{F}=\int\mathrm{d}\boldsymbol{F}=\int\frac{1}{4\pi\varepsilon_0}\frac{q_0\mathrm{d}q}{r^2}\hat{\boldsymbol{r}}\tag{12-7}$$

上式的积分依电荷分布而定，若是体电荷分布，则是体积分；若是面电荷分布，则是面积分；若是线电荷分布，则为线积分，即

$$\boldsymbol{F}=\begin{cases}\iiint\limits_{(V)}\frac{1}{4\pi\varepsilon_0}\frac{q_0\rho_e\mathrm{d}V}{r^2}\hat{\boldsymbol{r}}\to\text{体积分}\\ \iint\limits_{(S)}\frac{1}{4\pi\varepsilon_0}\frac{q_0\sigma_e\mathrm{d}S}{r^2}\hat{\boldsymbol{r}}\to\text{面积分}\\ \int\limits_{(L)}\frac{1}{4\pi\varepsilon_0}\frac{q_0\lambda_e\mathrm{d}l}{r^2}\hat{\boldsymbol{r}}\to\text{线积分}\end{cases}\tag{12-8}$$

拳击是体育运动项目之一. 运动员双手戴拳套，用各种拳法和步法，击打对方，并防止被对方击中有效部位. 拳头与拳头、拳头与身体之间的击打作用称为近距作用

12.2 电场强度及其基本计算方法

拳击运动是通过拳头与头部或身体其他部位直接接触发生作用的，拔河比赛是通过绳子两边队员发生相互作用. 这些作用在力学中称为直接作用，也叫近距作用. 而带电体之间看上去没有直接接触，可以发生相互作用. 地球表面

上空的物体与地球之间也没有接触，同样有相互作用. 这种没有直接接触的物体之间怎么会发生相互作用呢？关于这个问题，历史上曾经有两种具有代表性的观点.

1. 近距作用与电场

(1) **超距作用.** 一种观点认为带电体间的相互作用不需要中间的介质，也不需要时间传递. 只要空间两点置入两个带电体，它们之间便立刻(没有延迟)发生相互作用，这种作用称为超距作用，用图 12-10 表示. 在 20 世纪，电荷间的这种超距作用观点没有被人们广泛地接受，但在最近的量子信息传递的研究中，已经检测到量子信息传递速度比光速大，并且超距作用观点又被重新提出.

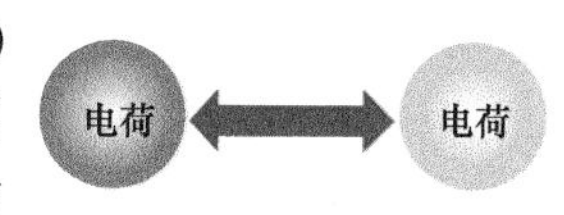

图 12-10 超距作用

(2) **近距作用(场论).** 另一种观点是近距作用或场论，这种观点认为**带电体间的相互作用是通过中间介质完成的，并且它们之间的作用是以有限的速度传递的. 这种介质是一种称为电场的特殊物质，电场的建立或传播速度是一定的(实际上与光速相等).** 换句话说，带电体之间的作用是通过电场发生的. 任何带电体会在其周围激发电场，而电场的基本性质是对置于其中的带电体或电荷有力的作用，用图 12-11 表示.

图 12-11 近距作用

就静止电荷间的作用力而言，无法证明近距作用与超距作用孰是孰非. 但是当两个电荷之一发生变化(空间位置或电荷量)时，从另一个电荷的感知可以作为一个证据. 根据超距作用观点，一个电荷对于另一个电荷空间位置或电量变化的感知是立即的，没有时间延迟. 而近距作用观点认为电场及其变化是以光的有限速度传递的，因此一个电荷对于另一个电荷变化的感知是有推迟效应的. 后者——即近距作用观点已经得到了实验证明. 近距作用观点的正确性还有赖于电场(也包括磁场)的物质性，以后我们会看到电场(或磁场)像由分子、原子组成的物质一样，具有能量和动量，并且可以脱离电荷和电流而单独存在.

拔河比赛是一群人通过绳子与另一群人之间的近距作用

2. 电场强度及其基本性质

电场是为了描述带电体间相互作用而引入的一个概念，是非分子、原子组成的特殊物质. 电场的基本性质是对处在其中的电荷有力的作用，就像处于地球上的有质量物体会受到重力一样. 为了反映带电体——场源电荷在周围空间形成的电场强弱，可以引进一个电荷 q_0 去试验各点(场点)场的强弱(大小)和方向. 场源电荷可以是一个点电荷，也可以是点电荷组或电荷连续分布的带电体. 用于试验电场强弱的电荷 q_0 称为试验电荷. 通常要求试验电荷电量足够小，体积足够小. 如果试验电荷电量不是足够小，它的引入会影响(或改变)原来带电体的电荷分布，从而改变了电场分布. 若体积不够小，它受的力大小就不代表一个点的场强了.

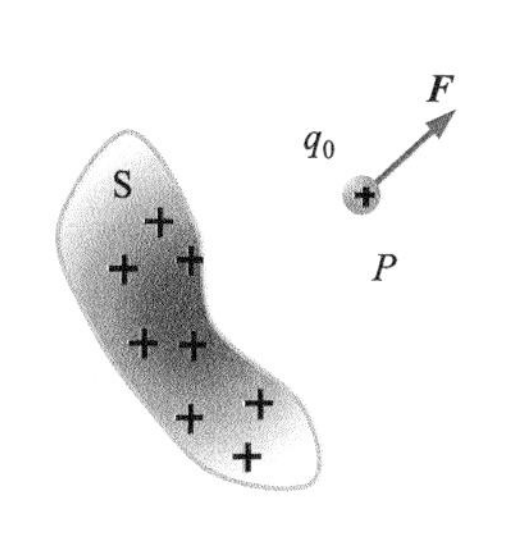

图 12-12 场强定义

试验电荷在电场中所受到的电场力跟若干因素有关，如场源电荷的多少及其在空间的分布，试验电荷的空间位置以及电量 q_0 的大小和正负. 如图 12-12 所示，S 是连续分布的场源电荷，若试验电荷 q_0 在场点 P 处受的电场力为 $\boldsymbol{F}$，我们定义 P 点的场强为单位正电荷所受的电场力，即

电场强度的定义 ▶

$$\boldsymbol{E}=\frac{\boldsymbol{F}}{q_0} \tag{12-9}$$

在 SI 单位中电场强度的单位是牛顿/库仑，N/C. 电场强度的另一个单位是伏特/米，V/m.

理论与实验证明，当场源电荷 S 的分布确定时，电场的空间分布就唯一确定了. 一般来说，空间各点的场强不同，所以试验电荷 q_0 在空间不同点受电力的大小和方向也是不同的，并且在任意点，该电荷受力的大小也与 q_0 的大小成正比，方向与 q_0 的正负有关. 因此电场强度 $\boldsymbol{E}$ 具有如下性质：

(1) 场强 $\boldsymbol{E}$ 是矢量，其大小等于单位电荷所受力的大小，方向与置于该点的正电荷的受力方向相同；

(2) 场强 $\boldsymbol{E}$ 只由场源电荷 S 决定，与试验电荷无关；

(3) 场强 $\boldsymbol{E}$ 在空间的分布是个矢量场，如在笛卡儿直角坐标系中

$$\boldsymbol{E}=\boldsymbol{E}(x,\ y,\ z)$$

如果电荷分布具有一定的对称性，如球对称、轴对称，在数学上采用球坐标、柱坐标表示矢量场 $\boldsymbol{E}$ 的函数比较方便、简单，也比较形象直观. 一般情况下，电荷系或带电体系在空间形成的电场强度在不同点的大小和方向是不同的. 如果在空间某区域所有点的场强大小相等，方向相同，该区域的场称为匀强电场.

电场强度是描述带电体系形成电场的最重要、最基本的物理量之一，它是由带电体系的电荷分布唯一确定(静电场的唯一性定理，参见电动力学相关书籍)的. 计算已知电荷分布激发的电场分布是电磁学的基本任务之一. 归纳起来计算电场分布的基本方法有三种：叠加法、高斯定理法及电势梯度法.

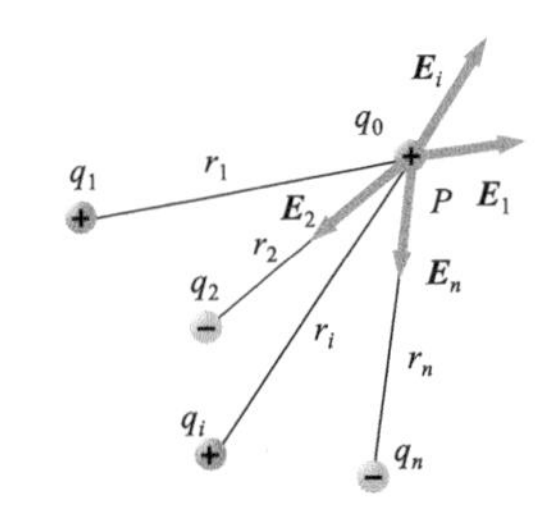

图 12-13 场强叠加原理

3. 场强的基本计算方法——叠加法

叠加法计算电场强度的基础是电场力的叠加原理. 如前所述，图 12-13 中电荷 q_0 受到的合力是点电荷 q_1，q_2，…，q_n 单独存在时对 q_0 作用力的矢量和，即

$$\boldsymbol{F}=\boldsymbol{F}_1+\boldsymbol{F}_2+\cdots+\boldsymbol{F}_i+\cdots+\boldsymbol{F}_n=\sum_i \boldsymbol{F}_i .$$

根据场强的定义式以及上式，点电荷组在试验电荷 q_0 所在 P 点处形成的场强为

$$\boldsymbol{E}=\frac{\boldsymbol{F}}{q_0}=\frac{\boldsymbol{F}_1}{q_0}+\frac{\boldsymbol{F}_2}{q_0}+\cdots+\frac{\boldsymbol{F}_i}{q_0}+\cdots+\frac{\boldsymbol{F}_n}{q_0}$$

根据场强的定义，上式中 $\boldsymbol{F}_i/q_0$ 为电荷 q_i 在 P 点形成的场强 $\boldsymbol{E}_i$. 由此可得，P 点的总场强 $\boldsymbol{E}$ 为

电场强度叠加原理 ▶

$$\boldsymbol{E}=\boldsymbol{E}_1+\boldsymbol{E}_2+\cdots+\boldsymbol{E}_i+\cdots+\boldsymbol{E}_n=\sum_{i=1}^{n}\boldsymbol{E}_i \tag{12-10}$$

上式即是电场强度叠加原理：**点电荷组在空间某点 P 处形成的总场强等于每个点电荷单独存在时在该点形成场强 $\boldsymbol{E}_i$ 的矢量和.** 尽管式(12-10)是对于点电荷组而言的，但是也适用于若干带电体. 其中的 $\boldsymbol{E}_i$ 可以是一个点电荷的电场，也可以是一个连续带电体的电场. 下面举例说明如何应用叠加原理计算电场强度分布.

例题 12-3　电场强度的计算

试计算点电荷的场强分布.

解　如图 12-14 所示，为了计算点电荷 q 在任意点 P 处激发的场强，引入试验电荷 q_0，根据库仑定律，q_0 受到的电场力为

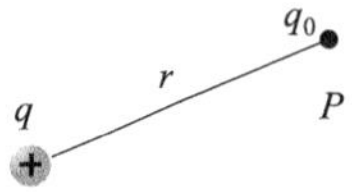

$$\boldsymbol{F}=\frac{1}{4\pi\varepsilon_0}\frac{q_0 q}{r^2}\hat{\boldsymbol{r}}$$

图 12-14　点电荷场

根据电场强度定义式，得 P 点处的场强为

$$\boldsymbol{E}=\frac{\boldsymbol{F}}{q_0}=\frac{1}{4\pi\varepsilon_0}\frac{q}{r^2}\hat{\boldsymbol{r}} \tag{12-11}$$

◀ 点电荷的场强分布

式(12-11)是点电荷 q 在周围激发的场强分布的表达式. 此式表明：

(1) 点电荷在离其 r 远处，场强大小与间距的平方成反比；

(2) 如果场源电荷 q 是正的($q>0$)，场强的方向是沿着径向向外，反之亦然；

(3) 场源电荷 q 形成的场强与试验电荷 q_0 的大小、正负无关，是该电荷的场的本身性质. 式(12-11)还表明点电荷的场强是球对称的. 所谓球对称是指：在以电荷 q 为中心，半径为 r 的任意球面上，各个点的场强大小相等，方向呈均匀辐射状. 图 12-15 表示正的点电荷的场强分布，其中小箭头表示场强的大小和方向. 由图可见，在以该电荷为中心的同一球面上，箭头的长度相等，表明场强大小相等. 方向均匀辐射向外，表明场的方向均匀辐射. 此外，越是远离场源电荷 q，箭头越短，表明场强越小、越弱. 式(12-11)表示的场强函数 E 选取了球坐标系，故 $E=E(r)$. 显然 E 只与 r 有关，这就是球对称的场. 从式(12-11)还可以看出，r 越小，E 越大，当 $r\to 0$ 时，$E\to\infty$. 请读者自行思考这个结果是否合理.

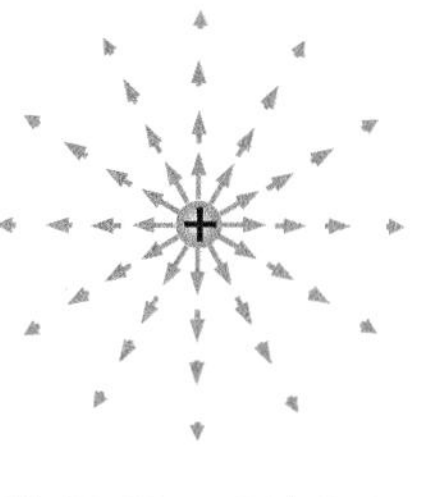

图 12-15　正的点电荷的场强分布

应该注意的是：图 12-15 中的小箭头只是点电荷场强分布的一些代表点，不是全部. 实际上的场是弥散在整个空间的，是连续分布的.

例题 12-4　叠加法计算电场强度——分立电荷

一对等量异号电荷$+q$，$-q$，相距为 l，如图 12-16 所示. 这个电荷组合称为电偶极子. 试计算电偶极子在中垂面上任意一点 P 处的电场强度.

解　取 O 点为电偶极子的中点，OP 为电偶极子的中垂线. 由于对称性，中垂线上各点的场强就代表了中垂面上的场强分布. 根据叠加原理，P 点的场强为$+q$ 与$-q$ 各自形成场强的叠加. 显然$\pm q$ 在 P 点形成的场强大小相等，方向对称，由点电荷场强公式(12-11)得

$$E_+=E_-=\frac{1}{4\pi\varepsilon_0}\frac{q}{r^2+\left(\dfrac{l}{2}\right)^2}$$

式中，r 为 P 点到 O 点的距离；l 为正负电荷的间距. 由对称性可知，P 点总场强方向水平向右，其大小为

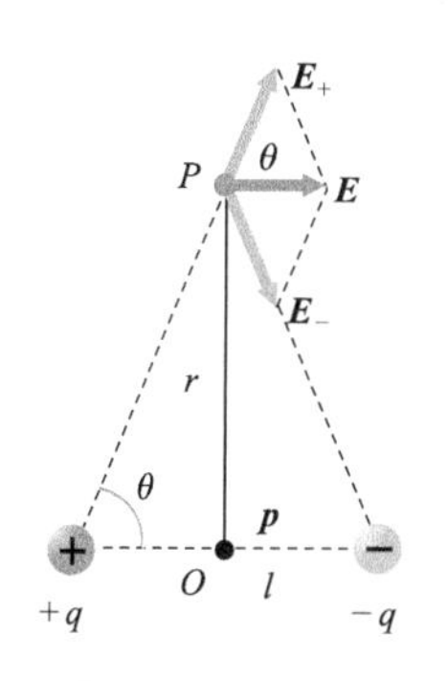

图 12-16　电偶极子的场

$$E = 2E_+ \cos\theta = \frac{1}{4\pi\varepsilon_0}\frac{ql}{\left[r^2+\left(\frac{l}{2}\right)^2\right]^{3/2}}$$

上式即为电偶极子在中垂线上任意一点形成的场强. 通常电偶极子结构在分子范围内形成，当组成分子的所有原子的正负电荷中心不重合时，便形成了一个电偶极子，如水分子. 宏观电磁学所研究的点 P 通常离偶极子很远，即 $r \gg l$，此时，忽略上式分母中的 l，得

$$E = \frac{1}{4\pi\varepsilon_0}\frac{ql}{r^3} = \frac{1}{4\pi\varepsilon_0}\frac{p}{r^3} \tag{12-12}$$

式(12-12)即是电偶极子在中垂线上远处任意点形成的电场，其大小与考察点到电偶极子的距离 r 的立方成反比. 显然随着 r 增加，与点电荷的场强相比，电偶极子的场衰减得更快. 另一方面，场强与偶极子的 $\boldsymbol{p}(=q\boldsymbol{l})$，即**电偶极矩**成正比，该矢量大小为 ql，方向自负电荷指向正电荷. 而场强 $\boldsymbol{E}$ 的方向与 $\boldsymbol{p}$ 的方向相反. 因此，对式(12-12)写出矢量式，有

$$\boldsymbol{E} = \frac{1}{4\pi\varepsilon_0}\frac{-\boldsymbol{p}}{r^3} \tag{12-13}$$

用同样的方法可以计算电偶极子在其延长线上任意一点的场强，读者可自己尝试一下.

电偶极子的场强分布 ▶

关于叠加原理计算场强分布有两种情况，其一是不连续的电荷分布，即点电荷组，如图 12-13 所示. 其方法是利用点电荷的场强公式，再利用叠加原理，即对式(12-10)求矢量和. 其二是连续的电荷分布，即电荷连续分布的带电体，如图 12-17 所示. 这种情况的电场计算的方法是，先计算电荷连续分布的带电体对于试验电荷的作用力，再利用场强的定义. 即根据式(12-7)及场强的定义，有

连续电荷的场强叠加原理 ▶

$$\boldsymbol{E} = \frac{\boldsymbol{F}}{q_0} = \frac{\int \mathrm{d}\boldsymbol{F}}{q_0} = \int \frac{1}{4\pi\varepsilon_0}\frac{\mathrm{d}q}{r^2}\hat{\boldsymbol{r}} = \int \mathrm{d}\boldsymbol{E} \tag{12-14}$$

式中

$$\mathrm{d}\boldsymbol{E} = \frac{1}{4\pi\varepsilon_0}\frac{\mathrm{d}q}{r^2}\hat{\boldsymbol{r}}$$

是电荷元 $\mathrm{d}q$ 在 P 点形成的场强.

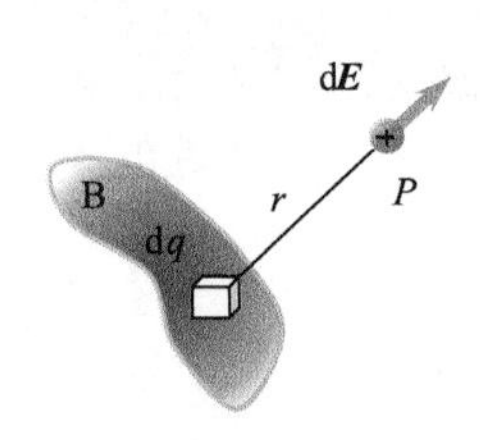

图 12-17 连续电荷分布的叠加原理

实际上式(12-14)是场强叠加原理的积分形式. 由于场强是矢量，因此在利用上式计算场强时，需要作矢量积分，并且电荷的分布不同时，其微分元的表达式不同. 具体情况与式(12-8)类似.

例题 12-5 叠加法求电场分布——连续电荷

截面均匀的细棒长为 l，电量 Q 均匀地分布在棒上，如图 12-18 所示. 试计算在棒的延长线上距离棒近端为 d 处的电场强度.

解　计算电荷连续分布带电体场强的第一步是在带电体上取电荷元 dq. 电荷元的选取依带电模型而定，本题是均匀带电细棒，可以忽略棒的截面. 因此可以看成线电荷分布. 线电荷密度为$\lambda_e=Q/l$. 根据题意，取 xOy 坐标系，如图 12-18 所示. 在带电棒上的 x 处取一线元 dx,该线元所带电量为 d$q=\lambda_e$dx，本题若 $Q>0$，则棒上每个电荷元产生的电场方向均指向 x 轴正向，于是式(12-14)的积分可以化简为标量积分，即

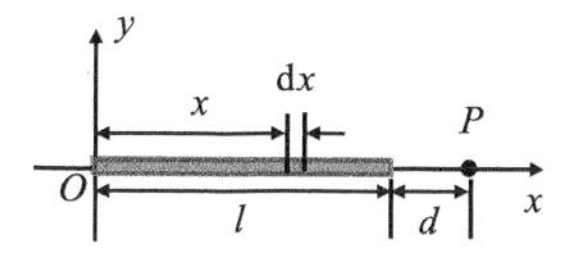

图 12-18　积分法求场强举例

$$E=\int\frac{1}{4\pi\varepsilon_0}\frac{\mathrm{d}q}{r^2}$$

式中，r 为电荷元到场点 P 的距离，因此

$$E=\int_0^l\frac{1}{4\pi\varepsilon_0}\frac{\lambda_e\mathrm{d}x}{(l+d-x)^2}=\frac{\lambda_e}{4\pi\varepsilon_0}\left(\frac{1}{d}-\frac{1}{l+d}\right)=\frac{\lambda_e}{4\pi\varepsilon_0}\frac{l}{(l+d)d}$$

式中，λ_e 为线电荷密度，故 $Q=\lambda_e l$. 最后 P 点场强可以写成

$$E=\frac{1}{4\pi\varepsilon_0}\frac{Q}{(l+d)d}$$

对于上式我们可以作如下讨论：① 如果 P 点离端点很远，即 $d\gg l$，上式将简化为点电荷的场强. 这个结果是合理的，因为当考察点 P 离棒很远时，带电棒的长度对 P 点场强的影响几乎可以忽略了，于是 P 点的场强与点电荷的场强相同；② 如果 d=0，即考察带电细棒的端点，$E\to\infty$，即场强将发散，然而在实际情况中，这是不可能的. 因为在有限的物质世界中，物理量不可能取无穷大. 之所以出现这个矛盾，是因为细棒的带电模型. 本题没有考虑带电棒的截面，然而任何实际的带电细棒都是有截面的，若要计算棒端点的场强，应该将其视为均匀带电圆柱处理.

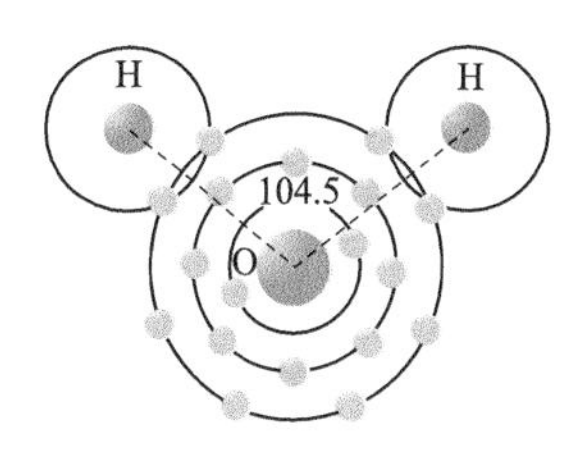

只有静电力时，电偶极子是不稳定的. 但它广泛存在于有极分子中，如水分子. H_2O 由两个氢在氧原子两侧幸运地左右对称但上下不对称地组成. 因此形成有极分子，即每个分子都是一个电偶极子. 这是生命的摇篮. 正是这个偶极子的吸附、溶解过程使地球上的生命幸运地形成了

例题 12-6　叠加法求电场分布——连续电荷

如图 12-19a 所示，一个半径为 a 的均匀带电细环，总电量为 Q，试计算此环轴线上到环心距离为 x 的任意点 P 处的电场强度.

解　在环的上部任意取一线元 dl，其电量为 dq_1，根据点电荷场强公式，该电荷元在 P 点产生的场强为

$$\mathrm{d}\boldsymbol{E}_1=\frac{1}{4\pi\varepsilon_0}\frac{\mathrm{d}q_1}{(x^2+a^2)}\hat{\boldsymbol{r}}$$

图 12-19　积分法求场强举例. a. 圆环上电荷元 dq_1 在轴上产生的电场. b. 由于对称性，轴线上的总场强沿轴线方向

场强方向如图 12-19a 所示. 根据对称性，在环心对称的对面环上再取一个与其

等量的电荷元 dq_2，dq_2 在 P 点产生的场强 $d\boldsymbol{E}_2$ 与 $d\boldsymbol{E}_1$ 大小相等，方向对称，两者叠加时，与轴线垂直的场强分量相互抵消，只有沿轴线方向的分量，如图 12-19b 所示. 全部圆环均可以这样对称分割后再叠加. 结果在轴线上场强方向处处沿着轴线. 因此，对于上式只需考虑沿轴线的分量，即

$$dE_x = dE_1\cos\theta = \frac{1}{4\pi\varepsilon_0}\frac{x\mathrm{d}q}{(x^2+a^2)^{3/2}}$$

将上式沿整个圆环积分，即可求得总场强，即

$$E = \oint dE_x = \oint \frac{1}{4\pi\varepsilon_0}\frac{x\mathrm{d}q}{(x^2+a^2)^{3/2}} = \frac{1}{4\pi\varepsilon_0}\frac{xQ}{(x^2+a^2)^{3/2}} \tag{12-15}$$

对于式(12-15)所表示的轴线上的场强，可以作如下几点讨论：

(1) 该场强公式适用于环中心的两侧，并且具有对称性.

(2) 根据式(12-15)可求得环心处的场强，即当 $x=0$ 时，$E=0$. 这表明由于对称性和场强的矢量性，中心处来自对称点的电荷形成的场强相互抵消了.

(3) 当考虑的场点到环心的距离 x 远远大于环的半径时，即 $x \gg a$

$$E = \frac{1}{4\pi\varepsilon_0}\frac{Q}{x^2}$$

这时场强的变化规律与点电荷场强相同，表明这时可以把带电环视为点电荷. 也就是说，当离圆环很远时，可将带电环视为点电荷.

(4) 由于 $x=0$，$E=0$，$x\to\infty$，$E\to 0$. 这表明，场强在有限区间内有极值. 根据高等数学可求极值如下：

$$\frac{\mathrm{d}E}{\mathrm{d}x} = \frac{\mathrm{d}}{\mathrm{d}x}\left[\frac{1}{4\pi\varepsilon_0}\frac{xQ}{(x^2+a^2)^{3/2}}\right] = 0$$

当 $x = \pm a/\sqrt{2}$ 时，场强取最大值，其值为

$$E_{\max} = \frac{1}{4\pi\varepsilon_0}\frac{2\sqrt{3}Q}{9a^2}$$

综合上述的三个例子，可以归纳出，利用叠加原理求解点电荷组或连续电荷分布的场强时可按照如下步骤解决：

叠加法求场强的一般步骤 ▶

(1) **建立概念.** 在头脑中对于这个问题建立一个影像：仔细想想所求的场是分立的点电荷组还是连续电荷分布. 利用电荷分布的对称性使电场形象化、直观化，并使问题得到简化.

(2) **问题分析.** 如果你正在分析一个点电荷组，使用叠加原理(分立电荷). 当几个电荷都在时，在场点的总场强是每个电荷各自产生场强的矢量和[式 (12-10)]. 注意矢量和的操作，参见例题 12-4. 如果你正在分析连续的电荷分布，叠加原理的矢量和形式换成积分形式，见式(12-14). 连续的电荷分布要分割成许多电荷元，写出任意元电荷形成的场强，利用对称性使问题简化，参见例题 12-6.

(3) **求解反思**. 应用合适的数学方法得出结果，把结果与最初建立的概念比对一下. 首先，结果中是否包括带电体自己以及带电体之间的几何参数、电

荷量及其分布特征. 其次，结果是否具备前面分析的对称性. 再次，根据结果考察一下某些特殊点的场强与想象的情况或模型是否一致. 如例题 12-6 后边的四点讨论.

12.3 静电场的高斯定理

电场强度是描述电场的重要物理量，从理论上，只要空间的电荷分布确定了，所激发的电场就确定了，并且可以应用点电荷的场强及叠加原理求解其场强分布. 但是，在数学计算方面有时比较复杂，甚至没有解析表达式. 如果电荷分布具有一些对称性，场强分布可以利用简单的方法求解. 电场强度矢量函数是电场分布的解析表示法，也可以利用几何方法描绘静电场——电场线或等势面.

1. 电场线

若已知电荷分布，可以用解析函数描述场的变化情况，而电场线是为了形象直观地描述电场分布或变化的几何方法. 如图 12-20 所示，所谓电场线是一族带箭头的曲线，在曲线上的任意点沿箭头的切线方向表示该点的电场方向，也是置于该点的正电荷的受力方向. 比如，将图 12-21a 中所有小箭头连起来就是电场线. 一般地说，不同的电荷体系场强分布不同，电场线的形状也不同. 图 12-21a～d 给出了四种简单电荷系的电场线分布. 电场线只是描述场强分布的方法，实际描绘时可多可少. 综合起来，电场线具有如下性质：

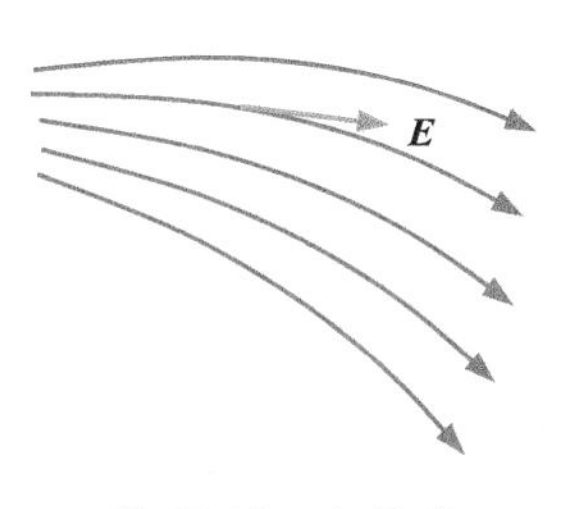

图 12-20 电场线

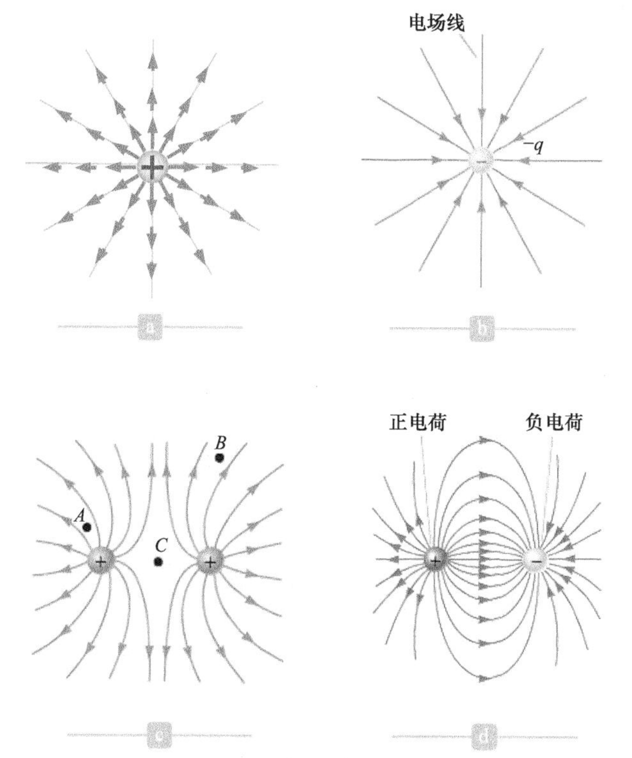

◀ 几种典型电荷系的电场线分布

图 12-21 几种典型电荷系的电场线. a. 正点电荷的电场线. b. 负点电荷的电场线. c. 等量同号电荷的电场线. d. 等量异号电荷的电场线

(1) 电场线发自于正电荷，终止于负电荷.

(2) 电场线不会在没有电荷的地方中断.

(3) 电场线越稠密处电场越强，反之亦然，并且规定电场强度与电场线密度成正比，电场线密度定义为通过单位垂直截面的电场线条数.

(4) 电场线不会相交.

(5) 电场线永不闭合.

应该说明的是，电场线实际上是不存在的，它只是描述电场分布的几何方法.

2. 电通量

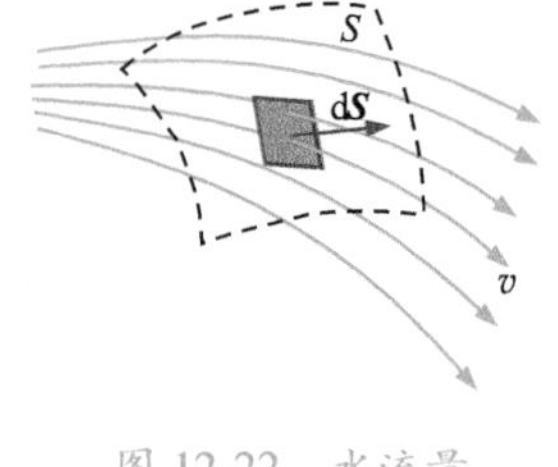

图 12-22 水流量

在流体力学中我们介绍过水流量，即单位时间通过某截面的水量(体积). 如图 12-22 所示. 在某流速场 $\boldsymbol{v}(x,y,z)$ 中选取一个曲面 S，通过该曲面水的通量为

$$Q=\iint_{(S)}\boldsymbol{v}\cdot \mathrm{d}\boldsymbol{S} \tag{12-16}$$

式中，$\boldsymbol{v}$ 是速度；$\mathrm{d}\boldsymbol{S}$ 是面积元矢量，其大小等于面积，方向沿面元的法线方向. 若把式中的速度矢量 $\boldsymbol{v}$ 替换成场强矢量 $\boldsymbol{E}$，就是电场强度的通量，简称电通量，即

$$\Phi_E=\iint_{(S)}\boldsymbol{E}\cdot \mathrm{d}\boldsymbol{S} \tag{12-17}$$

其中

$$\mathrm{d}\Phi_E=\boldsymbol{E}\cdot \mathrm{d}\boldsymbol{S} \tag{12-18}$$

为通过面元 $\mathrm{d}\boldsymbol{S}$ 的电通量. 其定义为场强矢量 $\boldsymbol{E}$ 与面元 $\mathrm{d}\boldsymbol{S}$ 的点乘. 面元矢量等于面积元大小乘以面元的单位矢量，即

$$\mathrm{d}\boldsymbol{S}=\mathrm{d}S\boldsymbol{n}$$

式中，$\boldsymbol{n}$ 是法线方向单位矢量. 如果曲面 S 是开放的、不闭合的，面积法线方向有两个选择，可选向右，也可选向左，如图 12-23 所示. 因此对于面元 $\mathrm{d}\boldsymbol{S}$ 的通量可正、可负，从而对于非闭合曲面电通量的正负没有特别的含义，但是对于闭合曲面，大家统一规定：取外法线方向为正方向. 这时电通量的正负是有具体含义的. 当以电场线描述电场分布时，电通量可以形象地定义为通过该面的电场线条数，并且可以说场强的大小正比于通过与电场线垂直的单位面积的电场线条数.

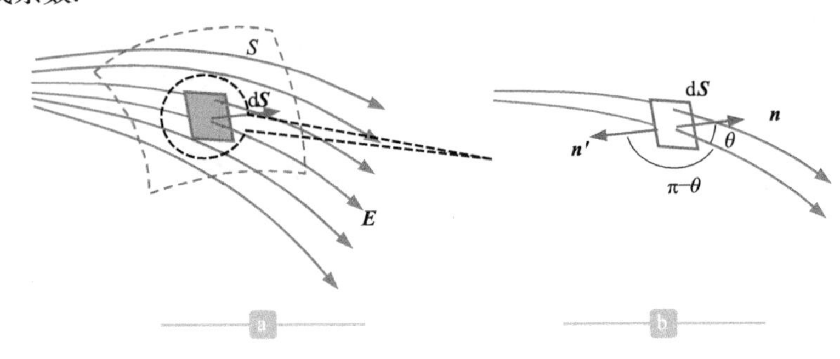

图 12-23 电通量. a. S 面的电通量. b. 面元的局部放大

3. 高斯定理

高斯定理是关于一个矢量场，如电场 $\boldsymbol{E}(x, y, z)$，对于任意闭合曲面 S 通量的定理，它反映了该矢量场的基本性质. 实际上对于任何矢量都有相应的高斯定理，而静电场的高斯定理表述为：通过任意闭合曲面的电通量等于该曲面内包围的电量代数和除以 ε_0，即

$$\oiint_{(S)} \boldsymbol{E} \cdot \mathrm{d}\boldsymbol{S} = \frac{1}{\varepsilon_0} \sum_{(S\text{面内})} q_i \tag{12-19}$$

下面我们分四种情形验证一下这个定理的正确性.

(1) 半径为 r 的球面，球心处有一点电荷.

验证高斯定理的正确性可以通过计算式(12-19)两边的数值，即通量和电量除以 ε_0，考察数值是否相等. 如果相等，则定理正确. 首先计算球心处点电荷场强通过球面的通量，如图 12-24 所示，根据式(12-11)

$$\boldsymbol{E} = \frac{1}{4\pi\varepsilon_0} \frac{q}{r^2} \hat{\boldsymbol{r}}$$

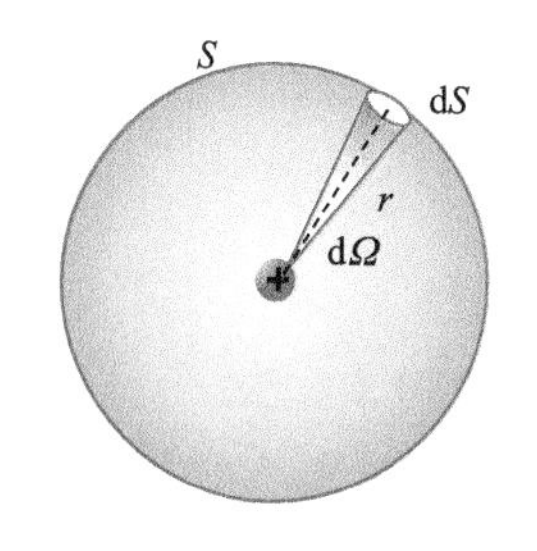

图 12-24　高斯定理的证明——点电荷位于球心

对于面元 $\mathrm{d}\boldsymbol{S}$ 的通量为

$$\mathrm{d}\Phi_E = \boldsymbol{E} \cdot \mathrm{d}\boldsymbol{S} = \frac{1}{4\pi\varepsilon_0} \frac{q}{r^2} \hat{\boldsymbol{r}} \cdot \mathrm{d}\boldsymbol{S}$$

如果点电荷 q 是正的，场强均匀向外辐射，即场强方向与面元法线方向相同，则

$$\mathrm{d}\Phi_E = \frac{1}{4\pi\varepsilon_0} \frac{q}{r^2} \mathrm{d}S = \frac{q}{4\pi\varepsilon_0} \frac{\mathrm{d}S}{r^2} \tag{12-20}$$

上式中 $\mathrm{d}S/r^2$ 定义了一个新的几何量——立体角，某面元对某点所张的角度，即

$$\mathrm{d}\Omega = \frac{\mathrm{d}S}{r^2} \tag{12-21}$$

它是区别于平面角的. 平面角是一弧线对于某点所张的角度. 对式(12-20)电通量的求和，变成了对立体角的求和，即

$$\Phi_E = \oiint_{(S)} \mathrm{d}\Phi_E = \oiint_{(S)} \frac{q}{4\pi\varepsilon_0} \frac{\mathrm{d}S}{r^2} = \frac{q}{4\pi\varepsilon_0} \oiint_{(S)} \mathrm{d}\Omega \tag{12-22}$$

上式的立体角对球面的积分比较简单，因为 r 是常量，故

$$\Omega = \oiint_{(S)} \frac{\mathrm{d}S}{r^2} = \frac{1}{r^2} \oiint_{(S)} \mathrm{d}S = \frac{1}{r^2} 4\pi r^2 = 4\pi$$

上式表明任意球面对于球心所张的立体角等于 4π. 将上式结果代回式(12-22)，整理得

$$\Phi_E = \oiint_{(S)} \boldsymbol{E} \cdot \mathrm{d}\boldsymbol{S} = \frac{q}{\varepsilon_0}$$

而高斯定理，式(12-19)的右边也等于 q/ε_0，因此，高斯定理对于球心处包围点电荷的情况是成立的.

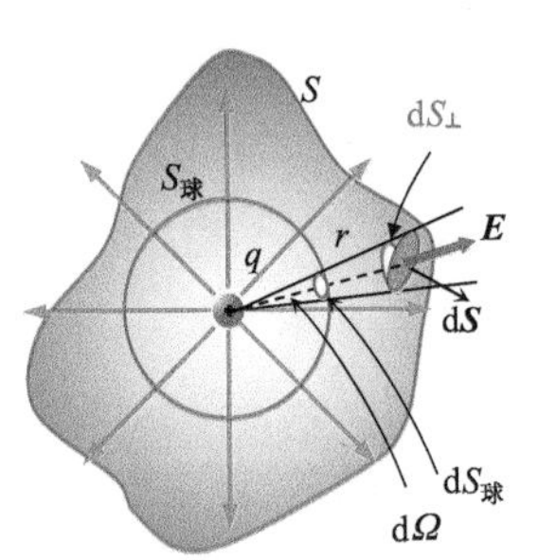

图 12-25 高斯定理的证明——点电荷位于任意曲面内部

(2) 任意闭合曲面内部包围一点电荷.

如图 12-25 所示，任意闭合曲面 S 内包围一点电荷 q，在曲面上任意取一面元 $\mathrm{d}\boldsymbol{S}$，通过该面元的电通量为

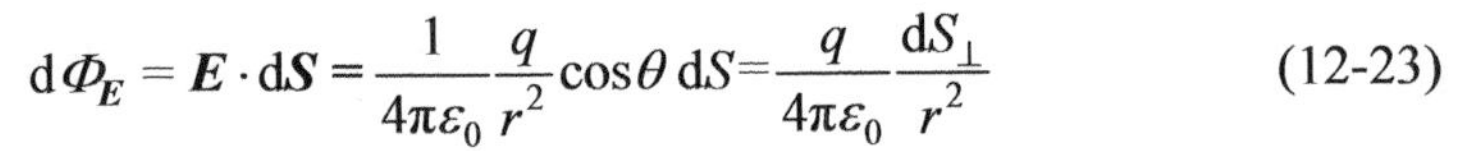

$$\mathrm{d}\Phi_E=\boldsymbol{E}\cdot\mathrm{d}\boldsymbol{S}=\frac{1}{4\pi\varepsilon_0}\frac{q}{r^2}\cos\theta\,\mathrm{d}S=\frac{q}{4\pi\varepsilon_0}\frac{\mathrm{d}S_\perp}{r^2}\tag{12-23}$$

上式中的θ是面元 $\mathrm{d}\boldsymbol{S}$ 的法线与电场方向的夹角，$\mathrm{d}S_\perp$是面元 $\mathrm{d}\boldsymbol{S}$ 跟矢径垂直的分量，且

$$\mathrm{d}\Omega=\frac{\mathrm{d}S_\perp}{r^2}=\frac{\mathrm{d}S\cos\theta}{r^2}=\frac{\mathrm{d}S_{球}}{r^2}$$

显然，$\mathrm{d}S$、$\mathrm{d}S_\perp$、$\mathrm{d}S_{球}$ 三个面元对应的立体角相等. 因此式(12-23)对于曲面 S 的积分，等于对内部球面的积分，即

$$\Phi_E=\oiint_{(S)}\frac{q}{4\pi\varepsilon_0}\frac{\mathrm{d}S_\perp}{r^2}=\oiint_{(S球面)}\frac{q}{4\pi\varepsilon_0}\frac{\mathrm{d}S}{r^2}=\frac{q}{4\pi\varepsilon_0}4\pi=\frac{q}{\varepsilon_0}$$

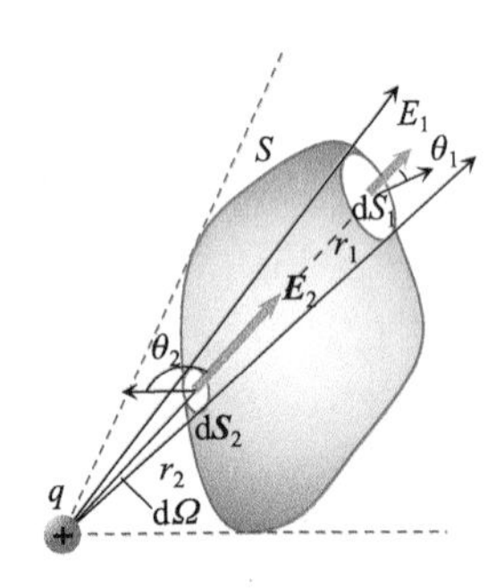

图 12-26 高斯定理证明——点电荷位于曲面外部

而该曲面包围的电量代数和为 q，这表明，高斯定理对于任意闭合曲面包围点电荷的情况也是成立的.

(3) 电荷未被包围在闭合曲面内.

高斯定理指出通过闭合曲面的电通量只与面内电量有关，与面外电荷无关. 如图 12-26 所示，一点电荷 q 处于闭合曲面 S 之外，下面计算一下该电荷形成的电场穿过 S 面的通量. 以电荷 q 处为顶点取一立体角 $\mathrm{d}\Omega$，该立体角对应的圆锥面与 S 面截出两个面元 $\mathrm{d}S_1$、$\mathrm{d}S_2$，对于这两个面元的电通量为

$$\mathrm{d}\Phi_E=\boldsymbol{E}_1\cdot\mathrm{d}\boldsymbol{S}_1+\boldsymbol{E}_2\cdot\mathrm{d}\boldsymbol{S}_2=\frac{1}{4\pi\varepsilon_0}\frac{q}{r_1^2}\cos\theta_1\,\mathrm{d}S_1+\frac{1}{4\pi\varepsilon_0}\frac{q}{r_2^2}\cos\theta_2\,\mathrm{d}S_2$$

$$\mathrm{d}\Phi_E=\frac{q}{4\pi\varepsilon_0}\frac{\mathrm{d}S_1'}{r_1^2}+\frac{q}{4\pi\varepsilon_0}\frac{-\mathrm{d}S_2'}{r_1^2}$$

式中，$\mathrm{d}S_1'$、$\mathrm{d}S_2'$ 分别是 $\mathrm{d}S_1$、$\mathrm{d}S_2$ 沿场强方向的投影. 上式第二项为负号，因为角度θ_2是钝角. 注意：这里 $\mathrm{d}S_1$ 与 $\mathrm{d}S_2$ 对应着相同的立体角 $\mathrm{d}\Omega$，因此，上式变为

$$\mathrm{d}\Phi_E=\frac{q}{4\pi\varepsilon_0}\mathrm{d}\Omega-\frac{q}{4\pi\varepsilon_0}\mathrm{d}\Omega$$

显然自电荷 q 发出的电场线构成的立体角内的射线与曲面 S 截取两个截面，对于这两个截面的电通量之和均为零，如同上边的情况. 并且这些立体角遍及闭合曲面 S 全部. 因此，闭合曲面外电荷形成的电场对于该曲面的电通量为零. 显然，闭合曲面外的电荷只是对该曲面的通量没有贡献，但是对空间各点的场强是有贡献的.

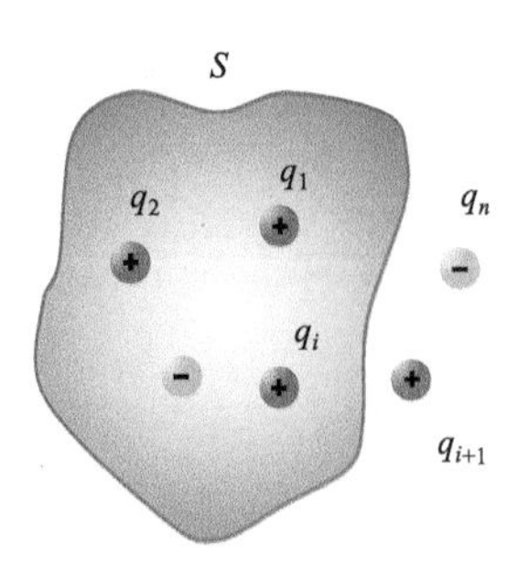

图 12-27 高斯定理证明——点电荷部分位于曲面里，部分位于曲面外

(4) 点电荷组中一部分电荷处于闭合曲面内，另一部分处于曲面外. 如图 12-27 所示，一点电荷组，q_1，q_2，…，q_i处于闭合曲面 S 内，q_{i+1}，…，q_n处于闭合曲面外. 根据电场强度叠加原理，空间的场强为

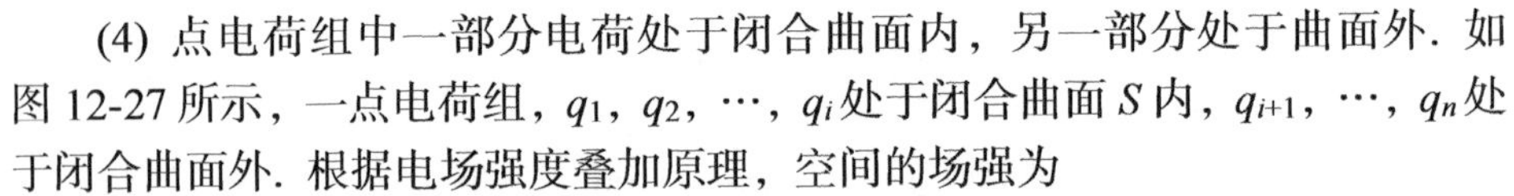

$$\boldsymbol{E}=\boldsymbol{E}_1+\boldsymbol{E}_2+\cdots+\boldsymbol{E}_i+\boldsymbol{E}_{i+1}+\cdots+\boldsymbol{E}_n$$

代入高斯定理中，得

$$\oiint\limits_{(S)}\boldsymbol{E}\cdot \mathrm{d}\boldsymbol{S}=\oiint\limits_{(S)}(\boldsymbol{E}_1+\boldsymbol{E}_2+\cdots+\boldsymbol{E}_i+\boldsymbol{E}_{i+1}+\cdots+\boldsymbol{E}_n)\cdot \mathrm{d}\boldsymbol{S}$$

$$=\oiint\limits_{(S)}(\boldsymbol{E}_1\cdot \mathrm{d}\boldsymbol{S}+\boldsymbol{E}_2\cdot \mathrm{d}\boldsymbol{S}+\cdots+\boldsymbol{E}_i\cdot \mathrm{d}\boldsymbol{S}+\boldsymbol{E}_{i+1}\cdot \mathrm{d}\boldsymbol{S}+\cdots+\boldsymbol{E}_n\cdot \mathrm{d}\boldsymbol{S})$$

$$=\oiint\limits_{(S)}\boldsymbol{E}_1\cdot \mathrm{d}\boldsymbol{S}+\oiint\limits_{(S)}\boldsymbol{E}_2\cdot \mathrm{d}\boldsymbol{S}+\cdots+\oiint\limits_{(S)}\boldsymbol{E}_i\cdot \mathrm{d}\boldsymbol{S}+\oiint\limits_{(S)}\boldsymbol{E}_{i+1}\cdot \mathrm{d}\boldsymbol{S}+\cdots+\oiint\limits_{(S)}\boldsymbol{E}_n\cdot \mathrm{d}\boldsymbol{S}$$

根据前边讨论的三种情形，上式可以变为

$$\oiint\limits_{(S)}\boldsymbol{E}\cdot \mathrm{d}\boldsymbol{S}=\frac{q_1}{\varepsilon_0}+\frac{q_2}{\varepsilon_0}+\cdots+\frac{q_i}{\varepsilon_0}+0+\cdots$$

上式表明通过闭合曲面的电通量只与面内的电荷有关，与面外的电荷无关. 连续电荷分布情形与点电荷组类似，只是在计算电量时，把求代数和化成了积分.

高斯定理是静电场的基本定理，它表明只要空间有电荷，通过包围该电荷的闭合曲面的电通量一般就不等于零. 在物理学中，对于闭合曲面通量不等于零的矢量场称为有源场. 因此，静电场是有源场，该场的源即是电荷.

高斯定理给出了电场与场源电荷间的关系，它是电场强度对闭合曲面的通量与场源电荷间的联系，并不是场强与场源的直接联系. 利用电场线可以把高斯定理的含义形象地表示出来. 假设一任意形状的闭合曲面 S 包围一正的孤立电荷 q，如图 12-28 所示. 根据高斯定理，电场(周围所有电荷产生的)对此闭合曲面的电通量为 $\oiint\limits_{(S)}\boldsymbol{E}\cdot \mathrm{d}\boldsymbol{S}=q/\varepsilon_0>0$，这表明有 q/ε_0 条电场线从闭合曲面发射出来. 如果在该闭合曲面外部再放置一些其他电荷，则空间电场(线)分布 $\boldsymbol{E}$ 将发生变化，但是通量式的积分值不变. 也就是周围电荷分布会改变电场(线)分布，但不会改变从电荷 q 发出的电场线条数. 同理，如果被包围电荷 q 是负电荷，从闭合曲面外吸入的电场线条数也是 $|q|/\varepsilon_0$，与面外的电荷分布无关，尽管会改变周围的电场(线)分布. 如果闭合曲面内既有正电荷又有负电荷，那么电通量等于内部电量的代数和，也是发出电场线(取正)与吸入电场线(取负)的代数和，并且与面外电荷无关. 此外，在理解高斯定理时还需要注意以下几点：

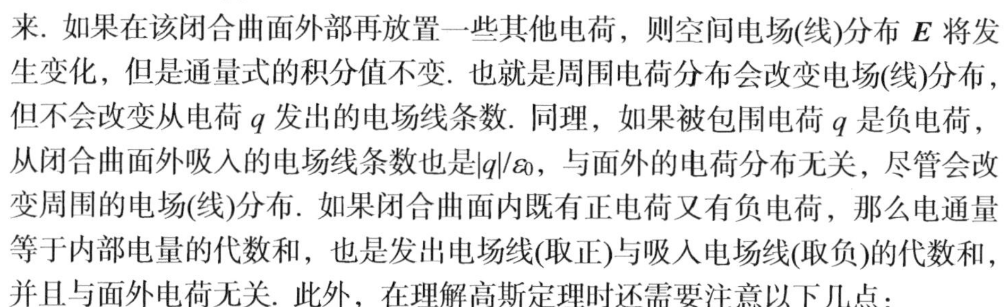

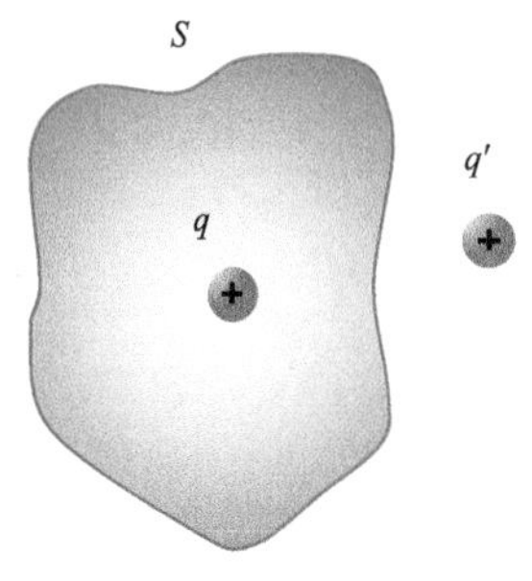

图 12-28　高斯定理证明

◀ 理解高斯定理需要注意的几点

(1) 高斯定理指出，闭合曲面的电通量与面外的电荷无关，但是周围空间的电场(包括面上)是由所有电荷(包括面内、面外)产生的.

(2) 电荷分布确定时，场强分布确定，通过任意闭合曲面的电通量确定，反之不然. 也就是说当通过某闭合曲面的电通量确定时，空间的电荷分布(包括面内、面外)可以不定，当然电荷分布也不确定. 只能说面内的电荷代数和是确定的.

(3) 高斯定理是静电场的基本定理，它是库仑定律的必然结果. 没有库仑定律的距离平方反比定律就没有高斯定理的电通量只跟电量有关的结论. 试想，如果库仑定律中的力与 r 或 r^3 成反比，会有高斯定理吗？实验表明直接用库仑扭秤证明库仑定律精度相当低，而应用高斯定理间接证明库仑定律的精度可以高得多.

(4) 尽管高斯定理可以间接地证明库仑定律的正确性，而且由高斯定理得到的推论(见第 13 章的导体部分)也得到了令人满意的实验证明，但是不能认为高斯定理与库仑定律是完全等价的. 因为在不了解点电荷电场的特性之前无法从高斯定理导出点电荷的场强，也就无法得出库仑定律的平方反比定律及点电荷的有心力场的特性. 而这一点恰恰是库仑定律的结果. 在静电范围内，库仑定律比高斯定理的内涵更多.

一方面，高斯定理给出了静电场性质的深度解析. 另一方面，利用一些已知带电模型(如点电荷、均匀带电直线以及均匀带电圆盘)的电场特性，结合对称性可以推导出电荷分布具有一定对称性的场强. 下面介绍三种典型的对称性场强的高斯定理解法.

球对称 前面介绍过点电荷电场的球对称性质. 在以点电荷为中心的任意球面上的任意点，其场强大小相等，方向沿矢径. 如果是正电荷，场强的方向向外，如果是负电荷，场强的方向向内. 比较简单的球对称的带电模型还有均匀带电球面、球体及其同心组合. 而比较复杂的球对称还有体电荷密度不均匀，但是具有球对称性(见练习题 12-15). 下面举例说明求解这类场强的方法.

例题 12-7 用高斯定理求场强——球对称

试求均匀带电球面内外的场强分布，球面半径为 R，总电量为 q，如图 12-29a 所示.

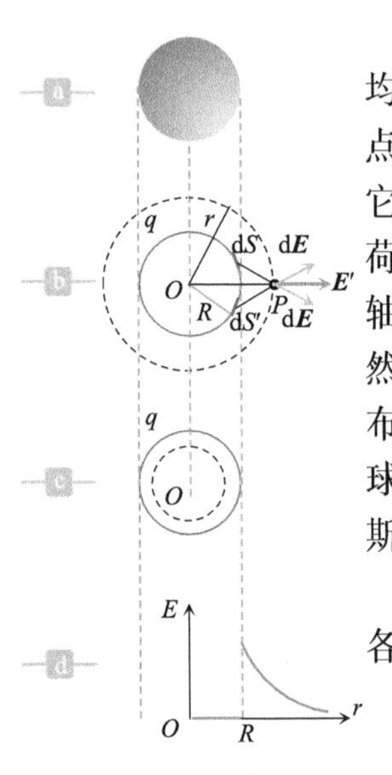

图 12-29 均匀带电球面的场强

解 理论上可以用叠加原理求解带电球面的场强，我们来分析一下. 首先均匀带电球面具有对称性，如图 12-29b 所示，取球心点为 O，考察球面外任意点 P，把带电球面分割成许多小面元. 面元 $\mathrm{d}S$ 上的电荷元 $\mathrm{d}q$ 可视为点电荷，它在 P 点形成的场强为 $\mathrm{d}E$，方向如图所示. 关于 OP 轴线对称地取另一个面电荷元 $\mathrm{d}q'(=\mathrm{d}q)$，该电荷元在 P 点形成的场强 $\mathrm{d}E'$大小与 $\mathrm{d}E$ 相等，方向关于 OP 轴对称. 因此 $\mathrm{d}q$ 与 $\mathrm{d}q'$在 P 点的场强叠加后沿着 OP 方向，垂直分量抵消. 显然整个球面全部可以作这样的对称分割. 因此可以得出结论，在球对称电荷分布情况下，场强是球对称的. 在数学上只要取 $\mathrm{d}E$ 沿 OP，即径向分量，对整个球面积分即可求得场强，但是这类积分往往比较复杂. 事实上利用对称性和高斯定理可使问题简化.

根据分析，在以 O 点为中心，以 $OP(=r)$为半径的球面——称为高斯面上，各点场强大小相等，方向沿矢径. 通过此高斯面的电通量为

$$\oiint_{(S)} \boldsymbol{E}\cdot \mathrm{d}\boldsymbol{S} = \oiint_{(S)} E\cdot \mathrm{d}S = E\oiint_{(S)} \mathrm{d}S = 4\pi r^2 E$$

此高斯面内电量代数和为 $\sum q_i = q$，根据高斯定理有

$$\oiint_{(S)} \boldsymbol{E}\cdot \mathrm{d}\boldsymbol{S} = 4\pi r^2 E = \frac{q}{\varepsilon_0}$$

于是，高斯面外($r>R$)的场强为

$$E = \frac{1}{4\pi\varepsilon_0}\frac{q}{r^2} \quad (r>R) \tag{12-24}$$

根据同样的分析方法，可分析并得出球面内($r<R$)的场强. 如图 12-29c 所示，球

面内取同心球面为高斯面，其电通量为

$$\oiint_{(S)} \boldsymbol{E} \cdot \mathrm{d}\boldsymbol{S} = 4\pi r^2 E$$

而高斯面内电量代数和为 $\sum q_i = 0$，故

$$E = 0 \quad (r<R) \tag{12-25}$$

综合起来有

$$\boldsymbol{E} = \begin{cases} \dfrac{1}{4\pi\varepsilon_0}\dfrac{q}{r^2} & (r>R) \\ 0 & (r<R) \end{cases}$$

上式表明，均匀带电球面内部场强处处为零，外面场强与点电荷场强相同，即可以认为全部电荷集中于球心处. 这个场强分布可以用曲线来表示，如图 12-29d 所示. 从图中可以看出在球面上场强有突变. 请读者思考电场在球面上不连续的原因.

例题 12-8　用高斯定理求场强——球对称

半径为 R 的绝缘球体均匀带电，电量为 q，电荷体密度为ρ_e，如图 12-30 所示. 试求球体内外的场强分布.

解　均匀带电球体的场强分布与球面类似，首先，它们都具有球对称性. 其次，根据高斯定理可得带电球体外面的场强表达式与带电球面外的场强相同，即

$$E = \frac{1}{4\pi\varepsilon_0}\frac{q}{r^2} \quad (r \geqslant R) \tag{12-26}$$

而对于球体内部，仍不丢失球对称性.

在球体内部取一半径为 $r(\leqslant R)$的同心球面为高斯面，该高斯面上场强大小应处处相等，方向沿着径向，则通过该面的电通量为

$$\oiint_{(S)} \boldsymbol{E} \cdot \mathrm{d}\boldsymbol{S} = 4\pi r^2 E \tag{12-27}$$

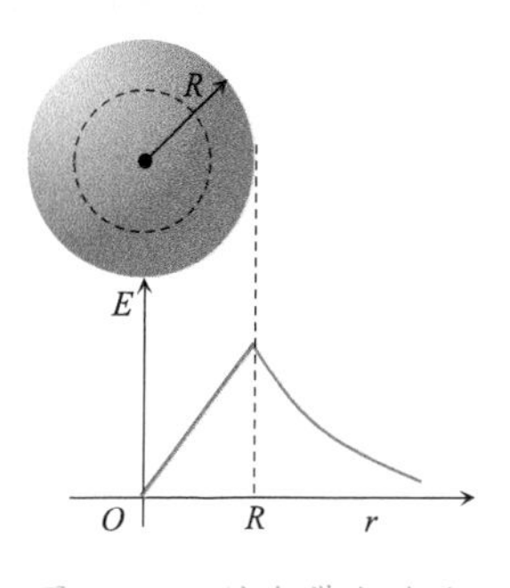

图 12-30　均匀带电球体的场强

由于电荷均匀分布，高斯面内电量为

$$\sum_{(S\text{面内})} q_i = \frac{4}{3}\pi r^3 \rho_\mathrm{e} \tag{12-28}$$

应用高斯定理将上述两式联立，并整理得

$$E = \frac{\rho_\mathrm{e} r}{3\varepsilon_0} \quad (r \leqslant R) \tag{12-29}$$

由此可见，均匀带电球体内部场强与 r 成正比(原因请读者思考). 如果将式中的电荷体密度ρ_e 用总电荷 q 及球体体积($V=\dfrac{4}{3}\pi R^3$)表示，并代入式(12-29)，整理得

$$E = \frac{1}{4\pi\varepsilon_0}\frac{qr}{R^3} \quad (r \leqslant R) \tag{12-30}$$

综合式(12-26)、式(12-30)，有

均匀带电球体的场强 ▶

$$E=\begin{cases}\dfrac{1}{4\pi\varepsilon_0}\dfrac{q}{r^2} & (r\geqslant R)\\ \dfrac{1}{4\pi\varepsilon_0}\dfrac{qr}{R^3} & (r\leqslant R)\end{cases} \tag{12-31}$$

根据上式场强与 r 的关系，可以画出场强分布曲线如图 12-30 所示. 从图中的曲线可看出，在球体内部，场强与 r 成正比，球体外部，场强与 r^2 成反比，而在球面上，场强是连续的. 但在例题 12-7 中，为什么在球面上场强不连续？

上述两个例子涉及的电场都是球对称的，可以把均匀带电球面、球体以及点电荷组合起来，只要保证同心，就仍具有球对称性，从而可以按照上述方法计算电场分布. 这类问题选取的高斯面均为同心的球面，以保证在高斯面上场强的大小处处相等，方向与高斯面垂直，使电通量容易求解.

轴对称 简单的轴对称是指无限长均匀带电直线、无限长均匀带电圆柱体或圆柱面及它们的同轴组合. 而比较复杂的轴对称还有体电荷密度不均匀，但是具有轴对称性(见练习题 12-16). 下面举例分析这类问题解法.

例题 12-9 用高斯定理求场强——轴对称

试求均匀带电无限长直线的电场分布，设 单位长度电量为λ_e.

解 为了使用高斯定理求解场强分布，先分析一下一段有限长均匀带电直线垂直平分面上的场强情况. 如图 12-31a 所示，考虑一段长为 l 的均匀带电直线中垂面 M 上的一点 P，在中垂面 M 上方的带电线上取一电荷元 $\mathrm{d}q$，该电荷元在 P 点形成的场强为 $\mathrm{d}E$，其方向如图 12-31a 所示，同样在中垂面 M 的下方对称地取另一等大的电荷元 $\mathrm{d}q'$，该电荷元在 P 点形成的场强 $\mathrm{d}E'$ 与 $\mathrm{d}E$ 等大，方向对称. 因此它们在 P 点形成场强的合矢量只有沿中垂面的分量 $\mathrm{d}E_{//}$，从而整个带电线在中垂面上的场强方向只有水平分量，并且在以带电线中点为中心的任意圆环上的各点形成的场强处处大小相等.

上述分析对于无限长均匀带电线来说具有相同的结论. 任意一个与带电线垂直的平面均可视为中垂面，在中垂面上取一个以带电线为中心的任意圆，圆上各点的场强大小相等，方向与带电线垂直. 根据这个对称性，可以得出如下结论：**无限长均匀带电直线的场强具有轴对称性，即在以带电直线为轴线的任意圆柱面上场强的大小相等，方向呈均匀辐射状，若直线带正电荷，场强均匀辐射向外，反之亦然**. 图 12-31c 将电场线类比成试管刷.

根据上述对称性，可应用高斯定理求解场强分布. 取一个与带电线同轴的圆柱面 S 为高斯面，此高斯面由上、下底面及侧面构成，其半径为 r，高度为 H. 根据高斯定理，有

$$\oint\!\!\!\!\oint_{(S)}\boldsymbol{E}\cdot\mathrm{d}\boldsymbol{S}=\iint_{(S_{上})}\boldsymbol{E}\cdot\mathrm{d}\boldsymbol{S}+\iint_{(S_{下})}\boldsymbol{E}\cdot\mathrm{d}\boldsymbol{S}+\iint_{(S_{侧})}\boldsymbol{E}\cdot\mathrm{d}\boldsymbol{S} \tag{12-32}$$

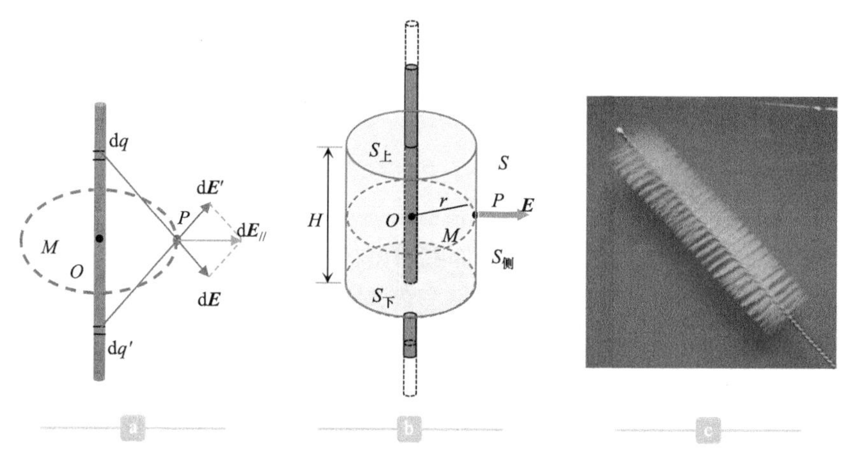

图 12-31　无限长均匀带电直线的场强. a. 无限长带电线场强方向分析. b. 高斯面的选取. c. 电场线分布类似试管刷

式中，在上底面及下底面上场强的方向与面积法线方向处处垂直，故通过这两个底面的电通量为零. 而在柱面上各点场强的大小相等，方向与面积法线相同，故有

$$\oiint_{(S)} \boldsymbol{E} \cdot \mathrm{d}\boldsymbol{S} = \iint_{(S_{侧})} \boldsymbol{E} \cdot \mathrm{d}\boldsymbol{S} = 2\pi r H E$$

根据高斯定理，得

$$\oiint_{(S)} \boldsymbol{E} \cdot \mathrm{d}\boldsymbol{S} = 2\pi r H E = \frac{\sum\limits_{(S_{内})} q_i}{\varepsilon_0} = \frac{\lambda_e H}{\varepsilon_0}$$

上式整理，得

$$E = \frac{\lambda_e}{2\pi\varepsilon_0 r} \tag{12-33}$$

式(12-33)即是无限长均匀带电直线的场强分布表达式，此式表明，任意点的场强大小与该点到带电线的距离成反比，方向沿矢径，上式的矢量形式为

$$\boldsymbol{E} = \frac{\lambda_e}{2\pi\varepsilon_0 r}\boldsymbol{e}_r \tag{12-34}$$

◀ 无限长均匀带电细棒的场强

式中，$\boldsymbol{e}_r$ 为径向的单位矢量.

面对称　简单的面对称是指无限大均匀带电的平面薄板、有厚度的无限大均匀带电平板等，或者其他面对称情形.

关于面对称场的性质，首先分析一下均匀带电薄圆盘轴线上的电场情况. 如图 12-32 所示，考虑一半径为 R，电量为 q 的均匀带电薄圆盘，其轴线上的场强有什么特点呢？显然，带电圆盘可以视为由许多半径不同的同心带电圆环组成. 每个带电圆环在轴线上的 P 点形成的场强方向均沿着轴线方向. 对于无限大均匀带电薄板，可以看成半径为无穷大的带电圆盘，故任意垂直于该盘的直线均可视为圆盘的轴线. 因此，无限大均匀带电薄板两侧的场强应具有如下性质：**第一，场强方向处处与薄板垂直；第二，到薄板等距离点场强大小相等. 这就是面对称的场强分布.** 面对称的场强分布可以应用高斯定理计算.

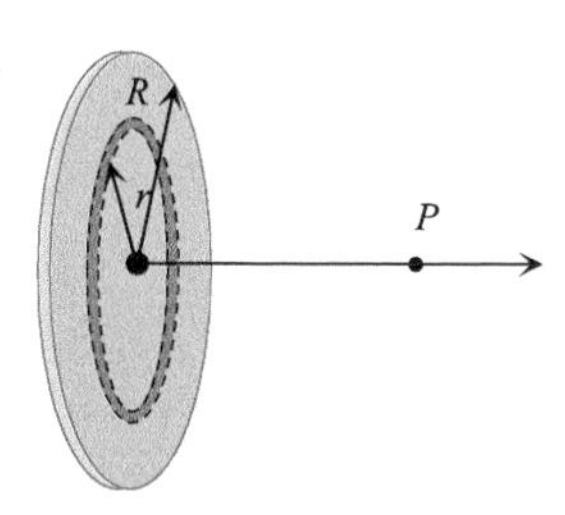

图 12-32　均匀带电薄圆盘轴线上的场强沿着轴线

例题 12-10 用高斯定理求场强——面对称

如图 12-33 所示，一无限大均匀带电薄平板，电荷面密度为σ_e，试求板两侧的场强分布.

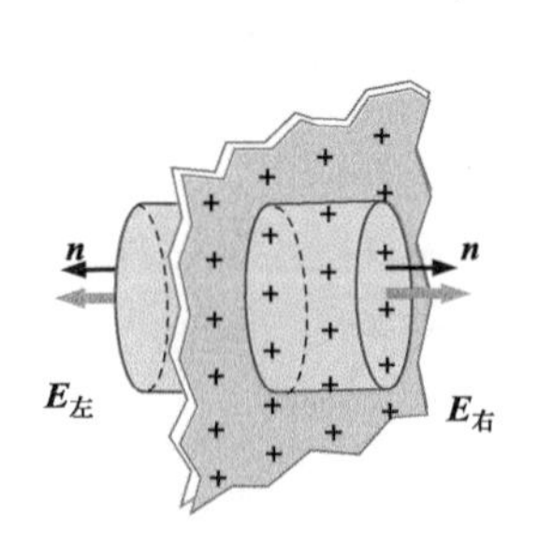

图 12-33 无限大均匀带电板的场强

解 根据上边关于带电圆盘场强的对称性分析可知，该板两侧的电场分布也具有面对称性. 考虑到上述面对称场的两个性质，关于带电板对称地选取一柱面为高斯面，该柱面左右两个底面到带电板距离相等. 因此，在每个底面上场强的大小相等，方向与面垂直，且左右底面的场强也相等. 而柱形高斯面的侧面场强与面元法线处处垂直，故在侧面上电通量处处为零. 根据上述分析及高斯定理，有

$$\oint\!\!\!\oint_{(S)} \boldsymbol{E}\cdot \mathrm{d}\boldsymbol{S} = \iint_{(S_左)} \boldsymbol{E}\cdot \mathrm{d}\boldsymbol{S} + \iint_{(S_右)} \boldsymbol{E}\cdot \mathrm{d}\boldsymbol{S} + \iint_{(S_侧)} \boldsymbol{E}\cdot \mathrm{d}\boldsymbol{S}$$
$$= E_左 \iint_{(S_左)} \mathrm{d}S + E_右 \iint_{(S_右)} \mathrm{d}S = 2E\Delta S$$

式中，$E_左 = E_右 = E$，ΔS 为高斯面底面的面积，也是与带电板相截的面积. 根据高斯定理，得

$$\oint\!\!\!\oint_{(S)} \boldsymbol{E}\cdot \mathrm{d}\boldsymbol{S} = 2E\Delta S = \frac{\sum\limits_{(S_内)} q_i}{\varepsilon_0} = \frac{\sigma_e \Delta S}{\varepsilon_0}$$

$$E = \frac{\sigma_e}{2\varepsilon_0} \tag{12-35a}$$

上式即是无限大均匀带电薄板两侧的场强分布. 显然该场是匀强电场，可以用矢量形式表示为

无限大均匀带电面的场强 ▶

$$\boldsymbol{E} = \frac{\sigma_e}{2\varepsilon_0}\boldsymbol{n} \tag{12-35b}$$

式中，$\boldsymbol{n}$ 为与带电板垂直的单位矢量. 若$\sigma_e>0$，则电场离开带电板向外，反之亦然.

在理解并应用高斯定理时应注意，高斯定理是普遍成立的定理. 但在应用它求场强分布时确有很严格的条件，故在使用该定理求场强时应注意以下几点：

(1) 电荷分布及其形成的电场要有很强的对称性，即球对称、轴对称及面对称，如例题 12-7～例题 12-10.

应用高斯定理求场强要注意的几点 ▶

(2) 根据对称性，适当地选择高斯面. 如果满足球对称，高斯面选取同心球面，使电通量容易计算，即$\oint\!\!\!\oint \boldsymbol{E}\cdot \mathrm{d}\boldsymbol{S} = 4\pi r^2 E$，见例题 12-7、例题 12-8；如果满足轴对称，高斯面选取同轴柱面，使两个底面的法线与电场强度垂直，通量为零，总通量为$\oint\!\!\!\oint \boldsymbol{E}\cdot \mathrm{d}\boldsymbol{S} = ES_侧$，见例题 12-9；如果满足面对称，高斯面选取与带电面对称的柱面，使高斯面侧面的法线与电场强度垂直，通量为零，则$\oint\!\!\!\oint \boldsymbol{E}\cdot \mathrm{d}\boldsymbol{S} = 2E\Delta S$，见例题 12-10.

(3) 要正确地计算出高斯面所包围的电量的代数和. 如果电荷的分布不均匀，但仍具有对称性，应使用积分计算电量代数和. 高斯定理求出的场强是高斯面所在处的场强的大小，其方向应在对称性分析中确定，并且其场强是由所有电荷产生的.

为了便于记忆和使用，有人把应用高斯定理求场强的步骤简单地归纳如下：**对称性先看好，高斯面要选巧，通量电量分别求，应用等式场知晓.**

12.4　静电场的环路定理

前几节我们从置于静电场中的电荷会受力的角度研究了静电场的性质，并引入了电场强度的概念. 实际上还可以从置于静电场中电荷具有能量的角度研究静电场的性质. 为此，首先研究电场力对于电荷做功的性质.

1. 静电场力做功

力学指出，在重力场中移动物体时，重力做功与路径无关. 库仑力与万有引力相似，也应该具有相似的性质. 下面我们从库仑定律及叠加原理出发证明静电场力做功与路径无关.

1) 点电荷的电场力做功

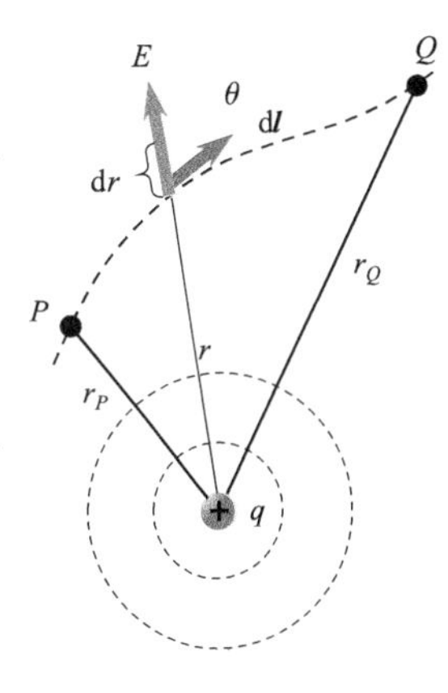

图 12-34　静电场力做功——点电荷

设在正的点电荷 q 产生的电场中，沿着任意路径将试验电荷 q_0 从 P 点移动到 Q 点，如图 12-34 所示，我们来计算电场力对 q_0 做的功. 任意路径 PQ 可以看成由很多个元位移组成，在每个元位移上 q_0 受到的电场力可以看成不变. 在任一元位移 $\mathrm{d}l$ 处，电场力 $\boldsymbol{F}$ 对 q_0 做的功为

$$\mathrm{d}A=\boldsymbol{F}\cdot\mathrm{d}\boldsymbol{l}=q_0\boldsymbol{E}\cdot\mathrm{d}\boldsymbol{l}=q_0E\cdot\mathrm{d}l\cos\theta \tag{12-36}$$

式中，$\mathrm{d}l\cos\theta$为 $\mathrm{d}\boldsymbol{l}$ 沿场强(或矢径)方向的投影，即 $\mathrm{d}l\cos\theta=\mathrm{d}r$. 将点电荷场强及 $\mathrm{d}r$ 代入上式，并从 P 点到 Q 点积分，得

◀ 点电荷的电场力做功与路径无关

$$A=\int_P^Q\boldsymbol{F}\cdot\mathrm{d}\boldsymbol{l}=\int_{r_P}^{r_Q}q_0\frac{1}{4\pi\varepsilon_0}\frac{q}{r^2}\cdot\mathrm{d}r=\frac{q_0q}{4\pi\varepsilon_0}\left(\frac{1}{r_P}-\frac{1}{r_Q}\right) \tag{12-37}$$

式中，r_P，r_Q分别为 P，Q 两点到场源电荷 q 的距离. 上式表明，在点电荷 q 形成的电场中，移动试验电荷 q_0，电场力做功只取决于起点和终点的位置，而与具体的路径无关.

2) 任意带电体电场力做功

对于任意带电体，我们可以将其分割成无限多个点电荷，应用叠加原理及点电荷电场力做功的性质，研究任意静电场力做功的性质.

设想将任意带电体分割成 N 个点电荷 q_1，q_2，…，q_N，如图 12-35 所示，在它们产生的电场中，移动试验电荷 q_0 从 P 点到 Q 点，在此过程中电场力做功为

$$A=\int_P^Q\boldsymbol{F}\cdot\mathrm{d}\boldsymbol{l}=\int_P^Q q_0\boldsymbol{E}\cdot\mathrm{d}\boldsymbol{l} \tag{12-38}$$

其中场强 $\boldsymbol{E}$ 可由叠加原理求得

$$\boldsymbol{E}=\boldsymbol{E}_1+\boldsymbol{E}_2+\cdots+\boldsymbol{E}_N$$

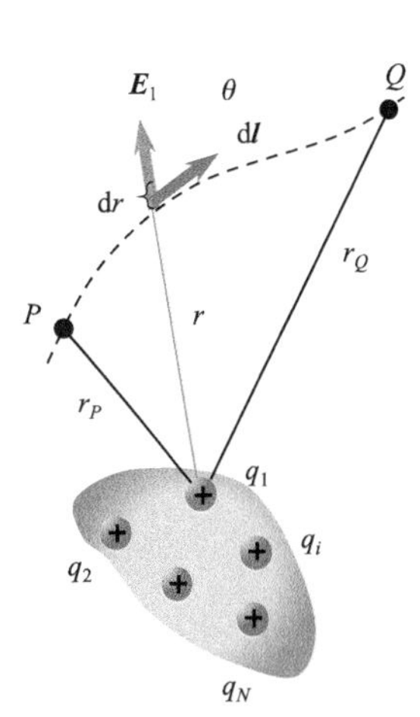

图 12-35　静电场力做功——点电荷组

式中，$\boldsymbol{E}_1$，$\boldsymbol{E}_2$，…，$\boldsymbol{E}_N$分别是由 q_1，q_2，…，q_N形成的场强. 将合场强 $\boldsymbol{E}$ 代入式(12-38)，得

$$A=\int_P^Q q_0\boldsymbol{E}\cdot\mathrm{d}\boldsymbol{l}=\int_P^Q q_0\boldsymbol{E}_1\cdot\mathrm{d}\boldsymbol{l}+\int_P^Q q_0\boldsymbol{E}_2\cdot\mathrm{d}\boldsymbol{l}+\cdots+\int_P^Q q_0\boldsymbol{E}_N\cdot\mathrm{d}\boldsymbol{l} \qquad (12\text{-}39)$$

根据上边的讨论，上式右边每一项，即每个电荷对于试验电荷 q_0 做功与路径无关，故在任意带电体形成的电场中移动试验电荷时，电场力做功与路径无关.

综上所述，电荷在静电场中移动时，电场力所做的功只与该电荷的起点和终点位置有关，与路径无关. 这是静电场的另一性质，是库仑定律及叠加原理的必然结果.

电场力做功与路径无关 ▶

2. 静电场的环路定理

上面指出，在静电场中移动电荷时，电场力做功只取决于起止位置，而与路径无关. 这一性质还可以表述成另一种等效的形式. 考虑沿任意闭合路径 L 移动试验电荷 q_0，电场力做的功. 如图 12-36 所示，在 L 上取两点 P、Q. 它们将 L 分成 L_1 和 L_2 两段. 因此，

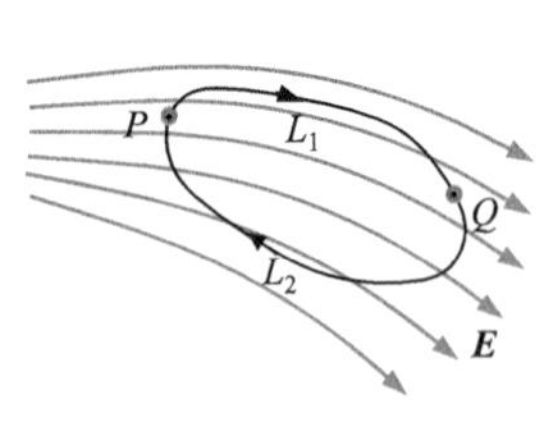

图 12-36 静电场的环路定理

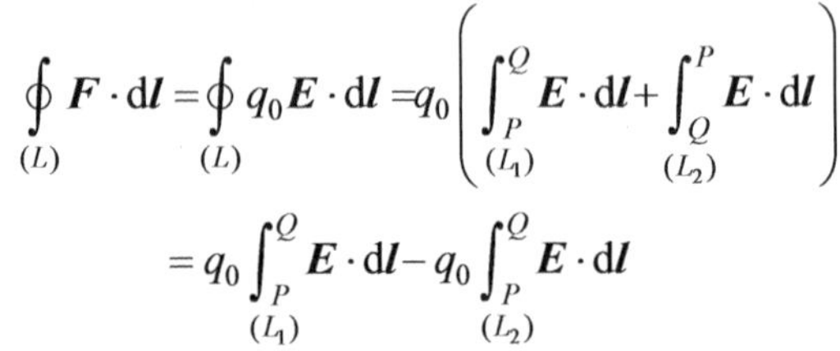

$$\oint_{(L)}\boldsymbol{F}\cdot\mathrm{d}\boldsymbol{l}=\oint_{(L)}q_0\boldsymbol{E}\cdot\mathrm{d}\boldsymbol{l}=q_0\left(\int_{P\,(L_1)}^{Q}\boldsymbol{E}\cdot\mathrm{d}\boldsymbol{l}+\int_{Q\,(L_2)}^{P}\boldsymbol{E}\cdot\mathrm{d}\boldsymbol{l}\right)$$

$$=q_0\int_{P\,(L_1)}^{Q}\boldsymbol{E}\cdot\mathrm{d}\boldsymbol{l}-q_0\int_{P\,(L_2)}^{Q}\boldsymbol{E}\cdot\mathrm{d}\boldsymbol{l}$$

由于做功与路径无关，则

$$q_0\int_{P\,(L_1)}^{Q}\boldsymbol{E}\cdot\mathrm{d}\boldsymbol{l}=q_0\int_{P\,(L_2)}^{Q}\boldsymbol{E}\cdot\mathrm{d}\boldsymbol{l}$$

于是在静电场中，沿任意闭合路径移动电荷 q_0 时，电场力所做的功 A 为

$$A=\oint_{(L)}\boldsymbol{F}\cdot\mathrm{d}\boldsymbol{l}=q_0\oint_{(L)}\boldsymbol{E}\cdot\mathrm{d}\boldsymbol{l}=0 \qquad (12\text{-}40)$$

因 $q_0\neq 0$，则在静电场中移动单位正电荷，沿任意闭合路径，电场力做的功为零，即

静电场的环路定理 ▶

$$\oint_{(L)}\boldsymbol{E}\cdot\mathrm{d}\boldsymbol{l}=0 \qquad (12\text{-}41)$$

上式表明，**在静电场中，场强沿任意闭合路径的线积分(或称 $\boldsymbol{E}$ 的环流)恒等于零. 或者说，沿着任意闭合路径移动单位正电荷，电场力做的功恒等于零，这就是静电场的环路定理.** 它指出了静电场是保守力场.

高斯定理和环路定理是静电场的两个基本定理，它们分别揭示了静电场的两个基本性质，前者指出，静电场是有源场，其源就是电荷(场源电荷).后者指出静电场是保守场，有势场或无旋场. 关于这两个性质读者会在今后的学习中逐步加深认识. 应用环路定理可以证明静电场线不是闭合的曲线，读者可用反证法自行证明.

12.5 电势 电势差

重力场中移动质点时，重力对质点做的功与路径无关，应用功能原理，引入了重力势能的概念. 本节将根据在静电场中移动电荷，电场力做功与路径无关的性质引入电势能、电势及电势差的概念.

1. 电势能

众所周知，在重力场中从一点到另一点移动质点时，重力做的功等于质点在这两个点的重力势能之差. 同样，由于静电场也是保守力场，也可以引入势能的概念，称为电势能，或称电位能，用 W_p 表示. 在静电场中移动试验电荷 q_0 时，电场力对它做功，这会改变试验电荷 q_0 与形成该电场的电荷体系的电势能. 电场力做正功时，体系的电势能将减少；电场力做负功时，电势能增加. 所以将电荷 q_0 由 P 点沿任意路径移到 Q 点时，电场力做的功为

$$A_{PQ}=\int_P^Q \boldsymbol{F}\cdot \mathrm{d}\boldsymbol{l}=q_0\int_P^Q \boldsymbol{E}\cdot \mathrm{d}\boldsymbol{l}=W_P-W_Q \tag{12-42}$$

式中，W_P、W_Q 分别是检验电荷在 P、Q 两点的电势能. 从力学的观点看，此功等于体系电势能的减少量. 当电场力做正功时，$A_{PQ}>0$，$W_P>W_Q$，电势能减少；电场力做负功时，$A_{PQ}<0$，$W_P<W_Q$，电势能增加，如图 12-37 所示.

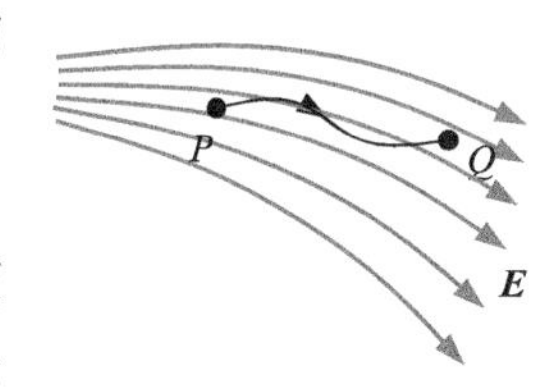

图 12-37 电势能差

跟重力势能一样，电势能也是相对的. 只有预先选定参考点，并给出在该点的电势能的数值，才能确定试验电荷在任意位置处的电势能. 但是电场中任意两点之间的电势能之差与参考点的选择无关. 式(12-42)实际上给出了 P、Q 两点的电势能差的计算公式. 若以 Q 点为参考点，以 R 表示，并选定 q_0 处于该点电势能为零，即 $W_Q=0$，则电荷 q_0 处于任意点 P 处的电势能为

$$W_P=q_0\int_P^R \boldsymbol{E}\cdot \mathrm{d}\boldsymbol{l} \tag{12-43}$$

◄ 电势能的定义

上式就是电势能的定义式，即**某试验电荷 q_0 处于静电场中任意 P 处的电势能等于从该点移动该电荷至参考点 R，电场力做的功.**

在 SI 单位制中，电势能的单位为焦耳，符号为 J. 注意：电势能是标量.

2. 电势

上面指出，处于电场中某点的电荷 q_0 具有电势能. 此电势能不仅与参考点的选择有关，与形成该电场的电荷体系有关，而且与该电荷的电量 q_0 有关，见式(12-43). 若从能量的角度描述某电荷系形成的静电场的自身属性，而不牵涉试验电荷，需要引入另外一个物理量——电势. 其定义是：在静电场中沿任意路径移动单位正电荷从某点 P 到参考点(reference)电场力所做的功定义为该点的电势(或电位)，用 U_P 表示

$$U_P=\frac{A_{PR}}{q_0}=\int_P^R \boldsymbol{E}\cdot \mathrm{d}\boldsymbol{l} \tag{12-44}$$

◄ 电势的定义

结合式(12-43)，可以将电势定义为：相对于参考点而言，在 P 点处单位正电荷具有的电势能即 P 点的电势，即

$$U_P = \frac{W_P}{q_0} \tag{12-45}$$

在理解电势时应该注意，电势与电势能是两个不同的概念，电势能由试验电荷(如电量大小、正负)和场强两个因素决定，表示试验电荷与形成该电场电荷体系相互作用能的大小. 而电势只由电场强度决定，与试验电荷无关，只是描述电场(从能量方面)本身性质的量. 试验电荷不处在电场当中时，没有电势能，但电场中的该点却存在电势.

电势也是一个相对量，只有在选定参考点后才能确定某点的电势. 无论电势还是电势能都是标量. 习惯上，一般取参考点的电势(能)为零. 在计算电势(能)时，应注意以下几点：

(1) 若带电体分布在有限空间，参考点选在无穷远；

(2) 若带电体分布在无限空间，参考点选在有限空间内；

(3) 在电子设备中，通常以公共接地线或机壳作为参考点，但是它对大地的电势差不一定为零. 为了防止触电，应确保电器设备有效地接地，否则碰触电气设备会有触电的危险，如图 12-38 所示.

图 12-38 工程技术中可以选电器的机壳为电势零点，但机壳对地电压可能不是零

在 SI 单位中，电势的单位是焦耳/库仑，称为伏特，简称伏，其符号为 V.

前已述及，描述静电场可以用电场强度 $\boldsymbol{E}$，也可以用电势 U，这两个物理量在描述静电场方面是等价的. 场强是从处于电场中的电荷会受力的方面描述静电场的，是矢量. 电势是从处于电场中电荷具有能量方面描述静电场的，是标量. 因此计算已知带电体形成的电势，也是本章的一个主要问题. 下面通过举例介绍带电体形成电势的计算方法.

1) 定义法计算电势分布

顾名思义，定义法就利用电势的定义式计算空间的电势. 这种方法适用于场强已知，或者容易求出的情况.

例题 12-11 电势分布的计算——定义法

求点电荷的电势分布.

解 求点电荷的电势可以应用场强积分法. 已知点电荷 q 的场强为

$$\boldsymbol{E} = \frac{1}{4\pi\varepsilon_0}\frac{q}{r^2}\hat{\boldsymbol{r}}$$

代入电势的定义式，得

$$U_P = \int_P^R \boldsymbol{E}\cdot \mathrm{d}\boldsymbol{l}$$

式中，P 为电场内任意一点；R 为参考点，本题可取无穷远为参考点. 由于静电场力做功与路径无关，所以上式的积分路径可以任选，因此可沿矢径方向进行积分，即

$$U_P=\int_P^R \boldsymbol{E}\cdot \mathrm{d}\boldsymbol{l}=\int_r^\infty \frac{1}{4\pi\varepsilon_0}\frac{q}{r^2}\mathrm{d}r=\frac{1}{4\pi\varepsilon_0}\frac{q}{r} \tag{12-46}$$

上式即是点电荷在周围空间形成的电势. 该式表明点电荷形成的电势与电量 q 成正比，与场点到电荷的距离 r 成反比. 并且该电势分布具有球对称性，即以点电荷为中心的任意球面上电势的数值相同，此面称为等势面. 显然，不同数值的等势面是一系列的同心球面，如图 12-39 的虚线所示.

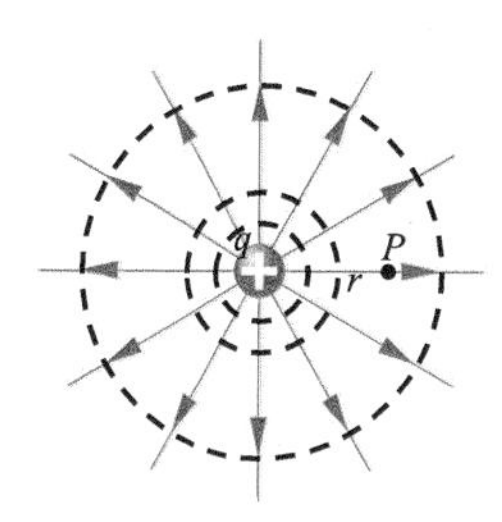

图 12-39　电场线与等势面

例题 12-12　势分布的计算——定义法

求均匀带电球面内外的电势分布，设球半径为 a，带电量为 Q.

解　本题也可使用定义法求解电势分布. 根据例题 12-7 的结果，均匀带电球面的场强分布为

$$\boldsymbol{E}=\begin{cases}\dfrac{1}{4\pi\varepsilon_0}\dfrac{Q}{r^2} & (r>a)\\ 0 & (r<a)\end{cases}$$

由于球面将空间分为球内、球外两部分，故求解电势分布也应该分区域考虑，如图 12-40 所示. 根据电场分布的对称性，可以得知电势分布也应具有球对称性. 本题因电荷分布在有限空间，可取无穷远为参考点.

当 $r\geqslant a$ 时，球面外的电势分布为

$$U_{外}=\int_P^R \boldsymbol{E}\cdot \mathrm{d}\boldsymbol{l}=\int_r^\infty \frac{1}{4\pi\varepsilon_0}\frac{Q}{r^2}\mathrm{d}r=\frac{1}{4\pi\varepsilon_0}\frac{Q}{r} \tag{12-47}$$

当 $r\leqslant a$ 时，球面内的电势分布为

$$U_{内}=\int_P^R \boldsymbol{E}\cdot \mathrm{d}\boldsymbol{l}=\int_r^a 0\cdot \mathrm{d}\boldsymbol{l}+\int_a^\infty \frac{1}{4\pi\varepsilon_0}\frac{Q}{r^2}\mathrm{d}r=\frac{1}{4\pi\varepsilon_0}\frac{Q}{a} \tag{12-48}$$

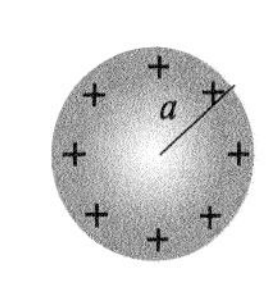

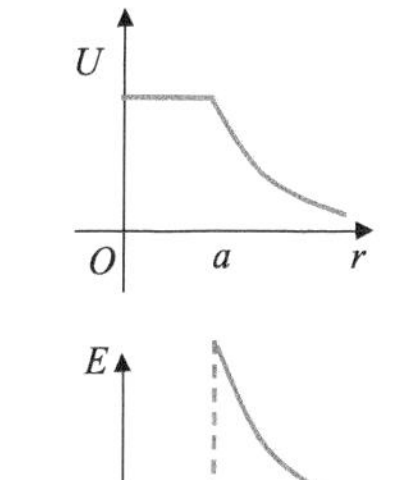

图 12-40　均匀带电球面的电势

上式求解球面内电势时，积分应分两段进行，因为球面内、外的场强分布不同，这与数学上的被积函数分区域不同积分要进行分段的道理是一样的. 从上述结果可以得出如下结论.

(1) 球面外电势表达式与点电荷的结果相同，电势具有球对称性，等势面是一些以球心为中心的同心球面；

(2) 球面内电势为一常数，表明球面内部是等势区. 同时球面内部的场强处处为零. 是否可以得出结论：场强为零的区域是等势区呢？请读者思考.

(3) 根据上述两个表达式，可画出电势分布的 U-r 曲线. 显然在球面上，电势函数是连续的. 但电场分布的 E-r 曲线不连续，如图 12-40 所示.

(4) 这种定义法求电势分布既适用于场强分布已知，也适用于场强分布容易求出的情况，比如可以应用高斯定理求解场强的情况.

2) 叠加法计算电势

这里的叠加法是指电势叠加原理法，应用电势定义及场强叠加原理可以导出电势叠加原理. 考虑 N 个点电荷 q_1，q_2，…，q_N 组成的电荷组，如图 12-41 所示. 按照电势定义，这个电荷组在场点 P 处形成的电势为

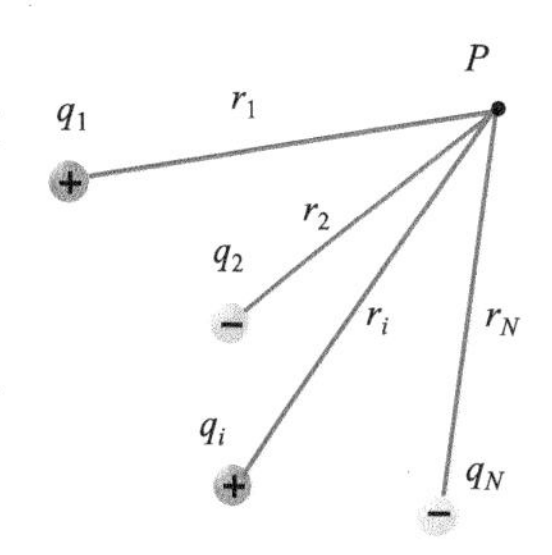

图 12-41　电势叠加原理

$$U_P=\int_P^R \boldsymbol{E}\cdot d\boldsymbol{l}$$

式中，$\boldsymbol{E}$ 是该电荷组在空间形成的电场，可由式(12-10)给出，将式(12-10)代入上式，整理得

$$U_P=\int_P^R \boldsymbol{E}\cdot d\boldsymbol{l}=\int_{r_{1P}}^R \boldsymbol{E}_1\cdot d\boldsymbol{l}+\int_{r_{2P}}^R \boldsymbol{E}_2\cdot d\boldsymbol{l}+\cdots+\int_{r_{NP}}^R \boldsymbol{E}_N\cdot d\boldsymbol{l}$$

上式中的 N 个积分式即每个点电荷在 P 点形成的电势，于是有

点电荷组的电势叠加原理 ▶

$$U_P=U_1+U_2+\cdots+U_N=\sum_{i=1}^{N}U_i=\sum_{i=1}^{N}\frac{1}{4\pi\varepsilon_0}\frac{q_i}{r_i} \tag{12-49}$$

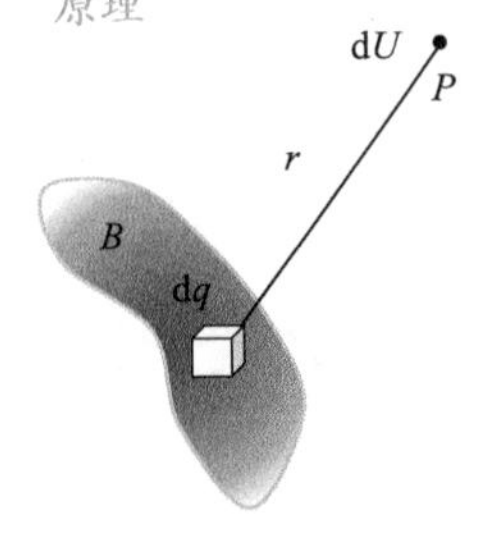

图 12-42 连续电荷的电势叠加原理

式中，$U_i=\dfrac{1}{4\pi\varepsilon_0}\dfrac{q_i}{r_i}$ 为 q_i 在场点 P 处形成的电势.

式(12-49)就是电势叠加原理：**点电荷系在空间某场点形成的电势等于每个点电荷在该点形成的电势的代数和.**

如果电荷体系是连续分布的，如图 12-42 所示，可以将其分割为许多电荷元，任意电荷元 dq 视为点电荷，代入式(12-49)，并将求和化为积分，便是积分形式的电势叠加原理，它适用于连续电荷分布情形，即

连续电荷的电势叠加原理 ▶

$$U_P=\int\frac{1}{4\pi\varepsilon_0}\frac{dq}{r} \tag{12-50}$$

应该注意的是：如果连续电荷分布在无限空间，式(12-50)不适用. 因为点电荷电势公式是以无穷远为参考点的. 另一方面，式(12-49)中的 U_i 既可以是点电荷的电势，也可以是带电体的电势. 也就是说电势叠加原理不仅适用于点电荷组，也适用于带电体组.

下面举两个例子介绍叠加原理法计算电势分布.

例题 12-13 电势分布的计算——叠加法

试求如图 12-43 所示的电偶极子在任意点 P 处产生的电势.

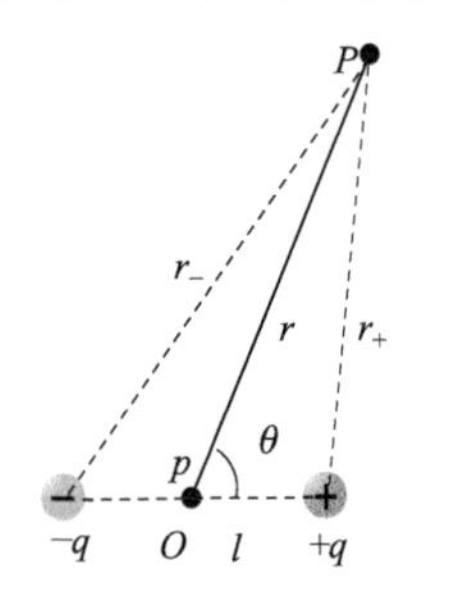

图 12-43 电偶极子的电势

解 先写出两个点电荷形成的电势，再根据电势叠加原理求总电势，即

$$U_+=\frac{1}{4\pi\varepsilon_0}\frac{q}{r_+},\quad U_-=\frac{1}{4\pi\varepsilon_0}\frac{-q}{r_-}$$

及

$$U=\frac{1}{4\pi\varepsilon_0}\frac{q}{r_+}-\frac{1}{4\pi\varepsilon_0}\frac{q}{r_-} \tag{12-51}$$

式中，r_+，r_- 分别是正、负电荷到 P 点的距离，从图中的几何关系可知

$$r_+=r-\frac{1}{2}l\cos\theta,\quad r_-=r+\frac{1}{2}l\cos\theta$$

代入式(12-51)，得

$$U=\frac{q}{4\pi\varepsilon_0}\left(\frac{1}{r-\dfrac{l}{2}\cos\theta}-\frac{1}{r+\dfrac{l}{2}\cos\theta}\right)$$

若场点离电偶极子很远，即 $r \gg l$，上式化简并整理得

$$U=\frac{q}{4\pi\varepsilon_0}\frac{l\cos\theta}{r^2-\dfrac{l^2}{4}\cos^2\theta}=\frac{1}{4\pi\varepsilon_0}\frac{ql\cos\theta}{r^2} \tag{12-52}$$

◀ 电偶极子的电势

式中，$q\boldsymbol{l}=\boldsymbol{p}$，即电偶极矩矢量，其方向自负电荷指向正电荷，而 θ 为 $\boldsymbol{p}$ 与 P 点位置矢量 $\boldsymbol{r}$ 间的夹角，于是上式可以写成矢量式如下：

$$U=\frac{1}{4\pi\varepsilon_0}\frac{\boldsymbol{p}\cdot\hat{\boldsymbol{r}}}{r^2} \tag{12-53}$$

上式表明电偶极子的电势与 r 的平方成反比，并且可以发现，电势叠加是标量叠加，也就是代数和，计算时没有方向问题，所以比矢量运算简单. 对于连续电荷分布的电势计算也同样不涉及方向问题，请看下例.

例题 12-14　电势分布的计算——叠加法

试计算均匀带电圆环轴线上的电势分布，已知圆环半径为 a，带电量为 Q，如图 12-44 所示.

解　将带电圆环分割成许多小电荷元，取任意电荷元 dq，它在环轴线上任意点 P 处形成的电势为

$$\mathrm{d}U=\frac{1}{4\pi\varepsilon_0}\frac{\mathrm{d}q}{r}$$

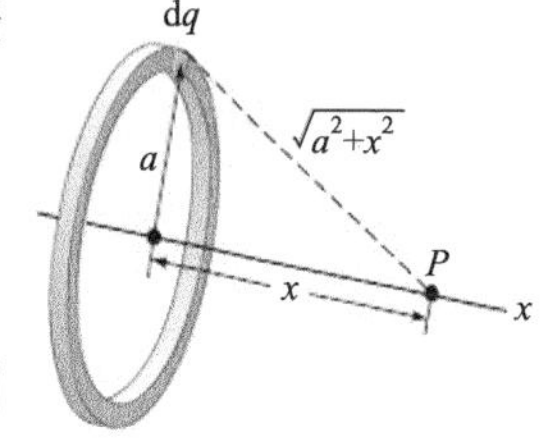

图 12-44　带电圆环轴线上的电势

式中，$r=\sqrt{a^2+x^2}$ 为电荷元到 P 点的距离，显然环上每一点到 P 的距离都相等，对上式积分时，r 是不变的，于是 P 的总电势为

$$U=\oint_{(环)}\mathrm{d}U=\oint_{(环)}\frac{1}{4\pi\varepsilon_0}\frac{\mathrm{d}q}{r}=\frac{1}{4\pi\varepsilon_0}\frac{1}{r}\oint_{(环)}\mathrm{d}q=\frac{1}{4\pi\varepsilon_0}\frac{Q}{\sqrt{x^2+a^2}} \tag{12-54}$$

上式即为均匀带电圆环在轴线上形成的电势. 我们可以考虑两种极端情形：

(1) 当 $x=0$ 时，即圆环中心处，$U=\dfrac{1}{4\pi\varepsilon_0}\dfrac{Q}{a}$. 表明在均匀带电圆环中心处电势不等于零，但是该点的场强为零.

(2) 当 $x \gg a$ 时，即场点离带电体系很远，$U=\dfrac{1}{4\pi\varepsilon_0}\dfrac{Q}{x}$. 此结果表明当场点离带电体很远时，该带电体在场点处形成的电势可以视为点电荷.

例题 12-15　电势分布的计算——定义法

求无限长均匀带电直线的电势分布.

解　因为电荷分布在无限区域内，故电势参考点取在距离带电直线为 a 处. 例题 12-9 已经求出长直均匀带电直线的场强分布为

$$\boldsymbol{E}=\frac{\lambda_e}{2\pi\varepsilon_0 r}\boldsymbol{e}_r$$

将上式代入电势定义式，应用定义法可求出电势为

求解电势需要注意的几点

$$U_P=\int_P^R \boldsymbol{E}\cdot \mathrm{d}\boldsymbol{l}=\int_r^a \frac{1}{2\pi\varepsilon_0}\frac{\lambda_e}{r}\mathrm{d}r=\frac{\lambda_e}{2\pi\varepsilon_0}\ln\frac{a}{r}$$

上式中如果参考点取在无穷远处，则 $a\to\infty$，电势趋于无穷大，没意义. 因此电荷分布在无限空间时，参考点不能选在无穷远. 并且本题利用上述的点电荷电势及叠加原理也无法求出电势.

综上所述，电势的求法有两种，场强积分法和电势叠加法. 在求解时应注意以下几点：

(1) 求某一点的电势，就应以该点为积分下限，以参考点为积分上限.

(2) 参考点的选择依电荷的分布而定，电荷分布在有限区域时，一般选无限远为参考点；电荷分布在无限区域时，应以有限处为参考点.

(3) 由于场强积分与路径无关，为计算简便，应选取最简单的积分路径.

(4) 当场强分布不连续，即场强分布函数分区域不同时，积分应分段进行，不同区域代入不同的场强函数.

(5) 在同一个问题中，参考点的选择不变.

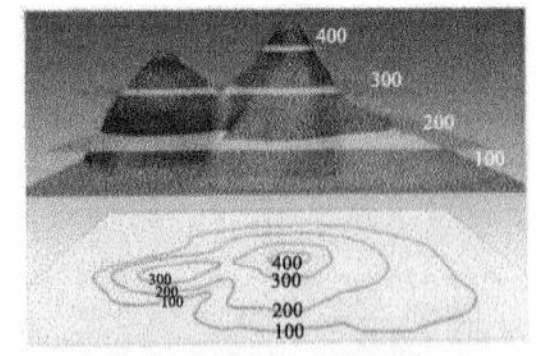

图 12-45 等高线与梯田. 梯田是在丘陵山坡地上沿等高线方向修筑的条状阶台式或波浪式断面的田地. 桂林龙胜梯田群规模宏大，全部梯田分布在海拔 300～1100m，最大坡度达 50°

12.6 电场强度与电势的微分关系

1. 等势面

地理学中有等高线的概念. 在地形地貌上有高山、有峡谷，每一点对于海平面均有一个确定的高度，在一定区域内，把相同高度的点连成一个闭合曲线——称为等高线，如图 12-45 所示. 由 12.5 节我们知道，已知场强分布，通过积分可以求出电势分布，细心的读者立即会想到：已知电势分布能否求出场强分布呢?本节将讨论这个问题. 前面已经提到等势面的概念，所谓等势面就是指电势相等的点构成的面. 图 12-46 给出了三种电荷体系的等势面情况，图中虚线为等势面，实线为电场线. 研究发现，等势面具有如下性质：

(1) 等势面密集处电场强，反之亦然.

(2) 等势面与电场线处处垂直.

(3) 等势面不能相交.

(4) 等势面(线)可以闭合.

(5) 等势面是客观存在的，与电场线不同.

(6) 习惯上，相邻等势面间的电势差相同.

上述性质的正确性均可以证明，读者可以查看其他文献，此处不再赘述.

2. 电势梯度与场强

电场强度与电势均是描述静电场的重要物理量. 它们之间有着密切的关系. 电势的定义式给出了它们之间的积分关系. 同时给出了电势的一种计算方法. 本节研究它们之间的微分关系，并给出场强的另一种计算方法——电势梯度法.

式(12-45)给出了任意一点的电势，实际上是场点 P 与参考点之间的电势差，

如果考虑在空间非常靠近的两点之间的电势差，则有

$$\boldsymbol{E}\cdot \mathrm{d}\boldsymbol{l}=-\mathrm{d}U$$

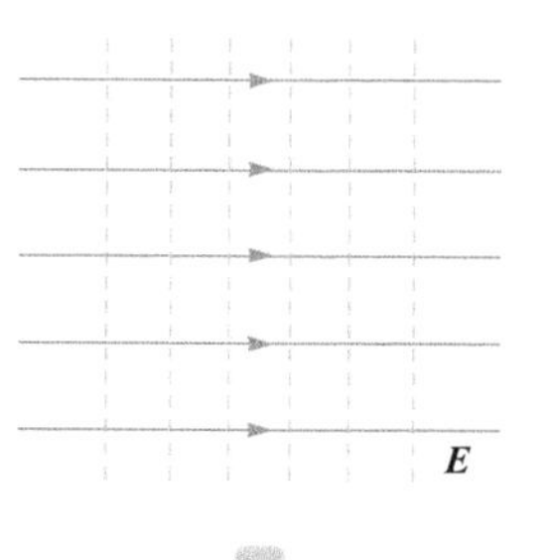

电场力移动单位正电荷做的元功等于电势的减少量，如果电场只有一个方向的分量，如带电圆环轴线上的场强，上式可以写成

$$E_x\mathrm{d}x=-\mathrm{d}U$$

则电场沿 x 方向的分量为

$$E_x=-\frac{\mathrm{d}U}{\mathrm{d}x} \tag{12-55a}$$

同理如果电场只有 y 分量、z 分量，则应有与式(12-55a)类似的关系，即

$$E_y=-\frac{\mathrm{d}U}{\mathrm{d}y} \tag{12-55b}$$

$$E_z=-\frac{\mathrm{d}U}{\mathrm{d}z} \tag{12-55c}$$

上述三式中的负号表明电场总是指向电势减小的方向. 一般情况下，在笛卡儿直角坐标系下，场强应具有三个方向分量，同时电势 U 也应该是 x,y,z 的函数. 这样上述三式应换为偏导数，即

$$E_x=-\frac{\partial U}{\partial x} \tag{12-56a}$$

$$E_y=-\frac{\partial U}{\partial y} \tag{12-56b}$$

$$E_z=-\frac{\partial U}{\partial z} \tag{12-56c}$$

因为场强是矢量，将上述三式写成矢量，有

$$\boldsymbol{E}=E_x\boldsymbol{i}+E_y\boldsymbol{j}+E_z\boldsymbol{k}=-\left(\frac{\partial U}{\partial x}\boldsymbol{i}+\frac{\partial U}{\partial y}\boldsymbol{j}+\frac{\partial U}{\partial z}\boldsymbol{k}\right) \tag{12-57}$$

图 12-46　几种典型电荷系的等势面. a. 匀强电场的等势面. b. 点电荷的等势面. c. 等量异号电荷的等势面

上式右边括弧内的算式在数学上称为电势梯度，以 grad$U$=∇U 表示. 于是场强与电势的微分关系如下：

$$\boldsymbol{E}=-\nabla U=-\mathrm{grad}U \tag{12-58}$$

◀ 场强与电势的梯度关系

即场强等于电势的负梯度. 式中∇称为梯度算符或哈密顿算符，在三维直角坐标系中

$$\nabla=\frac{\partial}{\partial x}\boldsymbol{i}+\frac{\partial}{\partial y}\boldsymbol{j}+\frac{\partial}{\partial z}\boldsymbol{k}$$

在数学上，某标量函数的梯度是指该标量沿某方向的最大变化率. 因此电势减小最快的方向就是场强的方向，最大的变化率就是场强的大小.

如果电势或场强具有球对称性，则 $U=U(r)$，$E=E(r)$，此时场强与电势的关系为

$$E_r=-\frac{\partial U}{\partial r} \tag{12-59}$$

式(12-11)与式(12-46)显然存在这样的关系.

例题 12-16　场强分布的计算——梯度法

试利用电势梯度法计算均匀带电圆环轴线上的场强分布.

解　从例题 12-14 知均匀带电圆环轴线上的电势为

$$U=\frac{1}{4\pi\varepsilon_0}\frac{Q}{\sqrt{x^2+a^2}}$$

由于电势 U 只是 x 的函数，故轴线上只有场强的 x 分量，因此有

$$E=E_x=-\frac{\partial U}{\partial x}=\frac{1}{4\pi\varepsilon_0}\frac{xQ}{(x^2+a^2)^{3/2}}$$

显然上式与式(12-15)完全相同.

关于场强与电势的梯度关系，在有的文献中有比较严格的推导，有兴趣的读者可以自行查询. 在电磁学中依电荷的分布，场强或电势可以选取三维直角坐标系(x，y，z)、球坐标系(r，θ，ϕ)或柱坐标系(r，ϕ，z). 在球坐标系和柱坐标系中，梯度算符分别为

$$\nabla=\frac{\partial}{\partial r}\boldsymbol{e}_r+\frac{1}{r}\frac{\partial}{\partial\theta}\boldsymbol{e}_\theta+\frac{1}{r\sin\theta}\frac{\partial}{\partial\phi}\boldsymbol{e}_\phi$$

$$\nabla=\frac{\partial}{\partial r}\boldsymbol{e}_r+\frac{1}{r}\frac{\partial}{\partial\phi}\boldsymbol{e}_\phi+\frac{\partial}{\partial z}\boldsymbol{e}_z$$

式中，$\boldsymbol{e}_r$，$\boldsymbol{e}_\theta$，$\boldsymbol{e}_\phi$是球坐标系中三个相互正交的单位矢量；$\boldsymbol{e}_r$，$\boldsymbol{e}_\phi$，$\boldsymbol{e}_z$是柱坐标系三个相互正交的单位矢量.

12.7　带电粒子在电场中的受力与电势能

前面介绍过，静电场是一种非分子、原子组成的特殊物质，它的基本性质是处在其中的带电粒子会受到力的作用，或具有能量. 本节我们举例说明带电体系与电场之间的相互作用.

1. 带电体系在电场中的受力及力矩

根据电场强度的定义式(12-9)，电量为 q 的带电粒子在电场中所受的力为

$$\boldsymbol{F}=q\boldsymbol{E} \tag{12-60}$$

若此带电体的空间尺度很小，可视为点电荷，则可以应用上式计算该电荷受力，并结合力学知识研究其在电场中的运动情况. 如果带电体不能简化为点电荷，则需要将带电体以微积分的方式划分为电荷元 $\mathrm{d}q$，计算电荷元的受力 $\mathrm{d}F$，并以积分方式计算带电体所受的合力，即

$$\boldsymbol{F}=\int\mathrm{d}q\boldsymbol{E} \tag{12-61}$$

上式是一个矢量积分，具体操作时应该考虑电场的分布与电荷的分布，选择适当的坐标系以分量进行. 求出合力之后可应用力学规律表述带电体的运动.

电偶极子是一个特殊的带电体系，在电磁学、电动力学以及电磁场理论等

课程中常常要研究这个体系. 下面以一个例题，介绍一下电偶极子在电场中的受力及运动情况.

例题 12-17　电场对电荷的作用——电偶极子在电场中的受力与力矩

将一个电偶极矩为 $\boldsymbol{p}(=q\boldsymbol{l})$的电偶极子置于场强为 $\boldsymbol{E}$ 的匀强电场中，如图 12-47 所示. 试计算该电偶极子所受到合力与合力矩.

解　根据式(12-60)，电偶极子中两电荷受力大小相等，均为

$$F_+ = F_- = qE$$

力的方向相反，故合力为零，即

$$\boldsymbol{F}_{合} = \boldsymbol{F}_+ + \boldsymbol{F}_- = 0$$

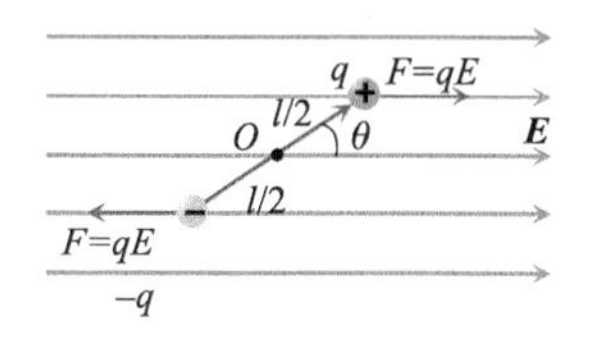

图 12-47　电偶极子在电场中的受力和力矩

显然，合力为零的原因是电场是均匀的. 于是电偶极子的中心将保持静止或匀速直线运动状态. 如果电场是非均匀的，一般合力不为零，那么电偶极子从总体上会做加速运动.

尽管合力为零，但合力矩不一定为零. 根据力矩的定义，偶极子中的正、负电荷对于偶极子中心 O 点的力矩分别为

$$M_{+q} = \frac{l}{2}F_+ \sin\theta = qE\frac{l}{2}\sin\theta = M_{-q}$$

力矩的方向均垂直纸面向里. 于是合力矩为

$$M_{合} = M_{+q} + M_{-q} = qlE\sin\theta = pE\sin\theta$$

式中，电偶极矩 $\boldsymbol{p}$ 和场强 $\boldsymbol{E}$ 均为矢量，θ又是它们之间的夹角，故上式定义了两个矢量的叉乘，即

$$\boldsymbol{M} = \boldsymbol{p}\times\boldsymbol{E} \tag{12-62}$$

显然，此力矩的作用效果是使电偶极子的极矩 $\boldsymbol{p}$ 的方向转向 $\boldsymbol{E}$，即减小角度θ. 从力矩的标量表达式可知，电偶极子受力矩的状态可以分为三种极端情况：① 稳定平衡状态，即当θ=0 时，M=0. 所谓稳定平衡是指，当系统由于微扰偏离该状态或位置时，可以自己回到平衡状态. 就像一个球处于峡谷最低处的平衡一样. ② 非稳定平衡状态，即当θ=π时，M=0. 所谓非稳定平衡是指，系统受到微扰而离开平衡位置时，不会自行回来了. 犹如一个球平衡在山峰处. ③ 最大力矩状态，即当θ=π/2 时，M 取最大值. 关于带电体系的平衡问题可以得出如下结论：在静电体系下，电荷不会有全方位的平衡. 另一方面，电偶极子在电场中的状态还可以从势能的角度进行描述，见下文.

2. 电荷在静电场中的电势能

前边提到，静电场的另一个性质是处于其中的带电体具有能量. 电势就是从能量角度描述静电场的. 根据式(12-45)，置于电场中 P 点单位电荷所具有的电势能为

$$U_P = \frac{W_P}{q_0}$$

于是电荷 q 置于任意 P 处具有的电势能为

$$W_P = qU_P \tag{12-63}$$

任何带电粒子在电场中均具有一定的电势能，一般地，当其位置发生变化时，势能也会随之变化. 在静电力的作用下，带电粒子的运动趋势是从电势能高处向电势能低处运动，势能越低越稳定. 例如，例题 12-17 中的电偶极子，在电场力作用下，正电荷沿着电场线，即向右运动，而负电荷逆着电场线，即向左运动，如图 12-48 所示. 在此运动过程中，电场和电偶极子构成的系统的势能减少. 那么如何表达电偶极子任意状态或位置处的电势能呢？该例题中曾经使用力矩描述电场与电偶极子的作用，显然在电场力作用下体系势能减少的过程也是力矩作用使夹角θ减小的过程，相反若外力克服电力矩 M 使夹角θ增加，势能增加，即

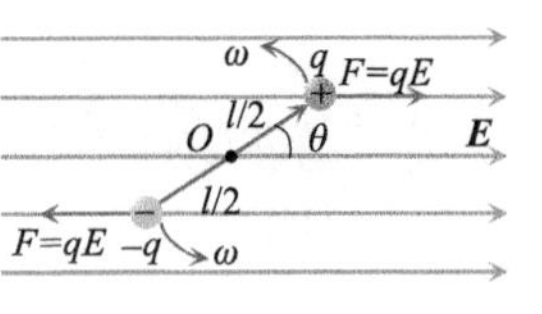

图 12-48 电偶极子在电场中的势能

$$\mathrm{d}W = M\mathrm{d}\theta = pE\sin\theta\mathrm{d}\theta$$

若取θ=π/2 为势能参考点，并令该状态势能为零，即 U_0=0，则

$$\int_{\pi/2}^{\theta}\mathrm{d}W = W_P - W_{P0} = \int_{\pi/2}^{\theta} pE\sin\theta\mathrm{d}\theta = -pE\cos\theta$$

上式中 U_0=0，因 $\boldsymbol{p}$，$\boldsymbol{E}$ 均为矢量，而θ是它们之间的夹角，故上式定义了 $\boldsymbol{p}$ 和 $\boldsymbol{E}$ 的点乘，即

$$W_P = -\boldsymbol{p}\cdot\boldsymbol{E} \tag{12-64}$$

上式即用势能表示的电偶极子与外电场间的相互作用. 显然，当θ= 0 时，即力矩为零时，势能最小，因此状态最稳定；而当θ= π时，即力矩也为零时，势能却最大，因此状态最不稳定. 一般地，在自然状态下，保守系统状态的自发取向是从高能态向低能态，或系统优先取能量最低的状态.

第 12 章练习题

12-1 如题 12-1 图所示，一对等量同号电荷，电量均为 q，相距为 l，求置于它们中分线上的 P 点的试验电荷 q_0 受到的静电力. P 点到连线中点的距离为 r，且 $r \gg l$.

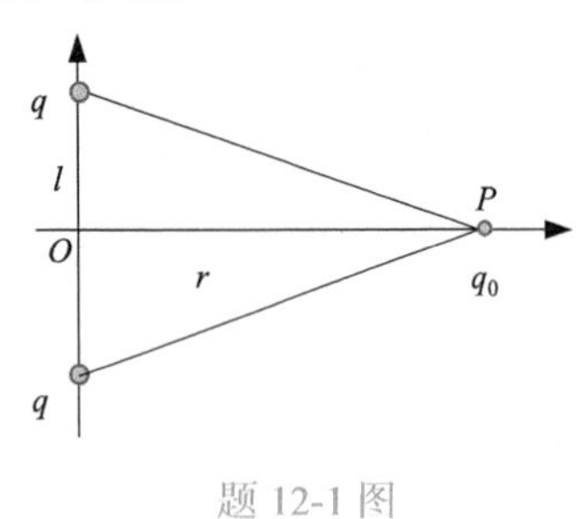

题 12-1 图

12-2 A、B 两个半径相同带有等量同号电荷的金属小球，相互作用力为 F，再用一个有绝缘柄的不带电的等大金属小球 C 与 A、B 两小球先后接触后移去，求接触后 A、B 两小球之间的相互作用力.

12-3 正方形的两个对角处各放一个电荷 Q，另两个对角处各放一个电荷 q，若 Q 所受合力为零，求 Q 与 q 的关系.

12-4 试求题 12-1 中 P 点的电场强度，并讨论当 $r \gg l$ 时，场强的极限表达式.

12-5 如题 12-5 图所示，一对等量异号电荷 $\pm q$ 的间距为 l，求在其连线延长线上的 Q 点处的场强 E，并计算 $r \gg l$ 时的极限.

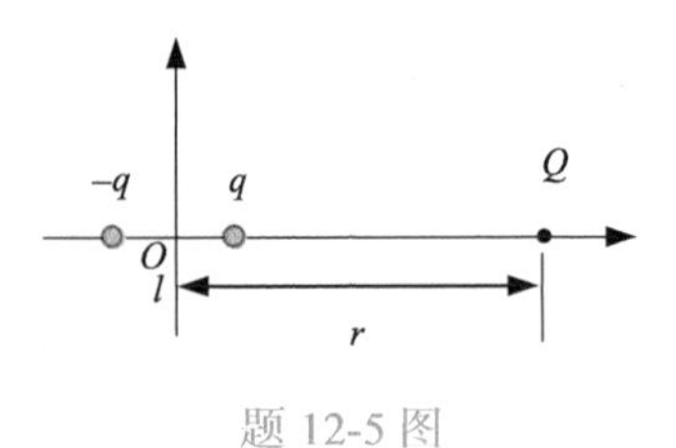

题 12-5 图

12-6　如题12-6图所示，真空中一长为 L 的均匀带电细直杆，总电量为 q.

(1) 试求在直杆延长线上到杆的一端距离为 d 的 P 点的电场强度大小；

(2) 当 $d \gg L$ 时，场强的表达式怎样？

(3) 若 L=15cm，线密度为 5×10^{-9}C/m，d=5cm，计算 P 点的场强.

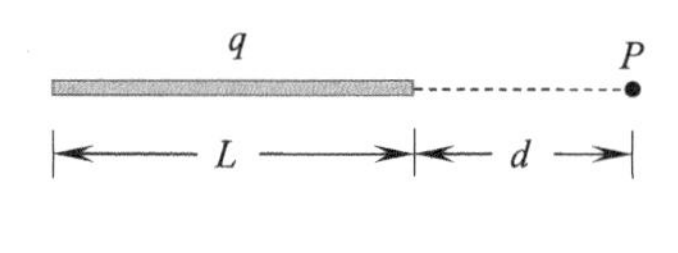

题12-6图

12-7　一电偶极子的电偶极矩为 $\boldsymbol{p}=q\boldsymbol{l}$，场点到偶极子中心 O 点的距离为 r，矢量 $\boldsymbol{r}$ 与 $\boldsymbol{l}$ 的夹角为 θ (题12-7图)，且 $r\gg 1$. 试证 P 点的场强 E 在 r 方向上的分量 E_r 和垂直于 r 的分量 E_θ 分别为

$$E_r=\frac{p\cos\theta}{2\pi\varepsilon_0 r^3},\quad E_\theta=\frac{p\sin\theta}{4\pi\varepsilon_0 r^3}$$

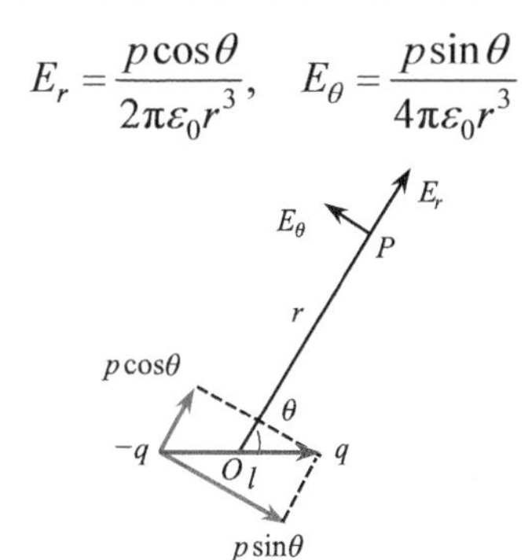

题12-7图

12-8　一电偶极子由两个 $q=\pm1.0\times10^{-6}$C 的异号点电荷组成，两电荷距离 d=0.2cm，把这电偶极子放在 $E=1.0\times10^5$N/C 的外电场中，求外电场作用于此电偶极子上的最大力矩.

12-9　如题12-9图所示，半径为 R 的半圆环的上半部分均匀带电为 $+q$、下半部分均匀带电为 $-q$，求圆心 O 点处的电场强度.

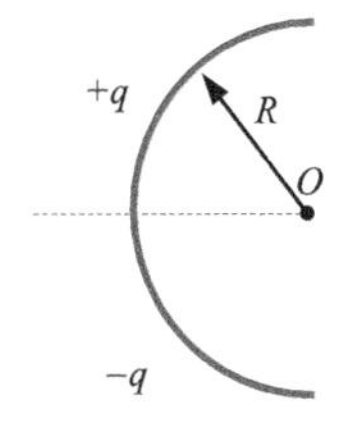

题12-9图

12-10　如题12-10图所示，一个半径为 R 的均匀带电半圆环，电荷线密度为 λ，求环心处 O 点的场强.

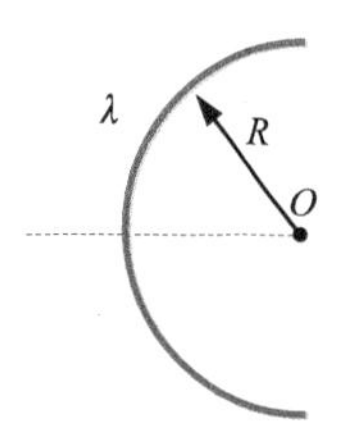

题12-10图

12-11　一无限大平板均匀带电，电荷面密度为 σ. 现将平板挖去一个半径为 R 的圆孔(题12-11图)，试求该圆孔轴线上任意点 P(到圆心距离为 x)处的场强.

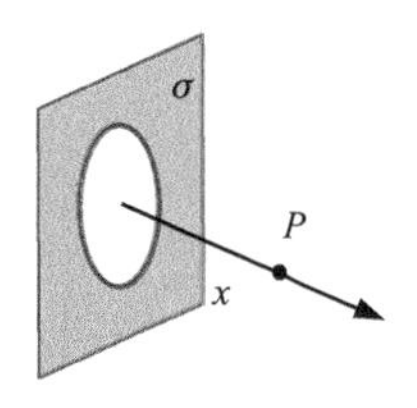

题12-11图

12-12　电荷均匀分布在半径为 R 的无限长圆柱体内，设电荷体密度为 ρ，试求圆柱体内、外的场强分布.

12-13　两条平行的无限长直均匀带电棒相距为 a，线电荷密度分别为 $\pm\lambda$，试求：

(1) 由此两棒构成的平面上任一点的场强；

(2) 两棒间单位长度的吸引力.

12-14　内外半径分别是 R_1 和 R_2 的均匀带电球壳，体密度为 ρ，试求其所产生的电场分布.

12-15　设半径为 R 的球体，电荷体密度 $\rho=kr(r\leqslant R)$，其中 k 为常量，r 为距球心的距离. 求电场分布，并画出 E-r 的关系曲线.

12-16　有一半径为 R 的无限长圆柱体，其体内电荷密度为 $\rho=k/r(r\leqslant R)$，其中 k 为常量，r 为任意点到圆柱轴线的距离. 求空间的电场分布，并画出 E-r 的关系曲线.

12-17　两个带电金属同心球壳，内球壳半径为5cm，带电 0.6×10^{-8}C，外球壳内半径为7cm，外半径为9cm，带电 -2×10^{-8}C，试求距球心3cm、6cm、8cm、10cm各点的电场强度.

12-18　半径为 R 的均匀带电球体内的电荷体密度为 ρ，若在球内挖去一块半径为 $r<R$ 的小球体，球心间距为 d，如题 12-18 图所示．试求：两球心 O 与 O' 点的场强，并证明小球空腔内的电场是均匀的．

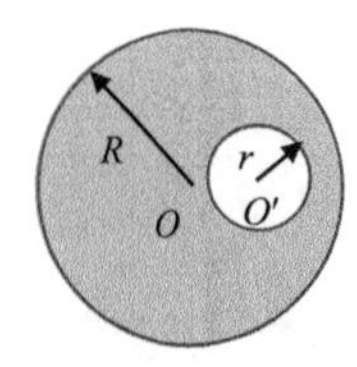

题 12-18 图

12-19　两点电荷 $q_1=1.5\times10^{-8}$C，$q_2=3.0\times10^{-8}$C，相距 $r_1=42$cm，要把它们之间的距离变为 $r_2=25$cm，需做多少功？

12-20　如题 12-20 图所示，在 A、B 两点处放有电量分别为 $+q$，$-q$ 的点电荷，A、B 间距离为 $2R$，现将另一正的试验点电荷 q_0 从 O 点经过半圆弧移到 C 点，求移动过程中电场力做的功．

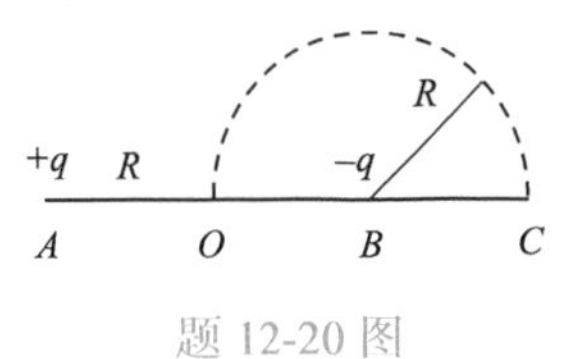

题 12-20 图

12-21　试计算题 12-1 中 P 点的电势．

12-22　试计算题 12-6 中 P 点的电势．

12-23　试计算题 12-9 中 O 点的电势．

12-24　试计算题 12-10 中 O 点的电势．

12-25　如题 12-25 图所示的绝缘细线上均匀分布着线密度为 λ 的正电荷，两直导线的长度和半圆环的半径都等于 R．试求环中心 O 点处的场强和电势．

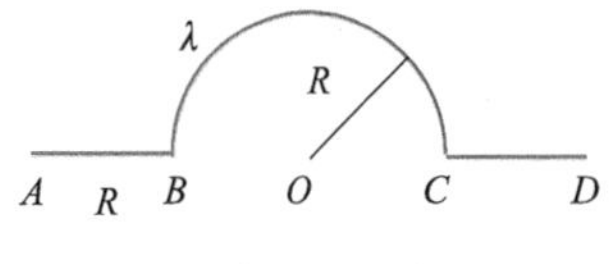

题 12-25 图

12-26　一电子绕一带均匀电荷的长直导线以 2×10^4 m/s 的匀速率做圆周运动．求带电直线上的线电荷密度．(电子质量 $m_0=9.1\times10^{-31}$kg，电子电量 $e=1.60\times10^{-19}$C.)

12-27　在通常条件下，空气可以承受的场强的最大值为 $E=30$kV/cm，超过这个数值时空气要发生火花放电．今有一高压平行板电容器，极板间距离为 $d=0.5$cm，求此电容器可承受的最高电压．

12-28　均匀带电薄圆盘半径为 R，电荷密度为 σ，

(1) 证明轴线上任一点的电势为

$$U=\frac{\sigma}{2\varepsilon_0}\left(\sqrt{R^2+x^2}-|x|\right)$$

式中，x 为离圆盘中心的距离；

(2) 根据场强与电势的负梯度关系，求场强．

12-29　两个同轴安置的金属薄圆筒，内筒半径为 R_A，外筒半径为 R_B，设它们长度均可认为无限长，内、外筒单位长度的电荷密度分别为 $+\lambda$、$-\lambda$，试证明两个圆筒间的电势差为 $U=\dfrac{\lambda}{2\pi\varepsilon_0}\ln\dfrac{R_B}{R_A}$．

12-30　一半径为 R 的柱形棒，长为 L，棒的表面上因摩擦而均匀带电，面密度为 σ，试求棒外轴线上离棒近端为 d 处的场强和电势．

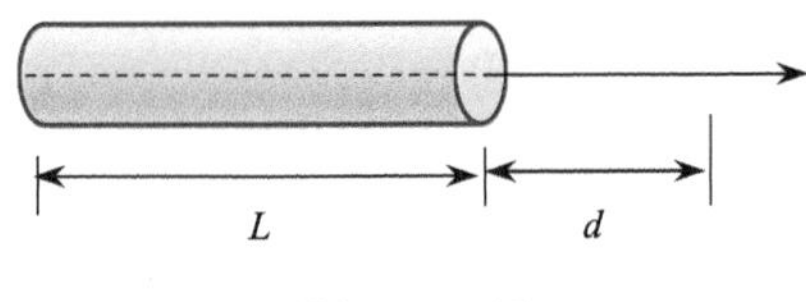

题 12-30 图

12-31　半径为 R 的球体均匀带电 q，试求电势分布．

12-32　在图 12-47 中，

(1) 试分别计算当 $\theta=\pi/2$ 和 $\theta=\pi$ 时，系统的势能；

(2) 若以外力矩使电偶极子从 $\theta=\pi/2$ 转到 $\theta=\pi$，试求此过程外力矩所做的功．

12-33　若将试验电荷 q_0 从无穷远移到题 12-25 图中的 O 点，

(1) 试求外力所做的功；

(2) 试就带电线与试验电荷 q_0 同号或异号讨论做功的正、负．

第 12 章练习题答案

第 13 章 静电场中的导体和电介质

闪电是指大气中的强放电现象. 通常是云的运动、摩擦使云内的不同部分或大地带异种电荷，当它们之间的电场达到并超过空气的击穿场强时，便发生强烈的放电现象. 放电的大电流使空气发光，并迅速加热爆炸而产生冲击波. 最常见的闪电是枝状结构. 此图是四川的高亚夫先生于 2012 年 6 月 25 日在我国的西藏地区偶遇雷电而拍摄的. 其枝状结构如登天的梯子，正如高先生在博客中描述的那样：“那纯净的闪电可是通往乐园的天梯？”(本图是作者的朋友高亚夫先生特意为本书提供的)

第 12 章研究了真空中静电场的基本性质. 然而，在实际问题中常遇到电场中存在物质的情况. 本章将要讨论的置于静电场中的物体按照其导电性能可分为三类：导体、半导体和绝缘体(电介质). 导体放入电场中将出现感应电荷或电荷的重新分布，然后达到静电平衡. 静电平衡中的导体有许多有趣的、有用的性质，比如电工的带电作业、娱乐节目中的闪电人表演、建筑物的避雷针等都与静电平衡的导体性质有关. 本章还将介绍电容器及其储能. 当带电的电容器中充入电介质时，介质将会被极化并使电容量增加. 而电容器使用碳电极，并以电解液作为电介质时，就构成了超级电容，它是未来电动车的主要动力电源. 本章最后将介绍电场的能量密度及电场能计算.

13.1 导体的静电平衡及其性质

金属导体具有大量的自由电子，这些自由电子在导体中的行为类似于理想气体分子，故在统计物理、固体物理等学科中也称为金属中的自由电子气. 通常这些自由电子在导体中做无规则运动(热运动)，这种运动不形成电流. 当导体不带电且不受外电场作用时，金属导体中的自由电子与正电荷在任何宏观体积内互相中和，宏观上，整个导体处处没有净电荷.

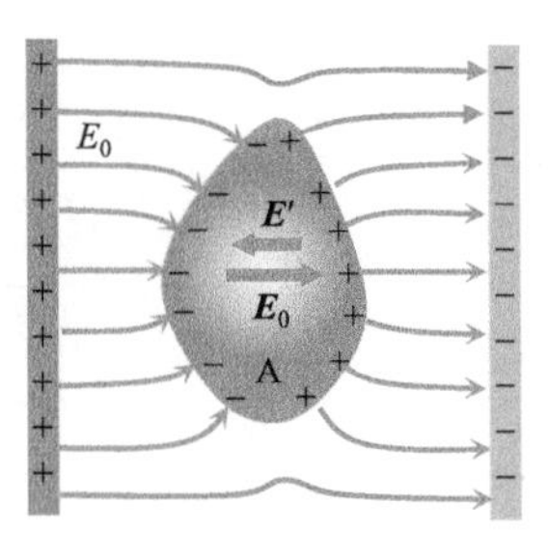

图 13-1 导体的静电平衡

1. 静电平衡及其条件

导体静电平衡的定义 ▶

如图 13-1 所示，当中性带电体 A 置入电场 $\boldsymbol{E}_0$ 中时，导体内部的电场使自由电子逆着电场线方向移动，直到导体表面为止，同时另一面出现等量异号电荷，这些电荷称为感应电荷. 这些感应电荷在导体内部形成与原来场强相反的电场 $\boldsymbol{E}'$，导体内总场强为 $\boldsymbol{E}=\boldsymbol{E}_0+\boldsymbol{E}'$. 随着感应电荷的增加，$\boldsymbol{E}'$变大，直到导体内感应电荷形成的电场与原电场处处抵消时，即 $\boldsymbol{E}_0+\boldsymbol{E}'=0$，导体内部的电荷移动就停止了. 这种静电平衡过程进行得非常迅速，几乎可以在 10^{-14}s 内完成. **当置入静电场中的导体内部没有电荷做宏观移动时，我们把这种状态称为静电平衡**. 这里所说的宏观移动是指由于外电场作用而产生的定向运动，导体内部自由电子的热运动不属于宏观移动.

导体的静电平衡条件 ▶

那么静电平衡的条件是什么？如果导体内某一点的电场强度不等于零，那里的自由电子必将发生定向移动，这就破坏了静电平衡，所以，**导体处于静电平衡的充分且必要条件是导体内部电场强度处处为零，即 $\boldsymbol{E}=0$**.

2. 静电平衡中导体的性质及电荷分布

处于静电场中的导体，不管它原来是否带电，最终总有一定的电荷分布、电场分布和电势分布，这是达到静电平衡状态所必需的. 在静电平衡情况下，导体具有很多性质，下面主要介绍几点：

静电平衡中导体的性质 ▶

(1) **导体内部场强处处为零**. 这既是静电平衡条件，也是静电平衡中导体的性质. 这个性质很容易证明，因为只要导体内部有一点场强不为零，那么电荷就会发生移动，从而违背静电平衡的定义.

(2) **导体内部处处没有净余电荷，电荷只分布于导体表面**. 达到静电平衡时，电荷只能分布在导体表面上，导体内部处处没有净余电荷，即$\rho=0$. 这个性质可以应用高斯定理及静电平衡条件进行证明.

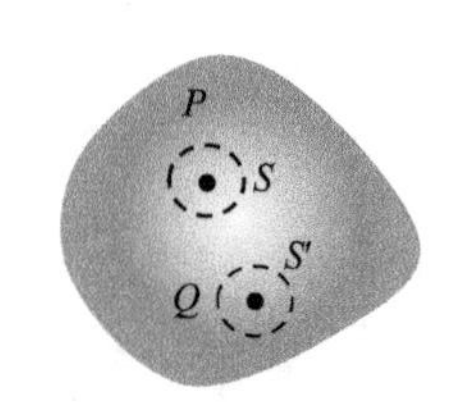

图 13-2 导体内处处没有净电荷

根据静电平衡条件，导体内部 E=0，在导体内任意取一点 P，包围该点取任意一个小高斯面 S，显然通过此高斯面的电通量，$\oint\!\!\!\oint_{(S)} \boldsymbol{E}\cdot \mathrm{d}\boldsymbol{S}=0$，因此$\sum q_i=0$，表明 S 面内没有电荷. 由于 S 面在包围 P 点的条件下可以任意小，故在导体内部处处没有净电荷. 当然这个性质也可以用反证法证明，假设某点 Q 处有净电荷，即$\rho\neq0$，如图 13-2 所示，于是包围该点作高斯面 S'，因$\sum q_i\neq0$，故在高斯面 S'上至少有一点场强非零，$E\neq0$，违背了静电平衡条件. 既然体内处处无净电荷，那么电荷只能分布在导体表面.

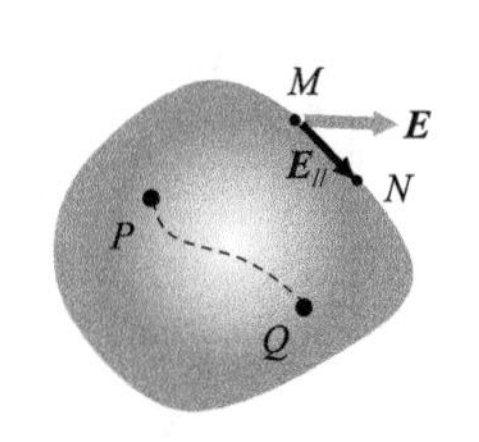

图 13-3 导体是等势体，导体表面是等势面

(3) **静电平衡中的导体是等势体，导体表面是等势面**. 因为导体内部场强处处为零，故在导体内任意选两点 P、Q，计算它们之间的电势差. 如图 13-3 所示，$\int_P^Q \boldsymbol{E}\cdot \mathrm{d}\boldsymbol{l}=0$，说明导体是等势体. 导体表面处于导体上，所以导体表面应是等势面，否则就会有电荷的宏观移动，从而破坏了平衡条件.

(4) **导体表面外场强与表面处处正交**. 导体表面是等势面，而等势面与电场线处处正交. 关于这一点实际上可以应用反证法进行证明，假设某点场强与表面不垂直，则必有沿表面的切向分量 $E_{/\!/}$，如图 13-3 所示，在该点处沿切线作场强的积分 $\int_M^N \boldsymbol{E}_{/\!/} \cdot \mathrm{d}\boldsymbol{l} \neq 0$，这与导体表面是等势面相矛盾.

3. 导体表面的场强与电荷的分布

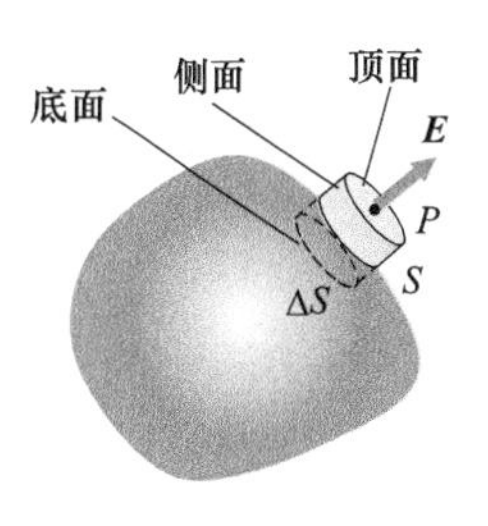

图 13-4　导体表面附近场强与该点电荷密度成正比

导体内部处处没有净电荷，导体内部场强处处为零. 所有净余电荷分布在导体表面. 那么表面外场强如何？电荷在表面上如何分布？

1) 导体表面处场强

如图 13-4 所示，在导体外非常靠近表面处任意取一点 P，过 P 点作一扁平的柱形高斯面 S，高斯面的两个底面分别处于导体外和导体内，而侧面与导体表面垂直，且 P 点处在高斯面的一个底面上. 在此高斯面上应用高斯定理，有

$$\oiint_{(S)} \boldsymbol{E} \cdot \mathrm{d}\boldsymbol{S} = \iint_{(S_{底})} \boldsymbol{E} \cdot \mathrm{d}\boldsymbol{S} + \iint_{(S_{侧})} \boldsymbol{E} \cdot \mathrm{d}\boldsymbol{S} + \iint_{(S_{顶})} \boldsymbol{E} \cdot \mathrm{d}\boldsymbol{S} = 0 + 0 + E_P \Delta S$$

根据高斯定理，得

$$E_P \Delta S = \frac{\sigma_{\mathrm{e}} \Delta S}{\varepsilon_0}$$

整理，得

$$E = \frac{\sigma_{\mathrm{e}}}{\varepsilon_0} \tag{13-1}$$

式(13-1)表明导体表面某点附近的场强大小与该点的电荷面密度成正比，方向与面垂直. 用矢量式表示为

$$\boldsymbol{E} = \frac{\sigma_{\mathrm{e}}}{\varepsilon_0} \boldsymbol{n} \tag{13-2}$$

◀ 导体表面附近的场强

上式表明，导体表面某点附近的场强与该点电荷密度成正比，然而应该指出的是，该场强并非仅仅由该点附近的电荷所激发，而是周围空间所有电荷共同作用的结果，且表面上的电荷分布既跟导体表面的曲率有关，又跟周围的电荷分布有关.

2) 孤立导体的电荷分布

▼ 静电平衡中导体电荷面密度与曲率半径的定性与半定量关系

实际上导体上的净余电荷分布于表面的一两个原子厚度的电荷层内. 任何几何意义的面电荷在物理上是不存在的. 那么对于孤立导体来说，一定量的电荷在表面上是如何分布的呢？下面举一例.

例题 13-1　孤立导体表面上的电荷分布

一个半径为 R 的孤立导体球带正电荷 Q.

(1) 试计算该导体球的电荷面密度及导体球的电势；

(2) 若将另一半径为 $r(<R)$的小导体球置于很远处(使两球上的电荷分布互不影响)，并且用一导电性能良好的导线连接起来，如图 13-5 所示，求两球上的电荷分配及电荷密度.

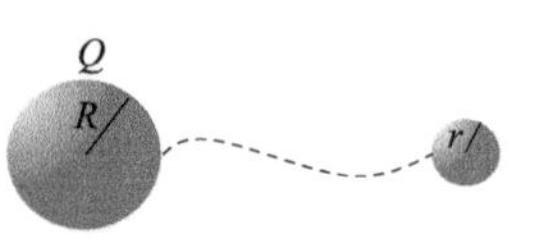

图 13-5 电量分配与半径成正比

解 (1) 因导体球是孤立的，周围没有其他干扰，所以电荷 Q 在球面上是均匀分布的，且面上不会出现异号电荷(读者可以试着证明这个结论). 于是此球面上的电荷面密度为$\sigma_e=Q/(4\pi R^2)$. 由于电荷在表面上均匀分布，根据例题 12-12 中的式(12-48)，该球的电势为

$$U=\frac{1}{4\pi\varepsilon_0}\frac{Q}{R}$$

(2) 当该球与远处另一导体球用导线连接时，由于带电球电势高于小导体球，电荷将向小球移动，直到大、小球电势相等. 若移动到小球的电量为 q，则有

$$U_R=U_r$$

即

$$\frac{1}{4\pi\varepsilon_0}\frac{Q-q}{R}=\frac{1}{4\pi\varepsilon_0}\frac{q}{r}$$

由上式得，大球、小球电量分别为

$$Q_{大}=\frac{R}{R+r}Q, \quad Q_{小}=\frac{r}{R+r}Q$$

上式表明当两球相距较远，并用导线连接时，其电量分配与半径成正比，即球体越大分得的电量越多，球体越小分得的电量越少. 而两球上的电荷密度为

$$\sigma_R=\frac{Q_{大}}{4\pi R^2}=\frac{Q}{4\pi(R+r)}\frac{1}{R}, \qquad \sigma_r=\frac{Q_{小}}{4\pi r^2}=\frac{Q}{4\pi(R+r)}\frac{1}{r}$$

上式表明，尽管两个球分配的电量与半径成正比，但其电荷密度却与半径成反比. 如前所述，导体表面场强与电荷密度成正比，这说明半径越小、越尖锐处，场强越大.

高楼容易遭雷击

上述结论尽管由两个相距很远但相连的导体球所得，但从定性方面，可将结论推广到任意形状孤立导体. 如图 13-6 所示，绝缘支架上边是一个带有尖端和凹进部分的导体，当其带电后，电荷只分布于导体表面，并且其电荷面密度是不均匀的. 在导体的尖端处，如 a 点，电荷密度较大；比较平坦的部分，如 b 点，电荷密度较小. 根据式(13-2)，有 $E_a>E_b$. 凹进部分电荷密度几乎为零，但不会出现与凸出部分符号相反的电荷(只对孤立导体而言).

4. 尖端放电

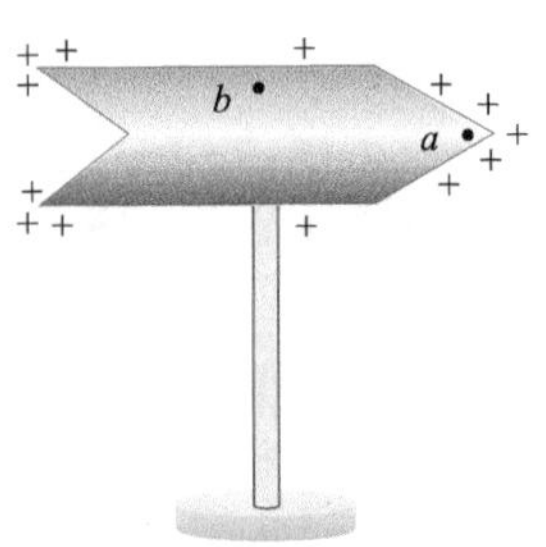

图 13-6 电荷密度与曲率半径成反比

对于孤立的带电导体来说，曲率半径越大，电荷密度越小，电场越弱；曲率半径越小，电荷密度越大，电场越强. 在一定温度、湿度条件下，空气中的电场强度达到一定数值时将会被击穿，转变成导体，这时带电体将进行短时间的放电，此时的电场强度称为空气的介电强度. 通常条件下空气的介电强度为 3×10^6V/m 或 3kV/mm. 雨天的闪电与雷击现象就是由于云之间的相对运动，摩擦带电，带电的云对地面建筑或树木的放电现象. 因此为了防止雷击，高建筑物均须设置避雷针. 避雷针就是将尖端导体设置在建筑物顶端，并以良好导体连接，接入大地. 当带电的云经过建筑物时，其上的避雷针会将少量电荷陆续释放到空气中，以避免大量的放电(即雷击)现象，图 13-7 显示了高建筑楼顶的

避雷针装置. 尖端放电对于高压输电线路是一种危害. 夜间高压线的某些部位会出现蓝光(称为电晕)，即是线路设备的某些尖端处的放电现象，如图 13-8 所示. 长期放电会损坏输电线路. 有紫外线探测仪，可以在未出现电晕时，早期预警，以便维修.

图 13-7　高建筑楼顶的避雷针

图 13-8　高压线电晕

5. 空腔导体

1) 空腔内无带电导体

若空腔导体内无其他带电体，在静电平衡条件下，其性质与实心导体类似. 即：①导体内、腔内场强处处为零；②腔的内表面处处没有电荷；③全部电荷分布于腔的外表面；④导体是等势体，导体表面是等势面. 关于第二条可以用反证法证明：如图 13-9 所示的导体腔，由于导体内场强处处为零，所以在内外表面之间所选的高斯面 S 内的净电量为零. 若内表面上某两点 A、B 处存在等量异号电荷，则从 A 至 B 必有电场线. 沿此电场线作场强积分，有

$$U_{AB}=\int_A^B \boldsymbol{E}\cdot \mathrm{d}\boldsymbol{l}\neq 0$$

这表明 AB 两点不等势，与静电平衡中导体是等势体相矛盾. 因此，内表面不会存在等量异号电荷.

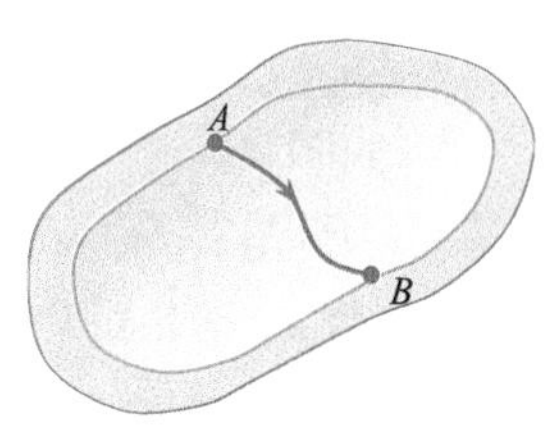

图 13-9　导体腔(腔内无电荷)

2) 空腔内有带电导体

导体腔内有带电体时，在静电平衡条件下，导体壳的内表面所带的电荷与腔内带电体的电荷等值异号. 即若腔内带电体电量为$+q$，则内表面带电量为$-q$.

这一性质可以很容易地用高斯定理及导体中的场强为零的性质证明之. 读者自己尝试一下. (提示:在导体内外表面之间取高斯面.)

研究表明，当导体腔内的带电体在腔内移动时，只要不与腔的内表面接触，其内表面上的电荷分布将随之发生变化，但带电量总是与腔的内带电体的电量等值异号. 然而，这些变化丝毫不改变导体腔外表面的电荷分布，从而也就不影响空腔外空间的电场分布，如图 13-10a、b 所示.

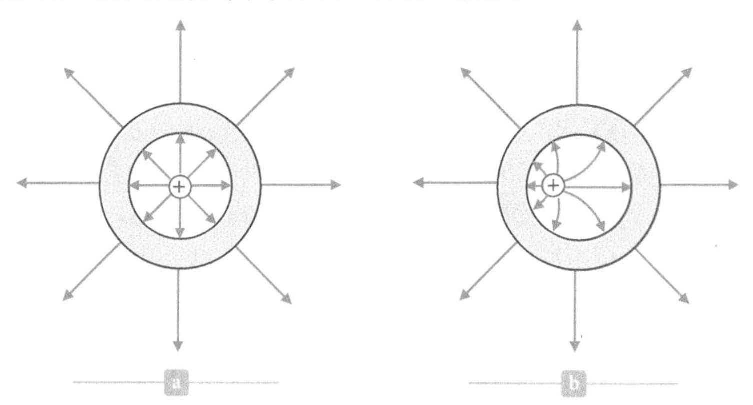

图 13-10　静电屏蔽. a. 腔内点电荷与球心重合. b. 腔内点电荷与球心不重合

图 13-10a、b 表明，虽然腔内带电体位置不同，腔的内表面电荷分布不同，但外表面的电荷分布不变，这种现象称为**静电屏蔽**. 所谓静电屏蔽是指，封闭导体腔(不论接地与否)内部电场不受腔外电荷的影响，接地封闭导体腔外部电场不受腔内电荷影响的现象. 静电屏蔽在实际生产中有重要应用，例如，一些

◀ 导体的静电屏蔽

电磁测量仪器为了排除电干扰，往往在仪器外面加上金属罩. 电力系统二线工人在排除电力系统故障或检修设备时，为了不影响企业或人们日常生活，需要带电作业. 为此，工人需要穿戴具有金属网的工作服、鞋帽、手套和面罩，使自己身体被包裹在金属罩内，并处于屏蔽状态，如图 13-11 所示. 应该指出的是，身穿屏蔽服进行带电作业是有安全规范的. 在正常的天气条件下，屏蔽服具有一定的保护作用，而在阴雨天气中，屏蔽服往往会失效，从而造成人身触电伤害. 电力生产中这类事故时有发生.

a

b

图 13-11 金属罩屏蔽——高压带电作业. a. 二线工人高压带电作业. b. 工作服面料(含银)

例题 13-2 静电平衡中导体的性质

如图 13-12 所示，若一个带正电的导体 A 靠近中性导体 B. 试证明：

(1) 导体 B 的电势升高；

(2) 导体 A 的电势降低；

(3) 无论 A 如何接近 B，导体 A 上边都不会出现负电荷.

解 本题是关于静电平衡中导体性质的典型问题，这类问题的一般解法是利用静电平衡中导体的性质和电场线等工具，对问题进行定性说明和讨论.

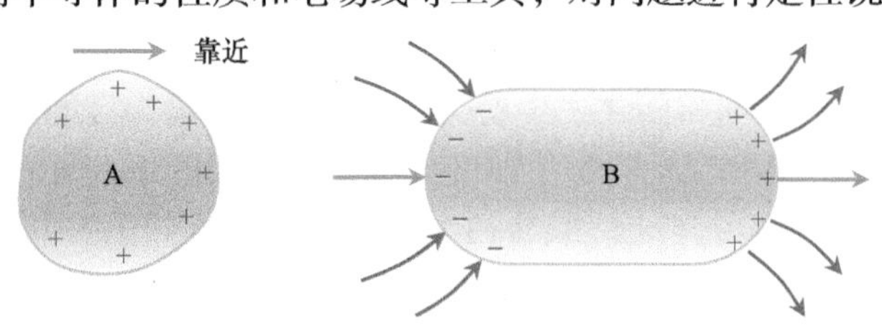

图 13-12 导体 A 靠近导体 B

(1) 首先取无限远的电势为零，当 A 没有靠近 B 时，B 的表面处处没有电荷，故这时 B 的电势为零. 带正电的导体 A 在周围向外激发电场，当其靠近 B 时，在 B 内的电场方向从左向右，于是在导体 B 中正电荷被排斥到右边，其中的负电荷被吸引到 B 的左端. 根据电场线的性质，B 中正电荷发出的电场线不会终止于其自身的负电荷，否则会得出导体 B 右边电势高于左边电势的结论. 因此，这些正电荷的电场线一定伸向无限远，则 B 的电势高于无限远，所以 B 的电势升高.

(2) 随着 A 接近 B，A 上的正电荷更多地被吸引至 A 的右端，则 A 的左端电荷将变少，其左边一直到无限远的区域场强变小，因此电势降低.

(3) 这里需要用反证法：设 A 上边出现了负电荷，比如这些负电荷出现在 A 的左边. 根据电场线的性质，一定有电场线终止于这些负电荷. 那么这些电场线从哪里来呢？首先，根据静电平衡中导体是等势体的性质，它们不会来自于其自身. 其次，它们不会来自于B上的正电荷，因为，从(1)中的讨论，A的电势高于B，所以不会来自于B上的正电荷. 最后也不是来自于无限远，因为如果来自于无限远，会导致A的电势低于无限远. 所以A上边出现负电荷是不可能的.

13.2 电容 电容器

电子线路中有三种基本元件，电阻、电容及电感. 这三种元件的物理性质不同，在电路中的作用也不同. 尤其是在交流电路中，它们的某些性质甚至完全相反. 这里所介绍的电容器是物理电容，指两个导体板形成的组合，或一个孤立的导体. 理论上，电容是一个物理概念，而电容器是一个电子器件，但人们在日常有时不严格区别.

1. 孤立导体的电容

考虑一个孤立的(即周围无其他带电体)带电导体球，半径为 R，带电为 Q. 显然，此带电导体球可视为均匀带电球面. 根据式(12-48)，可得它的电势为

$$U = \frac{1}{4\pi\varepsilon_0}\frac{Q}{R}$$

显然，在球半径一定的情况下，电势随着电量 Q 成正比地增加；但电量 Q 与电势 U 的比值，即

$$\frac{Q}{U} = 4\pi\varepsilon_0 R \tag{13-3}$$

是一个与电量、电势无关，只与几何量半径 R 和介电常数ε_0有关的常量. 这个比值定义为孤立导体的电容，用 C 来表示，即

◀ 孤立导体的电容定义

$$C = \frac{Q}{U} \tag{13-4}$$

电容的国际单位为法拉，其符号为F，且

1F=1C/1V，1法拉=1库伦/1伏特

法拉的单位太大，而**物理电容**的容量很小. 以地球的电容为例，应用式(13-3)，代入地球的半径 R=6371.393km 和真空的电容率(或介电常数)ε_0，可以算得其容量仅为 708μF. 所以电子工程上常用微法(μF)、微微法(μμF)或皮法(pF)来表示电容值. 它们之间的换算关系为

$$1\text{F}=10^6\mu\text{F}=10^{12}\mu\mu\text{F}=10^{12}\text{pF}$$

式(13-4)是孤立导体电容的定义，而式(13-3)是孤立导体球的电容. 此式表明，孤立导体球的电容，只取决于导体球的几何形状、尺寸及周围介质的介电常数. 而任意形状的孤立导体，其电容也应与几何形状、尺寸以及周围的介质相关，与其带电量和电势无关，所以也称为几何电容.

2. 电容器

当导体的周围存在其他导体时，这个导体的电势不仅与它自己所带的电量

图 13-13　常用的电容器

Q 有关，还与其他导体的形状及位置有关. 这时，就不能简单地用一个恒量 $C=Q/U$ 去表示 U 与 Q 之间的关系了. 若要消除其他导体的影响，我们可以利用静电屏蔽，设计一个导体组合，这样的导体组合称为电容器. 图 13-13 是电子技术中使用的各种电容器.

最简单的电容器是两块等大平行放置的导体板——平行板电容器，如图 13-14a 所示，A、B 两板带等量异号电荷，相距很近，故受其他导体影响很小，相当于静电屏蔽. 实验表明，A、B 两板电势差 U_A-U_B 与电量 Q 成正比，它们的比值定义为电容器的电容，即

$$C=\frac{Q}{\Delta U}=\frac{Q}{U_A-U_B} \tag{13-5}$$

尽管上式是由平行板电容器定义的，但是对任意形状的电容器也适用. 一般地，电容器均有两个极板，带正电者称为正极板，带负电者称为负极板. 两极板间的电势差ΔU 称为电压. 孤立导体也可视为电容器，它的另一个极板可以认为在无穷远.

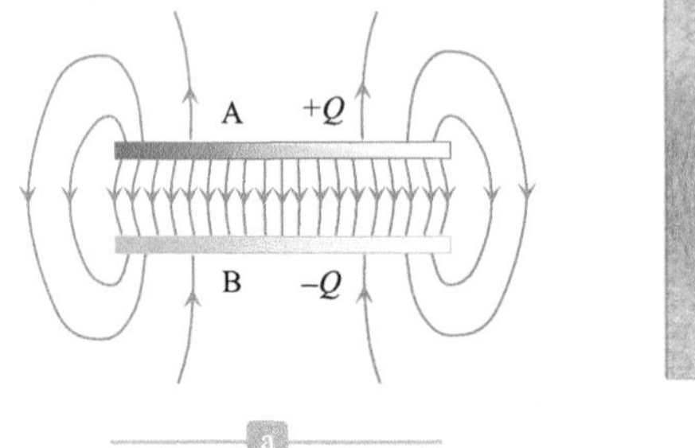

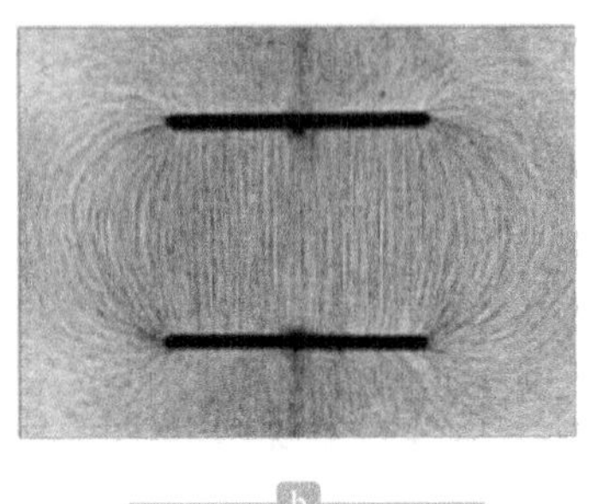

图 13-14　平行板电容器. a. 平行板电容器原理. b. 平行板电容器电场线照片

应该说明的是，电容器的电容(量)表示它对于电荷的容纳能力，两极板间升高相同的电势差，需要增加(或可容纳)的电量越多，电容(量)越大. 这一点可以跟半径不同的水杯的储水能力相类比，如图 13-15 所示，显然在升高相同的水位的情况下，图 c 的杯子需添加的水量最多，容量最大.

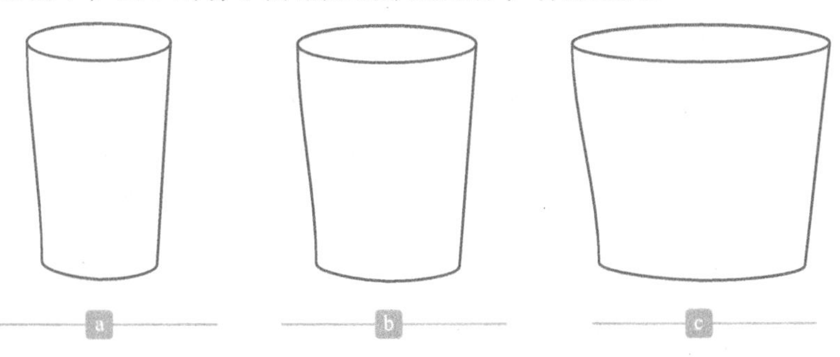

图 13-15　电容（量）与储水量类比. a. 直径小. b. 直径中. c. 直径大

3. 电容的计算

下面我们根据电容的定义，计算常用电容器的电容，计算时暂不考虑绝缘介质，认为极板间是真空. 计算电容器电容的一般步骤是：先使两极板带等量异号电荷，求电场分布及两极板的电势差，再利用定义式便可求得电容.

例题 13-3　电容的计算——平行板电容器

试计算面积为 S，间距为 d 的平行板电容器的电容.

解　如前所述，平行板电容是两个面积相等，平行、正对放置的导体板，每个板面积为 S，板间距离为 d，使两极板带等量异号电荷$\pm Q$. 当板的线度远大于间距 d 时，电场分布如图 13-14a 所示，图 13-14b 是真实的平行板电容器的电场线分布照片. 由图可见，绝大部分电场线在两板之间，边缘处很少，即绝大部分电场在两板之间，边缘效应可以忽略. 两板上非边缘处电荷几乎均匀分布，因而电场分布也几乎是均匀的，电荷面密度为σ_e，根据式(13-1)，极板内表面附近(也是板间任意点)的场强为

$$E=\frac{\sigma_e}{\varepsilon_0}=\frac{Q}{\varepsilon_0 S} \tag{13-6}$$

于是两板间电势差为

$$\Delta U=Ed=\frac{Q}{S\varepsilon_0}d$$

根据电容定义，得平行板电容器的电容为

◀ 平行板电容器的电容

$$C=\frac{Q}{\Delta U}=\frac{\varepsilon_0 S}{d} \tag{13-7}$$

上式即是平行板电容器的电容计算式. 由此式可见，电容量与极板面积成正比，与板间距离成反比，与板间介质的介电常数成正比. 除了周围电介质外，该电容器电容量仅与几何量有关，故有时也称之为几何电容.

例题 13-4　电容的计算——同心球形电容器

试计算内外半径分别为 R_1、R_2 的同心球形电容器的电容.

解　同心球形电容器是由两个半径分别是 R_1、R_2 的导体球同心放置而成的. 设内球带电为 Q，外球带电为$-Q$，如图 13-16 所示.

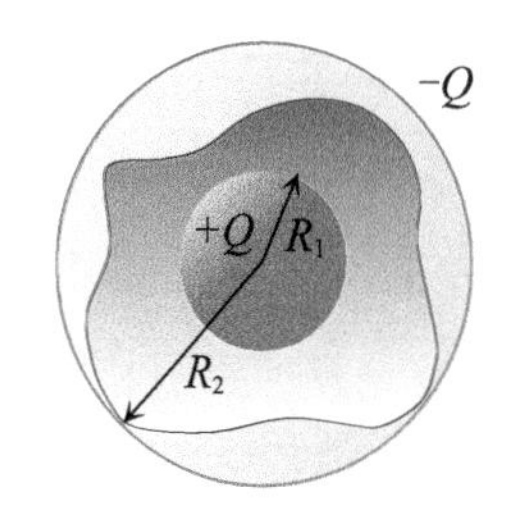

图 13-16　同心球形电容器

根据高斯定理可求出两球面间的场强分布为

$$E=\frac{1}{4\pi\varepsilon_0}\frac{Q}{r^2}$$

根据电势差的定义可求得两极板间的电势差为

$$\Delta U=\int_{R_1}^{R_2}\frac{Q}{4\pi\varepsilon_0}\frac{1}{r^2}\mathrm{d}r=\frac{Q}{4\pi\varepsilon_0}\left(\frac{1}{R_1}-\frac{1}{R_2}\right)$$

根据电容的定义可得

$$C=\frac{Q}{\Delta U}=\frac{4\pi\varepsilon_0 R_1 R_2}{R_2-R_1} \tag{13-8a}$$

◀ 同心球形电容器

上式是同心球形电容器的电容计算式. 此式表明，该电容器电容仅跟内外半径的大小(即几何参数)及极板间介质有关，与电量、电势差无关. 且当内外球面半径差别很小，即$\delta(=R_2-R_1)$很小，或$\delta\ll R_1$时，式(13-8a)可退化(或简化)为

$$C \approx \frac{4\pi\varepsilon_0 R_1^2}{\delta} = \frac{\varepsilon_0 S}{\delta} \tag{13-8b}$$

上式与式(13-7)相同. 这表明球形电容器在板间距离很小时,可近似看成平行板电容器.

例题 13-5　电容的计算——同轴柱形电容器

试计算长度为 L，内外半径分别为 R_1、R_2 的同轴柱形电容器的电容.

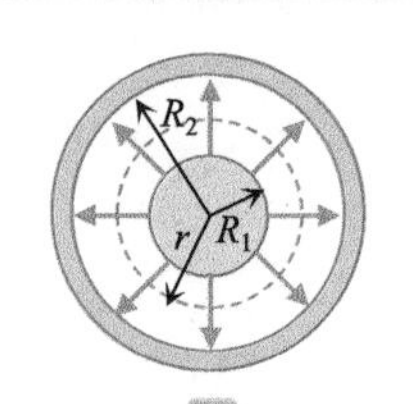

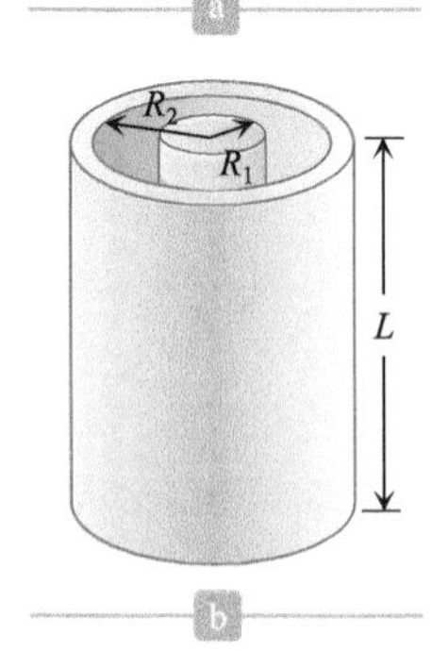

图 13-17　同轴柱形电容器

同轴柱形电容器的电容

解　同轴柱形电容器是由两个半径分别是 R_1、R_2 的很长(长度 $L \gg R_2$)的导体圆筒同轴放置而成的. 设内筒带电为 Q，外筒带电为 $-Q$，如图 13-17 所示.

根据高斯定理可求出两球面间的场强分布为

$$E = \frac{1}{2\pi\varepsilon_0}\frac{\lambda_e}{r} = \frac{1}{2\pi\varepsilon_0}\frac{Q}{Lr}$$

式中，λ_e 是圆筒单位长度的电量，即 Q/L. 根据电势差的定义可求得两极板间的电势差为

$$\Delta U = \int_{R_1}^{R_2} \frac{Q}{2\pi\varepsilon_0 L}\frac{1}{r}\mathrm{d}r = \frac{Q}{2\pi\varepsilon_0 L}\ln\left(\frac{R_2}{R_1}\right)$$

根据电容的定义可得

$$C = \frac{Q}{\Delta U} = \frac{2\pi\varepsilon_0 L}{\ln\left(\frac{R_2}{R_1}\right)} \tag{13-9a}$$

上式是同轴柱形电容器的电容计算式. 此式表明，该电容器电容仅与内外半径的大小(即几何参数)及极板间介质有关，与电量、电势差无关. 且当内外球面半径差别很小，即 $\delta(=R_2-R_1)$很小，或 $\delta \ll R_1$ 时，式(13-9a)可退化(简化)为

$$C = \frac{\varepsilon_0 S}{\delta} \tag{13-9b}$$

式中，S 是圆筒的面积. 上式与式(13-7)相同，这表明柱形电容器在板间距离很小时，也可近似看成平行板电容器.

从上述三个例子我们不难发现，电容器的电容与极板的形状、几何尺寸有关，与电容器内部的物质(或电介质)有关，与带电量和电压无关，因此有人说电容是一个跟介质有关的几何量. 在电子线路中，除了电容器元件具有电容，电路本身及周围的环境也会在电路中体现一定的电容性质，这种折合到电路中的等效电容称为分布电容或寄生电容. 有些老式收音机在用手调台时，原本调出了比较理想的效果，一旦手离开旋钮，效果就会变差的原因常常是因为手对分布电容产生了影响.

4. 超级电容

前已述及，物理电容容量很小，比如偌大的地球电容值也只有 708μF. 在电力电子工程中，电容器可以作为储能元件. 由于物理电容容量小，大都用在

电子电路中，较少用作储能设备. 20 世纪七八十年代，出现了超级电容，又名电化学电容、双电层电容、黄金电容、法拉电容. 目前单体超级电容器容量可达 6000F，如图 13-18 所示.

图 13-18　超级电容

为什么超级电容器有如此大的容量呢？主要原因是其电极和多孔介质以及双电层结构. 研究表明，电极及电解质的孔隙、孔通道、孔壁表面等都可视为分形结构. 分形是指各个组成部分的形态以某种方式与整体相似的一类形体，如图 13-19 所示，在一个正方体六个面上，分别去掉边长为原边长三分之一的立方体，再在剩下的立方体中重复同样的操作，一直地，无穷尽地做下去，就得到门杰(K.Menger)“海绵”，这样，与电解液接触的面积便无限放大. 需强调的是，分形结构实际上仍是一种理想模型，它是自然界中很多复杂物体的抽象，而自然界中有很多貌似不规则的物体，不具有对称性，但却有着相似的结构. 使用电沉积法制备碳电极时，在枝晶的分枝上又生长出很多小的分枝，具有明显分形生长的形貌，如图 13-20 所示. 双电层电容是通过电解液正负电荷的分离来储存能量的，即基于碳电极与电解液界面上电荷分离所产生的双电层电容. 电极与电解液接触面间的距离约为电解质溶剂的离子半径，一般为 0.5 nm 以下，如图 13-21 所示.

图 13-19　分形结构

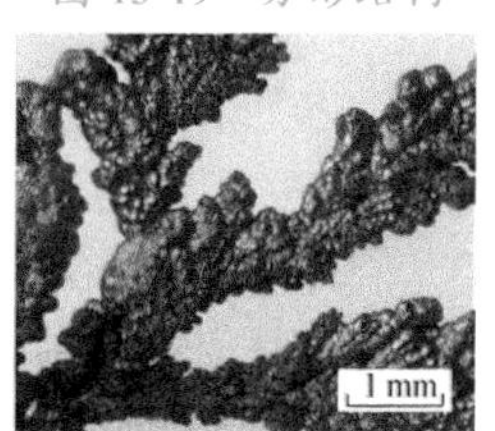

图 13-20　石墨基的电沉积

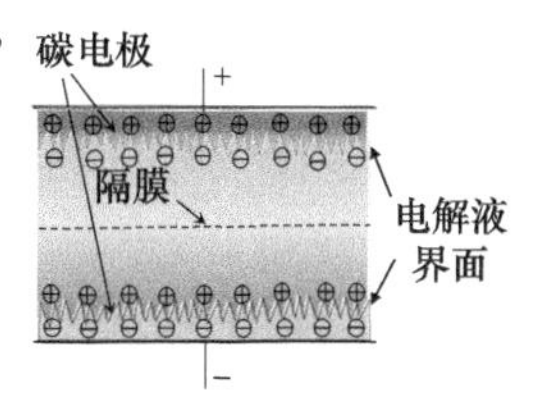

图 13-21　双电层电容

我们通过比较指甲大小的超级电容与物理电容的大小，来比较它们的储能情况.

若超级电容器电极尺寸为 $1\times1\text{cm}^2$，厚 0.01mm，根据活性炭的密度(约 0.5g/cm^3)，可算出此体积下活性炭的质量，而多孔炭电极的比表面积可达 $1000\sim3000\text{m}^2/\text{g}$，从而可求出所对应的表面积约为 $1\times10^4\text{cm}^2$，即为物理电容电极面积($1\times1\text{cm}^2$)的 10^4 倍；而超级电容的双电荷层距离如上所述，小于 0.5nm，物理电容(云母电容)的板间距离约为 1000nm，后者间距是前者的 10^4 倍. 由此可见，表面上看几何尺寸一样的超级电容与物理电容的容量差了 8 个数量级.

超级电容比能量(单位质量具有的能量)大，充放电时间短(几分钟可达 95%)，充放电次数可达十万次. 广泛应用于电力电子设备和新能源汽车中，且未来前景会更加广阔，相关企业是很有前途的朝阳性企业.

5. 电容器的连接

在电子技术中，经常会遇到现有电容元件的容量不合适或耐压不够的情况，这时将几个电容作适当的连接就可以达到设计要求. 常用的连接方式有串联、并联两种.

1) 串联

如图 13-22a 所示，为电容器的串联，当给 C_1 左边带上电荷 $+Q$ 时，其右边极板上出现 $-Q$ 的感应电荷，同时 C_2 的左边出现 $+Q$ 电荷，右边又感应出 $-Q$，如此下去，直到 C_n 左边出现 $+Q$，右边出现 $-Q$. 显然，串联电容器每个正极板(或负极板)带电量相等，每个电容器上的电压为

$$U_1=\frac{Q}{C_1},\quad U_2=\frac{Q}{C_2},\quad \cdots,\quad U_n=\frac{Q}{C_n}$$

上式可见，电容器串联时，每个电容分得的电压与电容量成反比. 而串联后其等效电容两端的电压等于每个电容器两端电压之和，即

$$U=U_1+U_2+\cdots+U_n=\frac{Q}{C_1}+\frac{Q}{C_2}+\cdots+\frac{Q}{C_n}$$

将上式两端除以 Q，等式变为

电容器的串联 ▶

$$\frac{U}{Q}=\frac{1}{C_{等效}}=\frac{1}{C_1}+\frac{1}{C_2}+\cdots+\frac{1}{C_n} \tag{13-10}$$

上式表明，当电容器串联时，其等效电容的倒数等于各个分电容的倒数之和. 由此可见，当一个电容器与另一个电容器串联时，等效电容必定小于其中的任意一个电容值. 若与平行板电容器相比，相当于增加了电容器的板间距离，故电容变小. 电容器串联后电容减小了，但耐压增大了.

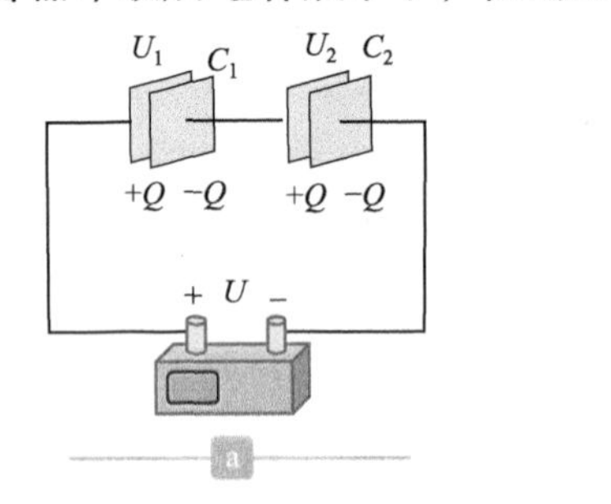

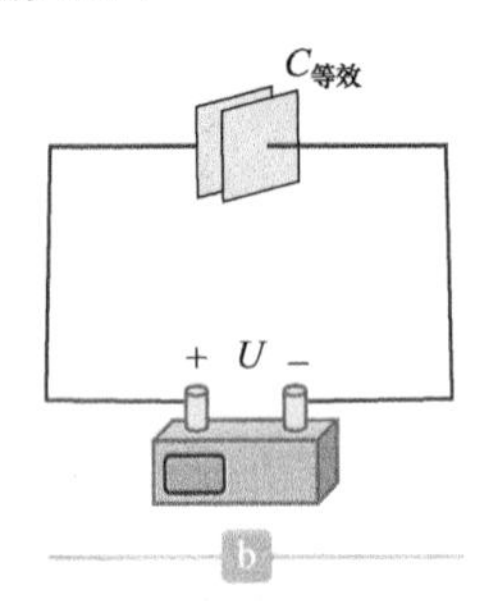

图 13-22 电容器. a. 电容器串联. b. 等效电容

2) 并联

如图 13-23a 所示的连接称为并联，并联的特点是每个电容两端的电压均相等. 设各电容器的电容分别为 C_1，C_2，…，C_n，则每个电容器上的电量分别为

$$Q_1=C_1U,\quad Q_2=C_2U,\cdots,Q_n=C_nU$$

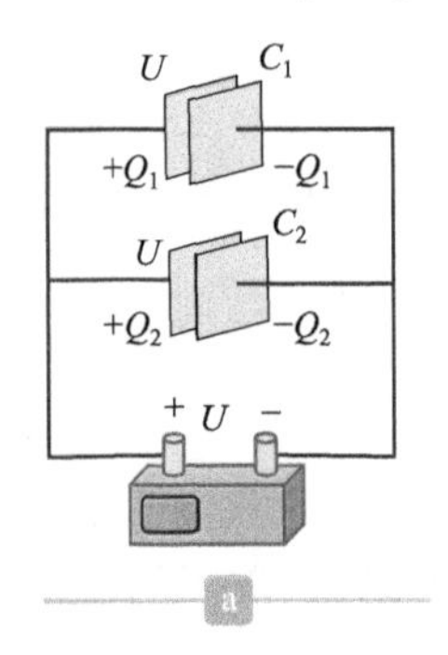

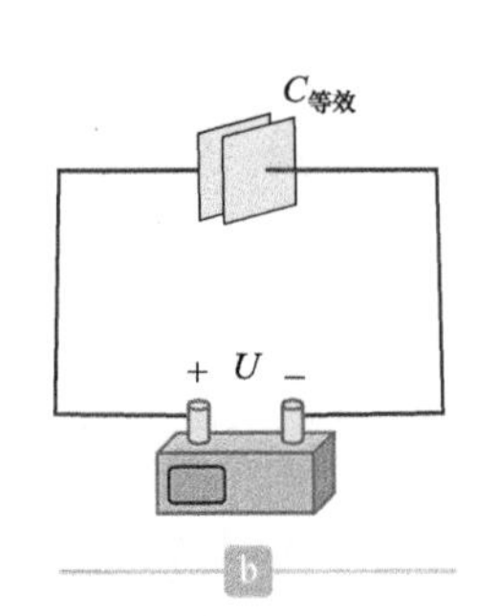

图 13-23 电容器并联. a. 电容器并联. b. 等效电容

若所有正极板(或负极板)上的电量之和为 Q(或$-Q$)，则这个总电量是按照与每个电容器的电容量成正比的规律分配给每个电容器的. 而总电量为

$$\begin{aligned}Q&=Q_1+Q_2+\cdots+Q_n\\&=C_1U+C_2U+\cdots+C_nU\end{aligned}$$

并联后视为一个等效电容器，其电容为

电容器的并联 ▶

$$C=\frac{Q}{U}=C_1+C_2+\cdots+C_n \tag{13-11}$$

故电容器并联时，其电容等于各电容器电容之和. 可见并联后，其等效电容大

于分电容. 若与平行板电容器相类比，电容并联相当于增大了极板面积，故电容增大. 电容器并联后电容增大了，但并不改变耐压.

例题 13-6 等效电容——举例

C_1和C_2两电容器分别标明“200pF、500V”和“300pF、900V”，

(1) 把它们串联起来后等值电容是多少?

(2) 如果两端加上 1000V 的电压，是否会击穿?

解 (1) C_1与C_2串联后电容为

$$C'=\frac{C_1C_2}{C_1+C_2}=\frac{200\times300}{200+300}=120(\text{pF})$$

◀ 串联等效的计算举例

(2) 串联后电压比为

$$\frac{U_1}{U_2}=\frac{C_2}{C_1}=\frac{3}{2}$$

而$U_1+U_2=1000\text{V}$，所以

$$U_1=600\text{V},\quad U_2=400\text{V}$$

即电容 C_1 上的电压超过其耐压值，故先被击穿. 之后 C_2 也将被击穿.

13.3 静电场中的电介质

物质就其导电性可以分成三类：导体、绝缘体和半导体，本节主要介绍绝缘体，半导体的导电规律属于电子学的研究课题. 绝缘体就其在电场中的表现来说也称为电介质，电介质中的正负电荷受到原子的束缚很紧，不易形成自由电子或离子，所以通常导电性能很差.

1. 电介质的极化

电介质是由原子、分子(统称为分子)组成的，按照分子的组成不同，可将电介质分成两类. 一类是所谓的无极分子，即在没有外电场时，每个分子的正负电荷“重心”彼此重合，不形成等效的电偶极子，因此不显电性，如 H_2、O_2、CO_2 等均属无极分子. 另一类是所谓的有极分子，即在没有外电场时，每个分子的正负电荷“重心”不重合，形成一个等效的偶极子，在分子尺度内具有电性，如 H_2O，如图 13-24 所示. 但是由于分子运动的无规则性，偶极子的极矩取向也是杂乱无章的. 在宏观上，任意小的体积内电偶极矩的矢量和为零，故宏观上不显电性. 然而，在外电场的作用下，有极分子和无极分子均会有变化，使得电介质从整体上对外显电性，这种变化称为电介质的极化. 极化分为位移极化与取向极化两种.

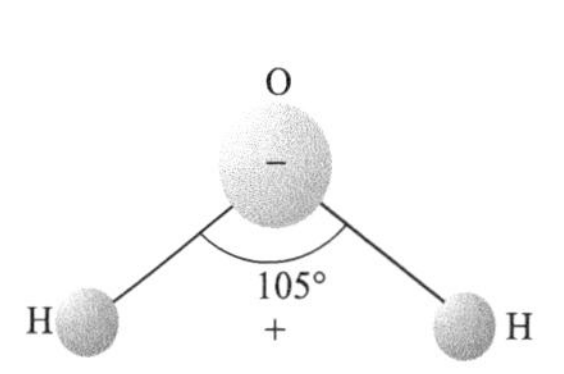

图 13-24 水分子 H 和 O 的正负电荷重心不重合

1) 无极分子的位移极化

当无极分子电介质置入电场时，由于受到外电场的作用，分子原来相互重合的正负电荷的中心因相反的位移而分开，形成一定规则排列的电偶极子，其

偶极矩与外场一致，这种极化称为位移极化，如图 13-25b 所示.

位移极化的机制 ▶

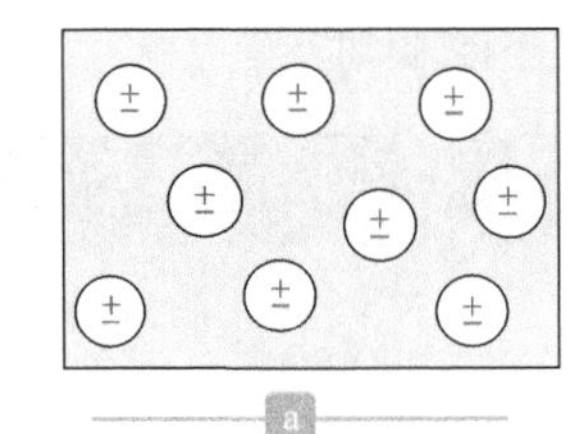

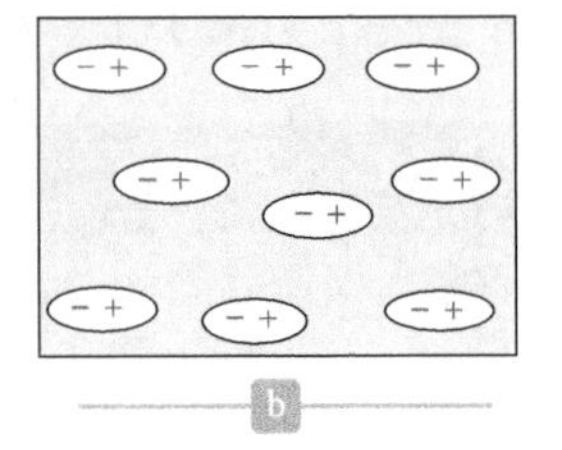

图 13-25 无极分子的位移极化. a. E=0 未极化. b. $E\neq 0$ 已极化

2) 有极分子的取向极化

将有极分子的电介质置入外电场中时，由于分子的电偶极矩受到电场力矩的作用而取向于外电场，这种极化称为取向极化. 然而，由于分子热运动的影响，分子的偶极矩不会完全地转到电场的方向. 大致如图 13-26b，显然，电场越强，偶极子的极矩取向就越趋于一致. 无论是哪种介质，在外电场作用下均会极化，因而在介质内或介质表面会出现电荷，这种电荷称为极化电荷(或束缚电荷).

取向极化的机制 ▶

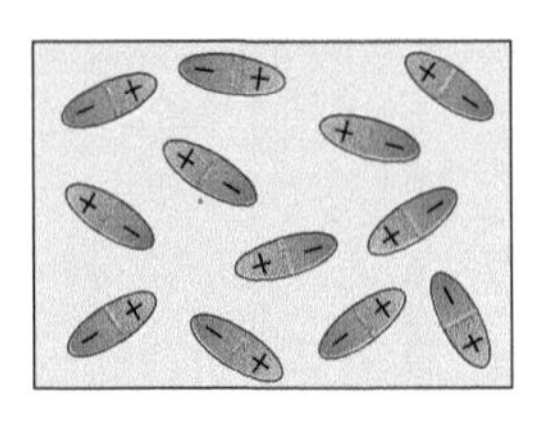

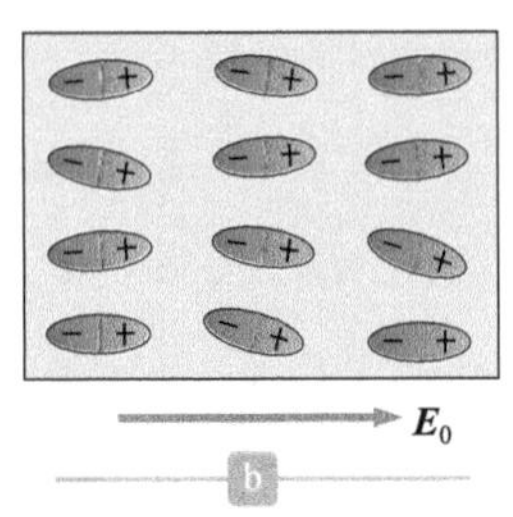

图 13-26 有极分子的极化前后. a. 有极分子未极化时. b. 有极分子极化后

3) 极化强度

为了描述介质的极化程度，我们引入一个物理量——极化强度矢量. 考虑在介质中一无穷小体积ΔV(宏观上无穷小，微观上足够大)，在外电场作用下，该体积元内所有偶极子偶极矩 $\boldsymbol{p}_i$ 的矢量和为 $\sum \boldsymbol{p}_i$ ，极化强度定义为：单位体积内电偶极矩的矢量和，用 $\boldsymbol{P}$ 表示，即

极化强度矢量 ▶

$$\boldsymbol{P}=\frac{\sum\limits_{(\Delta V)} \boldsymbol{p}_i}{\Delta V} \tag{13-12}$$

$\boldsymbol{P}$的国际单位是库/米^2.

当介质的极化状态确定时，介质内每点都有确定的极化强度. 不同点 $\boldsymbol{P}$ 可能不同，表示极化程度不同. 如果在介质内部极化强度处处相等，则称为均匀极化.

4) 介质的极化规律

由于极化是由电场引起的，极化强度与介质内的场强有关. 对于均匀的各向同性的线性电介质，实验表明，某点的极化强度 $\boldsymbol{P}$ 与该点的电场强度 $\boldsymbol{E}$ 方向相同，大小成正比，即

介质的极化规律 ▶

$$\boldsymbol{P}=\chi_{\mathrm{e}}\varepsilon_0\boldsymbol{E} \tag{13-13}$$

上式称为极化规律，式中(χ_{e}>0)为介质的极化率，对于各向同性介质，χ_{e} 是无量纲常数. 对于各向异性的电介质，其极化规律比较复杂，在此不作讨论.

2. 电位移矢量 介质中的高斯定理

1) 极化电荷

根据上述介质极化的微观机制，介质中电荷会在分子范围内发生移动，因此介质表面或体内会出现电荷，由于这些电荷一般是束缚在分子范围内的，所以称为束缚电荷，有时也称为极化电荷. 另一方面，极化强度 $\boldsymbol{P}$ 表示极化程度，即分子正负电荷中心分开的距离，或分子电偶极矩转向外电场的程度，所以 $\boldsymbol{P}$ 应该与极化电荷有关. 为了简单起见，我们只讨论无极分子的均匀极化情形. 可以证明，对于均匀极化或均匀介质，介质中任一小体积元内，均无净极化电荷. 极化电荷只出现在介质表面或介质的分界面(包括介质表面)处. 现在我们以位移极化为例，讨论极化强度与极化电荷的关系. 设想介质极化时，每个分子的正电“中心”相对负电“中心”有个位移 $\boldsymbol{l}$，用 q 表示分子中正负电荷的绝对值，则分子电偶极矩为 $\boldsymbol{p}_i=q\boldsymbol{l}$，若单位体积内的分子数为 n，则极化强度为 $\boldsymbol{P}=nq\boldsymbol{l}$.

考虑图 13-27a 中的底面积为 $\mathrm{d}S$，斜高为 l 的圆柱体，为了清楚起见，我们将它放大成如图 13-27b 所示. 下面研究因极化而穿过此面元的极化电荷. 穿过 $\mathrm{d}S$ 面的电荷应处在以 $\mathrm{d}S$ 为底，l 为斜高的柱体内，这些电荷显然是由于极化从 $\mathrm{d}S$ 面左边与此柱体等大的体积内平移而来的，移进来的电荷量为

$$\mathrm{d}q = nql\mathrm{d}S\cos\theta = \boldsymbol{P}\cdot\mathrm{d}\boldsymbol{S} \tag{13-14}$$

这也是在极化中穿过 $\mathrm{d}S$ 面的电荷.

考虑包围整个介质的闭合曲面 S，将 $\boldsymbol{P}\cdot\mathrm{d}\boldsymbol{S}$ 沿此闭合曲面积分，此通量应等于因极化而穿出此曲面的极化电荷总量. 根据电荷守恒定律，此电量等于该曲面内包围的极化电荷的负值，即

$$\oiint_{(S)} \boldsymbol{P}\cdot\mathrm{d}\boldsymbol{S} = -\sum_{(S内)} q' \tag{13-15}$$

◀ 极化电荷与极化强度的关系

上式即是极化强度矢量与极化电荷的积分关系.

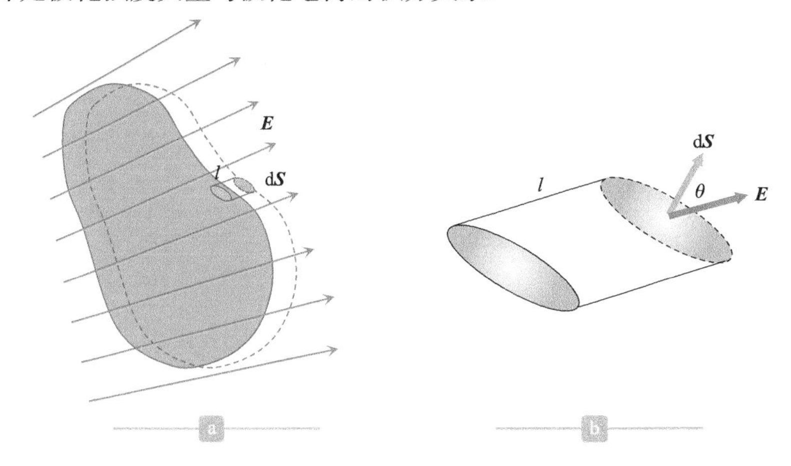

图 13-27 极化电荷与极化强度的关系. a. 极化电荷. b. 局部放大

若在介质内部任取一个小体积元，应用式(13-15)可以证明，在均匀介质或均匀极化情况下，该曲面所包围的极化净电荷为零. 而非均匀介质或非均匀极化情况下，介质体内极化电荷可能不为零.

若将式(13-14)应用于介质表面，则表面任意点的极化电荷面密度为

$$\sigma' = \frac{dq}{dS} = nql\cos\theta = P\cos\theta = \boldsymbol{P}\cdot\boldsymbol{n} \tag{13-16}$$

式中，θ是场强$\boldsymbol{E}$与面元外法线方向$\boldsymbol{n}$之间的夹角. 若θ<90°，σ'>0；若θ>90°，σ'<0. 上式表明：介质表面极化电荷面密度等于极化强度矢量在表面外法线方向的投影，也是表面极化电荷面密度与极化强度矢量的微分关系.

显然，只要求出极化强度$\boldsymbol{P}$的分布，就可以求出极化电荷的分布. 而极化电荷与其他电荷激发电场的规律是相同的，因此，理论上只要知道了极化电荷的分布，电介质对电场的影响就全知道了.

2) 电介质中的高斯定理

产生静电场的源电荷有两类，一类是自由电荷，一类是极化电荷. 尽管这两类电荷产生的原因不同，但都以相同的规律激发电场. 有介质存在的情况下，电场对任意封闭曲面的电通量不仅取决于包围在该封闭曲面内的自由电荷 q_0，也取决于包围在该曲面内的极化电荷q'. 如图 13-28 所示，面积为A的平行板电容器，充电至$\pm q_0$后充满电介质. 介质板极化后在上下表面出现极化电荷$\pm q'$. 取一柱形高斯面 S(图中的虚线)，其上底面在导体板内，下底面在介质中. 根据第 12 章的高斯定理，有

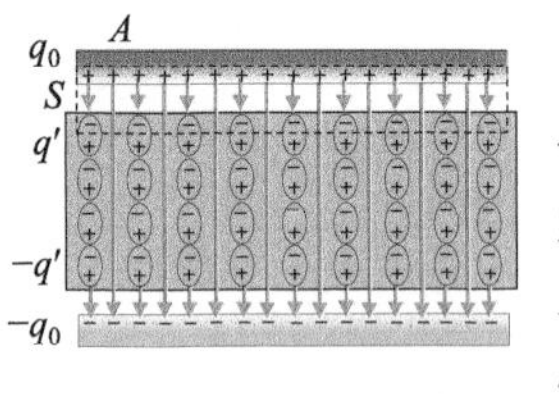

图 13-28 介质中的高斯定理应用

$$\oiint_{(S)} \boldsymbol{E}\cdot d\boldsymbol{S} = \frac{1}{\varepsilon_0}\sum_{(S内)}(q_0 + q')$$

将上式变形，得

$$\oiint_{(S)} \varepsilon_0\boldsymbol{E}\cdot d\boldsymbol{S} - \sum_{(S内)} q' = \sum_{(S内)} q_0$$

将式(13-15)代入上式，可得

$$\oiint_{(S)} \varepsilon_0\boldsymbol{E}\cdot d\boldsymbol{S} + \oiint_{(S)} \boldsymbol{P}\cdot d\boldsymbol{S} = \sum_{(S内)} q_0$$

上式整理后得

$$\oiint_{(S)} (\varepsilon_0\boldsymbol{E} + \boldsymbol{P})\cdot d\boldsymbol{S} = \sum_{(S内)} q_0 \tag{13-17}$$

上式中令

电位移矢量定义 ▶

$$\boldsymbol{D} = \varepsilon_0\boldsymbol{E} + \boldsymbol{P} \tag{13-18}$$

将上式代入式(13-17)，得

$$\oiint_{(S)} \boldsymbol{D}\cdot d\boldsymbol{S} = \sum_{(S内)} q_0 \tag{13-19}$$

式中，$\boldsymbol{D}$称为电位移矢量，是电场中的一个辅助量，单位为：库仑/米^2(C/m^2).

介质中的高斯定理 ▶

上式表明：**通过任意闭合曲面的电位移矢量的通量等于该曲面内包围的自由电荷的代数和**，这个结论称为电介质中的高斯定理. 它不仅适用于静电场，对于随时间变化的电场也适用.

我们知道，极化电荷的分布是非常复杂的. 介质极化后，在介质的表面上或两种不同介质的交界面上，以及不均匀介质的内部，都有极化电荷分布. 在

有极化电荷分布的地方，或者有电场线中断，或者有电场线散发出来. 但电位移线则不同，它们将连续地通过仅有极化电荷分布的地方，极化电荷并不改变电位移线的总数目.

对于各向同性的介质，由式(13-13)，有

$$\boldsymbol{D}=\varepsilon_0\boldsymbol{E}+\boldsymbol{P}=\varepsilon_0\boldsymbol{E}+x_e\varepsilon_0\boldsymbol{E}=\varepsilon_0(1+x_e)\boldsymbol{E} \tag{13-20}$$

上式中令$\varepsilon_r=1+\chi_e$，ε_r称为相对介电常数. 对于各向同性介质来说，ε_r是大于 1 的常数. 于是上式变成

◀ 电位移矢量与介质中场强的关系

$$\boldsymbol{D}=\varepsilon_r\varepsilon_0\boldsymbol{E} \tag{13-21}$$

引入相对介电常数ε_r后，在各向同性的介质中，$\boldsymbol{D}$ 与 $\boldsymbol{E}$ 成正比，比例系数$\varepsilon=\varepsilon_r\varepsilon_0$，称为绝对介电常数，由实验测定.

我们看到，电位移矢量本身虽然缺少明确的含义，但在研究介质中的电场时，往往先研究电位移矢量 $\boldsymbol{D}$，然后通过式(13-21)求得 $\boldsymbol{E}$，从而不必追究极化电荷的分布. 因此，在研究介质中的电场时，电位移矢量是一个很有用的辅助量.

例题 13-7 介质中的高斯定理应用——有介质电容的计算

面积为 S，间距为 d 的平行板电容器充满了相对介电常数为ε_r 的均匀电介质. 已知充电后金属极板上的自由电荷为 Q. 试求：

(1) 电介质中的场强；

(2) 此电容器的电容；

(3) 电介质表面的极化电荷.

解 (1) 一般平行板电容器的板间距离很小，忽略边缘效应时，极板上的自由电荷分布可视为均匀，极板之间的电场可视为均匀. 因此可应用介质中的高斯定理求解极板之间的电位移矢量的分布. 选取一竖直的柱形高斯面，其上底面在导体板中，下底面在电介质中，如图 13-28 黑色虚线所示. 根据介质中的高斯定理，得

◀ 介质中高斯定理的应用

$$\oint\!\!\!\oint_{(S)}\boldsymbol{D}\cdot\mathrm{d}\boldsymbol{S}=\iint_{(S_上)}\boldsymbol{D}\cdot\mathrm{d}\boldsymbol{S}+\iint_{(S_下)}\boldsymbol{D}\cdot\mathrm{d}\boldsymbol{S}+\iint_{(S_侧)}\boldsymbol{D}\cdot\mathrm{d}\boldsymbol{S}$$

上式中第一项是对上底面积分，由于上底面在导体内，$E=0$，$P=0$，所以 $D=0$. 第三项是对侧面积分，由于 $\boldsymbol{D}$ 与 $\mathrm{d}\boldsymbol{S}$ 垂直，故第三项为零. 第二项，$\boldsymbol{D}$ 与 $\mathrm{d}\boldsymbol{S}$ 方向相同，所以，上式的积分为

$$\oint\!\!\!\oint_{(S)}\boldsymbol{D}\cdot\mathrm{d}\boldsymbol{S}=\iint_{(S_下)}\boldsymbol{D}\cdot\mathrm{d}\boldsymbol{S}=DS=Q$$

所以

$$D=\frac{Q}{S} \tag{13-22}$$

根据式(13-21)，得介质中的电场强度为

$$E=\frac{D}{\varepsilon_r\varepsilon_0}=\frac{Q}{\varepsilon_r\varepsilon_0 S} \tag{13-23}$$

上式与式(13-6)比较可见，充满电介质电容器内部的场强是无介质时的场强的

$1/\varepsilon_r$.

(2) 根据电场强度可计算两极板间的电势差为

$$\Delta U = Ed = \frac{Qd}{\varepsilon_r \varepsilon_0 S}$$

根据电容的定义，得电容为

$$C = \frac{Q}{\Delta U} = \frac{\varepsilon_r \varepsilon_0 S}{d} \tag{13-24}$$

上式与式(13-7)比较可以发现，充满电介质的电容器其电容为无介质时的ε_r倍.

(3) 根据式(13-13)可以求得介质内部的极化强度矢量为

$$P = \chi_e \varepsilon_0 E = (\varepsilon_r - 1)\varepsilon_0 \frac{Q}{\varepsilon_r \varepsilon_0 S} = \frac{(\varepsilon_r - 1)}{\varepsilon_r}\frac{Q}{S}$$

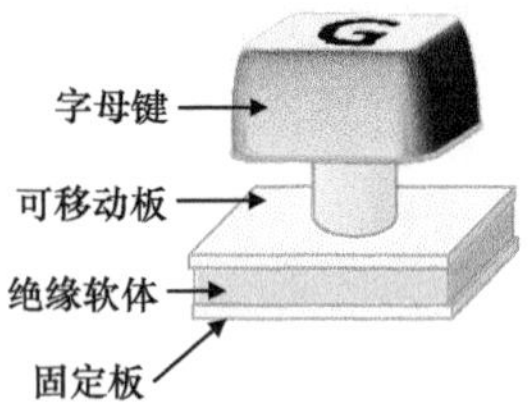

P 的方向向下. 根据式(13-16)可得电介质上、下表面的极化电荷密度分别为

$$\sigma'_{上} = -P = -\frac{(\varepsilon_r - 1)}{\varepsilon_r}\frac{Q}{S}, \quad \sigma'_{下} = P = \frac{(\varepsilon_r - 1)}{\varepsilon_r}\frac{Q}{S}$$

字母键
可移动板
绝缘软体
固定板

图 13-29 计算机键盘按钮举例

电容器电容与两极板间距相关的性质可以有许多应用，计算机键盘每个按键实际上是跟电容器的一个极板相连的. 如图 13-29 所示，当手指向下按 G 键时，板间距离变小，电路检测到该电容的变化，便会作出相应的响应.

13.4 电容器储能 电场的能量

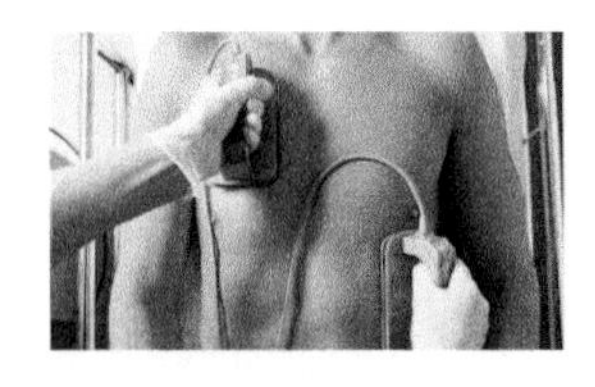

图 13-30 心脏除颤机

心脏除颤机又称电复律机，如图 13-30 所示. 该设备用脉冲电流作用于心脏，实施电击治疗，消除心律失常，使心脏恢复窦性心律，是目前临床上广泛使用的抢救设备之一. 其电击过程就是电容器的放电过程，也是电能释放的过程. 那么电容器储存的电能又是从哪里来的呢？从静电场的知识可知，在电场力的作用下，电荷总是从电势高处运动至电势低处. 而电容器的充电过程是通过电源做功把正电荷从电势低处(即负极板)推向电势高处(正极板). 如图 13-31 所示，在充电中当两极板带电为$\pm q$或电压为 U 时，将 $\mathrm{d}q$ 从负极板移至正极板所做的功为

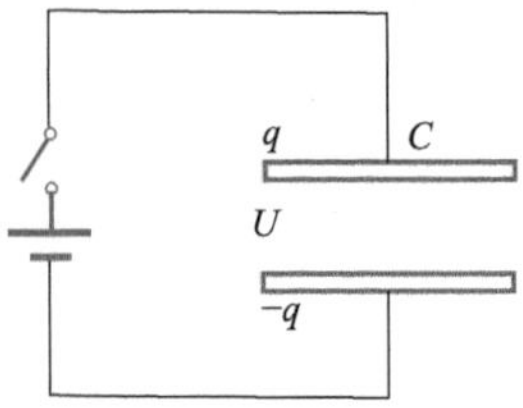

$$\mathrm{d}W = U\mathrm{d}q = \frac{q}{C}\mathrm{d}q$$

当电荷从 0 增至 Q 时，电源做的总功为

$$W = \int_0^Q \frac{q}{C}\mathrm{d}q = \frac{1}{2}\frac{Q^2}{C} \tag{13-25}$$

q C U −q

图 13-31 电容器的充电

上式为电容器充电时电源做的功，此功以能量的形式保存在电容器中. 若用 W_e 表示储存在电容中的能量，并考虑电量 Q 与电压 U、电容 C 的关系，电容器中储存的电能可以写成

电容器的储能 ▶

$$W_e = \frac{1}{2}\frac{Q^2}{C} = \frac{1}{2}CU^2 = \frac{1}{2}QU \tag{13-26}$$

电容器充电的过程是电池消耗化学能，把正电荷从负极板推向正极板的过程. 那么这些能量存在哪里呢？存在电荷里，还是其他地方？以平行板电容器为例

具体讨论一下这个问题. 设电容器极板面积为 S，极板之间充满相对介电常数为ε_r的电介质，板间距离为d，当极板上充电至电量为Q时，电势差为$U(=Q/C)$，根据上式，电容器中储存的能量为

$$W_e=\frac{1}{2}CU^2=\frac{1}{2}\frac{\varepsilon_r\varepsilon_0 S}{d}U^2$$

式中，U是两极板间电势差，可用极板间场强E表示，即$U=Ed$. 代入上式得

$$W_e=\frac{1}{2}\frac{\varepsilon_r\varepsilon_0 S}{d}E^2d^2=\frac{1}{2}\varepsilon_r\varepsilon_0 E^2 Sd$$

显然上式中的Sd为极板间电场(边缘处场强可以忽略)空间的体积，由于在此空间，电场几乎是均匀的，因此电场中单位体积的能量，即电场的能量密度为

$$w_e=\frac{W_e}{Sd}=\frac{1}{2}\varepsilon_r\varepsilon_0 E^2=\frac{1}{2}\boldsymbol{D}\cdot\boldsymbol{E} \tag{13-27}$$

◀ 电场的能量密度

式(13-27)给出了电场能量密度的计算式. 在电磁学的高级课程，如《电动力学》《电磁场理论》等中可以证明，式(13-27)不仅适用于匀强电场、静电场，对于非匀强电场、随时间变化的电磁场也适用. 式中的最后一项是$\boldsymbol{D}$与$\boldsymbol{E}$的点积，它对于各向同性介质与各向异性介质均适用.

从式(13-27)可见，只要空间存在电场就存在能量密度，在迅变电磁场的空间中，没有电荷及电流存在，但存在着电场和磁场，存在着电场能量，因此电容器或静电系统中的能量是储存在电场中的，而非电荷中.

根据式(13-27)可以计算电场中指定区域或电场储存的全部空间V内的电场能量如下：

$$W_e=\iiint\limits_{(V)}w_e\mathrm{d}V=\iiint\limits_{(V)}\frac{1}{2}\varepsilon_r\varepsilon_0 E^2\mathrm{d}V=\iiint\limits_{(V)}\frac{1}{2}\boldsymbol{D}\cdot\boldsymbol{E}\mathrm{d}V \tag{13-28}$$

◀ 电场能量的计算

式(13-27)表明电场的能量密度正比于电位移矢量与场强的点乘，它不仅适用于电介质，也适用于真空. 不仅适用于各向同性的电介质，也适用于各向异性介质，并且电场强度是电场能量密度的基本部分. 无论是否有电介质，亦或无论是否有电荷，只要有电场，就有电场能.

例题 13-8　电容器储能计算

如图 13-32 所示，一同心球形电容器的内、外极板的半径分别为R_1、R_2，其间充满相对介电常数为ε_r的均匀介质，当内、外极板充电Q与$-Q$时，求：

(1) 电容器中的电场能量密度及储存的电场能量；

(2) 电容器的电容.

解　(1) 取半径为r但与其他球同心的球面为高斯面，利用介质中高斯定理，可求得两球间电位移为

$$\oint\limits_{(S)}\boldsymbol{D}\cdot\mathrm{d}\boldsymbol{S}=DS=D\cdot 4\pi r^2=Q$$

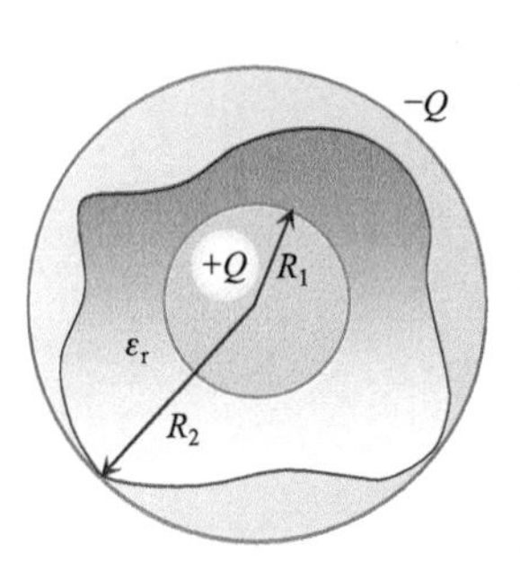

图 13-32 充满介质的电容器

所以

$$D=\frac{Q}{S}$$

根据式(13-21)，得介质中的电场强度为

$$E=\frac{D}{\varepsilon_r\varepsilon_0}=\frac{Q}{4\pi\varepsilon_r\varepsilon_0 r^2} \tag{13-29}$$

上式与例题 13-4 中的场强相比，充满电介质电容器内部的场强是无介质时场强的 $1/\varepsilon_r$. 可以证明这个结论对于充满均匀介质的电容器是普遍适用的.

根据式(13-27)，电容器中的电场能量密度为

$$w_e=\frac{1}{2}\varepsilon_r\varepsilon_0 E^2=\frac{Q^2}{32\pi^2\varepsilon_r\varepsilon_0 r^4}$$

根据式(13-28)可计算电容器中储存的电场能量为

$$W_e=\iiint_{(V)} w_e \mathrm{d}V=\int_{R_1}^{R_2}\frac{Q^2}{32\pi^2\varepsilon_r\varepsilon_0 r^4}4\pi r^2\mathrm{d}r=\frac{Q^2}{8\pi\varepsilon_r\varepsilon_0}\left(\frac{1}{R_1}-\frac{1}{R_2}\right)$$

(2) 根据式(13-26)，可以计算充满电介质的球形电容器的电容为

$$C=\frac{1}{2}\frac{Q^2}{W_e}=\frac{4\pi\varepsilon_r\varepsilon_0 R_1 R_2}{R_2-R_1} \tag{13-30}$$

将上式与式(13-8a)相比可见，充满均匀介质电容器的电容是无介质时的 ε_r 倍.

13.5* 电介质的应用 电击穿及其一般规律

1. 电介质在电容器中的作用

我们知道，电容器的两个主要指标是：电容量和耐压能力. 在电容器中加入电介质，往往对提高电容器这两方面的性能都有好处. 现在分别作些讨论.

1) 增大电容量，减小体积

前已述及，电介质可以使电容增大为无介质时的 ε_r 倍. 对于同一尺寸的电容器，其中电介质的 ε_r 越大，电容量就越大. 另一方面，相同电容量的电容器，ε_r 越大，体积可以越小.

表 13-1 给出一些电介质的介电常数值. 如表中所示，一般的电介质材料，ε_r 多半在 10 以内. 特别引人注目的是一类叫做铁电体的物质，如表中给出的钛酸钡($BaTO_3$)陶瓷，其介电常数可达数千. 在钛酸钡薄片两面镀上金属电极而做成的陶瓷电容器可与晶体管配套，在电子线路小型化方面起着重要的作用.

2) 提高耐压能力

对提高电容器耐压能力起关键作用的是电介质的介电强度. 电介质在通常条件下是不导电的，但在强的电场中它们的绝缘性能会受到破坏，这称为介质的击穿. 一种介质材料所能承受的最大电场强度，称为这种电介质的介电强度，或击穿场强. 表 13-1 第三栏给出了介电强度的数值. 可以看出，表中多数材料的介电强度比空气高，它们对提高电容器的耐压能力有利. 提高耐压能力的问

题不仅在电容器中有，它在电缆中更为突出. 在电缆周围的场强是不均匀的，一般是靠近导线的地方最强. 在电压升高时，总是在电场最强的地方首先击穿. 因而电缆外总包着多层绝缘材料，各层材料的介电常数和介电强度也不相同. 显然，合理地配置各绝缘层，在电场最强的地方使用介电常数和介电强度大的材料，可以使场强的分布拉匀，提高所承受的电压.

表 13-1 电介质的介电常数与介电强度一览表

电介质	相对介电常数ε_r	介电强度/(kV/mm)
空气	1.0005	3
水	78	—
云母	3.7～7.5	80～200
玻璃	5～10	10～25
瓷	5.7～6.8	6～20
纸	3.5	14
电木	7.6	10～20
聚乙烯	2.3	50
二氧化钛	100	6
氧化钽	11.6	15
钛酸钡	～10^3～10^4	3

2. 压电效应及其逆效应

有些固体电介质，由于结晶点阵的特殊结构，会产生一种特殊的现象，叫做压电现象. 这种现象是当晶体发生机械形变时，如压缩、伸长，会产生极化，而在相对的两面上产生异号的极化电荷，如图 13-33 所示. 具有这种现象的物质以石英(SO_2)、电气石、酒石酸钾钠($NaKC_4H_4O_6\cdot4H_2O$,又称为洛瑟尔氏盐)，钛酸钡($BaTiO_3$)等为代表.

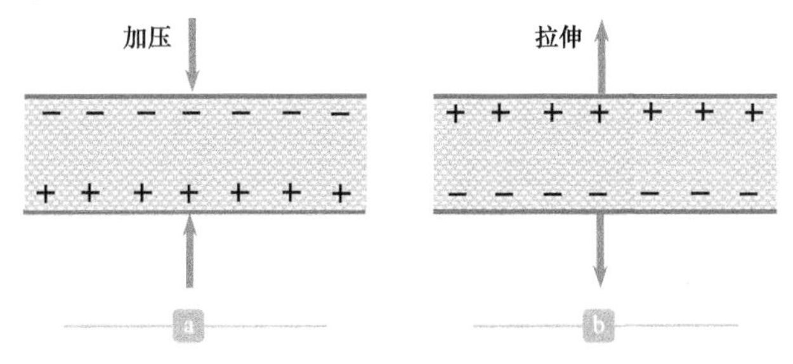

图 13-33 压电效应. a. 加压使晶体表面出现电荷. b. 拉伸使晶体表面出现电荷

在 1000g/cm^2 的压强下石英晶体的相对两面上能够因极化而产生约 0.5V 的电势差，酒石酸钾钠晶体的压电效应更为显著.

压电现象还有逆效应，当在晶体上加电场时，晶体会发生机械形变(伸长或缩短)，如图 13-34 所示. 压电效应及其逆效应已被广泛地应用于近代技术中.

下面是利用压电效应的例子.

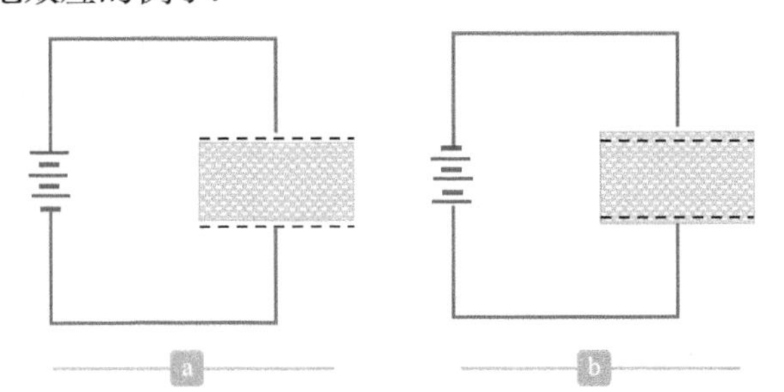

图 13-34 逆压电效应. a. 正向电导致收缩. b. 反向电导致膨胀

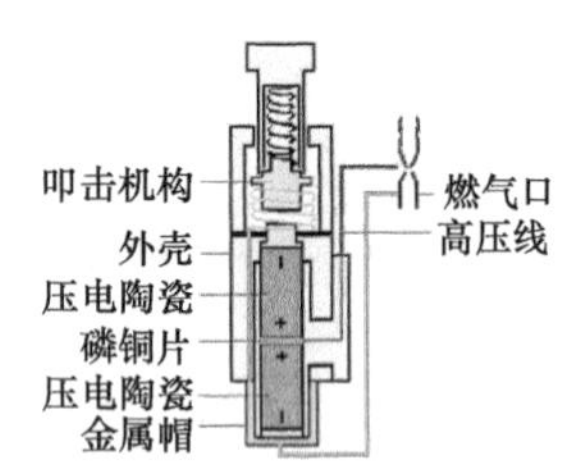

压电陶瓷打火灶工作原理

(1) 晶体振荡器：由于压电晶体的机械振动可以变为电振动，用压电晶体代替普通振荡回路做成的电振荡器称为晶体振荡器. 晶体振荡器突出的优点是其频率高度稳定. 在无线电技术中可用来稳定高频发生器中电振荡的频率，利用这种振荡器制造的石英钟，每昼夜的误差不超过 2×10^{-5}s. 这种电致机械振动原理也用于超声加湿器，在水中超声波频率范围的机械振荡可使水雾化.

(2) 压电晶体应用于扩音器、电唱头等电声器件中，把机械振动(声波)变为电振动.

(3) 压电陶瓷具有明显的压电效应，当陶瓷片突然有压力冲击时，会产生很高的电压，此电压通过尖端导体放电，可用于电子打火灶.

(4) 利用压电现象，可测量各种情况下的压力、振动，乃至加速度.

逆压电效应也有一些应用，如:

(1) 电话耳机中利用压电晶体的逆压电效应把电的振荡还原为晶体的机械振动. 晶体再把这种振动传给一块金属薄片，发出声音.

(2) 利用逆压电效应可以产生超声波. 将压电晶片放在平行板电极之间，在电极间加上频率与晶体片的固有振动频率相同的交变电压，晶片就产生强烈的振动而发射出超声波来.

此外，压电效应及其逆效应还可用于制作各种传感器.

3. 电击穿

图 13-35 材料的电击穿

电击穿指的是加在介质上的电压超过击穿电压后，绝缘体的电阻迅速下降，继而使得一部分绝缘体变为导体的现象. 击穿时的电火花或等离子通道具有树形的分形结构，如图 13-35 所示. 电击穿可以只在瞬间存在，如常见的静电放电；也可能持续一段时间，例如，在配电电路中发生的电弧现象等. 在有效的击穿电压下，电击穿现象可以发生在固体、流体、气体或者真空等不同的介质中. 但是有些介质则比较特殊，如电介质，其束缚电荷不会流过电介质，只会从原本位置移动微小距离，从而产生极化.

半导体中也有电击穿现象，电击穿后，pn 结消失，但只要停止通电，pn 结会自动恢复. 电击穿的终点是热击穿，热击穿则无法恢复，导致半导体损坏. 一般高压或低压电器被击穿后，绝缘度会大大降低，不能正常工作，因此必须及时更换.

击穿装置的设计目的是，加在电介质上的场强远超过其介电强度，并使其击穿. 这种破坏导致电介质的一部分突然从绝缘状态转变到高导电状态. 其特点是形成一个电火花或等离子通道，且很有可能会伴有电弧通过电介质的材料部分. 如果电介质恰好是固体，沿着放电路径永久的物理和化学变化将使材料的介电强度显著降低，因此该设备只能使用一次. 然而，如果电介质材料是液体或气体，一旦通过等离子体通道的电流被外部中断，电介质就能完全恢复其绝缘性能. 商用火花隙利用这种特性在脉冲电力系统中突然切换高电压，以便为电信和电力系统提供过压保护，也可以通过火花塞点燃内燃机燃料. 早期的无线电报系统中也使用了火花塞发射机.

4. 气体电介质击穿的一般规律

气体电介质击穿的主要形式是气体放电. 气体因为通常所含的自由电荷很少，是良好的绝缘体，但由于某些原因气体中的分子可发生电离而导电，这种电流通过气体的现象称为气体放电，也称气体导电，气体导电常分自激导电和被激导电. 被激导电是指气体在电离剂的作用下而电离，凡是能使气体电离的物质统称为电离剂，如紫外线、宇宙射线、X 射线、火焰和放射性辐射等. 当在气体两端的电极上加一定电压时，将有电流通过气体. 电流随所加电压 U 变化的关系如图 13-36 所示. 其中饱和电流 I_S 反映了电离的强度. 自激导电是指气体两端的板间电压加到一定数值 U_C 后，气体中的电流突然急剧增加(伏安曲线的 CD 段)，这时即使撤去电离剂，导电过程仍能继续. 在发生这种自激导电现象时，往往伴随有发声、发光等现象，这时气体被击穿，U_C 称为击穿电压. 自激导电的物理机制是碰撞电离、二次电子发射和热电子发射，根据气体的性质、气压、电极形状和大小，电极间的距离、外加电压的不同以及电流的大小而呈现不同的放电现象，如电晕电、弧光放电、火花放电、辉光放电等. 气体放电的研究与高电压绝缘、高温照明等问题密切相关.

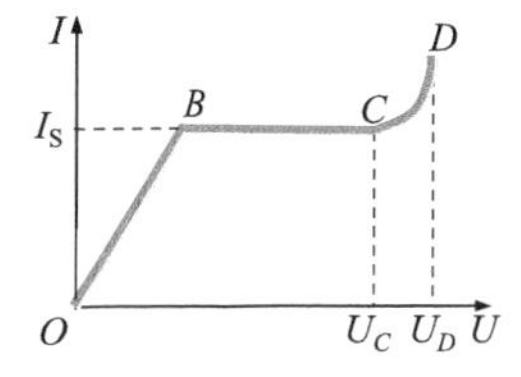

图 13-36 气体放电的伏安特性曲线

(1) 电晕放电. 当导体电极上有曲率较大的尖端，而又远离其他导体时，由于尖端附近的电场较强，电势梯度较大，气体电离并发出与日晕相似的蓝紫色的晕光层，这种现象叫做电晕放电. 当出现电晕时，还发生“哧哧”的声音，产生臭氧、氧化氮等. 这种放电的主要物理机制是与起晕电极正负号相同的离子在晕光层内引起的碰撞电离，当电极与周围导体间的电压增大时，电晕层逐步扩大到附近其他导体，过渡到火花放电. 可见，电晕放电是一种不完全的火花放电. 电晕将引起电能的损耗，并对通信和广播产生干扰.

(2) 弧光放电. 也称“电弧”，是一种显示弧形白光，产生高温的气体放电现象，可发生在稀薄气体、金属蒸气、普通大气和高压气体中，其特征是所需电压不高而电流很强，例如，把两根炭棒或金属棒接于电压为数十伏的电路上，先使两棒的尖端互相接触，通过数十安以上的强大电流，然后使两棒分开而两端间保持不大的距离，这时电流仍能通过空隙而使两端间产生温度达 3000℃的稳定电弧(在高气压下可达 6000℃). 维持电弧中强大电流所需的大量离子，主要是由电极上的离子蒸发而来的. 电弧可作为强光源(弧光灯)、紫外线源(太阳灯)或强热源(电弧炉、电焊机等). 在开关电器中，触头分开而引起的电弧有一定危险，必须采取灭弧措施.

(3) 火花放电. 也称电火花，在通常气压下，在曲率不太大的电极间加上高电压，当电流供给的功率不太大时，极间气体在强电场(空气中的场强超过3000kV/m作用下被击穿，如此形成的自激放电就是火花放电. 这时碰撞电离沿着电极间曲折的发光通道进行，气体因迅速、猛烈地发热而发出电火花和爆裂声，火花放电具有间歇性，火花的大小由电极的形状和大小、极间电压以及气体的性质和压强决定. 雷电就是自然界中大规模的火花放电现象. 电火花常应用在光谱分析、金属电火花加工、打火机、内燃机点火等方面. 在高压电器设备中应采取措施防止发生电火花. 但适当的火花间隙可用来保护电器设备，使它在受雷击而产生过载电压时免遭破坏.

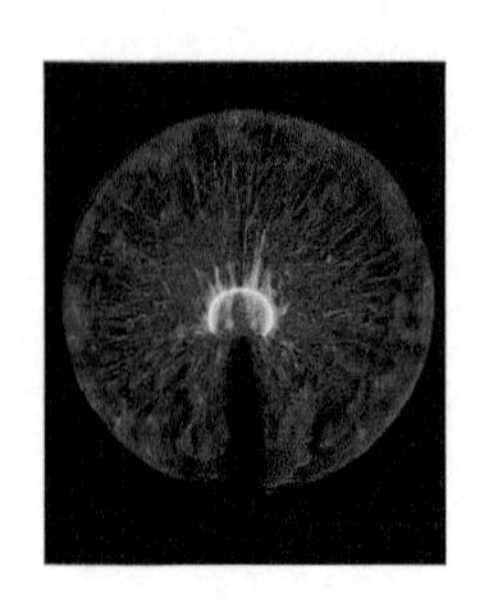

辉光放电展示

(4) 辉光放电. 也称“冷阴极放电”，这是一种当放电管中气压降低到约1.3×10^2Pa，两端电压加到数百伏特时所发生的标准的稀薄气体放电现象. 这时从阴极K沿着放电玻璃管到阳极A一共出现5个不同的光区，如图13-37所示. 在这种放电中，电子在强电场作用下产生的碰撞电离是发光的主要物理机制，放电的特征是电流密度很小，温度不高，辉光的颜色随所充气体而异. 例如，充氖呈红紫色，充氩呈深红色，充汞呈绿色，充钠呈金黄色，充氩和汞则呈蓝色，等等. 利用这种放电的发光效应可以制成霓虹灯和荧光. 利用它在一定电压下才发光的稳压特性，可以制成氖稳压管.

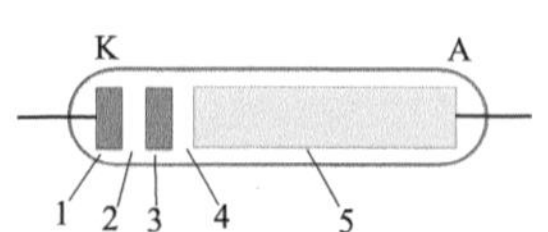

图 13-37 辉光放电的不同光区. 1-第一阴极光层；2-第一暗区；3-第二阴极光层；4-第二暗区；5-正柱区

5. 电介质击穿的危害

电介质常作为电容器的介电材料，介电材料可以增大电容和提高耐压能力. 固体介质击穿后，其介电性能不可恢复，造成电容器损坏. 空气介质电容器击穿后不会彻底损坏，且能恢复其介电性能，但电介质击穿时，电容器突然变成导体，电路性能发生变化，电路或电子仪器不能正常工作.

高压输电线上的高电压可使其周围空气电离形成辉光放电，造成电能损耗，高压变电设备中的电介质击穿可导致电网停止供电或引起火灾.

可燃性气体、火药及石油产品，在生产、储存和运输中都会因摩擦、感应而带电，在适当条件下会发生火花放电而引起燃烧、爆炸. 造成重大的经济损失和人员伤亡.

现在很多城市铺设了天然气管道，很多家庭用天然气生火做饭，城市和农村也有很多家庭使用液化石油气，这给用户带来很大方便，也大大减小了环境污染. 但是一旦发生泄漏，房屋中充满这些可燃气体，不管是开还是关家用电器，或者断电、停电后恢复供电，开关处都可能因空气被击穿而产生火花，造成火灾. 所以一旦发现家中有天然气或液化石油气泄漏要立即关气、开门窗通风，绝对不能开、关电器.

输电线路长期使用，绝缘介质老化击穿也是造成火灾的重要原因.

雷电是大规模天然电介质击穿现象. 雷电可能造成火灾和建筑物损坏，其破坏力是非常巨大的，在航空航天事业中，电介质击穿造成火花放电，在空间产生的电磁波干扰计算机正常工作，可造成火箭发射失败等事故. 所以防雷、测雷、选择适当的天气条件对航天器的发射是十分重要的.

6. 电介质击穿的应用

空气介质击穿时可产生高温等离子体，正负电荷湮灭时发光并产生大量热量，利用这一现象可以制成发光强度很大的弧光灯，电焊也利用了这一现象.

在辉光放电产生的等离子体中，电子的能量范围为 1～20eV. 由于辉光放电伴生的能量大于分子的键能量(2～8eV)，故等离子体技术在聚合物的应用中有美好的前景. 利用等离子体对聚合物的辉光放电合成，可以制造出具有优良的物理化学性能的无孔而均匀的薄膜. 利用等离子体可对聚合物进行表面改性. 等离子体也可用于选择性刻蚀或将聚合物除去. 还可以用等离子体技术制造微电子元件中的膜、涂层及绝缘层等.

因为 pn 结的阻挡层非常薄，所以存在非常强的电场，一旦此电场超过 10^8V/m，由于能带间的隧道效应，就会有高密度的电流通过，这种现象称为齐纳击穿，利用齐纳击穿现象可以制造出和稳压放电管有相同功能的二极管，这种二极管称为齐纳二极管.

电介质的物理化学性质，是一门较庞大的学科，近些年也取得许多成果. 电介质的击穿危害与应用也有很多，读者可在进一步的学习研究中逐渐去探索.

第13章练习题

13-1　试证明：

(1) 一个孤立的带正电的导体表面不会出现负电荷；

(2) 一个孤立的带负电的导体表面不会出现正电荷.

13-2　以无穷远为电势零参考点，试证明：

(1) 一个孤立的带正电的导体电势为正；

(2) 一个孤立的带负电的导体电势为负.

13-3　试证明：一个带正电的导体 A 移近一个中性导体 B 时，导体 B 电势会升高，且导体 A 上面不会出现负电荷.

13-4　试证明一个孤立的中性导体电势为零.

13-5　证明：对于两个无限大的平行平面带电导体板(题 13-5 图)来说，

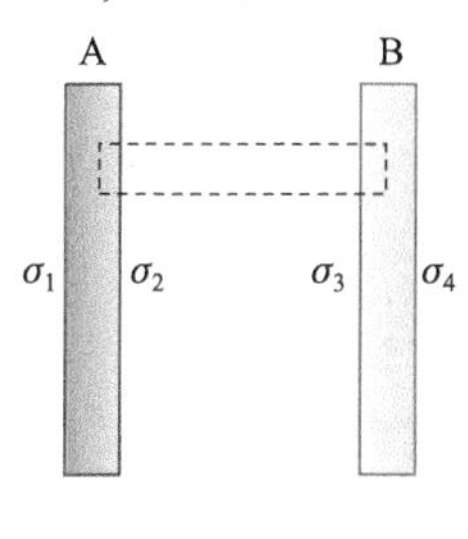

题 13-5 图

(1) 相向的两面上，电荷的面密度总是大小相等而符号相反；

(2) 相背的两面上，电荷的面密度总是大小相等而符号相同.

13-6　三个平行金属板 A、B 和 C 的面积都是 200cm^2，A 和 B 相距 4.0mm，A 与 C 相距 2.0mm. B、C 都接地，如题 13-6 图所示. 如果使 A 板带正电 3.0×10^{-7}C，略去边缘效应，问 B 板和 C 板上的感应电荷各是多少?以地的电势为零，则 A 板的电势是多少?

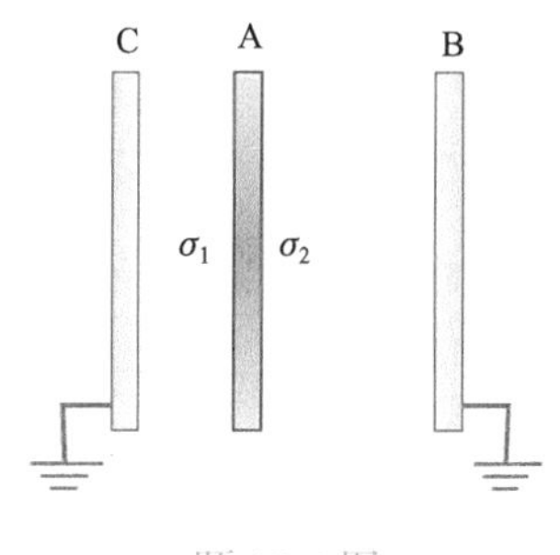

题 13-6 图

13-7　半径为 R 的金属球离地面很远，并用导线与地相连(题 13-7 图)，在与球心相距为 d=3R

处有一点电荷$+q$，试求：金属球上感应电荷的电量.

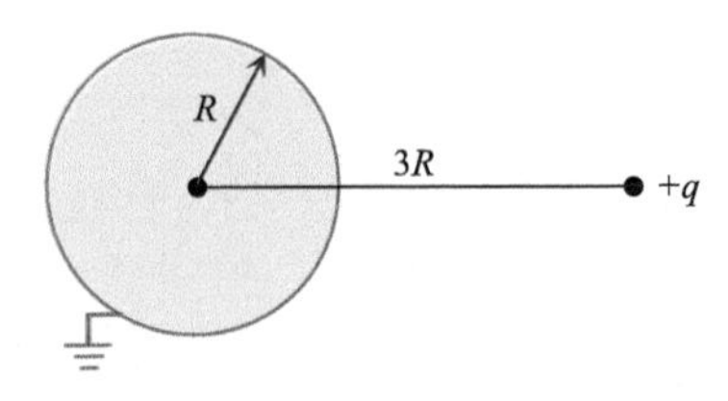

题 13-7 图

13-8 两个电中性的半径分别为R_1和$R_2(R_1<R_2)$的同心薄金属球壳，现给内球壳带电$+q$(题 13-8 图)，试计算：

(1) 外球壳上的电荷分布及电势大小；

(2) 先把外球壳接地，然后断开接地线重新绝缘，此时外球壳的电荷分布及电势；

(3) 再使内球壳接地，此时内球壳上的电荷以及外球壳上的电势的改变量.

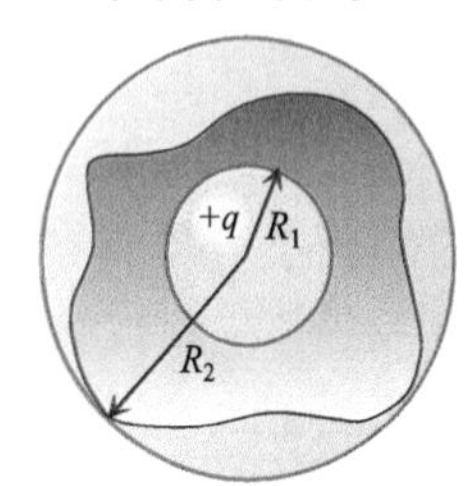

题 13-8 图

13-9 半径分别为R_1和R_2的两个同心球面都均匀带电，带电量分别为Q_1和Q_2，两球面把空间划分为三个区域，求各区域的电势分布.

13-10 如题 13-10 图所示的电路中C_1均相等，且$C_1=3\mu F$，$C_2=2\mu F$，若 a、b 两端加以 300V 电压. 求：(1) a、b 间的总电容C；

(2) 电容C_2上的电量Q.

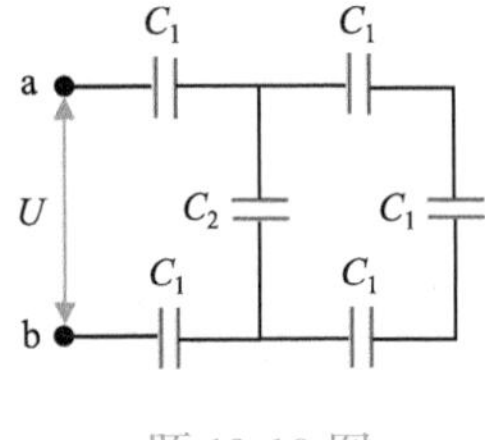

题 13-10 图

13-11 题 13-11 图所示电路中，每个电容$C_1=3\mu F$，$C_2=2\mu F$，a、b 两点电压$U=900V$. 求：

(1) 电容器组合的等效电容；

(2) c、d 间的电势差U_{cd}.

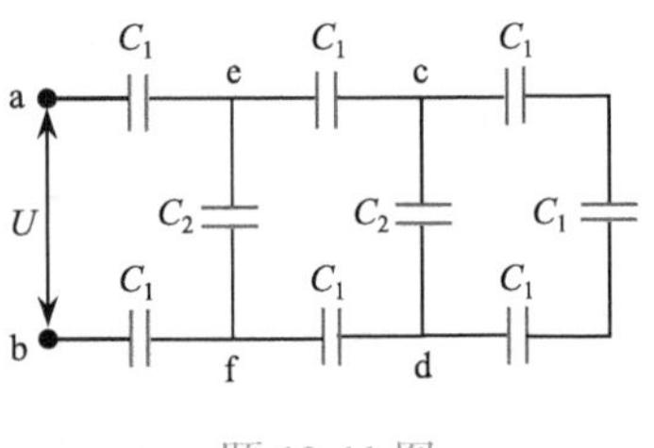

题 13-11 图

13-12 C_1和C_2两电容器分别标明“200pF，500V”和“300pF，900V”，把它们串联起来后等值电容是多少?如果两端加上 1000V 的电压，是否会击穿?

13-13 将两个电容器C_1和C_2充电到相等的电压U以后切断电源，再将每一电容器的正极板与另一电容器的负极板相连. 试求：

(1) 每个电容器的最终电荷；

(2) 电场能量的损失.

13-14 2μF 和 4μF 的两电容器并联，接在 1000V 的直流电源上，

(1) 求每个电容器上的电量以及电压；

(2) 将充了电的两个电容器与电源断开，彼此之间也断开，再重新将异号的两端相连接，试求每个电容器上最终的电量和电压.

13-15 将 1μF 和 2μF 的两个电容器串联，接在 1200V 的直流电源上，

(1) 求每个电容器上的电荷量以及电压；

(2) 将充了电的两个电容器与电源断开，彼此之间也断开，再重新将正极板与正极板相连，负极板与负极板相连，试求稳定后两电容器的电压与电量.

13-16 如题 13-16 图所示，$C_1=0.25\mu F$，$C_2=0.15\mu F$，$C_3=0.20\mu F$. C_1上电压为 50V. 求：U_{AB}.

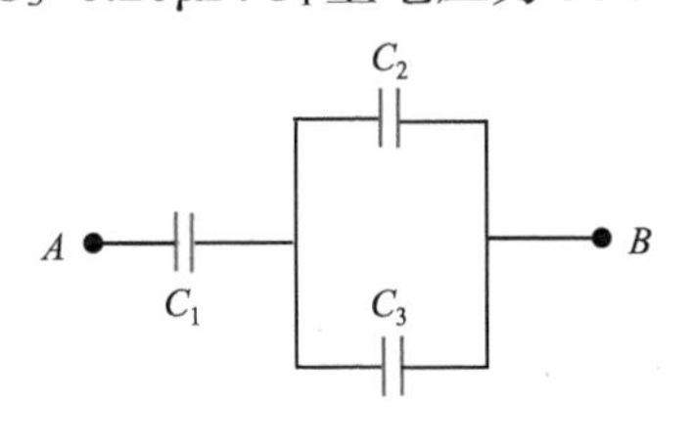

题 13-16 图

13-17 如题 13-17 图所示，设板面积为 S 的平板电容器极板间有两层介质，介电常数分别为 ε_{r1} 和 ε_{r2}，厚度分别为 d_1 和 d_2，

(1) 求电容器的电容 C；

(2) 若加于此电容上的电压为 U，则在两块介质的两个表面的电势差 U_1、U_2 分别为多少？

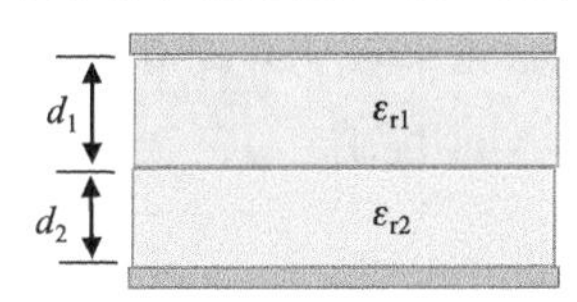

题 13-17 图

13-18 如题 13-18 图所示，在平行板电容器的一部分容积内充入相对介电常数为 ε_r 的电介质. 试求：有电介质部分和无电介质部分极板上自由电荷面密度的比值.

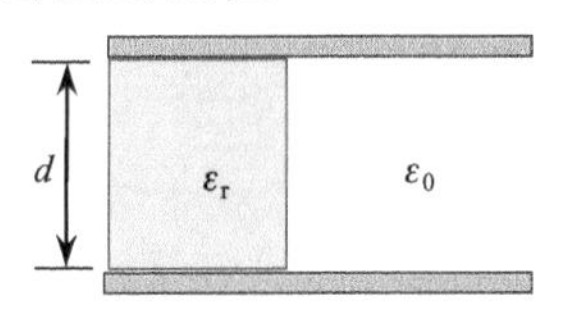

题 13-18 图

13-19 在半径为 R_1 的金属球之外包有一层外半径为 R_2 的均匀电介质球壳(题 13-19 图)，介质相对介电常数为 ε_r，金属球带电 Q. 试求：

(1) 电介质内、外的场强；

(2) 电介质内、外的电势；

(3) 金属球的电势.

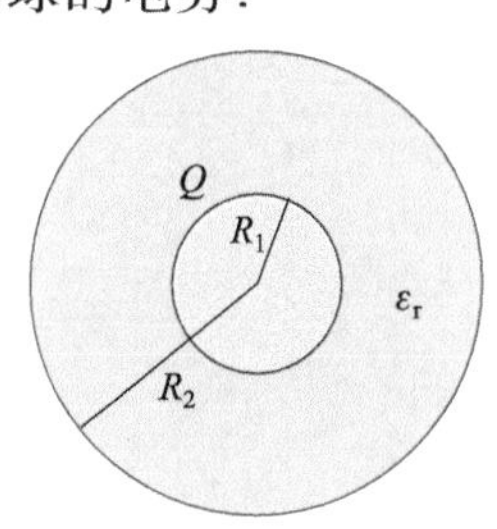

题 13-19 图

13-20 有一个空气平板电容器，极板面积为 S，间距为 d. 现将该电容器接在端电压为 U 的电源上充电，并始终保持连接. 当

(1) 充足电后；

(2) 平行插入一块面积相同、厚度为 $\delta(\delta < d)$、相对介电常数为 ε_r 的电介质板；

(3) 将上述电介质换为同样大小的导体板. 分别求电容器的电容 C，极板上的电荷 Q 和极板间的电场强度 E.

13-21 两个同轴的圆柱面，长度均为 L，半径分别为 R_1 和 R_2 $(R_2>R_1)$，且 $L \gg R_2-R_1$，两柱面之间充有介电常数为 ε_r 的均匀电介质(题 13-21 图). 当两圆柱面分别带等量异号电荷 Q 和 $-Q$ 时，求：

(1) 在半径 r 处 $(R_1<r<R_2)$ 的电场能量密度及该处厚度为 $\mathrm{d}r$ 的薄柱筒中的电场能量；

(2) 电介质中的总电场能量；

(3) 圆柱形电容器的电容.

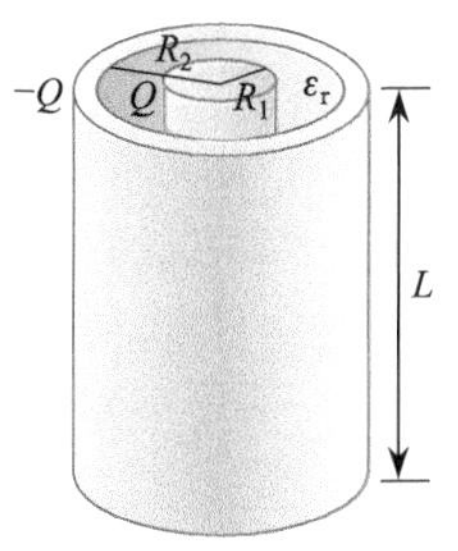

题 13-21 图

13-22 两个同轴的金属圆柱面，长度为 l，半径分别为 a、b，两圆柱面间充满相对介电常数为 ε_r 的均匀电介质，当这两个圆柱面带有等量异号电荷 $\pm Q$ 时，求：

(1) 离轴线距离 $r(a<r<b)$ 处的电场能量密度；

(2) 电场中的总能量；

(3) 该圆柱形电容器的电容.

13-23 圆柱形电容器的半径分别为 a 和 b，试证明所储存的能量的一半是在 $r=\sqrt{ab}$ 的圆柱内部.

13-24 一个平行板电容器，极板面积为 S，两极板间距为 d，将两极板充电至 $\pm Q$ 后断开电源.

(1) 电容器储存的总能量是多少？

(2) 将两极板间距拉大至 $2d$ 时，电容器储存的能量增加至多少？

13-25 圆柱形电容器由半径为 R_1 的导体和半径为 R_2 的薄圆筒共轴组成，中间充满了相对介电常数为εr 的介质，长为 L，沿轴线单位长度上

导体的电荷密度为λ，圆筒上为$-\lambda$，试求：

(1) 介质中的电位移矢量、场强和极化强度；

(2) 介质表面的极化电荷面密度.

13-26 一个空气电容器充电的能量为 W_e，然后切断电源，并灌入相对介电常数为ε_r的油介质，试求其能量?若在灌油时不断开电源，能量又为多大?

13-27 半径为 R_1=2.0cm 的导体球，外套有一同心的导体球壳，壳的内、外半径分别为 R_2= 4.0cm 和 R_3=5.0cm，当内球带电荷 Q=3.0×10^{-8}C 时，求：

(1) 这个系统储存的能量；

(2) 如果将导体壳接地，计算储存的能量；

(3) 导体球与球壳组成的电容器的电容值.

13-28 试计算一均匀带电薄导体球壳的系统的电能，设球壳半径为R，带电量为Q. 由此求出该导体球的电容.

第 13 章练习题答案

第14章 稳恒电流

印制电路板(printed circuit board，简称PCB)，又称印刷电路板，是电子元器件电气连接的提供者. 它的发展已有100多年的历史了，它的设计主要是版图设计. 采用电路板的主要优点是大大减少了布线和装配的差错，提高了自动化水平和生产劳动率. 按照线路板层数可分为单面板、双面板、四层板、六层板以及其他多层线路板. 近十几年来，我国印制电路板制造行业发展迅速，总产值、总产量双双位居世界第一. 由于电子产品日新月异，价格战改变了供应链的结构，中国兼具产业分布、成本和市场优势，已经成为全球最重要的印制电路板生产基地

第 12 和 13 章讨论了静电场，即相对于观察者，静止电荷形成的电场. 在导体达到静电平衡时，导体内部场强处处为零，故没有电荷的宏观移动. 若导体内部场强不为零，则会形成电荷的宏观移动，即电流. 本章在中学有关知识的基础上，引入电流密度矢量、电流连续性方程和稳恒电场理论，这些理论不仅给出了中学有关规律的理论根据，还进一步揭示了稳恒电路的更多复杂的导电规律，如基尔霍夫定律.

14.1 电流密度 电流连续性方程

1. 电流强度 电流密度矢量

众所周知，电荷的定向移动形成电流. 产生电流的条件有两个：第一，存在可以自由移动的电荷(带电粒子)；第二，存在电场.

在一定的电场中，正、负电荷总是沿着相反的方向运动(图 14-1)，在电效应方面，正电荷沿着某一方向运动与等量的负电荷沿反方向运动所产生的效果相同. 在金属导体中电流是自由电子沿着电场 $\boldsymbol{E}$ 的反方向流动形成的，而在电解液和气态导体中，电流则是由正、负离子或电子移动形成的. 为了方便，习惯上大家约定正电荷的运动方向为电流的正方向(图 14-2). 这样，在导体中电

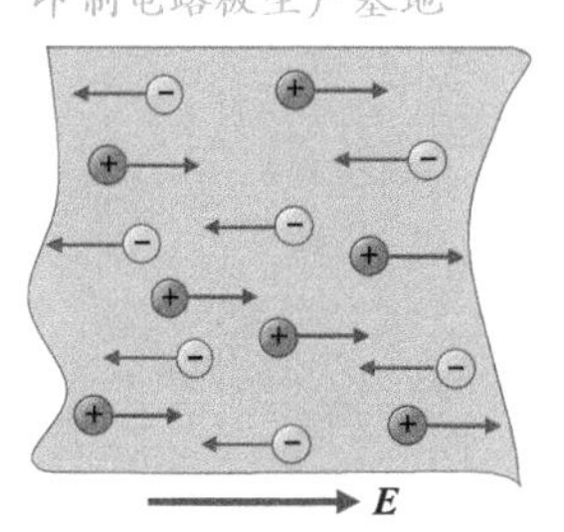

图 14-1 在导体中电场的作用下，正电荷与负电荷的运动方向相反

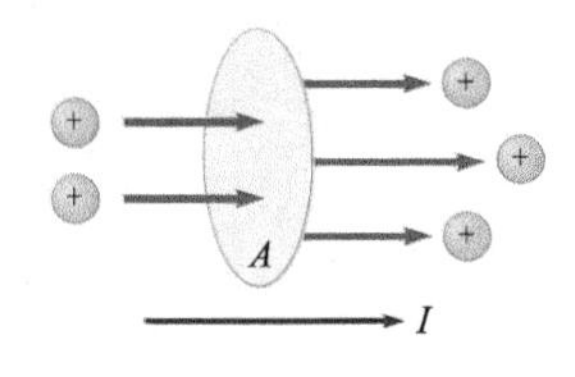

图 14-2 电流的方向是正电荷的运动方向

流的方向总是沿着电场方向，从电势高处指向电势低处.

1) 电流强度

为了描述电流的强弱，引入电流强度的概念，且定义为：单位时间内通过导体任意横截面的电量，若以Δq表示在Δt时间内通过导体横截面的电量，则

$$\bar{I}=\frac{\Delta q}{\Delta t} \tag{14-1}$$

式中，$\bar{I}$表示这段时间内的平均电流强度. 若对上式取极限，即$\Delta t\to 0$，则有

$$I=\lim_{\Delta t\to 0}\frac{\Delta q}{\Delta t}=\frac{\mathrm{d}q}{\mathrm{d}t} \tag{14-2}$$

电流强度的定义 ▶

式中，I是电路中电流强度的瞬时值，电流强度是一个标量. 电流强度是电磁学中的一个基本物理量，其单位为安培(A)，且

1 安培=1 库仑/1 秒，1A=1C/1s

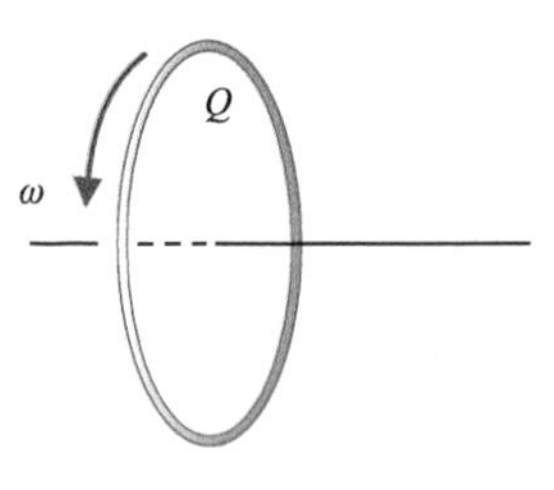

图 14-3 带电圆环做圆周运动

在导体中电流是载流子在电场作用下的定向运动形成的，然而就电荷的定向运动形成电流而言，带电体的某种运动也会形成电流. 如图 14-3 所示，带电圆环绕着过环心并垂直于环面轴线的圆周运动也会形成电流. 读者可以根据圆环所带电量、圆周运动的角速度以及电流强度定义自行计算其电流强度.

2) 电流密度矢量

电流强度 I 是反映载流子通过导体中某一截面整体特征的物理量. 就某 S 面而言，电流强度I平均地反映了S面的电流特征，如图 14-4 所示. 然而对于截面不均匀的大块导体而言，用电流强度无法详细地描述电荷流经导体内部每一点的情况，因此需要引入新的物理量，即电流密度矢量.

电流密度定义为：**在导体内部通过与电流方向垂直的单位面积的电流强度.** 如图 14-4 所示，在导体内部取一小面元 dS，通过该面元的电流为 dI，根据定义，该面元处的电流密度为

电流密度 ▶

$$J=\frac{\mathrm{d}I}{\mathrm{d}S_{\perp}} \tag{14-3}$$

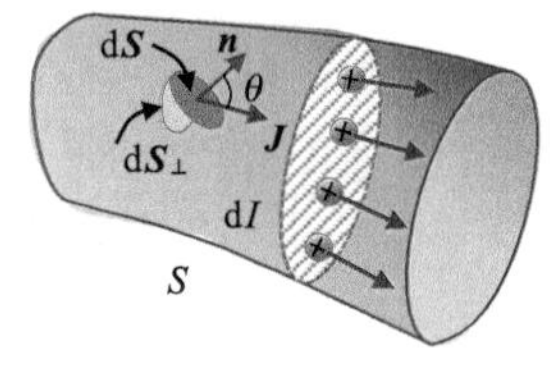

图 14-4 电流密度

式中，$\mathrm{d}S_{\perp}$为 dS 在垂直于电流密度方向的投影面，所以，$\mathrm{d}S_{\perp}=\mathrm{d}S\cos\theta$.

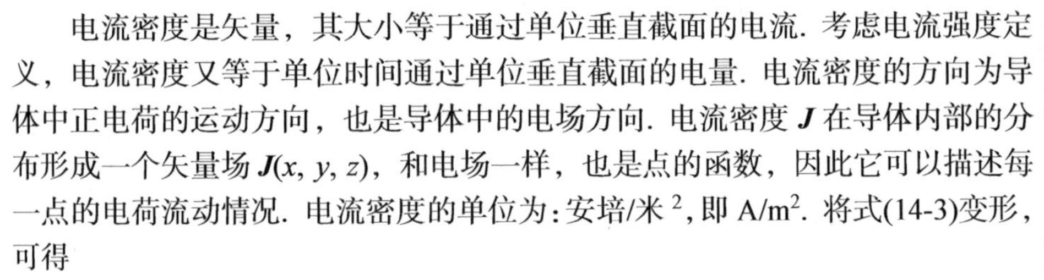

电流密度是矢量，其大小等于通过单位垂直截面的电流. 考虑电流强度定义，电流密度又等于单位时间通过单位垂直截面的电量. 电流密度的方向为导体中正电荷的运动方向，也是导体中的电场方向. 电流密度 $\boldsymbol{J}$ 在导体内部的分布形成一个矢量场 $\boldsymbol{J}(x, y, z)$，和电场一样，也是点的函数，因此它可以描述每一点的电荷流动情况. 电流密度的单位为：安培/米^2，即 A/m^2. 将式(14-3)变形，可得

$$\mathrm{d}I=J\mathrm{d}S_{\perp}=J\mathrm{d}S\cos\theta \tag{14-4}$$

式中，θ是面积法线方向 $\boldsymbol{n}$ 与电流密度 $\boldsymbol{J}$ 之间的夹角，因此上式定义了电流密度的通量，即

$$\mathrm{d}I=J\mathrm{d}S\cos\theta=\boldsymbol{J}\cdot\mathrm{d}\boldsymbol{S} \tag{14-5}$$

即电流密度 $\boldsymbol{J}$ 对于某一面元 d$\boldsymbol{S}$ 的通量等于通过该面元的电流强度 dI. 若要计算通过整个导体截面的电流，则需要对式(14-5)在整个截面 S 进行积分，即

$$I = \iint_{(S)} \boldsymbol{J} \cdot \mathrm{d}\boldsymbol{S} \tag{14-6}$$

◀ 电流强度与电流密度

上式表明：通过某导体截面的电流强度等于电流密度对于该截面的通量.

2. 电流连续性方程

如前所述，电流密度在导体内部形成一个矢量场 $\boldsymbol{J}(x, y, z)$，矢量场可以用几何方式，即电流线来描述. 电流线是一簇曲线，曲线上任意点的切线方向为正电荷的运动方向. 而一簇电流线围成的闭合区域称为电流管，如图 14-5 所示. 对于电流管，没有电流线从侧面穿入、穿出，端面除外.

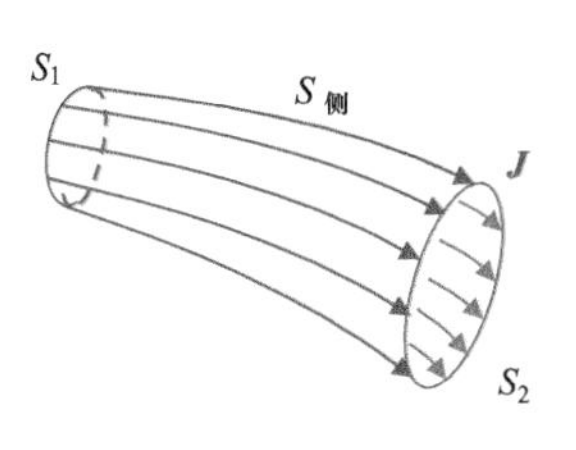

图 14-5 电流稳恒条件

考虑在导体内部取一个闭合曲面 S，如图 14-6 所示，对于闭合曲面，电流密度的通量为

$$\oiint_{(S)} \boldsymbol{J} \cdot \mathrm{d}\boldsymbol{S} \tag{14-7}$$

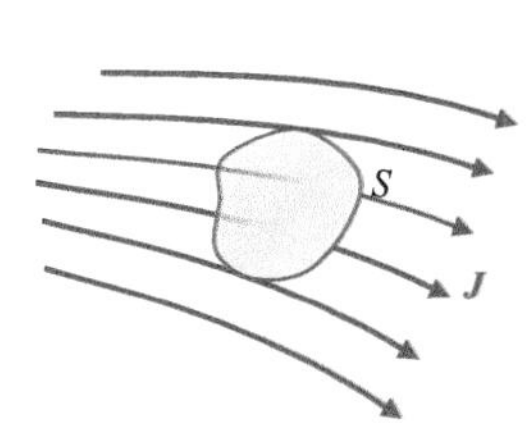

图 14-6 电流密度通量

同前所述，闭合曲面的法线方向选向外. 因此在曲面的右边，面积外法线方向与 $\boldsymbol{J}$ 的夹角一般小于 90°，通量为正；而曲面左边，面积外法线方向与 $\boldsymbol{J}$ 的夹角一般大于 90°，通量为负. 根据该通量的物理意义，通过某面积的通量等于单位时间通过该面积的电量. 因此通量大于零时，表示从曲面流出电量，通量小于零时，表示流入电量. 其代数和，即通过整个闭合面的通量应等于单位时间内净流出的电量. 若以 $\mathrm{d}q$ 表示 $\mathrm{d}t$ 时间内曲面内部电量的增量，则根据电荷守恒定律有

$$\oiint_{(S)} \boldsymbol{J} \cdot \mathrm{d}\boldsymbol{S} = -\frac{\mathrm{d}q}{\mathrm{d}t} \tag{14-8}$$

◀ 电流连续性方程

即通过任意闭合曲面电流密度的通量等于单位时间该曲面内电量增量的负号(或减少量). 这个结论称为电流连续性方程，也称为电荷守恒定律的数学表达式.

14.2 稳恒电流和稳恒电场 欧姆定律微分形式

电流密度是分布在导体内部的矢量场，也称电流场. 在交流电路中这个矢量场既是空间的函数，也是时间的函数，即 $J(x, y, z, t)$. 而在直流电路中，电流密度通常只是空间位置的函数，而与时间无关，这种电流场称为稳恒电流场，即 $J(x, y, z)$，在此条件下的电流称为稳恒电流. 那么稳恒电流的条件是什么呢?

1. 稳恒电流

稳恒电流就是电流的分布不随时间改变. 这就要求电荷分布不随时间改变，也就是说在导体回路中任意点的任意小区域内电量不随时间改变，即 $\mathrm{d}q=0$. 因此根据式(14-8)可得电流的稳恒条件为

$$\oiint_{(S)} \boldsymbol{J} \cdot \mathrm{d}\boldsymbol{S} = 0 \tag{14-9}$$

◀ 电流的稳恒条件

上式称为电流稳恒条件，它表明：在电流场中，通过任意闭合曲面电流密度的通量为零时，电流便达到稳恒. 而通量为零的实质是：单位时间流入曲面的电量等于流出的电量，即在电流场中任意点的任意区域内电荷量不变.

将式(14-9)应用于图 14-5 所示的电流管，有

$$\oiint_{(S)} \boldsymbol{J}\cdot \mathrm{d}\boldsymbol{S} = \iint_{(S_1)} \boldsymbol{J}\cdot \mathrm{d}\boldsymbol{S} + \iint_{(S_2)} \boldsymbol{J}\cdot \mathrm{d}\boldsymbol{S} + \iint_{(S_{\text{侧}})} \boldsymbol{J}\cdot \mathrm{d}\boldsymbol{S}$$

上式中，侧面的法线方向与电流密度处处垂直，故通量为零. 而对于 S_2 面通量为正，且数值等于流出该闭合面的电流 I_2；而对于 S_1 面，通量为负，且数值等于流入该闭合面的电流$-I_1$，代入上式，得

$$I_1 = I_2 \tag{14-10}$$

即对于同一电流管来说，流过任一管截面的电流相等.

2. 稳恒电场及其性质

前已述及，导体回路形成电流的必要条件之一是存在电场. 这个电场不同于第 12 和 13 章的静电场，因为静电场是静止电荷形成的，但导体回路中的电荷不是静止的，是动态分布于电路中的电荷形成的. 如果分布在电路中任意点的电荷量是随时间变化的，它们激发的电场必是变化的. 相反如果在导体回路中任意点的电荷分布不随时间改变，它们激发的电场也将不随时间变化，这种电场称为稳恒电场. 电荷分布不随时间改变，不同于静止电荷. 事实上，稳恒电场中的电荷分布是一种动态平衡的分布. 或者说，在稳恒电路中存在着不随时间改变的电荷分布，尽管任意点的电荷随着电流在流动，但一个电荷走了，另一个电荷又来了，这样维持着电路中的电场分布不变.

稳恒电场除了由稳定分布电荷(而非静电荷)形成这一点与静电场不同之外，其他性质与静电场完全相同. 比如，稳恒电场 $\boldsymbol{E}$ 对于其中电荷 q 的作用力仍然服从 $\boldsymbol{F}=q\boldsymbol{E}$ 这个关系. 此外，还有两个重要性质与静电场相同.

(1) 稳恒电场高斯定理：在电路中通过任意闭合曲面的稳恒电场的通量等于曲面内包含的电量代数和除以ε_0，即

$$\oiint_{(S)} \boldsymbol{E}\cdot \mathrm{d}\boldsymbol{S} = \frac{\sum q_i}{\varepsilon_0}$$

稳恒电场的高斯定理 ▶ 上式即稳恒电场的高斯定理，显然稳恒电场也是有源场，其电场线也是非闭合曲线. 利用高斯定理以及稳恒电场与电流密度的关系(欧姆定律的微分形式，见下文)，可以证明稳恒电路中两种不同材料的分界面处存在着电荷分布.

(2) 稳恒电场环路定理：在稳恒电路中，电场强度沿着任意闭合曲线的积分(环流)为零，即

$$\oint_{(L)} \boldsymbol{E}\cdot \mathrm{d}\boldsymbol{l} = 0 \tag{14-11}$$

稳恒电场的环路定理 ▶ 稳恒电场环路定理指出：稳恒电场是保守场，可以引入电势以及电势能的概念. 也正是因为有环路定理才有下文将阐述的欧姆定律、电阻串并联性质以及基尔霍夫电压定律等导电规律.

事实上，本章及稳恒电流的所有规律均是建立在稳恒电场及环路定理基础上的，换句话说，直流电路的所有规律均可以在稳恒电场及其环路定理中找到理论支持.

(3) 电阻的串并联：中学学过若干个电阻(R_1，R_2，…，R_n)串联时，通过每个电阻的电流相等，电路两端的总电压等于每个电阻上的电压之和，如图 14-7a 所示，因此电路两端的总电阻等于所有电阻之和. 但是，为什么串联电路通过每个电阻的电流相同呢？为什么总电压等于每个电阻上的电压之和？前者的理论基础是电流稳恒条件及式(14-10)的推论，后者的理论基础则是稳恒电场的环路定理，读者可自行证明.

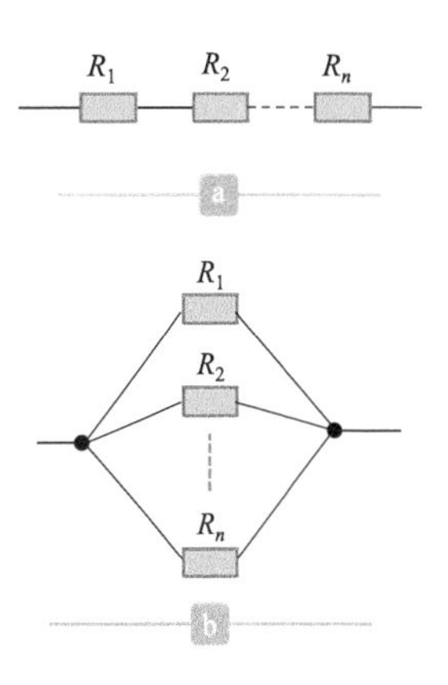

图 14-7 电阻的串联和并联. a. 串联. b. 并联

若干个电阻(R_1，R_2，…，R_n)并联时，干路上的电流等于通过支路每个电阻的电流之和，每个电阻两端的电压相等，如图 14-7b 所示，从而得出结论：电阻并联的等效电阻的倒数等于每个电阻的倒数之和. 但是为什么总电流等于每个电阻的电流之和？为什么每个电阻的端电压相等呢？它们的理论基础仍然是电流稳恒条件及稳恒电场的环路定理.

◀ 电阻的串联与并联

3. 欧姆定律及其微分形式

1) 欧姆定律

由于在稳恒电路中存在稳恒电场，所以在场中任意两点间存在电势差. 在电路中加在某导体两端的电势差不同时，电流也不同. 实验表明，在稳恒条件下，通过导体的电流与导体两端的电压(电势差)成正比，即

$$I = \frac{U}{R} \tag{14-12}$$

式中，R 称为导体的电阻. 这就是欧姆定律，由于它是涉及大块导体的导电规律，所以也称为欧姆定律的积分形式. 需要注意的是：对于欧姆定律我们只能说电流与电压成正比，而不说跟电阻成反比，因为欧姆定律是对于指定的导体而言的，对于指定的导体(同时指定电流流向)，电阻是一常量. 这时 I 与 U 是线性关系，对应的电阻称为线性元件，其 I 与 U 的关系曲线称为伏安特性曲线. 图 14-8 中的曲线 1 即是纯电阻的伏安特性曲线，该曲线是过原点的直线. 而曲线 2 是晶体二极管的伏安特性曲线，是过原点的非线性曲线，因此晶体二极管是非线性元件. 非线性元件对电流的阻碍作用，即电阻，不是常量. 从这个意义上说，式(14-12)指出了对于非线性元件，电流与电阻成反比，这时电阻可以定义为

◀ 欧姆定律

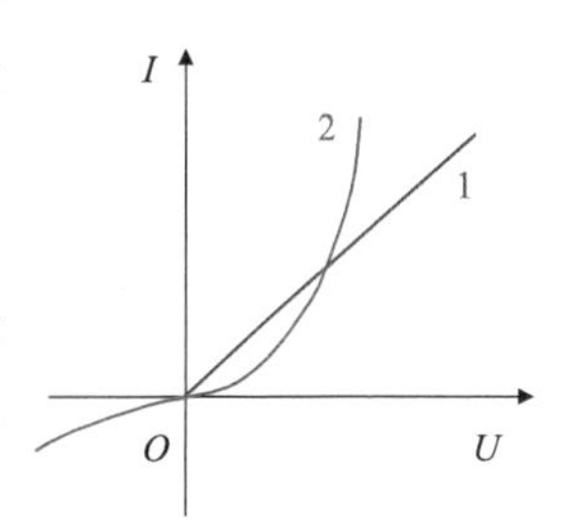

图 14-8 元件的伏安特性曲线

$$R = \frac{U}{I} \tag{14-13}$$

电阻的单位由电压除以电流构成，即伏特/安培. 在 SI 中，把这个组合单位称为欧姆，符号为Ω，且

$$1\Omega = 1\text{V} / 1\text{A}$$

在电子技术中涉及的电阻阻值一般比较大，欧姆单位比较小，因此常用千欧(kΩ)、兆欧(MΩ)表示，且

$$1\text{k}\Omega = 10^3\Omega$$

$$1\text{M}\Omega=10^6\Omega$$

欧姆定律，即式(14-12)中的电阻倒数，称为电导，通常用G表示，因此

$$G=\frac{1}{R} \tag{14-14}$$

电导的单位为西门子(Siemens)，等于欧姆$^{-1}$，符号为S.

2) 导体的电阻

导体的电阻由其本身的材料和几何形状决定，实验表明，如果某导体沿着电流方向的长度为l，垂直于电流方向的截面积为S，则该导体的电阻为

$$R=\rho\frac{l}{S} \tag{14-15}$$

式中，常数ρ称为导体的电阻率，由导体材料决定，单位为：欧姆·米.

当导体的横截面积不均匀，或材料不均匀时，其电阻为

导体的电阻 ▶

$$R=\int\rho\frac{\mathrm{d}l}{S} \tag{14-16}$$

上式的积分(或求和)的根据是将导体沿着电流方向切分成一系列小段串联而成为整个导体. 有些情况其总电阻不能以上述积分方式求解.

例题 14-1 变截面导体电阻的计算

内、外半径分别为a、b，高度为L的同轴导体圆筒，其间充满电阻率为ρ的导电材料，如图14-9a所示. 当内筒接电源的正极，外筒接负极，并形成均匀辐射状向外流动的电流时，

(1) 试求该材料沿径向的电阻；

(2) 电源电压为U，内阻可忽略，求材料任意面的电流密度.

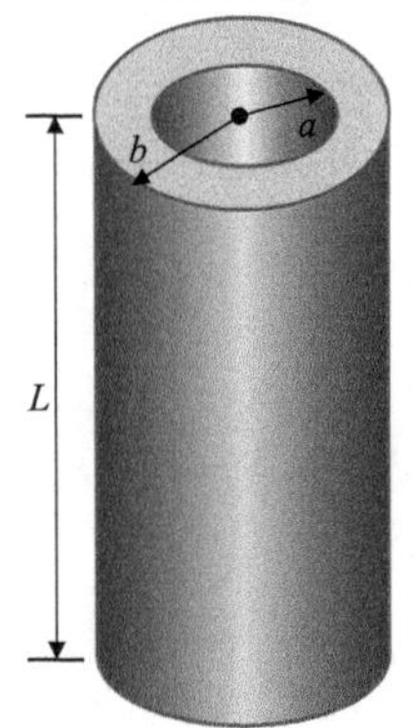

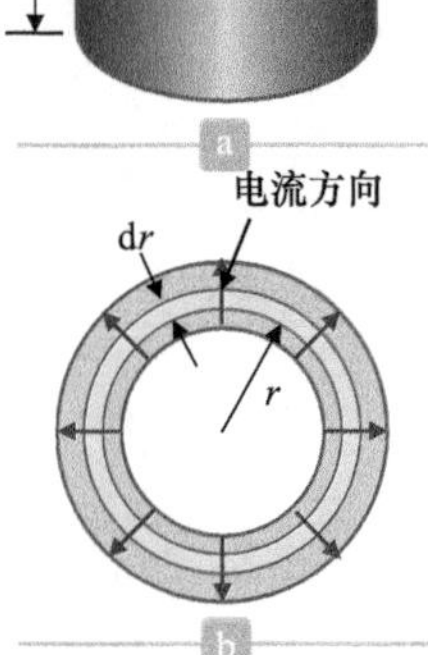

图 14-9 电阻的计算. a. 圆筒的立体图. b. 圆筒的横截面

解 (1) 与电流垂直的任意截面面积为$2\pi rL$，从里向外每个薄筒相当于串联，所以总电阻为

$$R=\int\rho\frac{\mathrm{d}l}{S}=\int_a^b\rho\frac{\mathrm{d}r}{2\pi rL}=\frac{\rho}{2\pi L}\ln\left(\frac{b}{a}\right)$$

(2) 根据欧姆定律可知通过导体任意横截面的电流为

$$I=\frac{U}{R}=\frac{2\pi LU}{\rho\ln\left(\frac{b}{a}\right)}$$

根据电流密度定义，可求出通过任意截面的电流密度为

$$J=\frac{I}{S}=\frac{2\pi LU}{2\pi rL\rho\ln\left(\frac{b}{a}\right)}=\frac{U}{r\rho\ln\left(\frac{b}{a}\right)} \tag{14-17}$$

上式指出，当电流沿同轴圆筒的径向流动时，其电流密度与r成反比. 需要指出的是，导体的电阻除了与材料及几何参量有关之外，还与电流流向有关. 本例题中，若电流沿着导体的轴向流动，其阻值与沿径向显然不同，并且也比较容易求出. 有兴趣的读者可以自行验证之.

3) 电阻率与温度的关系 超导电性

材料的电阻率与温度有关. 实验表明，纯金属的电阻率随温度的变化比较

有规律，当温度变化的范围不很大时，电阻率与温度呈线性关系，即

$$\rho=\rho_0(1+\alpha t) \tag{14-18}$$

式中，ρ是温度 t 时的电阻率；ρ_0 是 0℃时的电阻率；α为电阻的温度系数. 大部分金属的电阻温度系数约为 0.4%. 通常，电阻随温度变化的关系可以用下式表示：

$$R=R_0(1+\alpha t) \tag{14-19}$$

式中，R 是温度 t 时导体的电阻；R_0 是 0℃时导体的电阻.

◀ 电阻与温度的关系

导体的电阻随温度变化是常见现象，一般温度升高，电阻增加，温度降低电阻减小. 有些金属或合金，当温度降到接近绝对零度时，其电阻突然变为零或接近于零，这种现象称为超导电现象. 它是荷兰物理学家卡末林-昂内斯(Kamerlingh-Onnes)在 20 世纪初(1911 年)首先发现的. 昂内斯长期从事低温物理的研究，是他首先打开了低温世界的大门. 他创建的莱顿实验室是世界著名的低温物理研究中心之一，他第一个实现了氢气的液化，接着又实现了氦气的液化，结束了氦气是永久气体的历史. 1911 年，他发现纯的水银样品在温度 4.22～4.27 K 时电阻消失，接着他又发现一些其他金属也有这种现象. 昂内斯因在低温的获得和低温下物性的研究而获得 1913 年的诺贝尔物理学奖. 超导电的发现，引起了科学家们极大的兴趣，一门新兴的物理学科——超导物理学因此诞生. 正常导体转变成超导体的温度称为转变温度. 大量的研究表明，除汞外有几十种元素、数千种合金和化合物都具有超导性. 由于处在超导态的导体的电阻接近零，电流在超导体中一旦形成，便能经久不衰，而无须电场的作用. 人们观察到电流在超导环中无衰减流动可达一年以上. 由于超导条件下几乎无损耗，所以此研究吸引了广大科技工作者为此而奋斗，经过一个多世纪的努力，2015 年，德国马克斯 · 普朗克研究所的 V. 克谢诺丰托夫和 S. I.席琳研究组创下新的超导转变温度的纪录：203K(−70℃)，其物质为硫化氢.

4) 欧姆定律的微分形式

前述的欧姆定律是发生在大块导体上的导电规律，若要精细地描述导体内部的导电规律，需要在导体内部任意小的体积内进行讨论. 如图 14-10 所示，在导体内的稳恒电场中，取小体积元，与电流垂直的面元为ΔS，沿电流(稳恒电场)方向的线元为Δl，设该导体的电阻率为ρ，则该体积元的电阻为

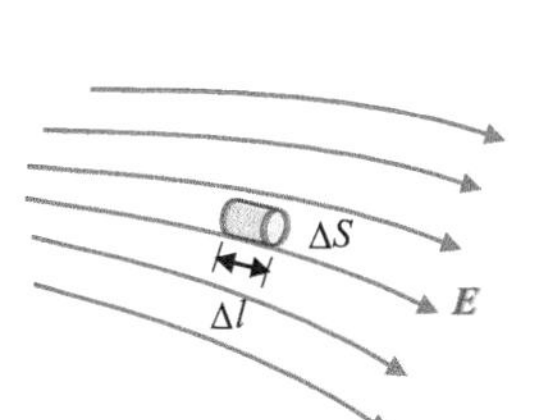

图 14-10 欧姆定律的微分形式

$$\Delta R=\rho\frac{\Delta l}{\Delta S} \tag{14-20}$$

该体积元两端的电压为

$$\Delta U=E\Delta l$$

将以上两式代入欧姆定律得

$$\Delta I=\frac{\Delta U}{\Delta R}=\frac{E}{\rho}\Delta S$$

根据电流密度定义，可得

$$J=\frac{\Delta I}{\Delta S}=\frac{E}{\rho} \tag{14-21}$$

式中，ρ是电阻率，其倒数称为导体的电导率，用σ表示，即

$$\sigma = \frac{1}{\rho}$$

电导率的单位为：西门子/米，符号为：S/m. 将上式代入式(14-21)，并考虑导体中电场方向与电流密度方向相同，可得

$$\boldsymbol{J} = \sigma \boldsymbol{E} \tag{14-22}$$

欧姆定律的微分形式

上式称为欧姆定律的微分形式. 此式指出，在稳恒电路中，材料均匀导体内部的电流密度与电场强度成正比. 由于$\boldsymbol{J}$和$\boldsymbol{E}$都是矢量函数，因此欧姆定律的微分形式反映的是导体内部任意点附近，任意小体积的导电规律.

例题 14-2　载流导体内部的电场及电流密度

试计算例题 14-1 中导电材料中的电场强度，并由此算出内外筒之间的电势差.

解　根据例题 14-1 的结果，即式(14-17)，将该式代入欧姆定律的微分式中，得

$$J = \frac{U}{r\rho\ln\left(\frac{b}{a}\right)} = \sigma E \tag{14-23}$$

考虑$\rho\sigma=1$，得

$$E = \frac{U}{r\ln\left(\frac{b}{a}\right)} \tag{14-24}$$

根据电势差的定义，可计算两筒间的电势差为

$$\Delta U = \int_a^b E\mathrm{d}r = \int_a^b \frac{U}{r\ln\left(\frac{b}{a}\right)}\mathrm{d}r = U$$

由此算得的电势差与题设的相同.

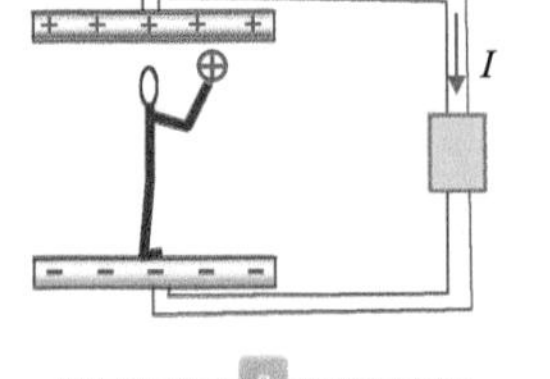

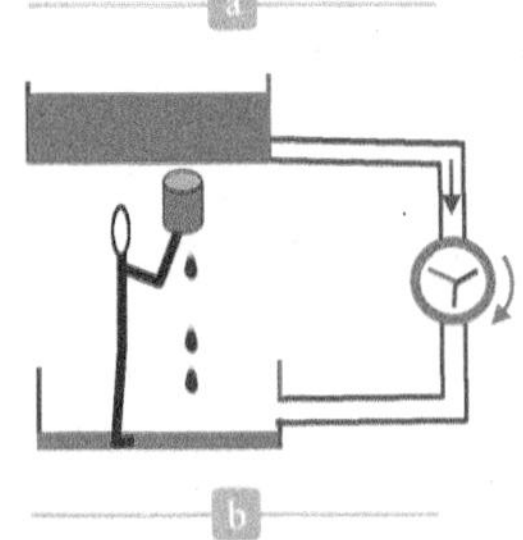

图 14-11　非静电力克服静电力做功. a. 非静电力做功. b. 克服重力做功

14.3　电动势 电源充放电

稳恒电流存在的条件是闭合的导体回路中存在稳恒电场，然而若只在稳恒电场作用下，正电荷永远是从电势高处流向电势低处，如同水在重力作用下，总是从高处流向低处一样，如图 14-11a、b 所示. 这样，难以在电路中维持稳恒电场，也就不存在恒定电流了. 因此为了维持稳恒电流以及稳恒电场，电路中必须拥有将正电荷(或水)从电势低处推向电势高处的装置，这个装置称为电源. 而将正电荷(或水)从电势低处推向电势高处的力称为非静电力(非重力).

1. 电动势

描述电源内非静电力做功本领的物理量称为电动势. 电动势的定义为：非

静电力经过电源内部把单位正电荷从负极移动到正极所做的功. 设 $\boldsymbol{K}$ 表示作用在单位正电荷上的非静电力，$\mathscr{E}$表示电动势，则

$$\mathscr{E}=\int_{-}^{+}\boldsymbol{K}\cdot\mathrm{d}\boldsymbol{l} \tag{14-25}$$

◀ 电源电动势

上式是可以分出电源与外电路的电动势的定义式，其中非静电力只存在于电源内部，外电路没有非静电力. 在后续课程中，如电磁感应部分，非静电力有时存在于电路的每个部分，那时电动势的定义中的积分应该遍及闭合导体回路的全部.

2. 电源的放电、充电

1) 放电

一般情况下，把电源接到电路里就会形成电流，如果整个电路中只有一个电源，该电源处于放电状态，并且除电源及其内电阻 r 之外，其他部分(也称外电路)可用一个等效电阻 R(或称外电阻)代替. 如图 14-12a 所示. 电源放电时电流在电源内从负极流向正极，而在外电路从正极流向负极. a、b 是电源的两个端点，其间的电势差 U_{ab} 称为电源的端电压，其定义为移动单位正电荷从 a 到 b 点，电场力做的功. 由于电场是保守场，故从 a 到 b 可以走电源外，也可以走电源内. 设电流为 I, 则 $\mathrm{d}t$ 时间内通过任一截面的电量 $\mathrm{d}q$ 等于 $I\mathrm{d}t$. 从能量的观点看，电源电动势移动 $\mathrm{d}q(=I\mathrm{d}t)$从负极到正极做的功，一部分消耗在内阻 r 上，另一部分输出到了外电路，用定量关系表示为

$$\mathscr{E}I\mathrm{d}t=Ir\cdot I\mathrm{d}t+IR\cdot I\mathrm{d}t$$

式中，IR 是外电阻 R 两端的电压，也是电源的端电压 U_{ab}. 因此上式中的 IR 可以用 U_{ab} 代替，消掉 $I\mathrm{d}t$，整理得

$$U_{ab}=\mathscr{E}-Ir \tag{14-26}$$

即放电时，电源的端电压等于电动势减去内阻上的电压降 Ir. 这表明电源放电时端电压总是小于电源电动势. 只有外电路断开或电源内阻为零时，端电压才等于电源电动势.

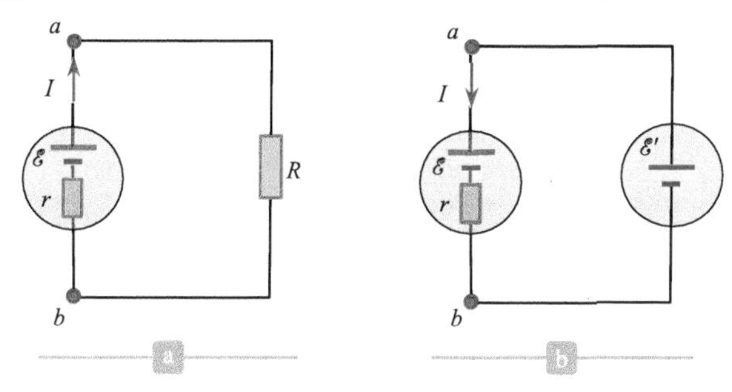

图 14-12 电源的充放电. a. 电压源. b. 充电

2) 充电

◀ 放电时的端电压

大家几乎每天都给手机充电，你知道充电是怎样一个物理过程吗？实际上手机内有一个电源(电池)，平时处于放电状态. 充电时是将手机与另一个电源连接，后者电动势 $\mathscr{E}'$ 大于手机电池的电动势 $\mathscr{E}$, 如图 14-12b 所示. 充电时电流 I 从 a 点向下经电源正极到负极，最后到 b 点. 从能量的观点，若 U_{ab} 表示 a、

b 两点的电势差，当移动电量 $\mathrm{d}q$ 经电源 $\mathscr{E}$ 从 a 点到 b 点时，所做的功 $U_{ab}\mathrm{d}q$，一部分消耗在电源内阻上，$Ir\mathrm{d}q$，另一部分转变为电源 $\mathscr{E}$ 的其他形式的能量 $\mathscr{E}\mathrm{d}q$，即

$$U_{ab}\mathrm{d}q = \mathscr{E}\mathrm{d}q + Ir\mathrm{d}q$$

上式消去 $\mathrm{d}q$，得

充电时的端电压 ▶

$$U_{ab} = \mathscr{E} + Ir \tag{14-27}$$

上式即是电源充电时的端电压，显然充电时端电压大于电源电动势.

3) 含源电路欧姆定律 电压降

欧姆定律的另一种表达方式为：电阻两端的电压(降)与电流成正比，如图 14-12a 所示，$U_{ab}=IR$，其中 U_{ab} 也称为电压降，即从 a 点到 b 点电压降的数值. 由于稳恒电场是保守场，所以计算两点间的电压降可以选择不同路径，在图 a 中，若选择右边路径，即经电阻 R，电流方向与压降方向相同，则压降为正，即 $U_{ab}=+IR$，加号可以略去. 若选左边经过电源，则电压降分为两部分，一部分是电动势，因为是从正极到负极，所以取为$+\mathscr{E}$，另一部分是内阻上的压降，由于与电流方向相反，故压降为$-Ir$，总电压降为 $U_{ab}=\mathscr{E}-Ir$. 此式也可称为含源电路的欧姆定律. 其具体表述为：**在包含电源和电阻的电路中，任意两点 a、b 间的电压降等于从 a 点起，沿着任意通路到 b 点，所有元件(电源和电阻)上的电压降的代数和，即**

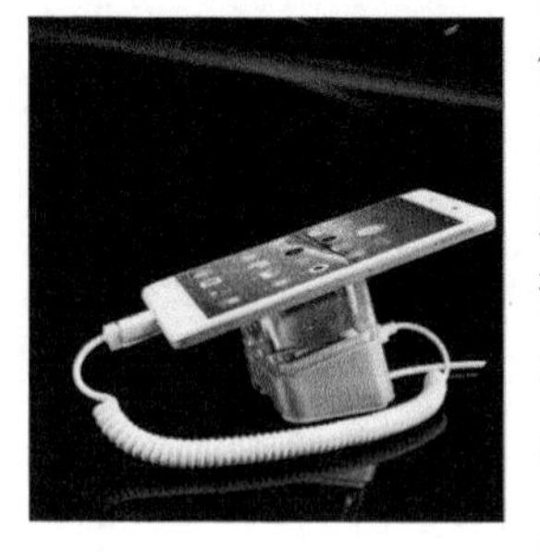

手机在充电

$$U_{ab} = \sum(\pm\mathscr{E}_i) + \sum(\pm I_i R_i)$$

其符号规定是：从 a 点走向 b 点，对于电源来说，若从正极到负极，则电动势 $\mathscr{E}$ 取正，反之取负；对于电阻，若与标定的电流方向相同，IR 取正，反之取负.

含源电路的欧姆定律 ▶

例如，如图 14-12a 所示的电路，若要计算 a、b 间的电压降，我们有两条路径可选. 如果选左边通过电源和内阻的电路，则有

$$U_{ab} = \mathscr{E} - Ir$$

上式中电动势 $\mathscr{E}$ 前边取加号“+”，是因为从 a 到 b 走左边，经过电源是从正极到负极；而 Ir 前边取减号“–”，是因为与标定的电流方向相反. 如果在图 14-12b 所示的电路中，计算 U_{ab}，若仍取左边的路径，则有

电源电动势 ▶

$$U_{ab} = \mathscr{E} + Ir$$

例题 14-3 含源电路欧姆定律

在如图 14-13 所示的电路中，若由电源和电阻串联起来的三条支路分别在 a、b 两点并联起来，设电动势和电阻已知，且电源的正、负极和每条支路的电流方向已经在图中标定好，电源内阻可以忽略. 试分别选择左边和中间两条支路写出 a 点到 b 点的电压降.

解 首先指定各条支路的电流，设左边支路电流为 I_1，方向向下，中间支路电流为 I_2，方向向上，右边支路电流为 I_3，方向向上. 从左边支路走从 a 到 b，经过电源 $\mathscr{E}_1$，电阻 R_1. 根据前边的符号规定，电动势取负号，电阻上的压降

I_1R_1取正号，因此

$$U_{ab}=-\mathscr{E}_1+I_1R_1 \tag{14-28}$$

若选择中间的支路，电动势$\mathscr{E}_2$应取正号，而I_2R_2前应加负号，因此

$$U_{ab}=\mathscr{E}_2-I_2R_2 \tag{14-29}$$

实际上，上述两式的右边是相等的. 读者可以选择右边支路再写一下 U_{ab}. 在14.4节将介绍，三条支路的交汇点，如a点、b点，称为节点.

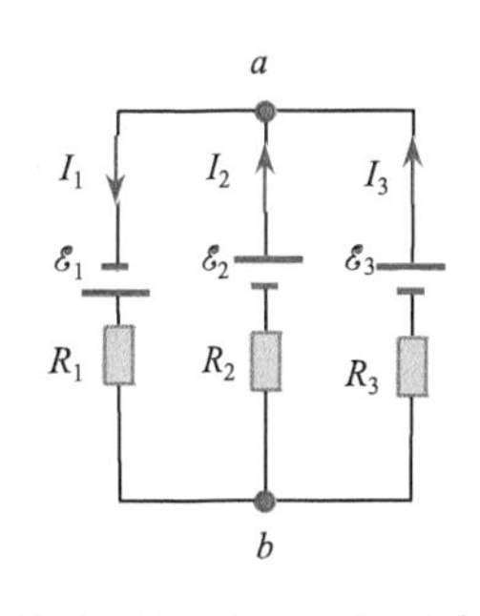

图 14-13 含源欧姆定律练习

14.4 平衡电桥与电势差计

1. 可化简的“复杂”电路与桥路

在直流电路的等效电阻计算中，有些电路的电阻连接看上去很复杂，但仔细梳理可以发现，有些电阻的连接可以应用电阻的串联、并联进行化简，如图14-14a. 当计算图a中A、B间等效电阻时，我们可以简单梳理一下：C点左边的四个电阻关系其实比较简单，从C、D两点来看，电阻R_3和R_4并联，且与R_2串联，之后再与R_1并联. 而C点右边也比较简单，R_7与R_8串联，再与R_6并联，之后与 R_5 串联. 最后 C 点左右两部分串联，其结果是 $R_{AB}=(R_2+R_3\|R_4)\|R_1+R_5+(R_6\|(R_7+R_8))$；而有些电阻的连接看上去简单，却很难简化为串、并联方式，如图14-14b所示电桥电路，这些复杂电阻的连接，严格意义上需要用解复杂电路的方法(见14.5节)求解. 但是，如果阻值有某种特殊的关系，则可以进行化简.

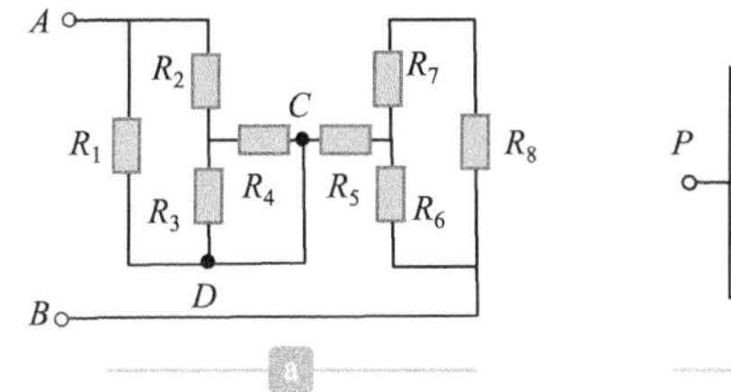

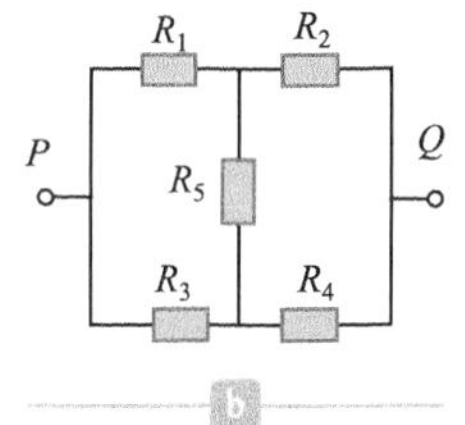

图 14-14 电阻的简单连接与复杂连接 a. 可用串并联化简的电路. b. 不可用串并联化简的电路

2. 惠斯通电桥

1) 惠斯通电桥的平衡

惠斯通电桥是一种可以精确测量电阻的仪器，其电路如图 14-15 所示，R_1、R_2、R_3、R_4叫做电桥的四个臂，G是检流计，用以检查它所在的支路有无电流. 当G没有电流通过时，就说电桥达到平衡. 平衡时，四个臂的阻值满足一个简单的关系，利用这一关系就可测量电阻. 下面推导这个关系. 平衡时，检流计所在支路电流为零，故有下列结论：

(1) 流过R_1和R_2的电流相同(记作I)，流过R_3和R_4的电流相同(记作I')；

(2) C、D两点电势相等，即$U_C=U_D$. 所以

$$U_{AC}=U_{AD},\qquad U_{CB}=U_{DB}$$

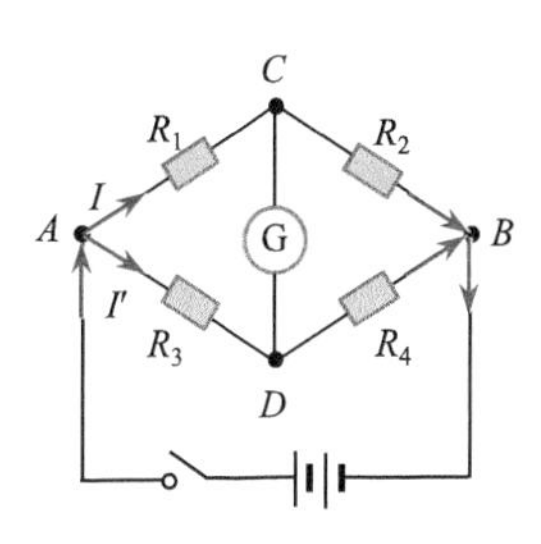

图 14-15 惠斯通电桥

因而

$$IR_1=I'R_3$$

$$IR_2=I'R_4$$

上述两式相除，得

$$\frac{R_1}{R_2}=\frac{R_3}{R_4} \tag{14-30a}$$

或

电桥平衡条件 ▶

$$R_1R_4=R_2R_3 \tag{14-30b}$$

式(14-30a)、式(14-30b)是电桥平衡的必要条件. 图 14-15 中电桥四臂画在了平行四边形的四个边上，针对如此画法，此电桥的平衡条件可以简单地记忆为对边电阻的乘积相等，简称“对边积相等”. 若四个臂中的三个阻值已知，便可求得第四个电阻. 测量时，选择适当的电阻作为 R_1 和 R_3，用一个可变电阻作为 R_4,令被测电阻充当 R_2. 调节 R_4 使电桥平衡，便可由式(14-30)求得被测电阻 R_2. 由于 R_1, R_3, R_4 可选用很精确的电阻而且可采用高灵敏度检流计来测零，故用电桥测电阻比用欧姆表精确得多.

对边积相等 ▶

可以证明，式(14-30)既是电桥平衡的必要条件，也是充分条件，参见例题 14-8.

例题 14-4 利用电桥平衡测未知电阻

在图 14-16 所示的电路中，电阻 R_1=60Ω，R_x 阻值未知. AB 是一段截面和材料都均匀的电阻丝，长度为 L. 检流计一端连接 D 点，另一端 C 可在 AB 上滑动，使 AB 分成两段，当滑动头 C 离 AB 的左端 $L/3$ 位置时，检流计的指针不偏转，求 R_x.

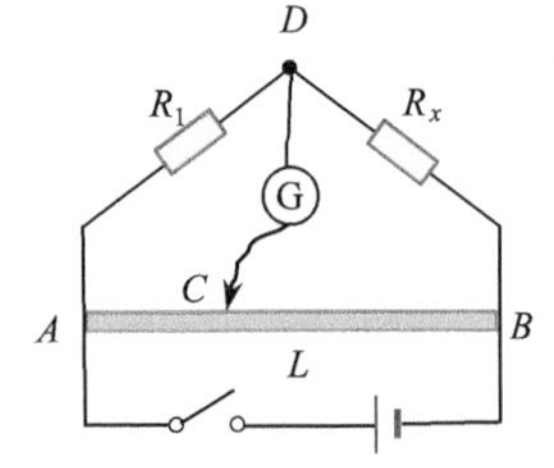

图 14-16 用平衡电桥测电阻

解 设 AB 段的总电阻为 R，由于电阻丝均匀，所以 AC 段的电阻为 $R/3$，BC 段电阻为 $2R/3$. 当检流计电流为零时，电桥平衡，于是有

$$R_x\frac{R}{3}=R_1\frac{2R}{3}$$

于是 $R_x=2R_1=120\Omega$.

2) 电阻网络等效电阻的计算

电阻网络的等效电阻计算是比较常见的问题，有的是平衡电桥电路或具有一定对称性的网络，有的是有一定规律的无限网络，如图 14-17 和图 14-18. 这类问题看似无从下手，但实际上可以利用简单的数学手段来解决. 下面我们举例说明.

例题 14-5 利用电桥平衡性质简化等效电阻计算

在图 14-17 所示的电路中，所有电阻的阻值都等于 R_0，求 R_{PQ}.

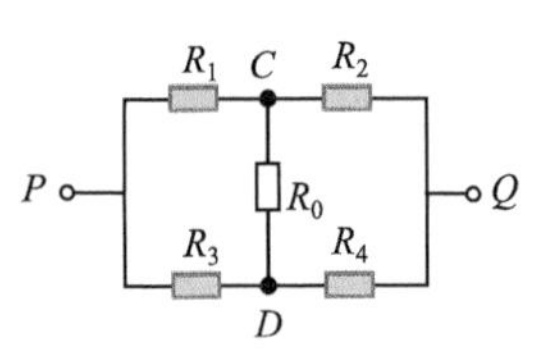

图 14-17 等效电阻

解 由于所有电阻的阻值都相等，所以这个电桥一定是平衡的. 可以证明，当电桥平衡时，C 点与 D 点等电势，所以电阻 R_0 没有任何作用. 因此，该桥路就可以简化为简单电路，在计算 R_{PQ} 时，CD 两点既可以视为短路，也可以视为断路.

若视为短路，则 PQ 两端电阻为$(R_1\|R_3)+(R_2\|R_4)$，即

$$R_{PQ}=\frac{R_1R_3}{R_1+R_3}+\frac{R_2R_4}{R_2+R_4} \tag{14-31}$$

若视为断路，则 PQ 两端电阻为$(R_1+R_2)||(R_3+R_4)$，即

$$R'_{PQ}=\frac{(R_1+R_2)(R_3+R_4)}{R_1+R_2+R_3+R_4} \tag{14-32}$$

表面上看不出上述两式相等，即 $R_{PQ}=R'_{PQ}$，但是可以证明，当满足 $R_1R_4=R_2R_3$，即电桥平衡时，上式确实相等. 有兴趣的读者可以自行证明.

于是，由式(14-31)可得

$$R_{PQ}=\frac{R_1R_3}{R_1+R_3}+\frac{R_2R_4}{R_2+R_4}=\frac{1}{2}R_0+\frac{1}{2}R_0=R_0$$

上述电桥平衡时电势相等点的短路或断路法求解等效电阻的方法可以推广到对称性的电路，如练习题 14-7 的电路.

例题 14-6 利用递推公式计算等效电阻

在图 14-18 所示的无穷网络电路中，所有电阻的阻值都等于 R，求 R_{AB}.

解 根据题目条件，由于所有电阻相等，且向右延伸至无穷远，因此若设从 A、B 两点向右看的等效电阻为 R_x，则从 C、D 两点向右看其等效电阻也应该为 R_x. 因此可以用 R_x 代替 CD 向右的等效电阻，于是有 R_x 与 CD 左边竖直的电阻 R 并联，再与左边的两个水平的电阻串联，故有

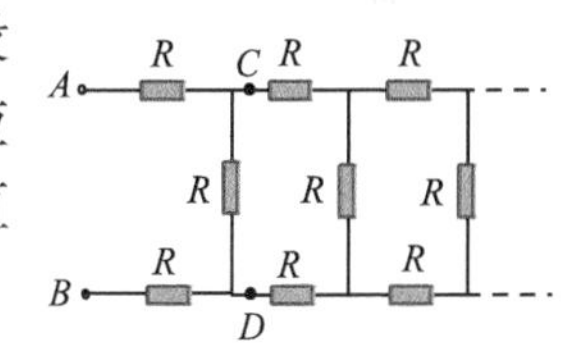

图 14-18 无穷网络电路

$$R_{AB}=R_x=2R+\frac{RR_x}{R+R_x}$$

从上式解出 R_x 为

$$R_x=(1+\sqrt{3})R$$

3. 电动势的测量——电势差计

电源在没有电流通过时端电压等于电动势的结论使我们有可能通过测量端压来测量电动势. 电压表(伏特表)虽然可以方便地测出端压，但它的接入不可避免地会有电流流过电源，而电源或多或少总有内阻，因此这样测得的端压将略小于电动势. 要精确地测定电动势，可以设法在没有电流流过电源的条件下测量它的端压. 采用补偿法可以做到这一点.

图 14-19 是用补偿法测量电动势的原理电路图，其中，$\mathscr{E}_x$ 是被测电源，$\mathscr{E}_S$ 是标准电池(其电动势非常稳定并且已知)，$\mathscr{E}$ 是工作电源. AP 是一段均匀电阻丝，其上有一滑动触头 B，G 是检流计. 先将开关 K 掷于 1 方，调节触头 B 使检流计电流为零(称为达到平衡)，这时 1 与 B 点等电势，故

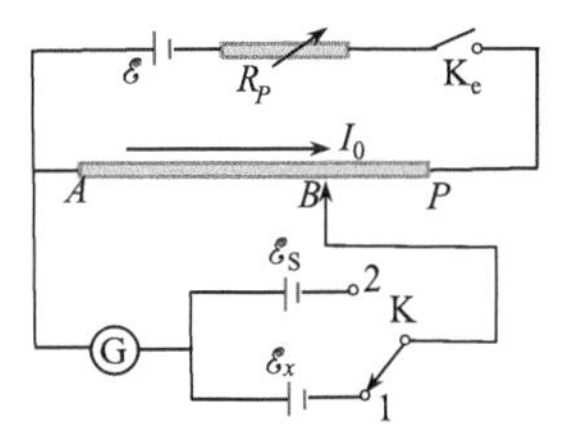

图 14-19 电势差计

$$\mathscr{E}_x=U_{AB}$$

设流过 AB 的电流为 I，则

$$U_{AB}=IR_{AB}$$

$$\mathscr{E}_x=IR_{AB} \tag{14-33}$$

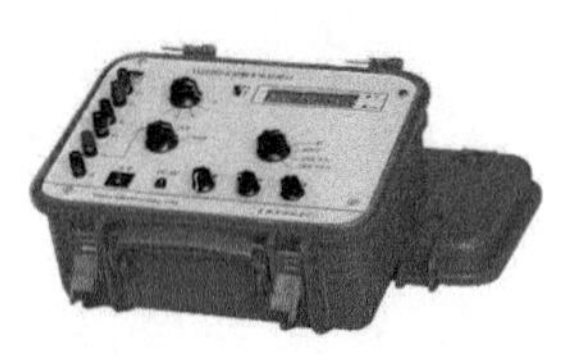
电势差计设备图

式中，R_{AB}是 AB 段的电阻.再将开关掷于 2 方，因一般$\mathscr{E}_x \neq \mathscr{E}_S$，平衡将被破坏. 调节动触头至另一点 B'以重新达到平衡. 仿照以上讨论得

$$\mathscr{E}_S = IR_{AB'} \tag{14-34}$$

因两种情况下 G 都无电流，故式(14-33)与式(14-34)中的 I 相同，合并两式得

$$\frac{\mathscr{E}_x}{\mathscr{E}_S} = \frac{R_{AB}}{R_{AB'}} = \frac{L_{AB}}{L_{AB'}} \tag{14-35}$$

式中，L_{AB} 及 $L_{AB'}$分别为 AB 及 AB'段的长度. 测出 L_{AB} 及 $L_{AB'}$利用$\mathscr{E}_S$ 的已知值便可由上式求得$\mathscr{E}_x$.

应该看到，用以上方法测出的其实是待测电源无电流时两端的电势差，因此用这个原理制成的仪器叫做电势差计. 用电势差计测量电势差的最大优点是它不影响被测电路的工作情况，即不改变被测电压，因此在精确测量中经常用到. 电势差计除可精确测量电势差及电动势外，还可精确测量电流和电阻.

14.5 基尔霍夫定律

欧姆定律只适用于求解简单的电路问题，对于由多个电源和电阻复杂连接而成的电路就无能为力了. 复杂电路一般由多条支路交汇于一点，这些交汇点称为节点，如图 14-20 的电路所示. 整个电路一般包含若干个闭合回路，同一个回路的各段电路中的电流可能不相等. 求解这类电路需要应用基尔霍夫(Kirchhoff)定律.

图 14-20 电路图. a、b 为复杂电路的两个节点

1. 基尔霍夫第一定律

这个定律是关于节点电流的定律，在复杂电路中，一般电源电动势和电阻是已知量，每个支路的电流是未知量. 求解每条支路电流时，一般是先标定支路的电流方向，如图 14-20 中左、中、右三条支路的电流 I_1、I_2、I_3. 实际方向可能与标定的方向不同，但不影响求解. 如果求出的结果是正值，表明实际方向与标定的相同，负值则相反.

基尔霍夫第一定律的内容是：对于每个节点来说，流经任一节点的电流代数和为零

基尔霍夫第一定律 ▶

$$\sum_{i=1}^{n}(\pm I_i) = 0 \tag{14-36}$$

上式即是基尔霍夫第一定律，也称为节点电流定律. 一般复杂电路有多个节点，因此有多个节点电流方程，所以又称为基尔霍夫第一方程组. 其中的正负号规定为：流出节点的电流取正，流入的电流取负. 如图 14-20 电路中的 b 点，应满足下式：

$$+I_1 - I_2 - I_3 = 0$$

式中的+号可以省略. 而对于 a 点同样可以写出一个方程，如下：

$$-I_1 + I_2 + I_3 = 0$$

细心的读者已经发现，上述两式实际上是相同的，根据线性代数理论，求解线性方程组时，线性相关的方程是没有用的. 根据拓扑学原理，当电路中有 n 个节点时，相互独立的节点电流方程只有 $n-1$ 个. 若要保证写出每一个方程都是独立的，必须保证每选择一个节点，至少有一个与之相连的新的(没用过的)支路出现.

实际上节点电流定律的理论基础是：电流稳恒条件. 读者可以自行证明.

2. 基尔霍夫第二定律

通常复杂电路包含若干个回路，根据稳恒电场的环路定理，沿着其中任意一个闭合回路，绕一圈稳恒电场的积分为零. 这说明绕任何闭合回路一周电压降的代数和为零

$$\sum(\pm\mathscr{E}_i)+\sum(\pm I_iR_i)=0 \tag{14-37}$$

◀ 基尔霍夫第二定律

这就是基尔霍夫第二定律. 即在包含若干电源和电阻的闭合回路，沿着一周电压降的代数和为零. 电压降的符号同 14.3 节的规定：首先要标定每个支路的电流方向，并选择回路的绕行方向，沿着绕行方向，① 通过电源时，从电源的正极到负极，其电动势 $\mathscr{E}$ 取正，反之取负；② 通过电阻时，与标定的电流方向相同时 IR 取正，反之取负.

跟节点电流方程一样，并非每写出一个回路电压方程都是独立的. 它可能是前边电压方程的线性组合. 为了保证所写的电压方程是独立的，必须保证选出的回路至少出现一个新的(以前没用过)支路.

根据拓扑学可以证明，如果电路中有 p 个支路，则有 p 个未知量，n 个节点，那么独立的回路电压方程数 m 一定满足下式：

$$p=m+n-1 \tag{14-38}$$

这表明，当每个电压电动势和电阻均已知时，p 条支路的每个支路电流一定有一组唯一的解.

例题 14-7　基尔霍夫定律的应用

如图 14-20 电路中，已知：$\mathscr{E}_1$=6V，$\mathscr{E}_2$=4V，$\mathscr{E}_3$=3V，$r_1=r_2=r_3=1\Omega$，$R_1=R_2=1\Omega$，$R_3=2\Omega$.

(1) 试求通过每条支路的电流；

(2) 计算 U_{ab}.

解　(1) 首先标定三条支路的电流方向，由于 $\mathscr{E}_1>\mathscr{E}_2>\mathscr{E}_3$, 姑且 $\mathscr{E}_1$ 放电，$\mathscr{E}_2$、$\mathscr{E}_3$ 被充电，因此设 I_1 向上，I_2、I_3 向下. 对于节点 a 可写出电流方程如下：

$$-I_1+I_2+I_3=0 \tag{14-39a}$$

对于节点 b 来说，写电流方程没用，因为没用新的支路. 其次，选择回路，我们可以中间的支路为公共支路，分别选左、右两个回路 I、II(也可称为两个网孔)，均为顺时针回路. 分别写出回路电压方程如下：

对于回路 I　　$-\mathscr{E}_1+\mathscr{E}_2+I_1(R_1+r_1)+I_2(R_2+r_2)=0$

对于回路 II　　$-\mathscr{E}_2+\mathscr{E}_3-I_2(R_2+r_2)+I_3(R_3+r_3)=0$

将上述两式所得数据代入整理后得

$$I_1 + I_2 = 1 \tag{14-39b}$$

$$2I_2 - 3I_3 = -1 \tag{14-39c}$$

将式(14-39a)、式(14-39b)、式(14-39c)联立，解得

$$I_1 = \frac{3}{4}\text{A}, \quad I_2 = \frac{1}{4}\text{A}, \quad I_3 = \frac{1}{2}\text{A}$$

上述三个电流数值均是正的，说明标定的电流方向与实际方向相同.

(2) 根据含源电路欧姆定律，选中间支路，电压降为

$$U_{ab} = \mathscr{E}_2 + I_2(R_2 + r_2) = 4 + \frac{1}{4} \times 2 = 4.5(\text{V})$$

读者可以选择另外两个支路计算 U_{ab}，验证一下上述结果. 理论上基尔霍夫定律可以解决复杂电路的一切问题.

例题 14-8　基尔霍夫定律的应用——电桥平衡的充分条件

图 14-21 所示的电路是一个电桥，其中 G 为检流计(内阻为 R_g)，求通过检流计的电流 I_g 与各臂电阻 R_1、R_2、R_3、R_4 的关系(忽略电源内阻，且 $\mathscr{E}$ 已知).

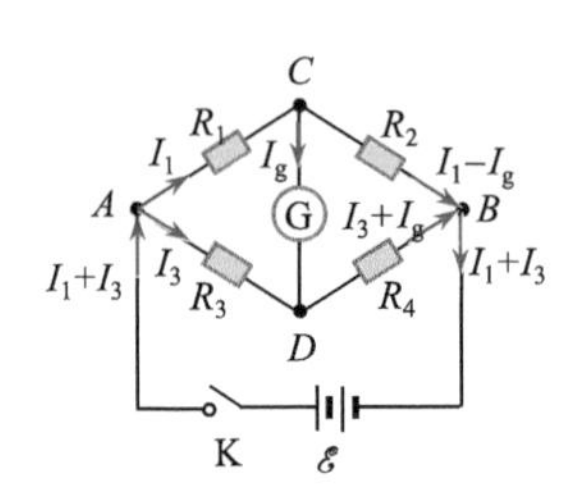

图 14-21　惠斯通电桥

解　对于 *ACDA*、*CBDC* 和 *ADBKA* 这三个回路列出电压方程如下：

回路*ACDA*　$I_1R_1 + I_gR_g - I_3R_3 = 0$

回路*CBDC*　$(I_1 - I_g)R_2 - (I_3 + I_g)R_4 - I_gR_g = 0$

回路*ADBKA*　$I_3R_3 + (I_3 + I_g)R_4 - \mathscr{E} = 0$

从上述三个方程中解出 I_g 为

$$I_g = \frac{(R_1R_4 - R_2R_3)\mathscr{E}}{R_1R_2(R_3 + R_4) + R_3R_4(R_1 + R_2) + R_g(R_1 + R_2)(R_3 + R_4)}$$

上式分母非零且有限，而分子为两项的差. 显然，当

$$R_1R_4 = R_2R_3$$

时，$I_g = 0$，通过检流计的电流为零. 这恰恰是与式(14-30b)一样的电桥平衡条件，但这里是充分条件. 因此，惠斯通电桥平衡的充分必要条件是"对边积相等".

14.6* 复杂电路的简单解法

14.5 节我们介绍了基尔霍夫定律，原则上利用该定律可以解决所有复杂电路问题，但是在电路理论和电子工程中往往只需了解局部的电流或电压情况，这时没有必要使用基尔霍夫定律进行全面求解. 本节介绍几个在电路分析中常用的定理.

1. 电压源与电流源

在处理电路问题时，电源可以看成一个理想电动势 $\mathscr{E}$ 和一个电阻 r 的串联. 当电源两端接上外电阻 R 时，它上边就有电流和电压. 在理想情况下，$r=0$，不管外电阻如何，电源提供的电压总是恒定值 $\mathscr{E}$，我们把这种电源叫做恒压源，这就是理想电压源. 在非理想情况下，$r\neq 0$，这样的电源叫做电压源，它相当于内阻与恒压源串联，如图 14-22a.

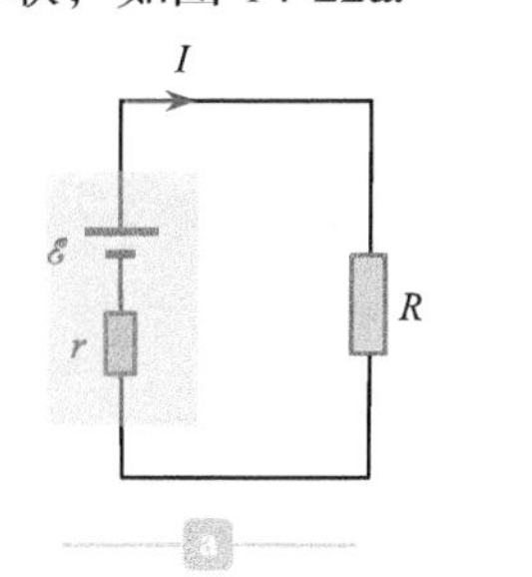

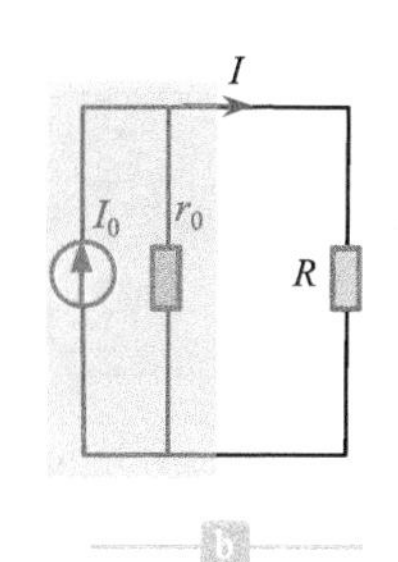

图 14-22 等效电压源与电流源. a. 电压源. b. 电流源

我们也可以设想有另一种理想电源，不管外电阻如何变化，它总是提供不变的电流 I_0，I_0 的地位相当于恒压源中的电动势. 这种理想的电源叫做恒流源. 一个电池串联很大的电阻，就近似于一个恒流源，因为它对外电阻所提供的电流基本上由电动势和所串联的大电阻决定，几乎与外电阻无关；在电子技术中常用的晶体管是恒流源的例子，其输出电流在相当宽的范围内几乎不随外部负载电阻变化. 在非理想情况下，这样的电源叫电流源，它相当于一定的内阻与恒流源并联，如图 14-22b 所示.

实际的电源既可以看成是电压源，也可以看成是电流源，也就是说电压源与电流源可以等效. 所谓等效，就是对于同样的外电路来说，它们所产生的电压和电流都相同.

在图 14-22a 中，电压源提供的电流为

$$I=\frac{\mathscr{E}}{R+r}=\frac{\mathscr{E}}{r}\frac{r}{R+r} \tag{14-40}$$

在图 14-22b 中，电流源提供的电流为

$$I=I_0\frac{r_0}{R+r_0} \tag{14-41}$$

由上述两式可以看出，当

$$I=\frac{\mathscr{E}}{r} \quad 和 \quad r_0=r \tag{14-42}$$

即电流源的 I_0 等于电压源的短路电流、电流源的内阻等于电压源的内阻时，两电源等效.

下面通过例题介绍利用电压源与电流源之间的等效性使某些电路计算简化.

例题 14-9 等效电压源与电流源

如图 14-23 所示，已知：$\mathscr{E}_1=6\text{V}$，$\mathscr{E}_2=4\text{V}$，$r_1=r_2=1\Omega$，$R_1=R_2=1\Omega$，$R_3=2\Omega$. 试利用电压源与电流源之间的等效关系，计算通过 R_3 的电流.

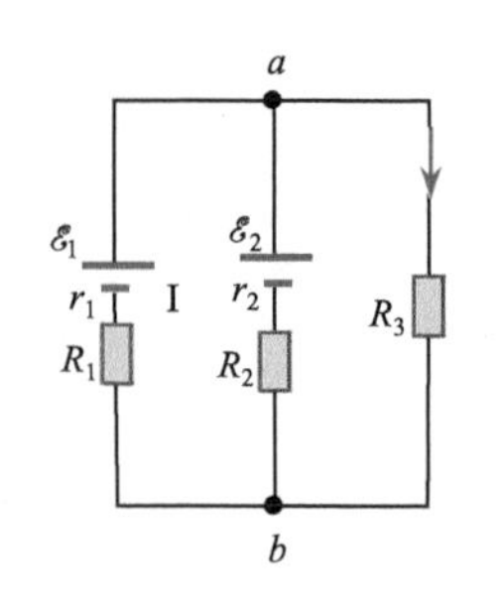

图 14-23 等效电压源与等效电流源

解 首先将 R_1、R_2 分别归并到第一、二个电源的内阻中，于是两个电压源为

$$\mathscr{E}_1=6\text{V},\qquad r_1'=R_1+r_1=2\Omega$$

$$\mathscr{E}_2=4\text{V},\qquad r_2'=R_2+r_2=2\Omega$$

与它们等效的电流源为

$$I_{01}=\frac{\mathscr{E}_1}{r_1'}=\frac{6}{2}=3(\text{A}),\qquad r_{01}=2\Omega$$

$$I_{02}=\frac{\mathscr{E}_2}{r_2'}=\frac{4}{2}=2(\text{A}),\qquad r_{02}=2\Omega$$

等效代换后，这两个电流源为并联，相当于一个具有下列参量的电流源：

$$I_0=I_{01}+I_{02}=5\text{A}$$

$$r_0=\frac{r_{01}r_{02}}{r_{01}+r_{02}}=1\Omega$$

于是通过 R_3 的电流为

$$I=I_0\frac{r_0}{R_3+r_0}=\frac{5}{3}\text{A}$$

读者可以使用基尔霍夫定律验证上述结果.

2. 等效电源定理

首先介绍电路理论中的一个概念——网络. 网络是泛指电路或电路一部分的术语. 若网络中含有电源，则称为有源网络. 仅由两条导线和其他网络相连的网络称为两端网络.

等效电源定理又叫做戴维南定理，它可表述为：两端有源网络可等效于电压源，其电动势等于网络的开路端电压，内阻等于从网络两端看除源(将电动势短路但内阻留下)网络的电阻.

下面举例说明，考虑一个两端有源网络 A 与一个电阻 R 串联，如图 14-24a 所示，为求电流 I，根据等效电压源定理，网络 A 可等效为一个电压源，如图 14-24b 所示，于是

$$I=\frac{\mathscr{E}_\text{d}}{R+r_\text{d}}$$

式中，$\mathscr{E}_\text{d}$ 是等效电源的电动势，等于网络 a、b 两点开路时的端电压；r_d 是等效电源的内阻，等于从 a、b 看网络中除去电动势的电阻.

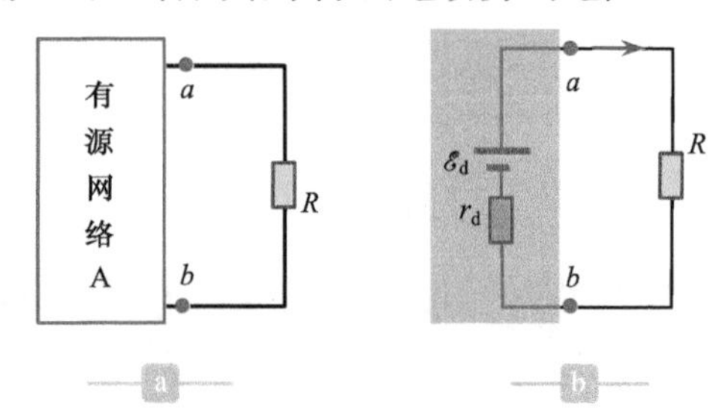

图 14-24 等效电压源定理. a. 有源网络. b. 等效电压源

利用电压源和电流源的等效条件，容易得到等效电源定理，也叫做诺顿定理，它可表述为，两端有源网络可等效于一个电流源，电流源的 I_0 等于网络两端短路时流经两端点的电流，内阻等于从网络两端看除源网络的电阻.

例题 14-10 等效电压源定理

试利用等效电压源定理再求例题 14-9 中通过 R_3 的电流.

解 如图 14-25 所示，将阴影区内的两网络等效于一个电压源，将 R_3 断开，向左边看，去除两个电源(留下内阻)，则等效电压源内阻为

$$r_d=(R_1+r_1)||(R_2+r_2)$$

即

$$r_d=\frac{(R_1+r_1)(R_2+r_2)}{R_1+R_2+r_1+r_2}=1\Omega$$

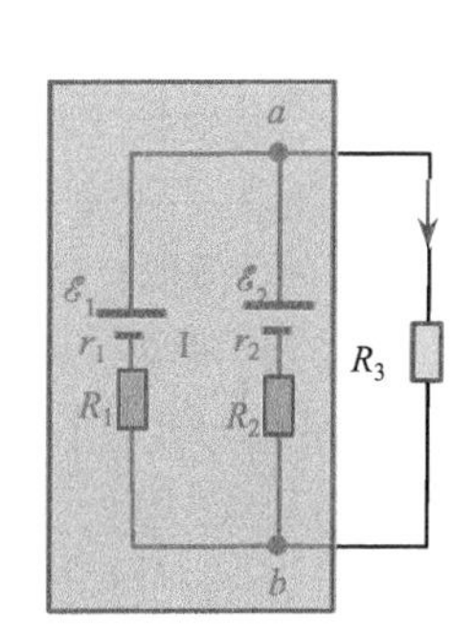

图 14-25 例题 14-10 图

断开 R_3 之后，求 a、b 两端电压. 此时，两个电源电动势反接，且相当于简单电路，其电流为

$$I=\frac{\mathscr{E}_1-\mathscr{E}_2}{R_1+R_2+r_1+r_2}=\frac{6-4}{1+1+1+1}=0.5(\text{A})$$

a、b 两端的电压——等效电压源的电动势为

$$\mathscr{E}_d=\mathscr{E}_2+I(R_2+r_2)=4+0.5\times2=5(\text{V})$$

最后根据等效电压源定理，有

$$I=\frac{\mathscr{E}_d}{R+r_d}=\frac{5}{2+1}=\frac{5}{3}(\text{A})$$

此结果与例题 14-9 的结果相同.

例题 14-11 等效电流源定理

试利用等效电流源定理再求例题 14-9 中通过 R_3 的电流.

解 将图 14-26 中的阴影部分等效为一个电流源. 即将 R_3 短路，则通过该支路的电流应为两个电源对该支路放电电流的和，即

$$I_0=\frac{\mathscr{E}_1}{R_1+r_1}+\frac{\mathscr{E}_2}{R_2+r_2}=\frac{6}{1+1}+\frac{4}{1+1}=5(\text{A})$$

而电流源等效电阻为断开 R_3 从两端向左看，去掉电源(留下内阻)的等效电阻，结果同例题 14-10，即 r_d=1Ω. 根据等效电流源定理，通过 R_3 的电流为

$$I=I_0\frac{r_d}{R_3+r_d}=5\times\frac{1}{2+1}=\frac{5}{3}(\text{A})$$

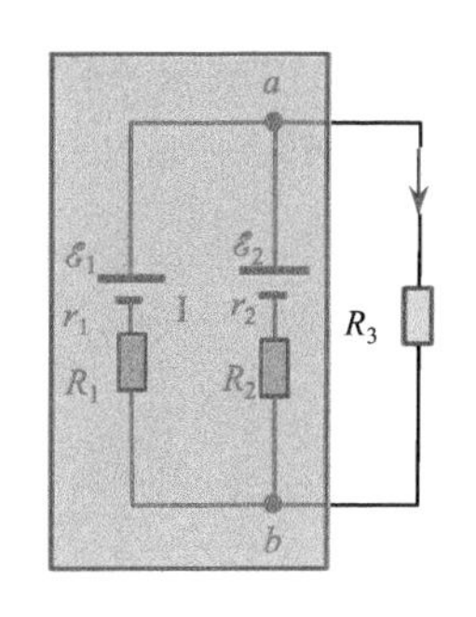

图 14-26 例题 14-11 图

此结果与上题结果相同.

等效电源定理在实际中很有用. 例如，电路设计时，在某一复杂电路的一条支路中，需要分析接入不同电阻时的电流，我们不必对接入不同电阻的各种情况作复杂的计算，也不必对接入不同电阻的各种情况每次都作重新测量，只

需在电阻的接入端，对开路端电压和除源电路的电阻进行一次测量，或者对两端点的短路电流和除源电路的电阻进行一次测量，也可以对两端点的开路电压及其短路电流进行一次测量. 从而根据等效电源定理，就可以简便地获得不同负载情况下输出信号的具体结果.

第 14 章练习题

14-1 一蓄电池充电时通过的电流为 3.0A，两极间的电压为 4.25V. 当这蓄电池放电时，通过的电流为 4.0A，此时两极间的电势差为 3.90V，试求该蓄电池的电动势和内阻.

14-2 一电烙铁电阻丝 AB 发热功率和电压的额定值分别为 45W，220V，其正中间抽一头 C，这样当外电源为 110V 时，可将 AC 和 BC 并联接入(即 A、B 接一端，C 接另一端)，试问：

(1) AB 的电阻值?

(2) 并联接入 110V 时的功率?

(3) 两种接法电源和电阻丝的电流各是多少?

14-3 当电流为 1A，端电压为 2V 时，求下列各情形中电流的功率以及 1s 内所产生的热量.

(1) 电流通过导线;

(2) 电流通过电动势为 1.3V 的充电蓄电池;

(3) 电流通过电动势为 2.6V 的放电蓄电池.

14-4 一导线电阻 $R=6\Omega$，

(1) 在 24s 内以恒定电流通过 30C;

(2) 在 24s 内电流均匀减少到零，共通过 30C，试求在此两种情况下导线上产生的热量.

14-5 在题 14-5 图所示的无穷电阻网络中，水平的电阻均为 R，竖直的电阻均为 R_0，试求 R_{ab}.

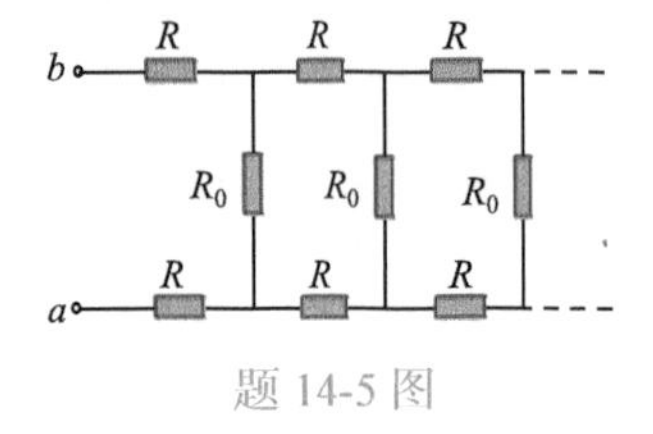

题 14-5 图

14-6 题 14-6 图中每个电阻阻值均为 R，试求 xy 两端的等效电阻.

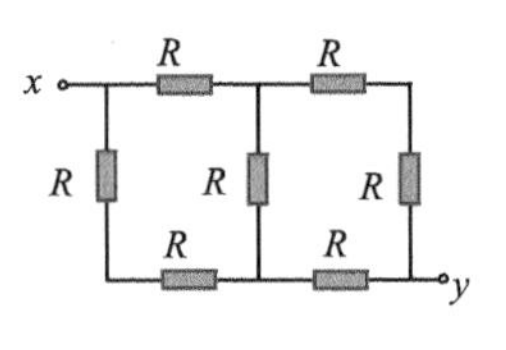

题 14-6 图

14-7 如题 14-7 图所示，图中各电阻值均为 R，试求：

(1) A、B 两点间的等效电阻 R_{AB};

(2) C、D 两点间的等效电阻 R_{CD}.

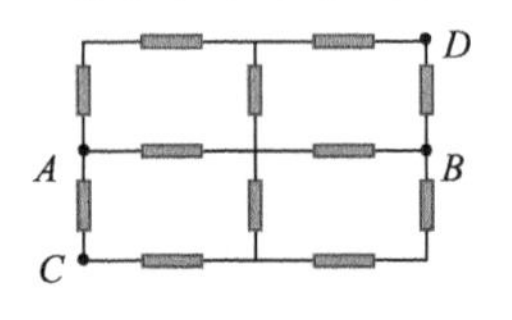

题 14-7 图

14-8 证明在题 14-8 图中两种导电介质分界面上的总电荷为 $\varepsilon_0 I(\sigma_2^{-1}-\sigma_1^{-1})$，其中 I 为总电流，σ_1、σ_2 为两种介质的电导率.

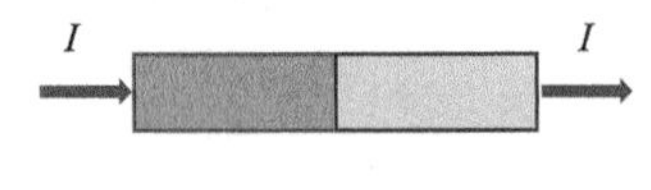

题 14-8 图

14-9 如题 14-9 图所示，有两个同心导体球壳，半径分别为 R_A 和 R_B，其间充以电阻率为ρ的导电材料.

(1) 试证明两球壳间的电阻为

$$R=\frac{\rho}{4\pi}\left(\frac{1}{R_A}-\frac{1}{R_B}\right);$$

(2) 如果两球壳间电势差为 U_{AB}，试求在导电材料内离球心 r 处的电流密度.

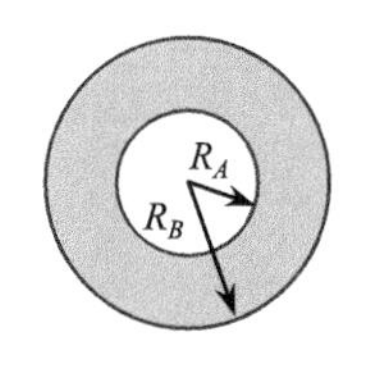

题 14-9 图

14-10 如题 14-10 图所示，有一半径为 a 的半球形电极与大地接触，大地的电阻率为ρ，假设电流通过接地电极均匀地向无穷远流散，试求接地电阻.

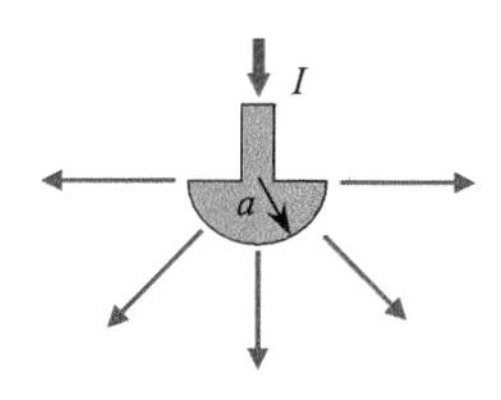

题 14-10 图

14-11 一电缆的芯线是半径为 0.5cm 的铜线，外包一层同轴绝缘层，外半径为 1.0cm，电阻率为 $1.0\times10^{12}\Omega\cdot m$，在绝缘层外又用铅层保护起来. 试求 100m 长的电缆绝缘层的径向电阻. 当芯线与铅层间电压为 100V 时，电缆的漏电流有多大?

14-12 两台发电机并联给一负载电阻 $R_L=24\Omega$ 供电，已知 $\mathscr{E}_1=130V$，$\mathscr{E}_2=117V$，其内阻分别为 $r_1=1\Omega$，$r_2=0.6\Omega$，试求：

(1) 每台发电机的电流和功率；

(2) 负载消耗的功率.

14-13 题 14-13 图所示网络中各已知量已标出. 求：

(1) 通过两个电池中的电流；

(2) 连线 ab 中的电流.

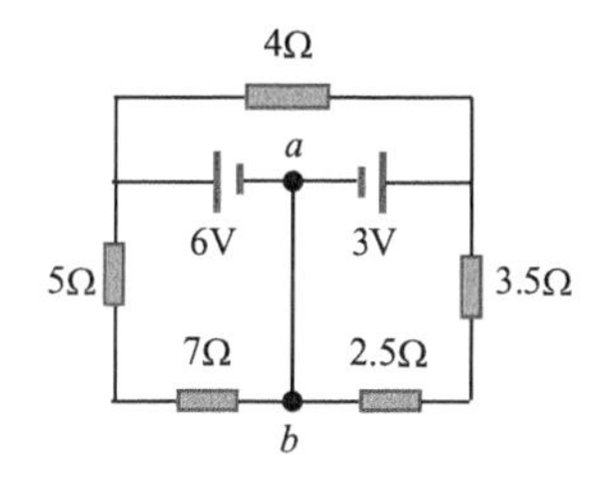

题 14-13 图

14-14 如题 14-14 图所示，$\mathscr{E}_1=12V$，$\mathscr{E}_2=9V$，$\mathscr{E}_3=8V$，$r_1=r_2=r_3=1\Omega$，$R_1=R_2=R_3=R_4=2\Omega$；$R_5=3\Omega$.

(1) 求 U_{AB} 为多少?

(2) 若用导线将 C、D 接通，再求 U_{AB} 为多少?

(3) 若用导线将 C、D 接通，求通过 R_5 的电流.

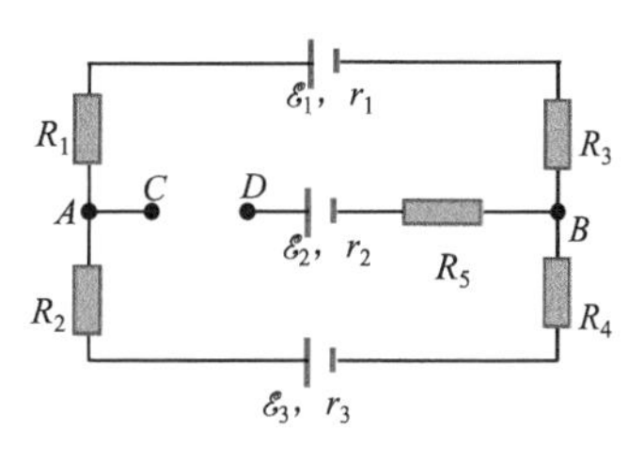

题 14-14 图

14-15 一电路如题 14-15 图所示，已知 $\mathscr{E}_1=1.5V$，$\mathscr{E}_2=1.0V$，$R_1=50\Omega$，$R_2=80\Omega$，$R=10\Omega$，电池的内阻都可忽略不计. 试利用等效电源定理求通过 R 的电流.

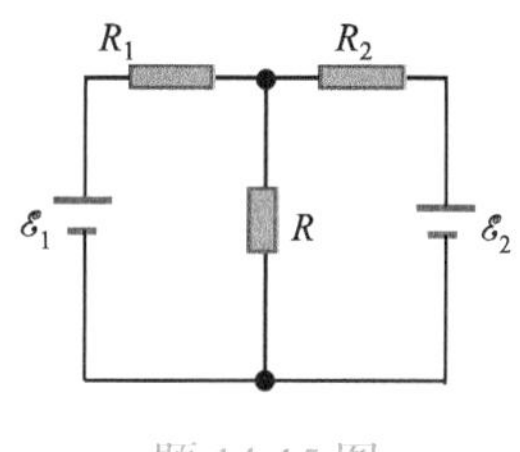

题 14-15 图

14-16 一电路如题 14-16 图，已知 $\mathscr{E}_1=1.0V$，$\mathscr{E}_2=2.0V$，$\mathscr{E}_3=3.0V$，$r_1=r_2=r_3=1.0\Omega$，$R_1=1.0\Omega$，$R_2=3.0\Omega$，试利用等效电源定理求：

(1) 通过 $\mathscr{E}_3$ 的电流;

(2) R_2 消耗的功率;

(3) $\mathscr{E}_3$ 对外供给的功率.

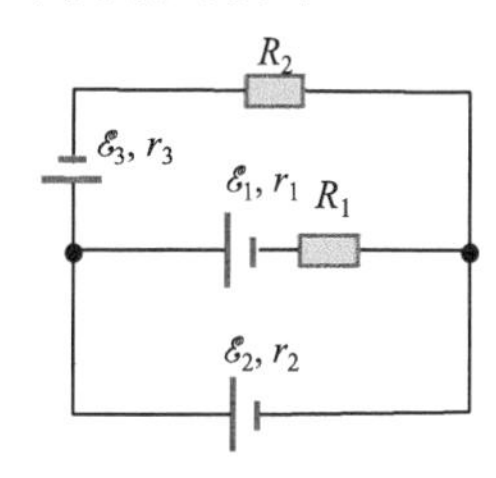

题 14-16 图

第 14 章练习题答案

第 15 章 稳恒磁场

汉斯·克里斯蒂安·奥斯特(H.C. Oersted，1777～1851)，丹麦物理学家. 1777 年 8 月 14 日生于兰格朗岛鲁德乔宾的一个药剂师家庭. 1794 年考入哥本哈根大学，1799 年获博士学位. 1801～1803 年去德、法等国访问，结识了许多物理学家及化学家. 1806 年起任哥本哈根大学物理学教授，1815 年起任丹麦皇家科学院常务秘书. 1820 年因电流磁效应这一杰出发现获英国皇家科普利奖章. 1829 年起任哥本哈根工学院院长. 1851 年 3 月 9 日在哥本哈根逝世

第 12～14 章我们学习了电学，包括静电场的基本规律、稳恒电路的基本规律，但没有提到磁学. 从本章开始介绍磁学的基本现象，并且把磁和电联系起来. 首先介绍磁的基本现象以及磁场的基本概念，接着介绍电流激发磁场的基本计算方法和磁场的基本性质，最后介绍磁场对载流导体和运动的带电粒子的作用.

15.1 磁的基本现象 磁感应强度

1820 年以前，电学与磁学是各自独立发展的. 比如静电学中，同种电荷相互排斥，异种电荷相互吸引；电荷或带电体形成电场的规律；电荷在电场中受力及运动等是电学规律. 而磁学中，同名磁极相互排斥，异名磁极相互吸引；司南在航海中的应用等，都是纯粹的磁学规律. 电学、磁学各自独立发展的情况一直持续到 1820 年 7 月 21 日. 这一天丹麦的物理学家奥斯特发表了《论磁针的电流撞击实验》学术论文，正式向学术界宣告发现了电流磁效应.

1. 磁的基本现象

1) 电流对磁铁的作用(奥斯特实验)

奥斯特实验有一点偶然，1820 年 4 月的某天晚上，奥斯特在讲座要结束时，抱着试试看的心情，在讲台上给听众做了一次电流磁效应实验. 他把铂导线放在磁针上方，通电时他发现磁针抖动了一下，这一抖动观众没有注意到，但他却兴奋地在讲台上摔了一跤. 因为没有经过系统研究，当时并没有向外界公布.

◀ 奥斯特实验发现了电与磁相联系的秘密

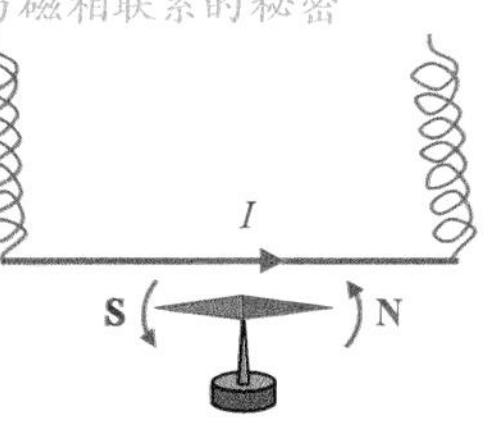

图 15-1 奥斯特实验

图 15-1 是奥斯特实验的示意图. 直导线下边放置小磁针，当导线通有稳恒电流 I 时，从俯视图看磁针将发生逆时针旋转，直到磁针两极连线与载流导线垂直. 这就是电流对磁铁的作用，也就是电流的磁效应.

2) 磁铁对电流的作用(安培实验)

◀ 电流对磁、磁对电流的作用

五年后，1825 年，法国物理学家安培发现了磁场对载流导体的作用. 图 15-2 是安培实验示意图. 当处于马蹄形磁铁内部的导线 A 端接电源正极，B 端接负极时，导线将向右边移动，即向磁铁外边移动.

3) 磁铁对运动电荷的作用(洛伦兹假说)

◀ 磁对运动电荷的作用

荷兰物理学家洛伦兹于 1895 年提出一个基本假设，即在磁场中运动的电荷会受到力的作用，称为洛伦兹力. 这原本是为了建立经典电子论而提出的，后来得到了实验验证. 图 15-3 是证明洛伦兹力的实验示意图，阴极射线管通过阴极 K 及阳极 A 与高压起电机相连，阴极加热后会发出阴极射线——电子束，在阴极与阳极间的电压作用下电子束穿过狭缝射在涂有荧光粉的板子上，电子打在荧光粉上会发光，并显示出运动轨迹. 当磁铁的 N 极从背面靠近荧光板时，电子束的轨迹将向上偏转，如图所示.

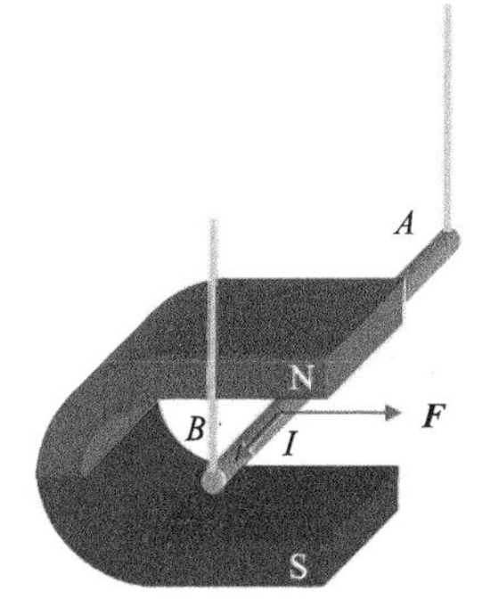

图 15-2 载流导体在磁场中受力

4) 磁铁对磁铁的作用

◀ 磁铁对磁铁的作用

磁铁之间的相互作用是大家所熟知的，如图 15-4 所示，当条形磁铁的 N 极靠近悬挂磁铁 N 极时，后者 N 极将远离，如图 15-4a 所示. 相反如果 S 极靠近 N 极，后者将被吸引，如图 15-4b 所示.

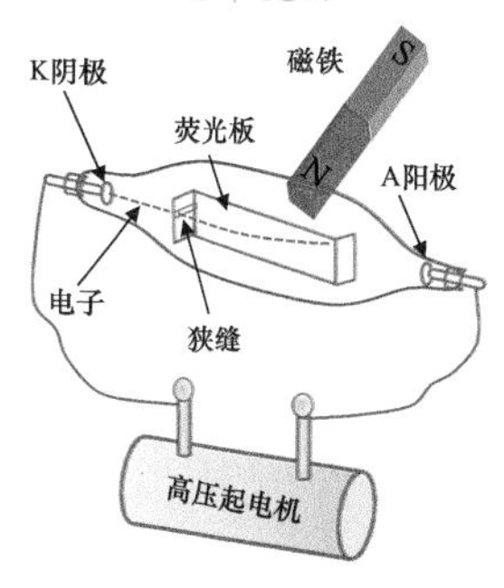

图 15-3 洛伦兹力

5) 电流对电流的作用

图 15-5 是载流导线对载流导线作用的示意图，实验发现当两条平行的载流导线通有同向电流时，两导线将相互靠近，即相互吸引，如图 15-5a 所示；反之当电流方向相反时两导线将相互排斥，如图 15-5b 所示.

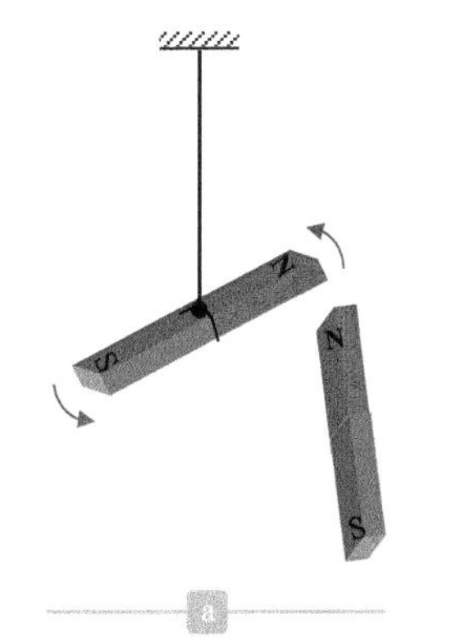

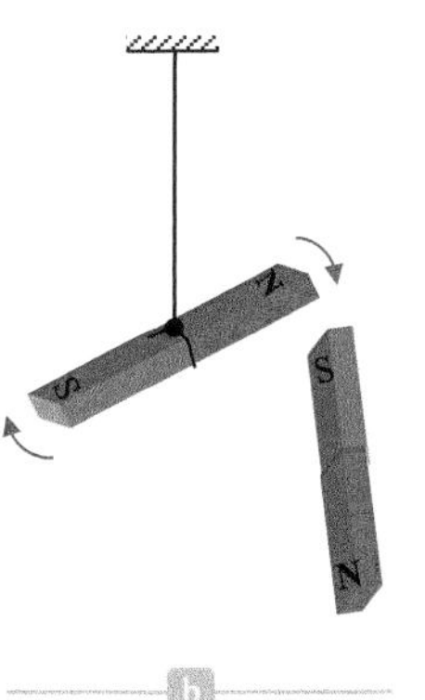

图 15-4 磁铁对磁铁的作用

电流对电流的作用 ▶

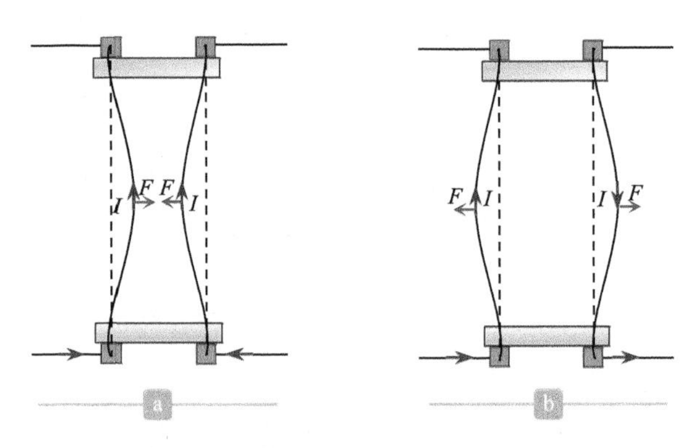

图 15-5 载流导线间的作用

2. 磁性的起源

自从奥斯特的电流磁效应成果发布之后，人们多了一个形成磁场的方法，即通电回路. 如图 15-6 所示，通电的螺线管形成的磁场与永磁棒十分相似. 由此安培萌生了磁场起源的念头.

载流螺线管与磁棒的等效性 ▶

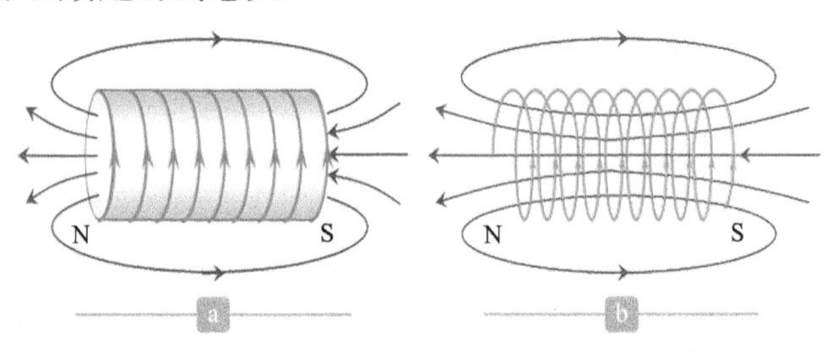

图 15-6 载流螺线管的磁场类似于永磁棒.a. 永磁棒. b. 载流螺线管

安培提出一切磁性起源于电流(或运动电荷). 根据物质的分子结构学说，他假设：组成条形磁铁的每个分子相当于一个环形电流——分子环流，平常这些环形电流取向杂乱无章，因此对外界没有磁性，一旦由于某种原因，分子环流形成有序排列时，就像通电螺线管一样对外界有了磁性. 这就是安培分子环流假说，如图 15-7 所示.

安培分子环流假说 ▶

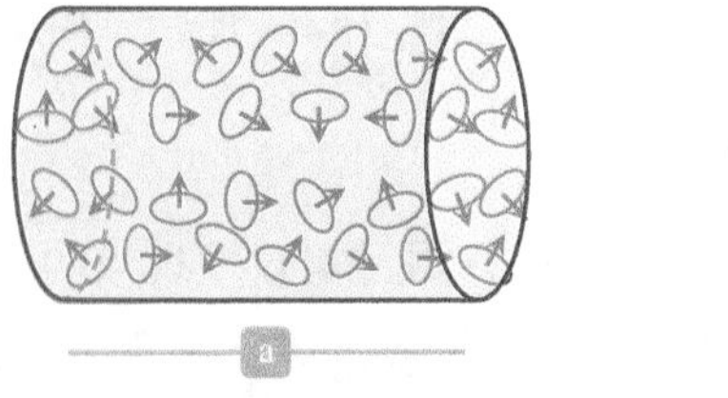
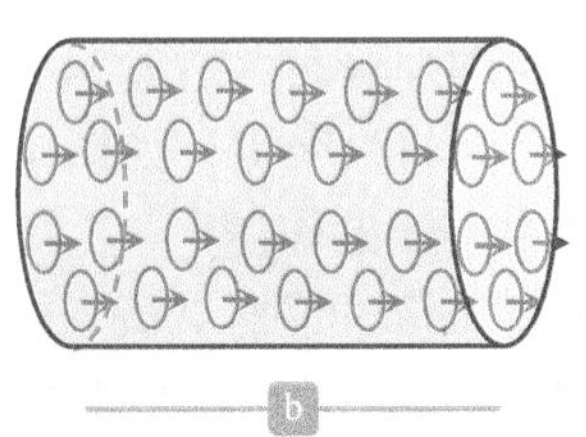

图 15-7 在外磁场作用下从杂乱到有序. a. 杂乱无章. b. 有序排列

安培分子环流假说是磁学里一个具有里程碑意义的假说，因为当时关于物质电结构的认识还没有达到如今的程度. 另一方面，安培分子环流假说取代了磁荷观点. 此后人们认为：一切磁现象起源于电流，并且将磁与磁的相互作用，磁与电的相互作用均归结为图 15-8.

图 15-8 磁场的场论观点

场论观点 ▶

这个框图表明：一切磁性起源于电流，对于所有磁电的相互作用均归结为电流对电流的作用，并且这些作用均符合场论的观点：电流激发磁场，磁场的基本性质是对处于磁场中的电流有力的作用.

场论的观点指出电磁作用属于近距作用，而非超距作用. 拳击运动就是运动员之间的直接或间接接触——近距作用. 这也是物理学的基本观点，即物质间的相互作用是需要中间的媒介——物质，来传递的，包括万有引力也是近距作用，电磁场、万有引力场都是特殊物质，物质的基本属性是具有能量和动量.

3. 磁感应强度

1) 磁感应强度的定义

为了定量地描述磁场强弱，我们引入磁感应强度 $\boldsymbol{B}$，如同电场强度 $\boldsymbol{E}$ 一样. 电场强度的定义很简单，即单位正电荷所受到的电场力. 而磁感应强度的定义稍微复杂一点. 在电磁学中，磁感应强度有三种定义. 我们只介绍其中的一种定义——运动电荷受力法.

如图 15-9a 所示，在磁场中，沿某一方向发射一带正电的粒子 q，实验发现，粒子受力(洛伦兹力)大小和方向与粒子的发射速度 $\boldsymbol{v}$ 有关. 速度 $\boldsymbol{v}$ 的大小确定时，沿不同方向发射，受力的大小和方向也不同. 实验发现，$F=qvB\sin\theta$，即受力 F 与 q 成正比，与 v 成正比，与速度 $\boldsymbol{v}$ 跟磁场 $\boldsymbol{B}$ 的方向夹角的正弦 $\sin\theta$成正比，请大家思考一下，当$\theta=0$ 或π时，该运动电荷受力是多大？显然，当角度$\theta=\dfrac{\pi}{2}$时，力 F 达到最大值 $F_{\max}$.

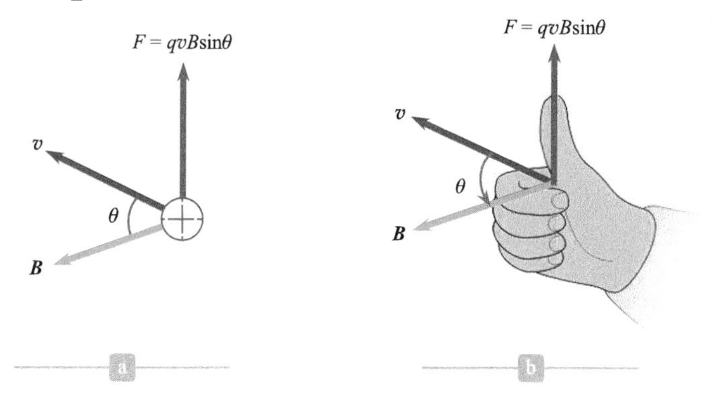

◀ 洛伦兹力与磁场、速度方向满足右手定则

15-9 洛伦兹力. a. $\boldsymbol{v}$ 与 $\boldsymbol{B}$ 的叉乘. b. 右手定则

磁感应强度 B 定义为：B 等于单位正电荷以单位速度运动受到的最大力 $F_{\max}$，即

$$B=\frac{F_{\max}}{qv} \tag{15-1}$$

◀ 磁感应强度的定义

磁感应强度 $\boldsymbol{B}$ 是矢量. 方向与力和速度的方向满足叉乘关系，即

$$\boldsymbol{F}=q\boldsymbol{v}\times\boldsymbol{B} \tag{15-2}$$

叉乘的结果是矢量，方向可用右手定则判断. 即伸出右手，竖起拇指，四指从 $\boldsymbol{v}$ 旋转至 $\boldsymbol{B}$(转角小于π)，拇指的指向就是正电荷的受力方向，如图 15-9b 所示.

磁感应强度的单位是特斯拉 Tesla，以 T 表示. 1T=1N · 1s/(1C · m). 特斯拉单位较大，有时工程上常用高斯 Gs 作单位，它们的换算关系为

$$1\text{T}=10000\text{Gs}$$

2) 磁感应线($\boldsymbol{B}$ 线)

前已述及，磁场是矢量场. 矢量场有两种基本的描述方法，解析法——矢量函数 $\boldsymbol{B}(x, y, z)$；几何法——场线.

图 15-10 磁感应线

磁感应线是一簇曲线，曲线上任意一点的切线方向表示该点的磁场方向，如图 15-10 所示. 磁感应线具有如下性质：

磁感应线的性质 ▶

(1) 通过单位垂直截面的磁感应线根数与该点的磁感应强度成正比，即磁感应线越密集，磁场越强，反之亦然.

(2) 任意两根磁感应线不相交. 这个性质容易理解，因为无论是静电场还是磁场都是唯一的，如果在某处两条磁感应线相交了，则通过该点将有两条切线，这导致磁场方向不唯一.

(3) 磁感应线无头无尾，没有起点和终点，也不会在任何地方中断，永远是闭合曲线.

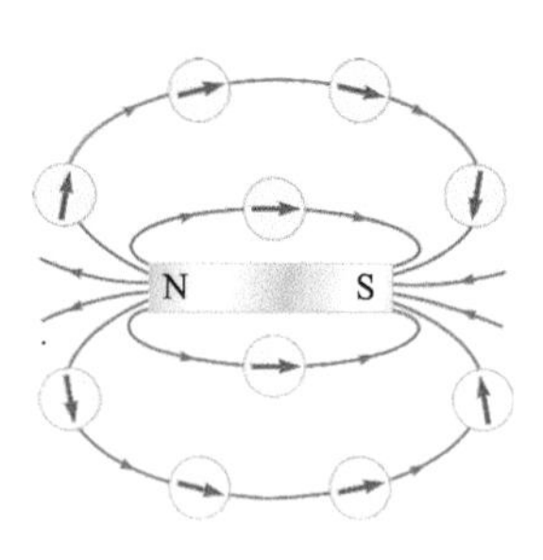

图 15-11 永磁棒的磁感应线

图 15-6 画出了永磁棒和载流螺线管的磁感应线分布，两者十分相似. 图 15-11 以小磁针的取向表示磁场方向，进而画出了磁感应线分布. 图 15-12 是用铁屑在条形磁铁周围的排列展示了空间的磁感应线的分布，也是磁场的分布.

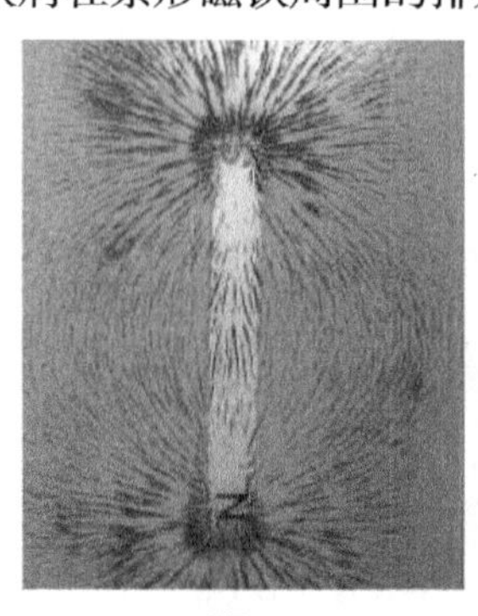

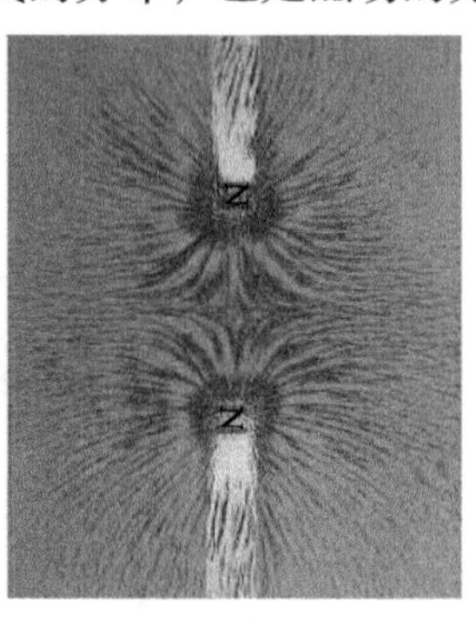

图 15-12 铁屑在条形磁铁周围的分布

应该注意的是，利用场线描述场只是一种形象直观的几何方法，实际上并不存在电场线也不存在磁感应线.

15.2 毕奥-萨伐尔定律及其应用

从 15.1 节知道，一切磁性起源于电流，那么，电流是怎样激发磁场的？又符合什么规律呢？

1. 毕奥-萨伐尔定律

毕奥-萨伐尔定律(以下简称毕-萨定律)是关于电流激发磁场规律的一个定律. 毕奥、萨伐尔及拉普拉斯等三位物理学家经过实验及数学归纳，得出如下结论：如图 15-13 所示，一段载流导线 $I\mathrm{d}\boldsymbol{l}$——称为电流元，在空间任意一点形成的磁感应强度 $\mathrm{d}\boldsymbol{B}$ 等于 μ_0 除以 4π，乘以 $I\mathrm{d}\boldsymbol{l}\times\hat{\boldsymbol{r}}$ 除以 r 的平方，即

毕-萨定律 ▶

$$\mathrm{d}\boldsymbol{B}=\frac{\mu_0}{4\pi}\frac{I\mathrm{d}\boldsymbol{l}\times\hat{\boldsymbol{r}}}{r^2} \tag{15-3}$$

磁感应强度 $\boldsymbol{B}$ 的方向由 $\mathrm{d}\boldsymbol{l}$ 与 $\boldsymbol{r}$ 的叉乘决定，并服从右手定则. 其中$\mu_0=4\pi\times10^{-7}$ T · m/A，是真空的磁导率. 将上式写成标量式为

$$\mathrm{d}B=\frac{\mu_0}{4\pi}\frac{I\mathrm{d}l\sin\theta}{r^2}$$

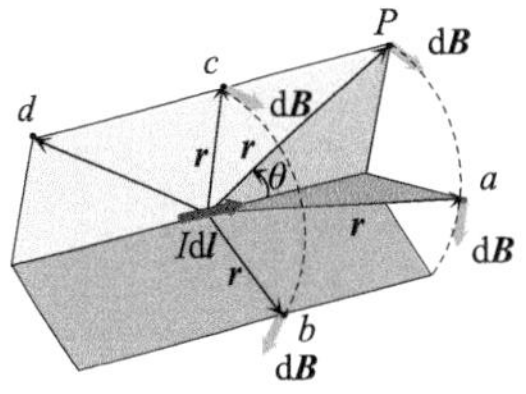

上式是电流元形成的磁场大小. 显然，磁感应强度与电流强度成正比，与 $\mathrm{d}l$ 成正比，与电流方向和该电流元指向场点的位置矢量的夹角θ的正弦成正比.

图 15-13 毕-萨定律

请大家思考一下，如果场点就在电流的延长线方向，此时电流元激发的磁感应强度 $\boldsymbol{B}$ 等于什么?

任何孤立的电流元是不存在的，一定属于某一载流回路. 一段有限长度的载流导线可以看成无限多的电流元组合而成，因此载流导线在空间形成的总磁场为每段电流元形成的磁场矢量和，或矢量积分，即

$$\boldsymbol{B}=\int\frac{\mu_0}{4\pi}\frac{I\mathrm{d}\boldsymbol{l}\times\hat{\boldsymbol{r}}}{r^2} \tag{15-4}$$

◄ 毕-萨定律

上式也称为毕-萨定律的积分形式. 从式中可见，电流元形成的磁场是与距离平方成反比的，这一点与库仑定律类似，读者在学习时，可将磁场的概念和规律与电场作相应的对比，便于理解，并了解其间的差别. 理论上，可以应用毕-萨定律的积分形式计算任何载流导体形成的磁场.

2. 毕-萨定律的应用

下面举几个例子说明如何计算一段有限长载流导线或回路在空间形成的总磁场.

例题 15-1 毕-萨定律的应用

试计算一段载流直导线 A_1、A_2 在空间形成的磁感应强度 $\boldsymbol{B}$，如图 15-14 所示. 设直导线竖直，并且处于纸面内，电流强度 I 竖直向上.

解 考虑在纸面上的任意一点 P，P 点到导线的垂线与导线相交于 O 点. 在导线上任意取一电流元 $I\mathrm{d}\boldsymbol{l}$，根据毕-萨定律，$I\mathrm{d}\boldsymbol{l}$ 在 P 点形成的场强大小为

$$\mathrm{d}B=\frac{\mu_0}{4\pi}\frac{I\mathrm{d}l\sin\theta}{r^2}$$

式中，θ是电流 I 与电流元($I\mathrm{d}\boldsymbol{l}$)到 P 点连线的夹角. 用右手定则可以判断 $\boldsymbol{B}$ 的方向为垂直纸面向里，且整根导线的电流形成的磁场方向都向里. 因此，矢量积分可以变成标量积分

$$B=\int_{A_1}^{A_2}\frac{\mu_0}{4\pi}\frac{I\mathrm{d}l\sin\theta}{r^2} \tag{15-5}$$

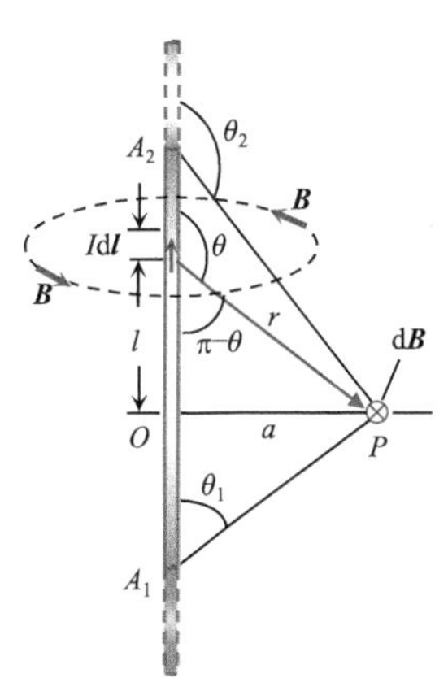

图 15-14 载流直导线的磁场

需要做的就是把式(15-5)中的 r, l 都用角度θ表示. 根据几何关系，我们可以得到

$$r=\frac{a}{\sin(\pi-\theta)}=\frac{a}{\sin\theta},\qquad l=a\cot(\pi-\theta)=-a\cot\theta$$

式中，a 是 P 点到导线(O 点)的距离；l 是电流元 $I\mathrm{d}l$ 到 O 点的距离. 将它们代入式(15-5)，整理后得到

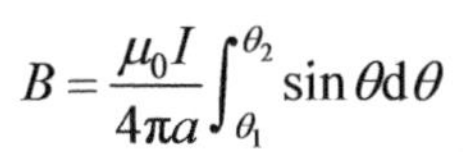

$$B=\frac{\mu_0 I}{4\pi a}\int_{\theta_1}^{\theta_2}\sin\theta\mathrm{d}\theta$$

上式的积分结果为

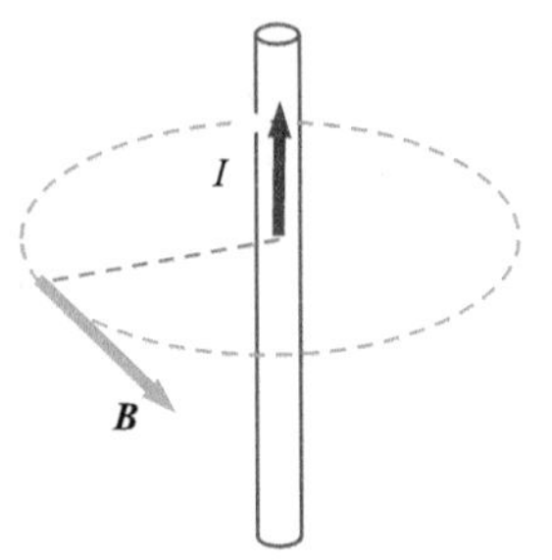

图 15-15 载流直导线磁场的对称性

$$B=\frac{\mu_0 I}{4\pi a}(\cos\theta_1-\cos\theta_2) \tag{15-6}$$

式(15-6)即载流直导线在其所在平面上任意一点形成的磁感应强度. 式中的θ_1为电流起点到 P 点连线与电流方向的夹角，θ_2为电流终点到 P 点连线与电流方向的夹角. 从式(15-6)可以作如下讨论.

(1) 这个磁场具有旋转对称性，即在任何与导线共面的平面内磁场方向都与该面垂直，如图 15-15 所示，并满足右手定则：伸出右手，拇指指向电流方向，抓握载流导线，四指方向就是磁场方向. 显然，磁感应线是以导线为中心的同心圆.

(2) 当$\theta_1=0$，$\theta_2=\pi$时

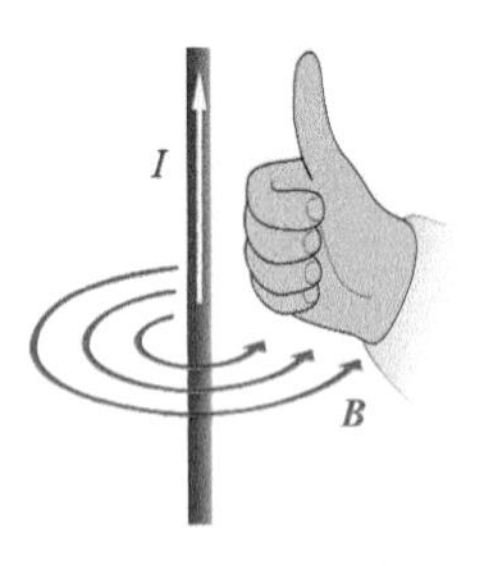

图 15-16 无限长载流直导线磁场的磁感应线

$$B=\frac{\mu_0 I}{2\pi a}$$

$\theta_1=0$ 意味着下端在无限远处，$\theta_2=\pi$意味着上端为无限远. 这意味着载流直导线为两端无限长. 即无限长载流直导线形成的磁场与电流成正比，与距离成反比. 可见长直载流导线形成的磁场是不均匀的，如图 15-16 所示. 为了反映磁场是变化的，常把式中的 a 用 r 代替. 于是上式变成

$$B=\frac{\mu_0 I}{2\pi r} \tag{15-7}$$

请读者思考一下，如果$\theta_1=0$，$\theta_2=\pi/2$，或者$\theta_1=\pi/2$，$\theta_2=\pi$，情况如何?

例题 15-2 毕-萨定律的应用——载流圆环的磁场

试计算半径为 R 的载流圆环在其过圆心并与环面垂直的轴线上任意点 P 处形成的磁感应强度 B.

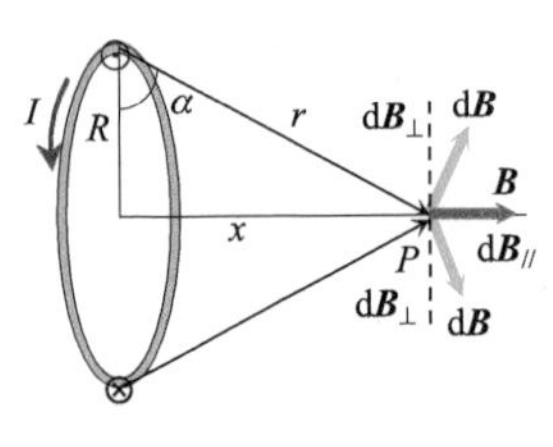

图 15-17 载流直导线磁场的对称性

解 根据毕-萨定律，在圆环顶部选一电流元 $I\mathrm{d}\boldsymbol{l}$，$\mathrm{d}\boldsymbol{l}$ 沿切线方向，如图 15-17 所示. 该电流元在 P 点产生的磁场为

$$\mathrm{d}B=\frac{\mu_0}{4\pi}\frac{I\mathrm{d}l\sin\theta}{r^2}$$

式中，θ为 $\mathrm{d}\boldsymbol{l}$，即圆环的切线方向与电流元到 P 点连线(圆锥的母线)之间的夹角，显然$\theta=\frac{\pi}{2}$. 而 r 等于 x 平方与 R 平方和的开方，因此

$$\mathrm{d}B=\frac{\mu_0}{4\pi}\frac{I\mathrm{d}l}{R^2+x^2}$$

$\mathrm{d}\boldsymbol{B}$ 的方向垂直于圆锥的母线且斜向上. 根据对称性，在环底端找一同样长度的电流元 $I\mathrm{d}\boldsymbol{l}$，它在 P 点形成的磁感应强度与顶端电流元的大小相等，方向对称. 由于对称性，两电流元形成的磁场沿垂直轴线方向的磁场分量相互抵消. 其矢量和只有沿 x 轴线分量. 因此有

$$dB_{//} = dB\cos\alpha = \frac{\mu_0}{4\pi}\frac{RIdl}{(R^2+x^2)^{3/2}}$$

将上式沿圆环积分，得载流圆环在轴线上形成的磁场

$$B = \oint_{(L)} \frac{\mu_0}{4\pi}\frac{RIdl}{(R^2+x^2)^{3/2}} = \frac{\mu_0}{4\pi}\frac{RI}{(R^2+x^2)^{3/2}}\oint_{(L)} dl$$

整理得

$$B = \frac{\mu_0}{4\pi}\frac{2\pi R^2 I}{(R^2+x^2)^{3/2}} = \frac{\mu_0}{2}\frac{R^2 I}{(R^2+x^2)^{3/2}} \tag{15-8}$$

◀ 载流线圈的磁场

式(15-8)是载流圆环在轴线任意点形成的磁场. 对于上式可以作如下讨论：

(1) 当 x=0 时，即 P 点就是圆环中心，

$$B = \frac{\mu_0 I}{2R} \tag{15-9}$$

◀ 载流圆环中心的磁场

即圆环中心磁场非零，而是与 I 成正比，与环半径 R 成反比.

(2) 当 $x \gg R$ 时

$$B = \frac{\mu_0}{2}\frac{R^2 I}{x^3} = \frac{\mu_0}{2\pi}\frac{\pi R^2 I}{x^3} = \frac{\mu_0}{2\pi}\frac{m}{x^3} \tag{15-10}$$

其中，$m=IS$，$S=\pi R^2$,m 称为载流线圈的磁矩，是载流线圈特征量. 式(15-10)与电偶极子的场强(式(12-12))很相似，其磁感应强度也与载流环到场点的距离立方成反比. 所以有时候称载流线圈为磁偶极子.

(3) 式(15-9)表示完整载流圆环在环心处形成的磁场，如果载流回路在某处形成圆环的一部分，那么该部分圆弧电流在弧心处产生的场强等于式(15-9)磁场乘以圆弧占圆环的百分比. 例如，半圆环在中心处形成的磁场为

$$B = \frac{\mu_0 I}{2R} \times 50\% = \frac{\mu_0 I}{4R}$$

载流直导线与载流圆环是任意载流回路的基本组成部分，换句话说，任意载流回路可以看成载流直导线与圆弧的组合. 这意味着任意形状载流导线的磁场计算可以应用上述两个例子的结果.

例题 15-3 毕-萨定律的应用——载流螺线管的磁场

试计算载流螺线管在轴线上任意点形成的磁场. 设导线中电流为 I，沿轴线方向单位长度的线圈匝数为 n.

解 如图 15-18 所示，螺线管可视为许多圆线圈拼成的，考虑螺线管内轴线上距离螺线管中点为 x 的任意点 P，在左端沿轴线距离中点为 l 处取一线元 dl，其中包含的线圈匝数为 ndl，所带电流 $dI = Indl$，根据式(15-8)，它们在 P 点形成的磁场为

$$dB = \frac{\mu_0 R^2 dI}{2(R^2+(x-l)^2)^{\frac{3}{2}}}$$

方向都指向右，则整个螺线管产生的总磁场为

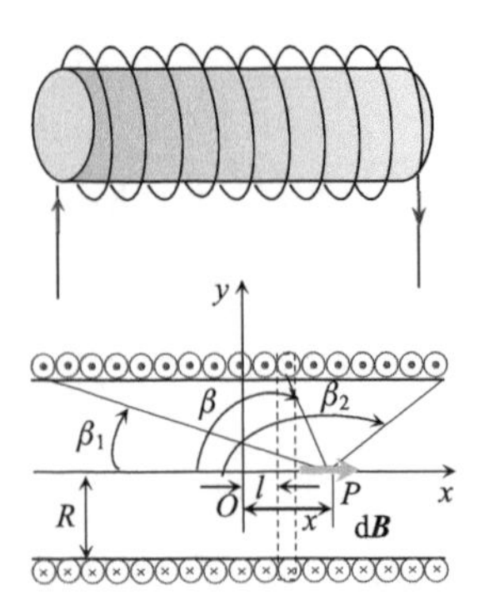

图 15-18 载流螺线管的磁场

$$B=\int\frac{\mu_0 R^2 In\mathrm{d}l}{2(R^2+(x-l)^2)^{\frac{3}{2}}}$$

将其中的 $x-l$ 及 $\mathrm{d}l$ 用角度β表示，代入上式，并整理得

$$B=\frac{1}{2}\mu_0 nI\int_{\beta_1}^{\beta_2}\sin\beta\mathrm{d}\beta$$

积分得

$$B=\frac{\mu_0 nI}{2}(\cos\beta_1-\cos\beta_2) \tag{15-11}$$

式中，β_1 为左端第一匝线圈边缘到 P 点连线与 P 点左边轴线所张角度，而 β_2 为螺线管右端第一匝线圈边缘到 P 点连线与 P 点左边轴线所张角度.

下面讨论几种特殊情形：

(1) 当$\beta_1=0$，$\beta_2=\pi$时，即为无限长载流螺线管，$B=\mu_0 nI$，即无限长载流螺线管轴线上磁场是均匀的，进一步可以证明，无限长螺线管内部磁场处处均匀.

无限长载流螺线管的磁场 ▶

(2) 当$\beta_1=0$，$\beta_2=\pi/2$，或$\beta_1=\pi/2$，$\beta_2=\pi$时，即为半无限长载流螺线管，$B=\mu_0 nI/2$.

关于载流直导线与载流线圈组合成回路的情形有很多，读者可以自行练习.

15.3 磁场的高斯定理 安培环路定理及其应用

静电场曾经介绍过高斯定理和环路定理. 这两个定理分别反映了静电场两方面的性质，高斯定理指出静电场是有源场，而环路定理表明静电场是保守场. 有源场之点源场一般是平方反比场. 那么磁场的高斯定理和环路定理是如何表述的呢？它们又反映磁场的什么性质呢？

1. 磁场的高斯定理

1) 磁通量

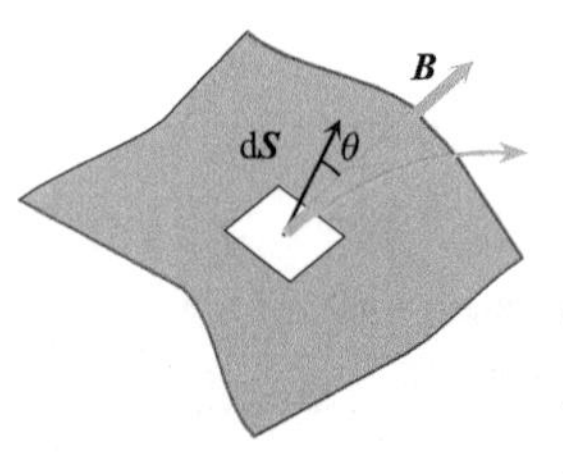

图 15-19 磁通量定义

由于高斯定理是关于磁感应强度 $\boldsymbol{B}$ 的通量问题，所以先介绍磁通量. 在磁感应强度矢量场 $\boldsymbol{B}(x, y, z)$中任取一小面元 $\mathrm{d}\boldsymbol{S}$，该面元的法线方向如图 15-19 所示，磁感应强度与面元的点乘 $\boldsymbol{B}\cdot\mathrm{d}\boldsymbol{S}$ 定义为磁感应强度通过该面元的磁通量 $\mathrm{d}\Phi_B$，即

$$\mathrm{d}\Phi_B=\boldsymbol{B}\cdot\mathrm{d}\boldsymbol{S}=B\mathrm{d}S\cos\theta$$

式中，角度θ是面元法线与 $\boldsymbol{B}$ 的夹角，因此 $\mathrm{d}S\cos\theta$是对于 $\boldsymbol{B}$ 的垂直截面. 而对于一个有限大小的曲面，其总的通量为上式对于所有面元的和，或积分，即

磁通量的定义 ▶

$$\Phi_B=\iint_{(S)}\boldsymbol{B}\cdot\mathrm{d}\boldsymbol{S} \tag{15-12}$$

磁通量的单位是韦伯，$1\mathrm{Wb}=1\mathrm{T}\cdot\mathrm{m}^2$.

当用磁感应线描述磁场分布时，通过某一曲面的磁通量形象地称为穿过该曲面的磁感应线根数. 非闭合曲面的法线方向可以任意选取，但对于闭合曲面，大家统一约定曲面向外的法线方向为正方向.

例题 15-4 磁通量的计算举例

如图 15-20 所示，一长直载流导线旁边共面平行地放置一矩形线圈，线圈的高度为 h，内边距离载流导线为 a，线圈的宽度为 b. 试计算通过该线圈的磁通量 Φ_B .

解 由于长直载流导线的磁场不均匀，故取一图示的窄条面元 $dS=hdr$，通过该面元的磁通量为

$$d\Phi = BdS = \frac{\mu_0 I}{2\pi r}hdr$$

总的通量为

$$\Phi = \int_a^{a+b}\frac{\mu_0 I}{2\pi r}hdr = \frac{\mu_0 Ih}{2\pi}\ln\frac{a+b}{a}$$

图 15-20 非均匀场磁通量的计算

2) 磁场的高斯定理

高斯定理是磁感应强度 $\boldsymbol{B}$ 对于闭合曲面的通量问题，该定理指出：**通过任意闭合曲面的磁通量等于零**，即

$$\oiint_{(S)}\boldsymbol{B}\cdot d\boldsymbol{S}=0 \qquad (15\text{-}13)$$

◀ 磁场的高斯定理

磁场的高斯定理告诉我们，磁感应线是闭合曲线，磁场中没有磁荷或磁单极子. 如图 15-21 所示，其中图 a 是磁铁内部和外部磁场(磁感应线)的分布情况，即磁感应线没有起点，也没有终点，磁场是无源场. 图 b 是电偶极子的电场(电场线)分布情况，显然电场线起自正电荷，止于负电荷，是非闭合曲线. 电场是有源场.

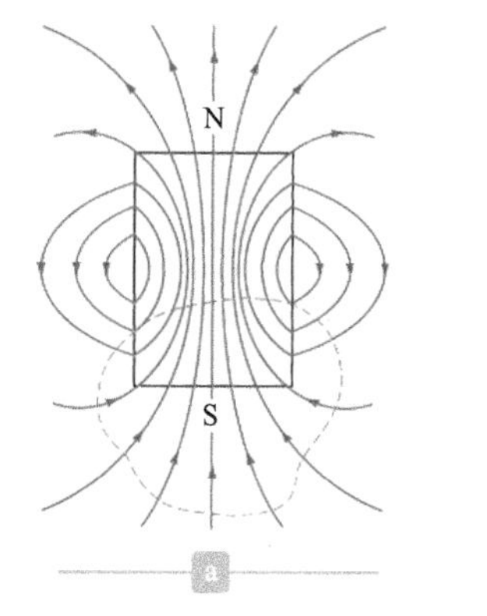

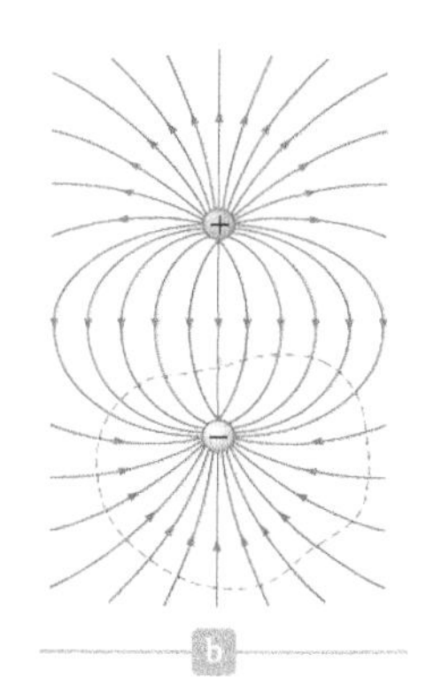

图 15-21 电场线与磁感应线比较. a. 磁感应线是闭合曲线. b. 电场线是非闭合曲线

2. 磁场的安培环路定理

1) 安培环路定理

磁场的安培环路定理：在磁场中磁感应强度 $\boldsymbol{B}$ 沿着任意闭合曲线的线积分等于μ_0乘以穿过以该曲线为边界的任意曲面的电流代数和，即

◀ 磁场的安培环路定理

$$\oint_{(L)}\boldsymbol{B}\cdot d\boldsymbol{l}=\mu_0\sum I \qquad (15\text{-}14)$$

在作积分时要首先选定积分的环绕方向，沿着环绕方向应用右手定则：右手拇指伸直，四指弯曲，并指向积分方向，与拇指方向相同的电流取正，相反的取负. 对于图 15-22 所示的积分回路 L，L 为顺时针方向. 电流 I_1、I_2取正，

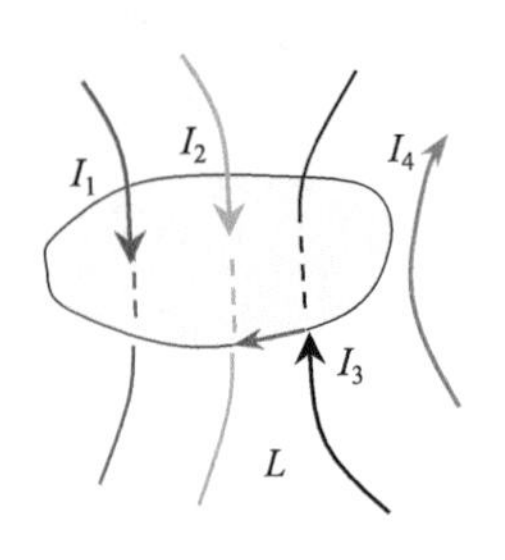

图 15-22 磁场的环路定理

I_3 取负，I_4 没有穿过回路 L，因此不算.

安培环路定理指出：磁场是非保守场，磁感应线是闭合曲线. 在磁场中没有标量势.

2) 简单证明

安培环路定理的严格证明比较复杂，这里仅在长直载流导线的磁场中选三种环路，作简单证明.

(1) 在与长直载流导线垂直的平面上，以导线为中心，取一半径为 r 的圆形环路.

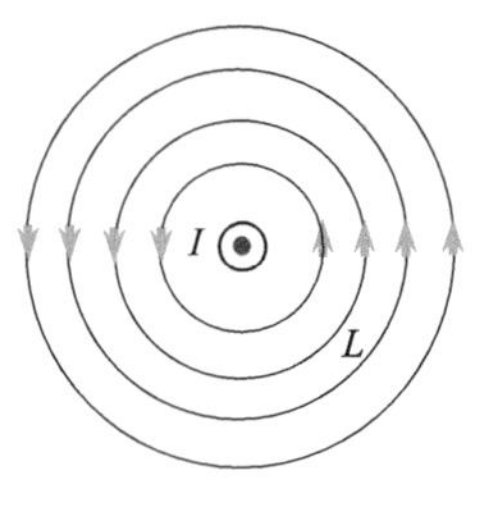

图 15-23 环路定理证明

在图 15-23 中，电流 I 垂直于纸面向外，在纸面上取半径为 r 的任意圆环为积分回路，积分方向为逆时针. 显然积分方向与磁感应强度方向处处相同，因此

$$\oint_{(L)} \boldsymbol{B}\cdot \mathrm{d}\boldsymbol{l}=\oint_{(L)} B\cdot \mathrm{d}l=\oint_{(L)}\frac{\mu_0 I}{2\pi r}\cdot \mathrm{d}l=\frac{\mu_0 I}{2\pi r}\oint_{(L)}\mathrm{d}l=\mu_0 I$$

显然这种情形符合环路定理，是正确的.

(2) 在与长直载流导线垂直的平面上，包围载流直导线，取一任意形状的环路.

如图 15-24 所示，取逆时针为积分方向，电流垂直于纸面向外. 在任意点 $\mathrm{d}\boldsymbol{l}$ 与 $\boldsymbol{B}$ 的夹角为 θ，根据环路定理有

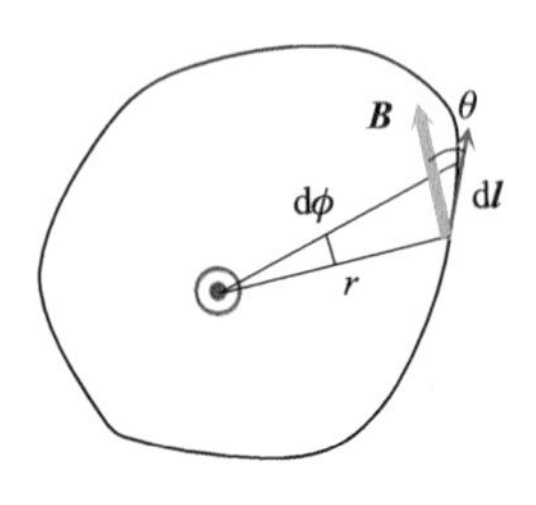

图 15-24 环路定理证明

$$\oint_{(L)} \boldsymbol{B}\cdot \mathrm{d}\boldsymbol{l}=\oint_{(L)} B\cdot \mathrm{d}l\cos\theta=\oint_{(L)}\frac{\mu_0 I}{2\pi r}\cdot r\mathrm{d}\phi$$

$$=\frac{\mu_0 I}{2\pi}\oint_{(L)}\mathrm{d}\phi=\frac{\mu_0 I}{2\pi}2\pi=\mu_0 I$$

这种情况也符合环路定理.

(3) 在与长直载流导线垂直的平面上，选取一个不包围载流直导线，任意形状的环路.

在前两种情形中，载流导线均穿过所选回路. 但是如果电流没有穿过. 如图 15-25 所示，纸面上取任意形状积分回路，电流 I 处于回路之外，方向垂直于纸面向外. 对于回路作积分可以转化为以电流为中心的任意两条射线所分割出的两小段线元的 $\boldsymbol{B}\cdot\mathrm{d}\boldsymbol{l}$ 的和，即

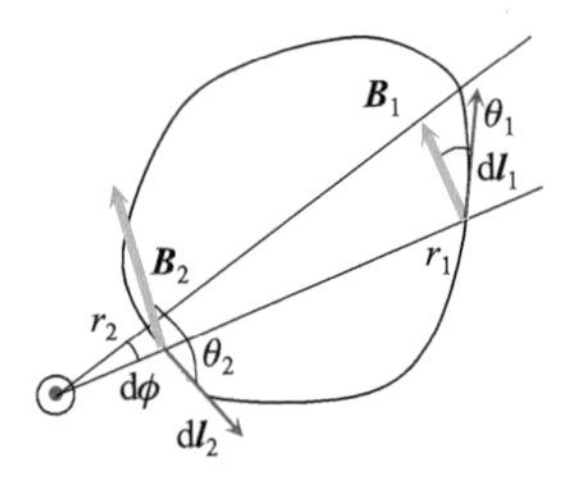

图 15-25 环路定理证明

$$\begin{aligned}\boldsymbol{B}_1\cdot \mathrm{d}\boldsymbol{l}_1+\boldsymbol{B}_2\cdot \mathrm{d}\boldsymbol{l}_2&=B_1\mathrm{d}l_1\cos\theta_1+B_2\mathrm{d}l_2\cos\theta_2\\&=B_1\mathrm{d}l_1\cos\theta_1-B_2\mathrm{d}l_2\cos(\pi-\theta_2)=B_1r_1\mathrm{d}\phi-B_2r_2\mathrm{d}\phi\\&=\frac{\mu_0 I}{2\pi r_1}r_1\mathrm{d}\phi-\frac{\mu_0 I}{2\pi r_2}r_2\mathrm{d}\phi=0\end{aligned}$$

$\boldsymbol{B}$ 沿着这个回路积分可以看成许多成对的线元，求和的结果均为零，所以有

$$\oint_{(L)} \boldsymbol{B}\cdot \mathrm{d}\boldsymbol{l}=0$$

这是因为没有电流穿过这个环路. 至此，安培环路定理得到了简单证明.

例题 15-5 对于安培环路定理的理解

如图 15-26 所示，一个螺线管通有电流，匝数为 N，分别计算对于回路 L_1 与 L_2 磁感应强度 $\boldsymbol{B}$ 的积分.

解 根据安培环路定理，对于环路 L_1 来说，有一个电流穿过 L_1，但根据右手定则此电流取负号，故有

$$\oint_{(L_1)} \boldsymbol{B}\cdot \mathrm{d}\boldsymbol{l} = -\mu_0 I$$

而对于环路 L_2 来说，电流 N 次穿过，且根据右手定则，这些电流均取正号，所以有

$$\oint_{(L_2)} \boldsymbol{B}\cdot \mathrm{d}\boldsymbol{l} = \mu_0 NI$$

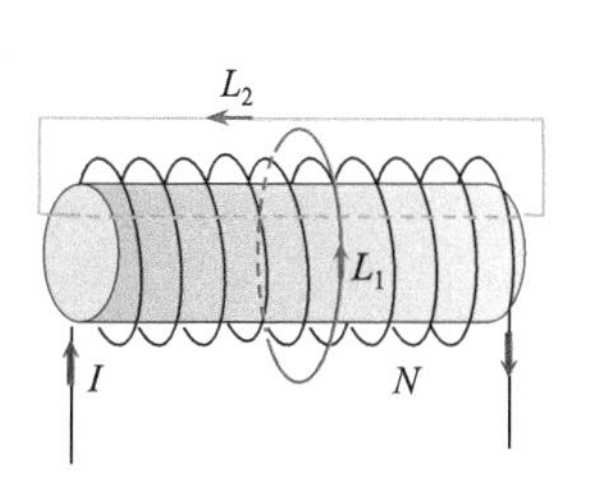

图 15-26 安培环路定理应用

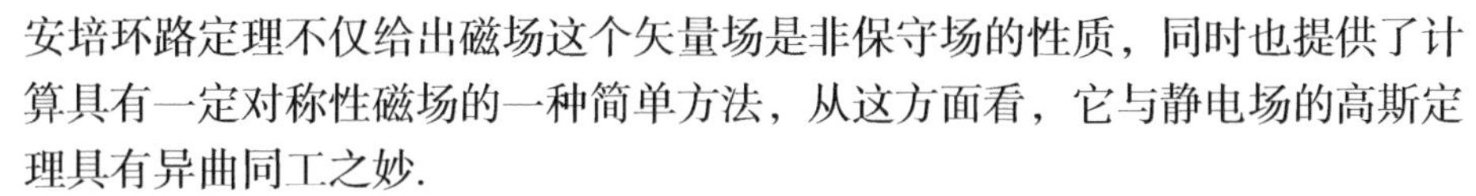

安培环路定理不仅给出磁场这个矢量场是非保守场的性质，同时也提供了计算具有一定对称性磁场的一种简单方法，从这方面看，它与静电场的高斯定理具有异曲同工之妙.

3. 安培环路定理的应用

前面指出如果电流分布具有一定的对称性，则磁场分布也具有对称性，可以应用环路定理简单地计算磁场分布，这种方法比用毕-萨定律简单些. 下面举例说明.

例题 15-6 安培环路定理的应用——求磁场分布

如图 15-27 所示，有一无限长的圆柱形载流导线，截面半径为 R，稳恒电流 I 均匀通过导线的截面，且自下而上流动，如图 15-27a 所示. 求导线内和导线外的磁场分布.

解 由于圆柱体是无限长的，且电流在截面均匀分布，所以具有轴对称性，可以断定磁感应强度 $\boldsymbol{B}$ 的大小只与观察点到圆柱体轴线的距离有关，方向沿圆周的切线，如图 15-27a 所示.

(1) 在圆柱体内部，以 $r(\leqslant R)$ 为半径作一圆，圆心位于轴线上，圆面与轴线垂直. 磁感应强度沿着该环路的积分为

$$\oint_{(L)} \boldsymbol{B}\cdot \mathrm{d}\boldsymbol{l} = B\cdot 2\pi r$$

而穿过该环路的电流代数和为

$$\sum I = \frac{I}{\pi R^2}\pi r^2 = \frac{r^2}{R^2} I$$

将上述两式代入环路定理，得

$$\oint_{(L)} \boldsymbol{B}\cdot \mathrm{d}\boldsymbol{l} = B\cdot 2\pi r = \mu_0 \sum I$$

$$B\cdot 2\pi r = \mu_0 \frac{r^2}{R^2} I$$

$$B = \frac{\mu_0 I r}{2\pi R^2} \quad (r\leqslant R)$$

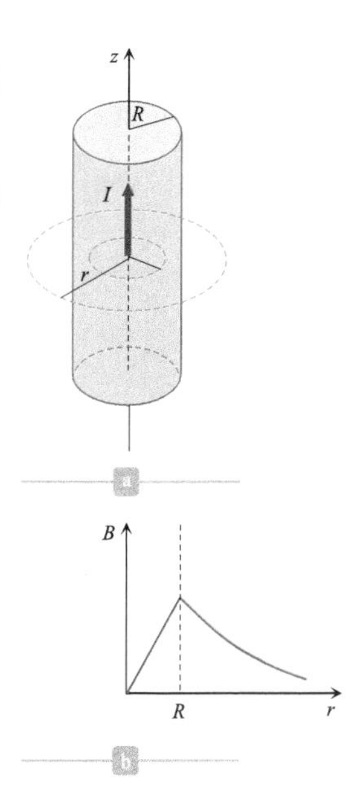

图 15-27 环路定理应用

◀ 无限长载流圆柱体内部的磁场

(2) 在圆柱体外部作一半径 $r\geqslant R$ 的圆周，圆心亦位于轴线上，把安培环路定理用于这一圆周有

$$\oint_{(L)} \boldsymbol{B}\cdot \mathrm{d}\boldsymbol{l} = B\cdot 2\pi r = \mu_0 I$$

由此得

无限长载流圆柱体外面的磁场

$$B=\frac{\mu_0 I}{2\pi r},\qquad r\geqslant R \tag{15-15}$$

上式与式(15-7)对比可见，圆柱体外部磁场与长直载流导线磁场相同. 而圆柱体内部，磁感应强度 B 与 r 成正比，磁感应强度 B 与 r 的曲线见图 15-27b. 综合上述可知载流圆柱体磁场分布为

$$B=\begin{cases}\dfrac{\mu_0 I r}{2\pi R^2}, & r\leqslant R\\[2ex] \dfrac{\mu_0 I}{2\pi r}, & r\geqslant R\end{cases}$$

例题 15-7 安培环路定理的应用——求磁场分布

一个有一定厚度的无限长圆柱筒，内、外半径分别为 a、b，电流 I 均匀地分布于环面，并自下而上流动，试求圆筒内、外的磁场分布.

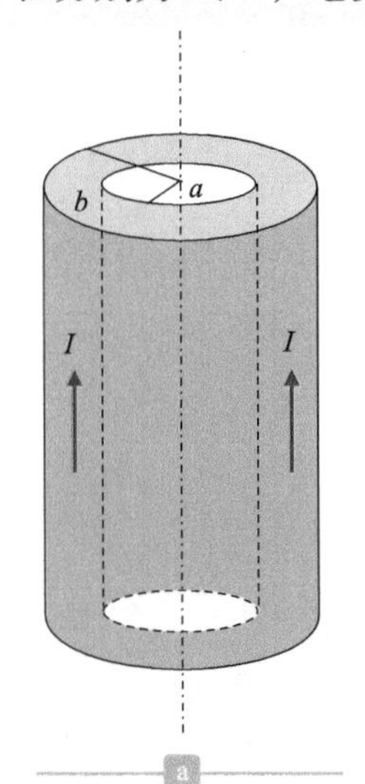

a

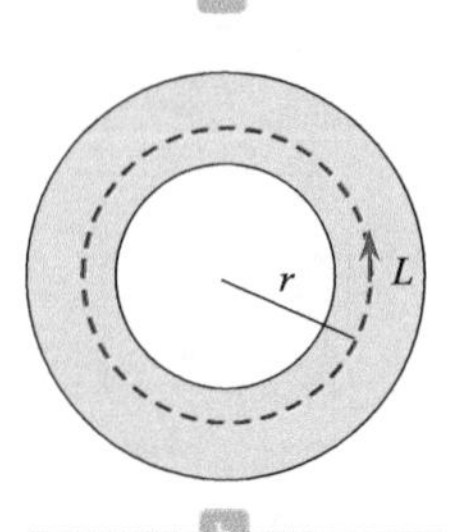

b

图 15-28 安培环路定理应用

解 如图 15-28a 所示，根据几何图形的对称性、电流分布的对称性可知，圆柱筒内外的磁场分布具有轴对称性. 在以轴为中心、任何半径的圆形安培环路上各点的磁场大小相同，方向沿虚线圆环切线. 如 15-28b 所示，取逆时针(也是磁感线方向)为积分方向，得

$$\oint_{(L)} \boldsymbol{B}\cdot \mathrm{d}\boldsymbol{l} = B\cdot 2\pi r$$

穿过积分环路的电流代数和为

$$\sum I=\begin{cases}0, & r\leqslant a\\ \dfrac{I}{\pi(b^2-a^2)}\pi(r^2-a^2), & a<r\leqslant b\\ I, & r>b\end{cases}$$

将上述两式代入安培环路定理中，整理之后得

$$B=\begin{cases}0, & r\leqslant a\\ \dfrac{\mu_0(r^2-a^2)}{2\pi r(b^2-a^2)}I, & a<r\leqslant b\\ \dfrac{\mu_0 I}{2\pi r}, & r>b\end{cases}$$

请读者思考：将上述两个例题组合起来，设 $R<a$，且两者同轴，电流相反，结果如何？

例题 15-8 安培环路定理的应用——求磁场分布

用安培环路定理计算无限长载流螺线管内部的磁场.

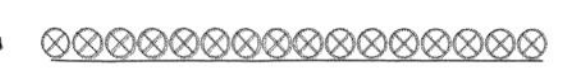

解 在一根长度远远大于半径的圆管或圆柱棒上沿着轴线均匀地、密密地绕制 N 匝线圈，导线中通以电流 I 时，即是无限长密绕载流螺线管. 设密绕螺线管单位长度的匝数为 n.

由于螺线管很长，管内每一点的磁场几乎都平行于轴线. 作矩形闭合路径，使两条边与轴线平行，并分别位于管内外，另两条边与轴线垂直，如图 15-29 所示. 磁场对这一闭合路径的积分为

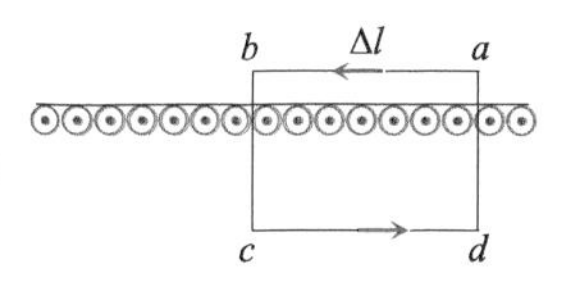

图 15-29 环路定理应用

$$\oint_{(L)} \boldsymbol{B}\cdot \mathrm{d}\boldsymbol{l} = \int_{ab} \boldsymbol{B}\cdot \mathrm{d}\boldsymbol{l} + \int_{bc} \boldsymbol{B}\cdot \mathrm{d}\boldsymbol{l} + \int_{cd} \boldsymbol{B}\cdot \mathrm{d}\boldsymbol{l} + \int_{da} \boldsymbol{B}\cdot \mathrm{d}\boldsymbol{l}$$

上式右边第二、四两项为零. 若 cd 在螺线管外，则根据安培环路定理，有

$$B_{内}\Delta l + B_{外}\Delta l=\mu_0 n\Delta l I$$

对于无限长的密绕螺线管，管外的磁场远远小于管内，可忽略，由此得

$$B_{内}=\mu_0 nI \tag{15-16}$$

◀ 无限长载流螺线管的磁场

既然 ab 是平行轴线的任一直线，上式表明管内任一点的磁场都是$\mu_0 nI$，即管内的磁场是均匀的. 我们知道，由于数学上的困难，用毕-萨定律只能求出长螺线管轴线上的磁场，而应用安培环路定理则可求得长螺线管内任一点的磁场，且计算过程也比较简单. 但是，利用毕-萨定律可求出短螺线管轴线上的磁场，而安培环路定理却有一定限制.

15.4 磁场对载流导体的作用——安培力

1825 年法国的物理学家安培在实验中发现，处于磁场中的通电导线会受到力的作用，力的大小和方向跟该点的磁场强弱有关，跟导线中电流强度大小及方向有关，又跟导线的长度有关.

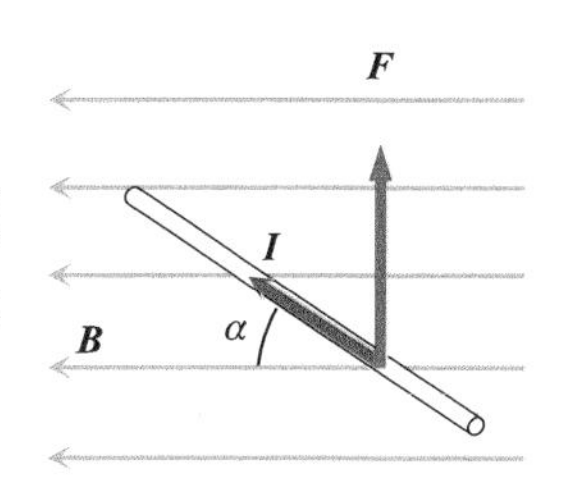

图 15-30 安培力

1. 载流导体所受安培力

由于是安培首先发现并研究的，所以称为安培力. 这个力与磁感应强度以及电流之间的定量关系为

$$\mathrm{d}\boldsymbol{F} = I\mathrm{d}\boldsymbol{l}\times \boldsymbol{B} \tag{15-17}$$

上式是安培力的矢量式，其大小为

$$\mathrm{d}F = IB\mathrm{d}l\sin\alpha$$

式中，α是电流与磁场 $\boldsymbol{B}$ 方向的夹角，如图 15-30 所示. 力的方向可用右手定则判断：伸出右手，让拇指竖直，四指从 $I\mathrm{d}\boldsymbol{l}$ 方向转向磁场 $\boldsymbol{B}$ 的方向，注意其转向的夹角小于π. 拇指的方向就是安培力的方向，如图 15-31 所示.

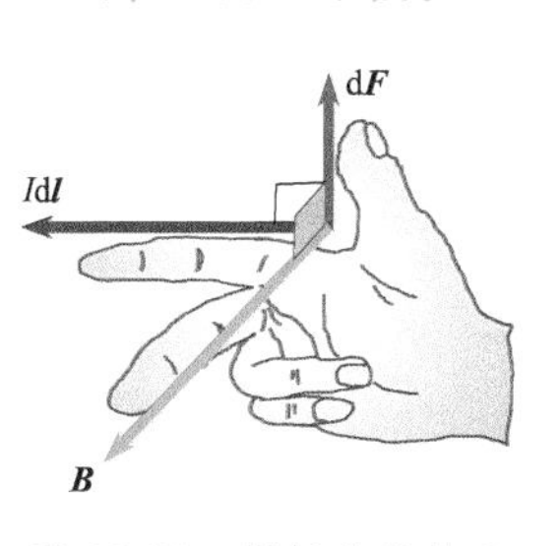

图 15-31 判断安培力方向的右手定则

如果一段导线或整个载流回路都在磁场中，那么所受的合力用积分计算

安培力 ▶

$$\boldsymbol{F}=\int I\mathrm{d}\boldsymbol{l}\times\boldsymbol{B} \tag{15-18}$$

这是安培力的积分形式. 实际计算时，将载流回路分成许多电流元，再对每段电流元受力求矢量和，或矢量积分，即是回路所受合力. 矢量积分通常要分解成三个坐标轴投影，变成标量，再作积分.

下面举一个例子说明如何具体计算载流导体所受的安培力.

例题 15-9 安培力

一载流（电流为 I）导线在均匀磁场中弯成图 15-32 所示形状，其中半圆环半径为 R，且环面与磁场垂直，两段直线长度均为 L. 计算此导线所受合力.

解 可分为三段考虑，两段水平的直导线，一段半圆环. 电流方向从左向右.

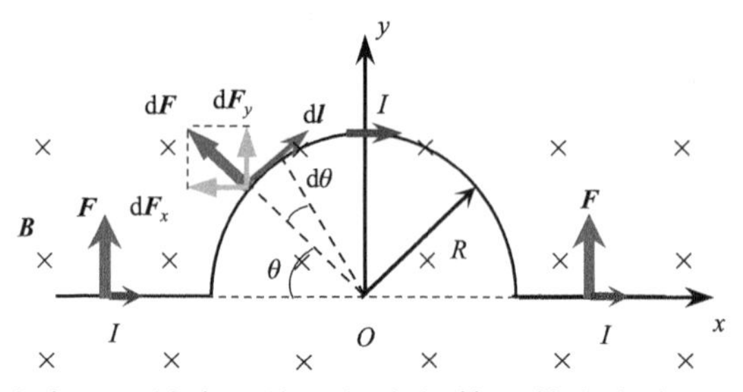

图 15-32 安培力计算举例

根据安培力公式，两端直导线上的力相等，其大小为 $F_1=F_2=BIL$，并且用右手定则可以判断出方向向上. 即伸出右手，让拇指伸直，四指从 $I\mathrm{d}\boldsymbol{l}$ 方向转向磁场 $\boldsymbol{B}$ 的方向，即转向纸面内部，向上的拇指方向就是安培力的方向，读者也可以用中学学过的左手定则判断.

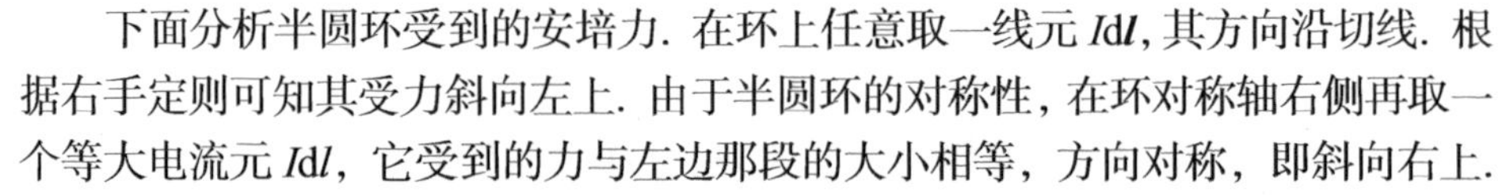

下面分析半圆环受到的安培力. 在环上任意取一线元 $I\mathrm{d}\boldsymbol{l}$，其方向沿切线. 根据右手定则可知其受力斜向左上. 由于半圆环的对称性，在环对称轴右侧再取一个等大电流元 $I\mathrm{d}l$，它受到的力与左边那段的大小相等，方向对称，即斜向右上.

安德烈·玛丽·安培（A. M. Ampère, 1775～1836），里昂人，法国物理学家、化学家和数学家. 安培最主要的成就是 1820～1827 年对电磁作用的研究，他被麦克斯韦誉为“电学中的牛顿”. 在电磁作用方面的研究成就卓著. 电流的国际单位安培即以其姓氏命名

显然这一对对称电流元受力沿水平方向分量的和等于零，只有沿竖直方向的分量. 而整个半圆环都可以成对地分割，于是整个半圆环受合力竖直向上. 因此

$$\mathrm{d}F=I\mathrm{d}l\cdot B\sin\alpha$$

其中角度 $\alpha=\dfrac{\pi}{2}$. 故

$$\mathrm{d}F=I\mathrm{d}l\cdot B$$

这个力沿竖直方向的分量为

$$\mathrm{d}F_{\perp}=I\mathrm{d}l\cdot B\sin\theta$$

取水平向右为坐标 x 轴，从几何图形可以看出，$\mathrm{d}l\sin\theta=\mathrm{d}x$. 于是

$$\mathrm{d}F_{\perp}=IB\mathrm{d}l\cdot\sin\theta=IB\mathrm{d}x$$

$$F_{\perp}=\int IB\mathrm{d}l\cdot\sin\theta=IB\cdot 2R$$

于是此载流导线所受合力为

$$F=2BIL+2BIR=2BI(L+R)$$

这个结果似乎可以简单地认为，整段载流导线所受的合力与连接导线始末的两

个端点的直线受力相同. 事实上可以证明，这个结论对处于匀强磁场中的任意形状的载流导线都是普遍成立的.

2. 载流线圈在匀强磁场中的运动

由于载流导线在磁场中会受安培力，因此载流闭合线圈或者回路在磁场中一般会受到力矩的作用，在力矩作用下会发生转动. 下面举例说明.

例题 15-10 安培力——电动机的原理

一长为 b，高为 a，载有电流为 I 的矩形线圈放在均匀磁场 $\boldsymbol{B}$ 中，满足右手定则的面积法线方向与 $\boldsymbol{B}$ 的夹角为 α. 试求作用在此回路上的合力，并讨论其运动情况.

解 所谓满足右手定则的面积法线方向是指线圈磁矩方向的确定，线圈的磁矩方向是这样确定的：伸直右手拇指，让四指沿着电流方向去抓握线圈，拇指方向就是线圈面积法线方向，也是线圈的磁矩方向，故磁矩为

$$\boldsymbol{m}=I\boldsymbol{S} \tag{15-19}$$

我们来分析一下线圈受到的合力. 图 15-33b 是图 15-33a 的俯视图，根据安培力公式，可算出 23 边受力与 14 边大小相等，即

$$F_{23}=F_{14}=BIa$$

此二力方向相反，但不在同一条直线上. 同样可以算出 12 边与 34 边受力分别为

$$F_{12}=BIb\sin\left(\frac{\pi}{2}-\alpha\right),\quad 方向向下$$

$$F_{34}=BIb\sin\left(\frac{\pi}{2}+\alpha\right),\quad 方向向上$$

显然，F_{12} 与 F_{34} 方向相反，并且作用在同一条直线上. 因此，此二力对线圈的作用完全抵消. 综合考虑四个边受力的矢量和为零，因此这个线圈作为一个刚体，其质心不动，但因 F_{23} 与 F_{14} 不在一条作用线上，故合力矩不等于零. 其力矩可如下计算.

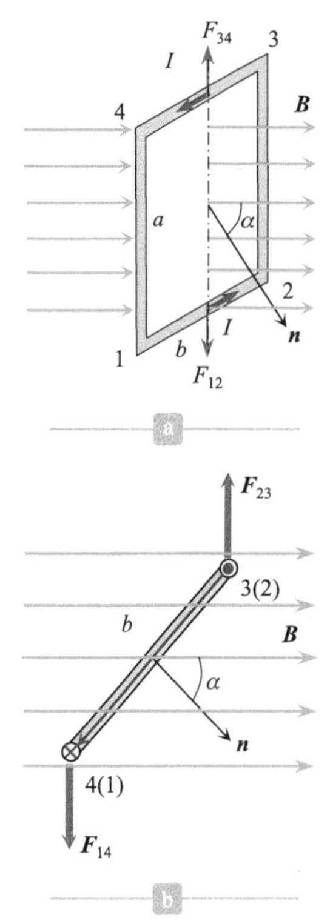

图 15-33 线圈受力矩. a. 立体图. b. 俯视图

根据力矩公式 $\boldsymbol{M}=\boldsymbol{r}\times\boldsymbol{F}$，23 边、14 边所受力矩分别为

$$M_1=\frac{F_{23}b\sin\alpha}{2}=\frac{1}{2}BIab\sin\alpha$$

$$M_2=\frac{F_{14}b\sin\alpha}{2}=\frac{1}{2}BIab\sin\alpha$$

两个力矩方向相同，因此合力矩为

$$M=BIab\sin\alpha=mB\sin\alpha \tag{15-20}$$

其中，$m=IS$，为线圈的磁矩.

上边的力矩用矢量形式可以表示为

$$\boldsymbol{M}=\boldsymbol{m}\times\boldsymbol{B} \tag{15-21}$$

◀ 载流线圈在磁场所受力矩

力矩的方向也可以用矢量的叉乘确定. 即右手拇指伸直，四指从磁矩 $\boldsymbol{m}$ 沿着小于π角度转向 $\boldsymbol{B}$，拇指方向即是力矩方向，而线圈的转动趋势沿着四指方向.

事实上，可以证明，处于匀强磁场的任何载流线圈(磁矩为 $\boldsymbol{m}$)，无论什么形状，所受合力均为零，力矩都可以由式(15-21)决定.

根据式(15-20)或式(15-21)可以分析载流线圈在磁场中的各种状态，如图 15-34 所示. 图 15-34a 中，磁矩 $\boldsymbol{m}$ 与磁场 $\boldsymbol{B}$ 同方向，即夹角为 0，合力矩为零，合力也等于零，因此这个状态是平衡的. 图 15-34b 中，磁矩 $\boldsymbol{m}$ 与磁场 $\boldsymbol{B}$ 反方向，即夹角为π，合力矩为零，合力也等于零，因此这个状态也是平衡的. 虽然表面上，都是平衡，但是却有本质的不同. 图 15-34a 的状态是稳定平衡，即由于某种原因，线圈晃动一下，磁矩稍微偏离 $\boldsymbol{B}$ 方向一点，它还能回到平衡位置. 但图 15-34b，是不稳定平衡的，因为若磁矩 $\boldsymbol{m}$ 因故偏离一点，就无法回到原来位置. 而图 15-34c，$\alpha=\dfrac{\pi}{2}$，这时力矩达到最大值.

载流线圈在磁场中的三种特殊状态 ▶

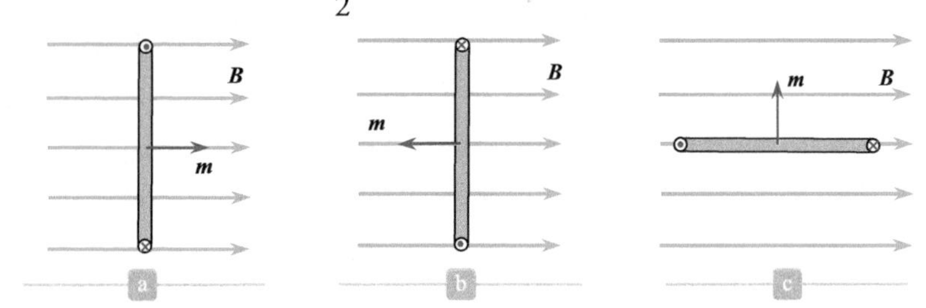

图 15-34 载流线圈在磁场中的三种状态. a. $\alpha=0$，$M=0$. 稳定平衡. b. $\alpha=\pi$，$M=0$. 非稳定平衡. c. $\alpha=\pm\pi/2$，$M=mB$ 力矩取最大值

3. 安培的定义

在电学中我们定义过电流强度，即单位时间通过导体垂直截面的电量，单位为安培(A)，1A=1C/s.

而库仑的定义是：当导线中电流为 1A 时，1s 流过导体横截面的电量就是 1C. 显然这里存在逻辑循环，不具有可操作性.

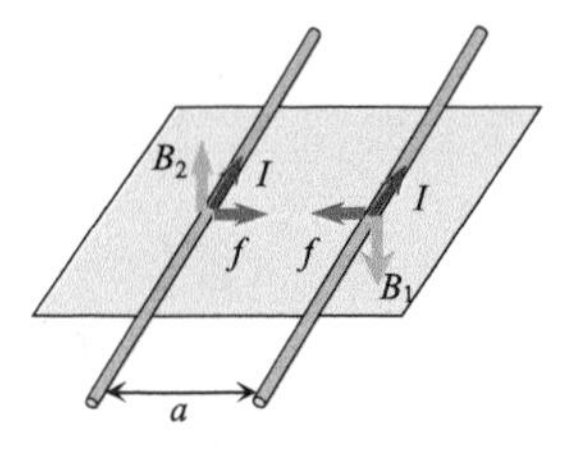

图 15-35 安培的定义

下面给出安培的操作性定义：如图 15-35 所示，有两根相距 1m，平行放置的载流导线，电流同向且相等. 实验中电流大小可调，根据安培力公式，导线间作用力为

$$f=BIl=\frac{\mu_0 I^2}{2\pi a}l$$

实验中，取 a=1m，l=1m. 调整电流，作用力随着变化. 当作用力 $f=2\times10^{-7}$N/m 时，导线中的电流就是 1A，这就是安培的操作性定义.

15.5 磁场对运动电荷的作用——洛伦兹力

1. 洛伦兹力

15.4 节我们介绍了安培力，即磁场对载流导体的作用力，也就是对电流的作用. 而电流是电荷的定向移动，所以磁 s 场也会对运动电荷有力的作用，这个力就是洛伦兹力.

当一带电粒子 q 以速度 $\boldsymbol{v}$ 在磁场 $\boldsymbol{B}$ 中运动时，发现其受到的力满足下式：

洛伦兹力 ▶

$$\boldsymbol{F}=q\boldsymbol{v}\times\boldsymbol{B} \tag{15-22}$$

其大小为

$$F=qvB\sin\theta \tag{15-23}$$

式中，θ是 $\boldsymbol{v}$ 与 $\boldsymbol{B}$ 的夹角. 力方向的判断跟 15.1 节一样. 洛伦兹力的方向可用

右手定则判断，如图 15-36 所示.

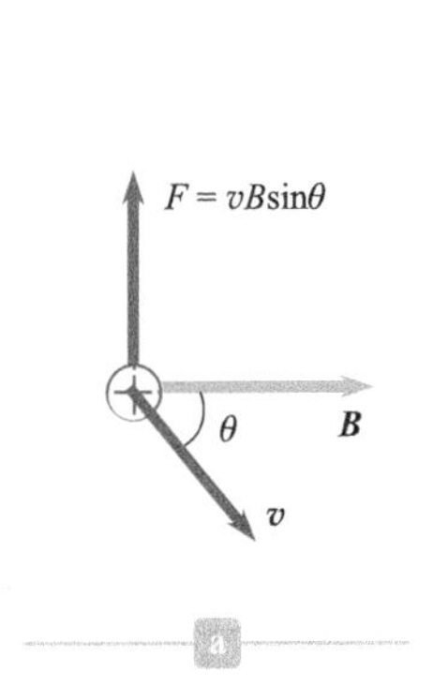

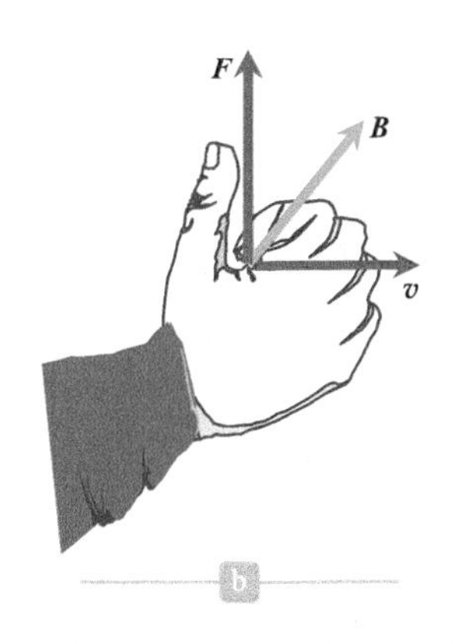

图 15-36 洛伦兹力的右手定则

2. 载流导体中载流子所受的洛伦兹力与导体所受安培力的关系

导体中的电流是载流子定向移动形成的，当载流导体处于磁场中时，由式(15-18)可知，它将受到安培力. 直觉告诉我们，此安培力应该跟载流子在磁场中运动所受的洛伦兹力有关. 那么，在定量方面，一段导体中所有载流子定向移动所受洛伦兹力的和是否等于该段导体所受的安培力呢?

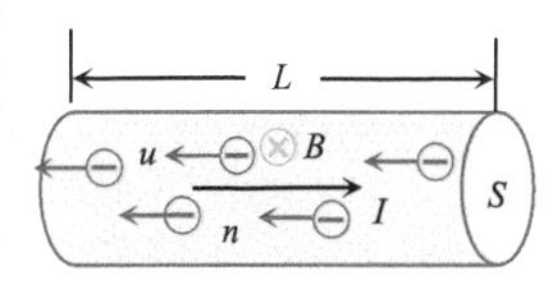

图 15-37 洛伦兹力与安培力

如图 15-37 所示，一段长为 L 的金属导体，载有电流 I，电流方向从左向右，横截面为 S，其内自由电子密度为 n，设在稳恒电场的作用下，自由电子的定向移动速度为 $\boldsymbol{u}$，由于电流方向向右，所以电子向左运动. 根据洛伦兹力公式，一个电子所受洛伦兹力为

$$\boldsymbol{f}=-e\boldsymbol{u}\times\boldsymbol{B}$$

式中，e 为电子电量；$\boldsymbol{B}$ 为磁感应强度，方向垂直于纸面向里. 由于电子带负电荷，所以受力向上. 而在该段导体中的总自由电子数为 $N=nSL$，所以，合力为

$$\boldsymbol{F}=-nSLe\boldsymbol{u}\times\boldsymbol{B} \tag{15-24}$$

当 N 个电子以速度 $\boldsymbol{u}$ 运动时，所形成的电流为

$$I=\frac{Q}{t}=\frac{nSLe}{t} \tag{15-25}$$

如果上式中的电流 I 为通过导体截面的电流，则 t 时间内长为 L 的导体内的全部电荷均要通过导体的左端面，所以令 $u=L/t$，上式变为

$$I=\frac{Q}{t}=nSeu \tag{15-26}$$

将上式代入式(15-24)，得

$$\boldsymbol{F}=-IL\frac{\boldsymbol{u}}{u}\times\boldsymbol{B} \tag{15-27}$$

显然，$\boldsymbol{u}/u$ 是从右向左的单位矢量，因前边有负号，所以 $\boldsymbol{B}$ 前边的矢量向右，若取 $\boldsymbol{L}$ 为向右的矢量，则有

$$\boldsymbol{F}=I\boldsymbol{L}\times\boldsymbol{B} \tag{15-28}$$

这就是安培力公式. 式(15-28)回答了前边的问题，即某段载流导体所受的安培力就是作用在该段内所有载流子上的洛伦兹力的总和. 由此可见，安培力是洛

亨德里克·安东·洛伦兹(H. A. Lorentz，1853—1928). 近代卓越的理论物理学家、数学家，经典电子论的创立者. 他填补了经典电磁场理论与相对论之间的鸿沟，是经典

物理和近代物理间的一位承上启下式的科学巨擘，是第一代理论物理学家的领袖。他与同胞塞曼共享了1902年度诺贝尔物理学奖. 他还导出了爱因斯坦的狭义相对论基础的变换方程，即现在为人熟知的洛伦兹变换. 他还曾是国际科学协作联盟委员会主席

伦兹力的宏观表现，洛伦兹力是安培力的微观本质.

应当指出，导体内的自由电子除定向运动之外，还有无规的热运动. 由于热运动速度 $\boldsymbol{v}$ 朝各方向的概率相等，在任何一个宏观体积内平均说来，各自由电子热运动速度的矢量和 $\sum\boldsymbol{v}$ 为 0. 而洛伦兹力与 $\boldsymbol{v}$ 和 $\boldsymbol{B}$ 都垂直，由热运动引起的洛伦兹力朝各方向的概率也是相等的. 传递给晶格骨架后叠加起来，其宏观效果也等于 0. 即对于宏观的安培力 $\boldsymbol{F}$ 来说，电子的热运动没有贡献，所以在上述初步的讨论中我们可以不考虑它.

但是定向移动速度对应的洛伦兹力作用在金属内的自由电子上，而自由电子不会越出金属导线，它所获得的冲量最终都会传递到金属的晶格骨架中，宏观上看起来将是金属导线本身受到这个力.

3. 带电粒子在磁场中的运动

由于速度 $\boldsymbol{v}$ 与 $\boldsymbol{B}$ 方向夹角不同,粒子的运动可分三种情形. 下面分别讨论:

(1) $\boldsymbol{v}\uparrow\uparrow\boldsymbol{B}$，或 $\boldsymbol{v}\uparrow\downarrow\boldsymbol{B}$，即平行或反平行，即$\theta=0$，或$\theta=\pi$，$F=0$，不受磁场力，因此粒子将保持匀速直线运动.

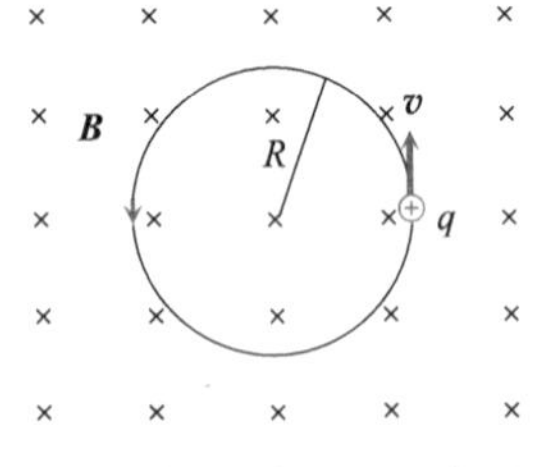

图 15-38 带电粒子在磁场中的圆周运动

(2) $\boldsymbol{v}\perp\boldsymbol{B}$，即速度与磁场方向垂直，如图 15-38 所示. 磁场垂于纸面向里，若正电荷竖直向上发射，根据矢量叉乘法则，$\boldsymbol{F}=q\boldsymbol{v}\times\boldsymbol{B}$，或通过左手定则可知，力的方向向左指向圆心. 因此，这个电荷将做逆时针方向的匀速率圆周运动. 圆周运动的两个特征量——回旋半径和回旋周期.

回旋半径 R：粒子做圆周运动的半径.

根据

$$m\frac{v^2}{R}=qvB$$

得

带电粒子在磁场中做圆周运动的半径 ▶

$$R=\frac{mv}{qB} \tag{15-29}$$

可见对于确定的磁场和电荷来说，回旋半径 R 与发射速度 v 成正比，即速度越大，圆周半径越大，周长越长. 那么转一圈用的时间是不是越长呢?

回旋周期 T：带电粒子回旋一周所用的时间.

根据定义，有

带电粒子在磁场中做圆周运动的周期 ▶

$$T=\frac{2\pi R}{v}=\frac{2\pi m}{qB} \tag{15-30}$$

上式表明，回旋周期只跟粒子的荷质比及磁场有关，而与绕行速度无关. 那么如果同时并排发射两个相同粒子，但速率不同，它们是否会同时回到出发地?

(3) $\boldsymbol{v}$ 与 $\boldsymbol{B}$ 成任意夹角. 如果 $\boldsymbol{v}$ 与 $\boldsymbol{B}$ 既不垂直也不平行，而是成任意夹角 θ，如图 15-39 所示，可将 $\boldsymbol{v}$ 分解为关于 $\boldsymbol{B}$ 的平行分量 $\boldsymbol{v}_{//}$和垂直分量 $\boldsymbol{v}_{\perp}$. 垂直分量使粒子产生圆周运动，而平行分量使粒子沿磁场方向做匀速率运动. 合运动为螺旋运动. 螺旋运动的特征量有如下两个.

螺距 h：粒子绕行一周时沿着磁场方向走过的距离

$$h = v_{//}T = v\cos\theta\frac{2\pi m}{qB} \tag{15-31}$$

◀ 带电粒子在磁场中做螺旋运动的螺距

回旋线半径 R：同上述回旋半径

$$R=\frac{mv_{\perp}}{qB}=\frac{mv\sin\theta}{qB} \tag{15-32}$$

◀ 带电粒子在磁场中做螺旋运动的半径

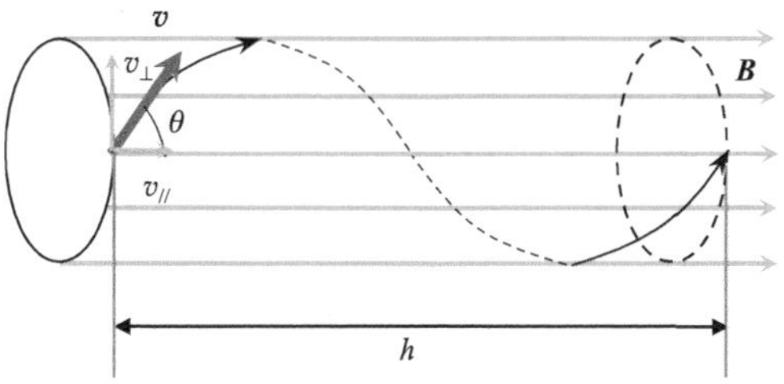

图 15-39 螺旋运动

4. 带电粒子在磁场中的运动应用

带电粒子在磁场中的运动在科学研究与技术中拥有广泛的应用.

(1) 回旋加速器：在物理学中为了探究原子核内部结构，需要高能量粒子轰击原子核. 由于直线加速器占地面积较大，难以获得较大能量粒子. 利用粒子在磁场中的回旋运动，加之在电场中的加速，适当设计可以实现粒子在回旋中加速的回旋加速器. 跟直线加速器比，回旋加速器具有占地空间小的优势. 图 15-40 是回旋加速器的原理图.

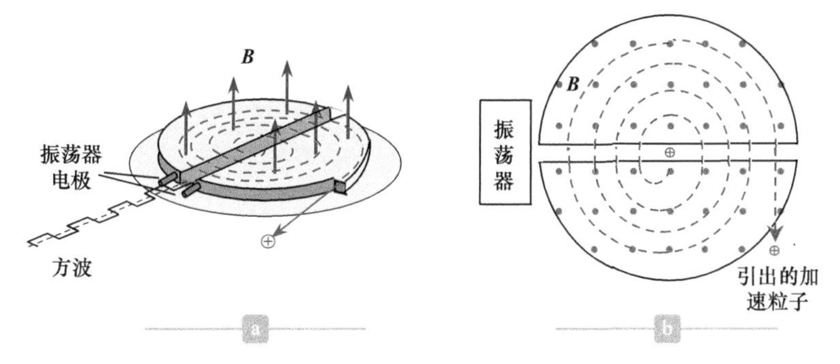

图 15-40 回旋加速器.
a. 立体图. b. 俯视图

图 15-40a 是立体图,其主体部分是两个水平放置的 D 形非铁磁金属盒子，其间留一沟道. 在 D 形盒子左下角的两个电极上接方形交变电压. 磁场 $\boldsymbol{B}$ 方向向上. 从图 15-40b 俯视图可见，当带正电粒子向上发射，进入上边 D 形盒子时，受洛伦兹力向右，故粒子做顺时针圆周运动. 半周后从 D 盒出来时，刚好上边 D 形盒电势高，下边电势低，则粒子被加速. 进入下边 D 盒，以较大速度(因而半径增大)继续顺时针运动，半周后出来时刚好下边电势高，上边电势低，再次加速，半径继续变大. 如此回旋不断加速，只要 D 形盒足够大，便可以得到高能粒子. 这就是回旋加速器的原理.

然而，随着速度变大，相对论效应开始显现，根据狭义相对论的质量公式，有

$$m=\frac{m_0}{\sqrt{1-\dfrac{v^2}{c^2}}}$$

式中，m_0为粒子静止质量；c为真空中的光速；v为粒子运动速度；m为此时的质量. 显然，随着v的增加，粒子质量m增加，根据式(15-30)，粒子的回旋周期增加. 此时应同步调整振荡器的振荡周期，以保证每次粒子进入沟道时电源的极性更好地满足要求，从而达到同步加速的目的. 这就是**同步加速器**.

(2) 磁聚焦：示波器是一个常用的重要电子设备，为了使 CRT 阴极射线显像管显示器(屏幕)中的信号清晰明亮，需要用磁聚焦的方式来实现. 如图 15-41 所示，当一束速率相同，速度方向与$\boldsymbol{B}$夹角不大，但相互间角度不同，同时射入磁场时，速度的垂直分量近似为：$\boldsymbol{v}_{\perp}\approx v\theta$，由于$\theta$稍有不同，故粒子出射后，沿着不同半径做螺旋运动，但因速度的平行分量近似相同，$\boldsymbol{v}_{/\!/}=v\cos\theta\approx \boldsymbol{v}$，所以螺距相同. 因此，尽管经过了不同的螺旋线，但最后汇聚于同一点，用磁场的作用实现了聚焦，故称为磁聚焦.

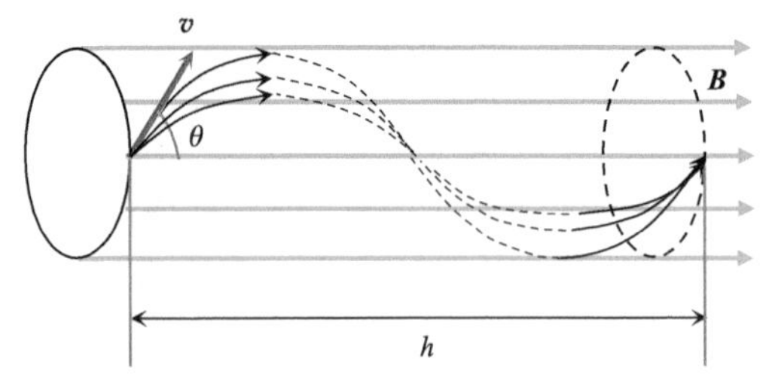

图 15-41 磁聚焦

(3) 霍尔效应：如图 15-42 所示，当大块载流导体薄板放入磁场，且磁场与板面垂直时，板上、下端面间出现了一个电势差 U_{H}，这种现象称为霍尔效应. 由于是美国物理学家霍尔(Hall)于 1879 年发现的，故称为霍尔效应. 实验发现，霍尔电势差由下式决定：

霍尔电势差 ▶

$$U_{\mathrm{H}}=R_{\mathrm{H}}\frac{IB}{t} \tag{15-33}$$

也就是说，霍尔电势差与电流强度I，磁感应强度B成正比；与板子的厚度t成反比. 其中的R_{H}称为霍尔系数，由载流子电量及其密度决定，并且可以通过下式得出：

$$q\frac{U_{\mathrm{H}}}{d}=qvB \tag{15-34}$$

故

$$U_{\mathrm{H}}=Bvd \tag{15-35}$$

式中，d是导体板高度；B是磁感应强度；$\boldsymbol{v}$是载流子速度. 若载流子密度为n，电量为q，则电流强度I为

$$I=qnvtd$$

其中t为导体板厚度，因此

$$v=\frac{I}{qntd}$$

将$\boldsymbol{v}$代入式(15-35)并与式(15-33)比较并整理得

$$R_{\mathrm{H}}=\frac{1}{qn}$$

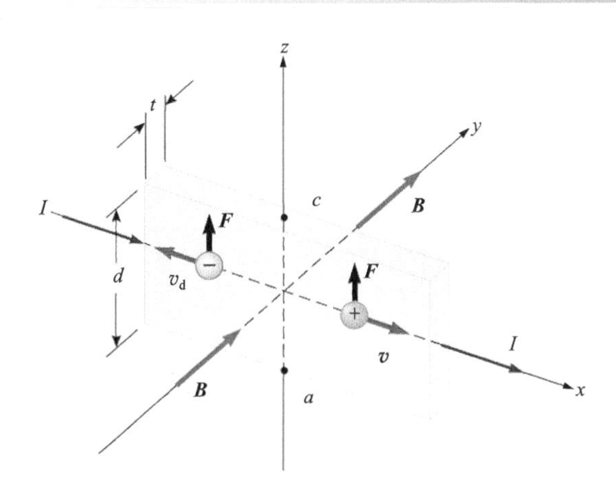

图 15-42 霍尔效应

霍尔效应在工程技术上具有很多应用，下面举两例.

应用一：测量载流子密度或电量

由上式可见，实验中可以测量霍尔电势差 U_H、电流 I、磁感应强度 B 及厚度 t. 当已知载流子电量时，可以计算载流子密度. 当已知载流子密度时，也可以计算载流子电量.

应用二：确定载流子电量正负

如图 15-42 所示，当电流为从左向右，且 c 端电势高于 a 端时，载流子是正电荷. 反之，若其他条件不变，c 端电势低于 a 端时，载流子为电子.

(4) 极光：有时南北极附近会出现非常美丽的极光现象，如图 15-43 所示. 这种现象实际上是来自宇宙的带电粒子或宇宙射线进入地磁场，汇聚于南北极产生的.

图 15-43 极光

事实上这些宇宙射线以任意角度进入地磁场，做螺旋运动，最后汇聚于地磁两极处，由于密度较大，与空气分子碰撞所发之光强到人眼可以看到，便是北(南)极光.

第 15 章练习题

15-1 如题15-1图所示，AB、CD为长直导线，BC为圆心在O点的1/4圆弧形导线，其半径为R. 若通以电流I，求O点的磁感应强度.

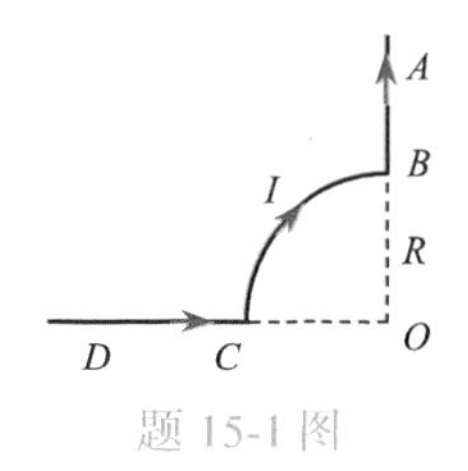

题 15-1 图

15-2 在真空中，有两根互相平行的无限长直导线 L_1 和 L_2，相距 0.1m，通有方向相反的电流，I_1 =20A，I_2 =10A，如题 15-2 图所示. A，

B 两点与导线在同一平面内. 这两点与导线 L_2 的距离均为 5.0cm. 试求 A，B 两点处的磁感应强度，以及磁感应强度为零的点的位置.

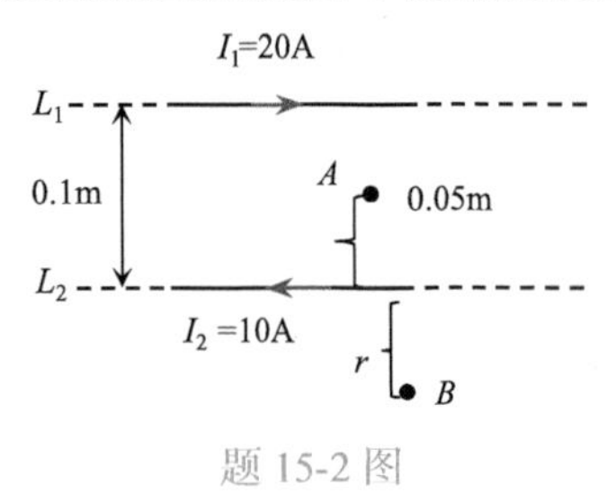

题 15-2 图

15-3　一无限长载流(电流为 I)直导线在某处弯成一半径为 R 的圆环，如题 15-3 图所示，试求圆环中心点的磁感应强度的大小和方向.

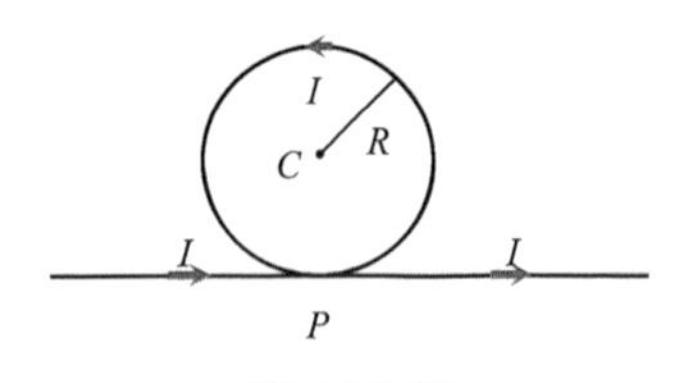

题 15-3 图

15-4　一无限长载流(电流为 I)直导线在某处弯成一半径为 R 的圆环，如题 15-4 图所示，试求圆环中心点的磁感应强度的大小和方向.

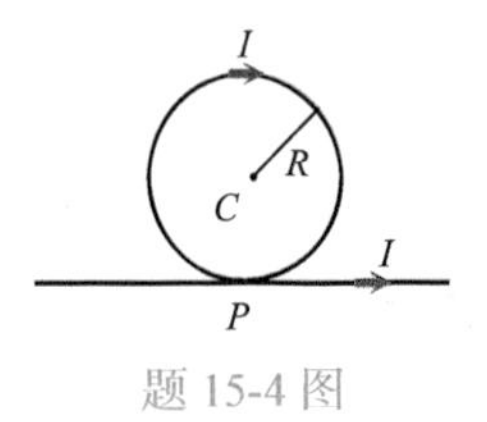

题 15-4 图

15-5　有一闭合回路由半径为 a 和 b 的两个半圆组成，其中通有电流为 I，方向如题 15-5 图所示. 试求：

(1) 圆心 O 点的磁感应强度的大小和方向；

(2) 该线圈的磁矩.

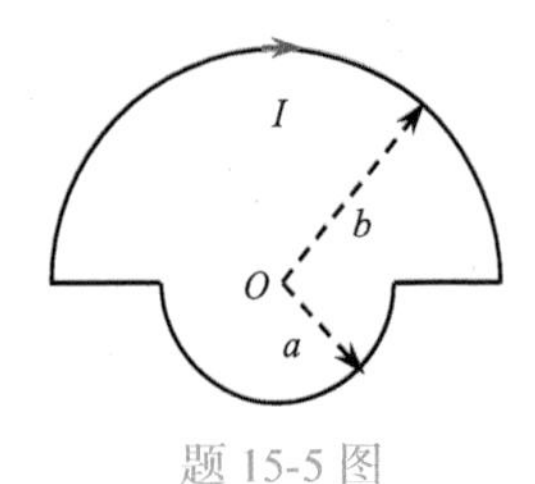

题 15-5 图

15-6　如题 15-6 图所示，两根导线沿半径方向引向铁环上的 A，B 两点，并在很远处与电源相连. 已知圆环的粗细均匀，求环中心 O 的磁感应强度.

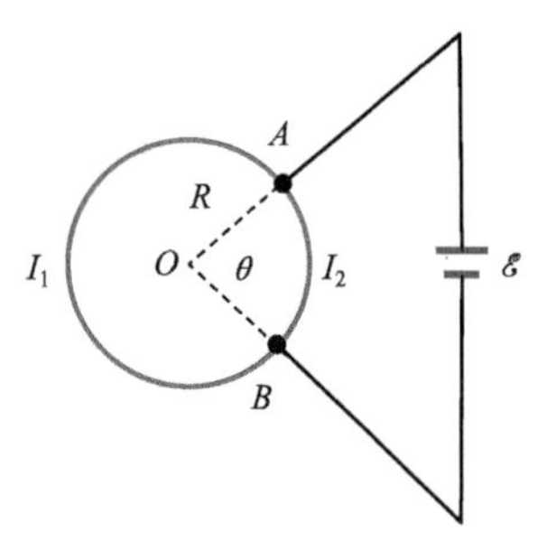

题 15-6 图

15-7　一个塑料圆盘半径为 R，带电量 q 均匀分布于表面，如题 15-7 图所示，圆盘绕通过圆心垂直盘面的轴转动，角速度为 ω，试证明：

(1) 圆盘中心处的磁感应强度 $B=\dfrac{\mu_0\omega q}{2\pi R}$；

(2) 圆盘的磁偶极矩为 $P_m=\dfrac{1}{4}q\omega R^2$.

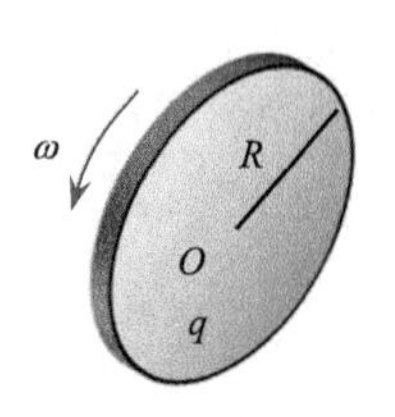

题 15-7 图

15-8　在一半径为 R 的无限长半圆柱形金属薄片中，自上而下地有电流 I 通过，电流分布均匀，电流密度为 i. 如题15-8图所示. 试求：

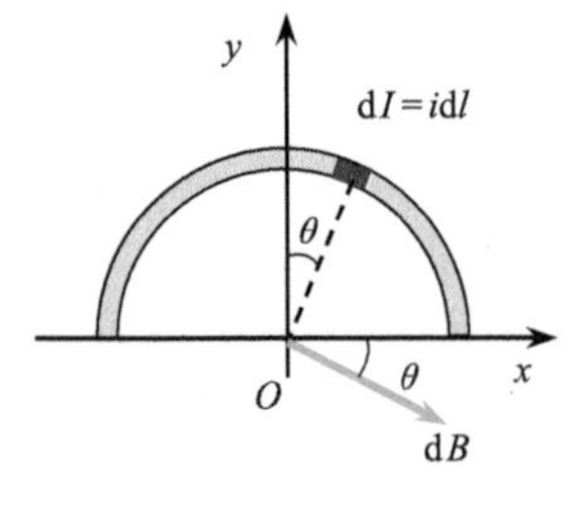

题 15-8 图

(1) 圆柱轴线任一点 O 处的磁感应强度；

(2) 若 R=1.0cm，I=5.0 A，O 点 B 的数值是多少?

15-9　两平行长直导线相距 d=40cm，每根导线载有电流$I_1=I_2=20$A，如题15-9图所示．求：

(1) 两导线所在平面内与该两导线等距的一点A处的磁感应强度；

(2) 通过图中蓝色区域的磁通量($r_1=r_3=10$cm, $l=25$cm).

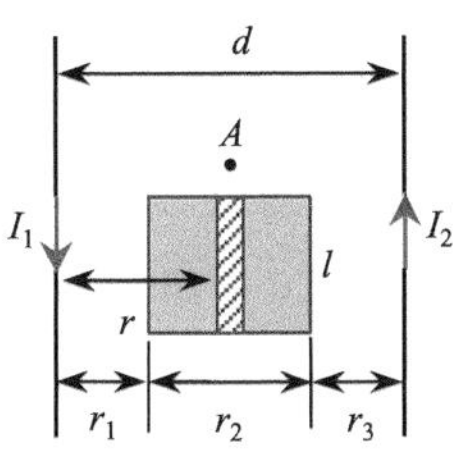

题 15-9 图

15-10　一根半径为R，很长的铜导线载有电流I，设电流均匀分布．在导线内部作一平面S，如题15-10图所示．试计算通过S平面的磁通量(沿轴线方向取单位长度计算)．铜的磁导率μ_0.

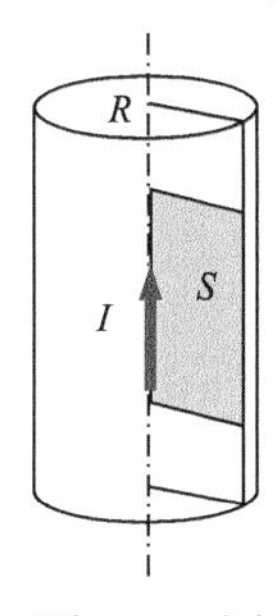

题 15-10 图

15-11　如题15-11图所示，是一根很长的长直圆管形导体，内、外半径分别为a,b，导体内载有沿轴线方向的电流I，且I均匀地分布在管的横截面上．设导体的磁导率为μ_0，试证明导体内部各点($a<r<b$)的磁感应强度的大小由下式给出：

$$B=\frac{\mu_0 I}{2\pi(b^2-a^2)}\frac{r^2-a^2}{r}$$

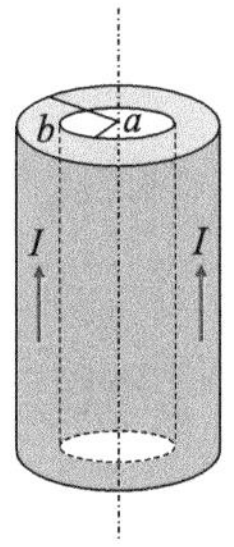

(a)

题 15-11 图

15-12　一根很长的同轴电缆，由一导体圆柱(半径为a)和一同轴的导体圆管(内、外半径分别为b,c)构成，如题 15-12 图所示．使用时，电流I从一导体流去，从另一导体流回．设电流都是均匀地分布在导体的横截面上，求：

(1) 导体圆柱内($0<r\leqslant a$)；

(2) 两导体之间($a<r\leqslant b$)；

(3) 导体圆筒内($b<r\leqslant c$)；

(4) 电缆外($r>c$)各点处磁感应强度的大小.

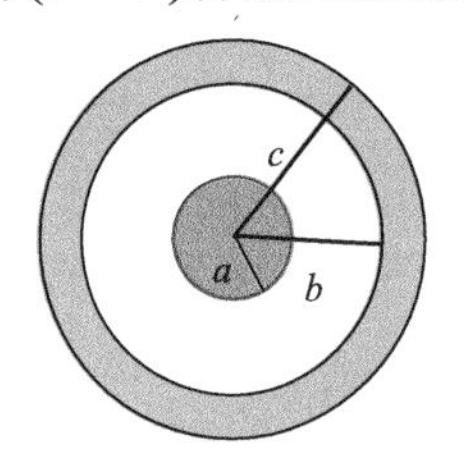

题 15-12 图

15-13　如题15-13图所示，长直电流I_1附近有一等腰直角三角形线框，通以电流I_2，二者共面．求ΔABC的各边所受的磁力.

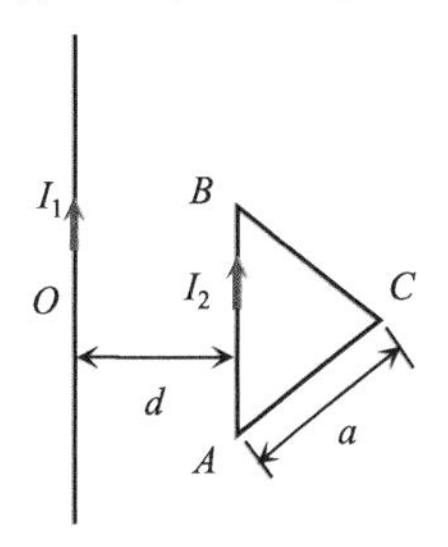

题 15-13 图

15-14　载有电流I_1的无限长直导线旁有一正三角形线圈，边长为a，载有电流I_2，一边与直导线平行且与直导线相距为d，直导线与线圈共面，如题 15-14 图所示，求I_1作用在这个三角形线圈上的力.

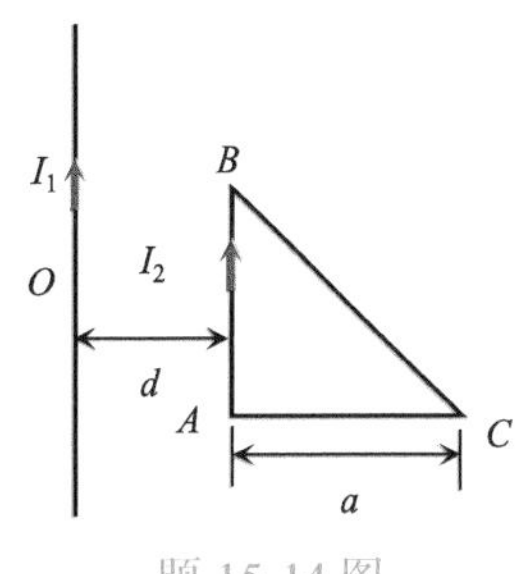

题 15-14 图

15-15 在磁感应强度为$\boldsymbol{B}$的均匀磁场中，垂直于磁场方向的平面内有一段载流弯曲导线，设ab连线长为L，电流为I，如题15-15图所示．求其所受的安培力．

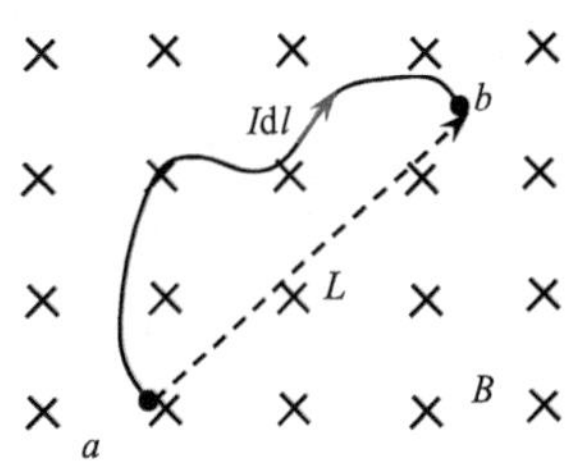

题 15-15 图

15-16 如题15-16图所示，在长直导线AB内通以电流I_1=20A，在矩形线圈$CDEF$中通有电流I_2=10 A，AB与线圈共面，且CD，EF都与AB平行．已知a=9.0cm，b=20.0cm, d=1.0 cm，求：

(1) 导线AB的磁场对矩形线圈每边所作用的力；

(2) 矩形线圈所受合力和合力矩．

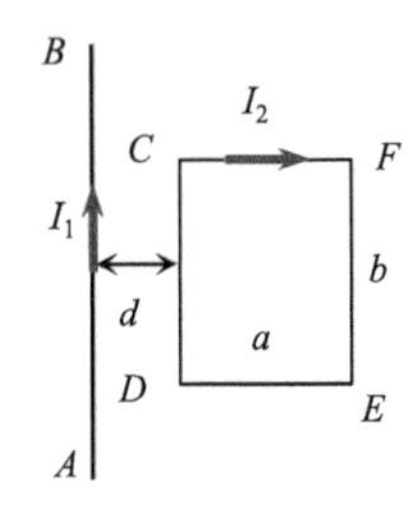

题 15-16 图

15-17 边长为l=0.1m的正三角形线圈放在磁感应强度B=1T的均匀磁场中，线圈平面与磁场方向平行．如题15-17图所示，使线圈通以电流I=10A，求：

(1) 线圈每边所受的安培力；

(2) 对OO'轴的磁力矩大小；

(3) 从所在位置转到线圈平面与磁场垂直时磁力所做的功．

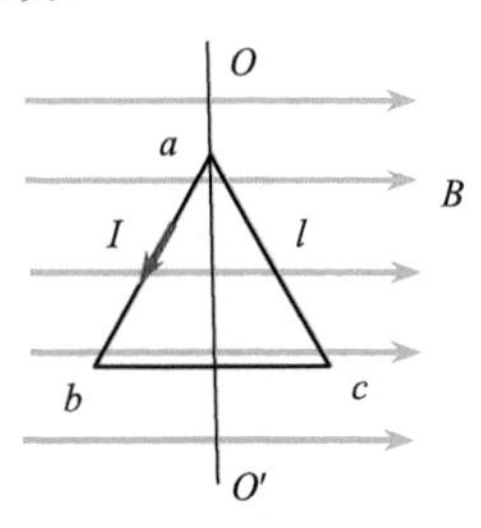

题 15-17 图

15-18 如题 15-18 图所示，一条半径为R的半圆形载流导线位于均匀磁场中，电流为I，磁感应强度$\boldsymbol{B}$与圆环面垂直．试求此环所受的安培力的大小和方向．

题 15-18 图

15-19 如题 15-19 图所示，一条长为L的载流直导线，在中点折一直角，置于均匀磁场中，电流为I，磁感应强度$\boldsymbol{B}$与两直角边确定的面垂直．试求两直角边所受的安培力合力的大小和方向．

题 15-19 图

15-20 如题 15-20 图所示，一条长为L的载流直导线，在中点折一$\frac{\pi}{3}$角，置于均匀磁场中，电流为I，磁感应强度$\boldsymbol{B}$与此二边确定的面垂直．试求此二边所受的安培力合力的大小和方向．

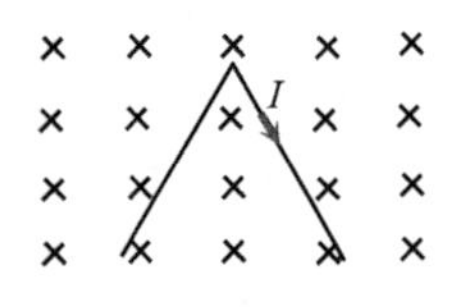

题 15-20 图

15-21 无限长载流直导线与一个无限长薄电流板构成闭合回路，如题 15-21 所示，电流板宽为a，导线与板在同一平面内，且近边与导线距离为d，证明导线与电流板间单位长度内的作用力大小为

$$\frac{\mu_0 I^2}{2\pi a}\ln\frac{a+d}{d}$$

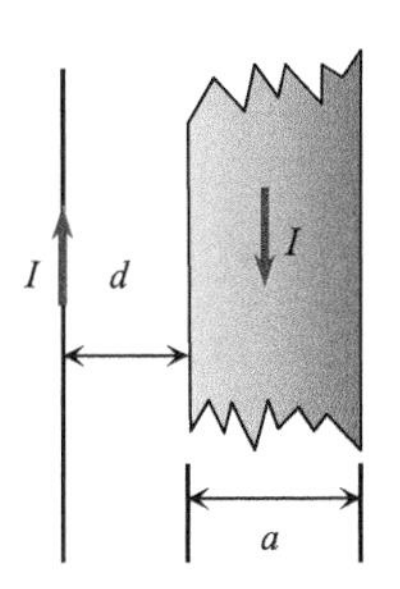

题 15-21 图

15-22 一正方形线圈，由细导线做成，边长为 a，共有 N 匝，可以绕通过其相对两边中点的一个竖直轴自由转动. 现在线圈中通有电流 I，并把线圈放在均匀的水平外磁场 $\boldsymbol{B}$ 中，线圈对其转轴的转动惯量为 J. 求线圈绕其平衡位置做微小振动时的振动周期 T.

15-23 一长直导线通有电流 $I_1=20\text{A}$，旁边放一导线 ab，其中通有电流 $I_2=10\text{A}$，且两者共面，如题15-23图所示. 求导线 ab 所受作用力对 O 点的力矩.

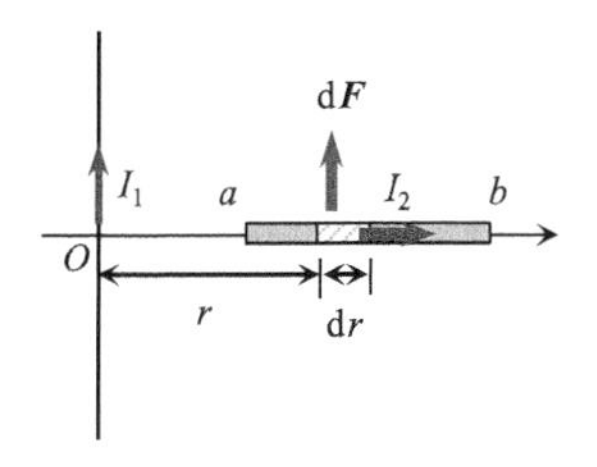

题 15-23 图

15-24 一半圆形载流线圈，半径为 R，载有电流 I，放在如题 15-24 图所示的匀强磁场 $\boldsymbol{B}$ 中，

(1) 证明线圈受到的合力为零；

(2) 计算线圈受到的力矩.

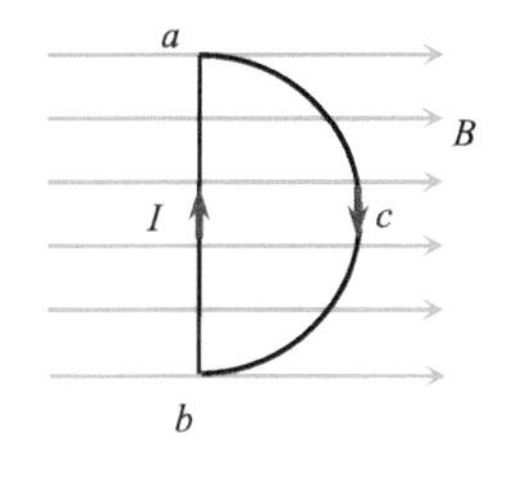

题 15-24 图

15-25 一边长 a=10cm 的正方形铜线圈，放在均匀外磁场中，如题 15-25 所示，$\boldsymbol{B}$ 竖直向上，且 $B=9.4\times10^{-3}\text{T}$，线圈中电流为 $I=10\text{A}$.

(1) 今使线圈平面保持竖直，问线圈所受的磁力矩为多少?

(2) 假若线圈能以某一条水平边为轴自由摆动，问线圈平衡时， 线圈平面与竖直面夹角为多少?（已知铜线横截面积 $S=2.00\text{mm}^2$，铜的密度 $\rho=8.9\text{g/cm}^3$.）

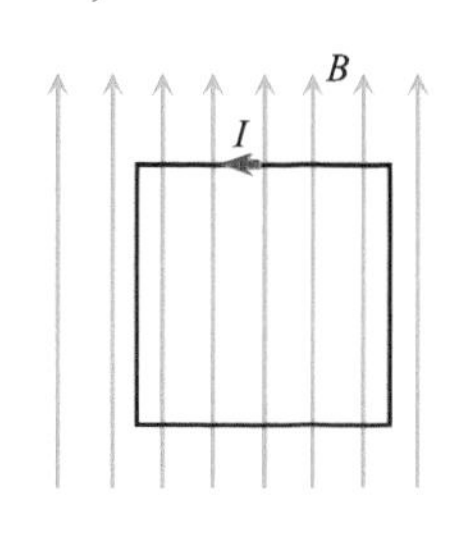

题 15-25 图

15-26 如题 15-26 图所示，一平面塑料圆盘，半径为 R，表面带有面密度为 σ 的剩余电荷. 假定圆盘绕其轴线 AA' 以角速度 ω(rad/s)转动，磁场 $\boldsymbol{B}$ 的方向垂直于转轴 AA'. 试证磁场作用于圆盘的力矩的大小为 $M=\dfrac{\pi\sigma\omega R^4 B}{4}$.（提示：将圆盘分成许多同心圆环来考虑.）

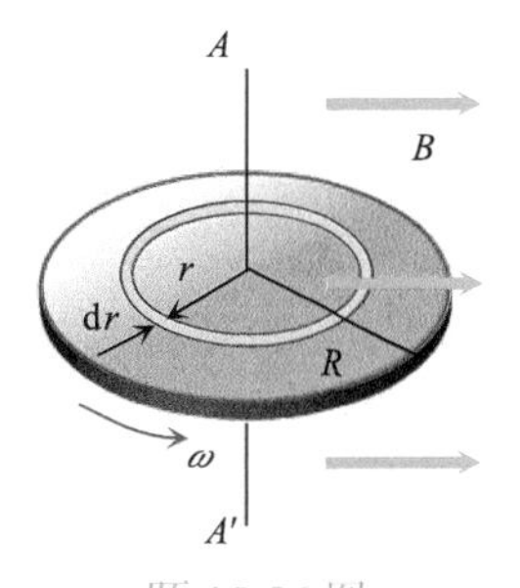

题 15-26 图

15-27 电子在 $B=70\times10^{-4}\text{T}$ 的匀强磁场中做圆周运动，圆周半径 $r=3.0\text{cm}$. 已知 $\boldsymbol{B}$ 垂直于纸面向外，某时刻电子在 A 点，速度 $\boldsymbol{v}$ 向上，如题 15-27图所示.

(1) 试画出这个电子运动的轨道；

(2) 求这个电子速度 v 的大小；

(3) 求这个电子的动能 E_k.

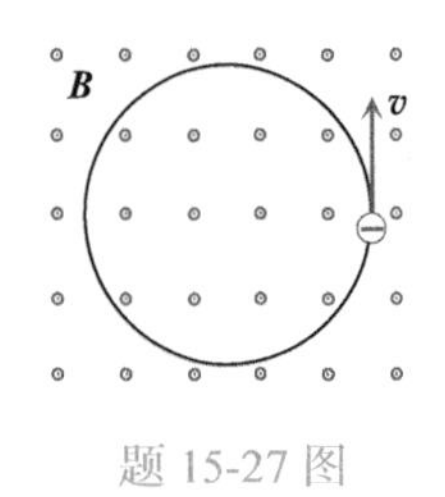

题 15-27 图

15-28 一电子在 $B=20\times10^{-4}$T的磁场中沿半径为 R=2.0cm的螺旋线运动，螺距h=5.0cm，如题15-28图所示.

(1) 求这个电子的速度；

(2) 磁场$\boldsymbol{B}$ 的方向如何?

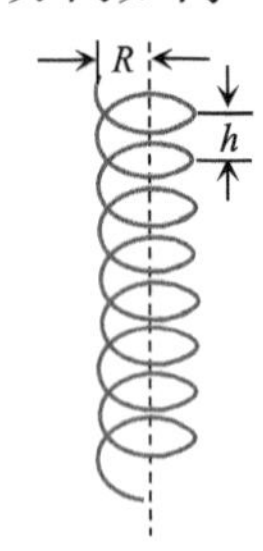

题 15-28 图

15-29 在霍尔效应实验中，一宽1.0cm，长4.0cm，厚1.0×10^{-3}cm的导体，沿长度方向载有3.0A的电流，当磁感应强度大小为 B=1.5T的磁场垂直地通过该导体时，产生1.0×10^{-5}V的横向电压. 试求：

(1) 载流子的漂移速度；

(2) 每立方米的载流子数目.

15-30 如题 15-30 图所示，一电子在垂直于均匀磁场的方向做半径为 R = 1.2cm 的圆周运动，电子速度 $v=1\times10^4$m/s. 求圆轨道内所包围的磁通量是多少?

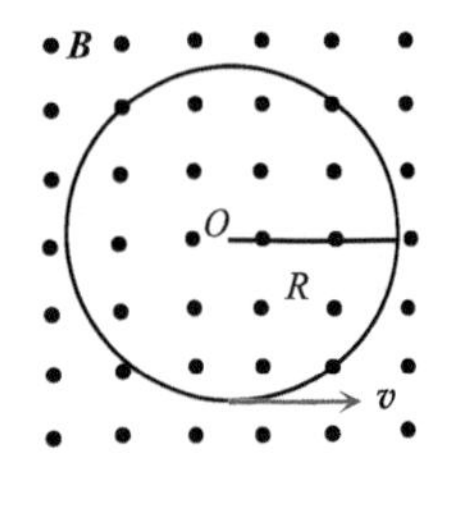

题 15-30 图

15-31 题 15-31 图为测定离子质量所用的装置. 离子源 S 产生一质量为 m、电荷量为$+q$ 的离子. 离子从源出来时的速度很小，可以看作是静止的. 离子经电势差 U 加速后进入磁感应强度为 B 的均匀磁场，在这磁场中，离子沿一半圆周运动后射到离入口缝隙 x 远处的感光底片上，并予以记录. 试证明离子的质量 m 为

$$m=\frac{qB^2}{8U}x^2$$

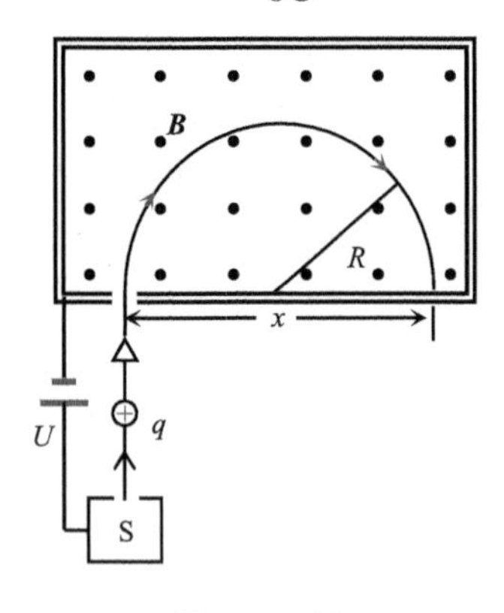

题 15-31 图

15-32 电子在 B =20Gs 的均匀磁场中运动，其轨迹是半径为 2.0cm，螺距为 5cm 的螺旋线，计算这个电子的速度大小.

15-33 氢原子中电子质量 m，电量 e，它沿某一圆轨道绕原子核运动，其等效圆电流的磁矩大小 P_m与电子轨道运动的角动量大小 L 之比为多少?

15-34 将一个通过电流强度为 I 的闭合回路置于均匀磁场中，回路所围面积的法线方向与磁场方向的夹角为α，若均匀磁场通过此回路的磁通量为Φ，则回路所受力矩的大小多少?

第 15 章练习题答案

第 16 章　电磁感应与暂态过程

高频感应炉简称高频炉，是典型的应用电磁感应原理制造的工业加热或熔炼设备. 它具有无接触、无掺杂、无氧化的特点，可在真空条件下加热，高频炉在启动后，不需要升温预热时间，可随时对样品进行分析. 高频炉有着十分优异的燃烧性能，碳、硫转化率均高于管式炉，据有关资料介绍，碳几乎可达 100%，硫可达 99%以上. 碳含量越高，硬度越高，耐磨性越好. 所以常用于齿轮或大型机器曲轴的淬火工艺. 高频炉所用电源的频率在 10000Hz 以上，最高达 1MHz. 高频感应炉需要变频设备

第 12、13 章介绍了静电场的基本性质和规律. 15 章稳恒电流形成的磁场将电与磁建立了单向联系，即电可以生磁. 自从奥斯特发现了电流的磁效应，人们普遍认为磁也可以生电. 经过十年的探索，终于由法国的科学家法拉第在 1831 年，发现了电磁感应现象，并总结出了磁生电的规律. 在静电场和稳恒磁场的高斯定理与环路定理的四个方程中，均看不到与时间直接相关，电磁感应现象发现以后，便开始把电场、磁场与时间联系起来了.

本章首先介绍电磁感应现象及其基本规律——法拉第电磁感应定律，接着讨论两种电动势——动生和感生电动势的定义、产生机制及其计算方法，在介绍电磁感应现象中重点讨论自感和互感现象，最后介绍 RC、RL 电路的暂态过程和磁场的能量等内容.

16.1　法拉第电磁感应定律

1. 电磁感应现象

首先用几个实验诠释一下人类发现电磁感应定律的思维推理过程.

1) 条形磁铁插入或拔出螺线管

如图 16-1a 所示，条形磁铁插入带有检流计 G 的闭合螺线管，检流计的指针发生偏转，表明回路中有了电流. 插入的速度越快，偏转角度越大，表示电流越大. 磁铁停在螺线管中，指针没有偏转. 当磁铁拔出时，如图 16-1b 所示，指针向反方向偏转. 人们怀疑感应电流由条形磁铁与闭合螺线管的相对运动引起.

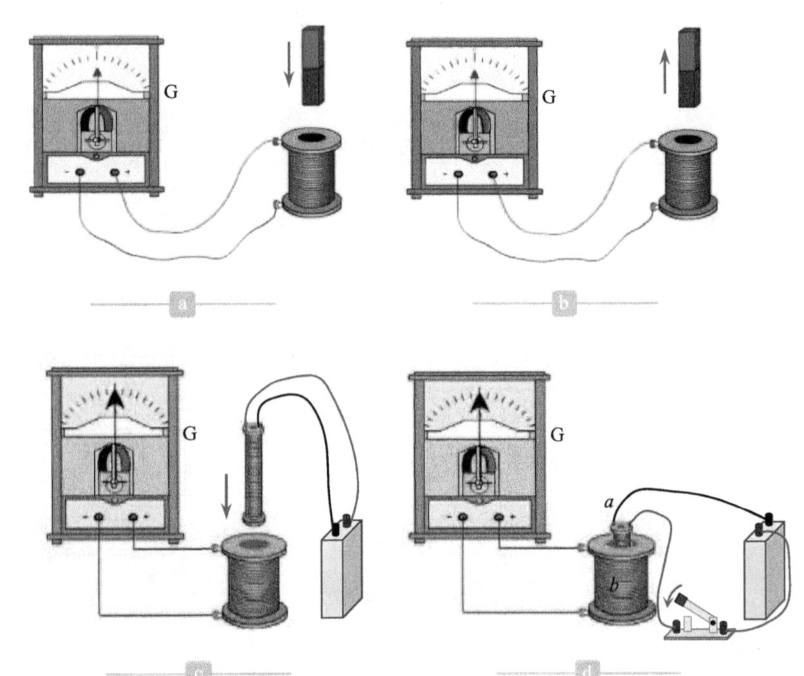

图 16-1 电磁感应系列实验. a. 磁铁插入线圈. b. 磁铁拔出线圈. c. 载流螺线管插入另一线圈. d. 螺线管之间无相对运动，开关通断

2) 载流螺线管插入或拔出螺线管

如图 16-1c 所示，将上个实验的条形磁铁换成载流螺线管，载流螺线管插入另一螺线管时，检流计的指针也会发生偏转，且所发生的情况与前一实验类似. 因此，将磁铁插入或拔出线圈不是产生感应电流的必要条件.

3) 接有电源的螺线管静止在另一个螺线管中

上述两个实验均有相对运动，那么是否相对运动是产生电磁感应的必要条件呢？如图 16-1d 所示，一个接有电源和开关的螺线管静止在另一个螺线管中，当电源接通时，检流计有偏转，表明有电流产生，稳定后电流消失. 断开开关时，指针向反方向偏转.

在上述四个实验中，尽管产生感应电流的具体方法不同，但是似乎都有螺线管周围磁场的变化，那么回路周围磁场的变化是不是产生电磁感应的必要条件呢？我们看下边的实验.

4) 导体回路一部分在稳恒磁场中运动

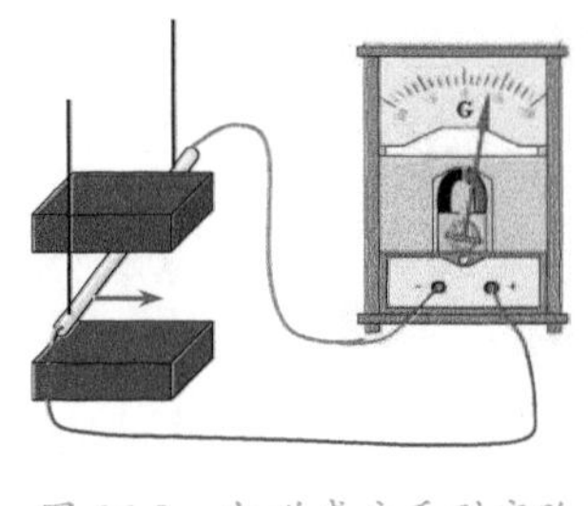

图 16-2 电磁感应系列实验

如图 16-2 所示，当导线在两个磁极之间向右(或左)运动时，检流计将发生偏转，这表明回路中出现了感应电流. 但这里的磁场是不随时间变化的，因此导体周围的磁场变化不是产生电磁感应的必要条件. 那么产生感应电流，或发生电磁感应的条件究竟是什么呢？

2. 法拉第电磁感应定律的表述

电磁感应定律是建立在广泛的实验基础上的. 前述的实验大致可以归结为两类：一类是磁铁与线圈有相对运动时，线圈中产生了电流；另一类是当一个线圈中电流发生变化时，在它附近的其他线圈中也产生了电流. 法拉第把这些现象与静电感应类比，称之为“**电磁感应**”现象. 对实验仔细分析可概括出一个能反映其本质的结论：**当穿过一个闭合导体回路所包围的面积内的磁通量发生变化时，不管这种变化是由什么引起的，在导体回路中就会产生感应电流**. 这就是产生电磁感应现象的基本条件.

◀ 法拉第电磁感应定律

迈克尔·法拉第（M. Faraday，1791～1867），英国物理学家、化学家，也是著名的自学成才科学家，出生于萨里郡纽因顿一个贫苦铁匠家庭，仅上过小学. 1831年，他作出了关于电力场的关键性突破，改变了人类文明. 迈克尔·法拉第是英国著名化学家戴维的学生和助手，他的发现奠定了电磁学的基础，是麦克斯韦的先导. 1831年10月17日，法拉第首次发现电磁感应现象，并进而得到产生交流电的方法. 1831年10月28日法拉第发明了圆盘发电机，是人类创造出的第一台发电机

法拉第不仅归纳出了电磁感应现象的本质，还给出了感应电动势与磁场变化的定量关系. 这就是法拉第电磁感应定律：当穿过导体回路所围面积的磁通量发生变化时，在回路中就会产生感应电动势，并且感应电动势与磁通量的时间变化率成正比，即

$$\mathscr{E}=-k\frac{\mathrm{d}\Phi}{\mathrm{d}t} \tag{16-1}$$

在国际单位制中，k=1，于是有

$$\mathscr{E}=-\frac{\mathrm{d}\Phi}{\mathrm{d}t} \tag{16-2}$$

式中，Φ是磁通量，单位为韦伯(Wb)，负号表示电动势的方向. 理论上和实践上可以根据符号规定及这个负号确定回路中感应电动势的方向. 下面举例说明.

如图16-3所示，随时间变化的磁场$\boldsymbol{B}(t)$方向向上. 为判断回路中感应电动势(或电流)的方向，人为选定回路的绕行方向，根据此绕行方向，应用右手定则确定面积的法线方向. 若逆时针方向，则磁通量 $\mathrm{d}\Phi=\boldsymbol{B}\cdot\mathrm{d}\boldsymbol{S}>0$, $\Phi=\iint\boldsymbol{B}\cdot\mathrm{d}\boldsymbol{S}>0$. 如果磁场随时间增加，则 $\mathrm{d}\Phi>0$. 代入式(16-2)得 $\mathscr{E}<0$，表明电动势的方向与选定的回路绕行方向相反. 而如果磁场减小，$\mathrm{d}\Phi<0$，$\mathscr{E}>0$，表明电动势的方向与选定的回路绕行方向相同. 读者可以根据磁场方向向上或向下，大小增加或减小以及不同的绕行方向构成不同的组合情况，练习一下.

3. 楞次定律

◀ 楞次定律

上述关于感应电流(电动势)方向的判断方法尽管好用，但有些繁琐，1834年，俄国物理学家楞次(Lenz)在概括了大量实验结果的基础上，提出了确定感应电流方向的快捷方法，称为**楞次定律**，这个定律有如下两种表达方法：

(1) **感应电流磁场与原磁场相互作用方面：感应电流的磁通总是力图阻碍引起感应电流磁通的变化. 即若原来磁通在增加，感应电流磁通将阻碍其增加，反之亦然.**

(2) **从原因与效果方面：感应电流的效果总是反抗引起感应电流的原因.**

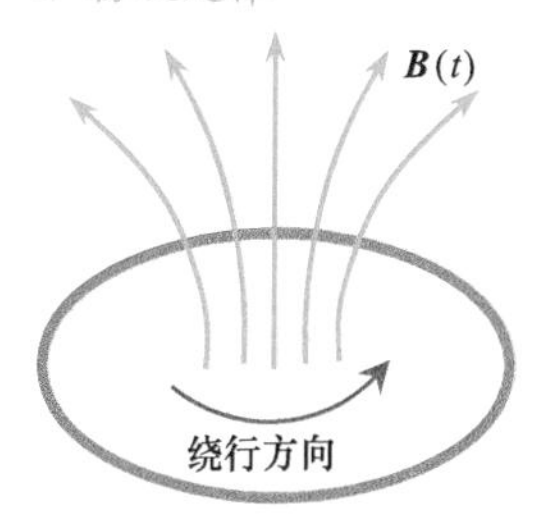

图16-3 用法拉第电磁感应定律判断感应电流方向

这里的“效果”，既可理解为感应电流所产生的磁场，也可理解为因感应电流出现而产生的机械作用，这里所说的“原因”，既可指磁通量的变化，也可指导致磁通量变化的相对运动或回路的形变. 闭合回路中的感应电流具有确定的方向，它总是使感应电流所产生的通过回路面积的磁通量，去补偿或者反抗引

起感应电流的磁通量的变化. 有人在大量实践中总结出一个简单说法，即“来拒去留”. 比如图 16-1a 中的实验，线圈中的感应电流的倾向就是，来者拒，去者留，或者说成：来则拒，去则留. 而对于图 16-3 中的情形，判断方法也很简单，即 B 增加，使 Φ 增加，感应电流则以相反的磁场反抗增加，所以感应电流为逆时针；反之亦然.

楞次定律实质上是符合能量守恒定律的，下面具体分析演示实验. 感应电流的方向遵从楞次定律的事实表明楞次定律本质上就是能量守恒定律在电磁感应现象中的具体表现.

如果回路是由 N 匝导线串联(顺接：沿着相同方向绕制)而成，那么在磁通量变化时，每匝中都将产生感应电动势，且方向相同. 如果每匝中通过的磁通量都相同，则 N 匝线圈中的总电动势应为各匝中电动势的总和，即

多匝线圈的法拉第电磁感应定律 ▶

$$\mathscr{E}=-N\frac{\mathrm{d}\Phi}{\mathrm{d}t}=-\frac{\mathrm{d}(N\Phi)}{\mathrm{d}t} \tag{16-3}$$

习惯上把 $N\Phi$ 称为线圈的**磁通量匝链数**或**磁链数**(或**全磁通**). 如果每匝中的磁通量不同，就应该用各圈中磁通量的总和 $\sum\Phi=\Phi_1+\Phi_2+\cdots+\Phi_N$，来代替 $N\Phi$.

如果闭合回路的电阻为 R，则在回路中的感应电流为

$$I=\frac{\mathscr{E}}{R}=-\frac{1}{R}\frac{\mathrm{d}\Phi}{\mathrm{d}t}$$

利用 $I=\dfrac{\mathrm{d}q}{\mathrm{d}t}$，可算出在 t_1 到 t_2 这段时间内通过导线的任一截面的感生电荷量为

磁通量变化与通过导体截面的电量 ▶

$$q=\int_{t_1}^{t_2}I\mathrm{d}t=-\frac{1}{R}\int_{t_1}^{t_2}\mathrm{d}\Phi=\frac{1}{R}(\Phi_1-\Phi_2) \tag{16-4}$$

式中，Φ_1、Φ_2 分别是 t_1、t_2 时刻通过导线回路所包围面积的磁通量. 上式表明，**在一段时间内通过导线截面的电荷量与这段时间内导线回路所包围的磁通量的变化值成正比，而与磁通量变化的快慢无关**. 如果测出感生电荷量，而回路的电阻又已知，就可以计算磁通量的变化量. 常用的**磁通计**就是根据这个原理而设计的，显然可以利用磁通计实现磁场的测量.

16.2 动生电动势 感生电动势

法拉第电磁感应定律指出当穿过闭合回路的磁通量发生变化时，回路中便会产生感应电流或感应电动势，即 $\Phi=\iint\limits_{(S)}\boldsymbol{B}\cdot\mathrm{d}\boldsymbol{S}$ 随时间变化，且根据前面实验可以归纳产生电磁感应现象有两种原因，因此有两种电动势：动生电动势与感生电动势. 下面分别介绍两种电动势的定义和计算方法.

1. 动生电动势

动生电动势就是导体回路或其一部分在磁场中运动引起的. 根据定义，导体回路中非静电力移动单位正电荷所做的功即是电动势. 那么动生电动势中的

非静电力是什么呢？由于导体中存在大量的自由载流子，如金属导体中的自由电子，当导体运动时，其中的载流子也随之运动，因此会受到洛伦兹力的作用，此力会使载流子在回路中发生定向运动. 若载流子带电量为 q，根据洛伦兹力公式有

$$\boldsymbol{F}=q\boldsymbol{v}\times\boldsymbol{B}$$

于是作用在单位正电荷上的非静电力为

$$\boldsymbol{E}_{\mathrm{k}}=\frac{\boldsymbol{F}}{q}=\boldsymbol{v}\times\boldsymbol{B}$$

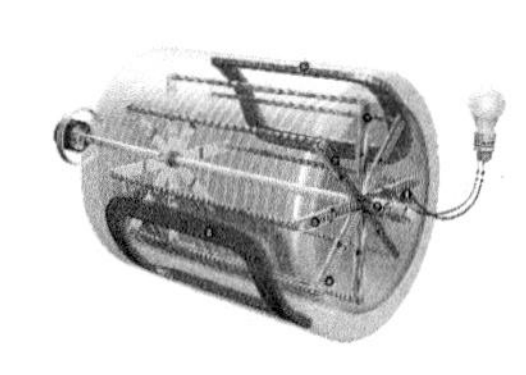

发电机原理图：图中红色、蓝色线圈固定不动（称为定子），通电形成磁场，该线圈称为励磁线圈. 内部旋转的线圈称为转子. 转子在定子的磁场中旋转，做切割磁感应线运动，从而产生感应电流

1) 动生电动势的定义

在稳恒电路中非静电力局限在电源内部，而在电磁感应现象中非静电力可能会存在于整个电路中，因此，普遍的电动势定义为：在导体回路中非静电力移动单位正电荷沿闭合回路一周所做的功，即

$$\mathscr{E}=\oint_{(L)}\boldsymbol{E}_{\mathrm{k}}\cdot\mathrm{d}\boldsymbol{l}=\oint_{(L)}(\boldsymbol{v}\times\boldsymbol{B})\cdot\mathrm{d}\boldsymbol{l} \tag{16-5}$$

◀ 动生电动势

2) 动生电动势的计算

首先讨论磁场不随时间改变，导体或导体回路在磁场中运动或形变而产生的感应电动势.

例题 16-1 动生电动势

如图 16-4 所示，一个由导线做成的回路 $abcda$ 中，长度为 l 的导线段 ab，以速度 $\boldsymbol{v}$ 在垂直于磁感应强度为 $\boldsymbol{B}$ 的匀强磁场中做匀速直线运动，试计算由此而产生的感应电动势.

解 导体相对于磁场运动，故此电动势为动生. 根据式(16-5)有

$$\mathscr{E}=\oint_{(L)}\boldsymbol{E}_{\mathrm{k}}\cdot\mathrm{d}\boldsymbol{l}=\oint_{(L)}(\boldsymbol{v}\times\boldsymbol{B})\cdot\mathrm{d}\boldsymbol{l}$$
$$=\int_a^b(\boldsymbol{v}\times\boldsymbol{B})\cdot\mathrm{d}\boldsymbol{l}$$

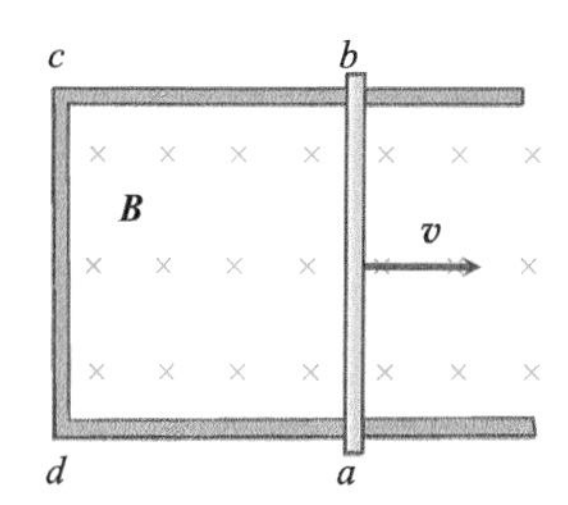

图 16-4 动生电动势的计算

由于只有 ab 段运动，故积分只需从 a 到 b，由矢量的叉乘规则，$(\boldsymbol{v}\times\boldsymbol{B})$的方向向上，与 $\mathrm{d}\boldsymbol{l}$ 方向相同，故

$$\mathscr{E}=\int_a^b(\boldsymbol{v}\times\boldsymbol{B})\cdot\mathrm{d}\boldsymbol{l}=\int_a^b Bv\mathrm{d}l=Blv \tag{16-6}$$

上式即是在磁场中平动导体上产生的电动势，电动势方向从 a 到 b，与高中学过的情况相同. 实际上这个电动势也可以用法拉第电磁感应定律求解，设矩形回路长为 $ad=x$，取向里为面积法线方向，因此回路绕行方向为顺时针，则通过矩形回路的磁通量为 Blx，于是有

$$\mathscr{E}=-\frac{\mathrm{d}\Phi}{\mathrm{d}t}=-\frac{\mathrm{d}}{\mathrm{d}t}(Blx)=-Bl\frac{\mathrm{d}x}{\mathrm{d}t}=-Blv$$

大型发电机组的定子线圈

式中，负号表示电动势的实际方向为逆时针，即从 a 到 b. 动生电动势在工程上的应用很多，比如发电厂普遍采用的转动式发电机就是应用动生电动势原理

制成的.

例题 16-2 动生电动势——发电机原理

如图 16-5 所示，在匀强磁场 B 中有一个长为 a，宽为 b 的矩形线圈，以角速度 ω 绕着 OO' 轴逆时针（俯视）匀速转动，试求线圈中的感应电动势 $\mathscr{E}$.

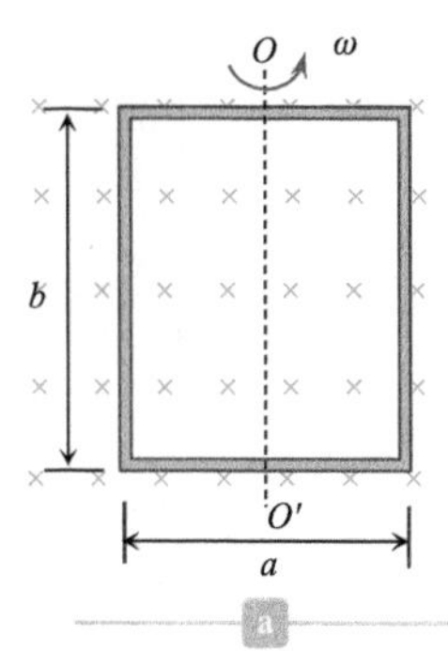

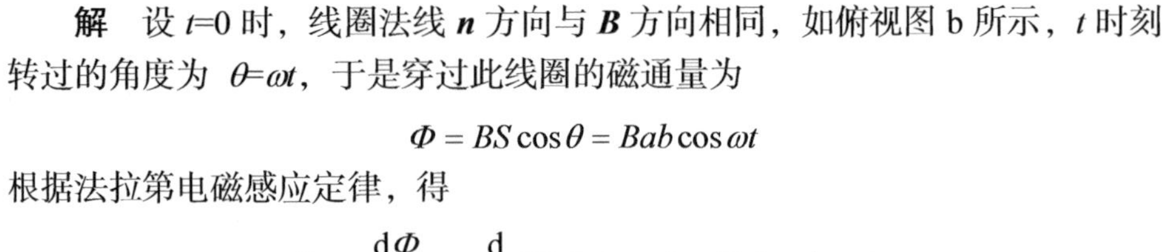

解 设 t=0 时，线圈法线 $\boldsymbol{n}$ 方向与 $\boldsymbol{B}$ 方向相同，如俯视图 b 所示，t 时刻转过的角度为 $\theta=\omega t$，于是穿过此线圈的磁通量为

$$\Phi = BS\cos\theta = Bab\cos\omega t$$

根据法拉第电磁感应定律，得

$$\mathscr{E} = -\frac{\mathrm{d}\Phi}{\mathrm{d}t} = -\frac{\mathrm{d}}{\mathrm{d}t}(Bab\cos\omega t) = Bab\omega\sin\omega t$$
$$= \mathscr{E}_0 \sin\omega t$$

图 16-5 发电机原理

2. 感生电动势

在有些情况下，导体回路与磁场之间无相对运动，但磁场随着时间变化，如图 16-1d 所示的情况，回路中也会产生感应电动势. 这种电动势显然不能归结为动生电动势. 那么这种电动势是什么原因引起的？其中的非静电力是什么？麦克斯韦首先提出了一个假设，随时间变化的磁场可以激发一种电场，称为感生电场，这个电场可以使导体回路中的自由电荷做定向移动，从而形成感应电动势. 由于是磁场变化感生出电场，故称感生电动势. 感生电场是感生电动势的非静电力，它与前边研究过的电场不同. 前述的电场均是由电荷激发，但感生电场是由变化的磁场激发的，描述这种电场的场线不发自电荷，也不终止于电荷，因此感生电场的场线是闭合曲线. 由于是非静电力，非保守场，所以在这个场中没有电势的概念. 若用 $\boldsymbol{E}_{\mathrm{in}}$ 表示感生电场，下角标 in 指 induced，意为感生的，则感生电动势可定义为

感生电动势 ▶

$$\mathscr{E} = \oint_{(L)} \boldsymbol{E}_{\mathrm{in}} \cdot \mathrm{d}\boldsymbol{l} \tag{16-7}$$

由于感生电场由变化的磁场激发，取决于 B 的时间空间分布，即 $\boldsymbol{B}(x,y,z,t)$，一般地说，感生电场的分布比较复杂. 目前在普通物理范围内，仅知道无限长螺线管内部由于磁场变化所激发的感生电场. 所以，常常通过法拉第电磁感应定律计算感生电动势，即

$$\mathscr{E} = \oint_{(L)} \boldsymbol{E}_{\mathrm{in}} \cdot \mathrm{d}\boldsymbol{l} = -\frac{\mathrm{d}\Phi_{\mathrm{m}}}{\mathrm{d}t} \tag{16-8}$$

例题 16-3 感生电动势——涡旋电场

如图 16-6 所示，一半径为 R 的长直螺线管内部的磁感应强度 B 随着时间线性增加，即 $\mathrm{d}B/\mathrm{d}t=k$，$k$ 为大于零的常量. 一长 L 的导线置于管内的截面上，试求此导线上的感生电动势.

解 根据对称性分析可知，螺线管内部由于磁场变化激发的感生电场是关于螺线管轴对称的，并且在与轴垂直的截面内，电场分布是关于圆心对称的，且电场方向沿着圆环的切线方向. 如果磁场随时间增加，感生电场为逆时针方向，反之亦然. 因电场线沿切线，或与半径垂直，所以在直导线 L 上的电动势与以 L 为底，两个半径 R 为腰的等腰三角形的电动势相等，因为两个半径构成的腰上边不会有电动势. 根据图示，通过该三角形的磁通量为

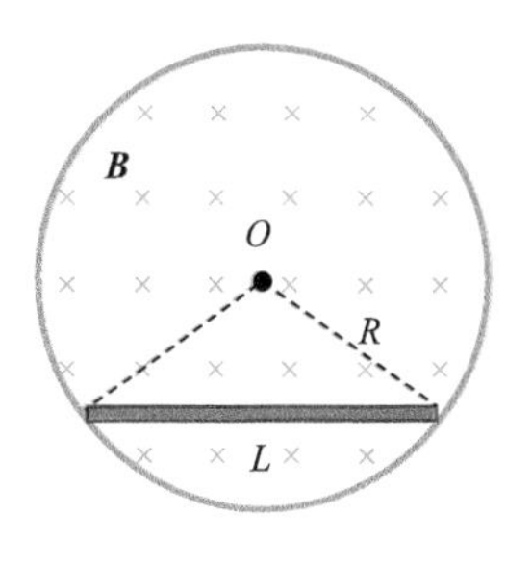

图 16-6 感生电动势

$$\Phi = BS = B \cdot \frac{1}{2} L \sqrt{R^2 - \left(\frac{L}{2}\right)^2}$$

上式代入法拉第电磁感应定律，得

$$\mathscr{E} = -\frac{\mathrm{d}\Phi}{\mathrm{d}t} = -\frac{1}{2} L \sqrt{R^2 - \left(\frac{L}{2}\right)^2} \frac{\mathrm{d}B}{\mathrm{d}t} = -\frac{1}{2} kL \sqrt{R^2 - \left(\frac{L}{2}\right)^2}$$

从上式可见，如果磁场增加，电动势为负，表明电动势的实际方向为从左向右.

上述例子中的感生电场线是以轴线为中心的不同半径的同心圆，该场是非保守场，因此也称为涡旋电场. 这个涡旋电场不仅存在于螺线管内部，即有磁场的区域，也存在于螺线管外部，尽管外面没有磁场. 也就是说，感生电场可以存在于变化磁场的外边. 在第 17 章的内容中读者可以发现这是产生电磁波的条件之一.

事实上，若把式(16-7)应用于螺线管的内部，或外部的任意闭合路径，均有

$$\oint_{(L)} \boldsymbol{E}_{\text{in}} \cdot \mathrm{d}\boldsymbol{l} \neq 0 \tag{16-9}$$

即感生电场 $\boldsymbol{E}_{\text{in}}$ 的环路积分非零，因此感生电场是非保守场，也称有旋场.

16.3 互感与自感

在实际电路中，磁场的变化往往是由电流的变化产生的，因此把感生电动势与电流的变化联系起来有着重要的实际意义. 互感和自感现象就是揭示了感应电动势与电流变化之间的关系.

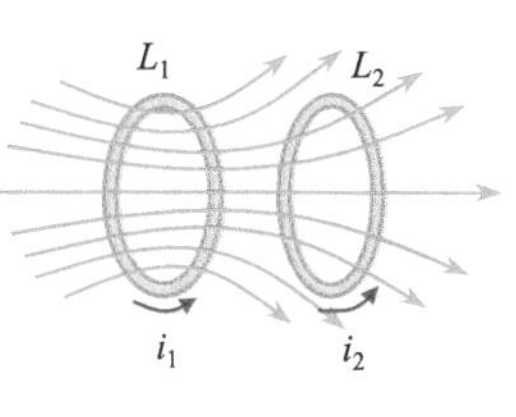

图 16-7 互感

1. 互感现象与互感

当相互靠近的两个回路中的任意一个回路的电流发生变化时，会在另一个回路中产生感应电动势或感应电流，这种现象称为**互感现象**，这种电动势称为**互感电动势**.

如图 16-7 所示，有两个固定的闭合回路 L_1 和 L_2. 闭合回路 L_2 中的互感电动势是由回路 L_1 中的电流 i_1 随时间变化引起的，以 $\mathscr{E}_{21}$ 表示此电动势. 下面说明 $\mathscr{E}_{21}$ 与 i_1 的关系.

由毕-萨定律可知，电流 i_1 产生的磁场正比于 i_1，因而通过所围面积的、由 i_1 所产生的全磁通也应该和 i_1 成正比，即

$$\Psi_{21} = M_{21} i_1 \tag{16-10}$$

式中，比例系数 M_{21} 可由下式给出：

互感系数 ▶

$$M_{21}=\frac{\Psi_{21}}{i_1} \tag{16-11}$$

变压器（transformer）是利用电磁感应的原理来改变交流电压的装置，主要构件是初级线圈、次级线圈和铁芯. 主要功能有：电压变换、电流变换、阻抗变换、隔离、稳压（磁饱和变压器）等. 按用途可以分为：电力变压器和特殊变压器（电炉变、整流变、工频实验变压器、调压器、矿用变、音频变压器、中频变压器、高频变压器、冲击变压器、仪用变压器、电子变压器、电抗器、互感器等）. 电路符号常用 T 当作编号的开头，如 T01, T201 等

上式即是回路 L_1 对回路 L_2 的**互感系数**定义式，即回路 L_1 对于回路 L_2 的互感系数等于回路 L_1 中 1A 的电流在回路 L_2 中产生的磁通链. 对于两个固定的回路 L_1 和 L_2 来说，互感系数是一个常数. 根据电磁感应定律，在回路 L_2 中产生的互感电动势为

$$\mathscr{E}_{21}=-\frac{\mathrm{d}\Psi_{21}}{\mathrm{d}t}=-M_{21}\frac{\mathrm{d}i_1}{\mathrm{d}t} \tag{16-12}$$

因此互感系数的另外一个定义式是

$$M_{21}=\frac{\mathscr{E}_{21}}{-\mathrm{d}i_1/\mathrm{d}t} \tag{16-13}$$

上式中的 $\mathscr{E}_{21}$ 是回路 L_1 中的电流变化在回路 L_2 中产生的互感电动势. 此式定义的互感系数 M_{21} 称为互感系数的操作性定义. 由于互感是相互的，将式(16-11)和式(16-13)中的角标 1、2 对换就是回路 L_2 对于回路 L_1 的互感定义，即

$$M_{12}=\frac{\Psi_{12}}{i_2} \tag{16-14}$$

$$M_{12}=\frac{\mathscr{E}_{12}}{-\mathrm{d}i_2/\mathrm{d}t} \tag{16-15}$$

互感系数的单位是：亨利，符号 H，1H=1Wb/1A=1Ω•s.

实验和计算表明，互感系数取决于两个线圈的形状、尺寸、相对位置以及周围空间的介质情况. 此外，可以证明对给定的一对导体回路，有

$$M_{12}=M_{21}=M \tag{16-16}$$

式中，M 称为这两个导体回路的**互感系数**，不必称呼谁对谁的互感，一律简称为**互感**.

例题 16-4　互感系数

有一无限长直螺线管，单位长度上的匝数为 n，另有一半径为 a 匝数为 N 的圆环形线圈放在螺线管内部，圆环平面与螺线管轴垂直，如图 16-8 所示，求螺线管与圆环之间的互感系数 M.

解　设螺线管内通有电流 I，管内磁场为

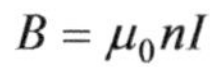

$$B=\mu_0 nI$$

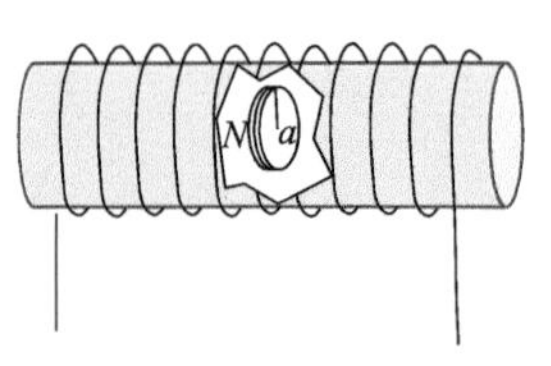

图 16-8　互感系数计算

通过圆形线圈的磁通链为

$$\Psi=NB\pi a^2=\mu_0 NnI\pi a^2$$

根据互感的定义，得

$$M=\frac{\Psi}{I}=\mu_0 Nn\pi a^2$$

由此可见，互感系数的确与线圈的几何形状、尺寸、匝数以及周围的介质有关.

2. 自感现象与自感

1) 自感现象

当回路中的电流 I 随时间变化时，通过回路自身的磁通链(或全磁通)也发生变化，因而在回路中自身会产生感生电动势，这就是**自感现象**，这时感生电动势叫**自感电动势**.

自感线圈的作用：①阻流作用. 电感线圈中的自感电动势总是与线圈中的电流变化抗衡. 电感线圈对交流电流有阻碍作用，阻碍作用的大小称感抗 X_L. 它与电感量 L 和交流电频率 f 的关系 $X_L=2\pi fL$，电感器主要分为高频阻流线圈及低频阻流线圈. ②调谐与选频作用. 电感线圈与电容器并联可组成 LC 调谐电路，即电路的固有振荡频率 f_0 与交流信号的频率 f 相等，则回路的感抗与容抗也相等，于是电磁能量就在电感、电容间来回振荡，这称为 LC 回路的谐振现象。谐振电路具有选择频率的作用，能将某一频率 f 的交流信号选择出来

自感现象可以在实验中观察. 如图 16-9 所示，图 a 中 S_1, S_2 是两个相同的小灯泡，R 是纯电阻，L 是带铁芯的线圈，其阻值与电阻 R 的阻值相同. 接通开关 K，灯泡 S_1 立即亮，而 S_2 则逐渐变亮，最后与 S_1 同样亮. 此现象说明，由于 L 中存在自感电动势，由楞次定律可知，电流增大缓慢. 现在用图 16-9b 来观察切断电源时的自感现象. 图 b 中开关 K 闭合时，由于灯泡电阻远远大于线圈电阻，灯泡不亮或很暗，此时通过线圈的电流远远大于通过灯泡的电流. 当切断开关时，我们看到灯泡 S 先是突然亮一下，然后逐渐熄灭. 这个现象也可以用自感现象来解释. 当开关切断时，线圈 L 与电池断开，它的电流从有到无，是一个减小的过程. 按照楞次定律自感电动势应阻碍电流的减小，因此线圈的电流不会立即减小为零，而是通过灯泡回路，使通过灯泡的电流大于原来的电流，灯光会更亮. 但由于电源已经断开，电流必将逐渐减小为零，因此灯泡逐渐熄灭.

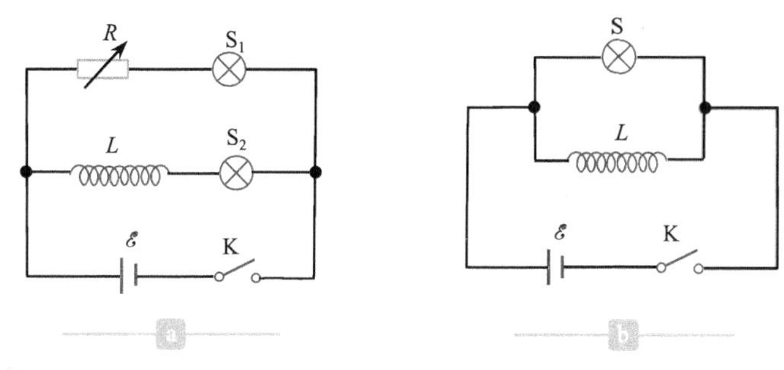

图 16-9 自感现象. a. 开关闭合 S_1 先亮. b. 开关断开瞬间 S 突然亮一下

2) 自感

下面讨论自感现象的规律. 我们知道，线圈中的电流所激发的磁感应强度与电流强度成正比，因此通过线圈的磁通匝链数也正比于线圈中的电流强度，即

$$\Psi=LI \tag{16-17}$$

◀ 自感系数

式中，比例系数 L 称为自感系数，与线圈中电流无关，仅由线圈的几何形状、尺寸、匝数以及周围的介质决定. 上式两边对于时间 t 求导，为自感电动势，即 $\mathscr{E}_L=-L\mathrm{d}I/\mathrm{d}t$.

例题 16-5 自感系数

计算一长螺线管的自感系数(图 16-10).

解 设一长螺线管的长度为 l，绕有 N 匝导线，螺线管的半径 r 比其长度小得多，想象在螺线管中通有电流 I，如果忽略端部效应，则管内磁场的磁感

应强度 B 为

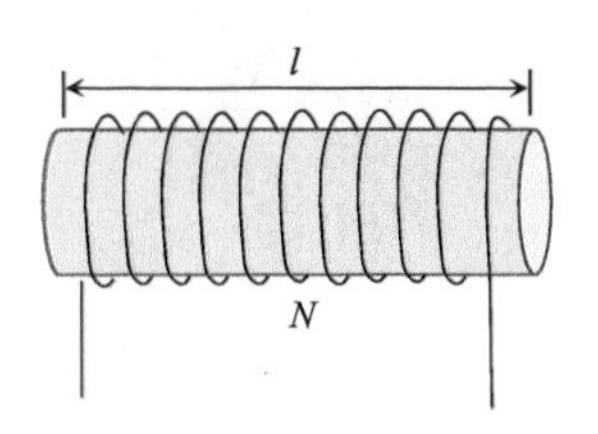

图 16-10 自感系数计算

$$B=\mu_0\frac{N}{l}I$$

磁场对螺线管每匝线圈的磁感通量为

$$\phi_{\mathrm{m}}=\boldsymbol{B}\cdot\boldsymbol{S}=\mu_0\frac{N}{l}I\pi r^2$$

磁通匝链数

$$\Psi=N\phi_{\mathrm{m}}=\mu_0\frac{N^2}{l}I\pi r^2$$

自感系数

$$L=\frac{\Psi}{I}=\mu_0\frac{N^2}{l^2}l\pi r^2=\mu_0 n^2 V \tag{16-18}$$

式中，V 是螺线管的体积.

例题 16-6 互感系数

两个同轴密绕，且相互无漏磁螺线管如图 16-11 所示，其长度均为 l，截面积均为 S，匝数分别为 N_1、N_2. 试计算两同轴螺线管之间的互感系数.

解 设线圈 1 中通有电流 I_1，此线圈形成的磁场穿过线圈 2 的磁通为

$$\phi_{\mathrm{m}}=BS=\mu_0 n_1 I_1 S$$

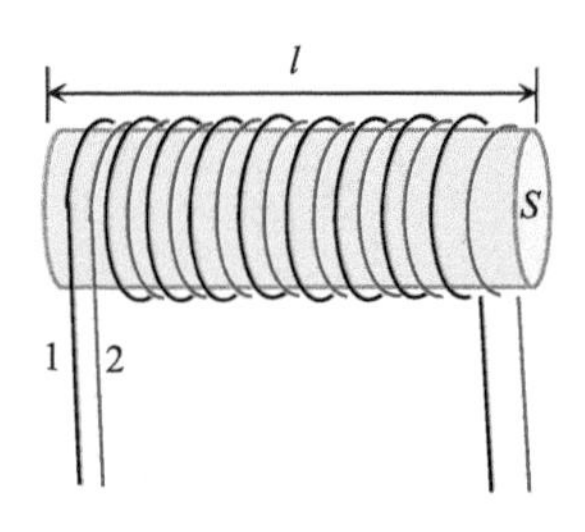

图 16-11 互感计算

磁通链为

$$\Psi=N_2\phi_{\mathrm{m}}=N_2\mu_0 n_1 I_1 S$$

两线圈之间的互感系数为

$$M=\frac{\Psi}{I_1}=N_2\mu_0 n_1 S=\frac{\mu_0 N_2 N_1 S}{l}$$

根据例题 16-5 的结果，两个线圈的自感系数分别为

$$L_1=\mu_0 n_1^2 lS,\quad L_2=\mu_0 n_2^2 lS$$

式中，n_1、n_2 分别为两线圈单位长度的匝数. 根据上述结果，经简单计算可得两线圈间的互感系数与自感系数之间的关系为

$$M=\sqrt{L_1L_2} \tag{16-19}$$

式(16-19)是根据该例题得出的结果. 事实上，任何两个密绕且相互无漏磁的线圈之间的互感与自感之间均满足上述关系.

技术上，线圈自身及线圈之间往往有漏磁，这时线圈之间的互感系数与自感系数之间的关系可用下式表示：

线圈的耦合 ▶

$$M=k\sqrt{L_1L_2} \tag{16-20}$$

式中，k 称为线圈间的耦合系数，是一个无量纲量，其取值范围是：$0\leqslant k\leqslant 1$. 当 k=1 时，线圈之间没有漏磁，称完全耦合，互感最大；当 k=0 时，线圈之间完全不耦合，互感为零(或没有互感).

3. 串联线圈的自感系数

在电工电子技术中常遇到两个及以上线圈的连接问题，比较常见的连接是串联. 设有两个线圈，自感系数分别为 L_1 和 L_2，它们之间的串联方式有两种，顺接和反接. 由此而产生的自感不同，下面分别讨论.

1) 顺接

如图 16-12 所示，两个线圈绕在同一个圆筒或圆柱上(如果绕在铁芯杆上，自感会大大增大，见第 17 章)，导线的环绕方向相同. 线圈 1 的始端为 a，末端为 b. 线圈 2 的始端为 a'，末端为 b'. 若 b 与 a' 相连，则称为顺接.

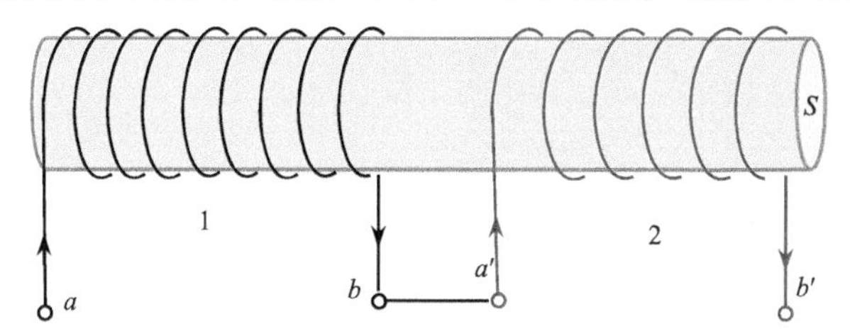

图 16-12 线圈的顺接

当有电流 I 自线圈 1 的 a 端流入时，便在线圈 1 中建立一个磁场，方向向左. 该磁场也自右向左穿过线圈 2. 电流从 b 端流出并自 a'端流入线圈 2(流经两线圈的电流相同)，该电流在线圈 2 中形成的磁场也向左，并向左穿过线圈 1. 显然，在顺接的情况下，两个线圈中的电流方向相同，来自线圈自身和另一线圈的磁场方向也相同. 若以 Ψ_{11} 表示线圈 1 自身电流磁场穿过线圈 1 的磁通链，Ψ_{12} 表示线圈 2 中的电流磁场穿过线圈 1 的磁通链(互感)；以 Ψ_{22} 表示线圈 2 自身电流磁场穿过线圈 2 的磁通链，Ψ_{21} 表示线圈 1 中的电流磁场穿过线圈 2 的磁通链(互感). 由于磁场的方向均相同，故总磁通链为

$$\Psi=\Psi_{11}+\Psi_{12}+\Psi_{22}+\Psi_{21} \tag{16-21}$$

根据电磁感应定律，连接后视为一个线圈，其感应电动势为

$$\varepsilon=-\frac{\mathrm{d}\Psi}{\mathrm{d}t}=-\frac{\mathrm{d}\Psi_{11}}{\mathrm{d}t}-\frac{\mathrm{d}\Psi_{12}}{\mathrm{d}t}-\frac{\mathrm{d}\Psi_{22}}{\mathrm{d}t}-\frac{\mathrm{d}\Psi_{21}}{\mathrm{d}t} \tag{16-22}$$

根据自感、互感与磁链和电流的关系，即

$$\Psi_{11}=L_1I_1,\quad \Psi_{12}=M_{12}I_2,\quad \Psi_{22}=L_2I_2,\quad \Psi_{21}=M_{21}I_1 \tag{16-23}$$

其中，$I_1=I_2=I$，$M_{12}=M_{21}=M$. 将此关系及式(16-23)代入式(16-22)，整理后得

$$\varepsilon=-(L_1+L_2+2M)\frac{\mathrm{d}I}{\mathrm{d}t} \tag{16-24}$$

根据自感系数定义，得

$$L=\frac{\varepsilon}{-\mathrm{d}I/\mathrm{d}t}=L_1+L_2+2M$$

即

$$L=L_1+L_2+2M \tag{16-25}$$

◀ 线圈顺接自感系数

上式表明，两个线圈顺接时，由于互感的存在，总的自感大于两线圈自感的和.

2) 反接

如图 16-13 所示，线圈 1 的 b 端与线圈 2 的 b'端相连，当有电流从 a 端流进，并由 a'端流出时，在两个线圈中的电流方向相反，磁场方向相反. 因此，线圈 2 的磁场穿过线圈 1 的磁链 Ψ_{12} 与线圈 1 自身电流的磁链 Ψ_{11} 符号相反. 同理 Ψ_{21} 与 Ψ_{22} 的符号也相反，这就是线圈的反接. 故总磁链为

$$\Psi = \Psi_{11} - \Psi_{12} + \Psi_{22} - \Psi_{21} \tag{16-26}$$

根据上述类似的推导，并注意到式(16-26)中的两个符号均对应于互感，得

$$\varepsilon = -(L_1 + L_2 - 2M)\frac{\mathrm{d}I}{\mathrm{d}t} \tag{16-27}$$

根据自感系数定义，得

$$L = \frac{\varepsilon}{-\mathrm{d}I/\mathrm{d}t} = L_1 + L_2 - 2M$$

即

线圈反接自感系数 ▶

$$L = L_1 + L_2 - 2M \tag{16-28}$$

上式表明，两个线圈反接时，由于互感的存在，总的自感小于两线圈自感的和.

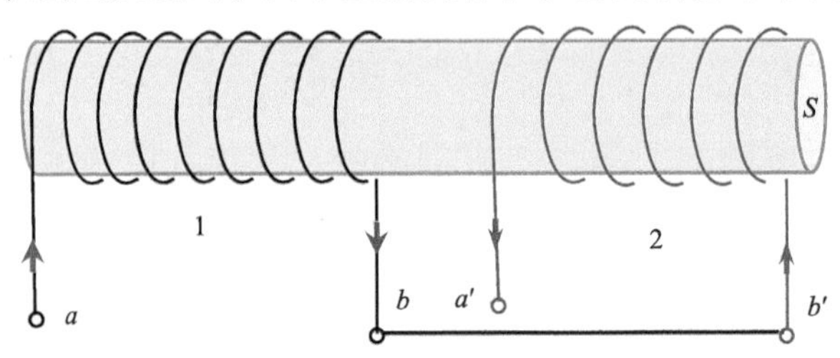

图 16-13 线圈的反接

从式(16-25)和式(16-28)可见，当两个线圈相距很远以至于互感可以忽略时，即 M=0，两线圈完全没有耦合. 无论顺接还是反接，其总自感均为两线圈自感之和，与接法无关. 相反，如果两个线圈之间处于完全耦合，$M = \sqrt{L_1 L_2}$ ，则顺接或反接后的总自感可以合写为

$$L = L_1 + L_2 \pm 2M \tag{16-29}$$

其中，取加号为顺接，取减号为反接.

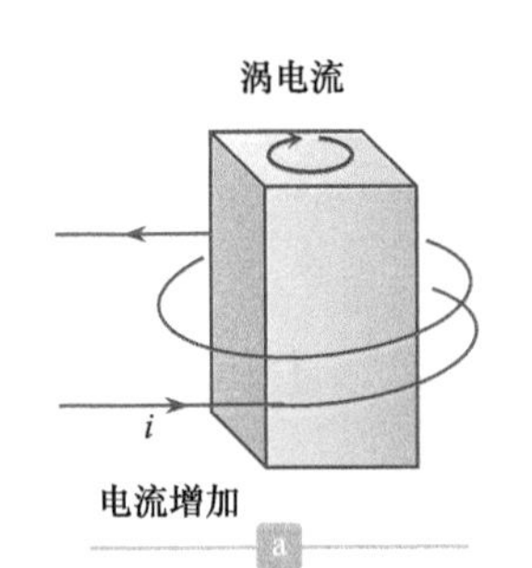

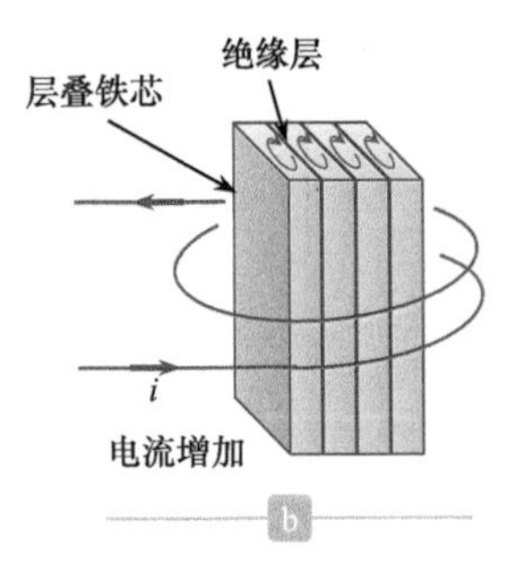

图 16-14 涡电流

16.4 涡电流与电磁阻尼

变化的磁场总是要激发涡旋电场，当金属导体处于随时间变化的磁场中时，其内部的自由电子在涡旋电场的作用下将形成电流，考虑欧姆定律的微分形式，所形成的电流密度场也呈涡旋状，故称涡电流，简称涡流. 如图 16-14a 所示，置于线圈内的大块金属导体，当线圈中通有交变电流时，交变的磁场产生涡旋的电场，电场在导体中产生涡流. 由于涡电流的截面积很大，导体的电阻较小，因而涡电流非常大，结果产生大量的焦耳热，造成能量损耗.

在电动机、变压器等设备中，产生磁场的部件均有铁芯，且均通有交流电，变化的磁场在铁芯中产生强大的涡电流，不仅损耗了许多能量，而且因发热，会损坏设备，甚至引起火灾. 因此，在电力电工、无线电技术的设备中，减少铁芯的涡流损耗是一个非常重要的问题. 减少涡流损耗的最有效方法是增加铁芯的

电阻，减小涡流的流动范围. 例如，选用高电阻率的硅钢合金材料作铁芯. 铁是一种磁导率很大的磁性材料(见第 17 章)，但电阻率比较小，若在铁中增加一些硅，制成合金硅钢，其电阻率比纯铁大得多，但磁导率却与纯铁相差不大. 铁氧体是一种电阻率很大、磁导率也很大的磁性材料，目前许多无线电元件的铁芯取自铁氧体. 增加铁芯电阻的另一种方法是用彼此绝缘的硅钢片叠成的铁芯代替大块铁，并使硅钢片的绝缘层与涡流垂直，从而使通过涡电流的导体的截面积减少，如图 16-14b 所示.

图 16-15　高频电磁炉

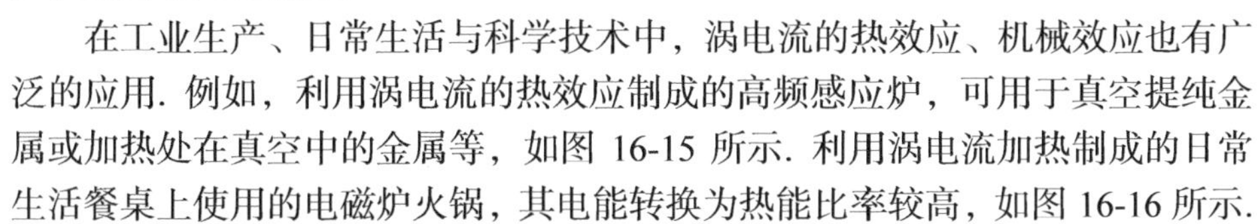

在工业生产、日常生活与科学技术中，涡电流的热效应、机械效应也有广泛的应用. 例如，利用涡电流的热效应制成的高频感应炉，可用于真空提纯金属或加热处在真空中的金属等，如图 16-15 所示. 利用涡电流加热制成的日常生活餐桌上使用的电磁炉火锅，其电能转换为热能比率较高，如图 16-16 所示.

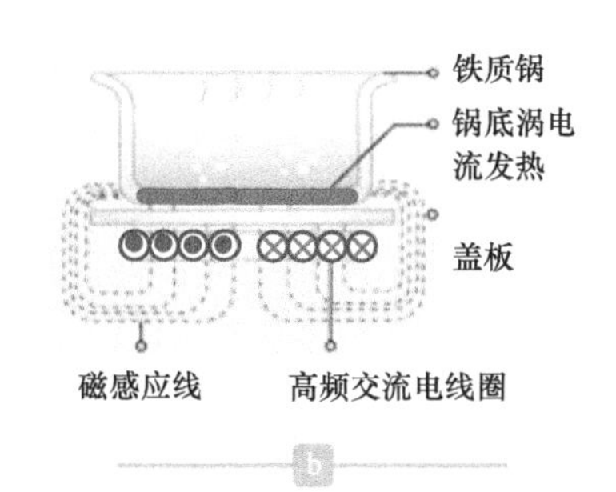

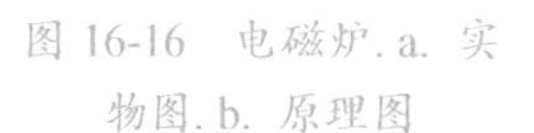

图 16-16　电磁炉. a. 实物图. b. 原理图

根据电磁感应定律，当导电材料和磁场发生相对运动时，会在导电材料中感应出涡流，并且该涡流会激发感应磁场. 又由楞次定律可知，该感应磁场的作用是阻碍导电材料与主磁场的相对运动，即对导电材料施加一个阻尼力(制动力)，如图 16-17 所示. 此外，由于导电材料自身的电阻不为零，根据欧姆定律，涡流将以热能的形式耗散.

图 16-17　涡流电磁阻尼. a. 实物图. b. 原理图

电磁阻尼器在产生阻尼力的过程中，初级和次级没有直接接触、噪声小、维护方便、可靠性高、阻尼力可调，因此电磁阻尼器在工程领域中的应用非常广泛. 其中，电磁阻尼器在电磁制动领域当中的应用最为广泛，如高速列车、电车和磁悬浮列车等的制动系统. 电磁感应及涡电流在工程技术及日常生活中的应用还有很多，此处不再赘述，读者可参考一些其他文献进一步了解.

16.5　磁场能量

1. 自感线圈的磁能

如图 16-18 所示，当开关 K 与 1 接通时，由于自感的存在，灯泡会慢慢变亮，最后稳定. 当开关 K 迅速切换到 2 时，灯泡不仅没有迅速灭掉，反而亮一下. 这种现象说明在通电线圈中具有能量，这个能量称为磁能. 那么磁能跟哪些物理量有关？能量储存在哪里？由于灯泡闪亮的电流是线圈中的自感电动势产

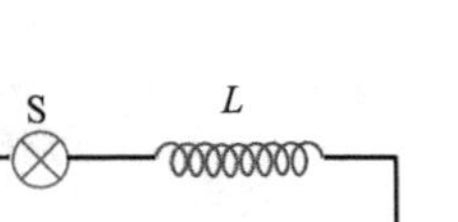
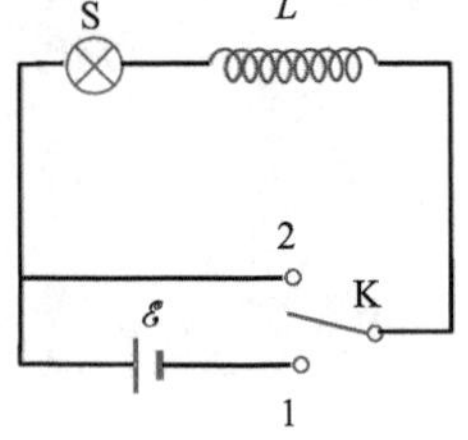

图 16-18 自感磁能

生的，而这个电流随着线圈中磁场的消失而逐渐消失，所以可以认为使灯泡闪亮的能量是原来储存在通有电流的线圈中的，或者说是储存在线圈中的磁场中. 如图所示，自感为 L 的线圈中通有电流 I 时，所储存的磁能应该等于将开关接通 1 时，电源抵抗自感电动势 $\mathscr{E}_L$，电流从 0 增加到 I 过程中做的功. 这个功可计算如下：以 $i\mathrm{d}t$ 表示在接通 1 后某一时间 $\mathrm{d}t$ 内通过导线截面的电量，这时电源克服自感电动势做的功为电流由起始值 0 增加到 I 时，电源所做的总功

$$A=\int \mathrm{d}A=\int \mathscr{E}_L i\mathrm{d}t=\int_{(L)} L\frac{\mathrm{d}i}{\mathrm{d}t}i\mathrm{d}t=\int_0^I Li\mathrm{d}i=\frac{1}{2}LI^2$$

此功以磁能存在于磁场中，就是

$$W_\mathrm{m}=\frac{1}{2}LI^2 \tag{16-30}$$

这也称**自感磁能公式.**

2. 磁场的能量与能量密度

对于磁场的能量也可以引入能量密度的概念，下面通过一个特例，导出磁场能量密度公式. 考虑一个螺旋管，书中例题 16-5 中已求出螺旋管的自感系数为

$$L=\mu_0 n^2 V$$

利用自感磁能公式，通有电流 I 的螺线管的磁场能量是

$$W_\mathrm{m}=\frac{1}{2}LI^2=\frac{1}{2}\mu_0 n^2 VI^2$$

由于螺线管内的磁场 $B=\mu_0 nI$ ，所以上式可以写作

$$W_\mathrm{m}=\frac{B^2}{2\mu_0}V$$

由于螺旋管的磁场集中于管内，其体积就是 V，并且管内磁场基本上是均匀的，所以螺绕环管内的**磁场能量密度**为

磁场的能量密度 ▶

$$w_\mathrm{m}=\frac{B^2}{2\mu_0}$$

此式虽然是从一个特例中推出的，但是可以证明它对磁场普遍有效. 利用上式就可以求得某一磁场所储存的总能量为

磁场的能量 ▶

$$W_\mathrm{m}=\iiint_{(V)} w_\mathrm{m}\mathrm{d}V=\iiint_{(V)}\frac{1}{2}\frac{B^2}{\mu_0}\mathrm{d}V \tag{16-31}$$

此式的积分应遍及整个磁场分布的空间.

对于物质中的磁场，或磁介质，磁场的能量密度可以用包含另一个磁场量——即磁场强度 H 来表示. 磁场强度的定义是：$H=\dfrac{B}{\mu_0}-M$ ，其中 M 是描述磁介质磁化程度的物理量——称为磁介质的磁化强度矢量(详见第 17 章). 对于各向同性磁介质，有 $B=\mu_r\mu_0 H$. 若以磁感应强度和磁场强度表示磁场能量密度，可以写为

磁场的能量密度 ▶

$$w_\mathrm{m}=\frac{1}{2}\boldsymbol{B}\cdot\boldsymbol{H} \tag{16-32}$$

而磁场内的全部能量为

$$W_{\mathrm{m}}=\iiint_{(V)} w_{\mathrm{m}} \mathrm{d} V=\iiint_{(V)} \frac{1}{2} \boldsymbol{B} \cdot \boldsymbol{H} \mathrm{d} V \tag{16-33}$$

例题 16-7 磁能法计算自感系数

同轴输电缆由一长为 l，半径分别为 a、b 的薄导体圆筒同轴放置构成，如图 16-19 所示. 电流 I 在内筒自下而上流去，从外筒流回. 试求：

(1) 此电缆电流形成的磁场空间的能量；

(2) 此电缆的自感系数 L.

解 (1) 根据磁场的安培环路定理可以知道，只有两筒之间的空间存在磁场，且满足下式：

$$B=\frac{\mu_0 I}{2\pi r}$$

代入式(16-31)，得

$$\begin{aligned} W_{\mathrm{m}} &=\iiint_{(V)} w_{\mathrm{m}} \mathrm{d} V \\ &=\int_a^b \frac{1}{4} \frac{\mu_0 I^2 l}{\pi r} \mathrm{d} r=\frac{1}{4} \frac{\mu_0 I^2 l}{\pi} \ln \frac{b}{a} \end{aligned}$$

(2) 由自感磁能公式(16-30)可求得同轴电缆的自感系数为

$$L=\frac{2W_{\mathrm{m}}}{I^2}=\frac{\mu_0 l}{2\pi} \ln \frac{b}{a}$$

上述结果显然可以用自感定义的方法求得.

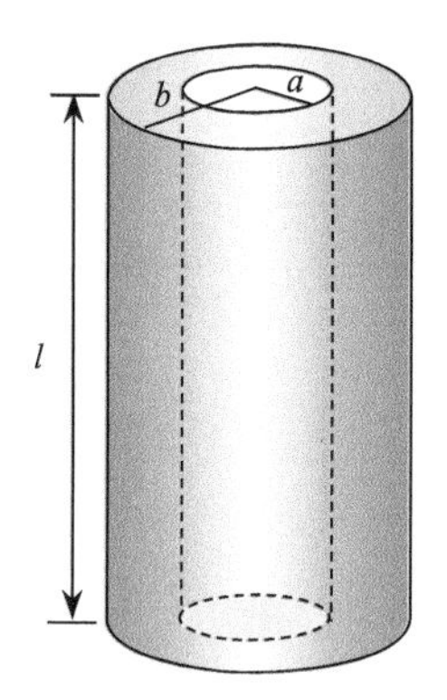

图 16-19 磁场能量

16.6* 暂态过程

当电阻与自感组成 RL 串联电路，或电阻与电容组成 RC 串联电路，与电源相连形成回路，并接通或断开开关时，在阶跃电压从 0 突变到 $\mathscr{E}$ 或从 $\mathscr{E}$ 突变到 0 的作用下，由于自感或电容的作用，电路中的电流或电压不会瞬间突变. 这种在阶跃电压作用下，从开始发生变化到逐渐趋于稳态的过程叫做暂态过程. 本节将研究暂态过程的特点和规律. 为此，首先介绍电路理论中的一个基本原理——换路原理.

1. 换路定理

在电工、电子电路中常有电感、电容等动态元件，这些元件具有储存能量的功能，由于能量不能发生突然变化，所以当含储能元件的支路发生换路或电源通、断时，电容上的电压(或电量)和电感中的电流不会发生突变，而是经过一个连续的变化过程，电路的这种特性称为换路特性或换路定理. 如图 16-20 的 RC 电路所示，若电容原来没有充电，现将开关 K 合向 1，此时开始计时，$t=0$，“0+”表示换路后瞬时，而“0–”表示换路前瞬时. 根据能量变化的连续性，电容上的电压和电量有如下关系：

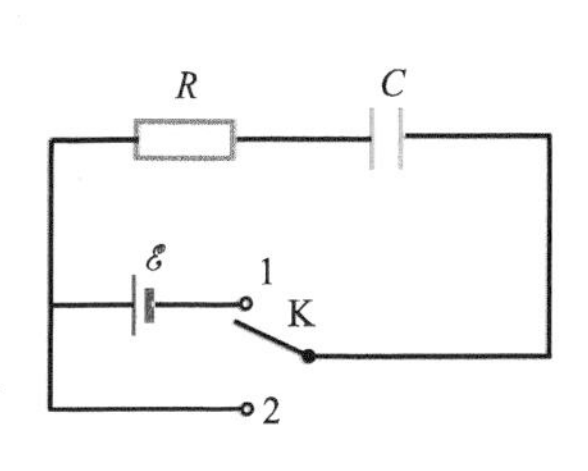

图 16-20 RC 电路换路

$$u_C(0-)=u_C(0+)=0 \tag{16-34a}$$

$$q_C(0-)=q_C(0+)=0 \tag{16-34b}$$

上式表明，若换路前电容器上没有电荷，那么换路后的瞬间电量也为零，或者电量从零开始增加. 经过足够长时间后，电容器充满电，即 $q=C\mathscr{E}$. 现将 K 换路到 2，且此时计为 $t=0$，于是，有

换路定理 ▶

$$u_C(0-)=u_C(0+)=\mathscr{E} \tag{16-35a}$$

$$q_C(0-)=q_C(0+)=C\mathscr{E} \tag{16-35b}$$

式(16-34)和式(16-35)四式，即是电容电路的基本换路特性. 而对于电感电路来说，如图 16-21 所示，若电路的开关没有合通，现将开关 K 合向 1，且计时为 $t=0$，此时电路中没有电流，因此有

换路定理 ▶

$$I_L(0-)=I_L(0+)=0 \tag{16-36a}$$

$$u_R(0-)=u_R(0+)=0 \tag{16-36b}$$

上式表明，若换路前没有电流通过电感(或电阻)，那么换路后的瞬间通过它的电流也为零，或者电流从零开始增加；若换路前有一定电流通过电感，则换路后瞬间,其电流与之前相等. 也就是说,如果开关 K 在 1 处保持足够长的时间，若忽略线圈电阻，电路的稳定电流为 $I_0=\mathscr{E}/R$. 现将开关合向 2，且计时为 $t=0$，此时有

换路定理 ▶

$$I_L(0-)=I_L(0+)=\frac{\mathscr{E}}{R} \tag{16-37a}$$

$$u_R(0-)=u_R(0+)=\mathscr{E} \tag{16-37b}$$

这就是储能元件或含有储能元件电路所服从的换路定理或换路特性. 在求解 R、L、C 电路的充放电问题时要依据这些性质.

2. RL 电路的暂态过程

一个含有电感的电路与电源接通时，电感中的电流是从零开始逐渐增大的，如图 16-21 所示，根据换路定理，开关接通前电流为零，开关接通后电流逐渐增大，最后才达到稳定值 $I=\mathscr{E}/R$. 电路达到稳定值的电路状态叫做稳态. 实际上，开关接通前的状态也是一种稳态，即电流为零的稳态. 从一种稳态到另一种稳态所经历的过程叫做暂态过程.

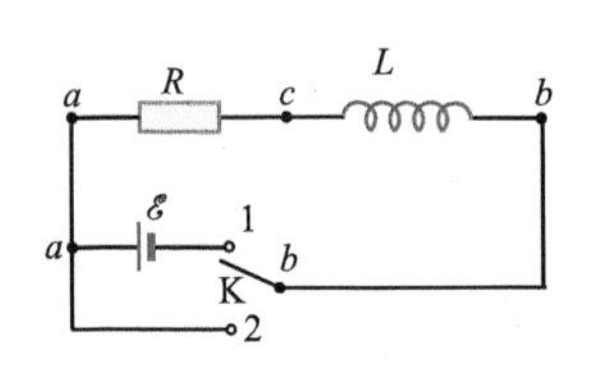

图 16-21 RL 电路闭合电源

1) RL 电路中电流滋长过程

如图 16-21 所示，把开关接通的时刻选作 $t=0$，我们来找出这一时刻以后电流随时间的变化规律，即求出从 $t=0$ 开始的函数 $i(t)$. 当开关 K 拨向 1 时，电路中的电流要由零逐渐增大，电流的变化在电感 L 上产生自感电动势 $\mathscr{E}_L$，设电源的电动势为 $\mathscr{E}$，内阻为零，根据闭合电路欧姆定律，有

$$\mathscr{E}+\mathscr{E}_L=iR$$

式中，i 为电路中的瞬时电流. 将 $\mathscr{E}_L=-L\mathrm{d}i/\mathrm{d}t$ 代入上式，得

$$\mathscr{E}-L\frac{\mathrm{d}i}{\mathrm{d}t}=iR$$

这是关于电路中的瞬时电流 i 的微分方程，可用分离变量法解此方程，将上式作一个简单变换，得

$$\frac{\mathrm{d}i}{(\mathscr{E}/R)-i}=\frac{R}{L}\mathrm{d}t$$

上式积分

$$\int_0^i \frac{\mathrm{d}i}{(\mathscr{E}/R)-i}=\int_0^t \frac{R}{L}\mathrm{d}t$$

得

$$-\ln\left(\frac{\mathscr{E}/R-i}{\mathscr{E}/R}\right)=\frac{R}{L}t$$

整理后，得

$$i=\frac{\mathscr{E}}{R}\left(1-\mathrm{e}^{-\frac{R}{L}t}\right) \tag{16-38}$$

◀ 线圈充磁电流变化

由上式可以看出，当 $t=0$ 时，$i=0$，这是符合客观事实的，因为没有闭合电源时，电路中确实没有电流；而 $t\to\infty$ 时，e 的负指数趋于零，于是 $i\to\mathscr{E}/R$，此时电路应该趋于稳定状态，其稳定电流值为

$$I_0=\frac{\mathscr{E}}{R} \tag{16-39}$$

若令

$$\tau=\frac{L}{R} \tag{16-40}$$

◀ RL 电路时间常数

并考虑式(16-39)，则式(16-38)变为

$$i=I_0(1-\mathrm{e}^{-\frac{t}{\tau}}) \tag{16-41}$$

式中 τ ($=L/R$)称为此电路的时间常数，它反映了电路中电流随时间变化的快慢. τ值越大，电流随时间变化越慢，反之亦然. 人们把电路的时间常数类比为物体的质量，因此电路的时间常数，往往被称为电路的“惯性常数”. 式(16-38)与式(16-41)均为 RL 串联电路闭合电源时电流随时间的变化过程，此变化过程可用曲线表示，如图 16-22a 所示.

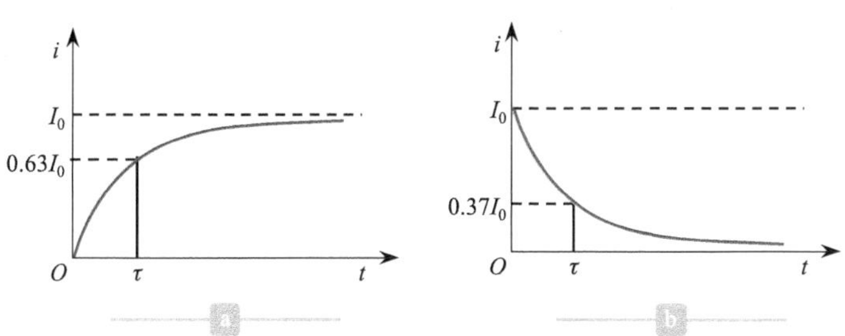

图 16-22 RL 电路串联暂态过程电流随时间的变化. a. 闭合电源. b. 断开电源

时间常数 τ($=L/R$)是电路惯性的量度，它的物理意义可以通过式(16-41)进行说明，当 $t=\tau$时，$i\approx0.63I_0$，于是时间常数的物理意义是：RL 串联接通电源后，电流约达到稳定值的 63%所用的时间就是时间常数.

从变化曲线或理论上，电流达到稳定值所用的时间为无穷大，这显然不实际，实验中，只要经过 5 倍的时间常数，人们就认为达到稳定了. 计算发现，

当 $t=5\tau$时，$i\approx0.993I_0$，即闭合电源后，经过 5 倍的时间常数，电流已经达到稳定值的 99.3%，可以近似看成达到稳定了.

2) *RL* 电路中电流的衰减过程

在图 16-21 所示的 *RL* 电路中，当电流达到稳定值 I_0 后，将开关 K 由 1 迅速拨到 2，也就是把电路中的电源撤去，于是电流将减为零，电流的减小也会在电感器中产生自感电动势 $\mathscr{E}_L$ 以阻碍电流的变化，根据欧姆定律，此时电流方程为

$$L\frac{\mathrm{d}i}{\mathrm{d}t}+iR=0 \quad 或 \quad -L\frac{\mathrm{d}i}{\mathrm{d}t}=iR \tag{16-42}$$

同样用前边使用的分离变量法，可得

RL 电路放磁电流 ▶

$$i=\frac{\varepsilon}{R}\mathrm{e}^{-\frac{R}{L}t}=I_0\mathrm{e}^{-\frac{t}{\tau}} \tag{16-43}$$

式中的$\tau(=L/R)$同前，仍为时间常数. 由上式可见，撤去电源后，电路中的电流由稳定值 I_0 按指数规律衰减，图 16-22b 画出了衰减曲线. 当 $t=\tau$时，电流 i 已经衰减为稳定值的 37%.

3. *RC* 电路的暂态过程

1) 电容器的充电过程

RC 电路如图 16-23 所示，当开关 K 拨到 1 时，电容器 C 被充电，由于电路的换路特性，电容器的两极板上的异号电量逐渐增加，所以电容器的充电过程也是暂态过程. 设电源的电动势为 $\mathscr{E}$，内阻为零，根据基尔霍夫定律，任一时刻电容器上的电势差与电阻上的电势降落之和等于电源电动势 $\mathscr{E}$ ，即

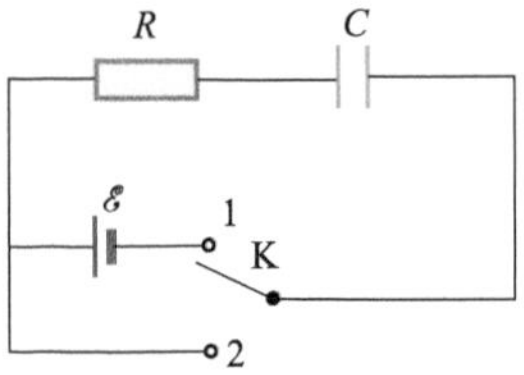

$$iR+u_C=\mathscr{E}$$

图 16-23　*RC* 电路充放电

其中，u_C 为电容器上的电压，满足 $u_C=q/C$，而电路中的电流 $i=\mathrm{d}q/\mathrm{d}t$，代入上式，得

$$R\frac{\mathrm{d}q}{\mathrm{d}t}+\frac{q}{C}=\mathscr{E} \tag{16-44}$$

上式中 R、C 和 $\mathscr{E}$ 均为常量，利用分离变量法，解得

RC 电路充电 ▶

$$q=C\mathscr{E}(1-\mathrm{e}^{-\frac{t}{RC}})=Q_{\mathrm{f}}(1-\mathrm{e}^{-\frac{t}{RC}}) \tag{16-45}$$

式中，$Q_{\mathrm{f}}=C\mathscr{E}$ ，为电容器稳定时的电量. 当电容器充电到稳定值，即充电结束时，电量达到最大值，电流为零. 上式中，令

RC 电路时间常数 ▶

$$\tau=RC \tag{16-46}$$

τ也是电路的时间常数，显然 *RC* 电路中电阻越大，电容越大，时间常数越大，即电路惯性越大. 同理 $t=\tau$时，电容器上的电量刚刚达到稳定值 Q_{f} 的 63%. 当 $t=5\tau$时，我们也认为电容基本充电完成. 电容器充电时其电量与时间的关系曲线如图 16-24a 所示.

利用电容器电量与电压的关系可以得出电容器上电压与时间的关系，即

$$u_C=\mathscr{E}(1-\mathrm{e}^{-\frac{t}{RC}}) \tag{16-47}$$

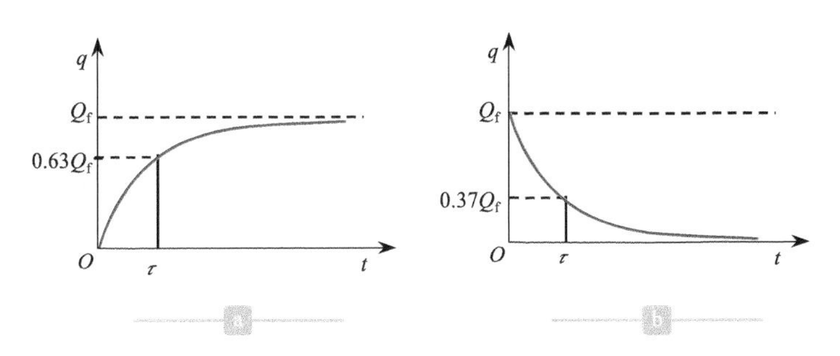

图 16-24　*RC* 电路串联暂态过程电量随时间的变化. a. 电容器充电. b. 电容器放电

显然，充电结束时，电容器上电压等于电源电动势. 对于式(16-45)求导，可以知道充电时电路中电流的变化情况，即

$$i=\frac{\mathrm{d}q}{\mathrm{d}t}=\frac{\mathscr{E}}{R}\mathrm{e}^{-\frac{t}{RC}}=I_0\mathrm{e}^{-\frac{t}{RC}} \tag{16-48}$$

显然，当充电时间足够长(5*RC*)时，电路中电流趋于零.

2) 电容器放电过程

在图 16-23 所示的电路中，当电容器两极板之间的电势差达到稳定值后，将开关 K 由 1 迅速拨到 2，也就是把电路中的电源撤去，于是电容器放电，这一过程的电路方程为

$$R\frac{\mathrm{d}q}{\mathrm{d}t}+\frac{q}{C}=0$$

利用分离变量法可得 q 与 t 的关系为

$$q=C\mathscr{E}\mathrm{e}^{-\frac{t}{RC}}=Q_f\mathrm{e}^{-\frac{t}{RC}} \tag{16-49}$$

◀ *RC* 电路放电

根据电容上电压和电量的关系，可以得到电容器上电压的变化规律为

$$u_C=\mathscr{E}\mathrm{e}^{-\frac{t}{RC}} \tag{16-50}$$

对于式(16-49)求导，得放电电流为

$$i=\frac{\mathrm{d}q}{\mathrm{d}t}=-\frac{\mathscr{E}}{R}\mathrm{e}^{-\frac{t}{RC}}=-I_0\mathrm{e}^{-\frac{t}{RC}} \tag{16-51}$$

比较式(16-48)与式(16-51)，两者只差一个符号，说明充电开始的瞬间与放电开始的瞬间电流的大小相等，而方向相反. 电容器放电时，两极板间的电场逐渐消失，电场能量释放出来转变为其他形式的能量.

综上所述，*RL*、*RC* 电路暂态过程的特点可归纳在表 16-1 中.

表 16-1　*RL*、*RC* 电路暂态过程特点

		初始条件(t=0)	终态($t\to\infty$)	时间常数 τ
RL 电路	接通电源	$i_0=0$	$i=\mathscr{E}/R$	L/R
	短路	$i_0=\mathscr{E}/R$	$i=0$	L/R
RC 电路	接通电源	$q_0=0$ 或 $u_0=0$	$q=C\mathscr{E}$ 或 $u=\mathscr{E}$	RC
	短路	$q_0=C\mathscr{E}$ 或 $u_0=\mathscr{E}$	$q=0$ 或 $u=0$	RC

4. *RLC* 电路的暂态过程

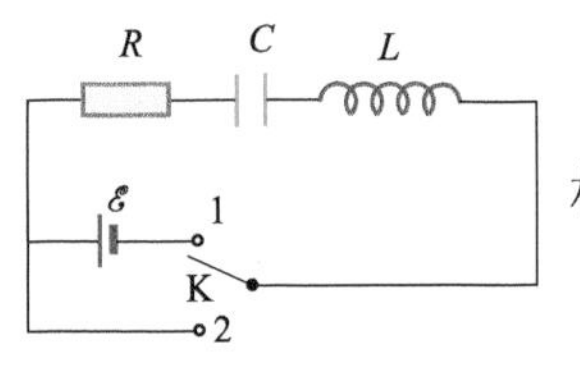

图 16-25 *RLC* 电路暂态过程

现在我们讨论 *RLC* 电路的暂态过程. 如图 16-25 所示，跟前边讨论的情况相似，当 K 分别拨向 1 和 2 时，电路满足如下方程：

$$L\frac{\mathrm{d}i}{\mathrm{d}t}+iR+\frac{q}{C}=\begin{cases}\mathscr{E} & (\text{K拨向1})\\ 0 & (\text{K拨向2})\end{cases}$$

式中，$i=\mathrm{d}q/\mathrm{d}t$，代入上式并化简得

RLC 电路微分方程 ▶

$$\frac{\mathrm{d}^2q}{\mathrm{d}t^2}+2\frac{R}{2L}\frac{\mathrm{d}q}{\mathrm{d}t}+\frac{1}{LC}q=\begin{cases}\mathscr{E}\\ 0\end{cases} \tag{16-52}$$

这是二阶线性常系数微分方程，在力学中第 6 章研究阻尼振动时介绍过，参见第 6 章 6.6 节. 在式(16-52)中，令

$$\beta=\frac{R}{2L},\quad \omega_0^2=\frac{1}{LC}$$

式中，β 称为电路的阻尼因数，与电阻成正比. ω_0 称为电路的固有圆频率，由 *LC* 决定. 于是式(16-52)变为

$$\frac{\mathrm{d}^2q}{\mathrm{d}t^2}+2\beta\frac{\mathrm{d}q}{\mathrm{d}t}+\omega_0^2q=\begin{cases}\mathscr{E}\\ 0\end{cases} \tag{16-53}$$

式(16-53)的解的形式与阻尼大小有关，图 16-26 给出了充电、放电中 q 随时间 t 变化的曲线. 图中三条曲线对应 $\beta<\omega_0$、$\beta=\omega_0$ 和 $\beta>\omega_0$ 的三种情形. 这三种情形分别称为欠阻尼、临界阻尼和过阻尼. 下面我们着重从能量的角度定性讨论 *RLC* 电路放电过程的特点，说明欠阻尼、临界阻尼和过阻尼的含义.

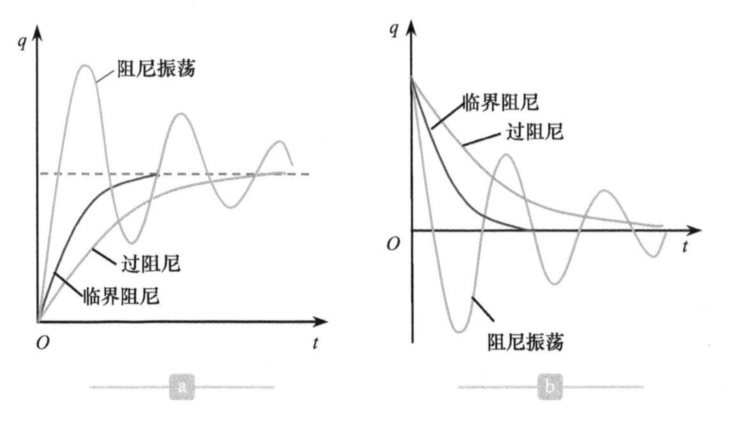

图 16-26 *RLC* 电路的暂态曲线. a. 充电过程. b. 放电过程

我们知道，电容和电感是储能元件，其中能量的转换是可逆的，而电阻是耗散性元件，其中电能单向地转化为热能. 由于阻尼因数与电阻成正比，β 的大小反映了电路中电磁能耗散的情况. 首先我们看电路中 $R=0$ 的情形，此时 $\beta=0$. 放电过程开始时，电容器中原来积累的电量减少，线圈中的电流增大，这时电容器中储存的静电能转化为电感元件中的磁能. 当电容器中积累的电量放电完毕时，全部静电能转化为磁能以后，电路中的电流在自感电动势的推动下持续下去，使电容器反方向充电，于是，磁能又转化为电能. 此过程反复进行下去，形成等幅振荡. 振荡的频率 f 和周期 T_0 分别为

$$f_0=\frac{1}{2\pi\sqrt{LC}}, \quad T_0=2\pi\sqrt{LC} \tag{16-54}$$

f_0 和 T_0 分别称为电路的自由振荡频率和自由周期.

如果电路中的电阻不太大使得$\beta<\omega_0$，每当电流通过电阻时，便消耗掉一部分能量，振荡的振幅逐渐衰减，这便是欠阻尼或振荡情形，其振荡频率 f 和周期 T 分别为

$$f=\frac{1}{2\pi}\sqrt{\frac{1}{LC}-\frac{R^2}{4L^2}} \tag{16-55}$$

◀ RLC 电路振荡频率

$$T=\frac{2\pi}{\sqrt{\frac{1}{LC}-\frac{R^2}{4L^2}}}=\frac{2\pi}{\sqrt{\omega_0^2-\beta^2}} \tag{16-56}$$

◀ RLC 电路振荡周期

当电阻增大时，振荡的周期增大，衰减的程度增加.

当电阻的数值达到一定的临界值，使得$\beta=\omega_0$时，由式(16-56)可见周期趋于无穷大，表明衰减的过程不再具有周期性，这便是临界阻尼情形.

当电阻再大使得$\beta>\omega_0$时，放电过程进行得更缓慢，这便是过阻尼情形.

第16章练习题

16-1 一半径 r =10cm 的圆形回路放在 B=0.8T 的均匀磁场中．回路平面与 B 垂直．当回路半径以恒定速率 $\frac{dr}{dt}$=80cm/s 收缩时，求回路中感应电动势的大小.

16-2 如题 16-2 图所示，载有电流 I 的长直导线附近，放一导体半圆环 MeN 与长直导线共面，且端点 MN 的连线与长直导线垂直．半圆环的半径为 b，环心 O 与导线相距 a．设半圆环以速度 $\boldsymbol{v}$ 平行导线平移．求半圆环内感应电动势的大小和方向及 MN 两端的电压 U_M-U_N.

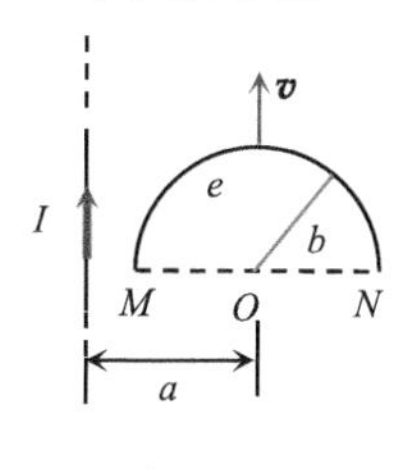

题 16-2 图

16-3 如题 16-3 图所示，在两平行载流的无限长直导线的平面内有一矩形线圈．两导线中的电流方向相反、大小相等，且电流以 $\frac{dI}{dt}$ 的变化率增大，求：

(1) 任一时刻线圈内所通过的磁通量；

(2) 线圈中的感应电动势.

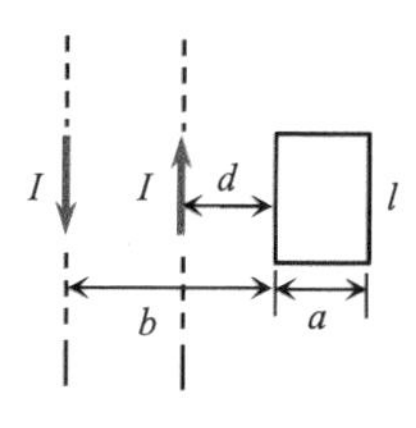

题 16-3 图

16-4 如题 16-4 图所示，用一根硬导线弯成半径为 r 的一个半圆．令这半圆形导线在磁场中以频率 f 绕图中半圆的直径旋转．整个电路的电阻为 R．求：感应电流的最大值.

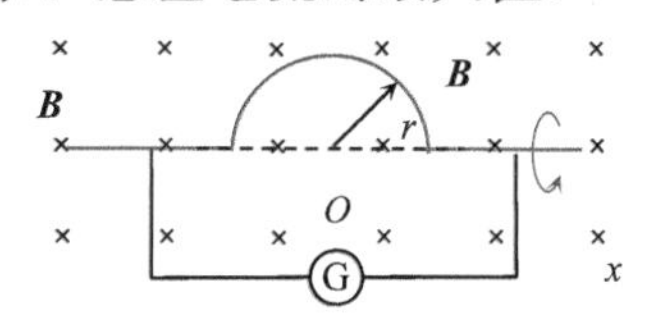

题 16-4 图

16-5 如题 16-5 图所示，长直导线通以电流 I=5A，在其右方放一长方形线圈，两者共面．线

圈长 b =0.06m，宽 a =0.04m，线圈以速度 v=0.03m/s 垂直于直线平移远离．求：d =0.05m 时线圈中感应电动势的大小和方向．

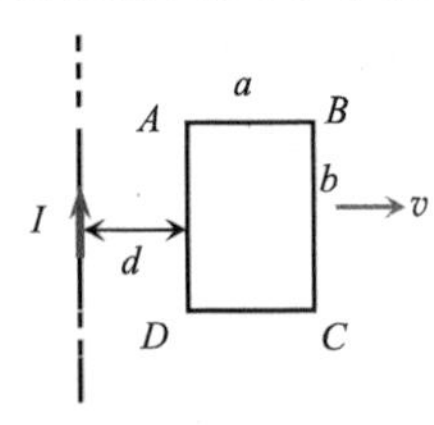

题 16-5 图

16-6 一矩形导线框以恒定的加速度向右穿过一均匀磁场区，B 的方向如题 16-6 图所示．取逆时针方向为电流正方向，画出线框中电流与时间的关系(设导线框刚进入磁场区时 t =0)．

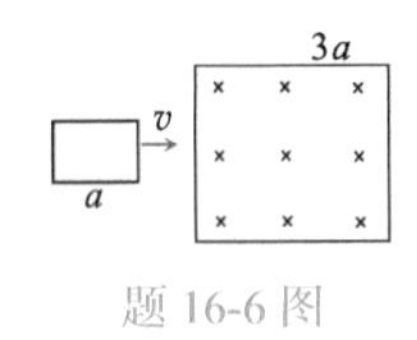

题 16-6 图

16-7 导线 ab 长为 l，绕过 O 点的垂直轴以匀角速 ω 转动，$aO=\dfrac{l}{3}$，磁感应强度 B 平行于转轴，如题 16-7 图所示．试求：

(1) ab 两端的电势差；

(2) a, b 两端哪一点电势高？

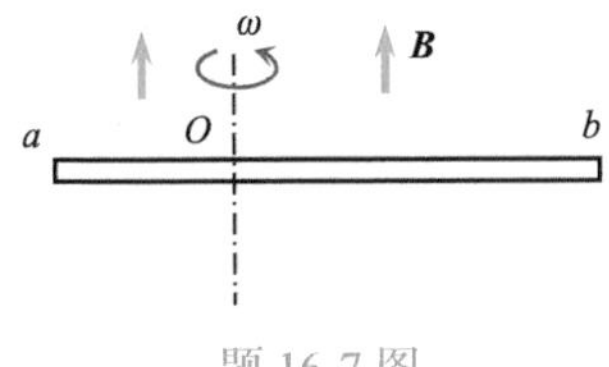

题 16-7 图

16-8 如题 16-8 图所示，长度为 $2b$ 的金属杆位于两无限长直导线所在平面的正中间，并以速度 $\boldsymbol{v}$ 平行于两直导线运动．两直导线通以大小相等、方向相反的电流 I，两导线相距 $2a$．试求：金属杆两端的电势差及其方向．

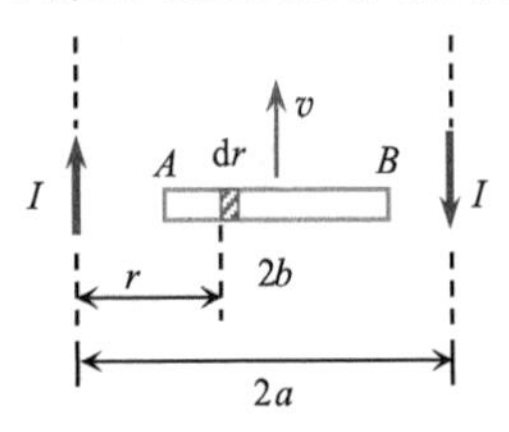

题 16-8 图

16-9 如题 16-9 图所示，线框中 ab 段能无摩擦地滑动，线框宽为 l，设总电阻近似不变为 R，旁边有一条无限长载流直导线与线框共面且平行于框的长边，距离为 d，忽略框的其他各边对 ab 段的作用，若长直导线上的电流为 I_1，导线 ab 以 v 的速度沿图示方向做匀速运动，试求：

(1) ab 导线段上的感应电动势的大小和方向；

(2) ab 导线段上的电流；

(3) 作用于 ab 段上的外力．

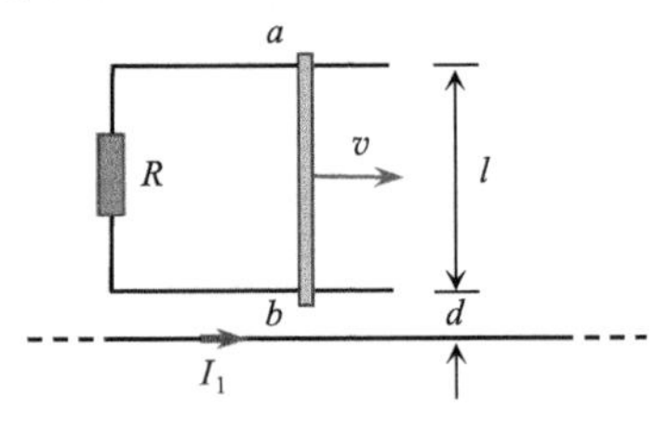

题 16-9 图

16-10 如题 16-10 图所示为通过垂直于线圈平面的磁通量，它随时间变化的规律为 $\Phi=6t^2+7t+1$，单位为 Wb，

(1) 当 t=2s 时，求线圈中的感应电动势；

(2) 若线圈电阻 r=1Ω，负载电阻 R=30Ω，当 t=2s 时，求线圈中的电流强度．

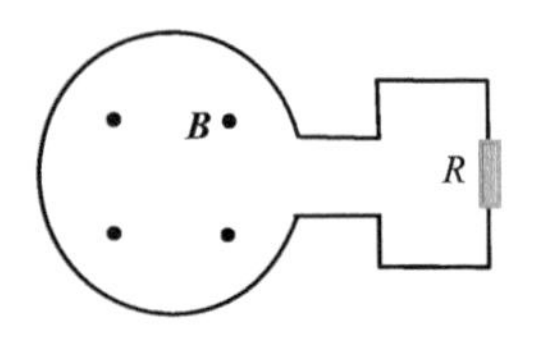

题 16-10 图

16-11 如题 16-11 图，真空中，一长直导线通以交变电流 $I=I_0\sin\omega t$，在此导线旁边平行地放一长为 l，宽为 a 的长方形线圈，靠近导线的一边与导线相距为 d．求任一时刻线圈中的感应电动势．

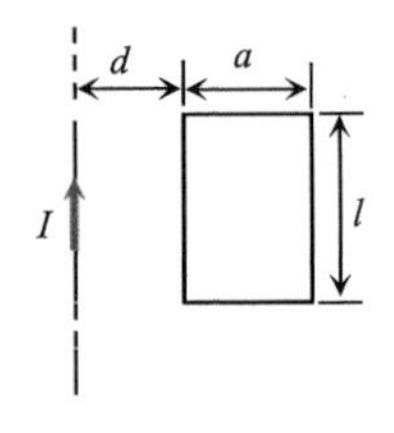

题 16-11 图

16-12 磁感应强度为 $\boldsymbol{B}$ 的均匀磁场充满一半径为 R 的圆柱形空间，如题 16-12 图所示，一金属

杆放在图中位置，杆长为 $2R$，其中一半位于磁场内，另一半在磁场外．当 $\frac{dB}{dt}>0$ 时，求：杆两端的感应电动势的大小和方向．

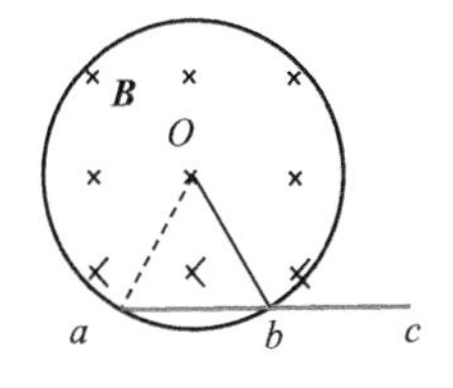

题 16-12 图

16-13　半径为 R 的直螺线管中，有 $\frac{dB}{dt}>0$ 的磁场，一任意闭合导线 $abca$，一部分在螺线管内绷直成 ab 弦，a,b 两点与螺线管绝缘，如题 16-13 图所示．设 ab 的电阻为 R，试求：闭合导线中的感应电动势．

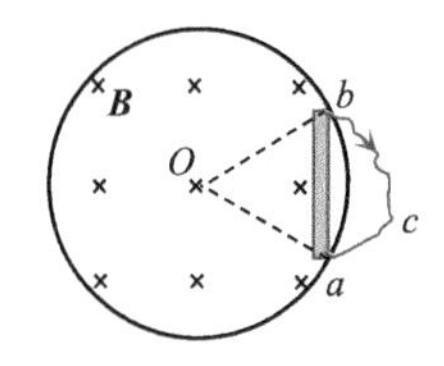

题 16-13 图

16-14　如题 16-14 图所示，在垂直于直螺线管管轴的平面上放置导体 ab 于直径位置，另一导体 cd 在一弦上，导体均与螺线管绝缘．当螺线管接通电源的一瞬间管内磁场如图示方向．试求：

(1) ab 两端的电势差；

(2) cd 两点电势高低的情况．

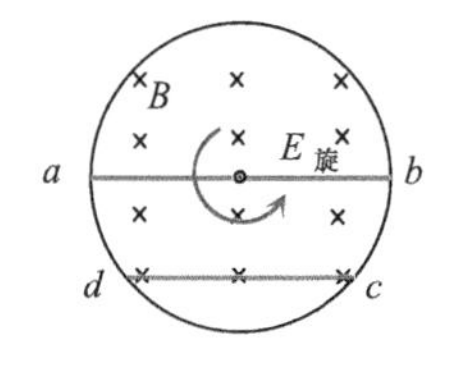

题 16-14 图

16-15　均匀磁场局限于一个长圆柱形空间内，方向如题 16-15 图所示，$dB/dt=0.1T/s$．有一半径 $r=10cm$ 的均匀金属圆环同心放置在圆柱内，试求：

(1) 环上 a、b 两点处的涡旋电场强度的大小和方向；

(2) 整个圆环的感应电动势；

(3) 求 a、b 两点间的电势差；

(4) 若在环上 a 点处被切断，两端分开很小一段距离，求两端点 a, c(c 在 a 点的上方)的电势差．

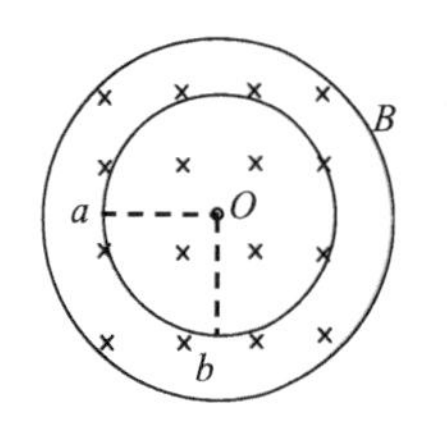

题 16-15 图

16-16　长度为 l 的金属杆 ab 以速率 v 在导电轨道 $abcd$ 上平行移动．已知导轨处于均匀磁场 B 中，$\boldsymbol{B}$ 的方向与回路的法线成 60°角(题 16-16 图)，$\boldsymbol{B}$ 的大小为 $B=kt$ (k 为正常)．设 $t=0$ 时杆位于 cd 处，求：任一时刻 t 导线回路中感应电动势的大小和方向．

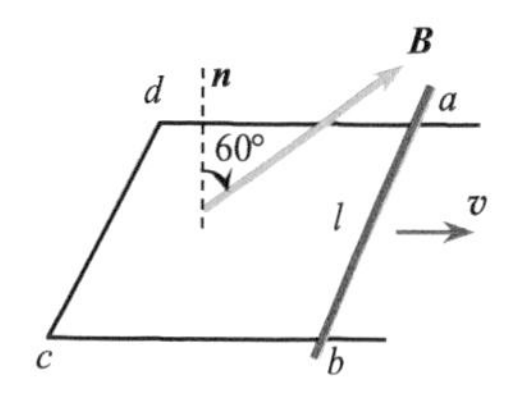

题 16-16 图

16-17　一无限长的直导线和一正方形的线圈如题 16-17 图所示放置(导线与线圈接触处绝缘)．求：线圈与导线间的互感系数．

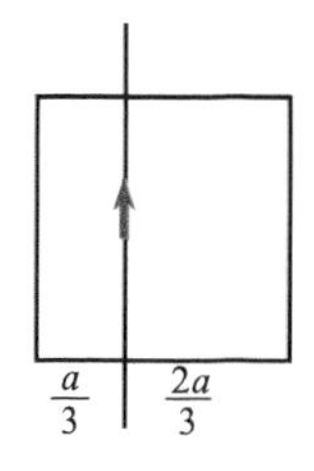

题 16-17 图

16-18　一矩形线圈长为 a=20cm，宽为 b=10cm，由 100 匝表面绝缘的导线绕成，放在一无限长导线的旁边且与线圈共面．求：题 16-18 图中(a)和(b)两种情况下，线圈与长直导线间的互感．

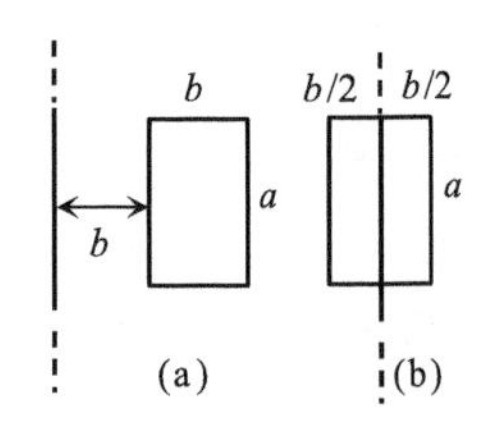

题 16-18 图

16-19 如题 16-19 图所示，两根平行长直导线，横截面的半径都是 a，中心相距为 d，两导线属于同一回路. 设两导线内部的磁通可忽略不计，证明：这样一对导线长度为 l 的一段自感为

$$L=\frac{\mu_0 l}{\pi}\ln\frac{d-a}{a}$$

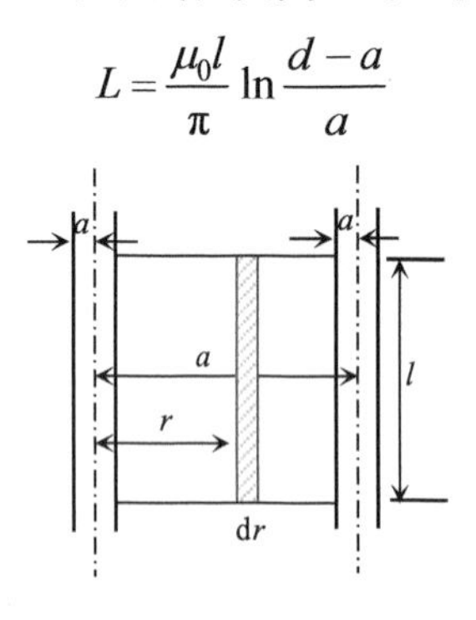

题 16-19 图

16-20 两线圈顺串联后总自感为 1.0H，在它们的形状和位置都不变的情况下，反串联后总自感为 0.4H. 试求：它们之间的互感.

16-21 一矩形截面的螺绕环如题 16-21 图所示，共有 N 匝. 试求：

(1) 此螺线环的自感系数；

(2) 若导线内通有电流 I，环内磁能为多少？

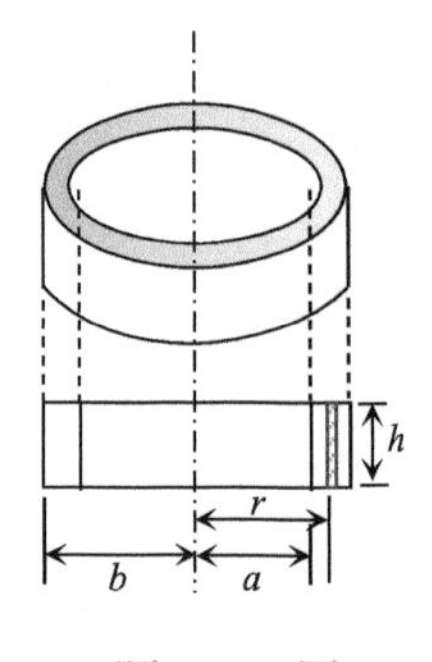

题 16-21 图

16-22 一无限长圆柱形直导线，其截面各处的电流密度相等，总电流为 I. 求：导线内部单位长度上所储存的磁能.

16-23 两共轴圆形线圈，不共面，两线圈所在平面相距 d，两线圈半径分别为 R 和 r，匝数分别为 N_1 和 N_2，小线圈所处位置的磁场可视为均匀，求互感.

16-24 一无限长直导线通以电流 $I=I_0\sin\omega t$，和直导线在同一平面内有一矩形线框，其短边与直导线平行，线框的尺寸及位置如题 16-24 图所示，且 $b/c=3$. 试求：

(1) 直导线和线框的互感系数.

(2) 线框中的互感电动势.

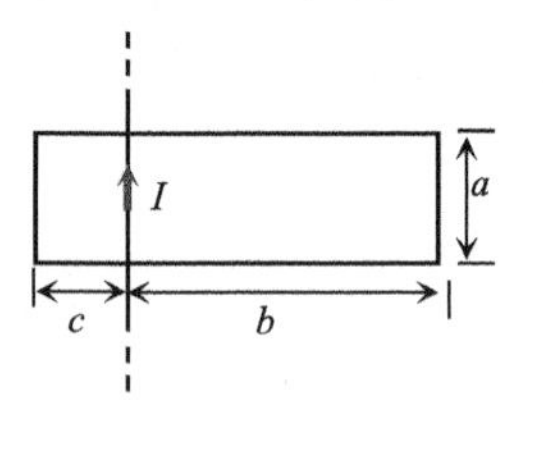

题 16-24 图

16-25 如题 16-25 图，一对同轴无限长直空心薄壁圆筒，电流 I 沿内筒流去，沿外筒流回，已知同轴空心圆筒单位长度的自感系数为 $L=\frac{\mu_0}{2\pi}$.

(1) 求同轴空心圆筒内外半径之比 R_1/R_2；

(2) 若电流随时间变化，即 $I=I_0\cos\omega t$，求圆筒单位长度产生的感应电动势.

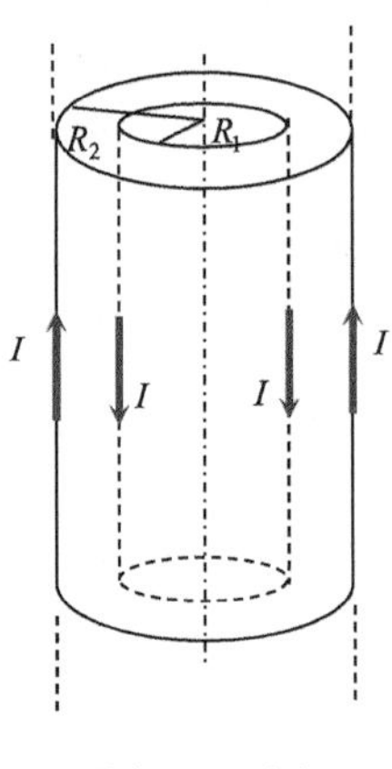

题 16-25 图

16-26 半径 R=10cm，截面积 $S=5\text{cm}^2$ 的螺绕环均匀地绕有 N_1=1000 匝线圈. 另有 N_2=500 匝线圈均匀地绕在第一组线圈的外面，求互感系数.

16-27 一螺线管绕成圆柱形如题 16-27 图，内

径 R_1，外径 R_2，厚 H，共绕线 N 匝，求螺线管的自感.

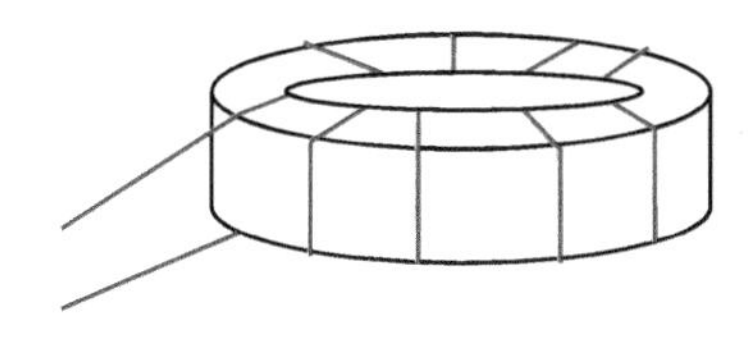

题 16-27 图

16-28　(1)试证明：$\frac{L}{R}$具有时间的单位；

(2) 试证明：RC 具有时间的单位.

16-29　在 RL 串联电路中，如果闭合电源后 5s 之内电流达到了稳定值的 1/3，试求该电路的时间常数.

16-30　在 RL 串联电路中，闭合电源后，若电流达到稳定值的 90%，求所有时间是几倍的时间常数?

16-31　一个 50V 电压突然加到电感和电阻串联的电路上，已知，L= 50mH，R=180Ω. 若以刚刚加上电压为计时起点，即 t_0=0，求 t=0.001s 时，电路中电流的变化率.

16-32　在题 16-32 图所示的电路中，$\mathscr{E}$= 10 V, R_1= 5.0 Ω, R_2 = 10 Ω, L = 5.0 H.

(1) 开关 K 闭合的瞬间，试计算：(a) 通过 R_1 的电流 i_1；(b) 通过 R_2 的电流 i_2；(c) 通过开关 K 的电流 i；(d) 加在 R_2 上的电势差；(e) 加在 L 上的电势差；(f) 通过 R_2 电流的变化率 $\mathrm{d}i_2/\mathrm{d}t$.

(2) 开关 K 闭合很长时间，重复(1)的计算.

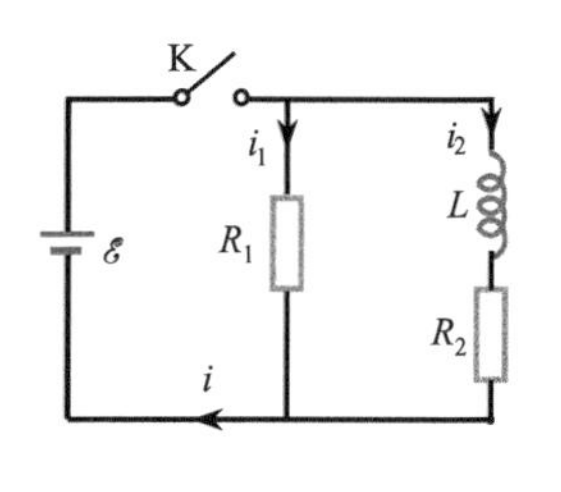

题 16-32 图

16-33　RC 充电时，若使电量达到稳定值 Q_f 的 99%，试计算所用时间是几倍的时间常数?

16-34　电阻为 3.0MΩ和电容为 1.0μF 的电容器串联并接在电动势为 4.0V 的电源上，此时为计时起点，t=0. 当 t=1.0s 时，求如下的物理量：

(1) 电容器上电量的变化率；

(2) 电容器存储的能量；

(3) 电阻上热量的消耗；

(4) 电源输出的能量.

16-35　题 16-35 图中，$\mathscr{E}$=1200V, C=6.50μF, R_1= R_2= R_3=7.30×10^5 Ω. 电容原来不带电，当 t=0 时闭合开关 K.

(1) 计算 t = 0 和 t = ∞时通过每个电阻上的电流；

(2) 定性画出从开始到最后，电阻 R_2 上电压的变化；

(3) 求 t =0 和 t = ∞时，R_2 上的电压 V_2.

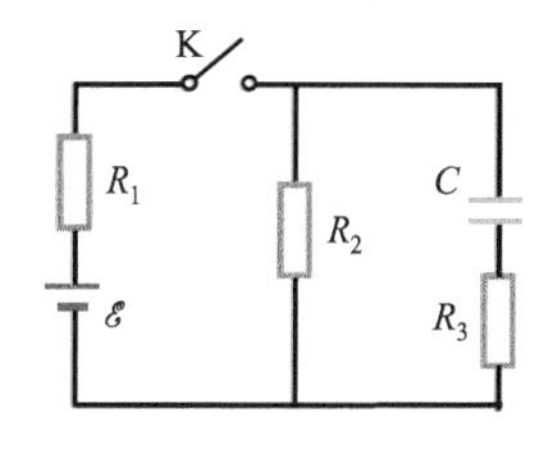

题 16-35 图

第 16 章练习题答案

第 17 章 物质的磁性

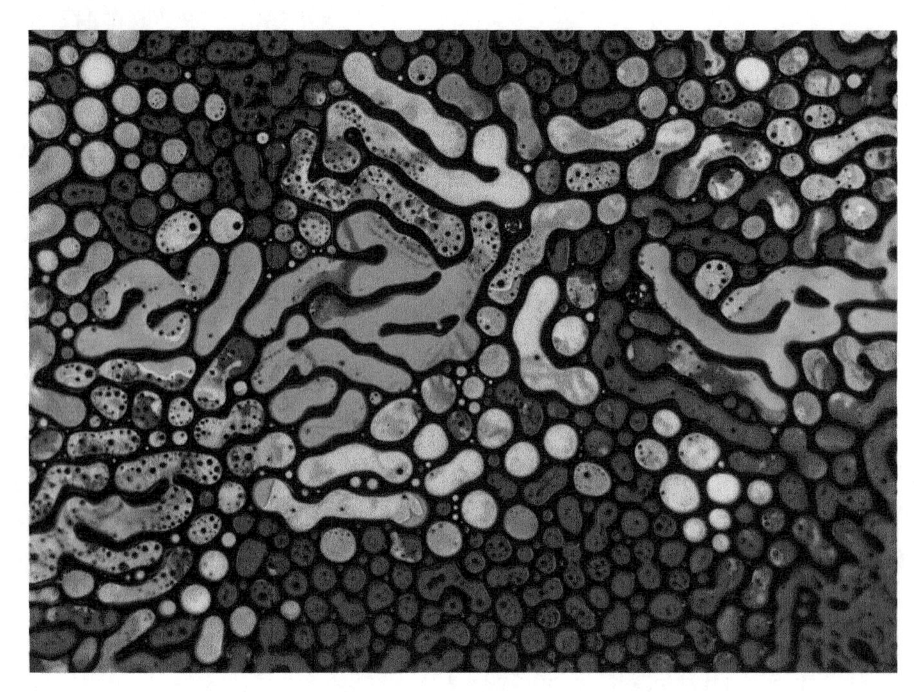

铁流体具有非常独特的性质. 它的铁磁性来自于数百万的纳米级铁颗粒. 在磁场的作用下，这些溶液颗粒会由于铁的排斥或者吸引而重新排列，并形成褶皱和沟槽. 当滴入一些水彩时，由于铁流体不亲水，这些水彩就流入了这些连通的沟槽中，并且被黑色的铁流体(图中的黑色边界)分开. 此图是由瑞士年轻的艺术家和摄影师法比安·欧芬拿在铁流体中完成的科学与艺术相融合的作品

在第 15 章我们介绍了真空中稳恒电流形成磁场的基本性质. 但是在实际问题中常常会遇到实物(磁介质)处于磁场中的情况，就像在第 13 章中介绍的电介质处于电场中的情况一样. 本章主要介绍磁场对磁介质的作用、磁介质对磁场的反作用、磁介质的分类以及磁介质中磁场的基本性质等. 这一章的内容和地位以及研究方法与电介质相似. 读者在学习中可以跟电介质的相关内容进行比较、借鉴，这样做不仅可以降低学习难度，加深理解，还可以复习电介质的相关内容.

17.1 磁介质的分类

跟电介质一样，凡是由分子原子组成的物质都是磁介质. 磁介质根据它们在磁场中的不同表现，分成顺磁介质、抗磁介质以及铁磁介质三类.

1. 顺磁介质

根据安培的分子环流假说，在原子、分子等物质微粒的内部，存在着一种环形电流——分子电流，使每个微粒成为微小的磁体，分子的两侧相当于两个磁极. 通常情况下，由于热运动，磁体分子的分子电流取向是杂乱无章的，它们产生的磁场互相抵消，对外不显磁性. 当将它们置于外界磁场中后，分子电流的取向大致相同，分子间相邻的电流作用抵消，而表面部分未抵消，它们的效果在宏观上显示出磁性.

由于当时人们对于物质的内部结构了解很少，安培的分子环流假说无法证实，带有相当程度的主观臆测. 如今我们了解到物质由分子组成，而分子由原子组成，原子中有绕核运动的电子，安培的分子电流假说有了实在的内容，已成为认识物质磁性的重要依据.

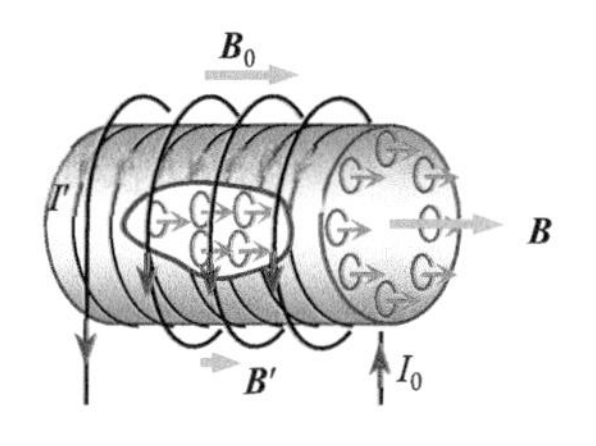

图 17-1 顺磁介质的磁化

原子中的每个核外电子做轨道运动时，均形成轨道磁矩 m_L，我们可以对所有的电子轨道磁矩求和. 有的分子或原子的轨道磁矩总和等于零，有的不等于零. 不等于零时可以用一个轨道磁矩代替——分子环流轨道磁矩. 当把由总轨道磁矩非零的原子或分子(分子环流)组成的物质放入外磁场中时，在磁场的作用下，分子磁矩将取向于外磁场，如图 17-1 所示. 这些分子环流也会产生磁场，且与外磁场方向相同. 若以 $\boldsymbol{B}_0$ 表示原外磁场，$\boldsymbol{B}'$表示分子环流形成的磁场，$\boldsymbol{B}$ 为两者叠加的总磁场，则

$$\boldsymbol{B}=\boldsymbol{B}_0+\boldsymbol{B}'$$

实验发现，$B' \ll B_0$，故 $B \approx B_0$，这就是顺磁介质，即叠加后的总磁场略大于原磁场.

2. 抗磁介质

前面提到，在众多的物质中，分子或原子中的电子轨道运动磁矩的总和有的等于零，有的不等于零. 总的轨道运动磁矩为零的分子或原子总体上对外界不显磁性. 然而，当这些分子或原子放入外磁场中时，尽管总磁矩为零，但每个电子的轨道运动在外磁场中将如同陀螺仪一样旋进，从而形成了与原磁场方向相反的磁场 $\boldsymbol{B}'$，如图 17-2 所示，于是总磁场为

$$\boldsymbol{B}=\boldsymbol{B}_0+\boldsymbol{B}'$$

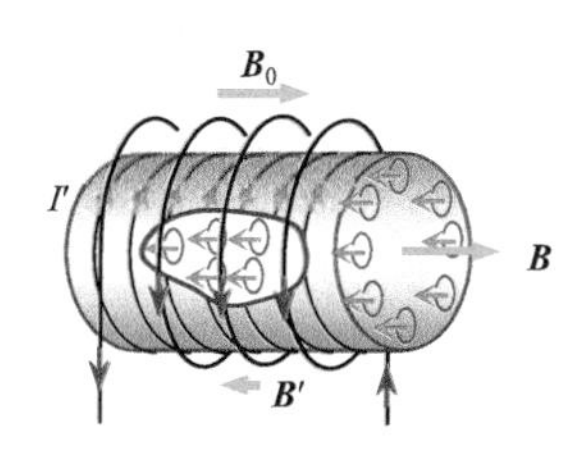

图 17-2 抗磁介质的磁化

注意 $\boldsymbol{B}'$与 $\boldsymbol{B}_0$ 方向相反.

同时，实验发现，$B' \ll B_0$. 因此，$B \approx B_0$，这就是抗磁介质，即叠加后的总磁场略小于原磁场.

关于每个电子的轨道运动所具有的磁矩在外磁场中的旋进，作一个详细说明：

力学中曾经应用刚体的角动量定理研究了陀螺仪的旋进. 如图 17-3a 所示，陀螺仪做图示的自转时，根据右手定则，即伸直右手拇指，让四指指向陀螺仪自转方向，拇指方向就是陀螺的角动量 $\boldsymbol{L}$ 的方向. 重力 $\boldsymbol{W}$ 对于陀螺支点的力矩为 $\boldsymbol{M}=\boldsymbol{r}\times\boldsymbol{W}$，其中 $\boldsymbol{r}$ 为支点指向重心的矢量，显然此刻力矩垂直纸面向里，根据角动量定理，该力矩引起的角动量增量为 $\mathrm{d}\boldsymbol{L}=\boldsymbol{M}\mathrm{d}t$，方向指向纸面向里，于是下一时刻的角动量 $\boldsymbol{L}'$如图所示，因此陀螺仪的旋进趋势以俯视观察为逆时针.

对于电子的轨道运动则与陀螺仪的旋进类似. 如图 17-3b 所示，考查任一

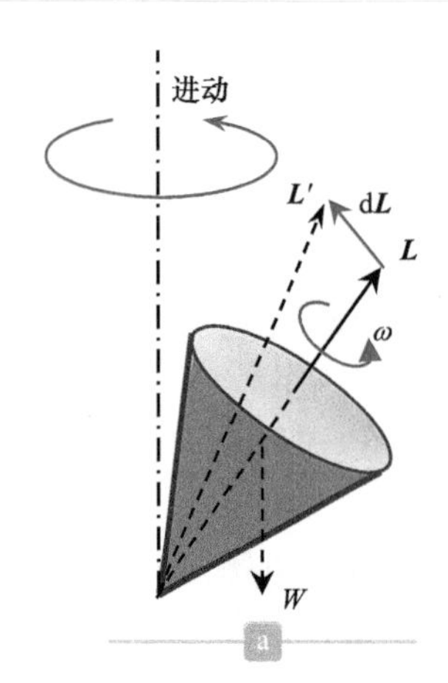

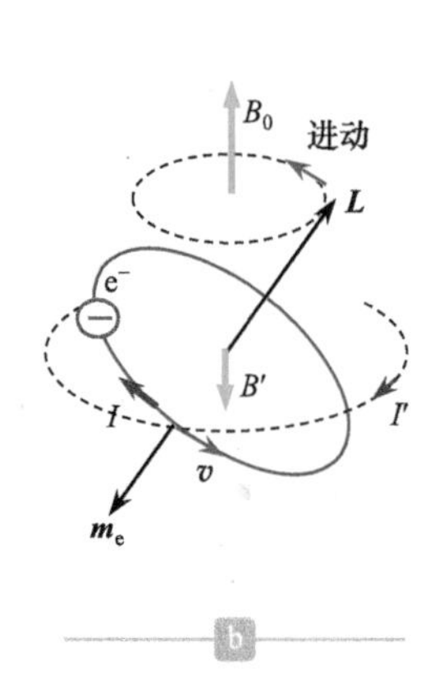

图 17-3 抗磁介质

工厂或仓储物流公司用电磁铁运送钢材

个电子的轨道运动. 轨道运动速度 $\boldsymbol{v}$ 沿逆时针方向，由此而产生的角动量 $\boldsymbol{L}$ 斜向右上，而电子带负电，所以轨道运动的电流 I 沿顺时针方向，故其轨道运动产生的磁矩 $\boldsymbol{m}_{\mathrm{e}}$ 斜向左下，此磁矩在外磁场 $\boldsymbol{B}_0$ 中所受力矩为 $\boldsymbol{M}=\boldsymbol{m}_{\mathrm{e}}\times\boldsymbol{B}_0$，方向垂直纸面向里，故角动量增量 d$\boldsymbol{L}$ 向里，因此，俯视观察其旋进方向为逆时针，但因为是电子带负电，所以对应的电流 I'为顺时针，因此该旋进产生的磁化电流场 $\boldsymbol{B}'$与 $\boldsymbol{B}_0$ 相反. 这就是抗磁性的微观机制.

3. 铁磁介质

有些物质，如铁、钴、镍及其合金，放在外磁场中时所形成的磁场 B'远远大于原来的磁场 B_0，即 $B'\gg B_0$，并且方向一致，因此总磁场 $B\gg B_0$.这种磁介质广泛应用于工业中，如电磁铁起重机、电磁继电器、磁带、磁头、磁卡、磁盘、扬声器、电动机等，并且这些铁磁物质还有许多特别的性质，详见下文.

17.2 磁介质的磁化及其规律

1. 磁化强度矢量

图 17-4 顺磁介质的磁化

17.1 节我们介绍了磁介质的分类，当顺磁介质放在外磁场中时，分子环流对应的磁矩取向于磁场. 如图 17-4 所示，由于分子环流的磁矩取向一致，内部相邻的电流方向相反，因此互相抵消，而表面处的电流方向一致，可以等效为表面上流动的电流，设柱形磁介质的长度为 L，半径为 R，面上的总电流为 I'.

为了表征介质磁化的程度，引入磁化强度矢量 $\boldsymbol{M}$，其定义为：介质中单位体积内磁化电流磁矩的矢量和，即

磁化强度矢量 ▶

$$\boldsymbol{M}=\frac{\sum\limits_{(\Delta V)}\boldsymbol{m}_i}{\Delta V} \tag{17-1}$$

式中，$\sum\boldsymbol{m}_i$ 是指在介质中体积ΔV 内对于分子环流磁矩求矢量和. 显然，原磁场 $\boldsymbol{B}_0$ 越强，分子环流磁矩 $\boldsymbol{m}_i$ 的取向越趋于一致，$\sum\boldsymbol{m}_i$ 越大，介质表面的磁化电流越大，故 $\boldsymbol{M}$ 越大，表明磁化程度越强.

2. 磁化强度矢量与磁化电流间的关系

1) 微分关系

为了给出磁化强度矢量 $\boldsymbol{M}$ 与磁化电流 I'的定量关系，考虑图 17-4 均匀磁化棒的简单情形，尽管简单，但可以证明其具有一般性. 设磁棒表面磁化电流的总和为 I'，磁棒界面面积为 S，棒的长度为 L，根据磁化强度矢量定义，有

$$M=\frac{\left|\sum_{(\Delta V)}\boldsymbol{m}_i\right|}{\Delta V}=\frac{I'S}{SL}=\frac{I'}{L}=i' \tag{17-2}$$

式中，i'为沿与磁化电流垂直的方向上，单位长度的电流. M 的单位为 A/m.

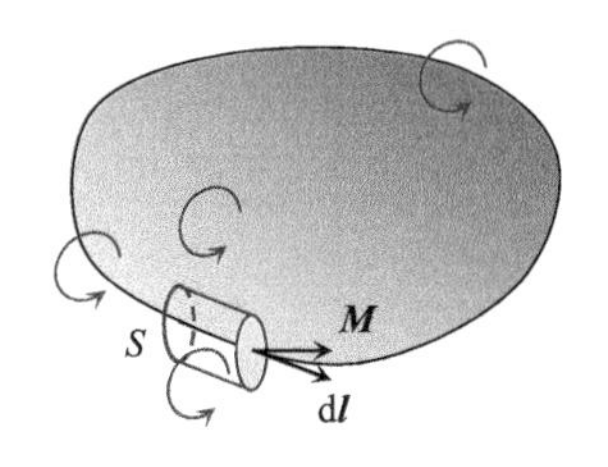

图 17-5 磁化电流与磁化强度

式(17-2)给出了磁化电流与磁化强度矢量大小之间的数值关系. 如果用矢量表示，则有

$$\boldsymbol{i}'=\boldsymbol{M}\times\boldsymbol{n} \tag{17-3}$$

式中，$\boldsymbol{n}$ 为磁介质表面外法线方向的单位矢量.

2) 积分关系

为了得出磁化强度 M 与磁化电流的积分关系，在磁介质中取一环路 L，如图 17-5 所示，计算穿过 L 的总磁化电流. 所谓穿过 L 的磁化电流是指与 L 相套链的分子环流. 为此，在 L 上取一线元 $\mathrm{d}\boldsymbol{l}$，设每个分子的面积为 S，介质的分子数密度为 n. 显然与环路 L 相套链的分子是那些中心处在以线元 $\mathrm{d}\boldsymbol{l}$ 为轴线，以 S 为底面的斜柱体中的分子. 中心处于此柱体外的分子环流与环路 L 发生套链. 设每个分子环流为 i_{m}，则以 $\mathrm{d}\boldsymbol{l}$ 为轴线，底面面积为 S 的柱体内分子穿过 $\mathrm{d}\boldsymbol{l}$ 的分子环流为

$$\mathrm{d}I'=i_{\mathrm{m}}nS\mathrm{d}l\cos\theta=M\mathrm{d}l\cos\theta=\boldsymbol{M}\cdot\mathrm{d}\boldsymbol{l}$$

将上式沿着 L 积分得

$$\oint_{(L)}\boldsymbol{M}\cdot\mathrm{d}\boldsymbol{l}=\sum_{(L内)}I' \tag{17-4}$$

◀ 磁化强度与磁化电流的关系

上式表明，磁化强度矢量沿任意闭合路径的线积分等于穿过该环路的磁化电流的代数和.

17.3 磁介质中的高斯定理和安培环路定理

前边讲过真空中磁场的高斯定理与安培环路定理，也讲过电介质中电场的高斯定理和环路定理. 本节介绍磁介质中的高斯定理和安培环路定理.

1. 磁介质中的高斯定理

磁介质中的高斯定理与真空中的高斯定理表述相同. 通过任意闭合曲面的磁感应强度 $\boldsymbol{B}$ 的通量为零，即

$$\oiint_{(S)}\boldsymbol{B}\cdot\mathrm{d}\boldsymbol{S}=0 \tag{17-5}$$

◀ 磁介质中的高斯定理

这表明：磁感应线是闭合曲线，没有起点，没有终点，没有磁荷或磁单极，介质中的磁场仍是无源场. 尽管目前普遍被人们接受的观点是自然界不存在磁单极或磁荷，但是仍然有科学家在持续不断地寻找. 科学研究是艰苦的、漫长的、无止境的，我们期待有一天这方面能够取得真正的突破性进展. 在此之前，磁场的高斯定理仍采用如上表述.

2. 磁介质中安培环路定理及其物理意义

真空中磁场的安培环路定理为：磁感应强度 $\boldsymbol{B}$ 沿着任意闭合曲线的积分等于穿过该闭合曲线的电流代数和乘以 μ_0，其表达式如下：

$$\oint_{(L)} \boldsymbol{B}\cdot \mathrm{d}\boldsymbol{l} = \mu_0 \sum I \tag{17-6}$$

式中，电流 I 是指全部电流，包括传导电流 I_0，也包括磁化电流 I'，即

$$\sum I = \sum I_0 + \sum I'$$

根据 17.2 节介绍的磁化电流与磁化强度的关系，

$$\oint_{(L)} \boldsymbol{M}\cdot \mathrm{d}\boldsymbol{l} = \sum I'$$

我们可以改写上述高斯定理的表达式，有

$$\oint_{(L)} \frac{\boldsymbol{B}}{\mu_0}\cdot \mathrm{d}\boldsymbol{l} = \sum I_0 + \sum I' = \sum I_0 + \oint_{(L)} \boldsymbol{M}\cdot \mathrm{d}\boldsymbol{l}$$

将上式整理得

$$\oint_{(L)} \left(\frac{\boldsymbol{B}}{\mu_0} - \boldsymbol{M}\right)\cdot \mathrm{d}\boldsymbol{l} = \sum_{(L内)} I_0 \tag{17-7}$$

令

磁场强度的定义 ▶

$$\boldsymbol{H} = \frac{\boldsymbol{B}}{\mu_0} - \boldsymbol{M} \tag{17-8}$$

将式(17-8)代入式(17-7)，得

磁介质中的安培环路定理 ▶

$$\oint_{(L)} \boldsymbol{H}\cdot \mathrm{d}\boldsymbol{l} = \sum_{(L内)} I_0 \tag{17-9}$$

上式就是磁介质中磁场的安培环路定理：磁场强度 $\boldsymbol{H}$ 沿着任意闭合曲线的积分等于穿过以该曲线为边界任意闭合曲面的传导电流的代数和. 这个定理的意义在于指出场中没有标量势. 另一方面，此定理表明磁场强度 $\boldsymbol{H}$ 的线是闭合曲线.

3. 磁介质的磁化规律

不同介质在磁场中的表现不同，有时差异很大. 比如均匀介质与非均匀介质，线性介质与非线性介质，各向同性介质与各向异性介质等. 普通物理层面上，大都研究均匀各向同性介质. 对于各向同性的线性磁介质，实验发现，磁场强度 H 与磁化强度 M 成正比，即

$$\boldsymbol{M}=\chi_m \boldsymbol{H} \tag{17-10}$$

式中，χ_m 称为磁化率，是一个无量纲量. 对于顺磁介质 $0<\chi_m<1$；对于抗磁介质 $-1<\chi_m<0$.

◀ 各向同性介质的磁化规律

将上式代入磁场强度定义式有

$$\boldsymbol{H}=\frac{\boldsymbol{B}}{\mu_0}-\chi_m \boldsymbol{H}$$

整理后得

$$\boldsymbol{B}=\mu_0(1+\chi_m)\boldsymbol{H} \tag{17-11}$$

$\mu_r=1+\chi_m$，称为相对磁导率，也是无量纲量. 对于顺磁介质，$\mu_r>1$；对于抗磁介质 $0<\mu_r<1$. 于是

$$\boldsymbol{B}=\mu_r\mu_0\boldsymbol{H}=\mu\boldsymbol{H} \tag{17-12}$$

◀ 磁场强度与磁感应强度的关系

式(17-12)表明：对于各向同性的均匀介质，磁感应强度与磁场强度成正比. 比例系数 $\mu=\mu_r\mu_0$ 称为绝对磁导率.

例题 17-1 磁化电流的磁场

一根细长的永磁棒磁化强度为 $\boldsymbol{M}$，如图 17-6 所示. 3、5、6 点在磁棒内部，而其他点在磁棒外边. 试求 2、3、4、5 点的磁感应强度 $\boldsymbol{B}$ 和磁场强度 $\boldsymbol{H}$.

解 根据磁化电流与磁化强度的关系，有

$$\boldsymbol{i}'=\boldsymbol{M}\times\boldsymbol{n}$$

磁化电流的大小为 $i'=M$. 其中 i' 为沿磁棒轴线方向(与磁化电流垂直)单位长度的电流. 与长直载流螺线管相比，i' 相当于长直螺线管的 nI，即单位长度的匝数与每匝电流的乘积. 由于棒是细长的，故可视为无限长载流螺线管，于是 3 点的磁感应强度为

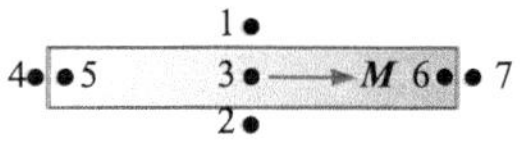

图 17-6 永磁棒

$$B_3=\mu_0 nI=\mu_0 i'=\mu_0 M$$

而 4 点、5 点处于长直螺线管端点，相当于半无限长，故有

$$B_4=B_5=\mu_0 M/2$$

而 2 点在螺线管外部，磁感应强度为零.

下面讨论各点的磁场强度 H. 根据公式，3 点处的磁场强度为

$$H=\frac{B}{\mu_0}-M$$

$$H_3=\frac{B_3}{\mu_0}-M=0$$

上式表明，永磁棒中点处的磁感应强度为 $\mu_0 M$，而磁场强度 H 却为零.

4 点处的磁场强度为

$$H_4=\frac{B_4}{\mu_0}-M=\frac{1}{2}M$$

5 点处的磁场强度为

$$H_5 = \frac{B_5}{\mu_0} - M = \frac{1}{2}M - M = -\frac{1}{2}M$$

从上述结果看，棒内中点有磁感应强度，但没有磁场强度；在棒端的棒内、棒外的 5 点、4 点的磁感应强度相等，磁场强度数值相等，但符号相反. 这个结果从一定程度上反映了，描述磁场强弱的物理量是磁感应强度 $\boldsymbol{B}$，而非 $\boldsymbol{H}$.

例题 17-2 磁化电流的磁场

一根磁化强度为 M、细长的永磁棒被弯成一个圆环，如图 17-7，1 点在磁环的缝隙处，2、3 点在磁环内部端点处. 试求 1、2、3 点的磁感应强度 B 和磁场强度 H.

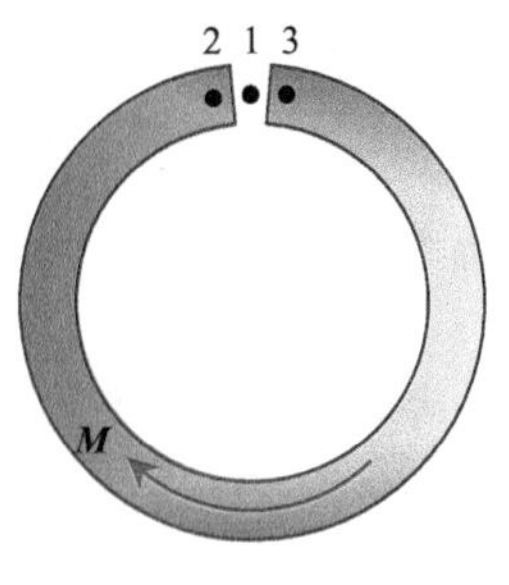

图 17-7 永磁环

解 根据磁化电流与磁化强度的关系，有

$$\boldsymbol{i}'=\boldsymbol{M}\times\boldsymbol{n}$$

其大小为 $i'=M$，i'为单位长度的电流，相当于细螺绕环的 nI. 根据细螺绕环的磁感应强度公式，1、2、3 点的磁感应强度为

$$B_1=B_2=B_3=\mu_0 nI=\mu_0 i'=\mu_0 M$$

根据磁场强度与磁感应强度的关系，可求 1 点的磁场强度，即

$$H = \frac{B}{\mu_0} - M$$

$$H_1 = \frac{B_1}{\mu_0} - M = M - 0 = M$$

2、3 点的磁场强度为

$$H_2 = H_3 = \frac{B_2}{\mu_0} - M = M - M = 0$$

上式表明，永磁环内部有磁感应强度$\mu_0 M$，却没有磁场强度 H. 但其内部确实有磁场，所以 H 尽管称为磁场强度，但并不表示磁场强弱，表示磁场强弱的却是 B——磁感应强度.

4. 磁介质中安培环路定理的应用

磁介质中的安培环路定理指出，磁场强度沿着任意闭合环路的积分等于穿过此回路的传导电流代数和，而与磁化电流无关. 这一点告诉我们，当有磁介质存在时，可以避开磁化电流，先计算 H 的分布，之后再计算磁化强度、磁化电流及磁感应强度.

例题 17-3 磁介质中的安培环路定理的应用

无限长输电缆由两同轴薄导体圆筒组成，如图 17-8，内外半径分别为 a、b，内筒传导电流 I 向上流动，外筒传导电流向下流动. 在两筒之间充满相对磁导率为μ_r的磁介质.

(1) 试求各区域的 B、H 分布；

(2) 试求磁介质内外表面的磁化电流的面密度 i'.

解 由于圆筒为无限长，故磁场分布具有轴对称性，可以使用磁介质中的

安培环路定理求解 H 的分布. 以圆筒的轴线为中心，取半径为 r 的圆环为安培环路，根据环路定理，得

$$\oint_{(L)} H \cdot \mathrm{d}l = H \cdot 2\pi r$$

对于不同的回路，电流代数和不同，

$$\sum I_0 = \begin{cases} 0, & r<a \\ I, & a<r<b \\ 0, & r>b \end{cases}$$

代入环路定理，并整理得

$$H = \begin{cases} 0, & r<a \\ \dfrac{I}{2\pi r}, & a<r<b \\ 0, & r>b \end{cases}$$

根据磁场强度与磁感应强度的关系得

$$B = \mu_r \mu_0 H = \begin{cases} 0, & r<a \\ \dfrac{\mu_r \mu_0 I}{2\pi r}, & a<r<b \\ 0, & r>b \end{cases}$$

磁化强度为

$$M = \chi_m H = (\mu_r - 1)H = \frac{(\mu_r - 1)I}{2\pi r}$$

根据磁化电流与磁化强度的关系 $\boldsymbol{i}'=\boldsymbol{M}\times\boldsymbol{n}$，得

$$i'_{内} = \frac{(\mu_r - 1)I}{2\pi a}$$

此式表明，如果是顺磁介质($\mu_r>1$)，介质内表面磁化电流方向向上，与内部的传导电流方向相同，反之亦然

$$i'_{外} = \frac{(\mu_r - 1)I}{2\pi b}$$

此式表明，如果是顺磁介质($\mu_r>1$)，介质外表面磁化电流方向向下，与外部的传导电流方向相同，反之亦然.

显然磁介质内表面磁化总电流与外表面磁化总电流相等.

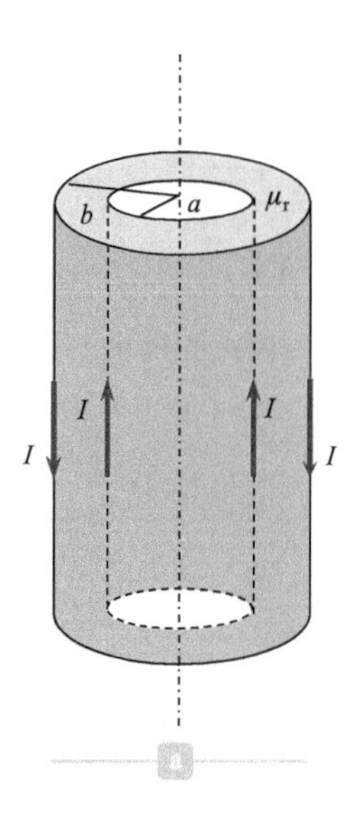

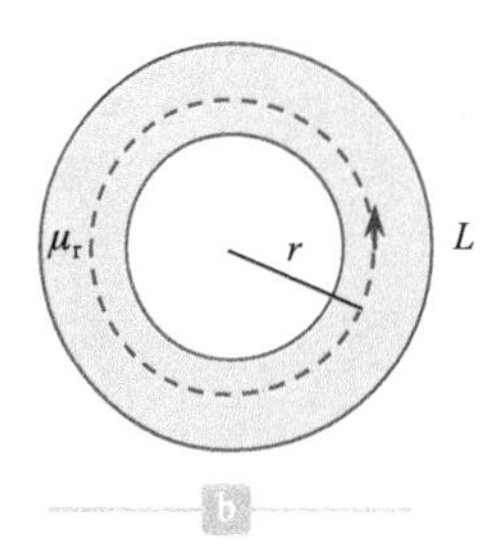

图 17-8 环路定理的应用

例题 17-4 永磁体内磁感应强度与磁场强度的测量

在磁化强度为 M 的大块永磁体中挖去两个圆柱体空穴，其中一个是细长的，另一个是扁平的，如图 17-9，试证明：

(1) 对于细长形空穴($L\gg r$)，空穴中点的 H 与介质中的 H 相等；

(2) 对于扁平形空穴($L\ll r$)，空穴中点的 B 与介质中的 B 相等.

解 (1) 对于细长情况，可求出磁化电流为 $i'=M$，方向沿筒的上部向里，沿筒下部向外. 于是磁化电流形成的磁场为

$$B'=\mu_0 i'=\mu_0 M$$

B'的方向向左.

设原来的磁感应强度为 $\boldsymbol{B}_0$，方向向右，则

$$H_{中点}=\frac{B}{\mu_0}-M=\frac{B_0-B'}{\mu_0}-0=\frac{B_0-\mu_0 M}{\mu_0}=\frac{B_0}{\mu_0}-M=H_{介}$$

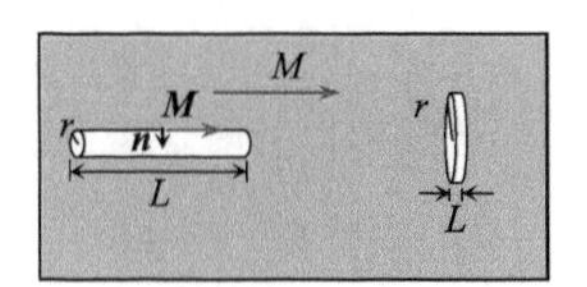

图 17-9 磁介质空穴

(2) 对于扁平情况，磁化电流的磁场为

$$B'=\frac{\mu_0 I}{2r}=\frac{\mu_0 LM}{2r}$$

因为 $r\gg L$，故 $B'\approx 0$，所以 $B\approx B_0$. 题目得证.

17.4 铁 磁 介 质

本节介绍第三种磁介质——铁磁介质. 小时候我们都玩过磁铁，用磁铁吸引铁钉、钢针及硬币等. 那么，为什么这些磁铁可以吸引这些物品呢？下面我们就来揭示其中的奥秘.

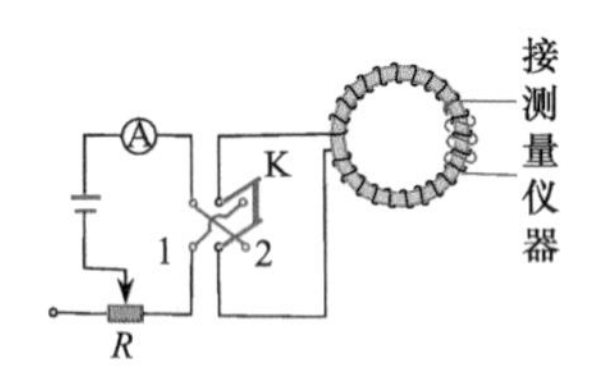

图 17-10 铁磁介质磁化

1. 铁磁介质的起始磁化规律

图 17-10 是研究铁磁介质磁化的实验原理图. 带有限流电阻的有源电路通过一个双刀双掷开关接入以铁芯为介质的螺绕环电路. 开关拨向 1 时，电流从螺绕环上边流入，由此可知螺绕环原线圈中电流形成的磁场方向为顺时针. 开关拨向 2 时，电流从螺绕环下端流入，用右手定则可知磁场为逆时针. 在螺绕环上通过一个副线圈接到磁场测量仪表，以便实时测量环中的磁感应强度 B. 若电路中的传导电流为 I，螺绕环单位长度的匝数为 n，则根据安培环路定理可求得螺绕环中的磁场强度为 $H=nI$，显然 H 与传导电流成正比. 将副线圈仪表中测得的磁感应强度 B，代入式(17-8)，即可求出磁化强度 M.

如果螺绕环中的铁环没有被磁化过，将电阻值调到最大值(最大值以左边电路趋于零为宜). 开关拨向 1，电阻从最大开始调小，使电路中电流自零开始增加. 电流从零不断增加的过程中，测量或计算一系列 B、H 和 M，可以画出 B-H 和 M-H 曲线.

铁磁介质的起始磁化 ▶

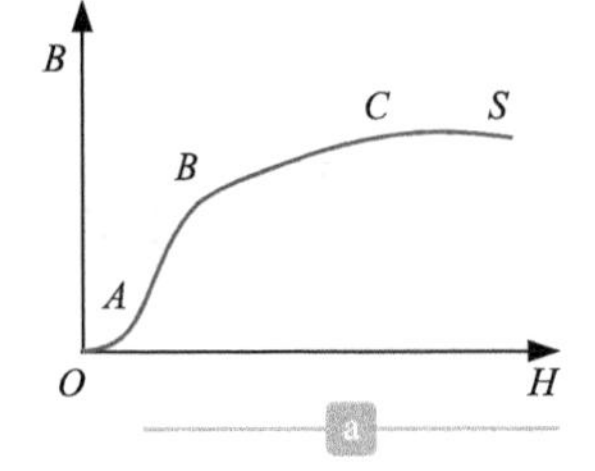

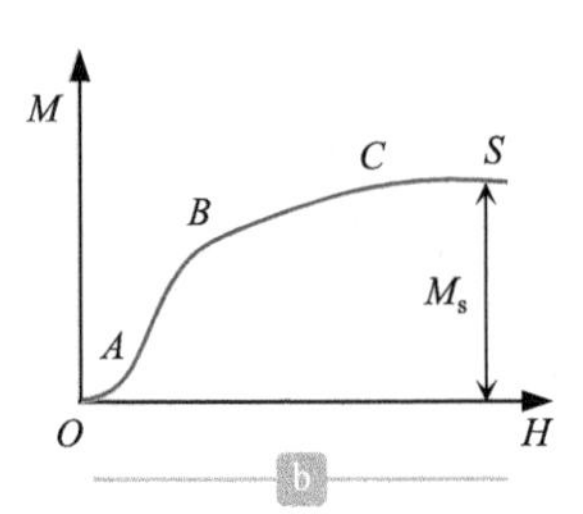

图 17-11 铁磁介质起始磁化

图 17-11a、b 分别是起始磁化曲线的 B-H 曲线和 M-H 曲线. 它们的形状是相似的，反映的磁化规律也相似. 现以 M-H 曲线为例说明一下. 铁磁介质在刚开始磁化时，传导电流为零时，H 为零，M 也为零，但曲线斜率不等于零. 随着电流 I 增加，磁场强度 H 增加，同时磁化强度 M 增加，到 B 点增势放缓，

直到 C 点. 从 C 到 S 变化更加缓慢，到了状态 S，曲线变平. M 几乎不变. B-H 的变化趋势几乎与 M-H 相同. 到了 S 点后磁化强度 M 或磁感应强度 B 几乎不变，这说明此时增加电流 I 或 H，磁化强度及磁感应强度几乎不变，这种现象称为饱和现象. 对应的磁化强度称为饱和磁化强度，磁感应强度称为饱和磁感应强度. 饱和现象的微观机制是所有分子磁矩几乎取向一致，再增加磁场强度已经没有用了. 在铁磁介质起始磁化状态下，$M=\chi_m H$，$B=\mu_r\mu_0 H$，这些关系是成立的. 而曲线的斜率，$\chi_m=M/H$，$\mu_r=B/\mu_0 H$，在原点处非零，随后迅速增加，在 B 点处达到极值，之后又变小. 于是μ_r 与 H 关系曲线如图 17-12 所示，该曲线称为起始磁化的磁导率曲线. 显然，起始磁导率不是零，且有个峰值.

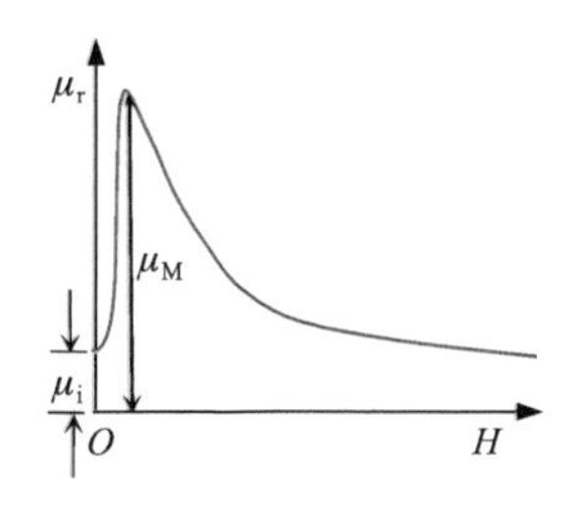

图 17-12　起始磁导率变化曲线

2. 磁滞回线

当介质达到饱和磁化状态后，减小传导电流 I，磁场强度开始减小，然而由于铁磁介质磁化的不可逆性，减小电流时，磁化状态不会沿着原路返回，而是沿着起始磁化曲线的上方返回，并在 R 处与纵轴相交，如图 17-13 所示. 此时传导电流为零，H 为零，但磁化强度 M_R 不为零、磁感应强度 B_R 也不为零，分别称为剩余磁化强度、剩余磁感应强度. 这种现象，玩过磁铁的读者可能见到过. 磁铁吸引铁钉，当它们分开后，铁钉也可吸引其他铁钉，这就是被磁化的铁钉上面的剩磁. 如果想把剩余的磁化强度或磁感应强度退掉，需要加反向磁场(反向电流). 把电阻调至最大，开关拨向 2. 电阻从大变小，电流增加，铁芯开始反向磁化，当反向磁场 H 达到一定数值 H_C 时，剩磁被完全退掉了，这个退掉剩磁所需要的反向磁场强度 H_C 称为矫顽力. 继续增加反向磁场，磁化从 C 到 S'. 显然反向磁化时没有重复起始磁化过程，因为铁芯已经被磁化过了. 饱和之后再减小反向磁化电流直到 R'点，此时电流为零，但 B、M 非零，是反向剩磁. 再加正向电流(开关拨向 1)，到 C'点，反向剩磁退掉. 再增加电流直到 S，这时形成了一个闭合曲线. 这个闭合曲线称为磁滞回线.

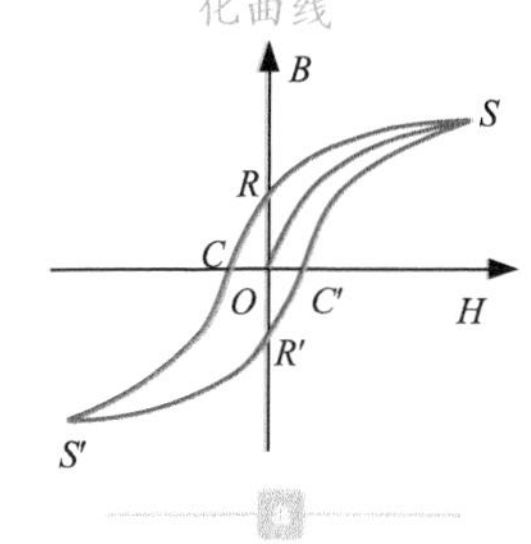

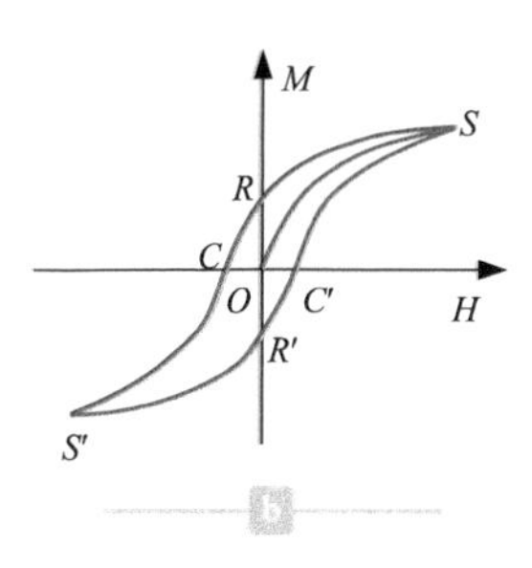

图 17-13　磁滞回线

从磁滞回线，尤其是从退磁的磁滞回线看，如图 17-14 所示，对于铁磁介质磁化强度或磁感应强度与磁场强度之间的关系不是简单的单值关系，更不是简单的正比或线性关系. 铁磁介质在反复磁化过程中，$B=\mu_r\mu_0 H$ 关系一般不成立，取而代之的是最初的定义，即

$$M=\frac{B}{\mu_0}-H$$

这个关系对于三种磁介质都适用，是普遍的 B、H、M 关系.

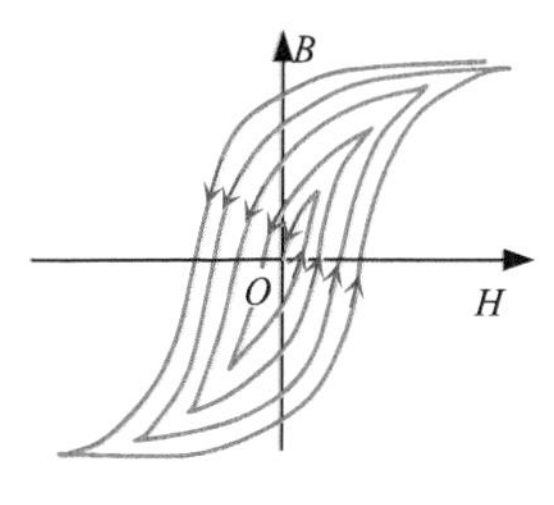

图 17-14　退磁磁滞回线

3. 硬铁与软铁

铁磁介质的磁滞回线有两种类型，宽胖形如图 17-15a 所示，窄瘦形如图 17-15b 所示. 前者在交变磁场中的磁滞损耗或热效应较大，后者较小.

从矫顽力的大小又可将铁磁介质分为硬磁材料与软磁材料.

1) 硬磁材料(永磁体)

永磁体是在外加的磁化场去掉后仍保留较大的剩余磁化强度(或剩余磁感应强度 B)的物质，其磁滞回线如图 17-16a 所示. 制造许多电器设备(如各种电

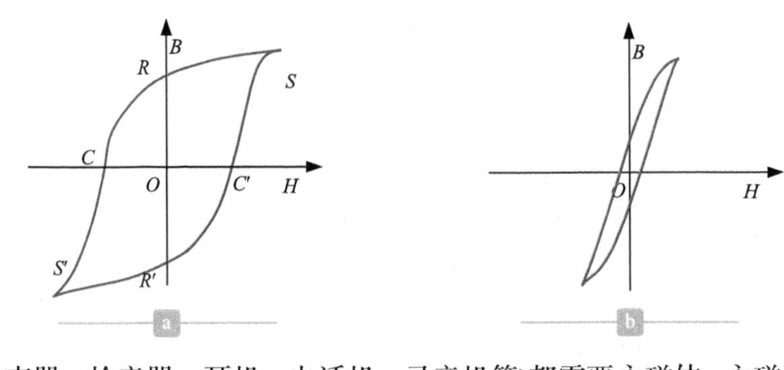

图 17-15 两种磁滞回线. a. 宽胖形. b. 窄瘦形

表、扬声器、拾音器、耳机、电话机、录音机等)都需要永磁体. 永磁体的作用是在它的缺口中产生一个稳恒磁场(例如,电流计中就是利用永久磁铁在气隙中产生一个稳恒的磁场)来使线圈扭转的.

2) 软磁材料

矫顽力很小的材料叫做软磁材料，一般 H_C 在个位数量级，1A/m. 磁滞回线如图 17-16b 所示.

矫顽力小，意味着磁滞回线狭长，它所包围的“面积”小，从而处于变磁场中的磁滞损耗小. 所以软磁材料适用于交变磁场中. 电路中的电感元件，或变压器、镇流器、电动机和发电机中的铁芯都是用软磁材料来做的. 此外，继电器的电磁铁的铁芯也需要用软磁材料制作，以便在电流切断后没有剩磁，从而立刻动作.

图 17-16 硬磁与软磁. a. 硬磁材料. b. 软磁材料

4. 磁畴

近代科学实践证明，铁磁质的磁性主要来源于电子自旋磁矩. 在没有外磁场的条件下铁磁质中电子自旋磁矩可以在小范围内“自发地”排列起来，形成一个个小的“自发磁化区”. 这种自发磁化区叫做磁畴，如图 17-17 所示. 这种自发磁化现象是一种称之为交换作用的量子效应，有专门的理论研究.

图 17-17 磁畴

通常在未磁化的铁磁质中，各磁畴内的自发磁化方向是杂乱无章的，故在宏观上不显磁性. 在加外磁场后将显示出宏观的磁化，这个过程通常称为技术磁化. 当外加的磁化场不断加大时，自发磁化方向与外磁场方向大致相同的自发磁化区增大，并转向外磁场，而自发磁化方向与外磁场方向大致相反的区域减小，这种现象称为磁致伸缩. 当外磁场强到一定程度时，自发磁化方向相反的区域几乎消失了，自发磁化强度几乎完全取向于外磁场，磁化状态就饱和了，如图 17-18 所示. 这就是饱和现象的物理解释.

关于铁磁介质，还有很多工程上的应用，读者可以自行查阅、学习.

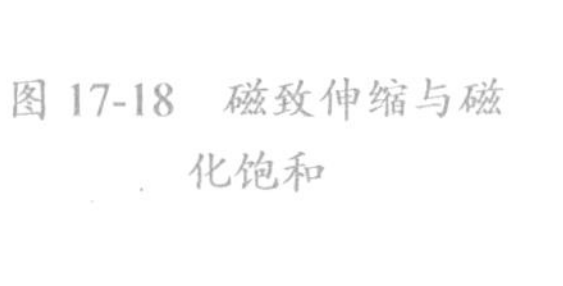

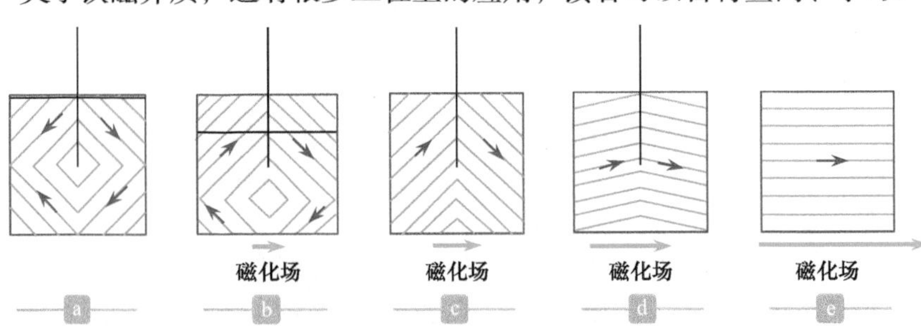

图 17-18 磁致伸缩与磁化饱和

第 17 章练习题

17-1 两种不同磁性材料做成的小棒，放在磁铁的两个磁极之间，小棒被磁化后在磁极间处于不同的方位，如题 17-1 图所示．试指出哪一个是由顺磁质材料做成的，哪一个是由抗磁质材料做成的？

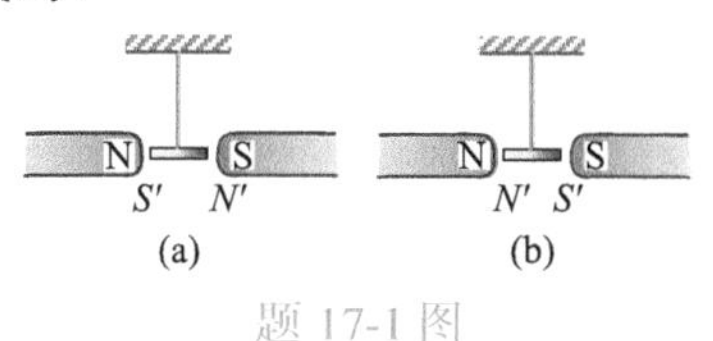

题 17-1 图

17-2 题 17-2 图中的三条线表示三种不同磁介质的 B-H 关系曲线，虚线是 $B=\mu_0 H$ 关系的曲线，试指出哪一条表示顺磁介质？哪一条表示抗磁介质？哪一条表示铁磁介质？

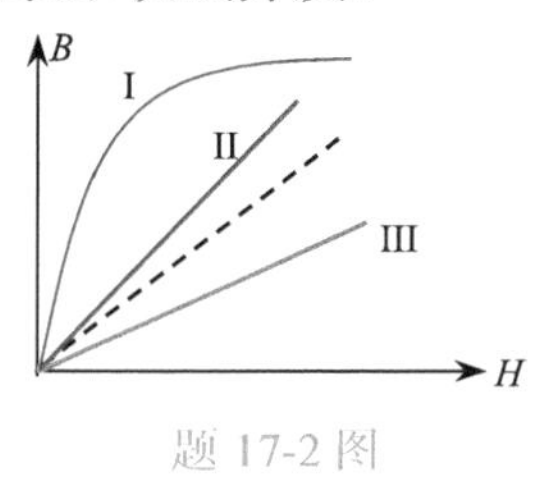

题 17-2 图

17-3 螺绕环中心周长 L=10cm，环上线圈匝数 N=200 匝，线圈中通有电流 I=100 mA．

(1) 当管内是真空时，求管中心的磁场强度 H 和磁感应强度 B_0；

(2) 若环内充满相对磁导率 μ_r=4200 的磁性物质，则管内的 B 和 H 各是多少？

(3)* 磁性物质中心处由导线中传导电流产生的 B_0 和由磁化电流产生的 B' 各是多少？

17-4 螺绕环的导线内通有电流 2.0A，利用冲击电流计测得环内磁感应强度的大小是 1.0Wb/m^2．已知环的平均周长是 40cm，绕有导线 400 匝．试计算：

(1) 磁场强度；

(2) 磁化强度；

(3)* 磁化率；

(4)* 相对磁导率．

17-5 一铁制的螺绕环，其平均圆周长 L =30cm，截面积为 1.0 cm^2，在环上均匀绕以 300 匝导线，当绕组内的电流为 0.032 A 时，环内的磁通量为 2.0×10^{-6}Wb．试计算：

(1) 环内的平均磁通量密度；

(2) 圆环截面中心处的磁场强度；

17-6 试证明任何长度的沿轴向磁化的磁棒的中垂面上，侧表面内、外两点 1，2 的磁场强度 H 相等(这提供了一种测量磁棒内部磁场强度 H 的方法)，如题 17-6 图所示．这两点的磁感应强度相等吗？

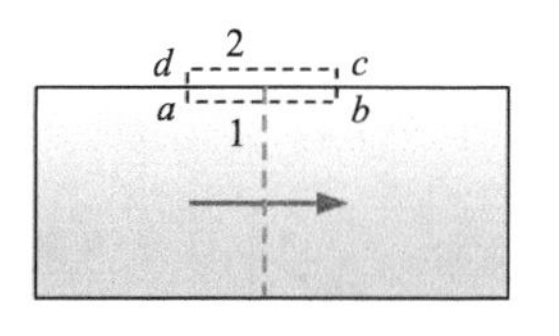

题 17-6 图

17-7 直径 6cm，厚 4mm 的铁盘，沿与盘面垂直的方向磁化，磁化强度 1.5×10^6A/m，求：

(1) 围绕盘边缘的磁化电流；

(2) 盘中心的 B、H.

17-8 一个圆柱形棒，沿棒长方向均匀磁化，磁化强度 10^7A/m，棒内部轴线上的磁感应强度 0.1Wb/cm^2，求棒内磁场强度．

17-9 绕 500 匝线圈的螺绕环，平均周长 50cm，载流 0.3A，环中所用铁芯 μ_r =600，求由铁芯的磁化电流所带来的附加磁感应强度．

17-10 一根无限长直导线，铜材质，导线半径 R_1，在导线外包一层 μ_r 的圆筒形磁介质，磁介质外径 R_2，导线内通以电流 I 时，求磁场强度和磁感应强度的空间分布．

17-11 有一根磁化的铁棒，其矫顽力 H_C=4×10^{3}A/m，现将其插入一螺线管去磁，螺线管长 12cm，绕导线 60 匝，问螺线管应通多大电流？

第 17 章练习题答案

第 18 章 电磁波的基本性质

图示是赫兹的第一个无线电广播发射机：偶极子振荡器由一对 1m 长的铜导线，接两个镀锌小球且留有 7.5mm 火花间隙，另外两个端点接两个直径 30cm 的镀锌球. 当感应圈两端施加一高电压时，火花间隙中的火花在导线中产生射频电流驻波. 该导线辐射的无线电波约为 50MHz，差不多是现代电视信号转播所使用的. 从 1886 年至 1889 年，赫兹进行了一系列实验，验证麦克斯韦的电磁波理论. 赫兹测量了麦克斯韦波，并证明了这些波的速度等于光速. 用赫兹法测量了电磁波的电场强度、偏振和反射

1820 年奥斯特揭示了电流可以产生磁场，法拉第通过 10 年的实验于 1831 年发现了磁生电的规律——电磁感应定律. 1865 年麦克斯韦指出变化的磁场可以在空间感应出涡旋电场，涡旋电场的变化又可以产生磁场. 此外，麦克斯韦又提出了位移电流的概念，于 1865 年建立了完整的电磁场理论——麦克斯韦方程组，并进一步指出电磁场可以波的形式传播，而且预言光是一定波长范围内的电磁波.

18.1 位移电流假说 麦克斯韦方程组

1. 位移电流假说

1) 静电场和稳恒磁场的基本方程

前面的静电场和稳恒磁场部分介绍了四个基本定理，即

静电场的高斯定理：

$$\oiint_{(S)} \boldsymbol{D}^{(1)} \cdot \mathrm{d}\boldsymbol{S} = \sum Q_0 \qquad (18\text{-}1a)$$

海因里希·鲁道夫·赫兹 (H.R. Hertz, 1857～1894)，德国物理学家，于 1888 年首先证实了电磁波的存在. 并对电磁学有很大的贡献，故频率的国际单位

静电场的环路定理：

$$\oint_{(L)} \boldsymbol{E}^{(1)} \cdot \mathrm{d}\boldsymbol{l} = 0 \tag{18-1b}$$

磁场的高斯定理

$$\oiint_{(S)} \boldsymbol{B}^{(1)} \cdot \mathrm{d}\boldsymbol{S} = 0 \tag{18-1c}$$

磁场的安培环路定理

$$\oint_{(L)} \boldsymbol{H}^{(1)} \cdot \mathrm{d}\boldsymbol{l} = \sum I_c \tag{18-1d}$$

在上述方程中，$\boldsymbol{E}^{(1)}$、$\boldsymbol{D}^{(1)}$、$\boldsymbol{B}^{(1)}$、$\boldsymbol{H}^{(1)}$ 各量右上角所加的符号(1)，表示为静电场和稳恒磁场的场量. 应该指出的是，这些定理都是孤立地给出了静电场和稳恒磁场的规律，对变化的电场和变化的磁场并不适用.

在第 16.2 节中，我们也介绍了麦克斯韦提出的“变化磁场可以产生感生电场”即“涡旋电场”的假说，还讨论了涡旋电场场强的环流和变化的磁场之间的定量关系(式(16-8))，表示如下：

$$\oint_{(L)} \boldsymbol{E}^{(2)} \cdot \mathrm{d}\boldsymbol{l} = -\frac{\mathrm{d}\Phi_{\mathrm{m}}}{\mathrm{d}t} \tag{18-2}$$

式中，$\boldsymbol{E}^{(2)}$ 表示涡旋电场的场强；Φ_{m} 是磁通量.

麦克斯韦在总结前人成就的基础上，着重从场的观点考虑问题，把一切电磁现象及其有关规律，看作电场与磁场的性质、变化以及其间的相互联系或相互作用在不同场合下的具体表现. 他不仅提出变化的磁场能产生电场，而且还进一步认为，变化的电场应该与电流一样，也能在空间产生磁场. 后者就是所谓的“位移电流产生磁场”的假说. 这个假说和“涡旋电场”的假说一起，为建立完整的电磁场理论奠定了基础，也是理解变化的电磁场能在空间传播或理解电磁波存在的理论根据. 下面首先介绍位移电流的概念.

2) 位移电流

位移电流是将安培环路定理应用于含有电容的交变电路中出现矛盾而引出的. 我们知道，在一个不含电容器的稳恒电路中传导电流是处处连续的. 也就是说，在任何一个时刻，通过导体上某一截面的电流应等于通过导体上其他任一截面的电流. 在这种电流产生的稳恒磁场中，安培环路定理形式为式(18-1d)或式(15-14). 式中 $\sum I_c$ (或 $\sum I$)是穿过以 L 回路为边界的任意曲面 S 的传导电流(或总电流).

然而，将式(18-2)应用到接有电容器的电路中，情况就发生变化了. 在电容器充放电的过程中，对整个电路来说，传导电流是不连续的. 安培环路定理在非稳恒磁场中出现了矛盾的情况，必须加以修正.

为了解决电流的不连续问题，并在非稳恒电流产生的磁场中使安培环路定理也能成立，麦克斯韦提出了位移电流的概念.

设有一电路，其中接有平板电容器 AB，如图 18-1 所示. 不论在充电还是放电时，通过电路中导体上任何横截面的电流强度，在同一时刻都相等. 但是

制赫兹以他的名字命名. 在他去柏林大学就读之前就已经展现出良好的科学和语言天赋，喜欢学习阿拉伯语和梵文. 他曾经在德国德累斯顿、慕尼黑和柏林等地学习科学和工程学. 他是古斯塔夫 · 基尔霍夫和赫尔曼 · 范 · 亥姆霍兹的学生. 1880 年赫兹获得博士学位，但继续跟随亥姆霍兹学习，直到 1883 年他收到来自基尔大学出任理论物理学讲师的邀请

这种在金属导体中的传导电流，不能在电容器的两极板之间的真空或电介质中流动，因而对整个电路来说，传导电流是不连续的.

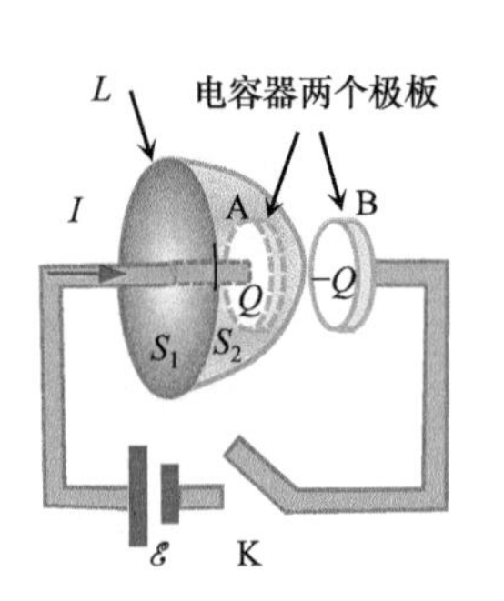

图 18-1 电容器充电

但是，我们注意到：在上述电路中，当电容器充电时，电容器两极板上的电荷 q 是随时间增加的，其时间变化率即是导体中的电流强度，即 $I=\dfrac{\mathrm{d}q}{\mathrm{d}t}$. 与此同时，两极板之间，电位移矢量 $\boldsymbol{D}$ 和通过整个截面的电位移通量 $\Phi_D=DS$，也是随时间增加的. 根据静电学，在国际单位制中，平行板电容器内电位移矢量 $\boldsymbol{D}$ 等于极板上的自由电荷面密度 σ，而电位移通量 Φ_D，等于极板上的总电荷量 $\sigma S=q$. 所以 $\dfrac{\mathrm{d}\boldsymbol{D}}{\mathrm{d}t}$ 和 $\dfrac{\mathrm{d}\Phi_D}{\mathrm{d}t}$ 在量值上也分别等于 $\dfrac{\mathrm{d}\sigma}{\mathrm{d}t}$ 和 $\dfrac{\mathrm{d}q}{\mathrm{d}t}$. 关于方向，充电时，电场增加，$\dfrac{\mathrm{d}\boldsymbol{D}}{\mathrm{d}t}$ 的方向与场的方向一致，也与导体中传导电流的方向一致(参看图 18-1). 而 $\dfrac{\mathrm{d}\Phi_D}{\mathrm{d}t}$ 量值等于导体中的传导电流强度，所以，电流在这种情况下也是连续的. 因此，如果把电路中的传导电流和电容器内的电场变化联系起来考虑，就是麦克斯韦所提出的位移电流的假说. 位移电流密度 j_{d} 和位移电流强度 I_{d} 分别定义为

位移电流密度 ▶

$$j_{\mathrm{d}}=\frac{\mathrm{d}\boldsymbol{D}}{\mathrm{d}t} \tag{18-3}$$

位移电流强度 ▶

$$I_{\mathrm{d}}=S\frac{\mathrm{d}\boldsymbol{D}}{\mathrm{d}t}=\frac{\mathrm{d}\Phi_D}{\mathrm{d}t} \tag{18-4}$$

上述定义式说明，电场中某点的位移电流密度等于该点处电位移矢量的时间变化率，通过电场中的某截面的位移电流强度等于通过该截面的电位移通量的时间变化率.

麦克斯韦认为：位移电流和传导电流一样，都能激发磁场，与传导电流所产生的磁效应完全相同，位移电流也按同一规律在周围空间激发涡旋磁场. 这样，在整个电路中，传导电流中断的地方就由位移电流来接替，而且它们在数值上相等，方向一致. 对于普遍的情况，麦克斯韦认为传导电流和位移电流都可能存在. 麦克斯韦运用这种思想把从稳恒电流中总结出来的磁场规律推广到一般情况，即既包括传导电流也包括位移电流所激发的磁场. 他指出：在磁场中沿任一闭合回路，H 的线积分在数值上等于穿过以该闭合回路为边界的任意曲面的传导电流和位移电流的代数和，即

全电流定律 ▶

$$\oint_{(L)}\boldsymbol{H}\cdot\mathrm{d}\boldsymbol{l}=\sum(I_{\mathrm{c}}+I_{\mathrm{d}})=\sum I_{\mathrm{s}}=\sum I_{\mathrm{c}}+\frac{\mathrm{d}\Phi_D}{\mathrm{d}t} \tag{18-5}$$

于是，他推广了电流的概念，将二者之和称为全电流，用 I_{s} 表示，即

$$I_{\mathrm{s}}=I_{\mathrm{c}}+I_{\mathrm{d}}$$

式(18-5)又称为全电流定律. 对于任何回路，全电流是处处连续的. 运用全电流的概念，可以自然地将安培环路定理推广到非稳恒磁场中去，从而，也就解决了电容器充电过程中电流的连续性问题. 电容器放电过程，其情况也是一样的.

3) 位移电流的磁场

应该强调指出，位移电流的引入，不仅说明了电流的连续性，还同时揭示了电场和磁场的重要性质.

令 $\boldsymbol{H}^{(2)}$ 表示位移电流 I_d 所产生的感生磁场的磁场强度，根据上述假说，可仿照安培环路定理建立下式：

$$\oint_{(L)} \boldsymbol{H}^{(2)} \cdot \mathrm{d}\boldsymbol{l} = \sum I_d = \frac{\mathrm{d}\Phi_D}{\mathrm{d}t}$$

上式说明，在位移电流所产生的磁场中，场强 $\boldsymbol{H}^{(2)}$ 沿任何闭合回路的线积分，即场强 $\boldsymbol{H}^{(2)}$ 的环流，等于通过这个回路所包围面积的电位移通量的时间变化率. 由于 $\Phi_D = \iint_{(S)} \boldsymbol{D} \cdot \mathrm{d}\boldsymbol{S}$，其变化率为

$$\frac{\mathrm{d}\Phi_D}{\mathrm{d}t} = \frac{\mathrm{d}}{\mathrm{d}t}\iint_{(S)} \boldsymbol{D} \cdot \mathrm{d}\boldsymbol{S} \tag{18-6}$$

从电位移 $\boldsymbol{D}$ 的定义式，$\boldsymbol{D}=\varepsilon_0\boldsymbol{E}+\boldsymbol{P}$，可见电场强度是位移电流的基本组成部分. 在无电介质的区域，$\boldsymbol{D}=\varepsilon_0\boldsymbol{E}$，将此式代入式(18-6)，并仅考虑 E 对时间的变化率，得

$$\frac{\mathrm{d}\Phi_D}{\mathrm{d}t} = \iint_{(S)} \varepsilon_0 \frac{\partial \boldsymbol{E}}{\partial t} \cdot \mathrm{d}\boldsymbol{S} \tag{18-7}$$

于是，有

$$\oint_{(L)} \boldsymbol{H}^{(2)} \cdot \mathrm{d}\boldsymbol{l} = \iint_{(S)} \varepsilon_0 \frac{\partial \boldsymbol{E}}{\partial t} \cdot \mathrm{d}\boldsymbol{S} \tag{18-8}$$

式(18-8)说明变化的电场可以在空间激发涡旋状的磁场，并且 $\boldsymbol{H}^{(2)}$ 和回路中的电场强度矢量的变化率 $\frac{\partial \boldsymbol{E}}{\partial t}$ 形成右旋关系：如果右手螺旋沿着 $\boldsymbol{H}^{(2)}$ 线绕行方向转动，那么，螺旋前进的方向就是 $\frac{\partial \boldsymbol{E}}{\partial t}$ 的方向(图 18-2).

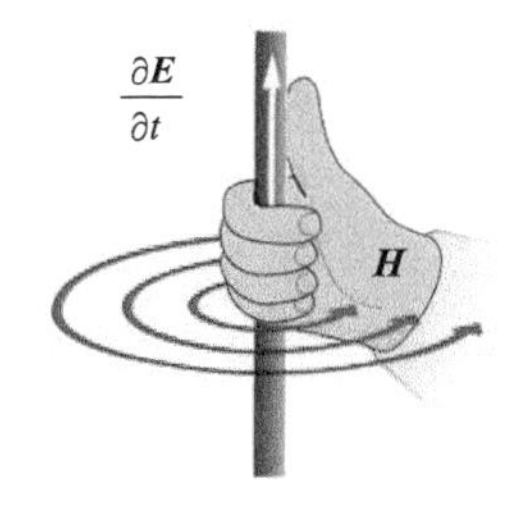

图 18-2　变化的电场与所激发的磁场的右旋关系

式(18-8)定量地反映了变化的电场和它所激发的磁场之间的关系，并说明变化的电场和它所激发的磁场在方向上服从右手螺旋关系.

由此可见，位移电流的引入，深刻地揭露了变化电场和磁场的内在联系.

我们应该注意，传导电流和位移电流是两个不同的物理概念：虽然在产生磁场方面，位移电流和传导电流是等效的，但在其他方面两者并不相同. 传导电流意味着电荷的定向移动，而位移电流意味着电场的变化. 传导电流通过导体时放出焦耳热，而位移电流通过空间或电介质时，并不放出焦耳热. 在通常情况下，电介质中的电流主要是位移电流，传导电流可忽略不计；而在导体中则主要是传导电流，位移电流可以忽略不计. 但在高频电流情况下，导体内的位移电流和传导电流同样起作用，不可忽略.

例题 18-1　位移电流形成的磁场

一平行板真空电容器，两极板都是半径 R=5.0cm 的圆导体片，设在充电时电荷在极板上均匀分布，两极板间电场强度的时间变化率 $\partial E/\partial t=1.0\times10^{12}$ V/(m·s). 求：

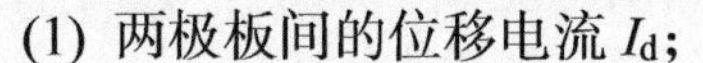

(1) 两极板间的位移电流 I_d；

(2) 两极板间磁感应强度的分布和极板边缘处的磁感应强度 B_R.

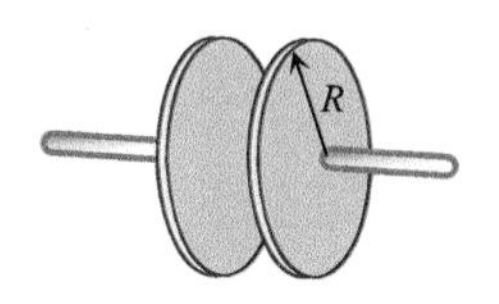

平行板真空电容器

解　(1) 根据式(18-8)，两极板间的位移电流密度为

$$j_d=\varepsilon_0\frac{\partial E}{\partial t}=8.85\times10^{-12}\times1.0\times10^{12}=8.85(\text{A/m}^2)$$

于是，位移电流强度为

$$I_d=j_dS=j_d\pi R^2=8.85\times3.14\times(5\times10^{-2})^2\approx0.69(\text{A})$$

(2) 因为两极板为同轴圆片，所以两极板间的磁场对于两极板的中心连线具有轴对称性. 我们在垂直于上述中心连线(轴)的平面上，取以与轴的交点为圆心、以 r 为半径的圆作为积分环路，根据对称性，在此积分环路上 H 的大小都相等，方向为环路的切线方向，且与电流方向呈右手螺旋关系. 因此由式(18-8)可得

$$\oint_{(L)}\boldsymbol{H}^{(2)}\cdot\mathrm{d}\boldsymbol{l}=H\cdot2\pi r=j_d\pi r^2$$

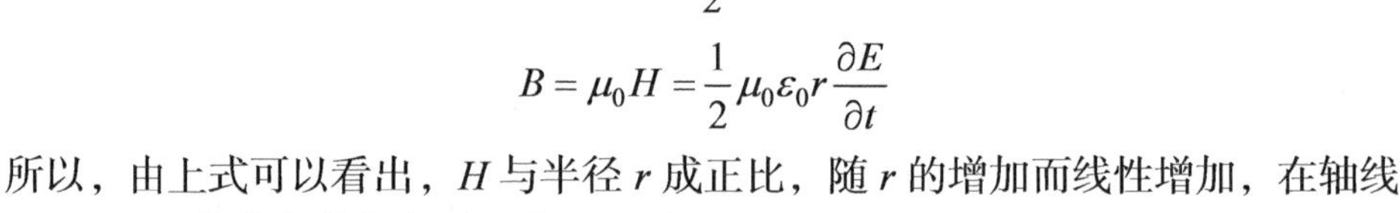

$$H=\frac{1}{2}j_dr$$

$$B=\mu_0H=\frac{1}{2}\mu_0\varepsilon_0r\frac{\partial E}{\partial t}$$

所以，由上式可以看出，H 与半径 r 成正比，随 r 的增加而线性增加，在轴线上(r=0)，磁感应强度为零，当 r=R 时，

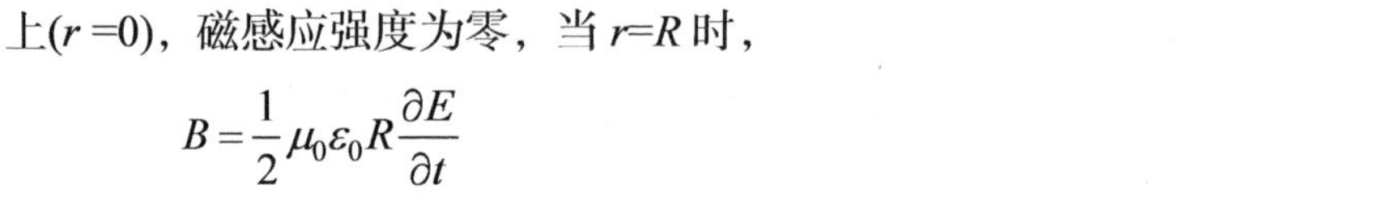

$$B=\frac{1}{2}\mu_0\varepsilon_0R\frac{\partial E}{\partial t}$$

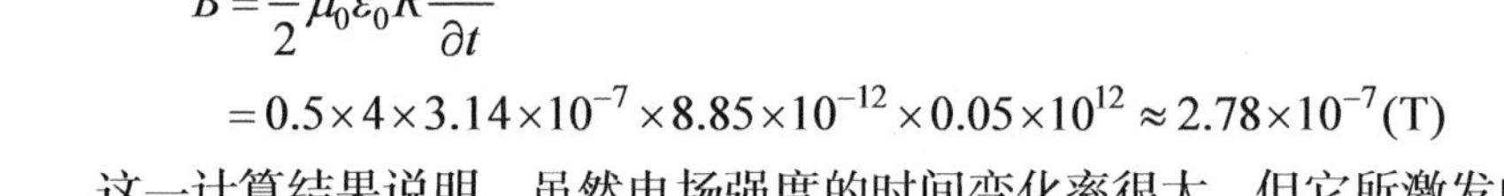

$$=0.5\times4\times3.14\times10^{-7}\times8.85\times10^{-12}\times0.05\times10^{12}\approx2.78\times10^{-7}(\text{T})$$

这一计算结果说明，虽然电场强度的时间变化率很大，但它所激发的磁场是很弱的.

2. 麦克斯韦方程组

詹姆斯·克拉克·麦克斯韦(J. C. Maxwell，1831～1879)，出生于苏格兰爱丁堡，英国物理学家、数学家. 经典电动力学的创始人，统计物理学的奠基人之一. 1831 年 6 月 13 日生于苏格

麦克斯韦引入涡旋电场和位移电流两个重要概念以后，首先对静电场和稳恒电流的磁场所遵从的场方程组加以修正和推广，使之可适用于一般的电磁场.

在一般情况下，电场可能既包括静电场，也包括涡旋电场，因此场强 $\boldsymbol{E}$ 应写成两种场强的矢量和，即 $\boldsymbol{E}=\boldsymbol{E}^{(1)}+\boldsymbol{E}^{(2)}$. 而磁场也应该既包括传导电流的磁场，又包括位移电流的磁场，即 $\boldsymbol{H}=\boldsymbol{H}^{(1)}+\boldsymbol{H}^{(2)}$.

考虑式(18-1b)和式(18-2)，普遍的电场的环路定理可写作

$$\oint_{(L)} \boldsymbol{E}\cdot d\boldsymbol{l} = \oint_{(L)} (\boldsymbol{E}^{(1)}+\boldsymbol{E}^{(2)})\cdot d\boldsymbol{l} = -\frac{d\Phi_m}{dt}$$

即

$$\oint_{(L)} \boldsymbol{E}\cdot d\boldsymbol{l} = -\frac{d\Phi_m}{dt} \tag{18-9}$$

同理，在一般情形下，磁场既包括传导电流所产生的磁场，也包括位移电流所产生的磁场. 因此，这时对 $\boldsymbol{H}$ 的闭合回路线积分应遵从全电流定律：

$$\oint_{(L)} \boldsymbol{H}\cdot d\boldsymbol{l} = \sum I_c + \frac{d\Phi_D}{dt} \tag{18-10}$$

麦克斯韦认为，在一般情形下，式(18-1a)和式(18-1c)仍然成立，而式(18-1b)和式(18-1d)应该以式(18-9)和式(18-10)代替. 由此，得到如下的四个方程：

$$\begin{cases} \oiint_{(S)} \boldsymbol{D}\cdot d\boldsymbol{S} = \sum q \\ \oint_{(L)} \boldsymbol{E}\cdot d\boldsymbol{l} = -\dfrac{d\Phi_m}{dt} \\ \oiint_{(S)} \boldsymbol{B}\cdot d\boldsymbol{S} = 0 \\ \oint_{(L)} \boldsymbol{H}\cdot d\boldsymbol{l} = \sum I_c + \dfrac{d\Phi_D}{dt} \end{cases} \tag{18-11}$$

◀ 麦克斯韦方程组

这四个方程就是所说的积分形式的麦克斯韦方程组. 实际上，上述关于电磁波的四个基本方程是 1884 年赫兹在麦克斯韦所给出的原始表达式的基础上简化得出的.

应该指出，静止电荷和稳恒电流所产生的场量 $\boldsymbol{E}$、$\boldsymbol{D}$、$\boldsymbol{B}$、$\boldsymbol{H}$ 等，只是空间坐标的函数，而与时间 t 无关；但是，在一般情况下，式(18-11)中，有关各量都是空间坐标和时间的函数. 所以与式(18-1)的四式相比，式(18-11)所含的意义更深远、更广泛.

麦克斯韦的电磁场理论在物理学上是一次重大的突破，并对 20 世纪末到 21 世纪以来的生产技术以及人类生活产生了深刻影响. 当然，物质世界是无穷无尽的，人类对物质世界的认识也是无止境的. 20 世纪末期起陆续发现了一些麦克斯韦理论无法解释的实验事实(包括电磁以太、黑体辐射能谱的分布、线光谱的起源、光电效应等)，导致了 21 世纪以来关于高速运动物体的相对性理论，关于微观系统的量子力学理论以及关于电磁场及其与物质相互作用的量子电动力学理论等的出现，于是物理学的发展史上又出现一次深刻的和富有成果的重大飞跃.

兰爱丁堡，1879 年 11 月 5 日卒于剑桥. 1847 年进入爱丁堡大学学习数学和物理，毕业于剑桥大学. 他成年时期的大部分时光是在大学里当教授，最后是在剑桥大学任教. 1873 年出版的《论电和磁》，也被尊为继牛顿《自然哲学的数学原理》之后的一部最重要的物理学经典. 麦克斯韦被普遍认为是对物理学最有影响力的物理学家之一. 没有电磁学就没有现代电工学，也就不可能有现代文明

18.2　电磁波的产生与传播

从麦克斯韦的理论我们知道，电流产生磁场，变化的电场产生磁场. 反之，

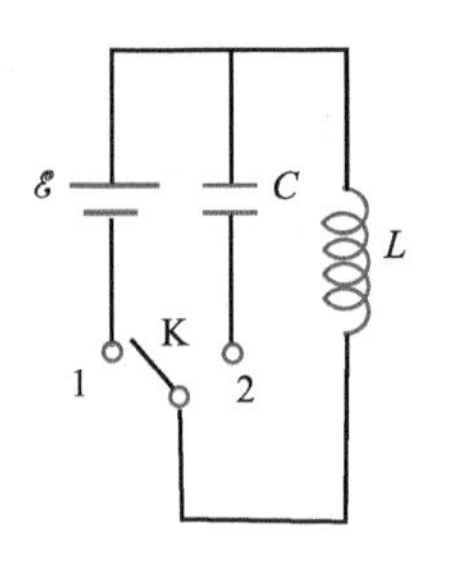

18-3 LC 振荡电路

变化的磁场也会在邻近空间激发涡旋电场. 因此，充满变化电场的空间，同时也充满变化的磁场；充满变化磁场的空间，同时也充满变化的电场，这两种变化并互相激发的场——电场和磁场永远互相联系着，形成电磁场，它们的变化相互激发，像波一样在空间传播，即形成电磁波.

1. 电磁波的产生

电磁波的产生只需激发它的振源，不需要介质. 下面我们介绍一个以振荡电偶极子所产生的电磁波的情况. 如图 18-3 所示，为一 LC 振荡电路，当开关置于 1 时，对于线圈 L 充磁，电流到达稳定值后，将开关置于 2. 这时，线圈释放磁能，对于电容 C 充电，当全部磁能转换为电容器中的电能时，电容器放电再对线圈充磁，直到全部电能又变为磁能. 这种通过振荡电路将磁能、电能相互转化的电路称为电磁振荡. 这种电磁振荡电路中电感或电容把磁能和电能包容在元件内部，不易释放能量. 为了把电磁振荡中的电能和磁能释放到元件的外部空间，一般采取如图 18-4 所示的方法将振荡电路开放，即电容有效面积逐渐变小，线圈自感逐渐变小，极端情况下，电路变得完全开放，成为振荡电偶极子，如图 18-4d 所示. 振荡偶极子的电偶极矩为

$$p = p_0 \cos \omega t \tag{18-12}$$

式中，p_0 为电偶极矩振幅.

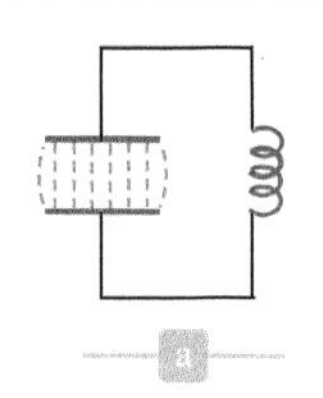

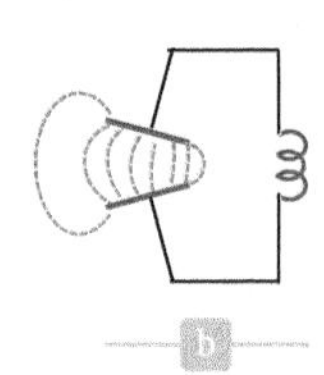

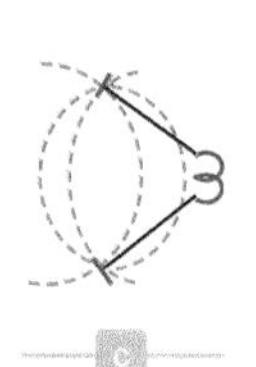

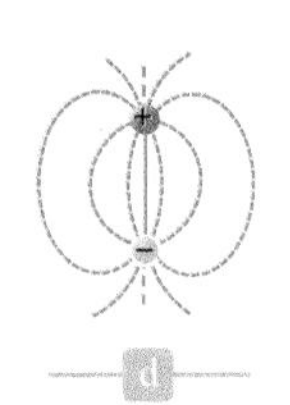

图 18-4 振荡电路逐渐开放

2. 电磁波的传播

从振荡的电偶极子的偶极矩可知，其激发的电场是交变的，而交变的电场会激发交变的磁场，交变的磁场又激发交变的电场. 如此相互激发由近及远，便形成了电磁波，并在空间传播.

偶极振子周围的电磁场的分布情况可由麦克斯韦方程组计算得出，在这里我们作定性的讨论. 静止的电偶极振子周围的电磁场分布情况可用电场线和磁感应线的分布来描述，我们知道电场线由正电荷发出，且止于负电荷上，如图 18-5 所示. 振荡偶极振子中的正负电荷在运动，其周围的电场线形状也在随时间变化，又由于电磁波传播的速度是有限的，所以只在很靠近偶极振子处，电场线的分布与静态情况相似. 而在远处，某时刻的电场强度 E 不是与该时刻的电荷位置相对应，而是与这一时刻以前的另一时刻电荷位置相对应，由两时刻之差决定，如图 18-6 所示. 图中绿色带箭头线即是涡旋电场线，而红色的叉叉点点表示磁场的方向. 而图 18-7 定性地描绘了电磁波的传播情况.

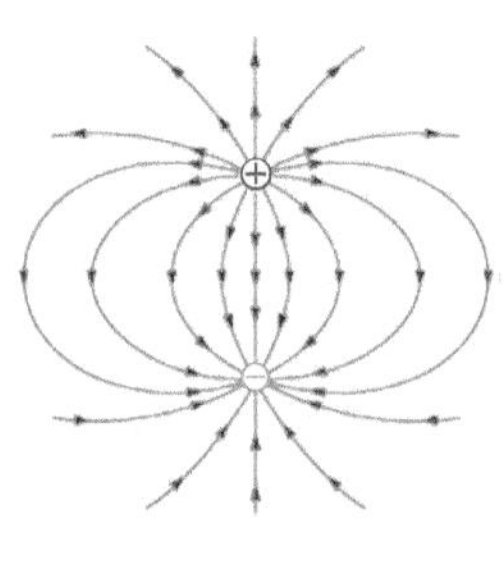

图 18-5 静态电偶极子的电场

在远离偶极振子的空间中，电场和磁场的规律比较简单，任一点处的电场强度矢量 $\boldsymbol{E}$ 和磁场强度矢量 $\boldsymbol{H}$ 都与矢径 $\boldsymbol{r}$ 相垂直，$\boldsymbol{E}$ 在 $\boldsymbol{p}$ 与 $\boldsymbol{r}$ 决定的平面内，$\boldsymbol{H}$ 与上述平面相垂直，传播方向与矢径 $\boldsymbol{r}$ 方向一致，下文中将详细讨论.

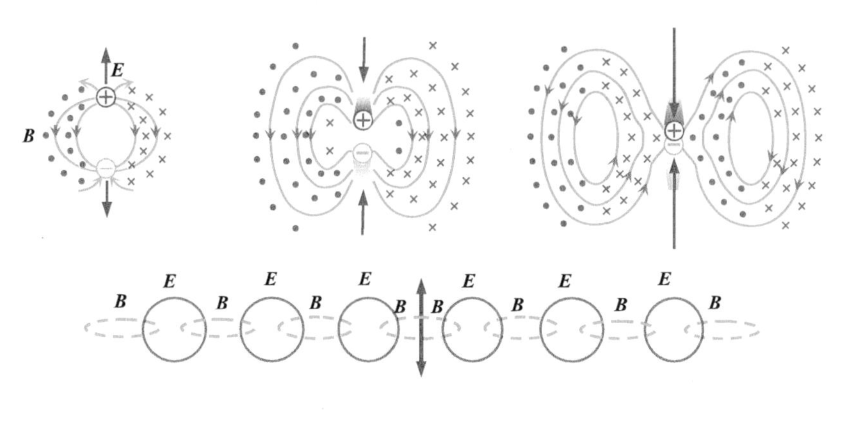

图 18-6　电磁波 1/4 周期的电场线分布

图 18-7　电磁波的产生与传播

18.3　电磁波的性质

18.2 节介绍了电磁波产生于电偶极振荡，振荡电偶极子在近场区和远场区形成的电场和磁场变化规律是不同的. 所谓近场区是指，考察点到电偶极子的距离远远小于所形成的电磁波波长，即 $r \ll \lambda$(波长)，而远场区情况则相反. 计算发现在近场区，即 $r \ll \lambda$(波长)，形成的电场和磁场分别为

$$E \propto \frac{1}{r^3}, \quad H \propto \frac{1}{r^2}$$

在远场区，即 $r \gg \lambda$(波长)，形成的电场和磁场分别为

$$E(r,t) = \frac{\mu_0 p_0 \omega^2 \sin\theta}{4\pi r} \cos\omega\left(t - \frac{r}{c}\right) \tag{18-13}$$

$$H(r,t) = \frac{\sqrt{\varepsilon_0 \mu_0}\, p_0 \omega^2 \sin\theta}{4\pi r} \cos\omega\left(t - \frac{r}{c}\right) \tag{18-14}$$

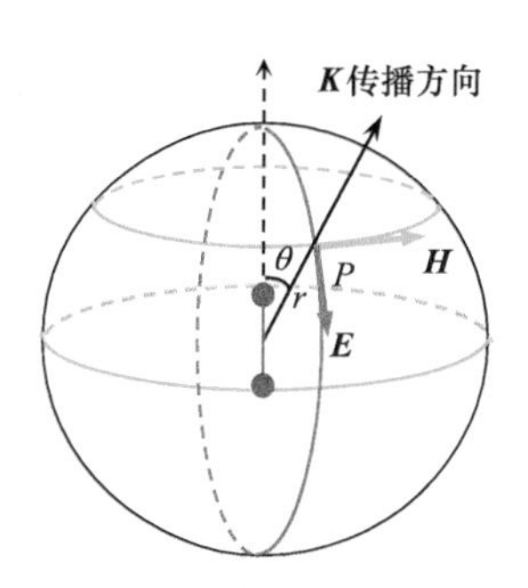

图 18-8　电磁波的性质

式中，r，θ 如图 18-8 所示，从式(18-13)和式(18-14)可知，在远场区电场强度和磁场强度与 r，θ 和 t 有关. 前两个变量跟空间有关，如果问题所涉及的空间位置离电磁波源很远，且区域不大，r 与 θ 引起的变化不大，那么余弦项前边的因子——振幅可近似视为常量. 在这个远场不大的区域内，电场和磁场分别表为

◀ 平面电磁波的电场

$$E(r,t) = E_0 \cos\omega\left(t - \frac{r}{c}\right) \tag{18-15}$$

◀ 平面电磁波的磁场

$$H(r,t) = H_0 \cos\omega\left(t - \frac{r}{c}\right) \tag{18-16}$$

即在远离波源的不大的区域内，电磁波可近似视为平面简谐波.

跟简谐机械波一样，简谐电磁波也是最简单、最基本、最重要的电磁波，任何复杂的电磁波均可视为各种不同频率、不同振幅的简谐电磁波的合成. 在此，我们所讨论的空间范围为真空，所讨论的电磁波为自由电磁波，我们称没有电荷、电流，只有电磁波存在的电磁波为自由电磁波. 为了对电磁波有个初步认识，下面我们定性地介绍一下电磁波的基本性质.

(1) 自由电磁波为横波. 电磁波中的电矢量 $\boldsymbol{E}$、磁矢量 $\boldsymbol{H}$ 均与传播方向垂

直. 若以 $\boldsymbol{K}$ 表示电磁波传播方向的单位矢量，则有

$$\boldsymbol{E}\perp\boldsymbol{K},\quad \boldsymbol{H}\perp\boldsymbol{K}$$

(2) 电矢量 $\boldsymbol{E}$ 与磁矢量 $\boldsymbol{H}$ 垂直，即

$$\boldsymbol{E}\perp\boldsymbol{H}$$

且 $\boldsymbol{E}$、$\boldsymbol{H}$、$\boldsymbol{K}$ 三者互相垂直，并满足右手关系，如图 18-8 所示，用矢量叉乘的形式可以表示为，$\boldsymbol{E}\times\boldsymbol{H}//\boldsymbol{K}$，即 $\boldsymbol{E}\times\boldsymbol{H}$ 的方向总是沿着波的传播方向.

(3) 同一点 $\boldsymbol{E}$ 与 $\boldsymbol{H}$ 值成正比，在真空中的自由电磁波有

$$\sqrt{\varepsilon_0}E=\sqrt{\mu_0}H \tag{18-17}$$

(4) 从式(18-15)及式(18-16)可以看出，电磁波在传播中，其电场强度矢量 $\boldsymbol{E}$ 与磁场强度矢量 $\boldsymbol{H}$ 相位相同，$\boldsymbol{S}$，即电磁波的能流密度(见下文)，与传播方向相同，如图 18-9 所示.

(5) 电磁波的传播速度等于光速. 在一般的电磁介质中，电磁波的传播速度为

$$v=\frac{1}{\sqrt{\varepsilon_r\varepsilon_0\mu_r\mu_0}} \tag{18-18}$$

电磁波在介质中波速 ▶

在真空中，$\varepsilon_r=1$，$\mu_r=1$，于是电磁波的传播速度为

$$c=\frac{1}{\sqrt{\varepsilon_0\mu_0}}=\frac{1}{\sqrt{8.85\times10^{-12}\times4\times3.14\times10^{-7}}}=2.997\times10^8(\text{m/s}) \tag{18-19}$$

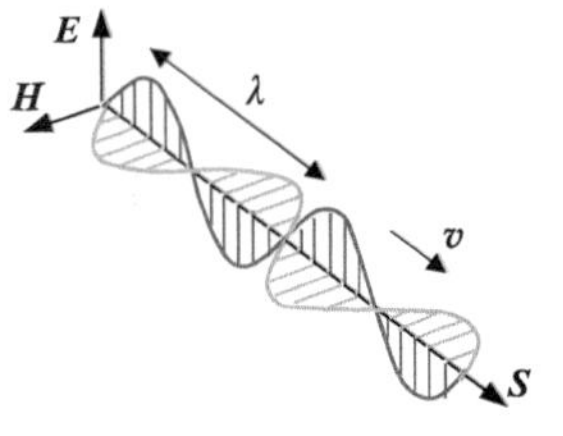

图 18-9 电磁波 E 与 H 同相位

18.4 电磁波的能流密度

实验证明电磁波具有能量，且以光速传播. 下面通过计算电磁波的能量及传播、能量密度，介绍能流密度.

在机械波中我们介绍过能流密度的概念，即单位时间通过与波传播方向垂直的单位面积的能量. 如图 18-10 所示，在传播方向的任意点 P 处，其电场、磁场的能量在真空中的能量密度分别为

$$w_e=\frac{1}{2}\varepsilon_0E^2,\quad w_m=\frac{1}{2}\mu_0H^2$$

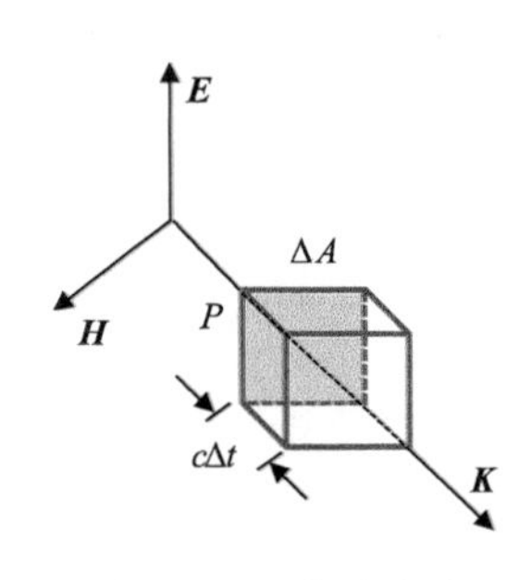

图 18-10 能流密度

于是该点的电磁波能量密度为

$$w=\frac{1}{2}\varepsilon_0E^2+\frac{1}{2}\mu_0H^2$$

利用式(18-17)中 E 与 H 的关系，可将上式简化为

电磁波的能量密度 ▶

$$w=\sqrt{\varepsilon_0\mu_0}EH$$

考虑电磁波以速度 c，在 Δt 时间传播 $c\Delta t$ 距离. 以 ΔA 为底面，以 $c\Delta t$ 为高的柱体内的能量全部通过 ΔA 面，根据能流密度的定义，可得电磁波的能流密度——S 为

$$S = \frac{w\Delta Ac\Delta t}{\Delta A\Delta t} = c\sqrt{\varepsilon_0\mu_0}EH = EH$$

即

$$S = EH$$

考虑能流密度 $\boldsymbol{S}$ 是矢量，且能量的传播方向就是波的传播方向，于是有

$$\boldsymbol{S} = \boldsymbol{E} \times \boldsymbol{H} \tag{18-20}$$

◀ 电磁波的能流密度

电磁波的能流密度矢量也称为坡印廷矢量.

例题 18-2　电磁波的能流密度与负载的功率

同轴输电缆是由内半径为 a,外半径为 b 的同轴薄圆筒组成的，如图 18-11 所示，若电流自内筒流去，经过负载后从外部圆筒流回，试用坡印廷矢量分析电磁能是如何传到负载的.

解　从题中可知电流从内筒向下流去，从外筒向上流回. 由于任何导体均有一定电阻，为了方便，设导线电阻全部集中于内筒，外筒电阻可以忽略，故导体内筒中(也包括表面)电场强度具有沿轴向和径向的两个分量 E_z、E_r. 根据电流方向可知右边磁场方向如图中的符号⊙所示，左边的磁场如符号⊗所示. 根据式(18-20)，可知电磁波能流密度分为向下 S_z 和径向向里 S_r，外圆筒的外面($r>b$)区域没有电磁场. 设电源两端的电压为 U，该电压一部分加在电路的电阻上，为 U_r，一部分加在负载上，为 U_R.

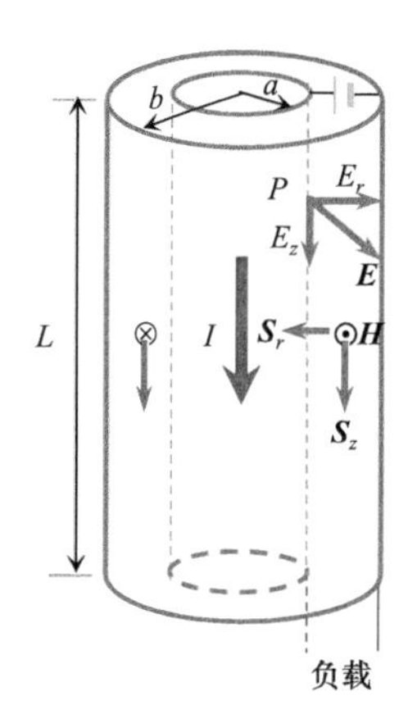

图 18-11　磁场能量

根据安培环路定理，可得筒间任意点的磁场强度为

$$H = \frac{I}{2\pi r}$$

该点的电场强度之径向分量 $\boldsymbol{E}_r$ 与 $\boldsymbol{H}$ 构成沿轴向的能流密度 $\boldsymbol{S}_z$，即

$$S_z = E_r H = \sqrt{\frac{\mu_0}{\varepsilon_0}}H^2$$

将磁场强度代入上式，并对 a 到 b 的圆环截面积分，可得单位时间通过该环形截面传输给负载的电磁能，即

$$P_R = \iint\limits_{(\text{环面})} S_z \mathrm{d}S = \iint\limits_{(\text{环面})} \sqrt{\frac{\mu_0}{\varepsilon_0}}H^2 \mathrm{d}S$$

$$= \int_a^b \sqrt{\frac{\mu_0}{\varepsilon_0}}\left(\frac{I}{2\pi r}\right)^2 2\pi r \mathrm{d}r = \sqrt{\frac{\mu_0}{\varepsilon_0}}\frac{I^2}{2\pi}\ln\left(\frac{b}{a}\right) \tag{18-21}$$

这些电磁能也可以从负载消耗功率的角度，通过下列过程直接求出. 根据式(18-17)可知，沿着径向的场强为

$$E_r = \sqrt{\frac{\mu_0}{\varepsilon_0}}H = \sqrt{\frac{\mu_0}{\varepsilon_0}}\frac{I}{2\pi r}$$

由此可计算出负载两端的电压为

$$U_R = \int_a^b E_{r\mathrm{d}r} = \int_a^b \sqrt{\frac{\mu_0}{\varepsilon_0}}\frac{I}{2\pi r}\mathrm{d}r = \sqrt{\frac{\mu_0}{\varepsilon_0}}\frac{I}{2\pi}\ln\left(\frac{b}{a}\right)$$

根据电功率公式，可得负载消耗的功率为

$$P_R = U_R I = \sqrt{\frac{\mu_0}{\varepsilon_0}} \frac{I^2}{2\pi} \ln\left(\frac{b}{a}\right) \tag{18-22}$$

比较式(18-21)与式(18-22)，其结果相同. 这个事实说明，负载消耗的电磁能是通过同轴电缆之间的电磁场传输的，而不是从导线中传输的.

而电场强度的轴向分量 E_z 产生了从上至下的电压，此电压加在导线的电阻上将产生消耗. 该电阻上消耗的功率应等于从内筒柱面流进的电磁能.

柱面上 P 点电场强度的轴向分量 $\boldsymbol{E}_z$ 与 H 构成沿径向向内的能流密度 $\boldsymbol{S}_r$ 为

$$S_r = E_z H = \sqrt{\frac{\mu_0}{\varepsilon_0}} H^2$$

将磁场强度代入上式，并注意到柱面上 P 点，$r=R$，可得单位时间通过该柱面传输给导线的电磁能，即

$$P_r = \iint\limits_{(柱面)} S_r \mathrm{d}S = \sqrt{\frac{\mu_0}{\varepsilon_0}} \frac{I^2}{2\pi R} L \tag{18-23}$$

这些电磁能也可以从导线电阻消耗功率的角度，通过下列过程求出. 根据式(18-17)可知，沿着轴向的场强为

$$E_z = \sqrt{\frac{\mu_0}{\varepsilon_0}} H = \sqrt{\frac{\mu_0}{\varepsilon_0}} \frac{I}{2\pi R}$$

由此可计算出导线两端的电压为

$$U_r = E_z L = \sqrt{\frac{\mu_0}{\varepsilon_0}} \frac{I}{2\pi R} L$$

根据电功率公式，可得导线电阻消耗的功率为

$$P_r = U_r I = \sqrt{\frac{\mu_0}{\varepsilon_0}} \frac{I^2}{2\pi R} L \tag{18-24}$$

比较式(18-23)与式(18-24)，其结果相同. 这个事实说明，导线电阻消耗的电磁能是通过同轴电缆之间的电磁场传输的，而不是从导线中传输的.

18.5 电磁波的应用与危害

1. 电磁波的应用

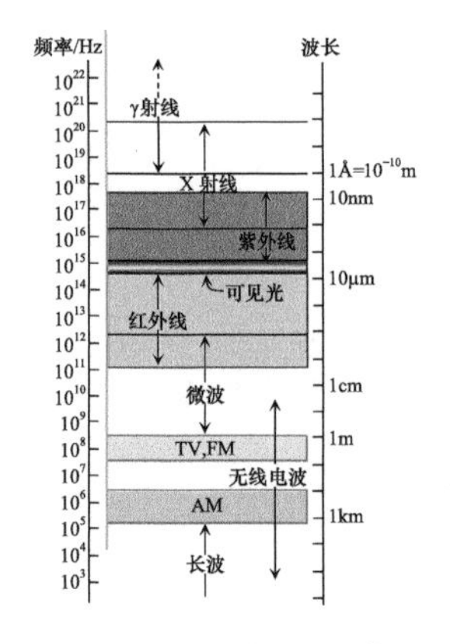

图 18-12 电磁波谱

自然界中存在着大量的千差万别的电磁波，有的是自然产生的，有的是人工产生，由于产生的机制不同，用途不同，所以电磁波的频率或波长有一个相当大的变化范围. 图 18-12 给出了电磁波的频率范围和波长范围，这个完整的电磁波频率或波长范围称为电磁波谱. 从波谱图中可见，电磁波可以分成几个不同的波长(或频率)范围，注意，不同的波段范围没有严格的界限. 在科学技术与日常生活中不同的波段有不同的应用. 下面分波段简单介绍其具体应用.

1) 超长波和长波(频率为 3～300kHz，波长为 100～1km)

该波段电磁波是开发最早的波段，沿地面的传播主要依靠地面波来实现，因而传播损耗小，日变化小，信号稳定，能够环绕地球. 主要用于导航和授时等方面. 导航的任务是在各种复杂的环境下，引导舰船和飞机沿着预定的路线航行. 长波授时具有传输衰减小、干扰弱、信号稳定等优点.

2) 中波(频率为 300～3000kHz，波长为 1000～100m)

中波波段电磁波的传播方式，在视距以内靠空间波和地面波，在视距以外靠电离层反射波，所以传播损耗比较小，信号比较稳定，主要用于地方电台的语音调幅广播.

3) 短波(频率为 3～30MHz，波长为 100～10m)

短波波段的电磁波的传播方式与中波相同，视距以内依靠空间波和地面波，视距以外依靠电离层反射波. 由于短波的频率较高，需要电子密度较高的 F2(地球大气某一高度电离层)电离层才能实现反射. 但是 F2 电离层的状态受太阳照射的影响很大，因此远距离短波传播信号的电平很不稳定，具有日变化、季变化、11 年周期变化等特点，而且信号电平的衰落还具有随机性. 在卫星通信技术没有成熟之前，远距离的国际通信主要依靠短波来实现. 短波通信的优点是设备简单、造价低廉、重量轻、体积小、机动性强.

4) 超短波(频率为 30～300MHz，波长为 10～1m)

超短波以上电磁波，波长只有几米，大部分情况下电离层已经不能反射，其传播方式主要依靠直接波和地面反射波所组成的空间波，因此它只能在视距范围以内传播. 超视距的远距离传播必须采用接力或称为中继的方式进行.

通常的调频广播(FM88-108 MHz)以及 13 频道以下的广播电视应用位于这个波段. 早期的无绳电话所使用的波长为 6m 左右，这个波段还可以用于近距离的移动通信.

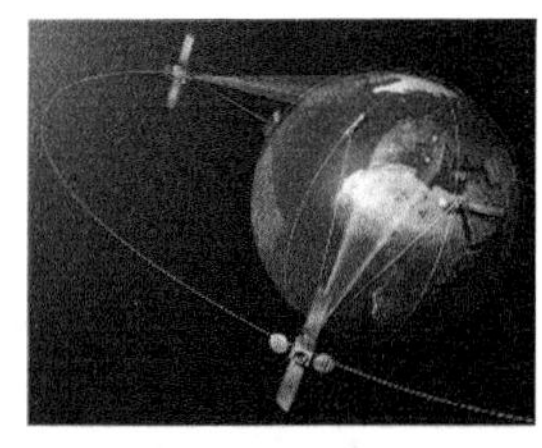
图 18-13　通信卫星

5) 特高频(频率为 300～3000MHz，波长为 100～10cm)

可以用于广播电视、蜂窝移动通信、卫星导航以及无线局域网等方面，如图 18-13 所示. 广播电视所用的频段为 470～870MHz，蜂窝移动通信所用的频段为 800MHz、900MHz、1800MHz、1900MHz 和 2000MHz 等. 全球卫星定位系统(GPS)所用的频率为 1227.60MHz 和 1575.42MHz，最近又准备开发位于 1176.45MHz 左右的新的频率点. Wi-Fi 无线局域网和蓝牙技术所使用的频段为 2.5GHz. 微波炉的频率为 2450MHz，是因为这个频率点的电磁波能够产生最强的热效应. 我国的北斗卫星导航系统于 2000 年启动，到 2016 年 6 月已经发射了 23 颗卫星，正在使用的有 14 颗. 计划到 2020 年共计配备 35 颗卫星，以便具备全球精确定位以及其他服务能力. 据资料介绍，该系统使用的频段为 2491MHz.

6) 超高频(频率为 3～30GHz，波长为 10～1cm)

超高频波段可以用于卫星电视、卫星广播、通信和雷达(图 18-14)等方面.

图 18-14　雷达

卫星通信是当前远距离通信及国际通信中一种先进的通信手段. 国际上使用的通信卫星多数是同步卫星，也叫做静止卫星. 利用这种卫星作为中继站来转发无线电信号，可以实现地面上的远距离通信，所以通信卫星实际上就是设在太空中的无人值守的微波中继站.

多数国家的卫星电视和卫星广播使用 Ku 波段，即从地面到卫星的上行频率为 14 GHz，而从卫星到地面的下行频率则为 12GHz. 我国卫星电视主要使用的是 C 波段，即上行频率为 6GHz，而下行频率为 4GHz. 近年来我国部分卫星电视使用了 Ku 波段. 我国地面微波中继通信使用的是 C 波段.

7) 极高频(频率为 30～300GHz，波长为 10～1mm)

该波段能够用于通信、雷达和射电天文等方面. 毫米波适用于一点到多点的宽频带通信. 毫米波雷达精度高、天线尺寸小，但目前发射功率不大，因而作用距离较短.

8) 光波(频率为 1～50THz，波长为 300～0.06μm)

在电磁波谱中，光波的频率比微波高几万倍，人们称它是最大和最后的电磁波资源. 光波可以利用光纤进行信号传输，用于远距离通信和宽带信息网.

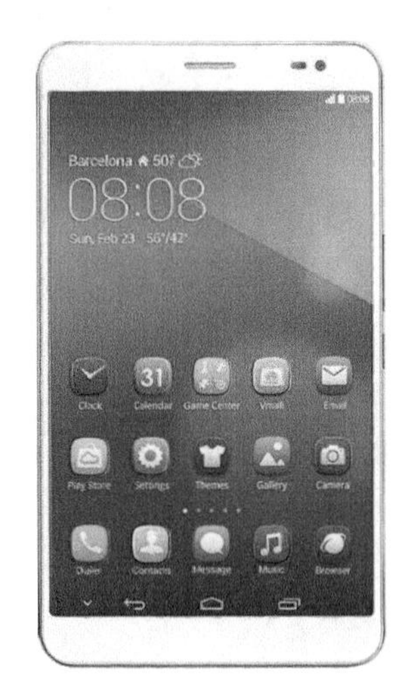

图 18-15 移动电话

光波也可穿过大气直接传播，中国古代的烽火台，就是最原始的光通信设备，但是大气传输光波受气候的影响很大，在雨雪天气会产生很大的损耗. 当前直接穿过大气的光波应用主要包括近距遥控、测量和数据传输，如激光测距等. 激光在医学和军事上的应用很多，如伽马刀手术、激光制导武器等. 已经十分普及的光盘播放机和刻录机更是激光技术对于人类文明的巨大贡献，物美价廉的光盘不仅体积小、质量轻，而且容量大、寿命长.

2. 电磁波的危害

电磁波向空中发射或泄漏的现象叫电磁辐射，过量的电磁辐射会造成电磁污染. 移动通信基站作为常见的信号发射设备，更是目前电磁辐射的主要来源之一.

图 18-16 电离辐射

危害环境以及人的身体健康的电磁辐射也称为电磁污染. 与人们日常生活密切相关的家庭生活中的电磁波污染，是指各种电子生活产品，包括空调、计算机、电视机、电冰箱、微波炉、卡拉 OK 机、VCD 机、音响、电热毯、移动电话(图 18-15)等，在正常工作时所产生的各种不同波长和频率的电磁波可能对人体有一定的干扰、影响与危害. 因此，在某些较强电磁辐射区域会有电离辐射提示，如图 18-16 所示

大家普遍关心无线网络设备或 Wi-Fi，据中国科学院的专家研究表示，目前没有真正有力的科学依据表明它会破坏人体 DNA 或蛋白质结构，从而影响人的身体健康.

第 18 章练习题

18-1 圆柱形电容器内、外导体截面半径分别为 R_1 和 $R_2(R_1<R_2)$，中间充满相对介电常数为 ε_r 的电介质.当两极板间的电压随时间的变化率为 $\frac{\mathrm{d}U}{\mathrm{d}t}=k$ 时(k 为常数)，求介质内距圆柱轴线为 r 处的位移电流密度.

18-2 试证：平行板电容器的位移电流可写成 $I_d = C\dfrac{dU}{dt}$. 式中，C为电容器的电容，U是电容器两极板的电势差. 如果不是平板电容器，以上关系还适用吗？

18-3 一个长直螺线管，每单位长度有 n 匝线圈，载有电流 i，设 i 随时间增加，$di/dt>0$，设螺线管横截面为圆形，求：

(1) 在螺线管内距轴线为 r 处某点的涡旋电场；

(2) 在该点处坡印廷矢量的大小和方向.

18-4 有一气体激光器所发射的激光强度可达 $3\times10^{18}\text{W/m}^2$，设激光为圆柱形光束，圆柱横截面直径为 2.0×10^{-3}m，试求激光的最大电场强度和最大磁感应强度？

18-5 如题 18-5 图所示，电荷$+q$以速度 v 向 O 点运动，$+q$ 到 O 点的距离为 x，在 O 点处作半径为 a 的圆平面，圆平面与 v 垂直. 求通过此圆的位移电流.

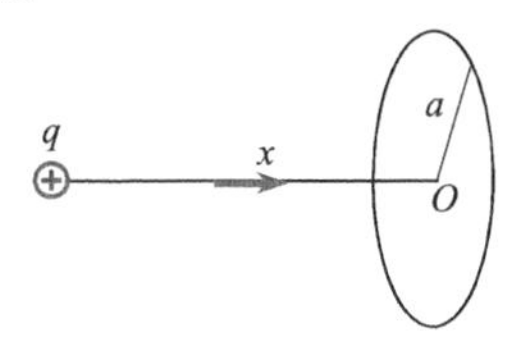

题 18-5 图

18-6 设平行板电容器内各点的交变电场强度 $E=720\sin\left(10^5\pi t\right)$ V/m，正方向规定如题 18-6 图所示. 试求：

(1) 电容器中的位移电流密度；

(2) 电容器内距中心连线 $r=10^{-2}$m 的一点 P，当 $t=0$ 和 $t=0.5\times10^{-5}$s 时磁场强度的大小及方向(不考虑传导电流产生的磁场).

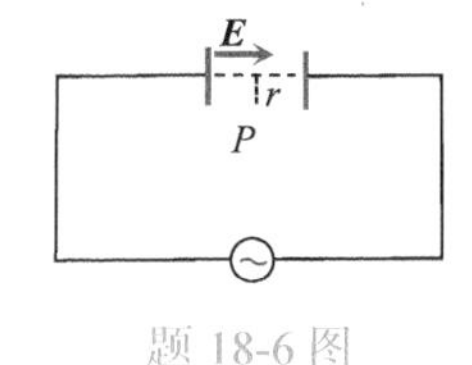

题 18-6 图

18-7 半径为 $R=0.10$m 的两块圆板构成平行板电容器，放在真空中. 今对电容器匀速充电，使两极板间电场的变化率为 $\dfrac{dE}{dt}=1.0\times10^{13}$ V/(m·s). 求两极板间的位移电流，并计算电容器内离两圆板中心连线 $r(r<R)$处的磁感应强度 B_r 以及 $r=R$ 处的磁感应强度 B_R.

18-8* 一导线，截面半径为 10^{-2}m，单位长度的电阻为 $3\times10^{-3}\Omega$/m，载有电流 25.1 A. 试计算在距导线表面很近一点的以下各量：

(1) H的大小；

(2) E在平行于导线方向上的分量；

(3) 垂直于导线表面的S分量.

18-9 如题 18-9 图所示，有一圆柱形导体，截面半径为 a，电阻率为ρ，载有电流 I_0.

(1) 求在导体内距轴线为 r 处某点的 E 的大小和方向；

(2) 该点 H 的大小和方向；

(3) 该点坡印廷矢量 $\boldsymbol{S}$ 的大小和方向；

(4) 将(3)的结果与长度为 l、半径为 r 的导体内消耗的能量作比较.

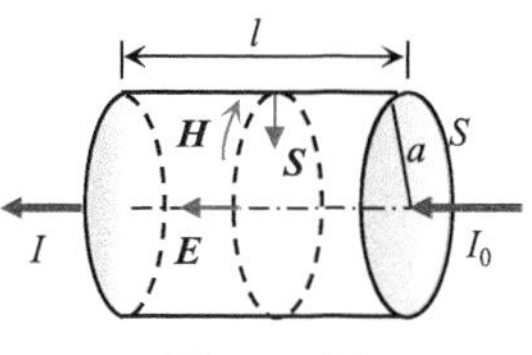

题 18-9 图

18-10 一平面电磁波的波长为 3.0cm，电场强度的振幅为 30V/m，试问：

(1) 该电磁波的频率为多少？

(2) 磁感应强度的振幅为多少？

(3) 对于一个垂直于传播方向的面积为 0.5m^2 的全吸收面，该电磁波的平均辐射压强是多大？

18-11 一平行板电容器由相距为 L 的两个半径为 a 的圆形导体板构成，如题 18-11 图所示，略去边缘效应. 证明：在电容器充电时，流入电容器的能量速率等于其静电能增加的速率.

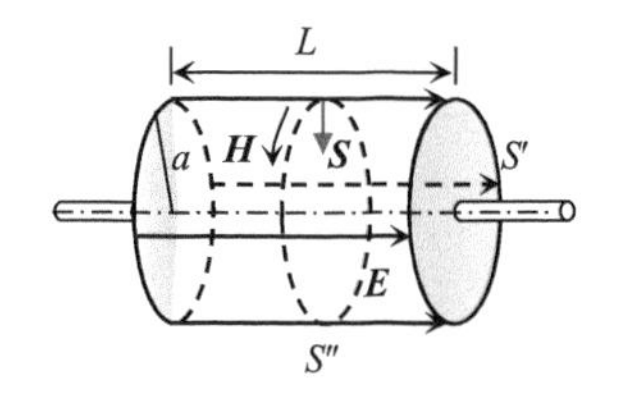

题 18-11 图

18-12 一飞机在离电台 10km 处飞行，收到电台的信号强度为 $10\times10^{-6}\text{W/m}^2$，求：

(1) 该电台发射的信号在飞机所在处的电场强度的峰值 E_0 和磁场强度的峰值 H_0 为多少？

(2) 设电台发射是各向同性的，求电台的发射功率.

18-13 在真空中，一平面电磁波的电场为 $E_x = 0.3\cos\left[2\pi\times10^7\left(t-\dfrac{x}{c}\right)\right]$(V/m). 求：

(1) 电磁波的波长和频率；

(2) 传播方向；

(3) 磁场的大小和方向.

18-14 如果要在一个 1.0pF 的电容器中产生 1.0A 的位移电流，加在电容器上的电压变化率为多少？

第 18 章练习题答案

第4篇

波动光学和近代物理基础

太阳西下时在天边形成了美丽的晚霞. 在太阳光的照射下，中午时分晴朗的天空中出现了蓝天白云，而当太阳西下时，天边的云彩先是变成橙色，当太阳接近地平线时又转而变成红色. 这些美丽的景象都是具有各种波长的太阳光被大气中的分子散射而造成的结果. 图中天空和树木在水中的倒影则是由光在水面上的反射造成的

灿烂的阳光照亮了地球，给地球带来了生命和活力. 蔚蓝色的大海、绿色的森林、黄褐色的沙漠和色彩斑斓的彩虹，人们通过自己的眼睛来感受这个五彩缤纷、瞬息万变的世界. 在人类通过感官所获取的外部信息中，至少有 90% 以上来自于视觉. 光学是最早发展起来的物理学分支之一，又是当今科学研究和生产活动中最活跃的学科之一. 光学的理论在当代科研、工业、农业、医疗和军事等领域中有着广泛的应用，比如激光器、光纤通信、全息照相、光学计算机和医疗影像等.

荷兰物理学家、天文学家、数学家克里斯蒂安·惠更斯(C. Huygens, 1629～1695)是历史上最著名的物理学家之一. 1678 年，他在一次演讲中公开反对牛顿关于光的微粒说. 他说，如果光是

围绕光的本性是什么的问题，在光学的发展史上，曾存在着以牛顿为代表的微粒说和以惠更斯为代表的波动说之间的长期争论. 牛顿认为，光是由发光物体所发射的微小粒子(质点)流所形成的. 鉴于牛顿在当时物理学界的威望，微粒说在 17～18 世纪期间统治了大约一百年的时间. 最早明确提出光的波动说的是意大利的格里马蒂. 他通过观察发现光通过小孔后在屏幕上产生的影子要比光的直线传播所预料的大一些. 而首先对光的波动说作出重要贡献的是荷

微粒性的，那么光在交叉时就会因发生碰撞而改变方向，可当时人们并没有发现这个现象. 而且利用微粒说解释折射现象，将得到与实际相矛盾的结果. 他在 1690 年出版的《光论》一书中正式提出了光的波动说，建立了著名的惠更斯原理. 在此原理基础上，他推导出了光的反射和折射定律，圆满地解释了光速在光密介质中减小的原因

兰物理学家惠更斯，他明确论证了光是一种波动，提出了波阵面的概念，并由此形成了关于波传播的惠更斯原理. 这个原理不仅可以解释光在各向同性介质中的传播，还可以用来解释光通过各向异性的介质(如方解石)时的双折射现象. 此后，通过托马斯·杨和菲涅耳等物理学家对光的波动性的实验和理论研究，进一步确立了光的波动学说.

光学通常可以分为几何光学、波动光学和量子光学三个部分. 几何光学以光的直线传播、反射和折射等原理为基础，通过几何作图法研究光在各种光学系统中的成像问题. 波动光学以光的波动性为前提，研究光在传播过程中出现的干涉、衍射和偏振等波动现象. 量子光学则是将光看作由光子(不是牛顿的微粒)组成的粒子流，从而研究光与物质相互作用时所呈现的各种量子效应.

本篇主要讨论波动光学与近代物理. 第 19 章用分波阵面法和分振幅法讨论光的双缝干涉和薄膜干涉；第 20 章进一步研究由波阵面上各点发出的子波间的衍射现象；第 21 章以光的横波性为基础，讨论偏振光的获得和偏振光的干涉等内容；第 22 章介绍了近代物理的基础知识.

第19章 光的干涉

太阳光(白光)是一种包含了各种波长成分的复色光.当太阳光照射在肥皂泡上时，光在肥皂膜外表面和内表面的反射光具有一定的相位差，会产生干涉现象.相位差随光的波长、肥皂膜的厚度、肥皂膜对不同波长光的折射率和观察者的视角不同而改变，因此可以在肥皂泡表面看到由红、橙、黄、绿、青、蓝、紫等各种颜色的光形成的干涉条纹

托马斯·杨(T. Young，1773~1829)，英国医生、物理学家，光的波动说的奠基人之一.托马斯·杨在力学、数学、光学、声学、语言学、动物学、考古学等领域都有很深的造诣.他在物理学上作出的最大贡献是关于光的波动性质的研究.他在1801年所做的杨氏双孔

光是波，因而具有波动的所有共性.光的波动性的特征之一，是两束相干光波相互叠加后出现的干涉图样.光相干的实质是波动与波动之间的一种相互作用，其结果是使两列相干波的能量通过干涉而在相互叠加的区域内重新分配，进而导致光场中产生新的能量分布.

作为波动光学的第一章，本章根据光干涉现象的实验事实来揭示光的波动性和光波相干的物理思想.首先通过简单介绍光的基本性质和几何光学中的基本定律对光的本性和光在各向同性介质中的传播有个初步的了解.接下来讨论如何获得相干光的问题.与两列机械波之间容易符合波的相干条件不同，由于普通光源中分子或原子发光的无序性和随机性，两个普通光源发出的光是不符合相干条件的.为了获得相干光源，可以采用分波阵面法和分振幅法将光源的每个分子或原子单次发出的光波一分为二，再使两者重新相遇而干涉.本章通过杨氏双缝干涉等来介绍分波面干涉；通过增透膜和增反膜、等厚干涉和等倾干涉来介绍分振幅干涉.光相干性的好坏，与两列相干光波的强度关系、光源的宽度和光的单色性等因素都有关.本章最后讨论光场的空间相干性和时间相干性问题.

实验，发现了光的干涉性质，证明光是以波动的形式存在，而不是牛顿所想象的粒子. 杨氏双缝干涉实验曾被评为“最美物理实验”之一

19.1 光的基本性质

1. 光的概述

光是电磁横波，称为**光波**. 电磁波中的电矢量 $\boldsymbol{E}$ 和磁矢量 $\boldsymbol{H}$ 的振动方向都与电磁波的传播方向 $\boldsymbol{r}$ 垂直，并各自在相互垂直的平面内振动，如图 19-1 所示. 但在光波中，能引起视觉反应和感光作用的主要是电矢量的振动，因此把光波中的电矢量 $\boldsymbol{E}$ 称为**光矢量**，电矢量的振动称为**光振动**.

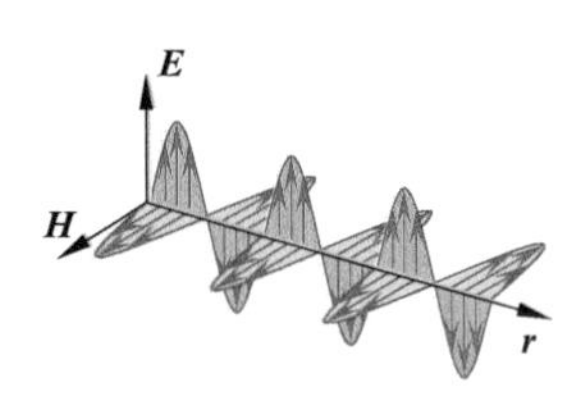

图 19-1 电磁波示意图

通常在光学中讨论的光波主要是指真空中波长在 400nm(紫色)到 760nm(红色)，相应的频率在 7.5×10^{14}Hz 到 3.9×10^{14}Hz 这一波段范围内的电磁波，称为**可见光**. 光的波长除了用纳米(nm)表示外，有时也用微米(μm)和埃(Å)来表示，它们与米(m)的换算关系如下：

$$1\mu\text{m}=10^{-6}\text{m},\quad 1\text{nm}=10^{-9}\text{m},\quad 1\ \text{Å}=10^{-10}\text{m}$$

波长短于 400nm(通常指 $4\times10^{-7}\sim5\times10^{-9}$m)的光称为**紫外线**，而波长长于 760nm(通常指 $7.6\times10^{-7}\sim10^{-4}$m)的光称为**红外线**(图 19-2).

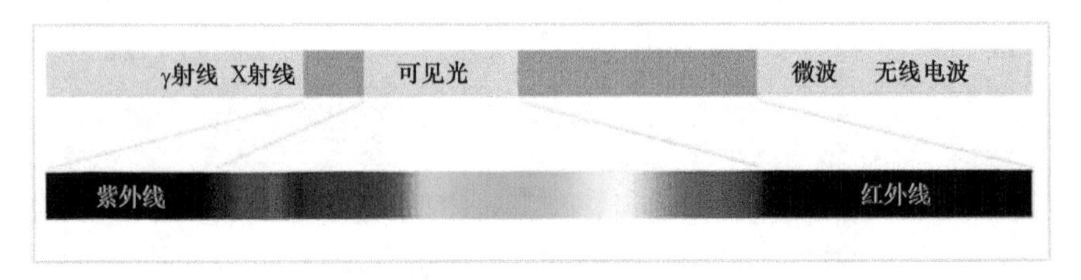

图 19-2 电磁波的波长(或频率)范围很广，可见光只是电磁波中波长在 400~760nm 内的很窄的一部分

任何波长的电磁波在真空中的传播速度都是相同的，这个速度也是光波在真空中的传播速度，通常用 c 表示. 理论上真空中的光速是由真空的介电常数 ε_0 和真空的磁导率 μ_0 按下式求得的：

$$c=\frac{1}{\sqrt{\varepsilon_0\mu_0}} \tag{19-1}$$

真空中的光速在 1998 年的推荐值为 c=299792458 m/s. 一般在计算时常采用近似值 $c=3\times10^8$m/s.

光在介质中传播时，其速度要小于光在真空中的传播速度. 光在介质中的传播速度 v 与它在真空中的传播速度 c 有以下关系：

介质中的光速小于真空中的光速 ▶

$$v=\frac{c}{\sqrt{\varepsilon_r\mu_r}}=\frac{c}{n} \tag{19-2}$$

式中，ε_r 和 μ_r 分别为介质的相对介电常数和相对磁导率，而 $n=\sqrt{\varepsilon_r\mu_r}$ 称为介质的**折射率**. 当单色光在不同的介质中传播时，其频率 ν 的值是不变的，但由式(19-2)可见，单色光在介质中的波长 λ_n 为其在真空中波长 λ 的 $1/n$ 倍，即

光在介质中的波长短于真空中的波长 ▶

$$\lambda_n=\frac{v}{\nu}=\frac{\lambda}{n} \tag{19-3}$$

几种透明介质对波长为 589.3nm 的钠黄光的折射率如表 19-1 所示.

光波的强度称为**光强**，常用字母 I 表示. 光强是指通过垂直于光传播方向单位面积的平均光功率(光的平均能流密度)，它的大小由坡印廷矢量(见第 18 章)$\boldsymbol{S}=\boldsymbol{E}\times\boldsymbol{H}$的平均值确定. 可以算得

$$I=\overline{S}=\frac{n}{2c\mu_r\mu_0}E_0^2$$

式中，E_0 是光矢量的振幅；n 为介质的折射率. 在本篇讨论光的干涉和衍射现象时，往往只需要关注光强的相对分布，因此常把光的(相对)强度写作光振幅的平方

$$I=E_0^2 \tag{19-4}$$

有些光源可以发出各种波长的光(如太阳、日光灯等)，而有些光源只能发出几种波长甚至一种波长的光(如激光器). 含有各种波长成分的光称为复色光，而只包含单一波长的光称为单色光. 复色光的光强 I 按波长 λ(或频率 ν)大小的排列称为**光谱**. 实际上，绝对的单色光是不存在的，波长为 λ 的单色光也有一定的波长范围，称为**谱线宽度**. 如图 19-3 所示，设单色光中心波长 λ 的光强为 I_0，则与 $I_0/2$ 对应的波长范围 $\Delta\lambda$ 就是谱线宽度. $\Delta\lambda$ 越小，则光的单色性就越好，光的相干性也越好. 所以光学实验中一般都要求使用单色性好的光源.

表 19-1 一些透明介质对钠黄光的折射率

物质	折射率 n
空气	1.00029
二氧化碳	1.00045
水	1.333
乙醇	1.36
甘油	1.47
加拿大树胶	1.53
水晶	1.54
各种玻璃	1.5~2.0
金刚石	2.417

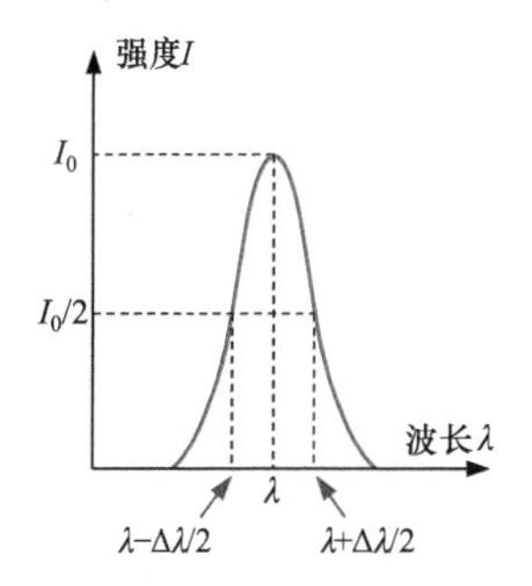

图 19-3 谱线宽度 $\Delta\lambda$ 是以最大光强的一半所对应的谱线范围来定义的，因此也叫半高宽

2. 几何光学基本定律

几何光学是建立在光的直线传播基础上的，即光在均匀介质中沿直线传播，这就是**光的直线传播定律**. 夜晚当我们站在路灯下时，地面上会出现我们的影子，影子的形状是以路灯为中心发出的直线光线在地面上所构成的几何投影形状.

当一束光线投射到两种透明介质的分界面上时，一般会分成两束光线，一束反射回原来的介质，称为反射光线，另一束透射进入第二种介质. 由于透射的光线在第二种介质中的传播方向与入射光线不同，因此称为折射光线. 如图 19-4 所示，由光源 S 发出的一束光线在折射率为 n_1 的介质中沿直线传播到折射率为 n_2 的另一种介质的表面. 过入射点作界面的法线，入射光线与法线组成的平面称为入射面，入射光线、反射光线和折射光线与法线的夹角 i、i'和 r 分别称为入射角、反射角和折射角. 理论和实验都证明：① 反射光线和折射光线都在入射面内；② 反射角等于入射角，即 $i'=i$，称为**光的反射定律**；③ 折射角与入射角之间有如下关系：

$$n_1\sin i=n_2\sin r \tag{19-5}$$

称为**光的折射定律**，或**斯涅耳(W.Snell)定律**.

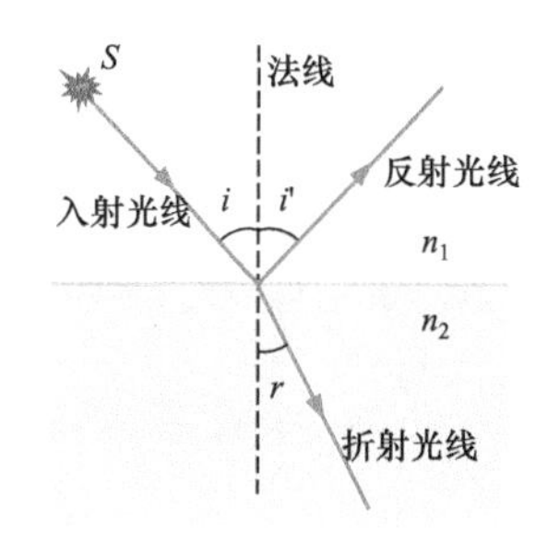

图 19-4 由光源 S 发出的一束入射光线在两种介质表面被分成反射光线和折射光线

由光的反射定律和折射定律不难看出，如果光线是逆着反射光线方向入射的，则它的反射光线将逆着原来入射光线的方向反射；如果光线逆着折射光线方向由介质 2 入射，则其在介质 1 中的折射光线也将逆着原来的入射光线方向传播. 这表明，当光线的传播方向逆转时，它将逆着同一路径传播. 这个结论称为**光的可逆性原理**.

对于两种不同折射率的介质，把折射率小的介质称为**光疏介质**，折射率大的介质称为**光密介质**．由光的折射定律可知，光由光密介质入射到光疏介质($n_1>n_2$)的表面时，折射角大于入射角($r>i$)．当入射角增大到某一数值 i_0 时，折射角 $r=90°$，这时入射光线不会折射到第二种介质中．而当 $i>i_0$ 时，入射光将全部反射回第一种介质(图 19-5)．这种情况称为**全反射**，i_0 称为**全反射(临界)角**．在式(19-5)中，令 $r=90°$，可求得全反射角

全反射（临界）角 ▶

$$i_0=\arcsin\frac{n_2}{n_1} \tag{19-6}$$

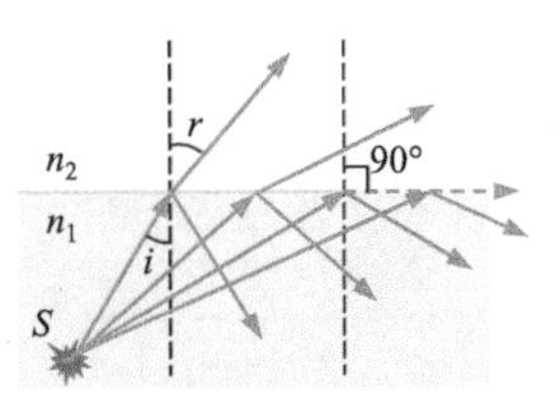

图 19-5　光由光密介质入射到光疏介质表面，当入射角达到或超过全反射角时，折射光消失，入射光全反射

全反射现象有许多重要的应用．光纤就是利用全反射原理，使光线被限制在弯曲的光纤内部传播的．实际使用时，将数百上千根很细的光纤并在一起组成光缆．如果光缆两端各条光纤按次序对应排列，就能够用来传播图像．能探入人体内部发现病灶的内窥镜就是利用光缆的这种性能．光纤另一个重要的应用是光纤通信技术．它是把要传播的信息变成光信号沿着光纤传播的．光纤通信的主要优点是容量大、抗腐蚀、抗干扰等．

光的色散 ▶

1666 年，牛顿在用三棱镜研究日光时发现玻璃对不同波长的光有不同的折射率(图 19-6a)．在可见光中，红光的波长最长，折射率最小；紫光的波长最短，折射率最大．因此当一束包含各种波长的白光入射在棱镜的一个表面时，从另一个表面折射出的光就被散开成由红到紫的各色光线(图 19-6b)．介质的折射率随光的波长变化而变化的现象称为**光的色散**．利用棱镜的分光作用制成的棱镜光谱仪，可用于光谱分析．

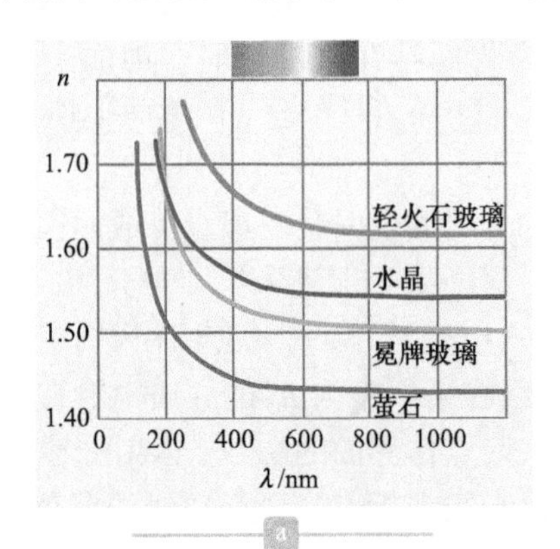

图 19-6　a.几种介质的折射率随光的波长变化的情况. b.白光经三棱镜折射后的分光现象

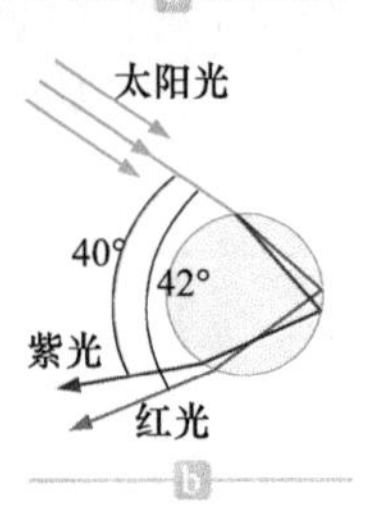

图 19-7　a.雨后天空出现的彩虹. b.紫光射入和射出水滴时的折射角大于红光

雨过天晴时在充满微小水珠的天空中出现的美丽彩虹(图 19-7a)也是由光的色散引起的．如图 19-7b 所示，一束平行太阳光射到水珠表面时折射进入水珠内，由于紫光的波长短于红光，因此紫光的折射角大于红光．经水珠内表面反射后，光线又折射出水珠而再次回到空气中．出射的紫光与入射太阳光之间的夹角为 40°，而出射的红光与太阳光之间的夹角为 42°．太阳光中不同波长的出射光之间的角度不同便形成了空中的彩虹．

19.2 光的相干性

1. 普通光源的发光机制

光是电磁横波，具有波动的一般特征. 当几列光波在空间相遇时，也服从波的叠加原理. 由上册第7章的讨论我们知道，若要使两列波在空间发生干涉，必须满足波的相干条件. 即：①频率相同；②振动方向相同；③相位相同或相位差保持恒定. 对于机械波来说，波的相干条件容易满足，因此容易观察到机械波的干涉现象. 比如，在平静的水面上两个圆形的水面波相遇时，就可以看到它们的干涉. 又比如，在一根张紧的细绳上两列沿相反方向传播的横波所产生的驻波也是两列机械波的干涉. 但在日常生活中我们发现，由两个光源发出的光波，甚至同一个光源上两个不同的发光点发出的光波在空间相遇时，却很难观察到明暗条纹稳定分布的干涉现象. 比如，教室中打开着若干个灯(光源)，它们在书本上的照明却是均匀的，没有看到这些灯发出的光在书本上因相互干涉而产生的明暗相间的干涉图样. 这其中的原因要从光源的发光机制来加以说明.

教室内打开的几盏灯发出的光同时照射到书本上时不会在纸上出现干涉图样

一般的普通光源是指非激光光源，普通光源的发光过程是光源中大量分子、原子进行的一种微观过程. 现代物理学指出，分子或原子的能量只能具有离散的值，这些值称为**能级**. 氢原子的能级如图 19-8a 所示. 其中能量最低的状态(−13.6eV)称为**基态**，其他能量较高的状态都称为**激发态**. 由于外界因素的激励，原子可以从基态跃迁到高能量的激发态. 而处于激发态的原子是极不稳定的，原子在激发态上存在的平均时间只有 10^{-11}～10^{-8}s，之后它将自发地回到低激发态或基态，这一过程称为从高能级到低能级的跃迁. 通过这种跃迁，原子的能量减小，并向外发射电磁波(光波). 一个原子经过一次发光后，只有在重新获得足够的能量后才会再次发光. 原子每一次发光所持续的时间是很短的，约为 10^{-8}s. 因此，一个原子每一次发光只能发出一段长度有限、频率一定(由跃迁前后两能级的能量差决定)和振动方向一定的光波，称为一个光波列(图 19-8b).

普通光源的发光过程属于自发辐射，当光源内的原子处于激发态时，它向低能级的跃迁是完全自发的，是按照一定的概率发生的. 因此，不同原子的发光过程都是彼此独立的、断续的、不同步的、互不相关的. 各次所发出光波列的频率、振动方向和相位是完全不确定的. 尽管可以使用单色光源使这些波列的频率基本相同，但是两个相同的光源或同一光源上的两个不同部分发出的各个光波列的振动方向和相位各不同. 当它们在空间某一点叠加时，合振动的振幅不可能稳定，也就不可能产生光强稳定分布的干涉现象了.

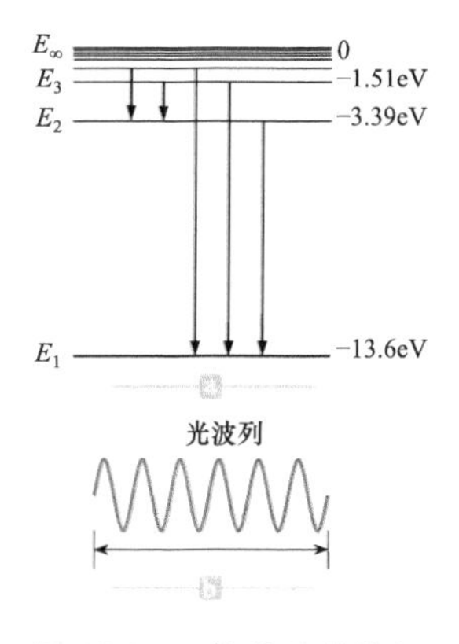

图 19-8 a.氢原子的能级图. b.一个分子或原子单次发光所产生的光波列

2. 相干光的获得

当两列或多列波在空间传播时，在它们相遇处的每一点引起的振动是各列波单独在该点所引起振动的合成. 电磁波是矢量波，因此两列光波在空间相遇处的合成应该符合矢量的叠加法则. 但如果两列光波在相遇点的电矢量有相互平行的分量，也可以用标量叠加来计算光波的叠加. 为了简单起见，我们用简

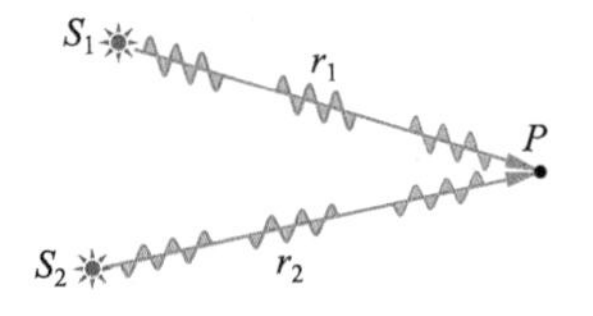

图 19-9　两个频率相同的单色点光源 S_1 和 S_2 发出的光波经过路程 r_1 和 r_2 在 P 点相遇

谐标量波函数来讨论光波的叠加.

图 19-9 中，S_1 和 S_2 是两个振动频率相同的单色点光源，由它们发出的两束频率相同、振动方向相同的简谐光波在 P 点相遇，设两光波各自在 P 点引起的光振动分别为

$$E_1 = E_{10}\cos\left(\omega t - 2\pi\frac{r_1}{\lambda} + \varphi_{10}\right)$$

$$E_2 = E_{20}\cos\left(\omega t - 2\pi\frac{r_2}{\lambda} + \varphi_{20}\right)$$

式中，r_1 和 r_2 是两个点光源到 P 点的距离；φ_{10} 和 φ_{20} 是两个点光源的初相. 这两个光振动在 P 点的合振动 E 也是与两个分振动同方向、同频率的简谐振动，用下式表示：

$$E = E_1 + E_2 = E_0\cos(\omega t + \varphi)$$

其中合振动的振幅 E_0 可用矢量图解法求得

$$E_0 = \sqrt{E_{10}^2 + E_{20}^2 + 2E_{10}E_{20}\cos\Delta\varphi} \tag{19-7}$$

式中，$\Delta\varphi$ 为两列光波在 P 点处的相位差

$$\Delta\varphi = (\varphi_{10} - \varphi_{20}) + 2\pi\frac{r_2 - r_1}{\lambda} \tag{19-8}$$

上式右边第一项为两点光源的初相差，第二项为由两束光的波程差 r_2-r_1 引起的相位差. 由式(19-7)可见，P 点的光振幅或光强的大小取决于两束光在该点的相位差.

光学仪器或人眼测量感受到的光强 I 是一段时间 t 内的平均值，即

$$I = \frac{1}{t}\int_0^t E_0^2\,\mathrm{d}t = I_1 + I_2 + 2\sqrt{I_1 I_2}\times\frac{1}{t}\int_0^t \cos\Delta\varphi\,\mathrm{d}t \tag{19-9}$$

式中，$I_1=E_{10}^2$ 和 $I_2=E_{20}^2$ 为两光源分别在 P 点的光强.

普通光源中分子或原子一次发光的持续时间约为 10^{-8}s，因此由两个独立的光源在某时刻发出的两个波列只能在此时间内发生干涉. 根据普通光源中分子或原子发光的随机性和无序性，下一时刻另两列光波在 P 点的相位差 $\Delta\varphi$ 将随机变化，并在时间 t 内以相同的概率取遍 0 到 2π 间的一切数值. 因此，在所观测的时间 t 内，有

$$\frac{1}{t}\int_0^t \cos\Delta\varphi\,\mathrm{d}t = \overline{\cos\Delta\varphi} = 0$$

这样，式(19-9)可写为

$$I = I_1 + I_2$$

光的非相干叠加 ▶

上式表明，两个独立光源发出的光在 P 点的总光强为两光源分别在 P 点的光强 I_1 和 I_2 之和，这种情况称为光的**非相干叠加**.

那么，如何利用普通光源获得相干光呢？我们可以把由普通光源上同一点发出的每一列光波设法“一分为二”，然后使它们经过不同的路径再在空间某点 P 相遇而叠加. 由于这两列光波实际上都来自于同一发光分子或原子的同一次

发光，相当于一列光波的一部分与另一部分的叠加，所以式(19-8)中的 $\varphi_{10}-\varphi_{20}=0$，这两列光波之间的相位差 $\Delta\varphi$ 将只取决于波程差 r_2-r_1 而不随时间变化. 这时，式(19-9)可写为

$$I = I_1 + I_2 + 2\sqrt{I_1 I_2}\cos\Delta\varphi \tag{19-10}$$

式中，$2\sqrt{I_1 I_2}\cos\Delta\varphi$ 称为**干涉项**. 由于上式中的相位差 $\Delta\varphi$ 不随时间变化，所以 P 点的光强只与空间位置有关而不随时间变化. 这种情况称为光的**相干叠加**.

◀ 光的相干叠加

在干涉场中的某些点处，当 $\Delta\varphi=2k\pi$，$k=0$，±1，±2，…时，有 $\cos\Delta\varphi=+1$，这时 $I=I_1+I_2+2\sqrt{I_1 I_2}$，这些点处的光强取极大值，是相长干涉；而在干涉场中的某些点处，当 $\Delta\varphi=(2k+1)\pi$，$k=0$，±1，±2，…时，有 $\cos\Delta\varphi=-1$，这时 $I=I_1+I_2-2\sqrt{I_1 I_2}$，这些点处的光强取极小值，是相消干涉.

把同一光源发出的光分成两部分的方法有两种：一种叫做**分波阵面法**. 因为同一波阵面上各点的振动相位相同，所以同一波阵面上不同的两部分可以作为相干光源. 另一种叫做**分振幅法**. 它是将一束入射光在透明薄膜表面上的反射光和折射光作为两束相干光的. 下面 19.3 节讨论的杨氏双缝干涉就属于分波阵面法；而 19.4 节讨论的薄膜干涉则属于分振幅法.

3. 光程与光程差

由式(19-10)可见，相位差的计算在分析光的干涉时非常重要，而当 $\varphi_{10}-\varphi_{20}=0$ 时，两束相干光在干涉场中 P 点的相位差为

$$\Delta\varphi = 2\pi\frac{r_2 - r_1}{\lambda} \tag{19-11}$$

即相位差除了与两束光的波程差 r_2-r_1 有关外，还与光的波长 λ 有关. 我们知道，单色光的频率 ν 在不同的介质中是不变的，但在折射率为 n 的介质中，单色光的波长 λ_n 将是真空中波长 λ 的 $1/n$ 倍，即 $\lambda_n=\lambda/n$. 因此当一束光在不同介质中传播相同的距离时，引起的相位变化是不同的.

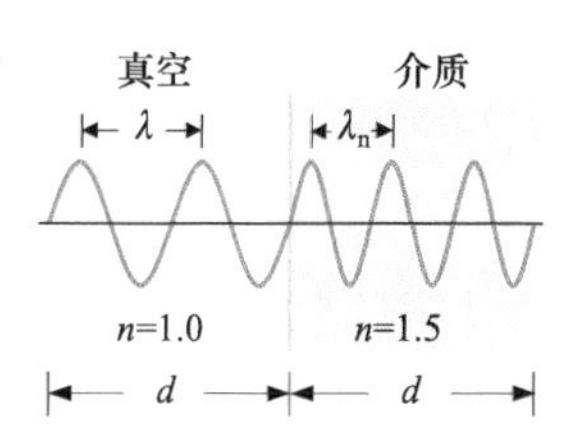

图 19-10 光在不同介质中的波长不同，所以一束单色光在不同介质中传播相同距离时的相位变化也不同

如图 19-10 所示，一束单色光在真空中传播路程 d 时，其相位的变化为 $2\pi\frac{d}{\lambda}$，而当此光束在折射率为 n 的介质中传播同样的路程 d 时，其相位的变化则为

$$2\pi\frac{d}{\lambda_n} = 2\pi\frac{nd}{\lambda}$$

由此可见，**光在折射率为 n 的介质中传播了路程 d，相当于在真空中传播了路程 nd**. 所以，我们将光在某一介质中所经历的几何路程 d 与这介质的折射率 n 的乘积 nd 定义为**光程**.

◀ 光程的定义

使用光程的概念，目的是把光在不同介质中传播的路程都按照相位变化相同的原则折算成光在真空中传播的路程. 这样做的好处是可以统一地用真空中的波长 λ 来计算光的相位变化，这给分析相位关系带来了很大便利. 下面通过一个简单的例子，讨论光程差与相位差之间的关系.

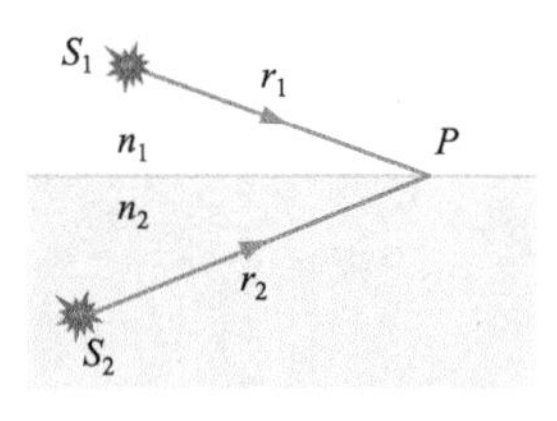

图 19-11 两相干光源 S_1 和 S_2 发出的光线在折射率不同的两种介质中分别传播路程 r_1 和 r_2 后在两种介质分界面上的 P 点相遇

如图 19-11 所示，S_1 和 S_2 为两个频率相同，初相位相同的相干光源，它们发出的两束光分别在折射率 n_1 和 n_2 的介质中经过 r_1 和 r_2 的路程在两种介质分界面处的 P 点相遇，则这两束光在 P 点的相位差为

$$\Delta\varphi = \frac{2\pi r_2}{\lambda_2} - \frac{2\pi r_1}{\lambda_1}$$

利用光程的概念，将介质中的波长折算到真空中的波长 λ，有

$$\Delta\varphi = \frac{2\pi n_2 r_2}{\lambda} - \frac{2\pi n_1 r_1}{\lambda} = \frac{2\pi}{\lambda}(n_2 r_2 - n_1 r_1)$$

可见，两相干光波在相遇点的相位差不是取决于它们的几何路程差 r_2-r_1，而是取决于它们的光程差 $n_2r_2-n_1r_1$. 若以字母 δ 表示光程差，则相位差 $\Delta\varphi$ 和光程差 δ 的关系可表示为

相位差与光程差的关系 ▶

$$\Delta\varphi = \frac{2\pi\delta}{\lambda} \tag{19-12}$$

式中，λ 是光在真空中的波长.

在各种光学装置中，经常要用到透镜. 根据几何光学，从物点 S 发出的不同光线经过凸透镜后，可以会聚成一个明亮的实像 S'，见图 19-12a. 这说明从 S 到 S'的各条光线在 S'点是干涉加强的，因此它们的光程都应该是相等的. 尽管光线 $Saa'S'$的几何路径比 $Sbb'S'$长，但其在透镜内的部分 $aa'<bb'$，而透镜材料的折射率大于 1，因此折算成光程，两者的光程是相等的. 同样，平行光通过透镜后，各光线会聚在焦平面上，相互加强形成一亮点(图 19-12b 和 c). 由于平行光的同相面与光线垂直，所以从入射平行光内任一与光线垂直的平面算起，直到会聚点 S'，各光线的光程都是相等的. 这就是说，**透镜可以改变光线的传播方向，但不会在物、像之间的各光线间引起附加的光程差**.

透镜不会引起附加光程差 ▶

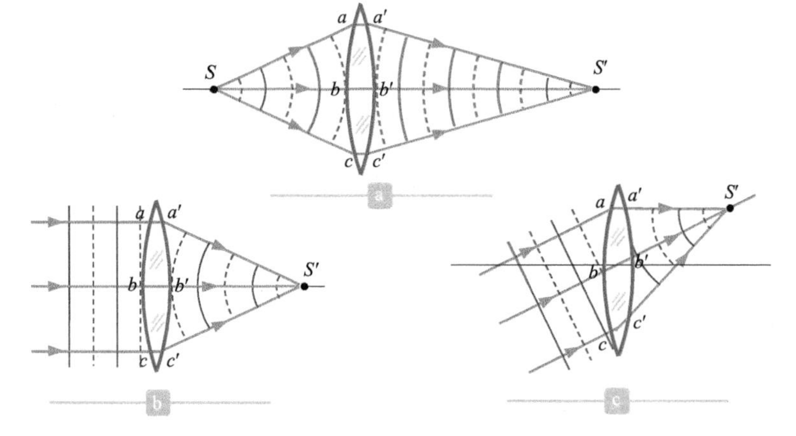

图 19-12 透镜不引起附加光程差. a.物点 S 发出的光成像于像点 S'. b.平行光正入射于透镜. c.平行光斜入射于透镜

19.3 双缝干涉

1. 杨氏双缝干涉

英国物理学家托马斯·杨(T. Yang)在 1801 年利用双孔干涉实验首次研究了

光的干涉现象. 现在通常都用平行的狭缝来代替小孔，因此称为**杨氏双缝干涉**. 图 19-13 为其实验原理图，入射的平行光波投射到开有狭缝 S_0 的挡光屏 A 上. 从狭缝 S_0 处出射的光因衍射(绕射)而散开(见第 7 章 7.5 节)，并继续投射在开有两条平行狭缝 S_1 和 S_2 的挡光屏 B 上. 从 S_1 和 S_2 两处出射的光，又因衍射而在挡光屏 B 右侧空间形成两个相互重叠的柱面波. 这里，S_1 和 S_2 相当于两个相干光源，因为它们发出的光波来自于相同的波阵面，因此**杨氏双缝干涉属于分波面干涉**. 在两列波相遇的空间各点处的相位差只取决于这些点到双缝 S_1 和 S_2 的光程差，所以两列波在各点处的相位差保持恒定，在观察屏幕 C 上可见明暗相间的干涉条纹. 当来自于 S_1 和 S_2 的光在光屏上某点处发生相长干涉时，出现明条纹. 而当两束光在光屏上发生相消干涉时，则出现暗条纹.

入射光 衍射光 S_0 S_1 S_2 A B C

图 19-13　杨氏双缝干涉原理图. 从光源 S_0 发出的同一个波面上分别取 S_1 和 S_2 两个相干子波源. 两个子波源发出的光在 B、C 之间发生干涉

图 19-14 来自杨氏在 1803 年的一篇论文. 该图显示的是图 19-13 中 B 与 C 之间的区域. 如果读者从图的右侧贴近该图观察，可以看到在某些点处两波相消，而在另一些点处两波相长，因此在光屏 C 上可见明暗相间的干涉条纹.

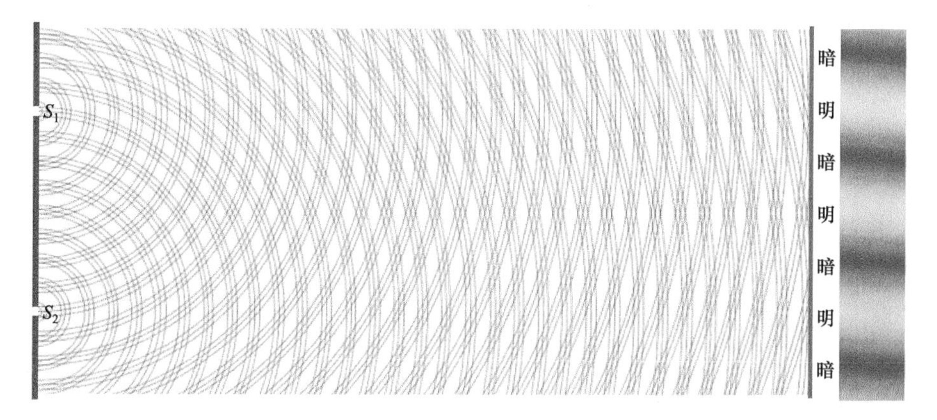

图 19-14　从图的右侧贴近图片向左看，可见干涉相长和相消的区域

利用图 19-15 可以形象地解释光屏上产生干涉条纹的原因. 假设两相干光源 S_1 和 S_2 是同相位的，即两列光波从 S_1 和 S_2 发出时相位相同，在图 19-15a 中，两列波会聚于光屏中央的 O 点，因为两列波在传到 O 点时在空间传播的距离(或波程)相等，因此两列波的光程差为零，相位差也为零，在 O 点两列波发生相长干涉，即 O 点为明条纹的中心，称为**零级明条纹(或中央明条纹)**. 在图 19-15b 中，尽管两列波从 S_1 和 S_2 发出时也是同相位的，但当它们传播到屏幕上的 P 点时，上面的波要比下面的波多传播半个波长的距离，即两列波的光程差为 $\lambda/2$，相应地，相位差为 π，即两列波在 P 点引起的两个光振动是反相的，所以发生相消干涉，P 点处为暗条纹的中心. 因为 P 点是 O 点以下第一次出现的暗条纹，所以称为 1 级暗条纹. 在图 19-15c 中，当两列波传播到 P 点下

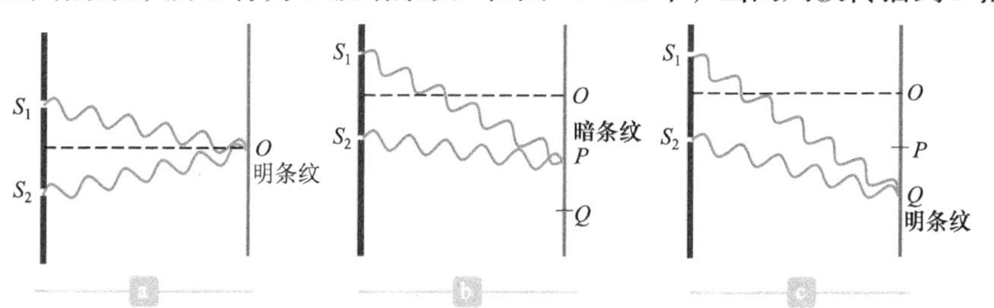

图 19-15　a.两列波传到 O 点时光程差为零. b.两列波在 P 点的光程差为 $\lambda/2$. c.两列波在 Q 点的光程差为 λ

方的 Q 点时，上面的波要比下面的波多传播一个波长的距离，即在 Q 点处，两列波的光程差为 λ，相位差为 2π. 因此两列波在 Q 点引起的光振动又是同相的，Q 点处为明条纹的中心，称为 1 级明条纹.

2. 明暗干涉条纹的位置

下面对屏幕上明暗干涉条纹的位置以及干涉条纹的间距作定量的分析.

如图 19-16a 所示，设双缝之间的距离为 d，双缝到屏幕的垂直距离为 D(一般总是满足 $D\gg d$，所以图中的 d 被夸大了). P 为屏幕上的一点，其坐标为 x. 从双缝的中心点到 P 点的连线与整个装置的中心轴之间的夹角为 θ. r_1 和 r_2 分别为从 S_1 和 S_2 到 P 点的距离，则由 S_1 和 S_2 发出的光到达 P 点时的光程差为 $\delta=r_2-r_1$. 由于 $D\gg d$，所以两光束可以近似看作是平行的(图 19-16b)，因此近似有

$$\delta=r_2-r_1\approx d\sin\theta \tag{19-13}$$

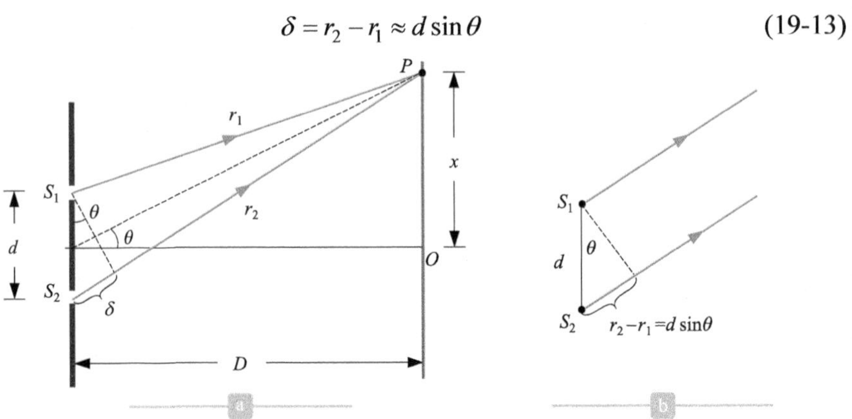

图 19-16　a.杨氏双缝干涉光路图. b.当 $D\gg d$ 和 $D\gg x$ 时，两束光近似平行，光程差约等于 $d\sin\theta$

由于 S_1 和 S_2 为两个同相位的光源，所以，根据相位差与光程差的关系，两列光波在 P 点的相位差仅由两列光波在 P 点的光程差决定

$$\Delta\varphi_P=\frac{2\pi}{\lambda}(r_2-r_1)=\frac{2\pi}{\lambda}\delta \tag{19-14}$$

即 $\Delta\varphi_P$ 正比于光程差 $\delta=r_2-r_1$.

在通常情况下，有 $D\gg d$，$D\gg x$(即远场近轴条件)，这时 $\tan\theta\approx\sin\theta$，所以有

$$\delta=d\sin\theta\approx d\tan\theta=\frac{xd}{D}$$

即

$$x=\delta\frac{D}{d}$$

当两束光传播到 P 点的光程差 $\delta=\pm k\lambda$ 时，则在 P 点的相位差为 $\Delta\varphi_P=\pm 2k\pi$ (k=0，1，2，…)，这时两束光在 P 点发生相长干涉，P 点的光强为极大. 所以屏幕上明条纹的位置为

双缝干涉明条纹位置 ▶

$$x_{\text{bright}}=\pm k\lambda\frac{D}{d},\quad k=0,1,2,\cdots \tag{19-15}$$

k=0 时，$x_{\text{bright}}=0$，说明屏幕中央 O 点光强为极大(中央明条纹). 在 O 点两侧对称位置分别为 1 级明条纹(k=1)，2 级明条纹(k=2)，⋯.

当 P 点的光程差 $\delta=\pm\left(k-\dfrac{1}{2}\right)\lambda$，即相位差 $\Delta\varphi_P=\pm\left(k-\dfrac{1}{2}\right)2\pi$ (k=1,2,⋯)时，两束光在 P 点发生相消干涉，P 点的光强为极小. 所以屏幕上暗条纹的位置为

$$x_{\text{dark}}=\pm\left(k-\frac{1}{2}\right)\lambda\frac{D}{d},\quad k=1,2,\cdots \tag{19-16}$$

◀ 双缝干涉暗条纹位置

暗条纹也是对称分布于 O 点两侧的，分别为 1 级暗条纹(k=1)，2 级暗条纹(k=2)，⋯.

由上面讨论可见，当两束光在 P 点的光程差为零或波长的**整数倍**时，P 点为明条纹的中心；而当两束光在 P 点的光程差为波长的**半整数倍**时，P 点为暗条纹的中心. 另外，干涉条纹的位置与光的波长 λ 成正比，波长越长，同一级明条纹离屏幕中央越远. 当用白光照射双缝时，屏幕上会出现彩色条纹，且同一级彩色条纹中的紫色离屏幕中央较近，而红色离屏幕中央较远.

屏幕上相邻明条纹或暗条纹的距离称为干涉条纹间距或条纹宽度. 由式(19-15)或式(19-16)可得

$$\Delta x=\Delta x_{\text{bright}}=\Delta x_{\text{dark}}=\lambda\frac{D}{d} \tag{19-17}$$

◀ 双缝干涉的条纹间距

可见，当 θ 很小时，屏幕上的干涉条纹是等间距(或等宽度)的.

杨氏双缝干涉给出了一种测量光的波长的方法，事实上，杨的确应用这种方法精确测量了光的波长.

3. 双缝干涉图样的光强分布

双缝干涉明、暗条纹之间的光强是逐渐变化的，式(19-15)和式(19-16)只是给出了屏幕上明条纹中心(光强极大)和暗条纹中心(光强极小)的位置. 下面我们讨论双缝干涉在屏幕上任意点处的光强，即计算双缝干涉图样的光强分布.

假设双缝 S_1 和 S_2 的宽度相等，则两束光在屏幕上的 P 点引起的光振动的振幅相等，均为 E_0. 但两束光传到 P 点时的相位不同，设它们在 P 点的振动方程分别为

$$\begin{cases}E_1=E_0\cos\omega t\\ E_2=E_0\cos(\omega t+\varphi)\end{cases} \tag{19-18}$$

因为 S_1 和 S_2 为两个相干光源，它们在 P 点引起的振动方向相同，因此 P 点合振动的方程为

$$E_P=E_1+E_2=E_0\left[\cos\omega t+\cos(\omega t+\varphi)\right]$$

根据三角恒等式，可将上式化为

$$E_P=2E_0\cos\left(\frac{\varphi}{2}\right)\cdot\cos\left(\omega t+\frac{\varphi}{2}\right) \tag{19-19}$$

式中，$\left|2E_0\cos\left(\frac{\varphi}{2}\right)\right|$为合振动的振幅，由于光强为振幅的平方，所以 P 点的光强为

$$I_P = 4E_0^2\cos^2\left(\frac{\varphi}{2}\right) = I_{\max}\cos^2\left(\frac{\varphi}{2}\right) \tag{19-20}$$

式中，$I_{\max}=4I_0$ 为屏幕上光强的最大值，而 $I_0=E_0^2$ 为每列光波在 P 点处的光强. 光强 I_P 随相位差 φ 的变化关系如图 19-17 所示.

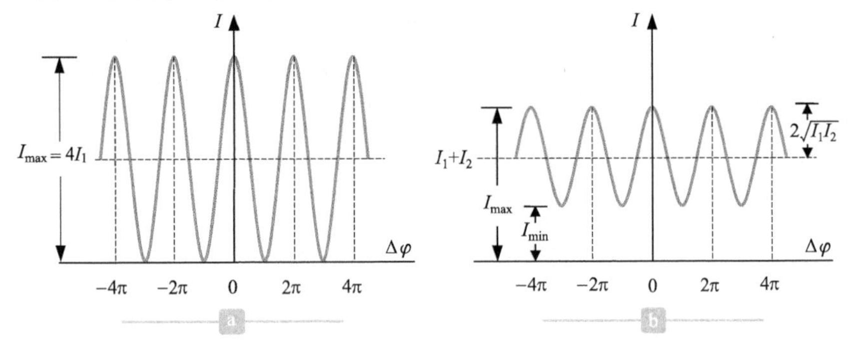

图 19-17　a.当两束相干光的光强相等时，干涉条纹的反衬度最大. b.当两束相干光的光强不相等时，干涉条纹的反衬度变小

两列光波传到 P 点处的相位差 φ 取决于光程差 $\delta=d\sin\theta$，即

$$\varphi = \frac{2\pi}{\lambda}\delta = \frac{2\pi}{\lambda}d\sin\theta$$

当 θ 为小角度时，$\delta=d\sin\theta=d\tan\theta=\mathrm{d}x/D$，于是式(19-20)可写为

$$I_P = I_{\max}\cos^2\left(\frac{\pi d}{\lambda D}x\right) \tag{19-21}$$

上式即为屏幕上 P 点的光强随 x 的分布关系.

当 $\pi \mathrm{d}x/\lambda(D)=\pm k\pi(k=0,1,2,\cdots)$时，$P$ 点处光强最大，$I_P=I_{\max}=4I_0$，此时

$$x = \pm k\lambda\frac{D}{d}$$

上式与式(19-15)相同；而当 $\pi \mathrm{d}x/(\lambda D)=\pm(k-1/2)\pi(k=1,2,\cdots)$时，$P$ 点处光强最小，$I_P=I_{\min}=0$，此时

$$x = \pm\left(k+\frac{1}{2}\right)\lambda\frac{D}{d}$$

上式与式(19-16)相同.

为了表示干涉条纹的清晰程度，引入反衬度 V 的定义

干涉条纹反衬度定义 ▶

$$V = \frac{I_{\max}-I_{\min}}{I_{\max}+I_{\min}} \tag{19-22}$$

当两条狭缝各自发出的光在 P 点的光强相等时，明条纹中心的光强为 $I_{\max}=4I_0$，暗条纹中心的光强为 $I_{\min}=0$，这种情况下 $V=1$，条纹的明暗对比度最大(图 19-17a)；而当两光束在 P 点的光强不相等时，$I_{\min}\neq 0$，这种情况下 $V<1$，条纹的明暗对比度较小(图 19-17b). 所以，为了获得明暗对比鲜明的干涉条纹，应尽量使两相干光在屏幕上各处的光强相等. 对于双缝干涉实验，若双缝等宽

且在 θ 较小的范围内观察干涉条纹时，这一条件通常是可以满足的.

需要提到的是，由上面的讨论和图 19-17 可见，双缝干涉的各级明条纹的强度都是相等的. 但实际上，每一条单缝的不同部分发出的光也是相干的，称为单缝衍射. 这时双缝(或多缝)干涉的光强分布应该是缝之间的干涉光强和每条缝的衍射光强的合成. 这部分内容将在第 20 章中讨论.

例题 19-1 双缝干涉

在双缝干涉实验中，已知双缝到屏幕的距离 D=1.2m，双缝间的距离 d=0.03mm，从屏幕上观察到第二级明条纹(k=2)到中央明条纹(k=0)的距离为 4.5cm.

(1) 求入射光波的波长；

(2) 求屏幕上干涉条纹的间距.

解 (1) 根据式(19-15)，双缝干涉二级明条纹(k=2)的位置

$$x_2 = 2\lambda\frac{D}{d}$$

因此，入射光的波长为

$$\lambda = \frac{x_2 d}{2D} = \frac{\left(0.03\times10^{-3}\right)\times\left(4.5\times10^{-2}\right)}{2\times1.2}\text{m}$$
$$= 0.5625\times10^{-6}\text{m} = 562.5\text{nm}$$

(2) 根据式(19-17)，干涉条纹的间距为

$$\Delta x = \lambda\frac{D}{d} = \frac{\left(0.5625\times10^{-6}\right)\times1.2}{0.03\times10^{-3}}\text{m} = 2.25\times10^{-2}\text{m} = 2.25\text{ cm}$$

在 θ 为小角度的情况下，双缝干涉的条纹是等间距的，二级明条纹到中央明条纹的距离为条纹间距的 2 倍. 因此，条纹间距也可以用下式求得：

$$\Delta x = \frac{x_2}{2} = \frac{4.5\text{ cm}}{2} = 2.25\text{ cm}$$

例题 19-2 双缝干涉条纹的位置与波长的关系

有一光源可以同时发出波长分别为 λ=430nm 和 λ'=510nm 的两种单色光，用该光源垂直照射双缝. 若在此双缝干涉装置中，D=1.5m，d=0.025mm，求屏幕上这两种单色光各自产生的第 3 级明条纹之间的距离.

解 根据式(19-15)，波长为 λ 和 λ'的两种单色光在屏幕上产生的第 3 级明条纹的位置分别为

$$x_3 = 3\lambda\frac{D}{d}$$

$$x_3' = 3\lambda'\frac{D}{d}$$

所以，屏幕上两种单色光产生的 3 级明条纹之间的距离为

$$x_3' - x_3 = 3(\lambda' - \lambda)\frac{D}{d}$$

$$= 3\times(0.510 - 0.430)\times 10^{-6}\times\frac{1.5}{0.025\times 10^{-3}}\,\text{m} = 1.44\,\text{cm}$$

例题 19-3　利用双缝干涉测量透明薄膜的厚度

如图 19-18b 所示，将一片折射率 n=1.58 的薄云母片覆盖在双缝干涉装置的一条狭缝上，这时屏幕上的中心点 O 被第 7 级明条纹所占据. 已知入射光的波长 λ=550nm，求该云母片的厚度.

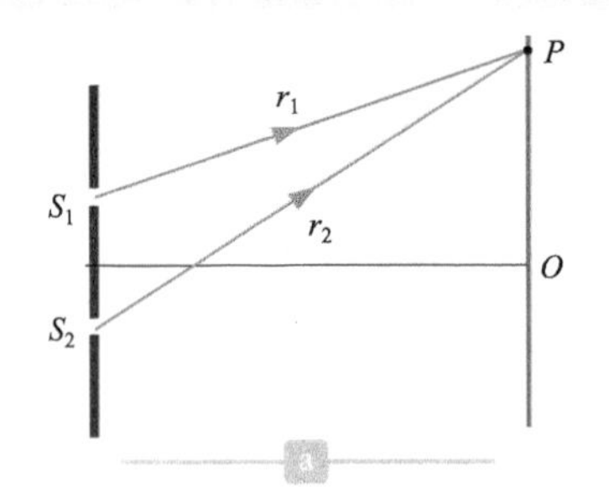

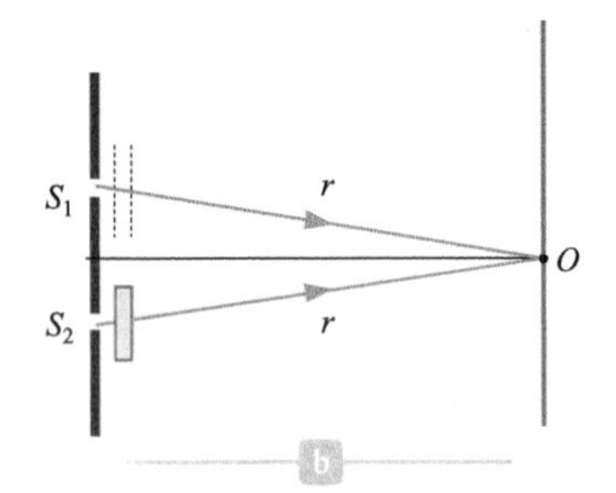

图 19-18　a.覆盖云母片前，第 7 级明条纹在屏幕上 P 点处. b.S_2 被云母片覆盖时，第 7 级明条纹出现在屏幕中央的 O 点处

解　取空气的折射率 n_0=1.0. 设狭缝被云母片覆盖前，原来的第 7 级明条纹在 O 点上方的 P 点处，如图 19-18a 所示，则两光束在 P 点的光程差为

$$\Delta L_P = n_0\overline{S_2P} - n_0\overline{S_1P} = r_2 - r_1 = 7\lambda$$

如果在狭缝 S_2 后覆盖厚度为 t 的云母片，根据题意，这时 O 点为第 7 级明条纹，于是

$$\Delta L_O = \left[n_0\left(\overline{S_2O} - t\right) + nt\right] - n_0\overline{S_1O} = \left[(r - t) + nt\right] - r$$

即

$$\Delta L_O = (n-1)t = 7\lambda$$

所以，云母片的厚度为

$$t = \frac{7\lambda}{n-1} = \frac{7\times(550\times 10^{-9})}{1.58}m = 6.6\times 10^{-6}m = 6.6\mu m$$

本题给出了一种透明薄膜厚度的无损检测方法.

本题也可以这样来思考，覆盖厚度为 t 的云母片后，第 7 级明条纹在 O 点，这时两光束传播到 O 点的几何路程相等，均为 r. 但下面的光束在通过厚度为 t、折射率为 n 的云母片时的光程为 nt，而上面的光束通过同样厚度 t 的空气时的光程为 n_0t=t(见图 19-18b 中的虚线部分). 因此两光束在 O 点的光程差为$(n-1)t$=7λ.

请读者思考，当用厚度为 t 的云母片覆盖狭缝 S_2 后，0 级明条纹在屏幕上的什么位置?

4. 其他分波面干涉

在双缝干涉实验中，仅当狭缝 S、S_1 和 S_2 都很窄时，才能在屏幕上产生清晰的干涉条纹，但这时通过狭缝后的光很弱，因此屏幕上看到的干涉条纹不够明亮. 下面介绍的几种干涉实验，其原理与杨氏双缝干涉实验相似，但因为都只用了一条线光源，因此屏幕上看到的干涉条纹要比双缝实验的条纹明亮得多. 同时，它们都是将同一线光源发出的光波面经过平面镜的反射或双棱镜的透射一分为二，因此也都属于分波面干涉.

1) 菲涅耳双镜实验

1818 年，菲涅耳(A. J. Fresnel)做了许多光的干涉实验，其中菲涅耳双镜实验的装置如图 19-19 所示. 狭缝光源 S 发出的光波，经两片交角很小的平面镜 M_1 和 M_2 反射后，分为向不同方向传播的两列相干光波，这两列光波可以等效地看成是由图中的两个虚光源 S_1 和 S_2 所发出的. 由于两平面镜 M_1 和 M_2 的交角很小，因此虚光源 S_1 和 S_2 之间的距离 d 也很小，若将两个虚光源到屏幕之间的距离设为 D，则双缝干涉实验的分析方法同样适用于菲涅耳双镜实验，在远处光屏上两列波相互交叠的区域(图中黄色区域)可看到与双缝干涉相似的干涉条纹.

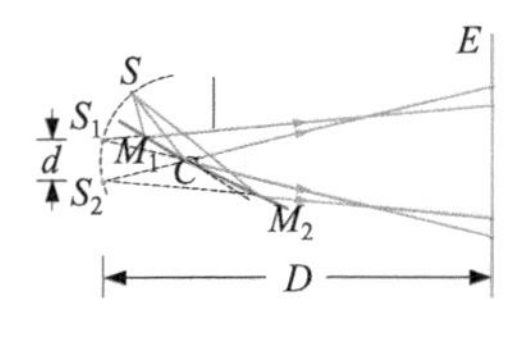

图 19-19 菲涅耳双镜实验

2) 菲涅耳双棱镜实验

菲涅耳双棱镜实验的装置如图 19-20 所示. 其中双棱镜的截面是一个等腰三角形，三棱镜的两个底角 α 很小，约为 1°. 由缝光源 S 发出的光波经双棱镜的上、下两部分折射后，被分为了两束相干光波，这两束光波可以等效地看作是由两个虚光源 S_1 和 S_2 所发出的. 因为棱镜的上、下底角很小，所以两个虚光源之间的距离 d 也很小，与杨氏双缝实验类似. 如果设两个虚光源到屏幕之间的距离为 $B+C=D$，则关于双缝干涉实验的分析和结论也同样适用于菲涅耳双棱镜实验. 图 19-20 中的黄色阴影部分为两列相干光波在空间的重叠区域，若将屏幕放在该区域中，屏幕上可看到与双缝干涉相似的干涉图样.

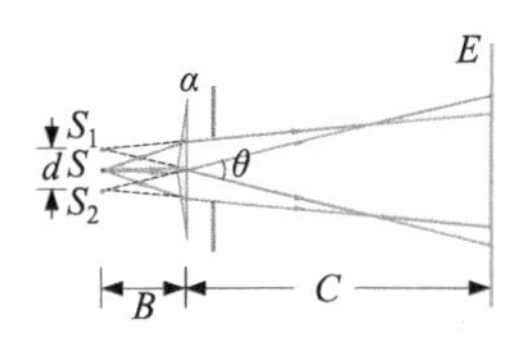

图 19-20 菲涅耳双棱镜实验

3) 劳埃德镜实验——由反射引起的相位突变

1834 年，劳埃德(H. Lloyd)提出了一种简单而巧妙的观察干涉现象的装置，如图 19-21 所示. MN 为一块平面反射镜，在反射镜上方距离很近的地方有一狭缝光源 S_1，由它发出的光波一部分直接射在右侧的屏幕 E 上，另一部分则是掠射(即入射角接近 90°)到反射镜上，再经反射镜反射到屏幕上，反射光可以看成是由虚光源 S_2 所发出的. 显然，这两部分光也是用分波面的方法得到的，也是相干光. S_1 和 S_2 构成了一对相干光源. 如果设 S_1 和 S_2 之间的距离为 d，而到屏幕的距离为 D，则在屏幕上两相干光重叠的区域内干涉条纹的形成也与杨氏双缝干涉相似.

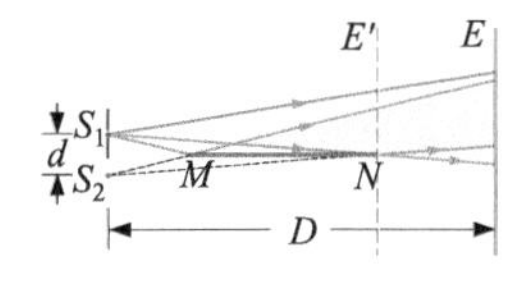

图 19-21 劳埃德镜实验

但需要指出的是，与杨氏双缝干涉不同，在劳埃德镜实验中，S_1 和 S_2 相当于两个相位相反的相干光源. 如果把屏幕移到和镜子边缘相接触的 N 处，即图中 E'的位置，这时由 S_1 和 S_2 发出的光到达接触点 N 处的几何路程相等，这时 N 点处应该出现明条纹，但实验结果却是暗条纹. 这说明由镜面反射的光和直接由 S_1 射到 N 处的光在 N 处的相位相反，即相位差为 π. 因为由 S_1 直接射向 N 处的光不可能凭空出现相位的突变，因此只能认为光从空气射向平面镜的光在反射时出现了相位 π 的突变，使两束光在 N 处的相位相反，因此出现了暗条纹.

进一步实验证明：当光从光疏介质(折射率 n 较小)射到光密介质(折射率 n 较大)的表面时，反射光有一个相位“π”的突变，也就是说在反射过程中光波有半个波长的损失，因此这种现象称为**半波损失**. 注意这里的损失不是指能量的损失，它只是形象地表示反射光好像损失了半个波长的光程. 同样需要注意的是，当光从光密介质射向光疏介质时，反射光不会出现相位的突变，即没有半波损失.

半波损失 ▶

在 19.4 节讨论薄膜干涉时，在薄膜表面的反射光中如果有半波损失，则必须计入光程差公式中，否则将会出现错误的结果.

19.4 薄膜干涉

19.3 节我们讨论了双缝干涉，它是通过将同一光波阵面上的两个相邻部分作为两个相干光源而获得相干光的，属于分波面干涉. 本节我们将讨论分振幅干涉，它是一种将同一光束通过透明薄膜上下表面的反射而获得两束相干光的方法.

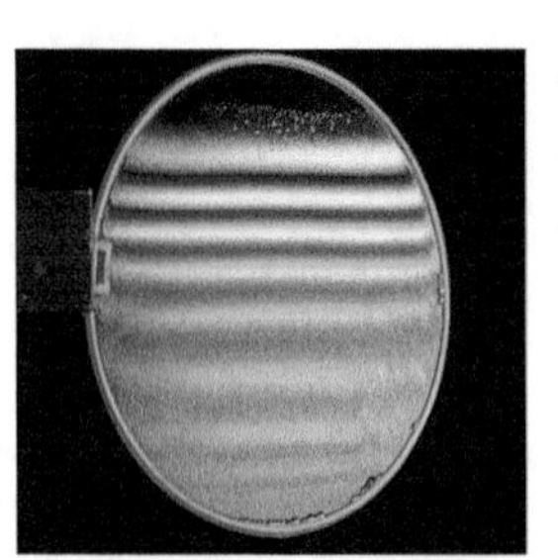

白光在肥皂膜上产生的彩色等厚干涉条纹

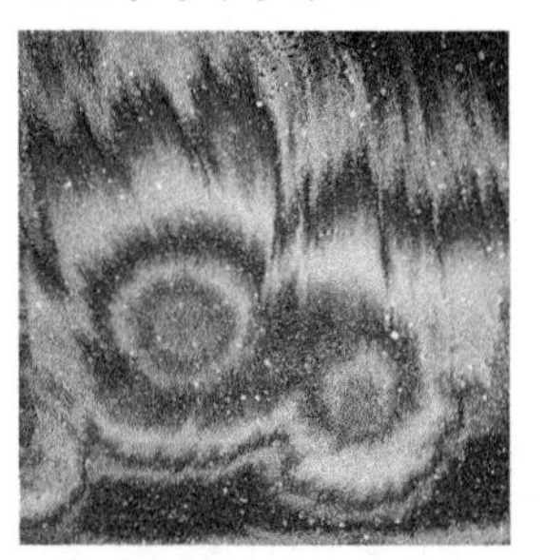

白光照射在路面上的油膜时产生的等厚干涉条纹

1. 薄膜干涉的光程差公式

图 19-22 所示是一片折射率为 n 的透明介质薄膜. 从单色光源 S 上某点 O 发出的一束光线 a 在薄膜上表面的入射点 A 处被分为反射光线和折射光线两部分，其中折射光线在薄膜下表面的 C 点被反射后又从上表面的 P 点折射回到薄膜上方，最后由薄膜上表面的反射光线和薄膜下表面的反射光线形成两束平行光线 a' 和 b'. 由于这两束光线是来自于同一束光线 a，所以它们是相干光. 这两束光的能量也是从同一束入射光 a 分出来的，由于波的能量与其振幅有关，所以这种产生相干光的方法称为分振幅法. 这两束平行的相干光经过透镜或进入眼睛后，通过眼睛晶状体的聚焦，可以相交于透镜焦平面(或视网膜)上的同一点. 这两束相干光在相交点处究竟是因干涉相长形成亮点，还是因干涉相消形成暗点，完全由这两条光线的光程差来决定.

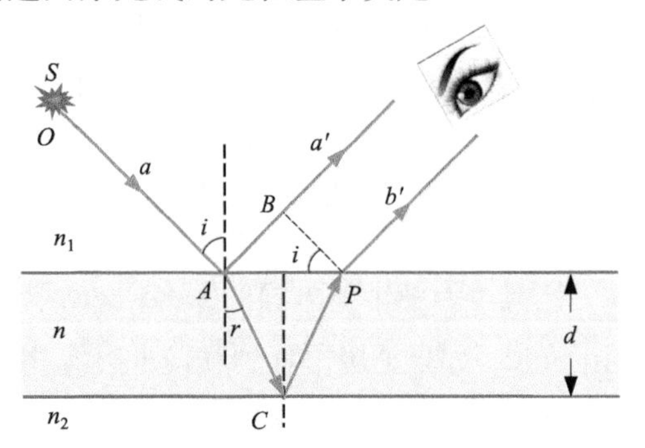

图 19-22 薄膜干涉的两束相干光来自于入射光在薄膜上、下表面的两束反射光

现在来计算 a' 和 b' 两条光线的光程差. 假设在所观察的区域，薄膜的厚度为 d. 从 P 点作光线 a' 的垂线 PB，则光线 a' 比光线 b' 在折射率为 n_1 的介质中多传播了距离 AB，而光线 b' 比光线 a' 在折射率为 n 的透明介质中多传播了距离 $AC+CP$. 由于透镜不产生附加的光程差，所以两条光线的光程差就是 ACP 的光

程和 AB 的光程之差. 同时，若设薄膜上、下方的介质折射率均小于介质的折射率(比如薄膜上下均为空气)，即 $n_1<n$，$n_2<n$，则光在 A 点反射时因存在半波损失而有 $\lambda/2$ 的附加光程差，而光在 C 点反射时无半波损失. 因此，由图 19-22 可见，a'和 b'两光线的光程差为

$$\begin{aligned}\Delta L &= n\left(\overline{AC}+\overline{CP}\right)-n_1\overline{AB}+\frac{\lambda}{2}\\ &=2n\overline{AC}-n_1\overline{AP}\sin i+\frac{\lambda}{2}\end{aligned}$$

由图可见，$\overline{AC}=\dfrac{d}{\cos r}$，$\overline{AP}=2d\tan r$，再结合折射定律 $n_1\sin i=n\sin r$，可将上式写为

$$\Delta L=2nd\cos r+\frac{\lambda}{2} \tag{19-23}$$

或

◀ 薄膜干涉光程差公式

$$\Delta L=2d\sqrt{n^2-n_1^2\sin^2 i}+\frac{\lambda}{2} \tag{19-24}$$

上式表明，薄膜干涉的光程差取决于薄膜的厚度 d 和入射角 i 以及半波损失引起的附加光程差 $\lambda/2$. 薄膜表面出现相长干涉(明条纹)和相消干涉(暗条纹)的位置，分别由下面的条件决定：

当 $\Delta L=k\lambda$，即 $\Delta\varphi=2k\pi$ (k=1,2,⋯)时，反射光极大；

当 $\Delta L=\left(k+\dfrac{1}{2}\right)\lambda$，即 $\Delta\varphi=\left(k+\dfrac{1}{2}\right)2\pi$ (k=0,1,2,⋯)时，反射光极小.

需要注意的是，在式(19-23)和式(19-24)中均有附加光程差 $\lambda/2$，这是因为我们假设薄膜上、下方介质的折射率均小于薄膜的折射率，即 $n_1<n$，$n_2<n$. 这是入射光在薄膜上表面反射时有半波损失，而在下表面反射时没有半波损失的缘故. 如果折射率的关系为 $n_1>n$，$n_2>n$，则入射光在薄膜上表面反射时没有半波损失，而在下表面反射时有半波损失，因此总的附加光程差也为 $\lambda/2$. 但若薄膜上下表面的反射光都有半波损失($n_1<n<n_2$)或都没有半波损失($n_1>n>n_2$)，式(19-23)和式(19-24)中都没有附加光程差 $\lambda/2$.

例题 19-4　白光照射下肥皂膜呈现的颜色

设在空气中有一层折射率 n=1.33，厚度 d=3.20×10^{-7}m 的均匀肥皂膜. 当平行白光正入射于该肥皂膜时，试问反射光将呈现什么颜色？透射光将呈现什么颜色？

解　因为白光正入射，所以入射角 i=0. 反射光所呈现的颜色取决于反射光中干涉取极大的光的波长 λ，由于肥皂膜两侧的空气折射率均小于肥皂膜的折射率，应考虑半波损失，即反射光的光程差 ΔL 应满足下式：

$$\Delta L=2nd+\frac{\lambda}{2}=k\lambda$$

可得

$$\lambda=\frac{4nd}{2k-1}=\frac{4\times1.33\times3.20\times10^{-7}}{2k-1}=\frac{1.702\times10^{-6}}{2k-1}(\mathrm{m})$$

上式中只有当 k=2 时，得波长为 $\lambda=5.68\times10^{-7}\mathrm{m}=568\mathrm{nm}$ 的光才位于可见光范围内，这种波长的光呈黄绿色. 所以，当用白光照射该肥皂膜时，反射光呈现黄绿色.

设波长为 λ'的光透射极大，而透射极大意味着反射极小，所以反射光的光程差 $\Delta L'$应满足下式：

$$\Delta L'=2nd+\frac{\lambda'}{2}=\left(k+\frac{1}{2}\right)\lambda'$$

可得

$$\lambda'=\frac{2nd}{k}=\frac{2\times1.33\times3.20\times10^{-7}}{k}=\frac{8.512\times10^{-7}}{k}(\mathrm{m})$$

上式中只有当 k=2 时，得波长为 $\lambda=4.26\times10^{-7}\mathrm{m}=426\mathrm{nm}$ 的紫光才在可见光范围内. 所以，白光照射该肥皂膜时，透射光呈现紫色.

下面，讨论几种薄膜干涉的应用.

2. 增透膜和高反膜

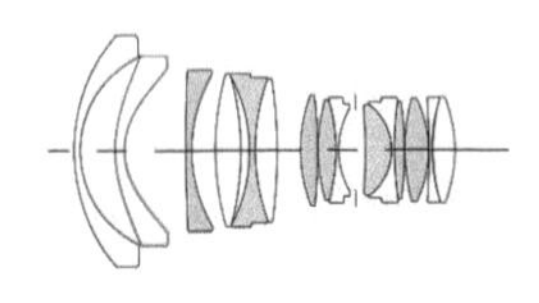

图 19-23 好点的照相机镜头有时由多达十几片起不同作用的透镜组成

图 19-24 照相机镜头表面通常镀有不同厚度的多层透明薄膜，以减少对可见光的反射，增加透射. 因此从镜头表面反射的少量可见光通常都在可见光光谱的边缘，使镜头表面看起来是微弱的红紫色

在式(19-23)和式(19-24)中，如果入射光的入射角 i 不变(因而折射角 r 不变)，同时薄膜的厚度 d 也不改变，则两束反射光的光程差在薄膜各处都相等，这时不能观察到明暗相间的干涉条纹. 但通过改变薄膜的厚度，可以使薄膜上下表面的反射光相消，从而增加光的透射；或使反射光相长，从而增加光的反射.

当光入射到两种透明介质的分界面时，会发生反射和折射现象. 从能量的角度来看，入射光的大部分折射进入第二种介质，但仍有一部分能量被反射回第一种介质中. 经计算，当光由空气射到玻璃(折射率 n=1.52)的表面时，约有 4.2%的光能被反射，而透射的光能约为 95.8%. 在现代光学仪器中，可能有十几个镜片，每一镜片有两个反射面，如果每一个反射面因反射而损失光能的 4.2%，即使不考虑玻璃对光能的吸收，因反射而损失的光能也十分可观. 比如，高质量照相机镜头中，有负责成像的镜片，有负责消除各种像差和色差的镜片. 如果镜头中有 15 片透镜(图 19-23)，即使在不考虑吸收的情况下，依然只有 0.958^{30}=27.6%的光能可以通过镜头到达感光器. 为了尽量减少因反射而引起的光能损失，可以采用真空镀膜的方法，在透镜表面镀上一层均匀的透明薄膜，利用薄膜干涉现象，使薄膜两个表面的反射光因干涉相消而减少. 由于这种镀在透镜表面的薄膜具有减小光的反射率，增加光的透射率的作用，因此被称为**增透膜**. 平时我们看到照相机镜头上有一层红紫色的膜，就是增透膜，见图 19-24.

增透膜的原理就是薄膜干涉. 为简单起见，只讨论镀单层膜的情况. 如图 19-25 所示，膜的上方介质一般为空气，其折射率近似等于 1(取 n_1=1.0)，膜下方的介质为玻璃，其折射率 n_2=1.50. 设玻璃上所镀的膜为折射率 n=1.38 的氟化镁(MgF_2)，显然折射率的关系满足 $n_1<n<n_2$. 这时膜的上、下表面产生的两

束反射光都有附加的光程差 $\lambda/2$，所以抵消了. 假设光垂直入射(这符合照相机、望远镜的实际使用情况)，则入射角 $i=0$，增透膜的厚度 d 是均匀的，根据式 (19-23)或式(19-24)，为增加透射，从增透膜上、下表面反射的两束反射光之间的光程差必须满足

$$\Delta L = 2nd = \left(k + \frac{1}{2}\right)\lambda, \quad k=0,1,2,\cdots \tag{19-25}$$

令 $k=0$，则增透膜的最小厚度满足

$$2nd = \frac{1}{2}\lambda$$

或

$$nd = \frac{1}{4}\lambda \tag{19-26}$$

◀ 增透膜的光学厚度

上式中 nd 称为增透膜的**光学厚度**. 由此可见，当增透膜的光学厚度为入射光波长 λ 的 1/4 时，两束反射光的光程差为 $\lambda/2$，与此波长 λ 相应的反射光发生相消干涉，反射光强最小，因而透射光就增强了. 需要说明的是，单层增透膜只能对特定波长 λ 的光或波长与 λ 相近的光产生增透作用，因此光学仪器的镜头上经常需要镀上多层增透膜，以对多种波长的光产生增透作用. 能让连续光谱中某一波长的光通过的器件称为**滤光片**. 利用多层膜干涉技术提高某一特定波长光的透射率的滤光片，称为**干涉滤光片**.

理论上，增透膜的增透作用还与增透膜的折射率 n 有关. 相关的理论证明，当增透膜的折射率满足下式：

$$n = \sqrt{n_1 n_2}$$

时，可以实现反射光完全相消，即入射光可以全部透射. 例如，取空气的折射率 $n_1=1.00$，玻璃的折射率 $n_2=1.52$ 时，则要求所镀增透膜的折射率 $n=1.23$. 事实上，至今尚未找到折射率如此低而其他性能又好的材料. 常采用的一种材料为氟化镁(MgF_2)，其折射率 $n=1.38$. 用它制成的单层增透膜，可使入射光强的反射率为 1.2%. 对 15 片透镜的照相机镜头，如果采用氟化镁作为增透膜，则在不考虑吸收时，理想情况下可以有 $0.982^{30}=58.0\%$的光能通过镜头到达感光器.

有些光学仪器会提出相反的需要，即尽量降低透射率而提高反射率. 例如，氦氖激光器谐振腔中的反射镜，要求对波长为 632.8nm 的单色光反射率高达 99%以上. 这种能够增加光的反射率而减小透射率的透明薄膜就称为**增反膜或高反膜**. 高反膜的原理同样可用图 19-25 来说明，当图中各介质的折射率满足 $n_1<n$，$n_2<n$ 的关系时，入射光在高反膜上表面的反射有半波损失，而在下表面的反射没有半波损失，所以两束反射光之间有一个附加的光程差 $\lambda/2$. 即两束反射光之间的光程差为 $\Delta L=2nd+\lambda/2$. 为了使反射光加强而透射光减弱，要求 $\Delta L=k\lambda$，即

$$\Delta L = 2nd + \frac{1}{2}\lambda = k\lambda, \quad k=1,2,\cdots \tag{19-27}$$

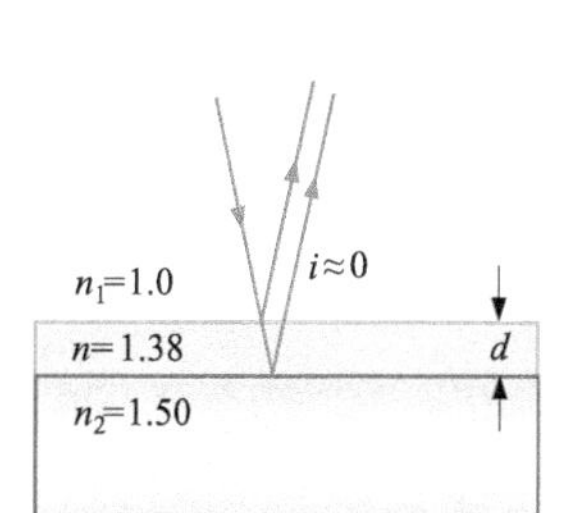

图 19-25 在玻璃上镀上一层一定厚度的均匀薄膜（增透膜）以起到增加透射光的作用

当取 $k=1$ 时，得增反膜的最小光学厚度为

高反膜的光学厚度 ▶

$$nd=\frac{1}{4}\lambda \tag{19-28}$$

可见，当透明薄膜材料的折射率大于玻璃的折射率时，高反膜的光学厚度仍为 $\lambda/4$. 当前，光学薄膜已经广泛应用于各种光学仪器、红外物理学、激光技术和其他科学技术领域，并发展成为现代光学的一个重要分支——薄膜光学.

例题 19-5　多层高反膜

当在玻璃表面镀一层折射率 $n_1=2.35$ 的硫化锌(ZnS)增反膜时，反射率可以提高到30%以上. 若要进一步提高反射率，可采用多层膜技术. 如果在玻璃表面交替镀上高折射率的 ZnS 和低折射率($n_2=1.38$)的氟化镁(MgF_2)达到 13 层时(图 19-26)，可使反射率达到 94%以上. 设入射光为波长 $\lambda=632.8\text{nm}$ 的氦氖激光，求两种介质膜的厚度各为多少？

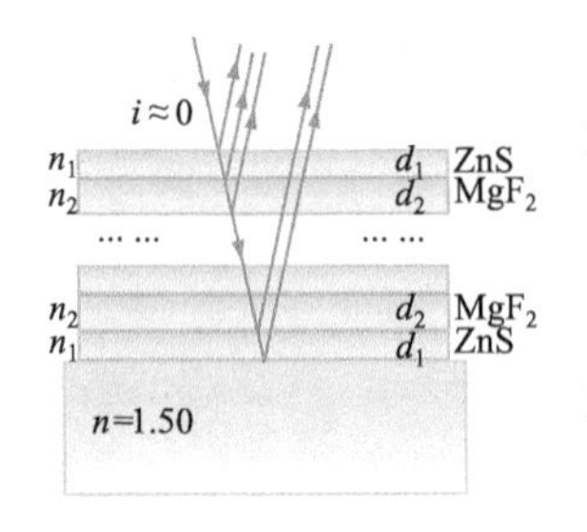

图 19-26　在玻璃上交替镀上 ZnS 和 MgF_2 薄膜 13 层，可使氦氖激光的反射率高达 94%

解　设硫化锌膜的厚度为 d_1，折射率为 n_1. 因为硫化锌薄膜两侧介质(玻璃或氟化镁)的折射率均小于硫化锌的折射率，所以其厚度 d_1 应满足下式：

$$2nd_1+\frac{1}{2}\lambda=k\lambda$$

为了尽量减少膜对光的吸收，d_1 应取最小值，所以上式中取 $k=1$，得

$$d_1=\frac{\lambda}{4n}=\frac{632.8\text{nm}}{4\times 2.35}\approx 67.3\ \text{nm}$$

同理，设氟化镁薄膜的厚度为 d_2，折射率为 n_2. 因为氟化镁两侧硫化锌的折射率高，所以氟化镁的厚度 d_2 应满足

$$2nd_2+\frac{1}{2}\lambda=k\lambda$$

同样取 $k=1$，得

$$d_2=\frac{\lambda}{4n_2}=\frac{632.8\text{nm}}{4\times 1.38}\approx 115\ \text{nm}$$

3. 等厚干涉——劈尖

在式(19-23)和式(19-24)中，如果入射光的入射角 i 不变(因而折射角 r 不变)，但薄膜的厚度 d 改变，则在薄膜厚度相同处两束反射光的光程差相等，因此两相干光沿薄膜等厚线的干涉光强相等，在薄膜不同厚度处分别出现干涉明条纹和暗条纹. 这种沿薄膜等厚线分布的干涉，称为**等厚干涉**.

等厚干涉 ▶

将两块平面玻璃的一端相接触，另一端夹一根细丝或一块薄片，使两块玻璃之间形成一个夹角 α，如图 19-27a 所示. 两块平面玻璃之间的劈形空气膜称为**劈尖**. 劈尖也可以是一块做成劈形的介质膜. 这种劈尖膜的顶角 α 是非常小的，实验时使单色平行光垂直入射到劈尖表面上，入射光线分别从劈尖膜的上、下表面反射，两反射光线在劈尖表面附近相遇而发生干涉，因此当观察劈尖表面时就可以看到干涉条纹. 劈尖干涉的光路图仍可以参照图 19-22，只需将原

来相互平行的两个表面看成两个夹一小角度的不平行的表面. 当单色平行光垂直入射(i=0)时，根据式(19-23)或式(19-24)，可得劈尖干涉中两相干光的光程差为

$$\Delta L = 2nd + \frac{\lambda}{2} \tag{19-29}$$

式中的前一项 $2nd$ 是光线在劈尖膜厚度为 d 处经过了 $2d$ 的几何路程所产生的光程差，而后一项 $\lambda/2$ 则来自于半波损失所产生的附加光程差. 当劈尖膜是两块平面玻璃之间的空气膜时，空气膜上下的玻璃均为光密介质($n_1>n$，$n<n_2$)，这样光在膜的下表面反射时有半波损失，在上表面反射时则没有；如果劈尖膜是图 19-27b 所示的置于空气中的介质膜($n_1<n$, $n_2<n$)，则光在膜的上表面反射时有半波损失，而在下表面反射时则没有. 对上述两种情况，式(19-29)中均有 $\lambda/2$ 项.

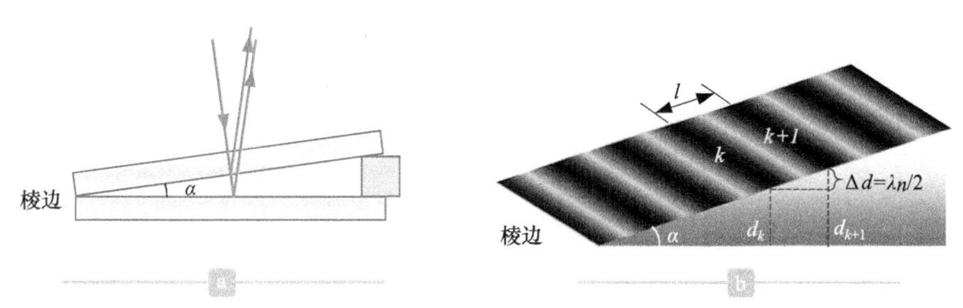

图 19-27 a.由两片平面玻璃形成的空气劈尖. b.用透明材料做成的劈尖

由于劈尖膜的厚度 d 是变化的,所以在膜厚度不同处的光程差 ΔL 不同. 在光程差满足

$$2nd + \frac{1}{2}\lambda = k\lambda, \quad k=1,2,\cdots \tag{19-30}$$

处，出现的是相长干涉的明条纹. 而在光程差满足

$$2nd + \frac{1}{2}\lambda = \left(k + \frac{1}{2}\right)\lambda, \quad k=0,1,2,\cdots \tag{19-31}$$

处，出现的是相消干涉的暗条纹. 式中 k 是干涉条纹的级次. 由以上两式可见，在膜厚度 d 相同处，产生的是同一级干涉条纹，因此劈尖干涉属于等厚干涉.

图 19-27a 中两块平面玻璃相接触处称为棱边,劈尖膜的等厚线是一组平行于棱边的直线，因此劈尖的干涉条纹是一组平行于棱边并且等间距的明暗直条纹. 在棱边处，膜的厚度 d 为零，光程差为 $\lambda/2$，因此出现的是对应于 k=0 的暗条纹，称为零级暗条纹. 这又一次证实了“半波损失”的存在.

设相邻两条明纹或暗纹所对应的膜厚差为 Δd, 以暗条纹为例，由式(19-31)可得

$$\Delta d = d_{k+1} - d_k = \frac{(k+1)\lambda}{2n} - \frac{k\lambda}{2n}$$

即

等厚干涉相邻明或暗条纹对应的膜厚差

$$\Delta d=\frac{\lambda}{2n}=\frac{\lambda_n}{2} \tag{19-32}$$

即相邻两级明纹或暗纹对应的膜的厚度差为光在劈尖膜介质中波长的 1/2. 若以 l 表示相邻明纹或暗纹之间的距离，则由图 19-27b 可见

劈尖干涉条纹间距

$$l=\frac{\Delta d}{\sin\alpha}=\frac{\lambda}{2n\sin\alpha} \tag{19-33}$$

上式表明，劈尖干涉条纹是等间距的，条纹间距 l 与劈尖角 α 有关. α 越大，则条纹间距就越小，条纹越密. 当 α 大到一定程度后，干涉条纹就会密集到无法分辨. 因此，干涉条纹只有当劈尖角很小时才能观察到. 当 α 很小时，有 $\sin\alpha\approx\alpha$，这时上式又可近似写为

$$l\approx\frac{\lambda}{2n\alpha} \tag{19-34}$$

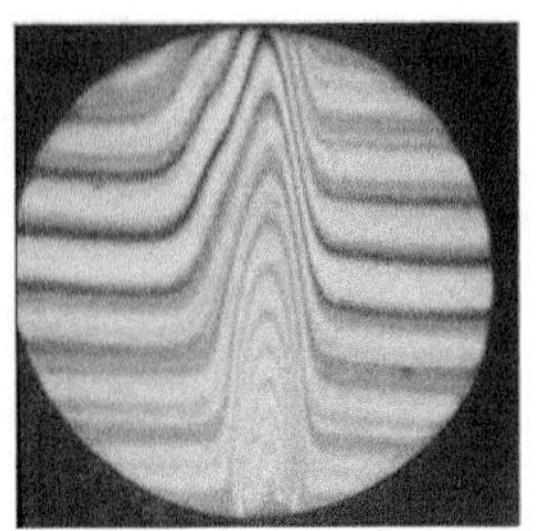

图 19-28 当待测表面不平整时，劈尖干涉的条纹是不规则的曲线

在工程上，劈尖干涉有许多重要的应用. 比如，利用劈尖干涉可以测量细丝的直径或薄片的厚度. 利用劈尖干涉还可以检验工件表面的平整度. 如果在形成空气劈尖的两块玻璃中，上面一块是光学平的标准玻璃(称为平晶)，而下面一块是待测平面，如果看到的干涉条纹不是直线，而是疏密不均的不规则曲线(图 19-28)，则说明待测表面是不光洁或不平整的. 利用这种方法可以检测出不超过 $\lambda/4$ 的凹凸缺陷，即精密度可达 0.1μm 左右.

例题 19-6 利用劈尖干涉测量细丝的直径

为了测量金属丝的直径，将金属丝夹在两块平面玻璃之间形成空气劈尖. 金属丝与劈尖棱边的距离 L=28.880mm. 用波长 λ=589.3nm 的钠黄光垂直入射时，测得 30 条明纹之间的距离为 4.295mm. 求金属丝的直径 D.

解 在 30 条明条纹之间有 29 个条纹间距，因此，相邻两明条纹之间的距离 l=4.295mm/29. 对空气劈尖，取 n=1. 由于劈尖角 α 很小，所以近似有

$$\sin\alpha\approx\frac{D}{L}$$

根据式(19-33)，可得

$$D=\frac{L}{l}\cdot\frac{\lambda}{2}$$

代入数据，求得金属丝的直径为

$$D=\frac{28.880\times10^{-3}}{\dfrac{4.295\times10^{-3}}{29}}\times\frac{1}{2}\times589.3\times10^{-9}\,\text{m}$$

$$\approx5.746\times10^{-5}\,\text{m}=5.746\times10^{-2}\,\text{mm}$$

例题 19-7 利用劈尖干涉检验工件表面的质量

在一精细加工后的工件上放一片平面玻璃，使它们之间形成一空气劈尖，如图 19-29b 所示. 当用波长为 λ 的单色光垂直入射时，观察到如图 19-29a 所示的干涉条纹. 条纹间距为 b，条纹弯曲部分的宽度为 a.

(1) 试根据条纹弯曲的方向，判断工件表面的缺陷是凹槽还是凸愣?

(2) 缺陷的深度(或高度)是多少?

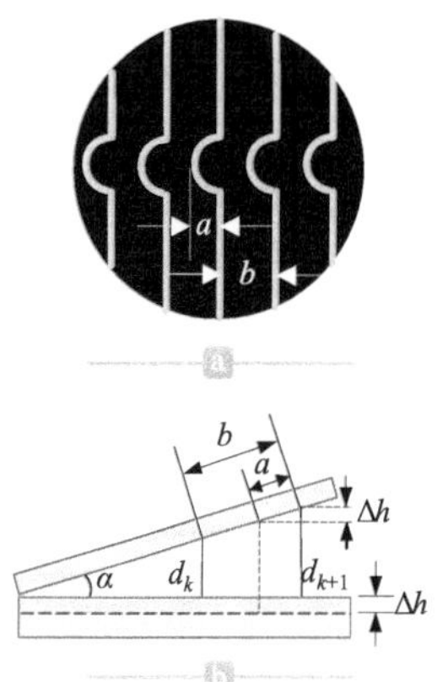

图 19-29 a.工件上因为有缺陷而形成的等厚干涉条纹. b.根据条纹的几何形状和尺寸可计算缺陷的深度或高度

解 (1) 如果工件表面是完全平整光滑的，则劈尖干涉条纹应该是一组平行于棱边的等间隔直条纹. 现在所有干涉条纹都向棱边方向弯曲，说明工件表面有一条垂直于棱边的缺陷. 因为同一级等厚干涉条纹对应的空气膜厚度相等，越靠近棱边处空气膜厚度越小. 而由图示条纹的形状说明在缺陷处空气膜的厚度与远离棱边处的空气膜厚度相等. 所以根据干涉条纹弯曲的方向，说明工件表面的缺陷为一条凹槽.

(2) 根据条纹弯曲的程度，还可以计算出凹槽的深度. 设凹槽的深度为 Δh，则由图 19-29b 可得

$$a\sin\alpha = \Delta h$$

$$b\sin\alpha = \frac{\lambda}{2}$$

由上面两式解得凹槽的深度为

$$\Delta h = \frac{a}{b}\cdot\frac{\lambda}{2}$$

4. 等厚干涉—牛顿环

另一种观察等厚干涉的实验装置是将一块曲率半径 R 很大的平凸透镜的凸面放置在一块平面玻璃上，这样透镜与平面玻璃之间就会形成厚度不均匀的空气薄层，如图 19-30a 所示. 一束入射光线在空气层的上、下表面反射的两束光是来自于该入射光线的，因此是相干光. 设两玻璃接触点为 O，只要透镜凸面的曲率半径 R 很大，则从正上方观察就可以看到以 O 点为中心的一系列圆形的等厚干涉条纹，如图 19-30b 所示. 因为这种干涉条纹是牛顿首先发现的，所以被称为**牛顿环**.

◀ 牛顿环

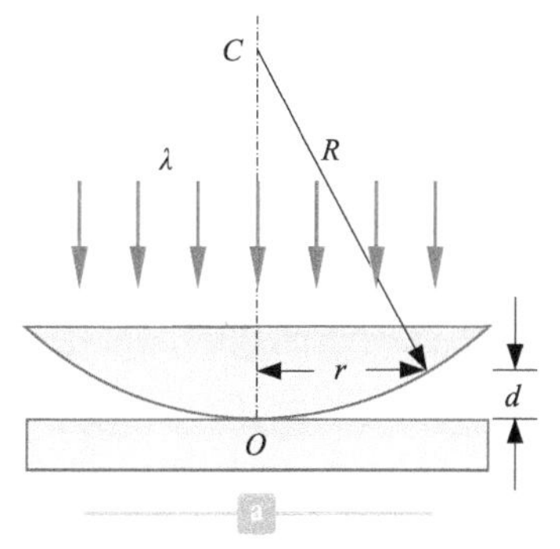

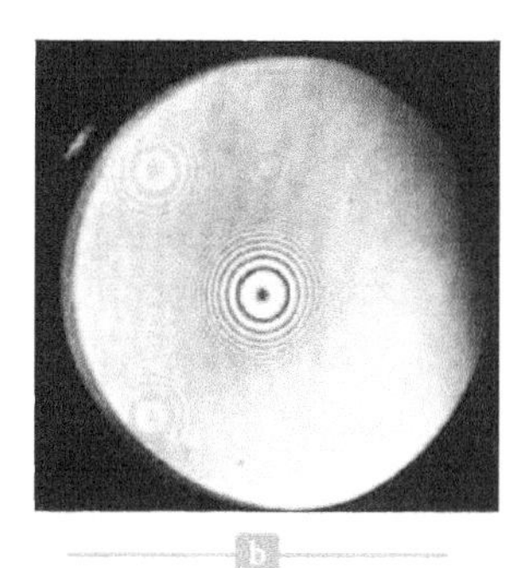

图 19-30 a.牛顿环装置示意图. b. 实验中看到的牛顿环照片

由于入射光在空气膜上表面的反射是由光密介质(玻璃)到光疏介质(空气)

牛顿环仪. 中间出现的彩色圆形条纹是白光入射时产生的牛顿环. 同一级白光干涉条纹中，紫光产生的条纹半径小于红光的条纹半径

的反射，没有半波损失；而在空气膜下表面的反射是由光疏介质到光密介质的反射，有附加光程差为 $\lambda/2$ 的半波损失，所以两束反射光之间的光程差为

$$\Delta L = 2nd + \frac{\lambda}{2} \tag{19-35}$$

出现亮环和暗环的位置是由空气膜的厚度 d 决定的. 在光程差满足

$$2nd + \frac{1}{2}\lambda = k\lambda\text{，}\quad k=1,2,\cdots \tag{19-36}$$

处，出现的是相长干涉的亮环. 而在光程差满足

$$2nd + \frac{1}{2}\lambda = \left(k + \frac{1}{2}\right)\lambda\text{，}\quad k=0,1,2,\cdots \tag{19-37}$$

处，出现的是相消干涉的暗环. 在透镜和平板玻璃接触的 O 点，空气膜的厚度 d 为零，此处两束反射光的光程差为 $\lambda/2$，所以在 O 点出现的是圆形的零级暗斑.

牛顿环亮环与暗环的半径，与透镜的曲率半径 R 及入射光的波长 λ 有关，设在距 O 点半径为 r 处的空气膜厚度为 d，则根据图 19-30a 中的直角三角形关系，得

$$r^2 = R^2 - (R-d)^2 = 2Rd - d^2$$

因为 $R \gg d$，可以将上式中的 d^2 略去，于是

$$d = \frac{r^2}{2R}$$

上式说明空气膜的厚度与牛顿环半径的平方成正比，所以，离中心 O 点越远，光程差随 r 的增加越快，牛顿环变得越来越密、越来越细. 把上式代入亮环的条件式(19-36)，得第 k 级亮环的半径为

牛顿环明环半径 ▶

$$r = \sqrt{\left(k - \frac{1}{2}\right)R\lambda} \tag{19-38}$$

代入暗环的条件式(19-37)，得第 k 级暗环的半径为

牛顿环暗环半径 ▶

$$r = \sqrt{kR\lambda} \tag{19-39}$$

注意，上面两式都是在透镜和平板玻璃间为空气膜的情况下推导出来的，所以式中的 λ 为光在空气中的波长. 若把牛顿环装置放在液体中，设液体的折射率为 n，则应把上面两式中的波长 λ 改为光在该液体中的波长 $\lambda_n=\lambda/n$.

由于光的波长很短($10^{-1}\mu m$ 数量级)，所以光学透镜的表面必须加工得非常平整完美. 由例题 19-7 可见，利用劈尖干涉可以定量检测平面的光洁度；同样利用牛顿环可以检测透镜球面的光洁度. 一块好的透镜得到的牛顿环应该是完美的圆形. 另外，利用牛顿环也可以测量平凸透镜凸面的曲率半径. 如果测得第 k 级暗环的半径 r_k，就可以用式(19-39)计算平凸透镜的凸面半径 R. 但由于接触处玻璃的形变和灰尘等的影响，不易测准 r_k. 我们可以通过测量半径差的方法来精确测量 R. 设第 m 级和第 n 级两个暗环的半径分别为 r_m 和 r_n，则由式(19-39)可得

$$R = \frac{r_n^2 - r_m^2}{\lambda(n-m)} \tag{19-40}$$

例题 19-8 利用牛顿环测量液体的折射率

一牛顿环装置放在空气中时，测得牛顿环第 10 个亮环的直径为 1.40cm. 当将整个装置浸入某种液体中时，测得第 10 个亮环的直径变为 1.27cm. 求这种液体的折射率 n.

解 牛顿环装置放在空气中时，透镜与平板玻璃之间形成的是空气膜，取空气的折射率等于 1.0，则根据式(19-38)，第 k 级亮环的直径 d_k 等于

$$d_k = 2\sqrt{\left(k-\frac{1}{2}\right)R\lambda}$$

当把此牛顿环装置浸入液体中时，原来的空气膜被折射率为 n 的液体膜所取代，而光在此液体中的波长为 λ/n. 所以，此时第 k 级亮环的直径变为

$$d_k' = 2\sqrt{\left(k-\frac{1}{2}\right)R\frac{\lambda}{n}}$$

两式相除，得液体的折射率为

$$n = \left(\frac{d_k}{d_k'}\right)^2$$

令 k=10，则 d_k=1.40cm，d_k'=1.27cm，求得 n=1.215.

5. 等倾干涉 迈克耳孙干涉仪

在式(19-23)和式(19-24)中，若薄膜的厚度 d 不变，而入射光的入射角 i 改变(因而折射角 r 改变)，则所有入射角 i 相同的光经薄膜上、下表面反射后的光程差相等，形成同一级干涉条纹，这种情况称为**等倾干涉**.

图 19-31b 为观察等倾干涉条纹的实验装置. S 为一单色面光源，图中下方有一折射率为 n、厚度为 d 的均匀薄膜. M 为一块与薄膜成 45°角的半透半反镜，称为**分束镜**，其作用是使入射光的一半反射，而另一半透射. 由光源 S 上的某点发出的光线，经分束镜 M 反射后入射到薄膜上，所有相同倾角 i 的入射光形成一个圆锥面. 显然，所有沿该圆锥面的入射光被分束镜反射后均以相同的入射角 i 入射在薄膜上，这些入射光经薄膜上、下表面的反射后得到的两束相干光的光程差都相等(如图 19-31b 中的相干光 a 和 a'以及 b 和 b'等). 这些平行的相干光透过 M 后经透镜 L 聚焦在透镜的焦平面 E 的同一个圆周上. 倾角不同的相干光聚焦在半径不同的圆周上，因此在屏幕 E 上观察到的等倾干涉条纹是一系列明暗相间的同心圆环，如图 19-31a 所示. 读者可以自行分析，对于光源上其他发光点发出的光线，只要它们也以相同的倾角 i 投射到薄膜上，则它们在焦平面 E 上形成的干涉圆环将重叠在一起，总光强为各干涉条纹光强的非相干叠加，因此等倾干涉的光源可以使用面光源.

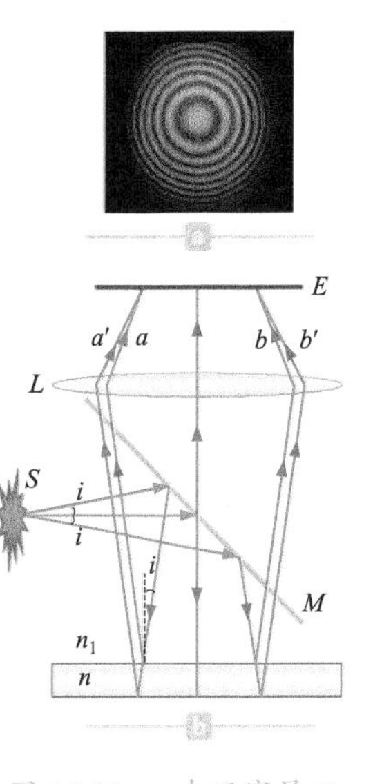

图 19-31 a.在观察屏 E 上看到的圆形等倾干涉条纹. b.等倾干涉光路图

例题 19-9　等倾干涉条纹级次与入射角的关系

如果图 19-31 中入射单色光的波长为 λ，在屏幕 E 的中心 O 点处看到的是一个亮斑. 设想逐渐增加薄膜的厚度，试分析干涉条纹的变化.

解　等倾干涉明环满足的条件为

$$\Delta L = 2d\sqrt{n^2 - n_1^2 \sin^2 i} + \frac{\lambda}{2} = k\lambda$$

越靠近屏幕中心 O 点，入射角 i 越小，$\sin i$ 越小，因此光程差 ΔL 越大. 这说明越靠近 O 点，明环的级次就越高. 屏幕中心对应的入射角 $i=0$，如果屏幕中心出现第 k 级亮斑，则它的级次 k 由下式计算：

$$2nd + \frac{\lambda}{2} = k\lambda$$

当薄膜厚度 d 逐渐增加时，屏幕中心会由亮变暗，再由暗变亮，当再次出现亮斑时，该亮斑的级次为 $k+1$，而此时原来的 k 级亮斑扩大成为一个亮环. 可见，当薄膜厚度逐渐增加时，屏幕中心会不断冒出亮斑，而它外面的各明环的半径会逐渐变大. 屏幕中心每冒出一个亮斑，意味着薄膜的厚度增加了

$$\Delta d = \frac{\lambda}{2n}$$

反之，如果逐渐减小薄膜的厚度，则会看到亮环的半径不断变小，最终淹没在屏幕的中心.

当薄膜的厚度 d 不变时，等倾干涉条纹与牛顿环一样，都是同心圆环. 但牛顿环属于等厚干涉条纹，同一条纹对应的膜厚 d 相等，而等倾干涉的同一条纹对应的入射角 i 相等. 另外，牛顿环的中心处膜的厚度为零，其各级条纹的级次随条纹半径的增大而增大，而等倾干涉条纹的级次随条纹半径的增大而减小.

1881 年，美国物理学家迈克耳孙(A. A. Michelson，1852—1931)和莫雷合作，为研究“以太”漂移而设计并制造出了一种光学仪器，称为**迈克耳孙干涉仪**. 它利用分振幅法产生两束相干光束以实现干涉，可以观察到 0.01 根条纹的移动，因此是一种非常精密的光学仪器. 根据该仪器的原理而研制出的多种干涉仪，可用于精确测量长度和长度的变化、光的波长、介质的折射率以及研究光谱线的精细结构等.

迈克耳孙干涉仪 ▶

迈克耳孙干涉仪的实物照片和工作原理如图 19-32a、b 所示. 从扩展光源 S 上某点发出的光投射在分束镜 G 上，分束镜是在一块厚度均匀的光学平板玻璃的背面镀上一层很薄的银层，使入射光强透过一半，反射一半. 透过 G 的光线 1 向平面反射镜 M_1 传播，而从 G 上反射的光线 2 则向平面反射镜 M_2 传播，这两束光线经 M_1 和 M_2 反射后成为光线 1′和 2′，并分别经分束镜 G 反射和透射后成为两束平行的相干光，可通过望远镜或观察屏看到干涉条纹. G′是一片

厚度与 G 完全相等的平板玻璃，它的作用是使两束光三次通过同样厚度的玻璃板以补偿光束 1 的光程，因此称为**补偿板**. 如果光源是单色性非常好的单色光(如激光)，对光程的补偿与否无关紧要. 但若使用白光进行实验，一定要有补偿板 G′.

平面镜 M_1 经过分束镜 G 的镀银层，可在平面镜 M_2 附近形成 M_1 的虚像 M_1'. 这样，原来入射和反射于 M_1 的光线 1 和 1′，可等效地看作是入射并反射于 M_1'的，即 M_1'和 M_2 之间相当于一层空气薄膜的两个表面. 如果 M_1 和 M_2 两反射镜并不是严格垂直，则 M_1'和 M_2 之间相当于是一层空气劈尖，这时可观察到等厚干涉条纹. 如果 M_1 和 M_2 两反射镜严格垂直，则 M_1'和 M_2 之间相当于是一层厚度均匀的空气膜，这时的干涉情况与图 19-31b 一样，可看到与图 19-31a 相同的等倾干涉条纹.

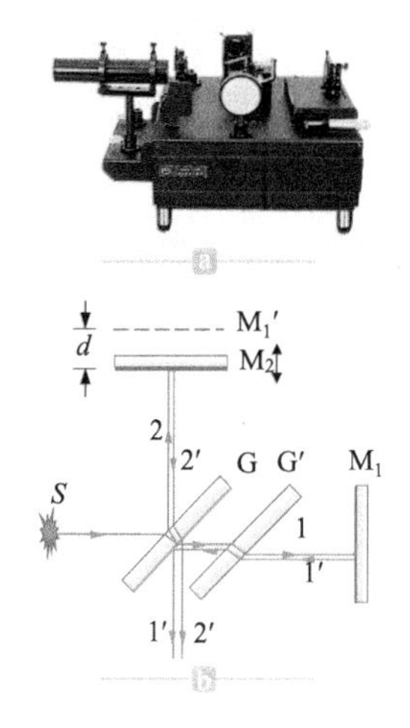

图 19-32 a.迈克耳孙干涉仪实物照片. b.迈克耳孙干涉仪实验的光路图

反射镜 M_2 是可以向前或向后平行移动的(相当于图中向下或向上平移). 如果平移 M_2，其结果相当于使等效空气膜的厚度改变，干涉条纹将发生可以观察到的变化. 因为光线在等效空气膜中通过两次，所以当反射镜 M_2 每平移 $\lambda/2$ 的距离时，相当于光程差改变一个波长 λ，可观察到一条明纹或暗纹的移动. 所以记录条纹移动的数目 Δk，就可以算出反射镜 M_2 平移的距离 Δd

$$\Delta d = \Delta k \cdot \frac{\lambda}{2} \tag{19-41}$$

用这种方法可以进行精确的长度测量.

利用式(19-41)，除了可用已知波长的光测量长度，还可以用已知的长度变化来测定光的波长. 迈克耳孙曾仔细测量过保存在巴黎的标准米尺的长度，他用含镉(Cd)的光源中发出的一种确定波长的红光，测得标准米尺的长度相当于 1553163.5 个镉红光的波长. 这种测量方法经过后人的改进，国际上曾确认镉红光在标准状态(温度为 15℃，压强为 760mm 水银柱产生的压强以及空气中 CO_2 的含量为 0.3%)下的干燥空气中的波长为 λ_{Cd}=643.84696nm. 由于镉红线的单色性不是很理想，经过各国科学家的共同努力，国际度量衡委员会于 1960 年决定采用相对原子质量 86 的氪(Kr)的同位素 86Kr 的一条橙色光在真空中的波长 λ_{Kr} 作为长度的新标准，并规定

$$1\text{m}=1650763.73\lambda_{Kr}$$

长度的实物基准——米原器不利于长期保存，因此，将米原器改为光波长的自然基准，是计量工作的一大进步.

例题 19-10 利用迈克耳孙干涉仪测量空气的折射率

为了利用迈克耳孙干涉仪测量空气对钠光的折射率，将一根长度经过精确测量的管子插入干涉仪的一个光臂中，并将管中空气抽出. 当调出等倾干涉的圆形条纹后，再向管内缓慢注入空气，直至管内空气的压强与外界相同，在注入空气的同时对干涉条纹的移动进行计数. 设管子的长度 l=10.004cm，充气过程中干涉条纹移动了 88.4 条，钠光的波长为 589.3nm，试计算空气对钠光的折射率.

解 空气注入真空管的过程中，两臂光程差的改变量为

$$2(n-1)l=\Delta k\lambda$$

按题意，l=10.004cm，λ=589.3nm，Δk=88.4，代入上式求得空气对钠光的折射率为

$$n=1+\frac{\Delta k\cdot\lambda}{2l}=1+2.6\times10^{-4}$$

19.5 光场的空间相干性和时间相干性

1. 光源的宽度对干涉条纹的影响

我们知道，在分波面干涉(如双缝干涉)情况下使用的光源必须是点光源或线光源，这是因为从普通光源的不同部分发出的光不是相干光. 但实际的点光源或线光源(或被照亮的小孔或狭缝)总是有一定的大小或宽度的. 实验表明，在双缝干涉实验中，当光源的宽度增大时，干涉条纹的明暗对比度(反衬度)将下降，而当光源的宽度达到一定值时，干涉条纹将消失(反衬度为零). 下面以双缝干涉为例，讨论光源的宽度对干涉条纹清晰度的影响.

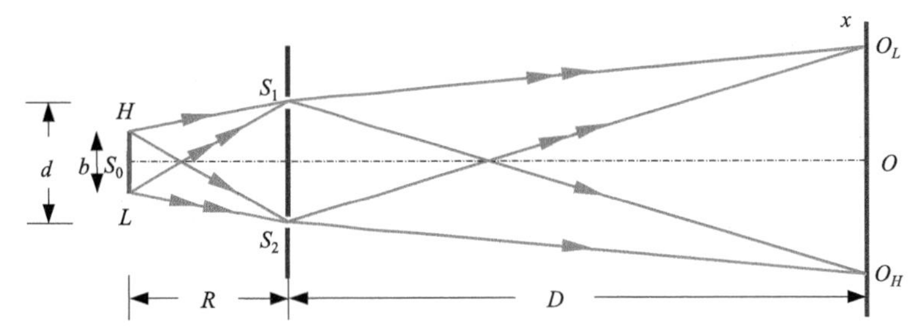

图 19-33 用带状光源做杨氏双缝实验时，光源上不同位置处的线光源产生的零级明条纹在屏幕上的位置不同

如图 19-33 所示，设 S_0 是宽度为 b 的单色带状光源，对称地放置在距双缝 R 处，双缝之间的距离为 d，双缝到屏幕的距离为 D. 实际上，带状光源 S_0 可以看成是由许多相互平行的线光源所组成的，这些线光源处于带状光源 S_0 的不同位置，因此它们是不相干的. 根据双缝干涉的理论，每条线光源都会产生一组等宽、等间距的干涉条纹. 不同线光源产生的干涉条纹间距都相等($\Delta x=\lambda D/d$)，但每组干涉条纹在屏幕上的位置是彼此错开的. 比如，在 S_0 中心处的线光源产生的零级明条纹在屏幕中心的 O 点处，但 S_0 最上方 H 处的线光源产生的零级明条纹在 O 点的下方 O_H 处，而带状光源最下方 L 处的线光源产生的零级明条纹在 O 点的上方 O_L 处. 其余线光源产生的零级明条纹位置介于 O_H 和 O_L 之间. 由于不同线光源发出的光是不相干的，所以在这些干涉条纹重叠处的光强为各条纹光强的**非相干叠加**(光强直接相加). 图 19-34 中各图的下部是将各线光源在屏幕上的光强分布画在一起的情况，上部是将它们的光强相加后得到的总光强分布曲线. 图 19-34a 是当带状光源的宽度近似为零时的情况，这时所有线光源产生的干涉条纹几乎重合，总光强最暗处的光强近似为零，条纹的反衬度 $V\approx1$，干涉条纹最清晰. 如果带状光源的宽度 b 较窄，使 O_H 和 O_L 彼此错开的间距较

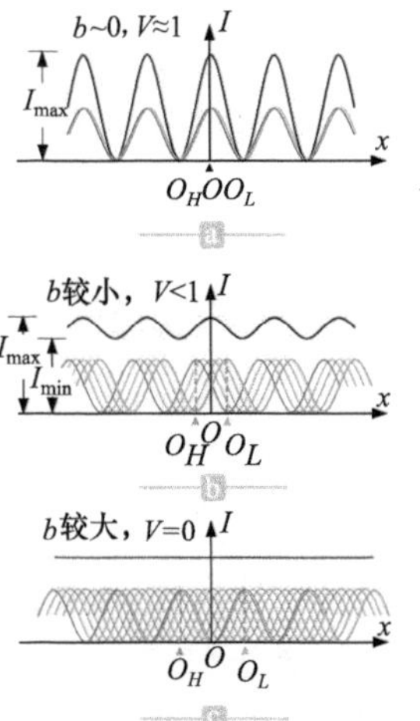

图 19-34 a.光源宽度趋于零时，干涉条纹反衬度等于 1. b.随着光源宽度变大，条纹反衬度变小. c.光源宽度达到一定值后，干涉条纹消失

小，比如图 19-34b 中的 O_H 和 O_L 彼此错开半个条纹的间距，这时总光强最暗处的光强($I_{\min}$)不为零，根据干涉条纹反衬度 V 的定义式(19-22)，此时 $0<V<1$，干涉条纹可见. 当带状光源的宽度达到一定值，O_H 和 O_L 彼此刚好错开一个条纹的间距(图 19-34c)，这时总光强均匀分布，$V=0$，干涉条纹消失. 这种情况下的带状光源 S_0 的宽度是光源宽度的最大允许值，光源宽度小于这一宽度时，才可以观察到干涉条纹. 下面推导这一光源宽度满足的条件.

如图 19-35 所示，当 O_H 与 O_L 之间正好为一个条纹间距时，H 处线光源产生的中央明纹 O_H 正好与 L 处线光源产生的一级明纹 1_L 重合. 因为 O_H 是 H 处线光源产生的中央明纹中心，所以有

$$(HS_1+r_1)-(HS_2+r_2)=0$$

同时，1_L 是 L 处线光源产生的 1 级明纹中心，所以有

$$(LS_1+r_1)-(LS_2+r_2)=\lambda$$

式中，$HS_1=LS_2$，$HS_2=LS_1$，所以将上面两式相减后得

$$2(LS_1-LS_2)=\lambda$$

一般总是满足 $b\ll R$(图中的 b 被夸大了)，若取 $LB=LS_2$，则有

$$LS_1-LS_2=BS_1\approx d\alpha\approx d\cdot\frac{b}{2R}$$

于是得

$$b=\frac{R\lambda}{d} \tag{19-42}$$

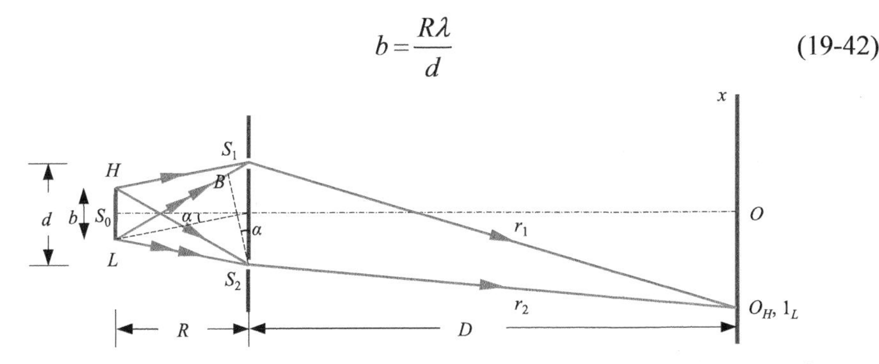

图 19-35 推导相干间隔的光路图

当 d 和 R 给定时，上式中的 b 就是在双缝干涉情况下能观察到干涉条纹的普通光源的极限宽度. 由于 b 与双缝到屏幕的距离 D 无关，所以当光源宽度达到该极限时，在双缝后面的光场中都不会出现干涉条纹. 一般认为，当光源宽度为式(19-42)确定的极限宽度的 1/4 时，干涉条纹的反衬度 V 可以达到 0.9，这时干涉条纹的清晰度是相当好的.

双缝干涉属于分波面干涉，式(19-42)说明，并不是同一波面上的任意两点作为次波源，这两个次波源发出的光都是相干的. 当光源宽度 b 给定时，只有当双缝的距离小于

$$d_0=\frac{R\lambda}{b} \tag{19-43}$$

时，双缝干涉条纹才是可见的. 因此，这一距离的限制决定了光场的**空间相干**

◀ 空间相干性和相干间隔

性. d_0 称为(横向)**相干间隔**，d_0 越大则光场的空间相干性就越好.

需要说明的是，激光光源各处发出的光都是相干的，因此激光光源的光场不受相干间隔的限制.

例题 19-11　估算太阳光的相干间隔

估算在地面上用太阳作为双缝干涉的光源时，双缝之间可取的最大间距为 d_0. 太阳光波长取 0.55μm，太阳对地面的视角 $\Delta\theta_0$ 取 0.01rad.

解　设太阳的半径为 R_S，则光源宽度 $b=2R_S$. 设太阳到地球的距离为 R，则

$$\Delta\theta_0 = \frac{2R_S}{R}$$

利用式(19-43)得相干间隔 d_0 为

$$d_0 = \frac{R\lambda}{b} = \frac{R\lambda}{2R_S} = \frac{\lambda}{\Delta\theta_0} = \frac{0.55}{0.01}\mu\text{m} = 55\mu\text{m}$$

这表明，在地面上直接用太阳光作为双缝干涉的光源时，双缝的间距要满足 $d<55\mu\text{m}$，才能得到干涉条纹.

2. 光的非单色性对干涉条纹的影响

在光的相干条件中，要求两列相干光波的频率(或波长)相等，即要求光源为单色光. 但由 19.1 节的讨论可知，所谓的“单色光”都是有一定的频率(或波长)范围的，这种光称为**准单色光**(图 19-36). 谱线宽度 $\Delta\lambda$ 是指当光强为最大光强 I_0 的一半时所对应的波长范围. $\Delta\lambda$ 越小，则光的单色性就越好. 光的单色性的好坏也会影响干涉条纹的反衬度.

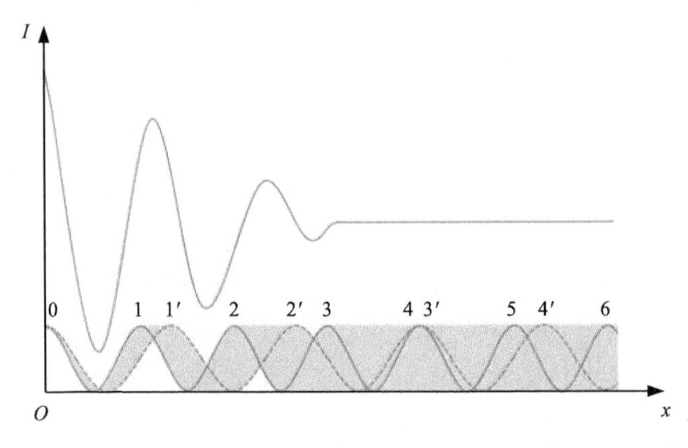

图 19-36　准单色光中不同波长产生的干涉条纹宽度不同，使干涉条纹的反衬度随级数增大而变小，直至消失

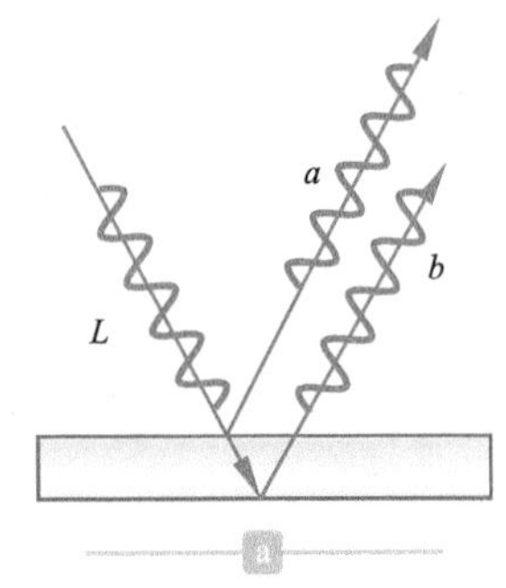

准单色光中的每一种波长成分经干涉后都会产生自己的一套干涉条纹，图 19-36 的下半部分中带撇和不带撇的数字分别表示最大波长 $\lambda+\Delta\lambda/2$ 和最小波长 $\lambda-\Delta\lambda/2$ 的光产生的干涉条纹的级次. 不同波长的光产生的干涉条纹间隔不同(随波长增大而增大)，所以除了零级条纹外，这两种光的其余同级次条纹将彼此错开并发生重叠. 由于不同波长的光是非相干的，所以在重叠部分的光强为各种波长干涉光强的非相干叠加. 图中上半部分的曲线为干涉条纹的总光强，由图可见，随着干涉条纹级次的增大，总干涉光强的反衬度减小，当级次

增大到一定值时，干涉条纹就消失了. 这就是为什么在干涉实验中，干涉条纹的级次越高越难以被清晰观察到. 由图可见，波长为 $\lambda+\Delta\lambda/2$ 的光产生的第 k 级明纹与波长为 $\lambda-\Delta\lambda/2$ 的光产生的第 $k+1$ 级明纹重合的位置，即为干涉条纹消失的位置. 这两种成分的光在该位置有相同的光程差，因此条纹消失时的最大光程差为

$$\Delta L_{\max}=k\left(\lambda+\frac{\Delta\lambda}{2}\right)=(k+1)\left(\lambda-\frac{\Delta\lambda}{2}\right)$$

由上式解得

$$k\Delta\lambda=\lambda-\frac{\Delta\lambda}{2}$$

对准单色光而言，$\Delta\lambda\ll\lambda$，因此 $\Delta\lambda/2$ 项可忽略. 于是得

$$k=\frac{\lambda}{\Delta\lambda} \tag{19-44}$$

和

$$\Delta L_{\max}=k\lambda=\frac{\lambda^2}{\Delta\lambda} \tag{19-45}$$

由这两个公式可见，光的单色性越差，能看到的干涉条纹级次 k 就越小，最大允许的光程差 $\Delta L_{\max}$ 也越小. 因此 $\Delta L_{\max}$ 给出了准单色光能产生干涉现象的光程差的上限，称为光的**相干长度**.

◀ 相干长度

我们还可以用一个更加简单和直观的方法来理解相干长度的概念. 我们知道，普通光源中每个原子发光的持续时间 τ 是有限的，这就决定了光源发出的每个波列的长度 $L=\tau c$ 是有限的. 图 19-37 所示为一列长度为 L 的光波列被薄膜上、下表面反射时的情况. 从薄膜下表面反射的波列 b 走过的光程比上表面反射的波列 a 要长，如果薄膜的厚度不大，则两列相干光波的光程差就不大，它们有相互重叠的部分，因此可以观察到干涉现象，如图 19-37a 所示. 但如果薄膜较厚，使两列波的光程差较大，当光程差大到一定程度时，两列相干波就正好没有重叠的部分，自然也就观察不到干涉现象. 由此可见，光的**相干长度就等于波列的长度**，即

$$\Delta L_{\max}=L \tag{19-46}$$

显然，波列的长度越长，这两个波列在相遇点处相互叠加的时间就越长，干涉条纹的可见度就越高，我们就说光场的**时间相干性**越好. 由于波列的长度 $L=\tau c$ 是由波列的持续时间 τ 来衡量，因此 τ 又叫**相干时间**.

◀ 时间相干性和相干时间

由上讨论可见，“波列为有限长”和“单色光有一定的谱线宽度”这两种说法是等效的. 光的单色性越好(即 $\Delta\lambda$ 越小)，则光波列的长度越长. 表 19-2 给出了几种光源谱线宽度 $\Delta\lambda$ 和相干长度 $\Delta L_{\max}$ 的值.

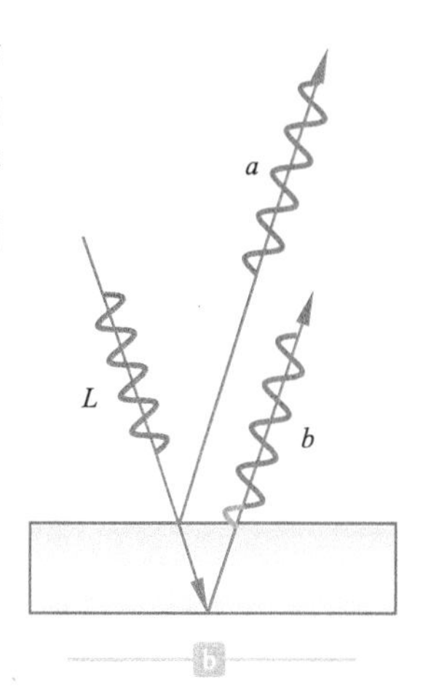

图 19-37 a.两相干光束有重叠部分时，能发生干涉. b.两相干光束无重叠部分时，不能发生干涉

表 19-2 几种光源的谱线宽度和相干长度

光源	波长 λ	谱线宽度 $\Delta\lambda$	相干长度 ΔL_{max}
镉灯	643.8nm	0.001 nm	300mm
氪灯	605.7nm	4.7×10^{-4} nm	700mm
氦氖激光	632.8nm	$<10^{-8}$ nm	10~100km

第 19 章练习题

19-1 在真空中波长为 λ 的单色光，在折射率为 n 的透明介质中从 A 点沿直线路径传播到 B 点. 若 A、B 两点相位差为 3π，则此路径 AB 的光程差为__________

(1)1.5λ；(2)$1.5n\lambda$；(3)3λ；(4)$1.5\lambda/n$.

19-2 在相同的时间内，一束波长为 λ 的单色光在空气中和在玻璃中__________

(1) 传播的路程相等，走过的光程相等；

(2) 传播的路程相等，走过的光程不相等；

(3) 传播的路程不相等，走过的光程相等；

(4) 传播的路程不相等，走过的光程不相等.

19-3 在双缝干涉实验中，欲使观察屏上的干涉条纹间距变大，可以采用的方法有__________

(1) 增大双缝间的距离；

(2) 减小双缝与观察屏的距离；

(3) 增大入射光的波长；

(4) 减小入射光的波长.

19-4 将双缝干涉装置放进一个可以密封的容器内，当容器与外界空气相通时，观察到干涉条纹. 现缓慢地把容器内的空气抽尽，在此过程中干涉条纹将会怎样变化__________

(1) 干涉条纹没有变化；

(2) 干涉条纹逐渐分开；

(3) 干涉条纹逐渐靠拢；

(4) 干涉条纹消失.

19-5 用两块平玻璃构成空气劈尖，左边为棱边，用单色平行光垂直入射. 若将上面的平玻璃缓慢地向上平移，则干涉条纹将__________

(1) 向棱边方向平移，条纹间隔变小；

(2) 向棱边方向平移，条纹间隔不变；

(3) 向棱边方向平移，条纹间隔变大；

(4) 向远离棱边的方向平移.

19-6 双缝干涉实验中，双缝间距为 0.20mm，用波长为 615nm 的单色光垂直照射双缝，屏上相邻两明条纹的间距为 1.4cm，求双缝到屏幕的距离.

19-7 用氩离子激光器的一束蓝绿光垂直照射双缝. 若双缝的间距为 0.50mm，在离双缝距离为 3.3m 处的观察屏上测得第 1 级明条纹与中央明条纹之间的距离为 3.4mm，求这束蓝绿光的波长.

19-8 将氦灯发出的波长为 587.5nm 的黄色光垂直照射在双缝上. 双缝间距为 0.2mm，在远处的观察屏上，测得第 2 级明条纹与干涉图样中心的距离为双缝间距的 10 倍，求双缝与观察屏之间的距离.

19-9 将原来在空气中的杨氏双缝干涉装置全部浸入到折射率为 n 的透明介质中，则屏幕上相邻两条明条纹的间距将变为原间距的多少倍?

19-10 如题 19-10 图所示，一双缝干涉装置的一条缝被折射率为 1.4 的均匀薄膜覆盖，另一条缝被折射率为 1.7 的均匀薄膜覆盖. 两薄膜具有相同的厚度 t. 在插入薄膜前屏上原来的中央明条纹，现在被第 5 级明条纹所占据. 设入射单色光的波长为 480nm，求薄膜的厚度.

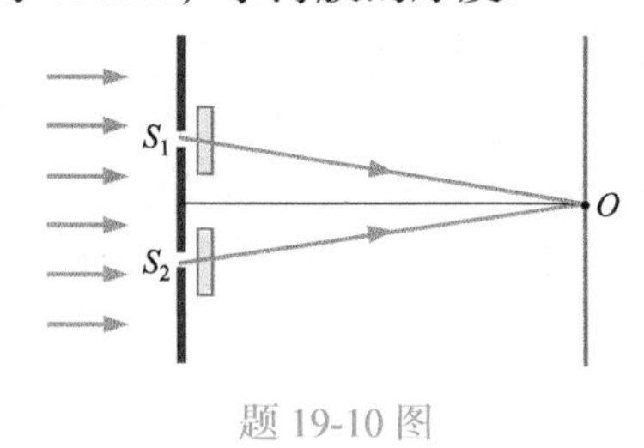

题 19-10 图

19-11 将一束波长为 λ 的平行光斜入射到双缝上，入射角为 φ，双缝间距为 d.

(1)证明双缝后面出现明条纹时，出射光的角度 θ 满足

$$d\sin\theta - d\sin\varphi = \pm k\lambda, \quad k=0,1,2,\cdots$$

(2)证明当 θ 很小时，相邻明条纹的角距离 $\Delta\theta$ 与入射角 φ 无关.

19-12 题 19-12 图所示为劳埃德镜实验示意图，其观察屏 E 紧靠平面镜右侧的 O 点处. 线光源 S 离镜面的距离 d=2.00mm，光源离屏幕的距离 D=20.0cm. 设光源发出波长为 λ=590nm 的光，试计算屏幕上前三条明条纹与 O 点的距离.

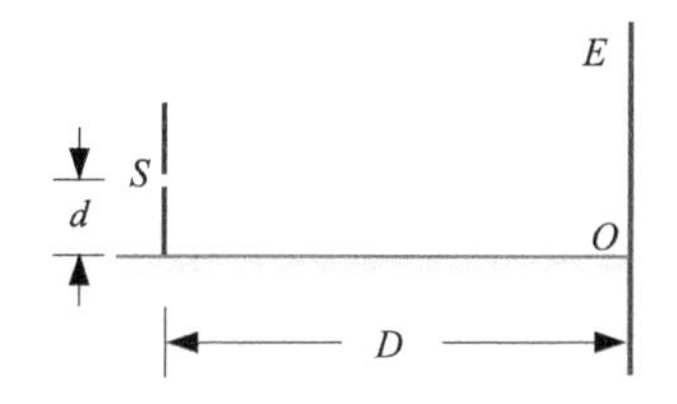

题 19-12 图

19-13 如题 19-13 图所示，M_1 为一半透半反平面镜，M_2 为一反射镜. 波长为 632.8nm 的平行激光束一部分透过 M_1 直接射到屏幕 E 上，另一部分经过 M_1 和 M_2 的反射与前一部分光在屏幕上叠加. 两束光射向屏幕时的夹角为 45°，振幅之比为 $A_1:A_2=2:1$. 求在屏幕上干涉条纹的间距和反衬度.

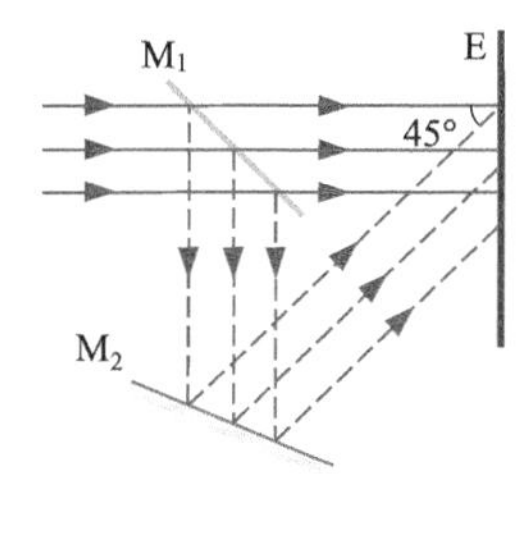

题 19-13 图

19-14 在白光垂直照射下，从肥皂膜正面看呈现红色，设肥皂膜的折射率为 1.33，红光波长取 660nm，求肥皂膜的最小厚度.

19-15 太阳能电池的表面常涂有一层二氧化硅(SiO_2，n=1.45)透明薄膜，以减小光的反射损失. 硅太阳能电池的硅(n=3.5)表面就涂有这种薄层. 如果要使反射光中波长为 550nm 的光反射最小，求此薄膜的最小厚度是多少？

19-16 白光垂直照射到空气中厚度为 380nm 的肥皂膜上，设肥皂膜的折射率为 1.33，试问：

(1)该膜的正面哪种波长的光被反射得最多？

(2)该膜的背面哪种波长的光被透射得最多？

19-17 白光照射到折射率为 1.33 的肥皂膜上，若从 45°角方向观察反射光，薄膜呈现波长为 500nm 的绿色，求薄膜的最小厚度. 若从垂直方向观察其反射光，肥皂膜将呈现什么颜色？

19-18 波长可以连续变化的单色光，垂直照射在厚度均匀的薄油膜(折射率为 1.30)上，该油膜覆盖在玻璃板(折射率为 1.50)上. 实验中观察到对 500nm 和 700nm 这两个波长，反射光都完全相消. 而且在这两个波长之间，没有其他波长的光发生相消干涉，试求油膜的厚度.

19-19 垂直入射的白光从肥皂膜上反射，在可见光谱中 600nm 处有一干涉极大，而在 450nm 处有一干涉极小，在这极大和极小之间没有其他的极小. 肥皂膜的折射率 n=1.33，求该膜的厚度.

19-20 如题 19-20 图所示，在折射率为 1.50 的平板玻璃表面有一展开成球冠状的油膜，油膜的折射率为 1.20. 用波长为 600nm 的单色光垂直入射，从反射光中观察油膜所形成的干涉条纹，问：

(1)看到的干涉条纹是什么形状的？

(2)当油膜最高点与玻璃板上表面相距 1200nm 时，可以看到几条明条纹？各明条纹所在处的油膜厚度分别为多少？

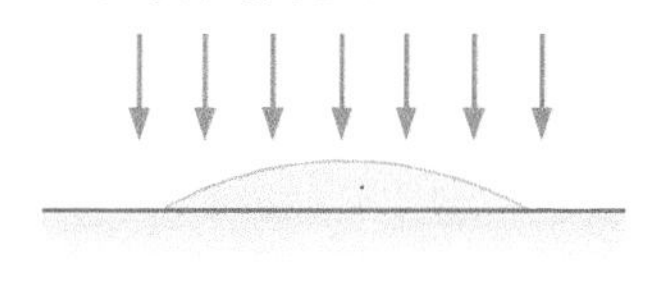

题 19-20 图

19-21 用折射率为 1.40 的透明固体制成一劈尖，劈尖角 $\alpha=1.0\times10^{-4}$rad. 在某单色光垂直照射下，可测得两相邻明条纹之间的距离为 0.25cm，求此单色光在空气中的波长.

19-22 在两块叠放在一起的平板玻璃的一边塞入一张薄纸，便在两块玻璃之间形成了一个很薄

的空气劈尖. 当用波长为589nm的钠光正入射时，测得每厘米长度上正好有 10 条明条纹，求此空气劈尖的顶角.

19-23 如题 19-23 图所示，将直径为 D 的细丝夹在两块平板玻璃的一边，形成空气劈尖. 在 λ=589.3nm 的钠黄光垂直照射下，形成图上方所示的干涉条纹. 试问 D 为多大?

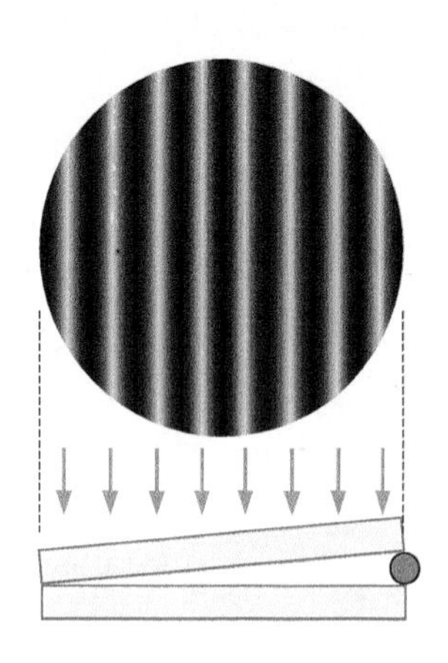

题 19-23 图

19-24 "块规"是一种长度标准器，它是一块钢质长方体，两个端面磨平抛光，并且相互平行,两端面的间距就是长度标准. 题 19-24 图中的 G_1 是一块标准块规，G_2 是一块待校准的块规. 两块块规放在平台上，上面盖有一块平板玻璃. 如果 G_2 与 G_1 的高度不等，则平板玻璃与两块规端面都要形成空气劈尖. 现用波长为 589.3nm 的钠黄光垂直入射，观察两端面上方的两组干涉条纹.

(1)如果两组干涉条纹的条纹间距都是 0.5mm，G_1 与 G_2 相距 L=5.0cm，试求 G_1 与 G_2 的长度差.

(2)如何判断 G_2 比 G_1 长还是短?

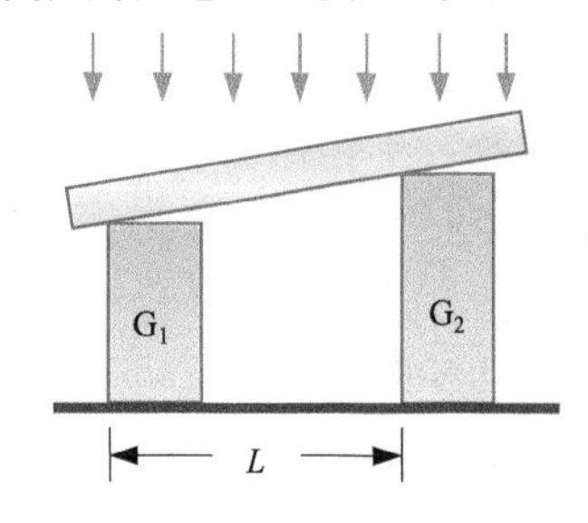

题 19-24 图

19-25 用波长为 λ 的单色光垂直照射到空气劈尖上，从反射光中观察干涉条纹，距棱边 L 处为暗条纹. 如果使劈尖角 α 连续缓慢变大，直到再次在 L 处出现暗条纹为止，试求此过程中劈尖角的改变量 $\Delta\alpha$?

19-26 测得牛顿环的第 5 环和第 15 环的半径分别为 0.70mm 和 1.70mm，求平凸透镜凸面的曲率半径. 设所用单色光的波长为 0.63μm.

19-27 用单色光观察牛顿环，测得某一明环的直径为 3.00mm，从它开始向外数的第 5 个明环的直径为 4.60mm，平凸透镜的半径为 1.03m，求此单色光的波长.

19-28 一平凸透镜凸面的曲率半径为 120cm，以凸面朝下把它放在平板玻璃上. 以波长 650nm 的单色光垂直照射，求干涉图样中第 3 条明环的直径.

19-29 在牛顿环实验中，平凸透镜的直径为 2.0cm，其凸面的曲率半径为 5.0m，以单色钠黄光(589nm)垂直入射. 问:

(1)总共可以产生多少条干涉明环?

(2)要是把这个装置浸没在水(n=1.33)中，又会看到多少条明环?

19-30 分别用波长 λ_1=600nm 和 λ_2=450nm 的单色光垂直入射于某牛顿环装置，观察到波长为 λ_1 的单色光产生的第 k 级暗环与波长为 λ_2 的单色光产生的第 k+1 级暗环重合. 已知透镜的曲率半径为 190cm，求波长为 λ_1 的光产生的第 k 级暗环的直径.

19-31 题 19-31 图中平凸透镜的凸面是一个标准样板，其曲率半径 R_1=102.3cm. 另一个凹面镜的凹面是待测面，设其曲率半径为 R_2. 当用波长 λ=589.3nm 的钠黄光垂直照射时，测得牛顿环第 4 级暗环的半径 r_4=2.25cm，试求 R_2 的大小.

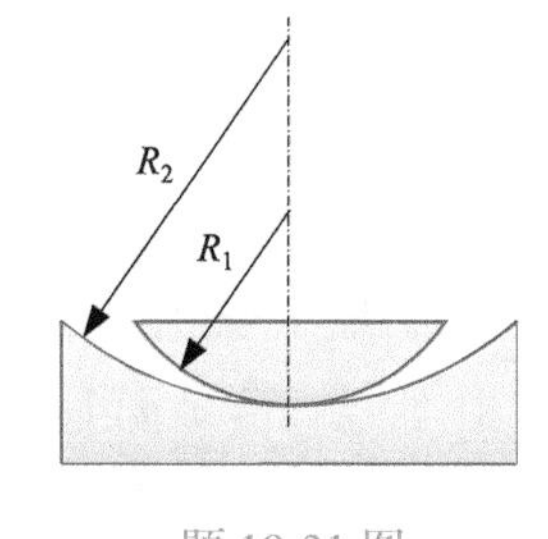

题 19-31 图

19-32 当迈克耳孙干涉仪中的反射镜 M_2 移动距离 0.233mm 时，测得干涉条纹移动了 792 条. 求所用单色光的波长.

19-33 把折射率 n=1.40 的透明薄膜放在迈克耳孙干涉仪的一条光臂上，由此产生了 7.0 条干涉条纹的移动. 若已知所用光源的波长为 589nm，则该透明薄膜的厚度为多少?

19-34 如题 19-34 图所示，将一个具有玻璃窗口的长为 5.0cm 的密封小盒放在迈克耳孙干涉仪的一条光臂上. 所使用光源的波长为 500nm. 在用真空泵将小盒内的空气抽去的过程中，观察到有 60 条干涉条纹从视场中通过. 求空气的折射率.

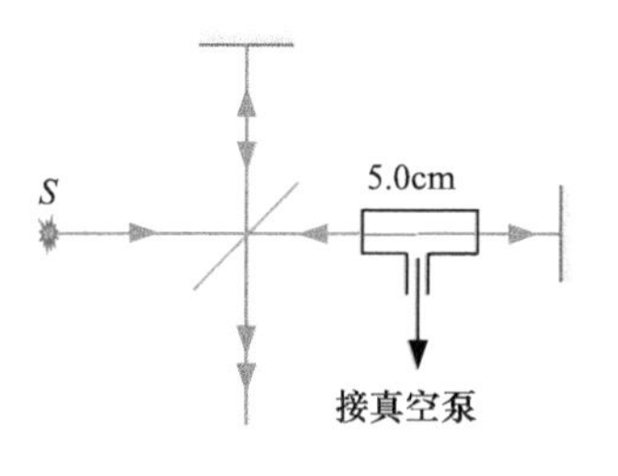

题 19-34 图

19-35 用迈克耳孙干涉仪进行精密测长. 所用光源为波长 632.8nm 的氦氖激光，其谱线宽度为 1×10^{-4}nm. 假设这台仪器可以测到 1/10 条条纹的移动. 问这台仪器的测长精度为多少? 测长的量程(最大测长距离)为多少?

第 19 章练习题答案

第20章　光的衍射

受波的衍射现象的影响，光学仪器的分辨本领正比于仪器的通光孔径，反比于光的波长．无线电波的波长远大于可见光，为提高射电望远镜的分辨本领，需要更大的孔径．建于我国贵州省平塘县克度镇大窝凼喀斯特洼坑中的世界最大口径射电望远镜——中国“天眼”(简称FAST)，其球面口径达到500米，占地25万平方米(相当于30个足球场)，综合性能是美国著名的射电望远镜阿雷西博的十倍

与光的干涉现象一样，光的衍射现象也是光的波动性的一个重要特征．光的衍射现象是指当光遇到障碍物后，其传播方向偏离原来的直线传播方向而进入几何阴影之中，并在障碍物后的光场中出现明暗不均匀的光强分布．光的衍射现象是否能明显地被观察到，主要取决于障碍物的大小与光的波长之间的关系．我们知道，声波可以很容易地绕过障碍物进行传播，因此，即使讲话者背对着你，你同样可以听到他讲话的声音．这是因为声波的波长与常见障碍物的尺寸(比如人体、柱子、开着的门等)相近．所以只有当光在传播过程中遇到的障碍物的线度与光的波长可比拟时，光的衍射现象才较为明显．光的干涉和衍射都是光在传播过程中发生的现象，都是光的波动性的体现．事实上，任何干涉现象中都包含着衍射现象．光的衍射理论是关于光波传播过程的一般理论，因此它比光的干涉理论更具有普遍意义．

菲涅耳(A.J. Fresnel，1788～1827)，法国道路工程师和物理学家，波动光学的奠基人之一．他提出的惠更斯-菲涅耳原理完善了光的衍射理论；通过研究偏振光的干涉，确定了光是横波；他发现了光的圆偏振和椭圆偏振现象；推

一个衍射系统主要由光源、衍射屏和观察屏幕组成．根据他们之间的相互距离可将衍射分为菲涅耳衍射和夫琅禾费衍射．夫琅禾费衍射在数学处理时比菲涅耳衍射简单，本章主要讨论夫琅禾费衍射的理论及其应用．首先讨论单缝的夫琅禾费衍射，之后讨论多缝的夫琅禾费衍射．多缝衍射的光强分布由多缝之间的多光束干涉现象以及每条缝本身的单缝衍射现象共同决定．光栅作为多缝衍射的应用，不仅可以通过其衍射光谱研究分子和原子的结构及物质的构成，

而且在现代工程技术中也有着广泛的应用. 几乎所有的光学成像系统(比如卫星和高空侦察无人机所携带的摄像机等)都不可避免地会遇到波的衍射对成像清晰度的影响. 本章接下来讨论圆孔的夫琅禾费衍射现象以及光学仪器的最小分辨角和分辨本领. X 射线是波长远小于可见光的电磁波，其波长与原子的大小相近. 本章最后讨论原子排列具有周期性结构的晶体对 X 射线的衍射现象.

导出了反射定律和折射定律的定量规律(即菲涅耳公式);解释了反射光的偏振现象和双折射现象，为晶体光学奠定了基础. 由于菲涅耳在物理光学研究中的重大成就，他被誉为“物理光学的缔造者”

20.1 光的衍射现象 惠更斯-菲涅耳原理

1. 光的衍射现象

根据几何光学原理我们知道，当一束光照射在一个不透明的障碍物上时，障碍物后面的屏幕上会出现该障碍物的几何轮廓. 光不会照射到几何轮廓内的阴影区域，而轮廓外的区域则是被均匀照亮的. 但根据波动光学的理论，情况则不是这样的. 如图 20-1 所示，将一个具有光滑直边的不透明障碍物放在狭缝光源和观察屏幕之间，几何光学认为光是沿直线传播的，因此在观察屏上 O 点以上的区域是均匀照亮的，而在 O 点以下的区域则是完全暗的. 然而，仔细观察实验结果发现，在 O 点以下的区域光强不是立即变为零，而是逐渐衰减的；同时，O 点以上区域的光强也不是均匀的，而是会交替出现一系列明纹和暗纹. 光在通过障碍物后传播方向发生改变并出现明暗条纹的现象称为**光的衍射现象**.

◀ 光的衍射现象

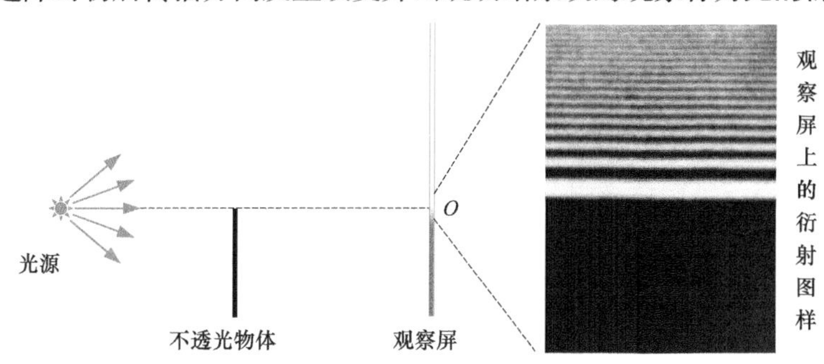

图 20-1 光通过直边形不透光物体时的衍射现象. 图中右边为观察屏上得到的衍射图样

衍射现象的另一个有趣的例子见图 20-2. 这是一幅由直径约为 3mm 的钢珠产生的衍射图样. 如果按照几何光学，屏幕上看到的应该只是一个圆形的暗斑. 但由图可见，除了在钢珠几何阴影边界附近看到的环形明暗条纹之外，在阴影的正中央还看到了一个亮点，这一现象是完全不能用几何光学加以解释的. 1818 年，法国数学家和物理学家西莫恩 · 德尼 · 泊松(S. D. Poisson, 1781—1840)根据光的波动理论首先预测到了该亮点的存在. 有意思的是，泊松不是光的波动理论的支持者，他发表这一“明显荒谬”预测的本意是想否定光的波动性. 但之后不久由菲涅耳和阿拉果进行的相关实验却明确观察到了该亮点的存在!

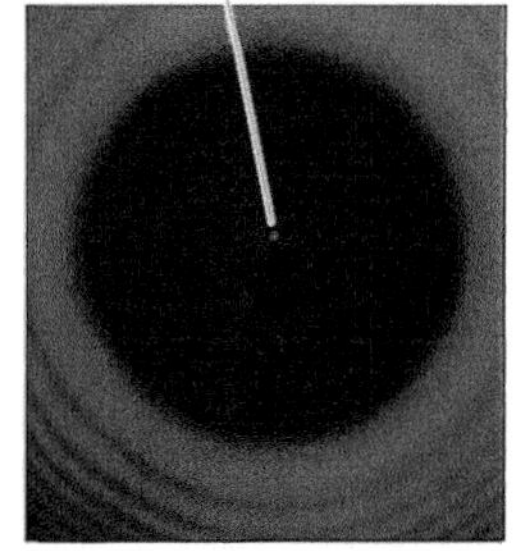

图 20-2 光通过小钢珠时在屏幕上得到的衍射图样

除了上述直边形和球形障碍物所产生的衍射图样外，光通过其他不同形状的障碍物时，也会产生不同的衍射图样. 图 20-3 给出了单色光通过狭缝、矩形小孔、三角小孔和小圆孔时的衍射图样.

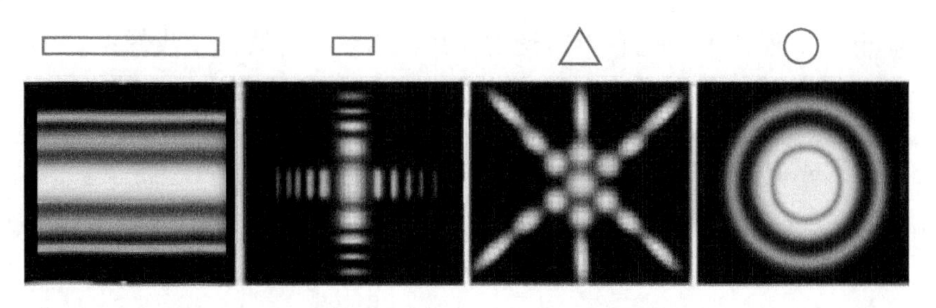

图 20-3 光通过狭缝、矩形小孔、三角小孔和小圆孔时的衍射图样

以上实验都说明光能产生衍射现象，即光能够绕过障碍物的边缘进行传播，而且能够在障碍物后面的光场中形成明暗相间的衍射图样. 衍射现象是涉及波阵面上的有限部分所产生的效应，只有当一部分光波被障碍物遮挡时，我们才能观察到阴影区域的边界处出现的光强明暗分布的衍射图样. 像显微镜和望远镜等光学仪器只允许入射光的一部分通过其物镜，而将其余的入射光遮挡，因此光的衍射现象在几乎所有的光学仪器中都扮演着重要的角色.

2. 菲涅耳衍射和夫琅禾费衍射

观察衍射现象的实验装置通常由光源、衍射屏(带有各种不同形状通光缝、通光孔的遮光屏)和接收屏三个部分组成. 通常按照它们之间相互距离的不同，可以将衍射分为两类. 在图 20-4a 中，光源和观察屏(或两者之一)离开衍射屏的距离较近，这种衍射称为**近场衍射**或**菲涅耳衍射**. 对于菲涅耳衍射，由于光源发出的光在传播到衍射屏处时，其波面为曲面，因此在分析和计算接收屏上的光强分布时会比较困难. 如果将光源和接收屏都移到距离衍射屏足够远处，则由光源投射到衍射屏上的光可以看作是平行光，在衍射屏处入射光的波面为平面，同时从衍射屏到接收屏上一点的光也可以看作是平行光，如图 20-4b 所示. 这种衍射称为**远场衍射**或**夫琅禾费衍射**. 对于夫琅禾费衍射，由于光源到接收屏的距离较远，所以接收屏上的光强较弱. 在实验室中，可以用两个会聚透镜来实现夫琅禾费衍射. 如图 20-4c 所示，将光源 S 放在透镜 L_1 的焦点处，使投射在衍射屏上的光为平行光，而接收屏则放在透镜 L_2 的焦平面上，使原本在远处的衍射图样能够成像在透镜 L_2 的像方焦平面上，这样就可以在近距离范围内实现夫琅禾费衍射. 由于夫琅禾费衍射在数学处理上要比菲涅耳衍射容易，同时夫琅禾费衍射也有着许多重要的实际应用，所以本章主要讨论夫琅禾费衍射.

菲涅耳衍射 ▶

夫琅禾费衍射 ▶

3. 惠更斯-菲涅耳原理

衍射现象是所有波动具有的一种基本现象，它可以用惠更斯原理来说明(请读者参照第 7 章 7.5 节的内容). 惠更斯指出：某一时刻任意波阵面上的各点都可以看作发射球面子波的波源，而其后各时刻新的波阵面，就是这些子波的包迹面. 利用惠更斯原理可以定性解释为什么光在通过小孔、细粒等小障碍物后的传播方向会发生改变(绕射)，但却不能解释衍射时光场中的光强分布. 菲涅耳利用相干光的干涉原理，提出了**子波相干叠加**的概念. 菲涅耳指出：从同一波阵面上各点发出的子波在空间某点相遇时，会产生相干叠加. 经过菲涅耳充实和发展了的惠更斯原理，为定量分析衍射现象奠定了理论基础，称为**惠更斯-菲涅耳原理**.

◀ 惠更斯-菲涅耳原理

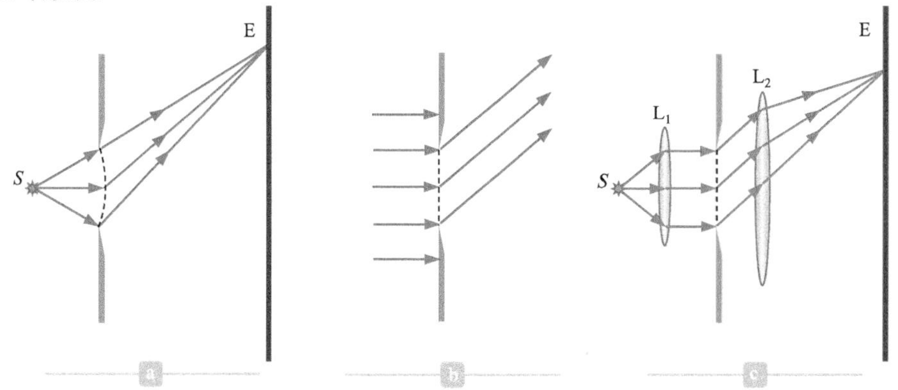

图 20-4 a. 菲涅耳衍射. b. 夫琅禾费衍射. c. 实验上采用的夫琅禾费衍射装置示意图

如图 20-5 所示，在给定的波阵面 S 上，每一个面元 $\mathrm{d}S$ 发出的子波在传播到光屏上的某点 P 时所引起的光振动振幅 $\mathrm{d}A$ 的大小与面元的面积 $\mathrm{d}S$ 成正比，与面元到 P 点的距离 r 成反比，并且随面元的法线 $\boldsymbol{n}$ 与传播方向 $\boldsymbol{r}$ 间夹角 θ 的增大而减小. 只要计算波阵面 S 上所有面元发出的子波在 P 点引起的光振动的矢量和，即可得到 P 点处的光强. 设 $t=0$ 时刻波阵面上各点发出的子波的初相为零，则面元 $\mathrm{d}S$ 在 P 点引起的光振动方程可表示为

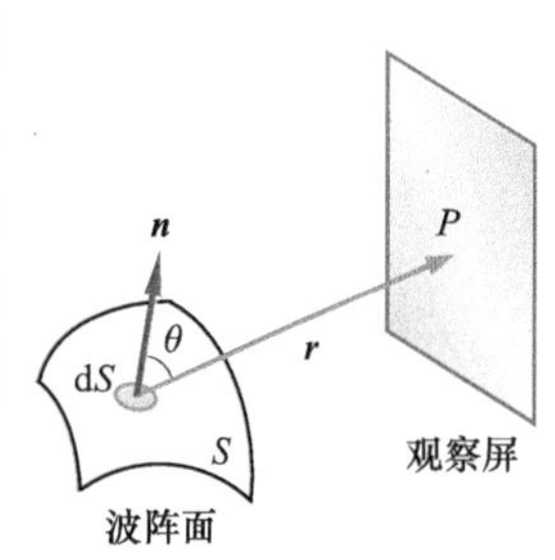

图 20-5 观察屏上 P 点的光振幅与发光面元 $\mathrm{d}S$ 的大小、光传播的距离 r 和倾角 θ 有关

$$\mathrm{d}E = Ck(\theta)\frac{\mathrm{d}S}{r}\cos\left(\omega t - \frac{2\pi r}{\lambda}\right)$$

式中，C 为比例系数；$k(\theta)$是一个随角度 θ 增大而减小的函数，称为**倾斜因子**. 菲涅耳认为，沿与面元 $\mathrm{d}S$ 垂直方向(即法线方向)传播的子波振幅最大，即当 $\theta=0$ 时，$k(\theta)$最大，并取作 1；而当 $\theta \geqslant \frac{\pi}{2}$ 时，$k(\theta)=0$. 这也就解释了为什么子波不会向后传播. 光屏上 P 点的合振动就等于波阵面上所有面元发出的子波的叠加，即

$$E(P) = \int_{(S)} \frac{Ck(\theta)}{r}\cos\left(\omega t - \frac{2\pi r}{\lambda}\right)\mathrm{d}S$$

上式是惠更斯-菲涅耳原理的数学表达式.

从数学角度，应用惠更斯-菲涅耳原理原则上可以解决具体的衍射问题. 一般来说，积分计算的过程是相当复杂的，但是当波阵面具有某种对称性时，这些积分是比较简单的，并且可以用代数叠加法(如菲涅耳半波带法)或矢量叠加法(如振幅矢量法)来代替积分运算.

20.2 单缝的夫琅禾费衍射

1. 用菲涅耳半波带法讨论单缝夫琅禾费衍射的条纹分布

在图 20-6 所示的单缝夫琅禾费衍射装置的示意图中，S 为放置在透镜 L_1 主焦面上的单色线光源，因此光线通过 L_1 后会形成一束平行光照射在与线光

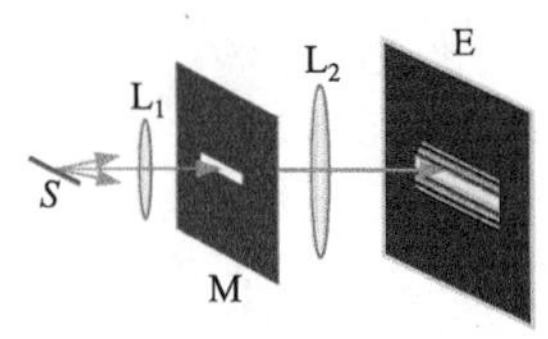

图 20-6 单缝夫琅禾费衍射装置示意图

源平行的单缝 M 上，这束平行光中的一部分穿过单缝后，再经过透镜 L_2，会在 L_2 焦平面处的屏幕 E 上产生一组明暗相间的平行直条纹.

在图 20-7 所示的单缝夫琅禾费衍射的光路图中，设单缝的宽度为 a，透镜 L(即图 20-6 中的 L_2)的焦距为 f，屏幕 E 置于透镜 L 的焦平面上，单色平行光垂直入射于单缝，因此入射光波在单缝处的波面为一平面 AB，AB 上各子波源的初相位是相同的. 各子波发出的光可以沿各个方向传播，我们把沿某一方向传播的子波波线与单缝所在平面的法线之间的夹角称为**衍射角**，用 θ 表示. 衍射角 θ 相同的一组平行光线经过透镜 L 后，聚焦在屏幕上的同一点 P，但各光线到达 P 点时的光程是不同的. 其中最大光程差来自于 A、B 两点所发出的两条光线，其大小为

$$\delta_{\max} = a\sin\theta \tag{20-1}$$

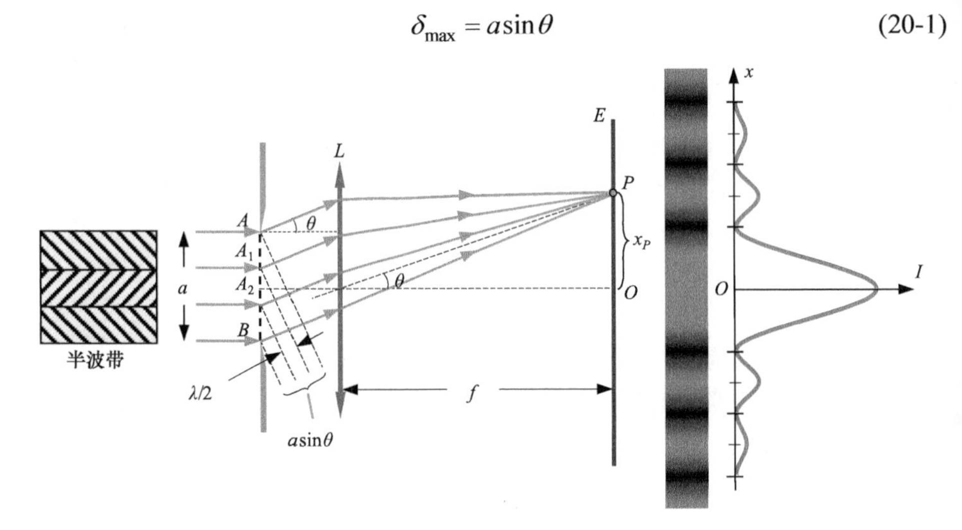

图 20-7 将狭缝分为若干个等宽的半波带，每个半波带上、下两点以衍射角 θ 发出的光的光程差为 $\lambda/2$

菲涅耳提出，可以将波阵面 AB 分割成若干等宽的波带，这些波带的分割方法以 $\lambda/2$ 为依据，因此称为**菲涅耳半波带**. 利用半波带分析单缝夫琅禾费衍射图样的方法称为**半波带法**.

菲涅耳半波带法 ▶

如果最大光程差 $\delta_{\max}$ 恰好等于入射单色光半波长的整倍数，即当

$$\delta_{\max} = a\sin\theta = n\frac{\lambda}{2} \tag{20-2}$$

时，可以将波阵面 AB 均匀分割为平行于单缝的 n 个半波带(图 20-7 中，将 AB 分为 AA_1、A_1A_2 和 A_2B 等 3 个半波带). 由于每个半波带的面积相等，单缝的宽度又远小于单缝到屏幕的距离，每一半波带到 P 点的距离几乎相等，所以每一个半波带发出的子波在 P 点引起的光振动的振幅近似相等；同时，相邻半波带上各对应点(如 AA_1 半波带上的 A 点和 A_1A_2 半波带上的 A_1 点等)发出的光线到达 P 点时的光程差均为 $\lambda/2$，即相位差均为 π，发生相消干涉. 因此，**任意两个相邻半波带发出的光在屏幕上的 P 点因干涉而完全相消**. 下面以菲涅耳半波带法讨论单缝衍射明、暗条纹所满足的条件及在屏幕上的位置.

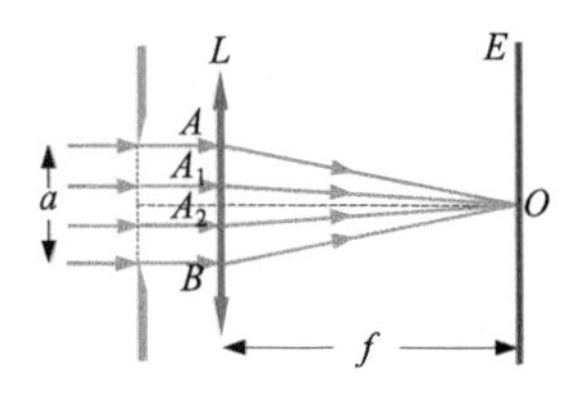

图 20-8 所有衍射角 θ=0 的平行光线会聚到屏幕上的 O 点时光程相等，在 O 点相长干涉产生中央明条纹

(1) 中央明条纹(中央主极大)：对于从单缝上各子波源发出的与透镜主光轴平行(即衍射角 θ=0)的所有光线(图 20-8)，经透镜 L 折射后，聚焦在屏幕 E 的

中心点 O 处. 由于各光线通过透镜时不产生附加的光程差，所以会聚在 O 点处的所有衍射角 $\theta=0$ 的光线都经历了相同的光程，即它们在 O 点处都是同相位的. 这些光线在 O 点处发生相长干涉，因此 O 点($x=0$)处为明条纹(称为**中央明条纹**或**中央主极大**)的中心.

(2) 暗条纹(极小)：当单缝 a 可以被分为**偶数个**半波带(如图 20-9 中的单缝被分为两个半波带)时，令 $n=2k$，则式(20-2)可写为

$$a\sin\theta=\pm k\lambda,\quad k=1, 2, 3, \cdots \tag{20-3}$$

◀ 单缝衍射极小条件

这时，由于相邻半波带发出的光在屏幕上的 P 点两两相消，所以 P 点处为暗条纹的中心(或称**极小**). 由图 20-9 可见，各极小在屏幕上的位置为

$$x=\pm f\tan\theta \tag{20-4}$$

式中，$\theta=\arcsin\left(\pm k\dfrac{\lambda}{a}\right)$. 当 $a>>\lambda$ 时，衍射角 θ 很小，这时 $\theta\approx\pm k\dfrac{\lambda}{a}$，所以各暗条纹中心在屏幕上的位置近似为

$$x\approx\pm k\lambda\frac{f}{a},\quad k=1,2,3,\cdots \tag{20-5}$$

相应于式中不同的 k 值，称为第 k 级暗条纹或第 k 级极小.

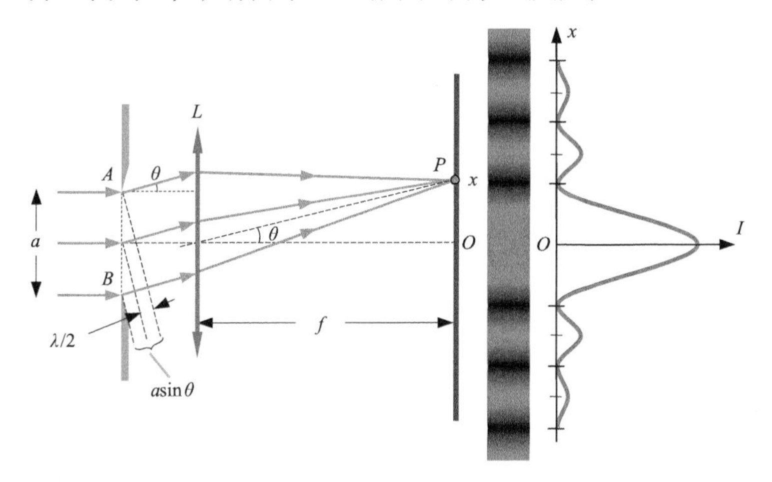

图 20-9 若单缝被分成偶数个半波带，则因为相邻半波带发出的光在屏幕上 P 点两两相消，P 点为暗条纹的中心(极小)

(3) 其他明条纹(次极大)：当单缝 a 可以被分为**奇数个**半波带(如图 20-7 中的单缝被分为三个半波带)时，令 $n=(2k+1)$，则式(20-2)可写为

$$a\sin\theta=\pm(2k+1)\frac{\lambda}{2}=\pm\left(k+\frac{1}{2}\right)\lambda,\quad k=1, 2, 3, \cdots \tag{20-6}$$

◀ 单缝衍射次极大条件

这时，由于相邻半波带发出的光在屏幕上的 P 点两两相消，因此总有一个半波带发出的光在 P 点没有被相消，所以屏幕上 P 点处为**其他明条纹**中心(或称**次极大**). 各次极大在屏幕上的位置为

$$x=\pm f\tan\theta \tag{20-7}$$

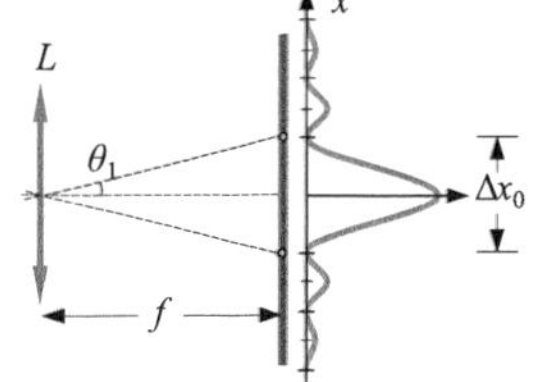

图 20-10 屏幕上中央明条纹的宽度为+1 级极小与−1 级极小之间的距离

式中，$\theta=\arcsin\left[\pm\left(k+\dfrac{1}{2}\right)\dfrac{\lambda}{a}\right]$. 当 $a\gg\lambda$ 时，各次极大在屏幕上的位置近似为

$$x \approx \pm\left(k+\frac{1}{2}\right)\lambda\frac{f}{a}, \quad k=1,2,3,\cdots \tag{20-8}$$

同样，对应于上式中不同的 k 值，分别称为第 k 级明条纹或第 k 级次极大.

(4) 条纹宽度:在屏幕上,相邻两个极小之间的距离为明条纹宽度(线宽度),其中+1 级极小和−1 级极小之间的距离为中央明条纹的线宽度(图 20-10). 与第 1 级极小对应的衍射角 θ_1 称为中央明条纹的**半角宽度**，根据式(20-3)，当 k 取 1 时

半角宽度 ▶

$$\theta_1 = \arcsin\frac{\lambda}{a} \tag{20-9}$$

所以屏幕上中央明条纹的宽度为

$$\Delta x_0 = 2f\tan\theta_1 \tag{20-10}$$

当 θ_1 较小时，$\theta_1 \approx \lambda/a$，$\Delta x_0$ 近似为

单缝衍射中央主极大宽度 ▶

$$\Delta x_0 \approx 2f\frac{\lambda}{a} \tag{20-11}$$

除中央明条纹外，屏幕上第 k 级明条纹的宽度为 k+1 级极小与 k 级极小之间的距离(图 20-11)，即

$$\Delta x_k = x_{k+1} - x_k = f\left(\tan\theta_{k+1} - \tan\theta_k\right) \tag{20-12}$$

式中，θ_{k+1} 和 θ_k 由式(20-3)计算. 可见各级单缝衍射明条纹在屏幕上的线宽度是不相等的. 但当 θ_k 较小时，$\theta_k \approx k\lambda/a$，所以有

单缝衍射次极大宽度 ▶

$$\Delta x_k \approx f\left[(k+1)\frac{\lambda}{a} - k\frac{\lambda}{a}\right] = f\frac{\lambda}{a} \tag{20-13}$$

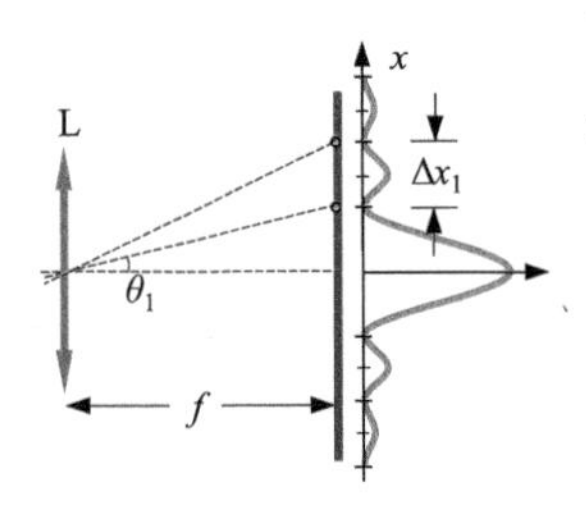

图 20-11 屏幕上 1 级明条纹的宽度为 2 级暗条纹和 1 级暗条纹的间距

可以看到，当衍射角 θ 较小时，屏幕上除中央明条纹之外的各级明条纹的宽度近似相等，并约为中央明条纹宽度的一半.

由上面的讨论可知，当衍射角 θ 较小时，单缝衍射的明条纹宽度正比于光的波长 λ，反比于单缝的宽度 a. 这一关系称为**衍射反比定律**. 单缝越窄，中央明条纹越宽，衍射现象越显著；单缝越宽，中央明条纹越窄，衍射现象就越不明显. 当单缝的宽度 $a \gg \lambda$ 时，中央明条纹变得很窄，而其他各级明条纹都向中央明条纹靠拢，无法分辨，只能在屏幕中央看到一条细细的亮线. 这条亮线实际上就是线光源 S 通过透镜 L 在屏幕上所形成的单缝几何光学像. 这时，可以认为垂直入射于单缝的平行光经过单缝后仍是按原方向传播的平行光. 可见，当光在传播过程中遇到的障碍物的线度远大于光的波长时，衍射现象很不明显，光仍按几何光学原理沿直线传播. 所以说，**几何光学是波动光学在 $\lambda/a \to 0$ 时的极限情况.**

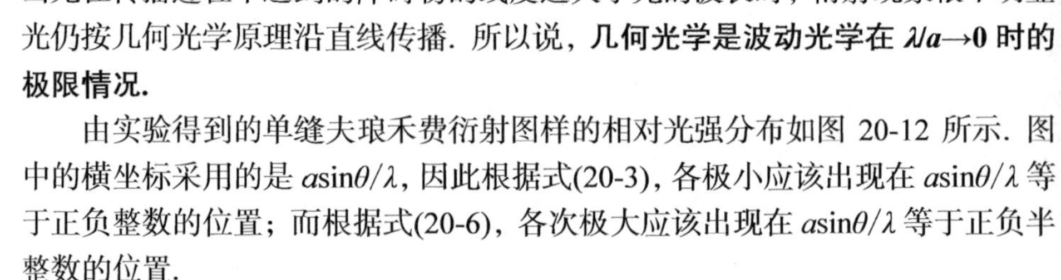

由实验得到的单缝夫琅禾费衍射图样的相对光强分布如图 20-12 所示. 图中的横坐标采用的是 $a\sin\theta/\lambda$，因此根据式(20-3)，各极小应该出现在 $a\sin\theta/\lambda$ 等于正负整数的位置；而根据式(20-6)，各次极大应该出现在 $a\sin\theta/\lambda$ 等于正负半整数的位置.

需要说明的是，从单缝上各子波源发出的光振动是矢量，各子波源发出的光在屏幕上的合成应该采用矢量叠加法则. 但实际上菲涅耳半波带法采用的是一种代数叠加的方法. 这一方法简单、直观，但它只能大致说明衍射图样的分

布情况，而无法确定衍射的光强分布. 比如，当狭缝分为三个半波带时，有一个半波带发出的光在屏幕上没有相消，因此按半波带法，一级明条纹的光强应为中央明条纹光强的 1/3 左右，但由图 20-12 可见，实际上 1 级明条纹光强还不到中央明条纹光强的 1/20. 另外，各级暗条纹中心(极小)的位置正好出现在 $a\sin\theta/\lambda$ 等于整数的位置，与式(20-3)的结果相符. 但各级次极大中心的位置并未严格按式(20-6)所给出的那样，出现在 $a\sin\theta/\lambda$ 等于半整数的位置上，而是稍稍偏向中央主极大. 为了更严格地讨论单缝衍射的光强分布，应采用矢量叠加法.

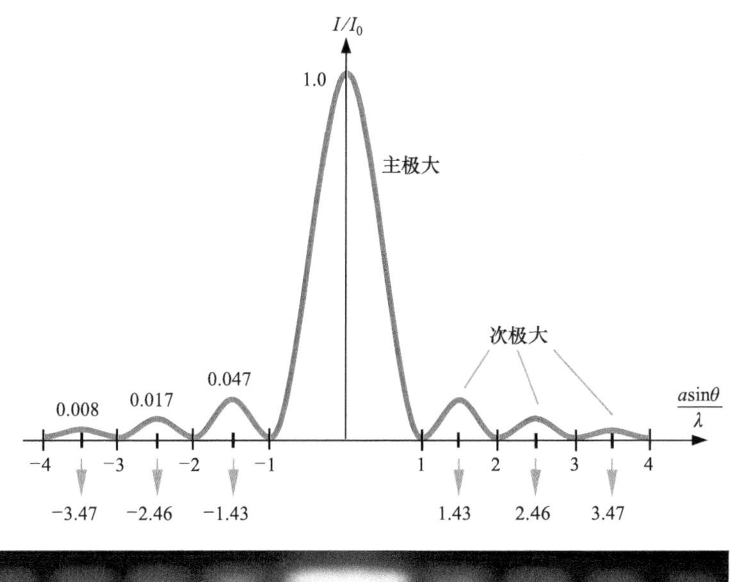

图 20-12 单缝衍射的光强分布. 图下方为单缝衍射图样

例题 20-1 由单缝衍射条纹的角位置求单缝宽度

如果用平行的白光垂直照射单缝，得知白光中波长为 λ=650nm 的红光产生的第 1 极小的角位置 θ_1=30°，求单缝的缝宽 a.

解 对于第 1 极小，令式(20-3)中的 k=1，则得到单缝的宽度 a 为

$$a=\frac{\lambda}{\sin\theta_1}=\frac{650}{\sin 30°}\text{nm}=1300\text{ nm}$$

注意本例中，单缝的宽度仅为红光波长的 2 倍. 可见，为了得到明显的单缝衍射效果，单缝的缝宽相比于光的波长不能太大.

例题 20-2 求单缝夫琅禾费衍射的明纹宽度

在单缝夫琅禾费衍射实验中，设缝宽 $a=5\lambda$，单缝后面透镜的焦距 f=40cm，分别求出中央明条纹和第 1 级明条纹在屏幕上的宽度.

解 利用式(20-3)可得第 1 级和第 2 级衍射暗条纹中心的角位置 θ_1 和 θ_2 分别满足

$$a\sin\theta_1=\lambda\,,\quad a\sin\theta_2=2\lambda$$

以 $a=5\lambda$ 代入上两式，得 $\theta_1=0.201\text{rad}$，$\theta_2=0.411\text{rad}$. 所以第 1 级暗纹和第 2 级暗纹中心在屏幕上的位置分别为

$$x_1 = f\tan\theta_1 = 40\times0.204\ \text{cm} = 8.16\ \text{cm}$$

$$x_2 = f\tan\theta_2 = 40\times0.436\ \text{cm} = 17.44\ \text{cm}$$

因此得中央明条纹的宽度为

$$\Delta x_0 = 2x_1 = 2\times8.16\ \text{cm} = 16.32\ \text{cm}$$

第 1 级明条纹的宽度为

$$\Delta x_1 = x_2 - x_1 = (17.44-8.16)\ \text{cm} = 9.28\ \text{cm}$$

注意，如果本例中用近似公式计算，则

$$\theta_1 \approx \frac{\lambda}{a} = 0.200\ ,\quad \theta_2 \approx \frac{2\lambda}{a} = 0.400$$

于是第 1 级暗纹和第 2 级暗纹中心在屏幕上的位置分别为

$$x_1 \approx f\theta_1 = 8.00\ \text{cm}\ ,\quad x_2 \approx f\theta_2 = 16.0\ \text{cm}$$

中央明条纹和第 1 级明条纹的宽度分别为

$$\Delta x_0 = 2x_1 = 16.0\ \text{cm}\ ,\quad \Delta x_1 = x_2 - x_1 = 8.00\ \text{cm}$$

可见，当 $a\gg\lambda$ 的条件不满足时，近似算法的误差是比较大的.

2. 用振幅矢量法推导单缝夫琅禾费衍射的光强公式

利用菲涅耳半波带法不能准确得到单缝夫琅禾费衍射各级明条纹光强的相对分布，这是因为同一个半波带上不同位置发出的子波并不都是相长干涉的. 比如图 20-7 最上面的那个半波带的上、下两点(A 和 A_1 两点)发出的两束光的光程差是 $\lambda/2$，因此当它们会聚于屏幕上的同一点时，发生相消干涉. 为了精确分析单缝衍射的光强分布情况，需要将单缝分成**大量**的等宽波带. 下面，从惠更斯-菲涅耳原理出发，用**振幅矢量法**导出单缝夫琅禾费衍射的光强公式.

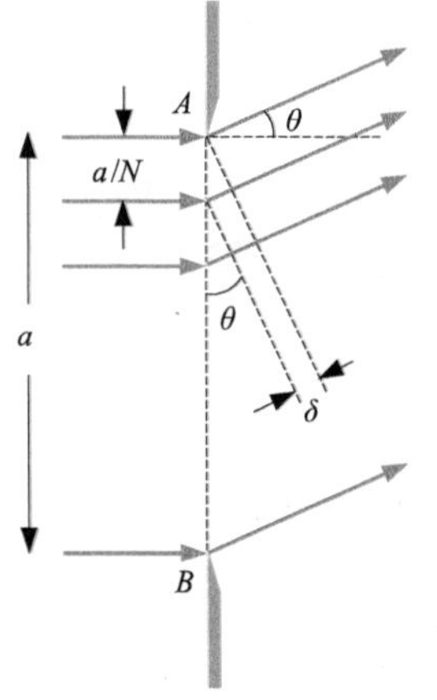

图 20-13 将单缝分为许多等宽的平行波带，对于衍射角为 θ 的衍射光，相邻波带间的相位差为 δ

如图 20-13 所示，设想将单缝处的波阵面分成 N 条平行等宽的波带(N 很大)，每条波带的宽度为 a/N(很小). 设其中第 i 条波带发出的子波传播到屏幕上的 P 点时，在 P 点所激发的光振动的振幅为 ΔA_i. 对于夫琅禾费衍射，由于传播到 P 点的各子波的传播方向都一样(衍射角都是 θ)，距离也近似相等，所以每一分振幅矢量 $\Delta\boldsymbol{A}_i$ 的大小相等，都以 ΔA 表示. 从图中可见，相邻两波带发出的子波传播到 P 点时的光程差均为

$$\delta = \frac{a}{N}\sin\theta \tag{20-14}$$

所以振幅矢量 $\Delta\boldsymbol{A}_{i+1}$ 和 $\Delta\boldsymbol{A}_i$ 之间的相位差为

$$\varphi = \frac{2\pi}{\lambda}\delta = \frac{2\pi}{\lambda}\cdot\frac{a\sin\theta}{N} \tag{20-15}$$

而第一个振幅矢量 $\Delta\boldsymbol{A}_1$ 和最后一个振幅矢量 $\Delta\boldsymbol{A}_N$ 之间的相位差为 $N\varphi$，且

$$N\varphi = \frac{2\pi}{\lambda}\cdot a\sin\theta \tag{20-16}$$

根据菲涅耳提出的子波相干叠加的思想，屏幕上 P 点总的光振动，就等于

这 N 个频率相同、振幅相等、相位依次相差 φ 的分振动的合成. 这一合振动矢量 $\boldsymbol{A}$ 可用图 20-14 表示的矢量图来计算. 图中 $\Delta\boldsymbol{A}_1$，$\Delta\boldsymbol{A}_2$，…，$\Delta\boldsymbol{A}_N$ 分别表示各分振动的振幅矢量，相邻两个分振幅矢量之间的夹角就是它们之间的相位差 φ. 各分振幅矢量首尾相接构成一个正多边形的一部分. 以 R 表示该正多边形外接圆的半径，则 $N\varphi$ 就是 N 个分振动矢量构成的圆弧所对应的圆心角. 所有分振动的矢量和 $\boldsymbol{A}$ 的大小就是屏幕上 P 点的合振幅. 由图 20-14 可见

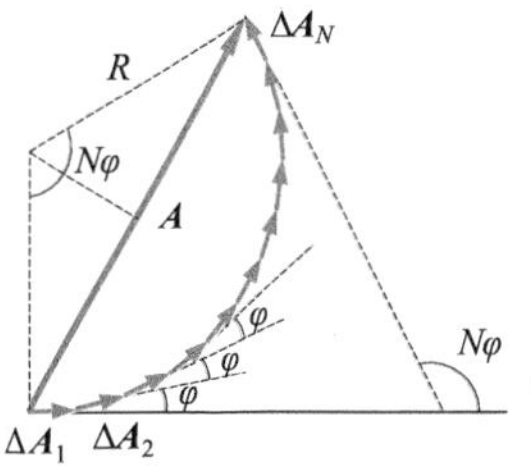

图 20-14 由 N 个分振动矢量组成的振幅矢量图

$$A=2R\sin\frac{N\varphi}{2}$$

以 ΔA 表示各子波在 P 点引起的分振动的振幅，则有

$$\Delta A=2R\sin\frac{\varphi}{2}$$

将以上两式相除可得 P 点合振动的振幅为

$$A=\Delta A\frac{\sin\frac{N\varphi}{2}}{\sin\frac{\varphi}{2}} \tag{20-17}$$

由于 N 非常大，所以 φ 非常小，近似有 $\sin\frac{\varphi}{2}\approx\frac{\varphi}{2}$. 因而上式可写为

$$A=\Delta A\frac{\sin\frac{N\varphi}{2}}{\frac{\varphi}{2}}=N\Delta A\frac{\sin\frac{N\varphi}{2}}{\frac{N\varphi}{2}}$$

令

$$\alpha=\frac{N\varphi}{2}=\frac{\pi a\sin\theta}{\lambda} \tag{20-18}$$

则有

$$A=N\Delta A\frac{\sin\alpha}{\alpha} \tag{20-19}$$

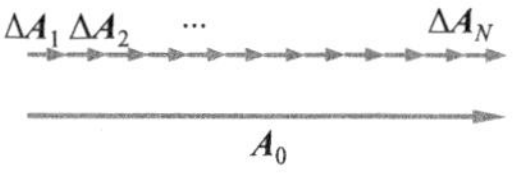

对于屏幕中央的 O 点，即中央明条纹的中心，各子波的光程均相等，相位差 φ 均等于零. 此时，各子波的振幅矢量连成一条直线(图 20-15). O 点合矢量的振幅 $A_0=N\Delta A$，于是屏幕上任一点 P 的合振幅 A 和光强 I 可分别表示为

图 20-15 在屏幕中央的 O 点，各分振动的振幅矢量连成一条直线，O 点合振动矢量的大小 $A_0=N\Delta A$

$$A=A_0\frac{\sin\alpha}{\alpha} \tag{20-20}$$

$$I=I_0\left(\frac{\sin\alpha}{\alpha}\right)^2 \tag{20-21}$$

◀ 单缝衍射光强分布

式(20-20)就是单缝夫琅禾费衍射的光强公式，式中 $I_0=A_0^2$ 为屏幕中心 O 点的光强. 根据这一公式，再来分析单缝衍射的条纹位置和光强分布如下：

1) 主极大(中央明条纹中心)

对屏幕中心 O 点，$\theta=0$，所以 $\alpha=0$，$\frac{\sin\alpha}{\alpha}=1$，$A=A_0=N\Delta A$，$I=A_0^2=I_0$，此即中央明条纹中心的光强. 由于当 $\theta=0$ 时，各波带发出的光在屏幕中央的 O 点

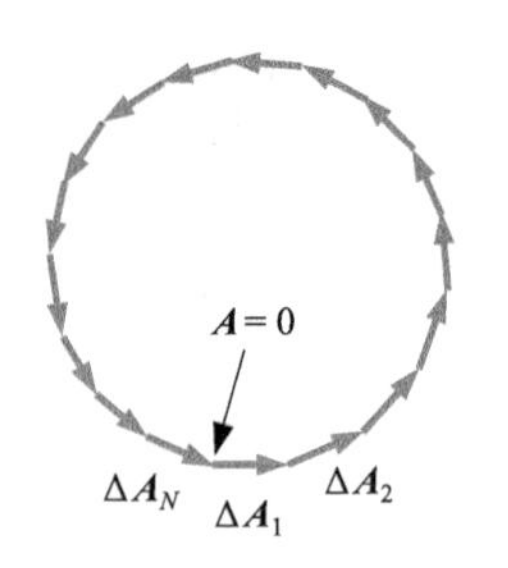

图 20-16 当 $N\varphi=\pm2k\pi$ 时，N 个分振幅矢量连接成一个圆，合振幅矢量 $A=0$

都是同相位的，所以中央明条纹的光强最大.

2) 极小(暗条纹中心)

当 $\alpha=\pm k\pi$，即 $N\varphi=\pm2k\pi$ 时，$\sin\alpha=0$，$I=0$. 此时，N 个分振幅矢量连接成一个完整的圆形，合振幅矢量 $\boldsymbol{A}$ 为零，如图 20-16 所示. 由式(20-16)，暗纹中心的位置由下式：

$$\frac{a\sin\theta}{\lambda}=\pm k\,,\quad k=1,2,3,\cdots$$

确定. 此结论与用半波带法得到的结果式(20-3)一致.

3) 次极大(其他明条纹中心)

在式(20-21)中，令 $\frac{\mathrm{d}}{\mathrm{d}\alpha}\left(\frac{\sin\alpha}{\alpha}\right)^2=0$，可求得各次极大的位置由方程

$$\tan\alpha=\alpha$$

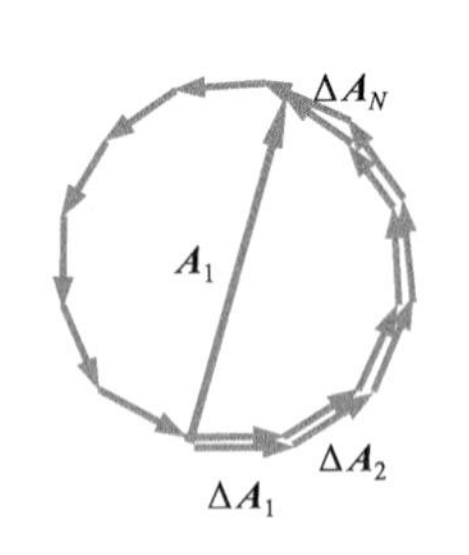

图 20-17 由 N 个分振动矢量相加得到第 1 次极大的振幅矢量 A_1

决定. 用图解法解此方程(请读者自行作图)，可得各次极大相应的 α 值为

$$\alpha=\pm1.43\pi,\ \pm2.46\pi,\ \pm3.47\pi,\ \cdots$$

相应地有

$$\frac{a\sin\theta}{\lambda}=\pm1.43,\ \pm2.46,\ \pm3.47,\ \cdots$$

上述结果与图 20-12 中各次极大的位置完全符合. 图 20-17 为 $\alpha=1.43\pi$ 时的振幅矢量图.

若以 $\alpha=1.43\pi$ 代入光强公式(20-21)，得第 1 次极大光强 I_1 为

$$I_1=I_0\left(\frac{\sin1.43\pi}{1.43\pi}\right)^2=0.0472\,I_0$$

也与实验结果(图 20-12)相符合.

20.3 多缝夫琅禾费衍射

由第 19 章 19.3 节的讨论，得到双缝干涉的干涉图样为一系列等宽、等间距、等强度的干涉条纹，如图 20-18b 所示. 图中的 $k_d=0,\pm1,\pm2,\cdots$ 为各级**双缝干涉明条纹**的级次. 干涉条纹的光强分布为[式(19-20)]

$$I_P=4E_0^2\cos^2\left(\frac{\varphi}{2}\right)=I_{\max}\cos^2\left(\frac{\varphi}{2}\right)\tag{20-22}$$

其中

$$\varphi=\frac{2\pi}{\lambda}d\sin\theta\tag{20-23}$$

式中，d 为双缝之间的距离.

但双缝中的每一条单缝有一定的宽度，因此从单缝的不同部分发出的子波也会发生衍射现象. 由本章 20.2 节的讨论，我们得到了单缝夫琅禾费衍射的光强分布曲线. 图 20-18a 为当单缝的宽度 $a=d/3$ 时，单缝衍射的光强分布. 图中

的 k_a=0,±1,±2,…为各级**单缝衍射暗条纹**的级数.

在实际情况下，双缝干涉和单缝衍射是同时发生的，双缝干涉的光强分布同时要受到单缝衍射光强的影响，或者说，双缝干涉的各主极大要受到单缝衍射的调制. 因此，双缝干涉相对光强的实际分布情况如图 20-18c 所示. 由于图 20-18c 所示的光强分布既考虑了双缝间的干涉，又考虑了每条缝的衍射，因此称为双缝衍射. 这里双缝干涉的第 3 级极大处光强为零是因为该处单缝衍射的光强为零. 图 20-18d 为双缝干涉图样的照片.

双缝干涉条纹光强较弱，明条纹较宽，因此不利于精确测量光的波长，在实验室中测量光的波长和进行光谱分析时，我们常用到多缝的衍射.

图 20-18 a. 单缝衍射的光强分布. b. 双缝干涉的光强分布. c. 双缝衍射总的光强分布. d. 双缝衍射图样

1. 多缝夫琅禾费衍射的光强分布

如图 20-19 所示，设衍射屏上有 N 条等宽、等间距并且相互平行的狭缝，每条狭缝的宽度都为 a，相邻狭缝间不透光部分的宽度为 b，则相邻两狭缝之间的间距 $d=a+b$.

在多缝夫琅禾费衍射中，如果每次只开放多缝中的一条狭缝，而将其余狭缝遮挡住，这时屏幕上呈现的是单缝夫琅禾费的衍射图样，由式(20-20)和式(20-21)，其振幅和强度的分布分别由下两式表示：

$$A = A_0 \frac{\sin\alpha}{\alpha}, \quad I = I_0 \left(\frac{\sin\alpha}{\alpha}\right)^2$$

式中，$\alpha = \dfrac{N\varphi}{2} = \dfrac{\pi a \sin\theta}{\lambda}$，$\theta$ 为衍射角. 由于每条狭缝的宽度 a 完全相等，并且每条狭缝产生的同一级衍射条纹的衍射角 θ 相同，经过透镜 L 后将会聚在屏幕上的同一点，因此轮流开放 N 条狭缝中的每一条时，所产生的单缝衍射图样在屏幕上将完全重合. 如果各狭缝出射的光是彼此不相干的，当 N 条狭缝同时开放时，屏幕上各点的光强分布与单缝衍射的光强分布形式完全相同，只是光振动振幅为单条狭缝产生的光振动振幅的 N 倍，光强则为每条单缝在该点处光强的 N^2 倍. 然而各条狭缝出射的光是相干光，并且它们之间有一定的相位差，这样，在屏幕上多缝衍射的光强分布除了与单缝衍射有关外，还与多光束的干涉有关，这就使得屏幕上实际的多缝衍射图样与单缝衍射大不相同.

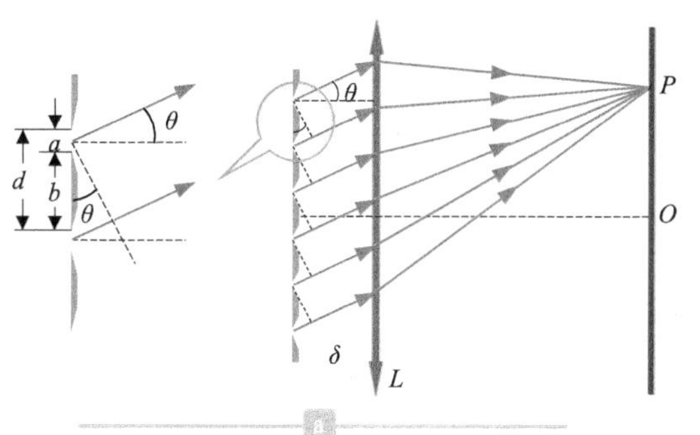

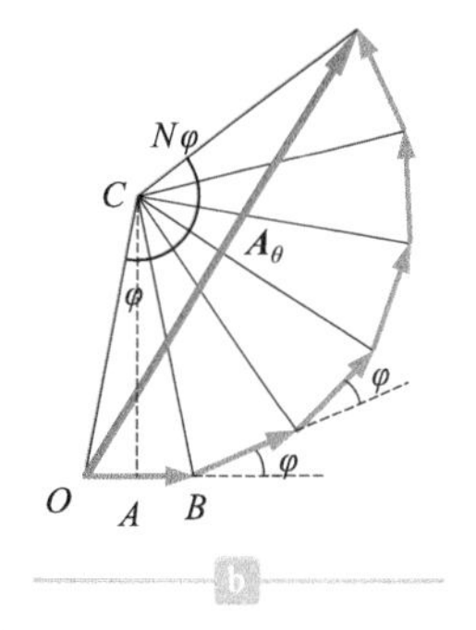

图 20-19 a. 多缝衍射的光路图. b. 多缝（6 条缝）的分振动矢量合成图. A_θ 为各条缝分振动矢量的矢量和

下面我们用振幅矢量法来计算多缝夫琅禾费衍射的振幅和强度分布. 为简单起见，以 6 条相互平行的等宽、等间距的狭缝为例. 图 20-19a 中相邻两狭缝上对应点发出的衍射角为 θ 的两条平行光线的光程差 δ 和相位差 φ 分别为

$$\delta = d\sin\theta, \quad \varphi = \frac{2\pi}{\lambda}d\sin\theta$$

图 20-19b 所示是根据相邻狭缝间的相位差关系将各条狭缝的振幅矢量依次画出的情况，图中 $\boldsymbol{A}_\theta$ 为 $N(N=6)$条狭缝同时打开时在屏幕上产生的合振幅矢量. 设 C 为等边多边形的中心，则由等腰三角形 OCB 得，每条缝在屏幕上 P 点产生的振幅为

$$A = 2\,\overline{OC}\sin\frac{\varphi}{2}$$

而合振幅矢量 $\boldsymbol{A}_\theta$ 的大小为

$$A_\theta = 2\,\overline{OC}\sin\frac{N\varphi}{2}$$

由上面两式，可得 N 条狭缝的合振幅矢量的大小为

$$A_\theta = A\frac{\sin\dfrac{N\varphi}{2}}{\sin\dfrac{\varphi}{2}}$$

令

$$\beta = \frac{\varphi}{2} = \frac{\pi d}{\lambda}\sin\theta$$

则 A_θ 又可写为

$$A_\theta = A\frac{\sin N\beta}{\sin\beta}$$

而合振动的光强为

$$I_\theta = A_\theta^2 = A^2\left(\frac{\sin N\beta}{\sin\beta}\right)^2$$

将单缝衍射的振幅公式(20-20)和光强公式(20-21)代入上两式中，最后得到多缝夫琅禾费衍射的振幅和光强公式分别为

$$A_\theta = A_0\left(\frac{\sin\alpha}{\alpha}\right)\left(\frac{\sin N\beta}{\sin\beta}\right) \tag{20-24}$$

多缝衍射光强分布 ▶

$$I_\theta = I_0\left(\frac{\sin\alpha}{\alpha}\right)^2\left(\frac{\sin N\beta}{\sin\beta}\right)^2 \tag{20-25}$$

式中

$$\alpha = \frac{\pi a}{\lambda}\sin\theta \tag{20-26}$$

$$\beta = \frac{\pi d}{\lambda}\sin\theta \tag{20-27}$$

式(20-24)和式(20-25)分别为多缝夫琅禾费衍射的振幅和光强随衍射角 θ 的

分布. 其中$\dfrac{\sin\alpha}{\alpha}$和$\left(\dfrac{\sin\alpha}{\alpha}\right)^2$是由宽度为$a$的单缝衍射所决定的，称为**单缝衍射因子**；而$\dfrac{\sin N\beta}{\sin\beta}$和$\left(\dfrac{\sin N\beta}{\sin\beta}\right)^2$则来源于多光束($N$条狭缝发出的光)的干涉，称为**多光束干涉因子**.

◀ 单缝衍射因子

◀ 多缝干涉因子

2. 多光束干涉因子的特点

多光束干涉因子决定了多缝间干涉的光强分布.

(1) 主极大：若相邻两狭缝发出的光束间的相位差φ为零或2π的整倍数，即$\varphi=2\pi d\sin\theta/\lambda=\pm 2k\pi$，或$\beta=\pi d\sin\theta/\lambda=\pm k\pi(k=0,1,2,\cdots)$，则$N$条狭缝发出的光束都干涉加强，合振动的振幅最大，如图20-20a所示. 因此多光束干涉主极大的条件为

$$d\sin\theta=\pm k\lambda\ ,\quad k=0,1,2,\cdots \tag{20-28}$$

可见，多缝夫琅禾费衍射主极大条件与双缝干涉极大的条件完全相同，与狭缝的总数N无关，它们只由相邻狭缝间距d和入射光波长λ决定. 同时，因为此时的多光束干涉因子$\dfrac{\sin N\beta}{\sin\beta}=N$，$\left(\dfrac{\sin N\beta}{\sin\beta}\right)^2=N^2$，说明主极大的光强是每条单缝在该方向光强的$N^2$倍. 对于双缝衍射，各主极大光强为单缝光强的4倍，而当狭缝数增加到6条时，各主极大光强则为单缝光强的36倍！可见，增加缝数可大大增加主极大的光强.

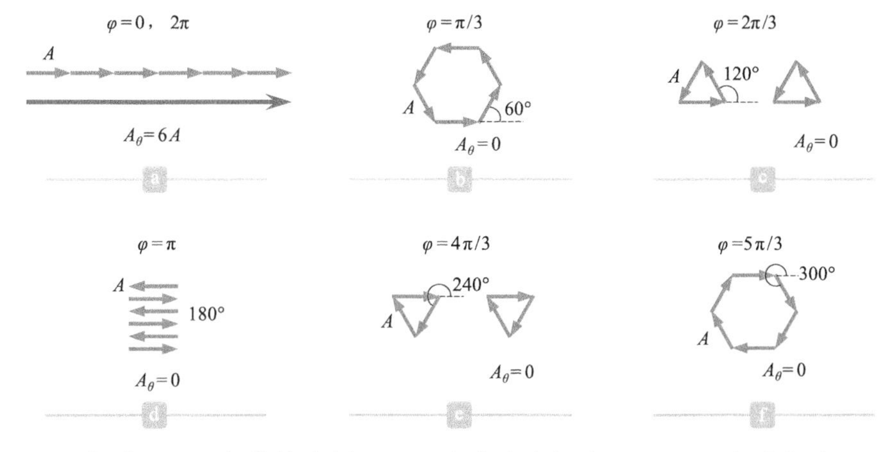

图20-20 a. 当相邻两缝的相位差$\varphi=0, 2\pi, \cdots$时的振幅矢量合成图. b～f. 当φ为$\pi/3, 2\pi/3, \pi, 4\pi/3$和$5\pi/3$时的振幅矢量合成图

(2) 极小：以6条狭缝为例(N=6)，在中央主极大(φ=0)和1级主极大($\varphi=2\pi$)之间，若相邻两狭缝发出的光束间的相位差φ等于$\pi/3, 2\pi/3, \pi, 4\pi/3$和$5\pi/3$，则$N\beta$分别为$\pi$、$2\pi$、$3\pi$、$4\pi$和$5\pi$，多光束干涉因子在这些条件下都等于零，相应的振幅矢量合成图如图20-20b～f所示. 说明在相邻两个主极大之间还有5个极小. 推广到N条狭缝的情况，相邻主极大之间有$N-1$个极小，如图20-21所示.

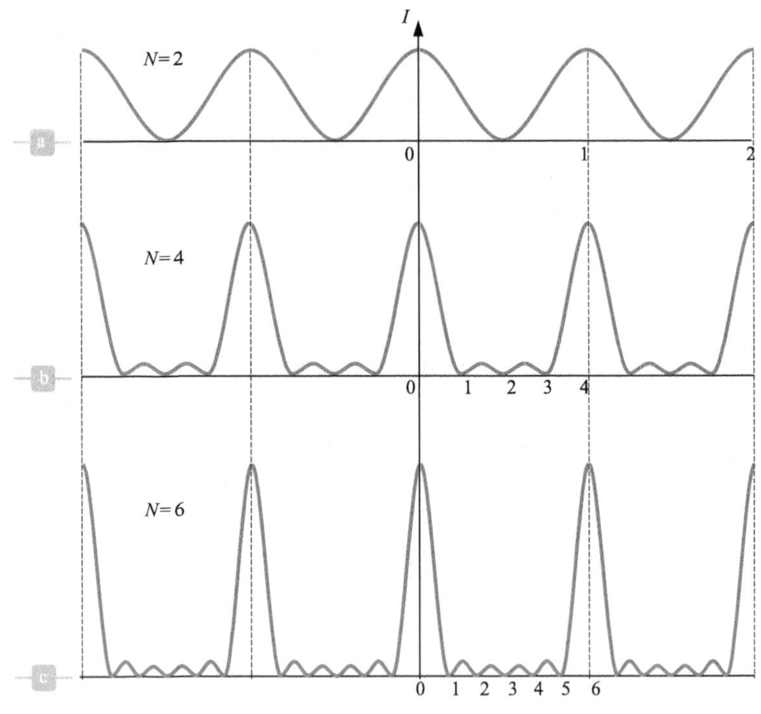

图 20-21　多光束干涉的光强分布. 在相邻两干涉主极大之间有 N-1 个极小和 N-2 个次极大. a. 双缝. b.四缝. c.六缝

(3) 次极大：既然在相邻两个主极大之间有 N-1 个极小，则在相邻两极小之间一定还存在着其他极大. 这些地方多光束之间的光振动既非完全相长干涉，也非完全相消干涉. 计算表明，这些明纹的强度小于主极大光强的 4%，因此称为次极大. 由图 20-21 可见，在 N-1 个极小之间会有 N-2 个次极大. 图中分别给出了双缝(N=2)、四缝(N=4)和六缝(N=6)时多光束干涉光强分布的情况(为便于观察，强度 I 未按比例画出). 由图可见，19 章讨论的双缝干涉，实际上就是多光束干涉当 N=2 时的特例.

总结上面的分析，可得如下结论：①由式(20-28)可见，当 d 和 λ 一定时，多光束干涉各主极大的位置与双光束干涉(双缝干涉)各主极大位置完全相同. 而与狭缝的数量 N 无关；②多光束干涉主极大要比双光束干涉主极大明亮很多. 在缝宽 a 相同的情况下，设每条缝在主极大处的光强为 I，则双缝干涉主极大光强为 $2^2I=4I$，而 6 条缝干涉主极大光强为 $6^2I=36I$；③双缝干涉明暗条纹是等宽的，而多光束干涉主极大的宽度要窄得多，尤其当 N 很大时，各主极大会变得非常细. 这对精确测量光的波长和将波长相差很小的两条光谱线分开是非常有利的.

3. 单缝衍射因子的影响 缺级

由式(20-25)可见，多缝夫琅禾费衍射的光强分布，既取决于各单缝的衍射，也取决于多缝间的干涉. 因此多缝夫琅禾费衍射总的光强分布为多缝干涉和单缝衍射光强的乘积.

图 20-22a 表示的是单缝夫琅禾费衍射的光强分布. 根据菲涅耳半波带法，当各单缝上以衍射角 θ 出射的光满足下式：

$$a\sin\theta=\pm k'\lambda\ ,\ \ k'=1,2,\cdots \tag{20-29}$$

即当 $a\sin\theta/\lambda$ 等于正、负整数时，单缝衍射的光强为零.

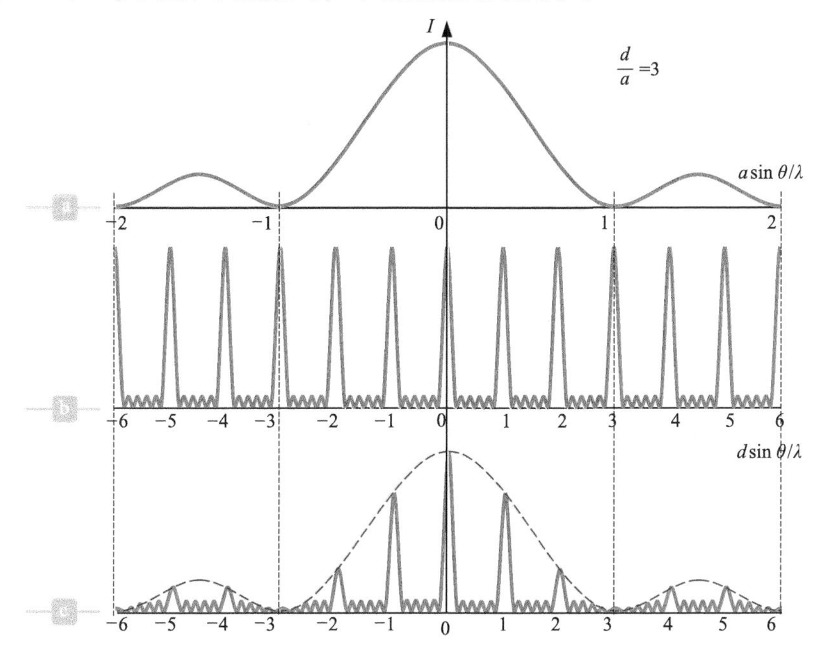

图 20-22　a.单缝衍射的光强分布. b.多光束干涉的光强分布. c.多缝衍射的光强分布

图 20-22b 表示多光束(N=6)干涉的光强分布. 由式(20-28)可得，当以衍射角 θ 出射的光满足下式：

$$d\sin\theta=\pm k\lambda\ ,\ \ k=0,1,2,\cdots \tag{20-30}$$

即当 $d\sin\theta/\lambda$ 等于正、负整数时，是多光束干涉主极大的位置. 将上面两式相除，得 $d/a=k/k'$. 若相邻两缝之间的距离 d 与缝宽 a 的比值为两个不可约化的整数比，即

$$\frac{d}{a}=\frac{a+b}{a}=\frac{k}{k'}=\frac{m}{n}\quad (m\text{ 和 }n\text{ 为不可约化的整数}) \tag{20-31}$$

则多光束干涉的 k 级主极大处正好是单缝衍射的 k'级极小处，所以级数为 m 整倍数的多光束干涉极大将消失，这种情况称为**缺级**. 图 20-22c 为当 d/a=3 时，多缝夫琅禾费衍射的光强分布. 由图可见，多缝干涉主极大中的±3 级，±6 级，…，发生缺级现象.

◀ 缺级现象

例题 20-3　由单缝衍射中央主极大内的干涉明条纹数求 d 和 a 的关系

双缝衍射是只有两条缝的多缝衍射情况. 当单色平行光垂直入射到某双缝上时，观察到在单缝衍射中央主极大范围内恰好有 13 条干涉明条纹. 问：双缝之间的距离 d 与缝宽 a 之间有什么关系？

解　按式(20-11)，单缝衍射中央主极大的宽度为

$$\Delta x_0=2f\tan\theta_1\approx 2f\frac{\lambda}{a}$$

式中，f 为双缝后面透镜的焦距. 此中央主极大内的双缝干涉明条纹是两条单缝

发出的光相互干涉的结果，根据式(20-13)，双缝干涉相邻明条纹中心的间距为

$$\Delta x = f\frac{\lambda}{d}$$

由于在 Δx_0 内恰好有 13 条双缝干涉明条纹，因此 $\Delta x_0=(13+1)\,\Delta x=14\Delta x$. 将这一关系代入上面两式中，得

$$d = 7a$$

本题也可以用第 7 级明条纹缺级的条件求得.

20.4 光栅衍射 光栅光谱

作为多缝夫琅禾费衍射的应用，将大量等宽的狭缝等距离平行地排列起来所制成的光学元件称为**光栅**. 在一块平玻璃上用金刚石刀尖刻出一系列等宽等距的平行刻痕，未刻到的地方相当于透光的狭缝，而刻痕处因为发生漫反射而透光不佳，相当于狭缝间的不透光部分，这样就制成了一片透射式的光栅(图 20-23a). 实验室中常用的简易透射式光栅也可以用照相的方法制作. 一块拍摄有大量等宽等间距平行黑色条纹的照相干板就是一片透射式光栅. 如果在光洁度很高的金属膜上刻出一系列等宽等间距的平行细槽，就制成了反射式光栅(图 20-23b).

光栅 ▶

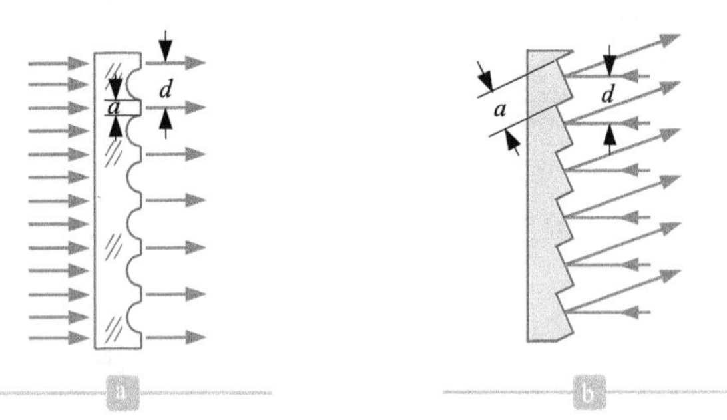

图 20-23 a. 透射式光栅. b. 反射式光栅

实用光栅上每毫米内有几十至几千条刻痕，一块 100mm×100mm 的光栅上可以刻有 10^4～10^6 条刻痕. 根据 20.3 节的讨论，对于如此大量狭缝的多缝衍射，其各级主极大必定是极细而亮的，各主极大之间是黑暗的背景. 当入射光为单色光时，经光栅衍射后形成的各级明条纹细而明亮，从而可以精确地测定其波长. 如果入射光为复色光，则除中央明条纹之外，不同波长光的同一级明条纹的角位置是不同的，并按波长由短到长的次序自中央向外侧依次分开排列. 每一干涉级次都有一组这样的谱线，级次越高，不同波长产生的同级明条纹分得越开. 由于各种元素或化合物都有它们自己特定的谱线，因此通过测定各谱线的波长和相对强度，可以测定发光物质内的各种元素成分及其含量.

1. 光栅方程

如上所述，光栅就是狭缝数 N 非常大的多缝，因此多缝衍射的全部结论适用于光栅衍射. 设光栅上每条狭缝的宽度为 a，狭缝间不透光部分的宽度为 b，

则相邻狭缝间的距离

$$d = a + b \tag{20-32}$$

光栅常数

称为**光栅常数**. 一般光栅常数的大小在 10^{-6}～10^{-5}m 数量级. 光栅的衍射条纹就是单缝衍射和缝间干涉(多光束干涉)的总效果. 由于多光束干涉的次极大光强很小，所以在观察光栅的衍射图样时，能看到的只是多光束干涉的主极大条纹. 当衍射角 θ 满足式(20-28)，即

$$d\sin\theta = \pm k\lambda\ ,\ \ k=0,1,2,\cdots \tag{20-33}$$

光栅方程

时，所有相邻狭缝出射的平行光线间的光程差为波长的整倍数，发生相长干涉，形成明条纹，整数 k 称为明条纹的级次. 明条纹的位置仅与光栅常数 d 和入射光的波长 λ 有关，而与狭缝的总数无关. 式(20-33)称为**光栅方程**.

当然，如果由光栅方程决定的多光束干涉明条纹的位置与由下式：

$$a\sin\theta = \pm k'\lambda\ ,\ \ k'=1,2,\cdots \tag{20-34}$$

决定的单缝衍射的暗条纹位置重合，则该位置上的光栅衍射明条纹将不会出现，即缺级. 图 20-24 为单色光入射于某光栅上产生的衍射图样，由图中干涉明条纹缺级的位置可以判定该光栅的光栅常数 d 与缝宽 a 的关系.

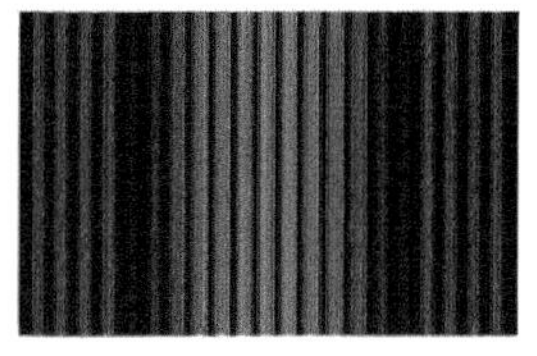

图 20-24 光栅衍射条纹

例题 20-4 利用光栅测量光的波长

利用光栅测量光的波长的一种方法是：假设用已知波长(λ_1=632.8nm)的氦氖激光垂直入射于某光栅上，测得其第 2 级明条纹的衍射角 θ_1=14.66°；而当另一束未知波长的单色光垂直照射该光栅时，测得其第 3 级明条纹的衍射角 θ_2=20.71°.

(1) 求未知波长单色光的波长为多少?

(2) 此光栅的光栅常数为多少?

解 (1) 根据光栅方程，当氦氖激光入射于该光栅时，有

$$d\sin\theta_1 = k_1\lambda_1$$

而当未知波长(设为 λ_2)的单色光入射于光栅时，有

$$d\sin\theta_2 = k_2\lambda_2$$

上面两式相除，可得

$$\lambda_2 = \frac{k_1\lambda_1}{k_2}\frac{\sin\theta_2}{\sin\theta_1}$$

根据题意，k_1=2，k_2=3，得未知波长单色光的波长为

$$\lambda_2 = \frac{2\times 632.8}{3}\text{nm}\times\frac{\sin 20.71^\circ}{\sin 14.66^\circ}\text{nm} \approx 589.5\ \text{nm}$$

(2) 而所用光栅的光栅常数为

$$d = \frac{k_1\lambda_1}{\sin\theta_1} = \frac{2\times 632.8}{\sin 14.66^\circ}\ \text{nm} \approx 5.00\times 10^3\ \text{nm} = 5.00\ \mu\text{m}$$

2. 光栅光谱

由式(20-33)可见，当光栅常数 d=a+b 一定时，各级明条纹衍射角 θ 的大小

与入射光的波长 λ 有关. 当一束含有各种波长的复色光(如白光)经过光栅后，其中各种波长的光将产生各自的一套衍射条纹. 在同一级明条纹中，波长较短的光(比如紫光)的衍射角较小，因而离中央明条纹较近；而波长较长的光(比如红光)的衍射角较大，因而离中央明条纹较远. 这样，除中央明条纹外，其余各级明条纹就是按波长由短到长的顺序排列所形成的彩色光带. 这些彩色光带就形成了复色光的**衍射光谱**. 当入射复色光的波长范围较大时，有可能发生低一级光带中波长较长光的衍射角大于高一级光带中波长较短光的衍射角，这样就会使级数较高的光带发生彼此重叠的现象(见例题 20-5).

各种不同光源发出的光，经光栅衍射后所形成的光谱各不相同. 炽热的固体(如白炽灯内的钨丝)的光谱是由各种波长的光谱线形成的连续一片的**连续光谱**. 在放电管中被激发的气体做成的光源(如钠灯、汞灯等)的光谱，是由一些分立的亮线构成的，叫做**线光谱**. 还有一些光谱是由一些密集的谱线构成的一定宽度的亮带，称为**带光谱**. 不同元素发出的光谱不同，即各有一套属于自己的**特征光谱**. 在光谱分析中，根据特征光谱定量分析物质中各种元素的含量，在工业技术和科学研究中有着广泛的应用.

例题 20-5　白光的光谱

以白光垂直入射于一块每厘米有 4000 条刻痕的光栅，试描述其衍射光谱. 白光的波长从 400nm 到 760nm.

解　此光栅的光栅常数为

$$d=\frac{1}{4000}\text{ cm}=2500\text{ nm}$$

由光栅方程 $d\sin\theta=\pm k\lambda$，对 $k=0$ 的中央明条纹，入射光中所有波长的光都在 $\theta=0$ 处发生相长干涉，所以中央明条纹为一条细的白色条纹. 而其他各级衍射明条纹的衍射角可以按下式：

$$\theta=\arcsin\left(\pm\frac{k\lambda}{d}\right)$$

来计算.

设每一级衍射光谱中与波长为 400nm(可见光的紫端)的光对应的衍射角为 θ_V，与波长为 760nm(可见光的红端)的光对应的衍射角为 θ_R. 将波长 400nm 和 760nm 代入上式，计算得到这两种波长光的各级明条纹的衍射角，见表 20-1.

表 20-1　白光的紫端和红端波长的各级衍射角

	θ_V	θ_R
$k=0$	0	0
$k=\pm1$	9.2°	17.7°
$k=\pm2$	18.7°	37.4°
$k=\pm3$	28.7°	65.8°
$k=\pm4$	39.8°	> 90°

根据计算结果，中央明条纹的两侧对称地排列着±1 级、±2 级、±3 级和±4 级光谱. 但其中只有±1 级光谱是完整可见的，第 2 级到第 4 级光谱都有部分重叠，而第 4 级光谱的红端的衍射角大于±90°. 各级光谱排列的示意图如图 20-25 所示.

有些光源的光谱中两条线状光谱线的波长差很小，比如钠光中波长为 589.00 nm 和 589.59nm 的两条谱线(称为钠双线)的波长差仅为 0.59nm，这在较低级次的光栅光谱中不易分辨，而在较高级次的光谱中容易分辨. 当光垂直入射于光栅上时，光谱的最大级数受衍射角 θ 不能大于 $\pi/2$ 的限制. 如果采用斜入射的方法，则可以得到更高级次的光谱.

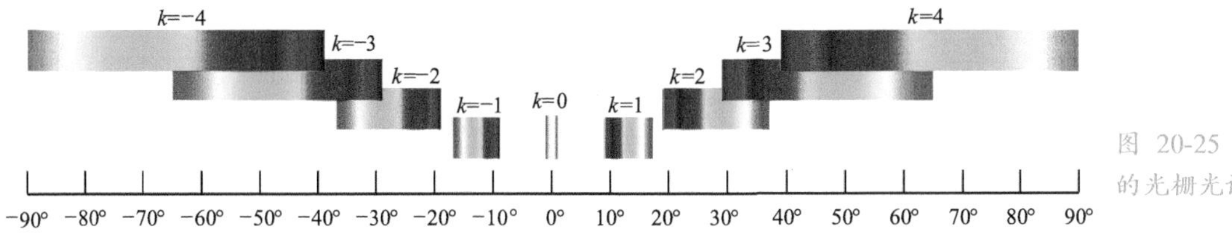

图 20-25 白光正入射时的光栅光谱示意图

例题 20-6 利用斜入射得到更高级次的光谱

用每厘米有5000条刻痕的光栅观察两条波长分别为 λ_1=589.00nm 和 λ_2=589.59nm 的钠双线. 问：

(1) 当平行钠光以 i=30°角斜入射时，可观察到的最高谱线级次是多少?

(2) 当平行钠光垂直入射于光栅上时，可观察到的最高谱线级次是多少?

(3) 在最高级次的光谱中，钠双线分开的角距离是多少?

解 (1) 所用光栅的光栅常数为

$$d=\frac{1}{5000}\text{ cm}=2000\text{ nm}$$

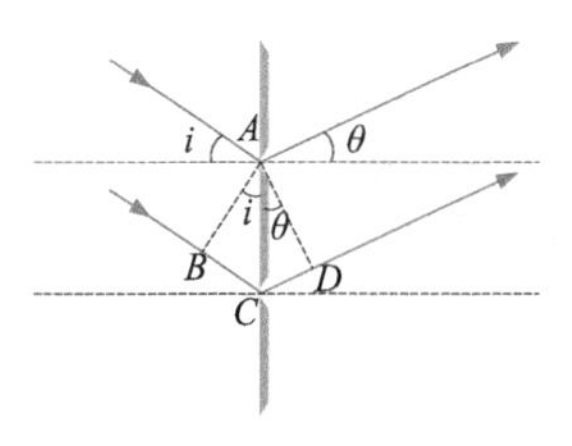

图 20-26 平行光以入射角 i 斜入射于光栅

如图 20-26 所示，当入射光以入射角 i 斜入射时，光栅上相邻两狭缝的入射光束在入射时已有光程差 $\overline{BC}=d\sin i$，当两束光以衍射角 θ 出射时，又有光程差 $\overline{CD}=d\sin\theta$，因此两束出射光的总光程差为 $\overline{BC}+\overline{CD}$. 所以当入射光斜入射时，光栅方程(20-28)应改写为

$$d(\sin i+\sin\theta)=\pm k\lambda\ ,\quad k=0,1,2,\cdots \tag{20-35}$$

上式表明，当入射光斜入射时，光栅衍射的零级明条纹(中央明条纹)不在 θ=0 的方向上，而是在 $\theta=-i$ 的角位置上. 当 i=30°时，在 θ=90°的方向上可能获得的光谱线最高级次为

$$k_{\text{m}}=\frac{d(\sin30°+\sin90°)}{\lambda}$$

以钠双线的平均波长 λ=589.3nm 代入上式，得

$$k_{\text{m}}=\frac{2000\text{nm}\times(\sin30°+\sin90°)}{589.3\text{nm}}=5.1$$

即最高可见第 5 级光谱线.

(2) 如果入射光垂直入射，则 i=0，这时可看到的最高级次为

$$k'_{\text{m}}=\frac{2000\text{nm}\times\sin90°}{589.3\text{nm}}=3.4$$

即最高只能看到第 3 级光谱线.

(3) 对式(20-35)两边取微分(只考虑正级次)，得 $d\cos\theta_k \mathrm{d}\theta_k=k\mathrm{d}\lambda$. 当两条谱线间的波程差 $\Delta\lambda$ 很小时，可用 $\Delta\lambda$ 代替 $\mathrm{d}\lambda$ 以及 $\Delta\theta_k$ 代替 $\mathrm{d}\theta_k$，因此波长为 λ 和 $\lambda+\Delta\lambda$ 的两条第 k 级明条纹分开的角距离为

$$\Delta\theta_k = \frac{k\Delta\lambda}{d\cos\theta_k}$$

当平行钠光正入射(i=0)时，最高级次为 3 级，根据光栅方程，其衍射角 θ_3 为

$$\theta_3 = \arcsin\left(\frac{3\lambda}{d}\right) = \arcsin\left(\frac{3\times 589.3\text{nm}}{2000\text{nm}}\right) \approx 62.12°$$

因此，第 3 级钠双线分开的角距离为

$$\Delta\theta_3 = \frac{3\Delta\lambda}{d\cos\theta_3} = \frac{3\times 0.59\text{nm}}{2000\text{nm}\times\cos 62.12°} \approx 1.9\times 10^{-3}\text{rad}$$

当平行钠光斜入射(i=30°)时，最高级次为 5 级，根据式(20-35)，其衍射角 θ_5 为

$$\theta_5 = \arcsin\left(\frac{5\lambda}{d} - \sin i\right) = \arcsin\left(\frac{5\times 589.3\text{nm}}{2000\text{nm}} - 0.5\right) \approx 76.72°$$

因此，第 5 级钠双线分开的角距离为

$$\Delta\theta_5 = \frac{5\Delta\lambda}{d\cos\theta_5} = \frac{3\times 0.59\text{nm}}{2000\text{nm}\times\cos 76.72°} \approx 3.9\times 10^{-3}\text{rad}$$

3. 光栅的分辨本领

光栅的一个重要指标是分辨具有微小波长差的两条谱线的能力. 例题 20-6 说明，光谱级次 k 越高，两条波长差 $\Delta\lambda$ 很小的谱线的角距离越大，即两条谱线分得越开；另外，光栅的狭缝数 N 越大，则明条纹越细，也越容易分辨两条波长差 $\Delta\lambda$ 很小的谱线. 可见，光栅分辨谱线的能力与明条纹级次 k 和狭缝数 N 都有关.

光栅的**分辨本领** R 定义为

光栅的分辨本领 ▶

$$R = \frac{\bar{\lambda}}{\Delta\lambda} \tag{20-36}$$

式中，$\bar{\lambda}$ 是恰能被分辨的两条谱线的平均波长，即 $\bar{\lambda}=(\lambda_1+\lambda_2)/2$. $\Delta\lambda$ 为这两条谱线的波长差，即 $\Delta\lambda=|\lambda_1-\lambda_2|$. 这一定义说明，一个光栅能分辨的两条谱线的波长差 $\Delta\lambda$ 越小，则该光栅的分辨本领越大.

光栅的分辨本领可以根据英国物理学家瑞利(Rayleigh)提出的一个标准来计算：对于两条相邻的光谱线，**当一条光谱线的极大与另一光谱线的第 1 极小刚好重合时，两条光谱线恰能分辨**(图 20-27). 这一标准称为**瑞利判据**.

瑞利判据 ▶

根据多缝夫琅禾费衍射理论，当光栅上相邻两狭缝发出的两束平行光的相位差 $\varphi=2k\pi$ 时，为光栅衍射 k 级主极大的条件. 而它边上第 1 个极小对应的相位差 $\varphi=2k\pi+\Delta\varphi=2k\pi+(2\pi/N)$，其中 N 是光栅上狭缝的总数. 另外，光栅上相邻两条狭缝间的相位差为

$$\varphi = \frac{2\pi d\sin\theta}{\lambda}$$

对上式两边取微分，并用 $\Delta\varphi$、$\Delta\theta$ 代替 $\mathrm{d}\varphi$、$\mathrm{d}\theta$，得

$$\Delta\varphi = \frac{2\pi d\cos\theta\cdot\Delta\theta}{\lambda}$$

若上式中的 $\Delta\theta$ 恰为第 k 级主极大和它边上第 1 极小之间的角距离，则有

$$\Delta\varphi = \frac{2\pi}{N} = \frac{2\pi d\cos\theta\cdot\Delta\theta}{\lambda}$$

或

$$d\cos\theta\cdot\Delta\theta = \frac{\lambda}{N} \tag{20-37}$$

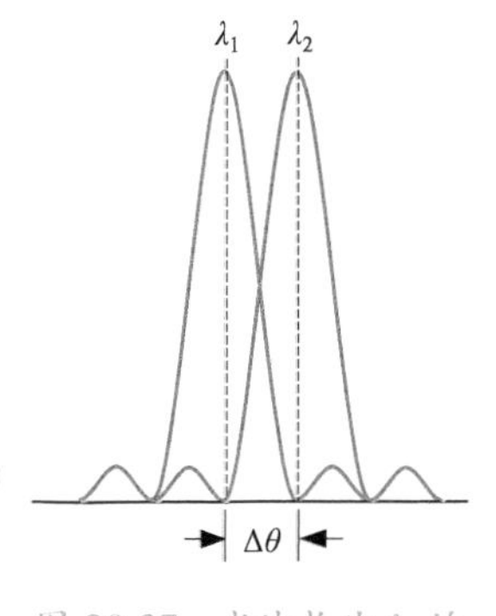

图 20-27 当波长为 λ_1 的光谱极大与波长为 λ_2 的第 1 极小重合时，两条光谱线恰能分辨

将光栅方程 $d\sin\theta=k\lambda$ 两边取微分，有

$$d\cos\theta\cdot\Delta\theta = k\Delta\lambda \tag{20-38}$$

由上面两式，可得光栅的分辨本领 R 为

$$R = \frac{\bar{\lambda}}{\Delta\lambda} = Nk \tag{20-39}$$

由式(20-39)可见，中央主极大(k=0)的分辨本领 R 等于零，这是因为入射光中各种波长成分的中央主极大都集中在一处，它们的角距离都为零. 而随着明条纹级次 k 的增大，分辨本领也增大. 另外，当要求在某一级次的谱线上提高光栅的分辨本领时，则必须增大光栅的总狭缝数 N. 这就是为什么光栅上要刻数百至上万条，甚至几十万条刻痕.

例题 20-7 光栅分辨本领与总狭缝数的关系

如果某光栅在第 3 级光谱中恰好能分辨出 钠双线，问该光栅必须要有多少条刻线?

解 钠双线的平均波长和波长间隔分别为

$$\bar{\lambda} = \frac{589.59+589.00}{2} \approx 589.3(\text{nm})\ ,\quad \Delta\lambda = 0.59\ \text{nm}$$

根据式(20-36)，要求此光栅的分辨本领 R 为

$$R = \frac{\bar{\lambda}}{\Delta\lambda} = \frac{589.3}{0.59} \approx 1000$$

又根据式(20-39)，要求此光栅的刻线总数为

$$N = \frac{R}{k} = \frac{1000}{3} \approx 330$$

4. 干涉和衍射的区别和联系

在第 19 章中我们讨论了双缝和薄膜的干涉，本章到目前为止我们又讨论了单缝和光栅的衍射. 从根本上讲，干涉和衍射都是讨论从不同相干光源上发出的相干光在空间相互叠加，从而引起光强的重新分布，得到干涉图样的过程，因此从本质上讲干涉和衍射并不存在区别. 然而习惯上我们又把有限束光的相干叠加说成是干涉，而把无穷多子波的相干叠加说成是衍射. 或者更精准地说，如果参与相干叠加的各光束是按几何光学规律沿直线传播的，这种相干叠加是纯干涉问题，比如薄膜干涉的情况. 如果参与相干叠加的各光束的传播不符合

几何光学的规律，每一光束存在明显的衍射(或绕射)现象，这时干涉和衍射是同时存在的，比如在杨氏双缝干涉实验中，如果要同时考虑单缝的衍射，或者说干涉条纹要受到衍射的调制，这时可称为双缝衍射. 而对于光栅，当缝宽很小时，衍射对干涉条纹的调制不明显，此时也可称光栅衍射为多光束干涉.

20.5 圆孔的夫琅禾费衍射 光学仪器的分辨本领

前面我们研究了单缝和多缝的夫琅禾费衍射. 由大量平行、等宽、等间距的狭缝制成的光栅是一个非常有用的光学元件，它可以精确测量光的波长以及进行光谱分析等. 另一个有重要意义的衍射现象是圆孔衍射. 因为各种光学系统(如人的眼睛、望远镜、照相机等)的成像物镜或目镜都有一个限制光波传播的圆孔(光阑)，而圆孔的衍射现象会对这些光学系统的成像质量产生影响.

1. 圆孔的夫琅禾费衍射

如果将图 20-6 所示的单缝夫琅禾费衍射装置中的光源用点光源代替，而狭缝用一个带有小圆孔的衍射屏代替，就可以在透镜 L_2 焦平面处的接收屏上观察到圆孔的夫琅禾费衍射图样. 衍射图样的中央是一个明亮的圆斑，称为**艾里斑**(Airy disk)，在艾里斑的周围则是一组由暗环和明环交替组成的同心圆环，图 20-28 是将一束氦氖激光照射在直径 0.4mm 的小圆孔上所得到的衍射图样. 约 85%的衍射光能量集中于艾里斑上，而艾里斑外各明环的光强随衍射角 θ 的增大而迅速减小，第 1 明环的光强约为艾里斑中心光强的 1.7%，第 2 级明环约为 0.4%.

艾里斑 ▶

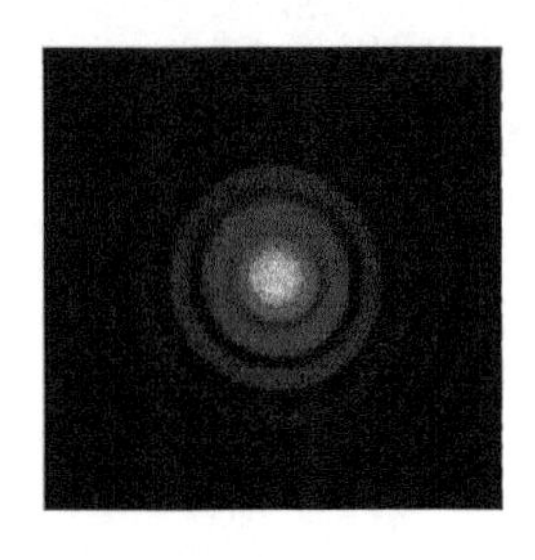

图 20-28 将激光入射于小圆孔时得到的圆孔衍射图样

用惠更斯-菲涅耳原理计算圆孔夫琅禾费衍射的光强分布要用到较深的数学知识，这里只给出第 1 暗环满足的条件. 设圆孔的直径为 D，入射光的波长为 λ，则第 1 暗环的**半角宽度**(第 1 暗环对透镜 L_2 中心张角的一半)θ_1 满足下式：

$$\sin\theta_1 = 1.22\frac{\lambda}{D} \tag{20-40}$$

圆孔夫琅禾费衍射的光强分布曲线如图 20-29 所示. 图中纵坐标为相对光强 I/I_0，I_0 为艾里斑中心的光强，横坐标为 $R\sin\theta/\lambda$，R 为圆孔的半径.

圆孔衍射图 20-28 中央的艾里斑的直径 d 就是第 1 暗环的直径，设圆孔后面会聚透镜 L_2 的焦距为 f，则艾里斑的直径为

$$d = 2f\tan\theta_1$$

由于 θ_1 很小，故 $\tan\theta_1 \approx \sin\theta_1 \approx \theta_1$，于是有

$$d = 2.44f\frac{\lambda}{D} \tag{20-41}$$

由此可见，圆孔的直径 D 越小，或入射光的波长 λ 越长，则衍射现象越明显；反之，当入射光波长远小于圆孔的直径，即 $\lambda/D \ll 1$ 时，衍射现象就不明显.

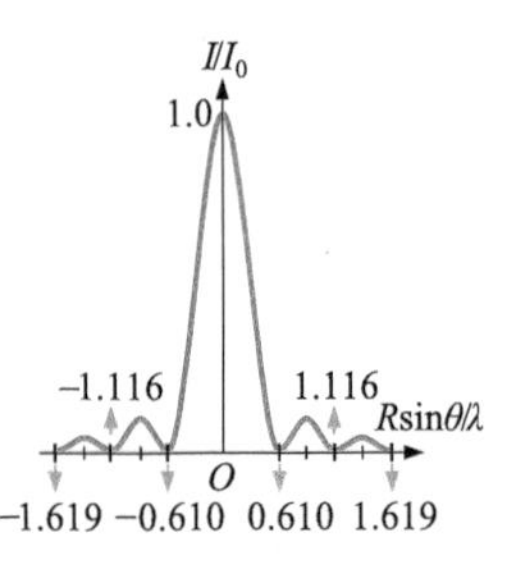

图 20-29 圆孔衍射的光强分布

2. 最小分辨角 光学仪器的分辨本领

衡量各种光学仪器成像质量的一个重要指标就是成像的清晰度. 根据几何光学，一个点光源发出的光经过会聚透镜后成为一个像点，似乎总能通过提高放大倍数的方法，将远处的细小物体放大到清晰可辨的程度. 但从波动光学的观点来看，由于衍射现象的存在，一个光点所发出的光波经过光学仪器中的圆孔后，并不能聚焦成一个点，而是形成一个衍射图样. 例如，照相机镜头中都有一个通光圆孔(俗称光圈)，被拍摄物体上的一个物点经过镜头后在感光元件(或照相底片)上形成的不是一个像点，而是一个以艾里斑为中心的圆孔衍射图样. 虽然镜头光圈的直径远大于光的波长(图 20-30)，但光圈的直径毕竟是有限大的，因此一个物点所成的像依然是一个弥散的小亮斑. 如果两个物点相距很近，而它们形成的衍射亮斑又不太小，则屏幕上两个艾里斑之间会有部分重叠. 当两个艾里斑的大部分发生重叠时，无论将相片放大多少倍，也不能分辨出这是两个物点了. 由此可见，即使将相机镜头看作是没有任何几何像差的理想成像系统，它的成像分辨率依然要受到圆孔衍射的限制.

图 20-30 即使像手机上的摄像小镜头，其通光孔径也远大于可见光的波长

两个点光源或同一物体上的两个发光点所产生的衍射图样在重叠处的光强是这两个衍射斑的非相干叠加. 对一个光学仪器来说，相距多远的两个点光源所成的像才算是刚好能分辨呢？这也可以用瑞利判据来定义：对于两个强度相等的不相干的点光源，**当一个点光源产生的艾里斑的中央主极大刚好与另一个点光源衍射图样的第 1 极小相重合时**，两个衍射图样在重叠区中心的光强约为单个衍射图样中央最大光强的 80%(图 20-31b)，人眼刚好能区分出这是两个光点所成的像，因此称这两个光点**恰好**能被该光学仪器所分辨.

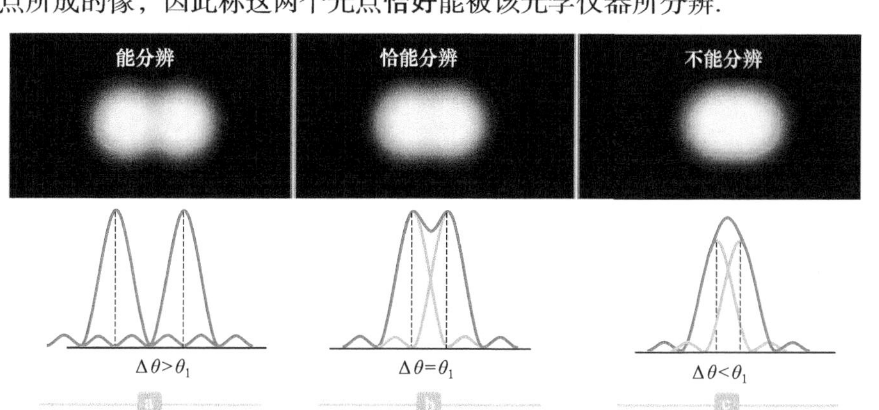

图 20-31 a.两个点光源对透镜光心的夹角 $\Delta\theta$ 大于艾里斑的半角宽度，即 $\Delta\theta>\theta_1$ 时，这两个光点能分辨. b.当 $\Delta\theta=\theta_1$ 时，两光点恰能分辨. c.当 $\Delta\theta<\theta_1$ 时，两光点不能分辨

以凸透镜为例(图 20-32)，按照瑞利判据，当两个点光源 S_1 和 S_2 恰能被分辨时，它们的衍射图样 A_1 和 A_2 中心的距离应该等于艾里斑的半径，它们对透镜中心的张角 $\Delta\theta$ 应该正好等于艾里斑的半角宽度 θ_1. 当 θ_1 很小时，式 (20-40) 可写为

$$\theta_1 \approx 1.22\frac{\lambda}{D} \tag{20-42}$$

两个恰能被分辨的点光源对透镜中心所张的角度称为**最小分辨角**，用 $\delta\theta$ 表示. 可见，最小分辨角就是艾里斑的半角宽度 θ_1，即

◀ 最小分辨角

$$\delta\theta = 1.22\frac{\lambda}{D} \tag{20-43}$$

最小分辨角是光学仪器分辨率的极限，当两个点光源的角距离 $\Delta\theta<\delta\theta=\theta_1$ 时，两个光点不能分辨(图 20-31c). 而当 $\Delta\theta>\delta\theta=\theta_1$ 时，两个光点就能清晰地被分辨了(图 20-31a). 最小分辨角的倒数称为光学仪器的**分辨本领**(或分辨率)，用 R 表示. 即

光学仪器的分辨本领 ▶

$$R = \frac{1}{\delta\theta} = \frac{D}{1.22\lambda} \tag{20-44}$$

最小分辨角越小，光学仪器的分辨率就越高.

需要注意的是，不要混淆光学仪器的分辨本领和光栅的分辨本领. 光学仪器的分辨本领是指通过光学仪器分辨两个相邻物点的能力，或在光学设备所拍摄的相片上分辨两个相邻像点的能力. 而光栅的分辨本领是指在光栅的衍射光谱上分辨两条波长差很小的光谱线的能力.

图 20-32 两个点光源经透镜在屏幕上所成的像是两个以艾里斑为中心的圆孔衍射图样

例题 20-8 两个光点恰能分辨时的角距离和艾里斑中心的线距离

有一直径为 3.0cm 的会聚透镜，焦距为 20cm，入射光的波长为 550nm. 问：

(1) 为了满足瑞利判据，两个遥远的物点之间必须有多大的角距离？

(2) 在透镜的焦平面上，两个衍射图样的中心相距多远？

解 (1) 为了满足瑞利判据，这两个物点对透镜中心的张角(角距离)应等于该透镜的最小分辨角 $\delta\theta$，根据式(20-43)，有

$$\delta\theta = 1.22\frac{\lambda}{D} = 1.22\times\frac{550\times10^{-9}}{3.0\times10^{-2}}\ \text{rad} \approx 2.2\times10^{-5}\ \text{rad}$$

(2) 这时，在透镜焦平面上两个衍射图样中心的距离(线距离)即为艾里斑的半径 r

$$r = f\cdot\delta\theta = 20\times10^{-2}\times2.2\times10^{-5}\ \text{m} = 4.4\ \mu\text{m}$$

对于两个距离一定的亮点，当它们离观察者很远时，它们之间的角距离可能会小于眼睛的最小分辨角. 只有当它们距离观察者足够近时，才能被分辨. 图 20-33 为一辆汽车由远及近驶向观察者，当汽车较远时，两个相距 1.2m 左右的车灯看上去像是一个灯(图 20-33a). 而当车逐渐驶近观察者时，两个车灯才越来越容易分辨(图 20-33b、c).

a

b

c

图 20-33 a. 当汽车离观察者较远时，两个前车灯不能被分辨. b、c.当汽车逐渐驶近时，两个车灯就越来越容易分辨

例题 20-9 人眼的最小分辨角

人的眼睛是非常精密的光学系统，眼睛瞳孔的大小会根据环境光的强弱而自动调整. 在通常亮度下，人眼瞳孔的直径约为 3mm，问这时人眼的最小分辨角是多少？如果远处的白墙上有两根相距 2mm 的平行细线，问离开多远时它们恰能被分辨？设可见光的波长按对视觉最敏感的绿光波长 550nm 计算.

解 根据式(20-43)，当人眼瞳孔直径为 3mm 时，对波长 550nm 绿光的最小分辨角为

$$\delta\theta = 1.22\frac{\lambda}{D} = 1.22\times\frac{550\times10^{-9}}{3.0\times10^{-3}}\ \text{rad} \approx 2.2\times10^{-4}\ \text{rad}$$

设两细丝之间的距离为 Δs，细丝与人的距离为 l. 由于细丝之间的距离远小于它们到人眼的距离，所以两细丝对人眼的张角 $\Delta\theta$ 可近似表示为

$$\Delta\theta = \frac{\Delta s}{l}$$

根据瑞利判据，当两条细丝刚好被人眼分辨时，要求 $\Delta\theta=\delta\theta$，于是

$$l = \frac{\Delta s}{\delta\theta} = \frac{2.0\times10^{-3}}{2.2\times10^{-4}}\ \text{m} = 9.1\ \text{m}$$

超过这个距离，人眼就不能分辨这两根细丝了.

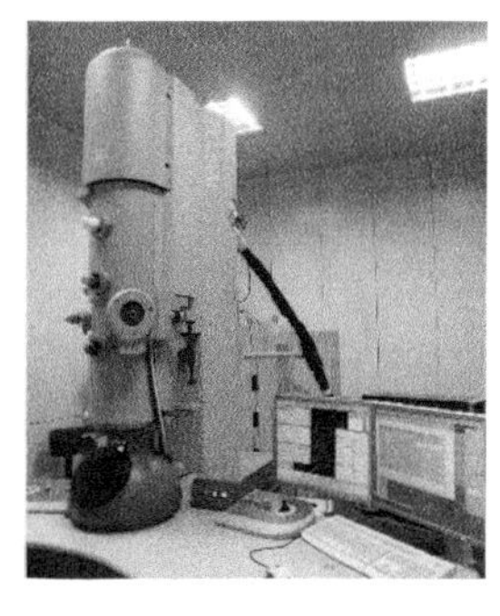

电子显微镜的分辨率远高于光学显微镜

光学仪器的分辨本领 R 与入射光的波长 λ 成反比而与仪器的通光孔径 D 成正比，减小入射光的波长或增大仪器的通光孔径都可提高分辨本领. 光学显微镜的最小分辨距离为 0.4λ，这是光的波动性对显微镜定下的极限，因此光学显微镜的分辨本领受可见光波长的限制. 近代物理学证明，电子也有波动性，经几万伏电压加速的电子束的波长可达 0.1nm 数量级，远小于可见光的波长. 利用电子的波动性制成的电子显微镜的最小分辨距离可达几纳米，放大率可达几万倍乃至几百万倍. 也可以通过增大望远镜的孔径来提高分辨本领. 已在轨运行 28 年的哈勃太空望远镜的孔径达到了 2.4m，可成功捕获距离地球达 134 亿光年的星系发出的微光. 无线电波的波长远大于可见光，为提高射电望远镜的分辨本领，需要更大的孔径. 建于我国贵州省平塘县克度镇的世界最大口径射电望远镜——中国“天眼”的球面口径达到 500m，其综合性能是排名第二的阿雷西博射电望远镜的十倍. 截至 2018 年 9 月 12 日，天眼射电望远镜已发现 59 颗优质的脉冲星候选体，其中有 44 颗已被确认为新发现的脉冲星.

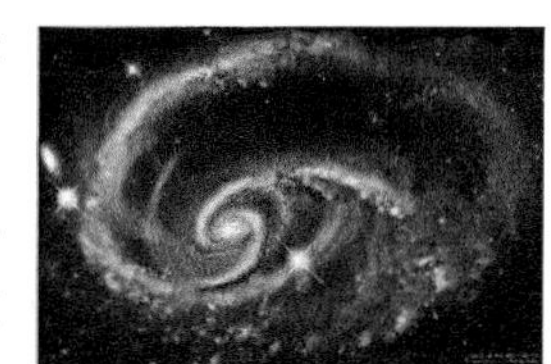

哈勃太空望远镜拍摄的美丽星云

20.6 X 射线衍射

1. X 射线在晶体上的衍射

X 射线是由德国物理学家伦琴(W. Röntgen, 1845—1923)在 1895 年发现的，所以又称为**伦琴射线**. 实验表明，X 射线在磁场和电场中的运动轨迹不发生偏转，这说明 X 射线是不带电的粒子流. 在 1906 年的实验中证实了 X 射线是一

种电磁波，现在通常把波长从 0.01～10nm 的电磁辐射叫做 X 射线. 既然 X 射线是一种电磁波，它也应该会发生干涉和衍射等现象. 但是普通光栅的光栅常数在 10^{-6}～10^{-5}m 的数量级，比 X 射线的波长大很多，因此用普通光栅是几乎观察不到 X 射线衍射现象的. 例如，将波长 λ=0.1nm 的 X 射线垂直入射到每毫米有 330 条狭缝(即光栅常数 d=3000nm)的光栅上时，第 1 级衍射明条纹将出现在 0.002°的方向上，几乎达到了人眼最小分辨角的极限，因此各级明条纹是如此密集，实际上已无法观察到. 因为 X 射线波长的数量级相当于原子的大小，因此无法用机械的方法来制造适合 X 射线的人造光栅. 1912 年德国物理学家劳厄(M.V. Laue 1879—1960)认识到，晶体中的原子是周期性排列的，可以作为一种适用于 X 射线的天然三维空间光栅. 他第一次在实验中圆满获得了 X 射线的衍射图样，从而证实了 X 射线的波动性. 现在，X 射线衍射已经成为一种重要的研究手段，用于测量 X 射线的波长和研究晶体的结构.

X 射线是由高速电子轰击金属材料时产生的. 在抽成高真空的玻璃泡内有发射电子的热阴极和接收电子的阳极(又称靶极)，两极间加以数万伏的高电压，由热阴极发射的电子在强电场的作用下加速，高速电子在撞击靶极时，就发出 X 射线. 劳厄的实验装置示意图如图 20-34a 所示，经准直后的 X 射线打在晶体(比如 NaCl 晶体)薄片上，经晶体衍射后在照相底片上可拍摄到许多规则排列的衍射斑点，称为**劳厄斑**(图 20-34b). 要对劳厄斑的分布作定量研究，需要涉及复杂的空间光栅的衍射原理，这里不作介绍.

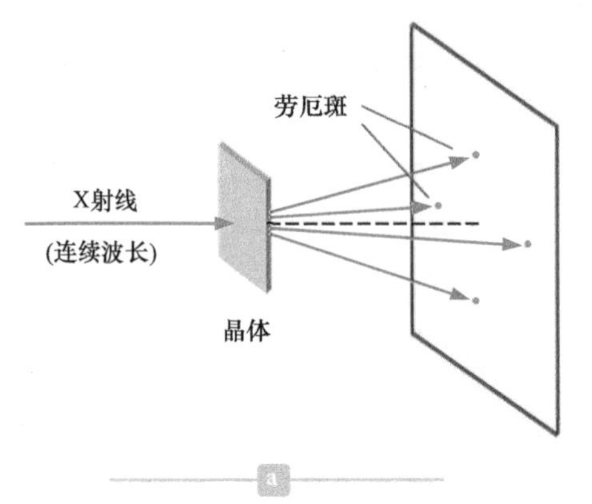

图 20-34 a. 利用透射法实现 X 射线衍射的示意图. b. 劳厄斑

2. 布拉格方程

图 20-35 氯化钠(NaCl)晶体结构示意图

1913 年，布拉格(Bragg)父子提出了另一种研究 X 射线衍射的简单方法，这种方法可以研究 X 射线在晶体表面各原子层上反射时的干涉情况. 他们把晶体看成由一系列彼此相互平行的原子层所组成. 如图 20-35 所示为 NaCl(食盐)晶体的结构，图中紫色小球代表 Na^+，绿色小球代表 Cl^-，这些离子的排列形成了规则的立方系结构. 在三维空间的任何一个方向看去，离子的排列都呈现出严格的周期性，这种周期性称为晶体的空间点阵，排列在一定位置上的 Na^+和 Cl^-称为晶体格点，相邻格点间的距离称为**晶格常数**，其大小通常具有 10^{-10}m 的数量级(比如 Na^+与 Cl^-的间隔约为 5.627×10^{-10}m).

当 X 射线照射到晶体上时，晶体中的每一个离子成为一个散射中心. 按照惠更斯原理，每一个散射中心就成为一个子波的波源，它们向各方向发出的电磁波(即散射波)的频率与入射 X 射线的频率相同，这些相干的散射波在空间相遇时会发生干涉现象. 在分析晶体空间光栅的衍射时，可以分两步进行. 首先考虑同一个晶面上各个格点散射的子波之间的干涉，称为**点间干涉**. 其次考虑不同晶面之间的干涉，称为**面间干涉**.

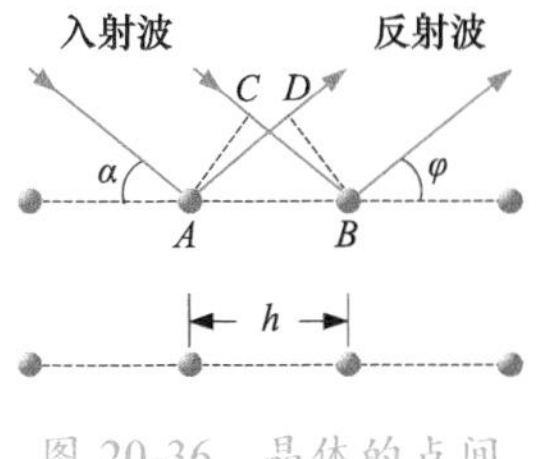

图 20-36 晶体的点间干涉

图 20-36 所示为 NaCl 晶体表面的两个相邻晶面层. 一束单色平行 X 射线以**掠射角**(入射 X 射线与晶面之间的夹角)α 入射于第一层晶面，并考虑以掠射角 φ 反射的散射波，则从相邻两离子散射的 X 射线间的光程差为

$$\overline{AD}-\overline{CB}=h(\cos\varphi-\cos\alpha)$$

式中，h 为该晶面层上相邻两离子间的距离. 只有当光程差为零或波长的整倍数时，散射波才能相互加强. 对于光程差为零的情形来说，即

$$h(\cos\varphi-\cos\alpha)=0$$

时，反射波合成的强度最大，这时有 $\varphi=\alpha$，即对于 X 射线来说，一个晶面层就好像一个平面镜，在符合镜面反射定律的方向上，散射 X 射线的光强最大. 由于 X 射线能够深入到晶体内部，所以接下来考虑由相邻晶面层散射的 X 射线间的相互干涉. 如图 20-37 所示，设两晶面层的间距为 d(晶格常数)，则从相邻两晶面层散射出来的 X 射线之间的光程差为

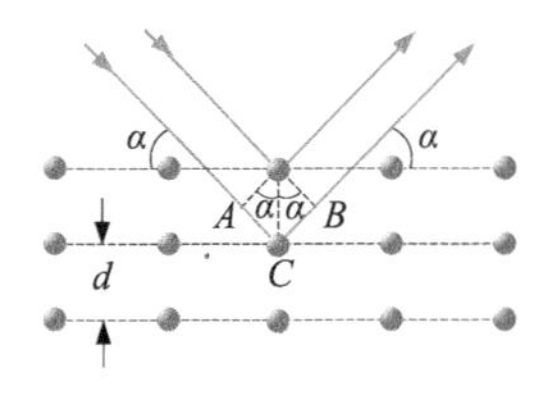

图 20-37 晶体的面间干涉

$$\overline{AC}+\overline{CB}=2d\sin\alpha$$

显然，只有当满足下述条件：

布拉格方程

$$2d\sin\alpha=k\lambda\,,\quad k=1,2,3,\cdots \tag{20-45}$$

时，从各晶面层散射的 X 射线会发生相长干涉，产生面间干涉主极大，形成一个亮斑. 式(20-45)称为**布拉格方程**.

应用布拉格方程时，应注意以下三点：①从不同方向看去，一块晶体内部可以分成许多晶面族，不同晶面族有不同的晶面间隔，对给定方向的入射光也有不同的掠射角. 这说明，在给定的入射光方向，有一系列的布拉格方程与之对应. ②当入射 X 射线的方向和晶面的取向给定后，布拉格方程中的 d 和 α 就已确定，这时，对于某一波长 λ 的 X 射线，可能并不能满足布拉格方程，也就没有主极大(亮斑)的出现. ③如果入射 X 射线的波长是连续分布的，则仅当入射 X 射线中含有波长为

$$\lambda=\frac{2d\sin\alpha}{k}$$

的 X 射线时，才能发生干涉相长.

利用已知波长 X 射线在晶体上的衍射，可以作晶体的结构分析，确定晶格常数；同时也可以利用已知晶格常数的晶体，来确定 X 射线的波长，从而研究 X 射线管中靶极材料的原子内层结构.

例题 20-10　X 射线衍射

将一束波长为 0.154nm 的平行 X 射线入射在单晶硅的一个确定的晶面族上. 当入射掠射角从零开始逐渐增大时, 发现第一次出现干涉极大是在掠射角为 34.5°的方向上. 问:

(1) 此晶面族相邻两晶面之间的距离为多少?

(2) 是否能在其他方向看到更高级次的干涉极大?

解　(1) 当第一次出现干涉极大时, k=1. 根据布拉格方程, 得该晶面族中相邻晶面之间的距离为

$$d=\frac{k\lambda}{2\sin\alpha}=\frac{1\times 0.154\text{nm}}{2\sin 34.5°}\approx 0.136\text{ nm}$$

(2) 能发现相长干涉的掠射角 α 必须满足下式:

$$\sin\alpha=\frac{k\lambda}{2d}=k\frac{0.154\text{nm}}{2\times 0.136\text{nm}}\approx 0.566\,k$$

显然, 当 $k\geqslant 2$ 时, 有 $\sin\alpha\geqslant 1$, 但这是不可能的. 所以除了第 1 级极大外, 不可能看到更高级次的干涉极大.

第 20 章练习题

20-1　在单缝夫琅禾费衍射实验中, 波长为 λ 的单色光垂直入射在宽为 $a=4\lambda$ 的单缝上, 对应于衍射角为 30°的方向, 单缝处的波阵面可以分为几个半波带?

20-2　在观察单缝夫琅禾费衍射时,

(1) 如果将单缝沿垂直于透镜光轴方向上下移动, 屏幕上的衍射图样是否变化? 为什么?

(2) 如果将线光源在垂直于透镜光轴方向上下移动, 屏幕上的衍射图样是否变化? 为什么?

20-3　用波长为 589nm 的平行光垂直照射宽为 1.0mm 的单缝, 在离缝 3.0m 远的屏幕上观察衍射图样. 问在中央明条纹一侧的头两个衍射极小之间的距离有多大?

20-4　用波长为 500nm 的平行光垂直照射一单缝, 缝后透镜的焦距为 40cm. 若衍射图样第 1 极小和第 5 极小之间的距离为 0.35mm, 求单缝的宽度.

20-5　用 λ=546nm 的平行绿光垂直照射缝宽 a=0.1mm 的单缝, 缝后面透镜的焦距 f=50cm. 求位于透镜焦平面处的屏幕上中央明条纹的宽度.

20-6　用波长 λ=632.8nm 的激光垂直照射单缝, 得其衍射图样的第 1 极小与单缝法线的夹角为 5°, 求该单缝的宽度.

20-7　一单色平行光垂直照射一单缝, 其第 3 级明条纹的位置恰好与波长为 600nm 的单色光垂直入射该缝时的第 2 级明条纹位置重合, 求该单色光的波长.

20-8　双缝可以看成是只有两条缝的光栅, 用单色平行光垂直照射双缝, 在单缝衍射的中央主极大宽度范围内恰好有 11 条干涉明条纹. 问两条缝中心的距离 d 与每条缝的宽度 a 之间有何关系?

20-9　一双缝衍射装置, 双缝间距为 0.10mm, 缝宽为 0.02mm, 用波长为 480nm 的单色光垂直入射于该双缝, 双缝后面透镜的焦距为 50cm.

(1) 求在透镜焦平面处的屏幕上, 干涉条纹的间距;

(2) 求单缝衍射中央明纹的宽度;

(3) 单缝衍射中央明纹的范围内有多少条干涉主极大?

20-10　在双缝夫琅禾费衍射实验中, 用波长 λ=632.8nm 的平行光垂直入射, 透镜的焦距 f=50cm. 观察到屏幕上两相邻明纹之间的距离为 1.5mm, 并且第 4 级明条纹缺级. 试求双缝中

心的间距 d 和缝宽 a.

20-11 用波长为 600nm 的单色平行光正入射于每毫米有 500 条刻线的光栅. 问第 1、第 2 和第 3 级明条纹的衍射角各为多少?

20-12 将氢原子光谱中波长为 656nm 的光(α 谱线)和波长为 410nm 的光(δ 谱线)正入射于每厘米刻有 4000 条线的光栅上,计算在第 2 级光谱中,这两条谱线间的角距离.

20-13 在第 1 级光谱中,每厘米刻有 6000 条线的透射光栅出现在衍射角 20°处的一条谱线的波长是多少?它的第 2 级明条纹的衍射角是多少?

20-14 用氦氖激光器的红光(632.8nm)垂直照射一光栅,已知第 1 级明纹出现在 38°的方向,问:

(1) 此光栅的光栅常数是多少?

(2) 此光栅上 1cm 内有多少条刻线?

(3) 第 2 级明条纹出现在什么角度?

20-15 波长为 600nm 的单色光垂直入射在一光栅上,第 3 级明纹出现在 $\sin\theta=0.30$ 处,第 4 级缺级,试问:

(1) 光栅上相邻两缝的间距是多少?

(2) 光栅上狭缝的宽度为多大?

(3) 求在 $-90°<\theta<90°$ 范围内实际呈现的全部明条纹级数.

20-16 一束平行光正入射于一衍射光栅,此光栅上 2.54cm 上刻有 5000 条刻线. 若在 $\theta=30°$ 的方向上观察到一条特别明亮的明条纹,求入射光中可能包含的光波的波长.

20-17 一束含有 500nm 和 600nm 两种波长的平行混合光,正入射于一光栅上,如果要求每个波长单色光的第 1、第 2 级明纹出现在 $\theta\leqslant30°$ 的方向上,并且 600nm 波长的光的第 3 级明纹是缺级,求:

(1) 此光栅的光栅常数;

(2) 光栅上透光缝的宽度.

20-18 一衍射光栅宽 3.0cm,用波长为 600nm 的单色光正入射,第 2 级明纹出现在 $\theta=30°$ 方向上,求该光栅上总的刻线数.

20-19 平均波长 $\lambda=656.3$nm 的双红线,是从含有氢原子与氘原子混合物的光源发出的,此双红线的波长间隔 $\Delta\lambda=0.18$nm. 若某光栅恰好能够在第 1 级光谱中把这两条谱线分辨开来,求这光栅所需的最小刻线数.

20-20 用每毫米有 500 条缝的光栅观察钠光谱中的双线. 钠双线中的两条黄色谱线的波长分别为 589.0nm 和 589.6nm.

(1) 入射平行光以 $i=30°$ 角斜入射于该光栅时,可看到的最高谱线级次是多少?并与垂直入射时比较.

(2) 若在第 3 级谱线处恰能分辨出钠双线,此光栅上至少要有多少条缝?

20-21 哈勃太空望远镜的直径为 2.4m,对于波长为 550nm 的可见光,它的最小分辨角为多大?

20-22 (1) 帕洛马山(Palomar)天文台的 2.54×200cm 直径的海耳望远镜,在观察 600nm 波长的单色光时,最小分辨角是多大?

(2) 设在美国波多黎各阿里西玻(Arecibo)谷地的射电望远镜直径为 305m,当它用来检测波长为 4cm 的无线电波时,这台射电望远镜的最小分辨角是多少?并把它与帕洛马山天文台的望远镜作比较.

20-23 遥远天空中的两颗星恰好被阿列亨(Orion)天文台的一架折射望远镜所分辨,设物镜的直径为 2.54×30cm,入射光波长 $\lambda=550$nm.

(1) 求它的最小分辨角;

(2) 如果这两个恰可分辨的星球离地球的距离为 10 光年,求这两星之间的距离.

20-24 在迎面驶来的汽车上,两盏前灯相距 120cm. 试问当汽车离人多远时,眼睛恰可分辨这两盏灯?设夜间人眼瞳孔直径为 5.0mm,入射光波长为 550nm.

20-25 大熊星座中的 ζ 星是一对双星. 双星的角距离是 14″. 为了能在观察该双星时可以将它们分辨开来,需要用直径多大的望远镜?(光的波长取 550nm)

20-26 据说间谍卫星上的照相机能清楚地识别地面上汽车的牌照号码.

(1) 如果需要识别的牌照上的字划间距为 5cm,则在离地面 160km 高空的卫星上,照相机的最小分辨角为多大?

(2) 此照相机的孔径需要多大? 光的波长按500nm计.

20-27 用肉眼观察星体时，星光通过人眼瞳孔的衍射在视网膜上形成一个小亮斑.

(1) 设夜晚瞳孔的直径为7.0mm，入射光波长为550nm，星光通过人眼时的角宽度为多大?

(2) 瞳孔到视网膜的距离为23mm，视网膜上星体的像的直径多大?

(3) 在视网膜中央小凹(直径0.25mm)中的柱状感光细胞每平方毫米约有 1.5×10^5 个. 星体的像照亮了几个这样的细胞?

20-28 将单色X射线投射到NaCl晶体上，NaCl晶体的晶面间距为0.3nm，当入射线与法线方向成60°角时，观察到第1级强反射. 求X射线的波长.

20-29 在比较两条单色X射线的谱线时，注意到谱线A在与一个晶体的晶面成30°的掠射角时得到第1级反射极大；另一条已知波长为0.097nm的谱线B，在与同一晶体的同一晶面成60°的掠射角时，给出第3级的反射极大. 试求谱线A的波长.

20-30 用方解石晶体分析X射线的组成. 已知方解石的晶格常数为 3.029×10^{-10}m. 如果在43°20′和40°20′的掠射方向观察到两条谱线的1级主极大，试求这两条谱线的波长.

20-31 一束X射线不是单色的，其波长范围从0.095nm到0.130nm，晶体的晶格常数 d=2.75Å. 当这束X射线以掠射角45°入射时，问能否产生强反射? 求出能产生强反射的那些波长.

20-32 1927年戴维孙和革末通过电子束在镍晶体上的衍射(散射)实验证实了电子的波动性. 实验中电子束垂直入射到晶面上，在 α=50°的方向测到了衍射电子流的极大强度(题20-32图). 已知晶面上原子间距为 h=0.215nm，求与入射电子波相应的电子波波长.

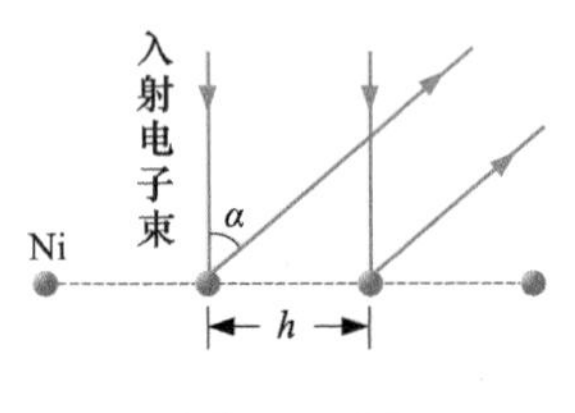

题20-32图

第20章练习题答案

第21章 光的偏振

太阳发出的光是非偏振光，但当太阳光被大气中的空气分子和尘埃微粒散射后就成为偏振光．可见光谱中波长较短的蓝色光散射最明显，所以晴朗的天空看上去是蓝色的．光的偏振性可以用偏振滤光镜来检验．左图是没有用偏振滤光镜时拍摄的天空中的云彩，照片中大气的颜色是蓝色的．而右图是当蓝色偏振光被偏振滤光镜滤除后的同一场景，天空的颜色明显变暗

光的干涉和衍射现象说明光具有波动性，但无论是横波还是纵波都能产生干涉和衍射，所以光的波动性并不能确定光是横波还是纵波，只有光的偏振现象才能够说明光的横波性．早在1669年，丹麦科学家巴塞林那斯在观察冰洲石(方解石晶体)时，首次发现了光的双折射现象．1808年，法国物理学家马吕斯通过观察光从玻璃上的反射发现了光的偏振现象，并提出了偏振的概念．1817年，托马斯·杨首次提出了光波是横波．直到1865年麦克斯韦建立了电磁场理论，并提出光是电磁波，从而使光的偏振现象得到了合理的解释．光的偏振现象反过来也成为光的电磁理论最有力的实验证据．

人眼能看到立体的景物是因为左眼和右眼看景物时的视角略有不同．采用偏光式3D技术拍摄立体电影，早在1922年就被提出来了，现在已经在大银幕上实现了质量很好的彩色立体电影．这种电影在拍摄时同时

光波是指特定频率范围内的电磁横波，光源中每一个分子或原子发出的光波列中，电矢量(光矢量)的振动方向始终在一个平面内，并且和光的传播方向垂直，光波的这种基本特征称为光的偏振．光在介质内传播或光在介质表面反射和折射时，作为电磁波的光波会与介质发生相互作用，这种相互作用的结果使电磁场的能量被介质选择性地吸收、反射、折射和散射，从而使光矢量在振动方向上受到了一定的选择和限制，出现了与光的横波性相应的各种现象．由于普通光源发光的复杂性，以及光在不同介质中传播时，受介质电磁特性的影响，光波中的电矢量在垂直于光传播方向的平面内，可能有

用两部摄影机，分别模仿人的左眼和右眼. 放映时，左右两个画面以偏振化方向相互垂直的偏振光投射在不会破坏偏振方向的金属银幕上，所以用裸眼观看时银幕上是两个画面的重叠双影. 当观众戴上偏振化方向相互垂直的特制偏光眼镜时，可以分别获取两部摄影机拍摄的画面，以实现立体效果

不同的振动状态，称为光的偏振状态. 本章在介绍了光的各种偏振状态之后，讨论了几种获得线偏振光的方法以及检验线偏振光的方法. 然后介绍光在双折射晶体中的传播和利用单轴双折射晶体产生圆偏振光和椭圆偏振光. 接下来讨论偏振光的干涉及其应用. 最后简单介绍了人为双折射和旋光现象等.

21.1 光的偏振状态

光的电磁理论指出，光是电磁横波，但能产生视觉和感光作用的是其中的电场强度矢量(光矢量). 普通光源中每一个分子或原子单次发光所发出的光波列如图 21-1 所示. 图中电矢量(光矢量)$\boldsymbol{E}$ 的振动方向垂直于光的传播方向，由光矢量 $\boldsymbol{E}$ 与光的传播方向 $\boldsymbol{r}$ 所构成的平面称为**振动面**. 若从垂直于光传播方向的平面上看，一个光波列的光振动在该平面上的投影是一条直线，所以每一个光波列都是**线偏振**的. 但是，普通光源发出的光是由大量分子或原子所发出的持续时间很短的波列所组成的，这些波列的振动方向和相位是随机的、无规律的. 因此从与传播方向垂直的平面上看去，这些光振动的投影取遍所有可能的方向. 按照统计规律，无论哪个方向的振动都不比其他方向更具有优势，即光矢量的振动在垂直于光传播方向的平面上是均匀分布的(图 21-2a). 具有这种特征的光称为**自然光**或**非偏振光**. 普通光源发出的光都是非偏振光.

自然光或非偏振光 ▶

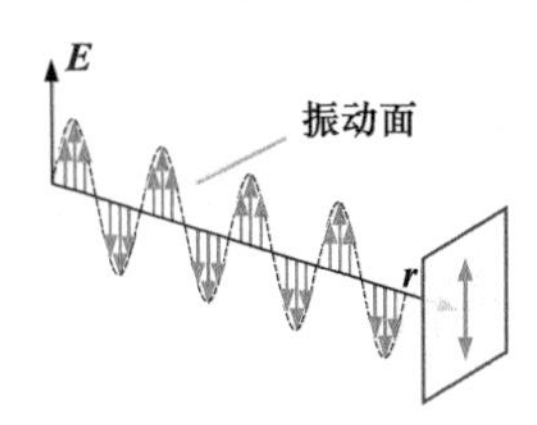

图 21-1 单个原子一次发出的光波列是线偏振的，振动面由光矢量和光的传播方向决定

为了方便讨论自然光，按照矢量分解的概念，将每一个波列的光矢量都沿 x 和 y 方向进行分解，然后将所有波列的光矢量在这两个方向的分量相叠加，就可以把自然光分解为两个相互垂直、振幅相等但没有确定相位关系的光振动，这两个光振动各具有自然光总能量的一半，如图 21-2b 所示. 自然光可以简单地用图 21-2c 所示的图形表示，其中短线和圆点分别表示平行于纸面的光振动(平行分量)和垂直于纸面的光振动(垂直分量). 由于自然光中这两个分量一样强，所以表示自然光的光线上所画的短线和圆点一样多.

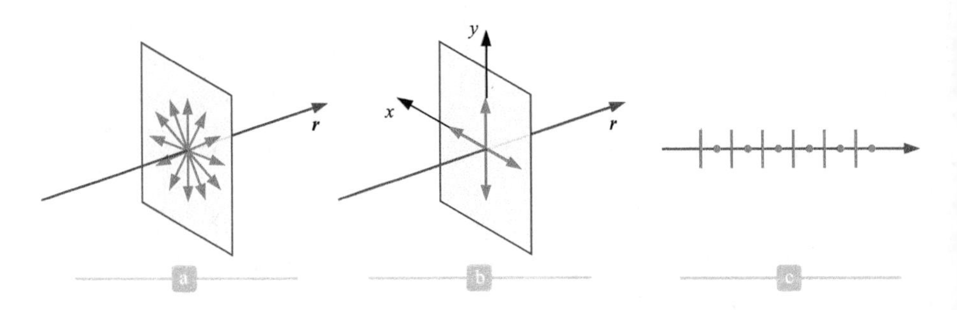

图 21-2 a.自然光中所有光波列的振动方向在垂直于光线的平面内均匀分布. b.光振动分解为两个垂直分量. c.自然光的表示方法

如果在光学实验中，采用某种方法将自然光中两个相互垂直的独立振动分量中的一个吸收或移走一部分，使两个独立振动分量的振幅不相等，就得到了**部分偏振光**(图 21-3a). 在我们周围看到的很多光都是部分偏振光，比如抬头看到的“天光”是部分偏振光，湖面反射的光也是部分偏振光. 只是我们的眼睛不能分辨光的偏振状态，而要借助于一定的光学元件才能够区分它

部分偏振光 ▶

们. 部分偏振光可以用数量不等的短线和圆点表示(图21-3b). 若短线多于圆点，表示平行分量大于垂直分量；圆点多于短线则表示垂直分量大于平行分量.

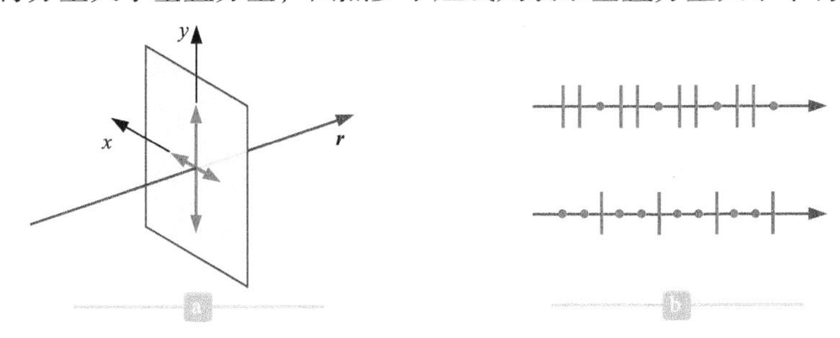

图 21-3 a. 部分偏振光的两个独立的垂直振动分量不相等. b. 部分偏振光的表示方法

如果将两个相互垂直独立振动分量中的一个完全吸收或移走，只剩下另一个方向的光振动，这样就得到了**完全偏振光**(图 21-4a). 因为完全偏振光的光矢量保持在一个固定的振动面内，且光振动在垂直于传播方向的平面上的投影为一条直线，所以又称为**平面偏振光**或**线偏振光**. 图 21-4b 为线偏振光的表示方法. 如果线偏振光的振动面或振动方向在纸面内，则仅用短线表示；若振动面或振动方向垂直于纸面，则仅用圆点表示.

◀ 完全偏振光(又称平面偏振光或线偏振光)

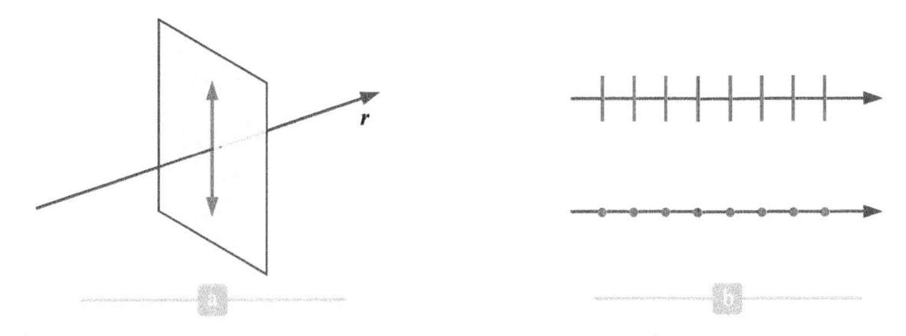

图 21-4 a. 线偏振光在垂直于光线的平面内只有一个方向的光振动. b. 线偏振光的表示方法

有一种完全偏振光的光矢量 $\boldsymbol{E}$ 在向前传播的同时，还绕着传播方向匀速转动. 如果光矢量在转动的同时，其振幅大小不断变化，使光矢量的端点在垂直于传播方向平面内的轨迹为一个椭圆，这种光就称为**椭圆偏振光**. 如果光矢量在转动时振幅大小不变，则称为**圆偏振光**. 根据光矢量旋转方向的不同，又分为**左旋(椭)圆偏振光**和**右旋(椭)圆偏振光**(图 21-5a、b).

◀ 椭圆偏振光和圆偏振光

根据本书上册第6章关于两个同频率垂直简谐振动合成的规律，左旋(椭)圆偏振光是两个沿 x 和 y 方向的同频率振动当 x 方向的振动相位超前 y 方向振动相位 $\pi/2$ 时的合成. 而右旋(椭)圆偏振光是当 y 方向的振动超前 x 方向振动 $\pi/2$ 时的合成.

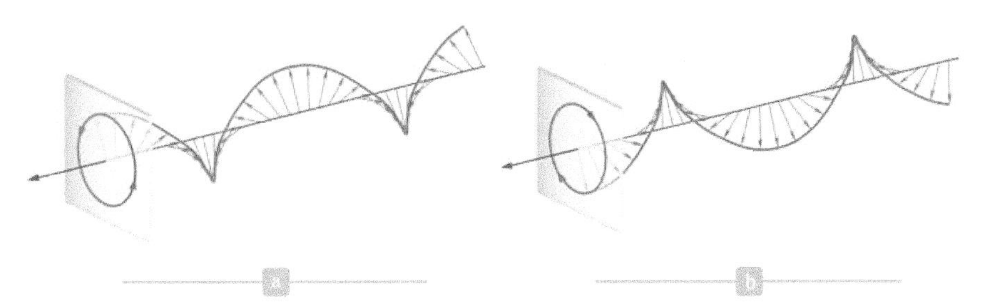

图 21-5 a. 左旋(椭)圆偏振光. b. 右旋(椭)圆偏振光

相对于自然光(非偏振光)和部分偏振光而言，线偏振光是完全偏振的. 可以说，部分偏振光是介于自然光和完全偏振光之间的一种偏振状态. 理论分析表明，部分偏振光可以看作是线偏振光和自然光的混合.

本章讨论的重点是线偏振光及其应用. 由自然光获得线偏振光，可以采用如下的几种方法：

(1) 由具有二向色性的物质对自然光中某一方向的振动选择性吸收产生线偏振光；

(2) 由自然光在两种介质表面的反射和折射产生线偏振光；

(3) 由光的散射获得线偏振光；

(4) 由双折射晶体产生的两束折射光获得线偏振光.

下面就这四种情况分别进行讨论.

21.2 偏振片的起偏和检偏 马吕斯定律

1. 起偏和检偏

起偏和检偏 ▶

偏振片 ▶

由自然光获得偏振光的过程称为**起偏**，能产生起偏作用的光学元件称为**起偏器**. 检验光的偏振状态的过程称为**检偏**，能检测光的偏振状态的光学元件称为**检偏器**. 实际上，起偏器同时也是一个检偏器，它们仅仅是在光路中的作用不同而已. 使用**偏振片**来作起偏器和检偏器是最方便的，其工作原理也是最容易理解的.

为了说明偏振片的工作原理，先介绍一种检验电磁波偏振状态的微波偏振检验装置. 如图 21-6 所示，A 为微波发射器，B 为微波接收器. 发射器发射的微波波长约为 3cm(波长从 1mm 到 1m 范围内的电磁波称为微波)，微波电矢量 $\boldsymbol{E}$ 的振动方向沿竖直方向(线偏振的). 在微波发射器和接收器之间放置一个由若干平行的金属导线做成的“线栅”，导线的方向与 A、B 的连线垂直，导线间的距离约为 1cm. 以 A、B 连线为轴转动线栅，当组成线栅的导线沿竖直方向，与入射微波电矢量的振动方向相同时，接收器完全接收不到微波信号. 随着线栅旋转，接收到的微波信号逐渐增强，而当导线沿水平方向时，接收器接收到的微波信号最强. 其原因可解释如下：当导线的方向为竖直方向时，它们与微波电矢量的方向相同，在微波电矢量的激励下，导线内产生了电流，电流做功将微波的能量转变成了焦耳热而损耗了，因此就没有微波可以通过导线线栅. 而当导线的方向为水平时，它们与微波电矢量的方向垂直，微波不能在导线中激励起电流，因此微波可以顺利地通过线栅而到达接收器. 这里的线栅就是一个检验微波偏振方向的检偏器.

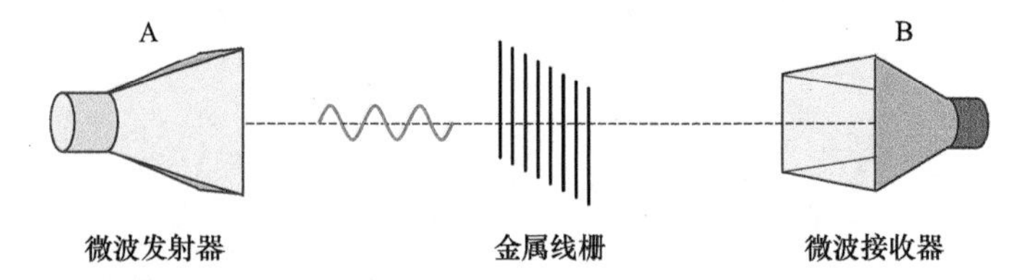

图 21-6 检验电磁波偏振性的微波偏振检验装置原理图

但微波偏振检验装置中的导线间距远大于光的波长，因此这样的线栅不能用于检验光的偏振状态. 有些天然的晶体对不同方向的光振动具有不同的吸收本领. 例如，呈六角形的片状天然电气石晶体(图 21-7)，其长对角线方向称为光轴，当入射光的光振动方向与光轴平行时，被吸收得较少，因此沿光轴方向的光振动分量可以通过电气石晶体；而当光振动的方向与光轴垂直时，被吸收得较多，因此垂直于光轴方向的光振动分量通过较少. 物质对相互垂直的两种光振动具有不同的吸收本领，称为**物质的二向色性**. 当自然光通过厚约 1mm 的电气石晶体时，垂直于光轴方向的光振动几乎全部被吸收，因此利用电气石晶体的二向色性可以制作偏振片.

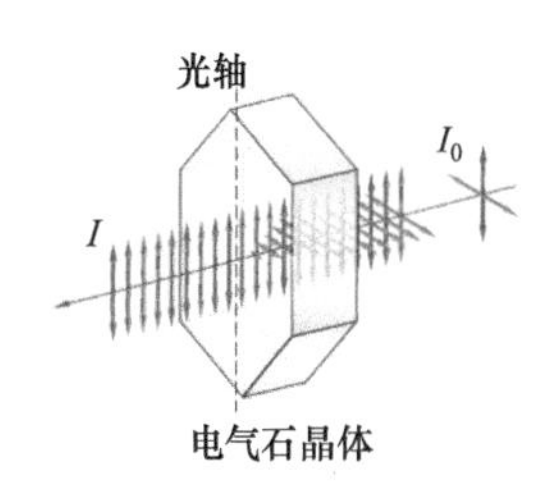

图 21-7 电气石晶体对垂直于光轴方向的光振动有较强的吸收，而对平行于光轴方向的光振动吸收较小，称为二向色性

现在，大量用于液晶显示器上的大尺寸偏振片是用人工方法制成的二向色性多晶体薄膜. 它是 1928 年由一位 19 岁的美国大学生兰德(E.H. Land)发明的. 将聚乙烯醇薄膜加热后沿一个方向拉伸，使其中的碳氢化合物分子沿拉伸方向形成长链状. 然后将此薄膜浸入富含碘的溶液中，使碘原子附着在长链形分子上而形成沿拉伸方向的一条条导电的碘链. 碘原子中的自由电子可以沿碘链的方向自由运动，相当于间隔很小的导线线栅. 这样的薄膜就成了能够对光的振动方向进行有选择吸收的偏振片. 入射光中与碘链方向相同的光振动被偏振片吸收而不能通过，垂直于碘链方向的光振动能够通过偏振片. 因此，垂直于碘链的方向就称为偏振片的**偏振化方向或透振方向**.

◀ 偏振化方向或透振方向

图 21-8 表示强度为 I_0 的自然光通过偏振片 P 后，成为振动方向为透光轴方向的线偏振光. 这里，偏振片 P 作为起偏器. 当旋转偏振片 P 时，出射的线偏振光的振动面将跟随一起转动，而透射线偏振光的强度 I 将保持不变. 这是因为自然光中所有分子或原子发出的光波列的光振动对称分布于垂直于光线的平面，它们沿任何方向分量叠加后的总光强 I 等于入射自然光总强度 I_0 的一半，即

$$I=\frac{I_0}{2} \tag{21-1}$$

◀ 自然光通过偏振片后的线偏振光光强 I 为入射自然光强 I_0 的一半

图 21-9a 所示是强度为 I_0 的线偏振光通过偏振片 P 时的情形. 当 P 的透振方向与入射线偏振光的光振动方向一致时，出射的线偏振光强度 I 最大，且 $I=I_0$. 当偏振片 P 的透振方向与入射线偏振光的光振动相互垂直时，入射光不能通过偏振片，出射光强为零，即 $I=0$. 如果以入射的线偏振光的传播方向为轴旋转偏振片 P，就会发现出射光经历着从最明亮($I=I_0$)到最暗($I=0$)的过程(称为**消光**)，之后再由最暗变回到最明亮. 在偏振片旋转一周的过程中，透射光强将出现两次最亮和两次最暗. 如果入射光是部分偏振光，当以入射光的传播方向为轴转动偏振片 P 时，透射光的光强也会出现明暗交替的变化，但透射光最暗时其光强不为零.

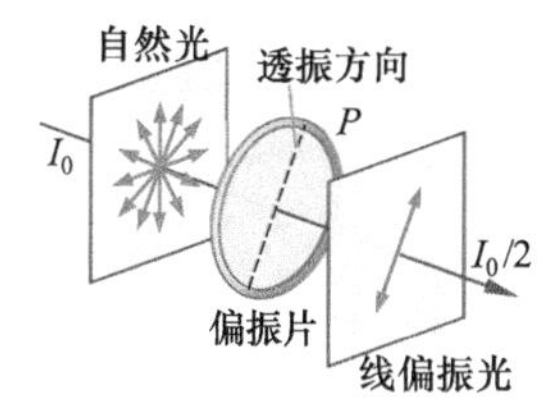

图 21-8 自然光（非偏振光）通过偏振片后成为线偏振光. 线偏振光的强度 I 为入射自然光强 I_0 的一半

由上讨论可见，当入射于偏振片的光可能是自然光、部分偏振光或线偏振光时，如果出射光的光强不变，则入射光是自然光；如果出射光的光强改变，但最小光强不为零，则入射光是部分偏振光；如果出射光的光强变化，且最小光强为零，则入射光是线偏振光. 这时的偏振片起到的是检偏的作用，是检偏器.

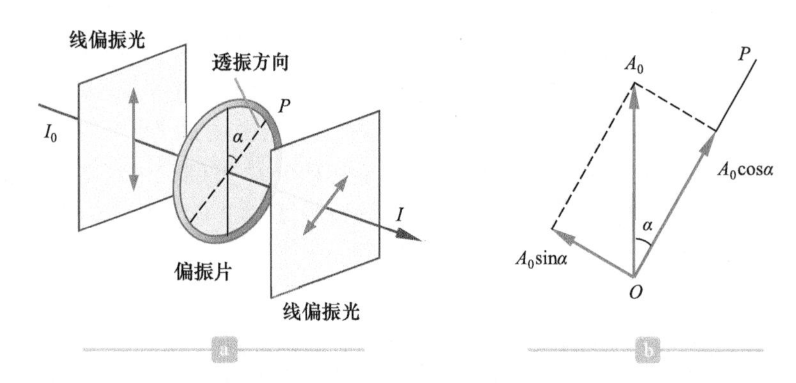

图 21-9 a.线偏振光通过检偏器后，透射线偏振光的振动方向与偏振片的透振方向相同，光强由马吕斯定律确定. b.线偏振光通过检偏器时的振幅矢量图

需要说明的是，用偏振片不能区分入射光是自然光还是圆偏振光，也不能区分入射光是部分偏振光还是椭圆偏振光. 关于圆偏振光和椭圆偏振光的检偏，将在本章 21.7 节中讨论.

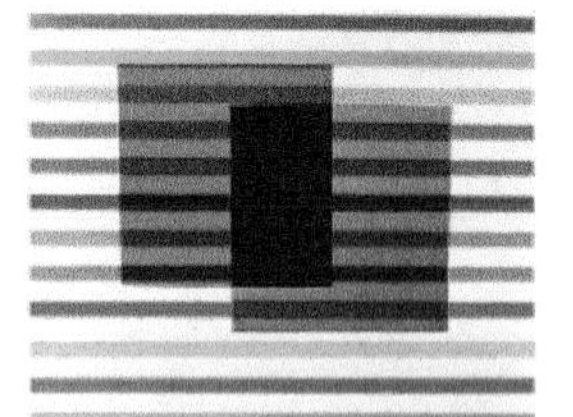

图 21-10 自然光通过一块偏振片时的光强减半，与偏振片的透振方向无关，但自然光不能通过透振方向相互垂直的两块偏振片

2. 马吕斯定律

自然光(非偏振光)通过检偏器后，出射的线偏振光的光强为入射自然光光强的 1/2，与偏振片透振方向的取向无关. 而当线偏振光通过检偏器后，出射线偏振光的光强与检偏器的透振方向和入射光振动方向之间的夹角有关，出射光强的大小遵守马吕斯(E.L. Malus)定律. 设 A_0 为图 21-9a 中入射线偏振光的振幅矢量，$I_0=A_0^2$ 为入射线偏振光的光强，入射光振幅矢量与偏振片透振方向 P 之间的夹角为 α，如图 21-9b 所示. 将 A_0 分解成沿透振方向的分量 $A_0\cos\alpha$ 和垂直于透振方向的分量 $A_0\sin\alpha$. 显然，只有沿检偏器透振方向的分量可以通过检偏器，即透射线偏振光的振幅 $A=A_0\cos\alpha$，于是透射线偏振光的光强为

马吕斯定律 ▶

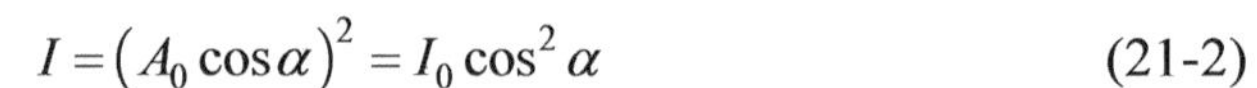

$$I=\left(A_0\cos\alpha\right)^2=I_0\cos^2\alpha \tag{21-2}$$

上式就是**马吕斯定律**. 该定律告诉我们，当入射光为线偏振光时，通过检偏器的光强 I 正比于入射线偏振光的光振动与检偏器透振方向夹角 α 的余弦平方. 如果 $\alpha=0$ 或 π，则 $I=I_0$，这时透射光强最大. 也就是说，此时入射线偏振光将全部通过检偏器；当 $\alpha=\pi/2$ 或 $3\pi/2$ 时，$I=0$，这时通过检偏器的光强为零，如图 21-10 所示.

偏振片在日常生活和工程技术中的应用很广泛. 自然光在光滑物体表面的反射光通常是部分偏振的，在拍摄诸如水面、玻璃陈列柜、油漆等表面时，常会出现耀斑或反光. 拍摄时，可在镜头前加装偏振滤光镜，通过适当旋转滤光镜就能阻挡被摄物体表面反射的一部分偏振光，以消除或减弱光滑物体表面的反射光或亮斑(图 21-11). 高山上皑皑的白雪会强烈反射太阳光，使登山运动员容易患上雪盲症. 运动员戴上由偏振片制成的太阳镜就可以起到保护眼睛的作用. 汽车在晚间行驶时会打开强光灯，当相向行驶的两辆汽车会车时，强烈的灯光会影响行车安全. 如果在车灯和前挡风玻璃上都安装透振方向相同并与水平线成 45°角的偏振片，则每个驾驶员只能看到自己的车灯发出的光照亮路面，而不会被对向行驶的车灯晃眼了.

图 21-11 a. 未使用偏振滤光镜. b. 使用了偏振滤光镜

例题 21-1 马吕斯定律的应用

强度为 I_0 的线偏振光入射在一块检偏器上，如果要求透射的线偏振光强度为入射光强度的 1/4. 问检偏器的透振方向与入射线偏振光振动面之间的夹角为多少？

解 设透射线偏振光的光强为 I，根据题意和马吕斯定律，有

$$\frac{I}{I_0}=\cos^2\alpha=\frac{1}{4}$$

或

$$\cos\alpha=\pm\frac{1}{2}$$

解得

$$\alpha=\pm60°,\pm120°$$

先使偏振片的透振方向与入射线偏振光的振动面方向一致，此时透射光强最大，$I=I_0$. 然后旋转偏振片，当转过 60°，120°，240°和 300°时，都能得到透射光强 $I=I_0/4$.

例题 21-2 两束自然光的光强之比

如图 21-12 所示，用两块偏振片分别作为起偏器和检偏器来观察两束单色自然光. 观察第一束自然光时，两块偏振片透振方向之间的夹角 $\alpha_1=30°$，观察第二束自然光时，$\alpha_2=60°$. 如果两次观察得到的透射光强相等，求两束自然光的光强之比.

解 单色自然光通过起偏器时，出射线偏振光的光强为入射自然光强的 1/2. 设两束入射单色自然光的强度分别为 I_1 和 I_2，从检偏器出射的线偏振光光强分别为 I_1' 和 I_2'，根据马吕斯定律，可得

$$I_1'=\frac{I_1}{2}\cos^2\alpha_1,\quad I_2'=\frac{I_2}{2}\cos^2\alpha_2$$

根据题意，$I_1'=I_2'$，即

$$\frac{I_1}{2}\cos^2\alpha_1=\frac{I_2}{2}\cos^2\alpha_2$$

于是得

$$\frac{I_1}{I_2}=\frac{\cos^2\alpha_2}{\cos^2\alpha_1}=\frac{\cos^2 60°}{\cos^2 30°}=\frac{1}{3}$$

即第一束入射自然光的光强是第二束入射自然光光强的 1/3.

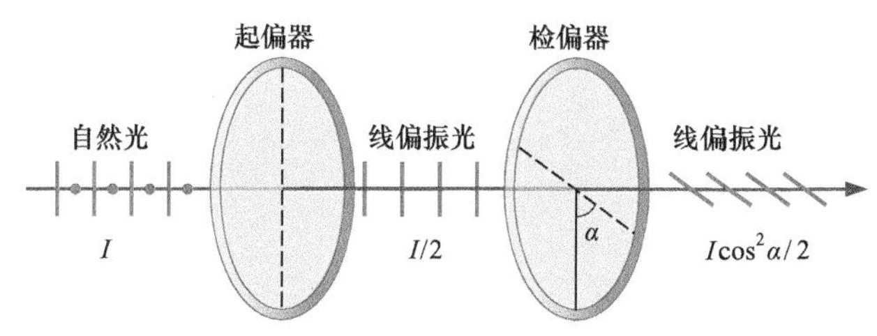

图 21-12 自然光通过起偏器和检偏器后的光强

例题 21-3 部分偏振光中线偏振光和自然光的比例

一束部分偏振光由线偏振光和自然光组合而成，当它通过一块偏振片时，透射线偏振光的光强随偏振片透振方向的变化而改变，最大透射光强为最小透射光强的 5 倍. 求入射的部分偏振光中，线偏振光与自然光这两个成分占入射总光强的比例.

解 设入射光中线偏振光的光强为 I_x，自然光的光强为 I_z，则入射部分偏振光的总光强 $I=I_x+I_z$. 当偏振片的透振方向垂直于入射线偏振光的振动方向时，入射光中的线偏振光不能通过偏振片，此时出射光强最小，为入射自然光强的一半

$$I_{\min}=\frac{1}{2}I_z$$

而当透振方向平行于入射线偏振光的振动方向时，入射光中的线偏振光全部通过偏振片，此时出射光的光强最大，为

$$I_{\max}=\frac{1}{2}I_z+I_x$$

根据题意，有

$$\frac{I_{\min}}{I_{\max}}=\frac{\frac{1}{2}I_z}{\frac{1}{2}I_z+I_x}=\frac{1}{5}$$

解得 $I_x=2I_z$，于是两种光占总光强的比例分别为

$$I_x=\frac{2}{3}I\text{，}\quad I_z=\frac{1}{3}I$$

例题 21-4 利用两块偏振片将线偏振光的光振动方向旋转 90°

如图 21-13 所示，在两块正交偏振片(偏振化方向相互垂直)P_1 和 P_3 之间插入另一块偏振片 P_2，一束光强为 I_0 的自然光垂直入射于偏振片 P_1. 转动偏振片 P_2 时，透过 P_3 的线偏振光的光强会发生变化，求透过 P_3 的光强与 P_2 和 P_1 之间夹角 α 的关系.

解 设通过 P_1、P_2 和 P_3 三块偏振片之后的光强分别为 I_1、I_2 和 I_3. 偏振片 P_1 为起偏器，自然光通过 P_1 后的线偏振光的光强为

$$I_1=\frac{1}{2}I_0$$

根据马吕斯定律，上述线偏振光通过 P_2 和 P_3 后的光强分别为(图 21-14)

$$I_2=I_1\cos^2\alpha=\frac{I_0}{2}\cos^2\alpha$$

$$I_3=I_2\cos^2\left(\frac{\pi}{2}-\alpha\right)=\frac{I_0}{2}\cos^2\alpha\sin^2\alpha$$

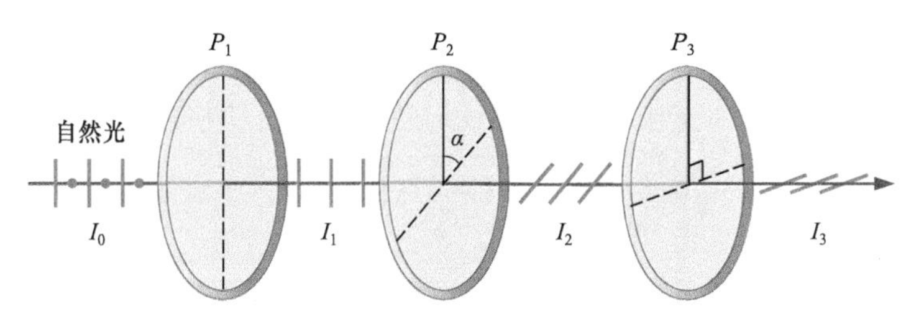

图 21-13 利用两块偏振片 P_2 和 P_3，可以将线偏振光的振动面偏转 90°

可见，通过 P_3 后的光强 I_3 与入射光强 I_0 的关系为

$$I_3 = \frac{1}{8} I_0 \sin^2 2\alpha$$

当上式中 α=45°时，$\sin^2 2\alpha$=1，此时出射线偏振光的光强最大，$I_3=I_0/8$.

由本题的讨论可见，利用两块偏振片可以将线偏振光的振动面旋转 90°，但旋转后的最大光强仅为入射线偏振光光强的 1/4，即 $I_3=I_1/4$.

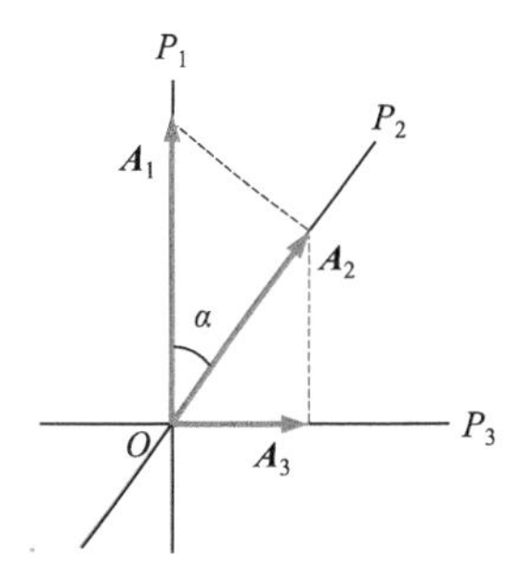

图 21-14 入射自然光通过偏振片 P_1、P_2 和 P_3 后的振幅矢量图

21.3 反射光和折射光的偏振 布儒斯特定律

当自然光在两种各向同性的均匀介质的分界面上反射和折射时，不仅光的传播方向会发生改变，光的偏振状态也会发生变化. 1808 年，马吕斯把偏振片对着从玻璃窗上反射回来的太阳光进行旋转，发现透过偏振片的光发生明暗交替的变化，并且光强最暗时不为零. 后来马吕斯又用偏振片观察其他光源从玻璃表面和从水面上的反射光，同样看到了这种情况. 由此，他肯定这些反射光线与光源直接发出的光线具有不同的性质，并指出反射光不再是自然光，而是部分偏振光. 实验表明：①一般情况下，反射光和折射光均为部分偏振光；②在反射光中，垂直于入射面的光振动分量(垂直分量)强于平行于入射面的光振动分量(平行分量)，而在折射光中平行分量强于垂直分量(图 21-15a)；③当入射角变化时，反射光和折射光的偏振化程度也随之变化.

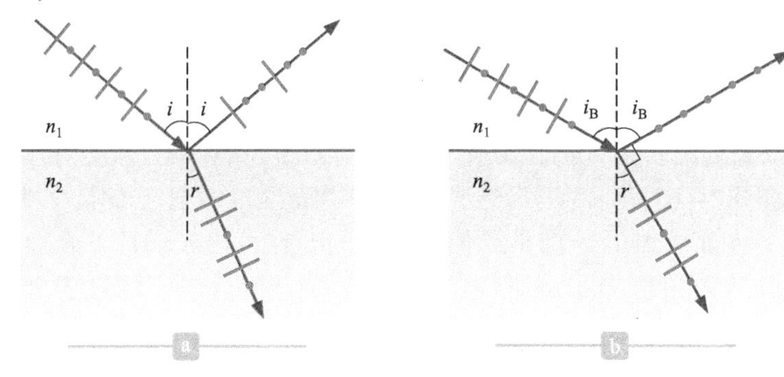

图 21-15 自然光入射于两种介质的分界面. a. 一般情况下，反射光为垂直振动多于平行振动的部分偏振光. b. 当入射角为布儒斯特角时，反射光为只有垂直振动的线偏振光

当入射角 i 等于某一特定的角度时，反射光中的平行振动分量为零，反射光变为只有垂直振动的线偏振光，这个特定的入射角称为**起偏振角**，用 i_B 表示. 实验指出，当自然光以起偏振角 i_B 入射到两种介质的分界面上时，反射光线和折射光线相互垂直(图 21-15b)，即

◀ 起偏振角或布儒斯特角

$$i_B + r = 90° \tag{21-3}$$

根据折射定律，有

$$n_1 \sin i_B = n_2 \sin r$$

式中，n_1 和 n_2 分别为入射方介质的折射率和折射方介质的折射率. 由以上两式可得

$$n_1 \sin i_B = n_2 \sin(90° - i_B) = n_2 \cos i_B$$

于是

$$\tan i_B = \frac{n_2}{n_1} = n_{21} \tag{21-4}$$

式中，$n_{21}=n_2/n_1$ 称为介质 2 对介质 1 的**相对折射率**. 式(21-4)是由布儒斯特(D. Brewster)在 1812 年由实验确定的，称为**布儒斯特定律**. 起偏振角 i_B 也称为**布儒斯特角**.

布儒斯特定律 ▶

例题 21-5　光在空气和玻璃分界面上的布儒斯特角

(1) 求自然光从折射率为 1.00 的空气入射到折射率为 1.52 的玻璃表面时的布儒斯特角.

(2) 求自然光从玻璃入射到空气表面时的布儒斯特角.

解　(1) 当自然光从空气入射到玻璃表面时，$n_1=1.00$，$n_2=1.52$. 根据布儒斯特定律得此情况下的布儒斯特角为

$$i_B = \arctan\frac{n_2}{n_1} = \arctan 1.52 = 56.7°$$

(2) 当自然光从玻璃入射到空气表面时，$n_1=1.52$，$n_2=1.00$. 这时的布儒斯特角为

$$i_B' = \arctan\frac{n_1}{n_2} = \arctan\frac{1}{1.52} = 33.3°$$

可见，i_B 和 i_B' 互为余角.

需要说明的是，因为反射光的光强远小于折射光，所以当自然光以布儒斯特角入射于两种介质的分界面时，尽管反射光为线偏振光，但反射光仅占入射光中垂直振动的一小部分，光强较弱；折射光为部分偏振光，但它占有入射光的全部平行振动和大部分垂直振动，光强较强. 为了增强反射线偏振光的强度，以及提高折射光的偏振化程度，可以把多块玻璃片堆叠起来，成为玻璃片堆，如图 21-16 所示. 当自然光以布儒斯特角 i_B 入射于玻璃片堆时，在每块玻璃片上表面反射的光都是线偏振光，同时在每块玻璃片下表面入射的部分偏振光的入射角也为布儒斯特角(见例题 21-5). 所以，经过多个玻璃表面的反射和折射，反射光中的垂直振动成分逐渐增强，同时折射光的垂直振动成分逐渐减弱，而使折射光的偏振化程度变高. 只要玻璃片数足够多，反射光和折射光就成为偏振化方向相互垂直的线偏振光.

激光器发出的光是线偏振的. 在外腔式氦氖激光器中，谐振腔的两端均装有布儒斯特窗，当激光以布儒斯特角 i_B 入射到布儒斯特窗上时，垂直于入射面的光振动被反射掉，而平行于入射面的光振动不发生反射. 利用这种布儒斯特窗，可以减少激光的反射损失，以提高激光的输出功率.

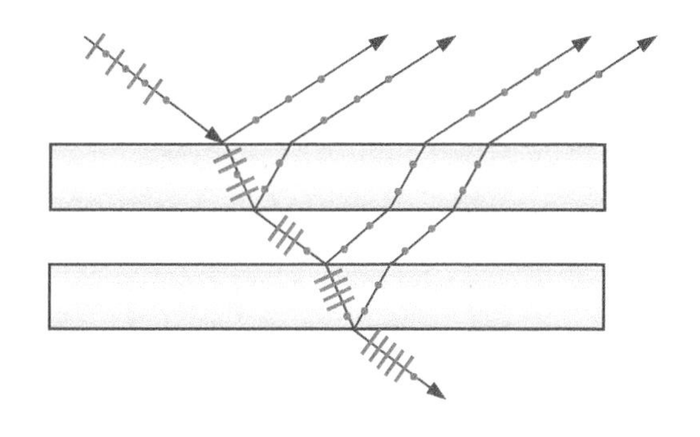

图 21-16 自然光以布儒斯特角入射于玻璃片堆时，可以增强反射线偏振光的强度，同时可以提高透射光的偏振化程度

21.4 散射光的偏振

太阳发出的光是非偏振光，但就像本章开头提到的那样，当你仰望天空时，你看到的“天光”是部分偏振光. 因此“天光”通过旋转的偏振片时，会出现明暗交替的变化，这种部分偏振光是空气分子或大气中的微尘对太阳光散射的结果. 正是这种散射，才使你能在有扬尘的室内看到从窗外射进来的阳光，也使你能看到演唱晚会舞台上发出的强烈激光束.

一束光在射到空气中的微粒或分子上时，在入射光电矢量的激励下，分子中的电子会沿电矢量的方向发生振动，振动的电子就像一个振荡偶极子，会向其周围各个方向辐射电磁波(即光波)，这种现象称为**光的散射**. 图 21-17a 所示为一束沿竖直方向振动的线偏振光射到一个分子上，使分子中的电子沿入射线偏振光的光矢量方向(竖直方向)振动. 根据第 18 章关于振荡偶极子辐射电磁波的理论，沿竖直方向振动的电子所辐射光波的振动方向与偶极子的振动方向相同，即振动电子辐射的是与入射线偏振光振动方向相同的线偏振光. 同时，辐射光的强度在垂直于振荡偶极子的方向最强，而在沿电子振动方向强度为零. 因此，在图 21-17a 中 A 处和 B 处的观察者接收到的光强最大，而在 C 处的观察者接收到的光强为零.

◀ 光的散射现象

如果入射光是非偏振光(自然光)，则光振动在垂直于光传播方向的平面上均匀分布(图 21-17b)，因此分子中的电子也在垂直于光传播方向平面内的各个方向振动，所以正对着来光方向的观察者 A 能看到沿各个方向的散射光，即观察者 A 看到的依然是自然光. 而垂直于光传播方向的观察者 B，只能看到沿竖直方向振动的电子发出的光，却不能看到沿水平方向振动的电子发出的光，因此观察者 B 看到的是沿竖直方向振动的线偏振光. 而处于 A、B 之间的观察者 C 看到的则是竖直振动多于水平振动的部分偏振光.

由上所述，在平行于太阳光的方向，空气中的分子和微尘散射的太阳光是自然光，在垂直于太阳光方向散射的太阳光的偏振化程度最高，而在其他方向散射光的偏振化程度随观察的方向变化而变化. 人的眼睛是不能分辨光的偏振状态的，但有些动物的眼睛对光的偏振却很敏感. 比如蜜蜂的每个复眼都包含有几千个小眼，实验表明，这些小眼能根据光的偏振化程度确定太阳的方位，并以太阳的位置作为参考来判断方向，所以蜜蜂能够准确地在蜂巢和花丛间飞行是借助于偏振光来导航的.

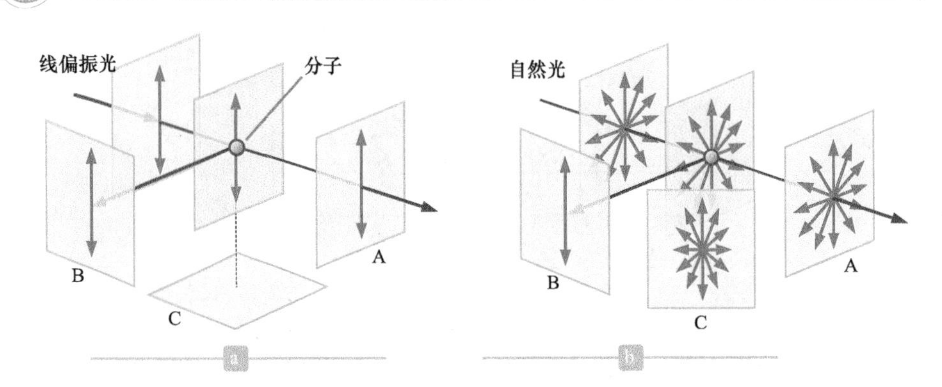

图 21-17 a. 沿某一方向振动的分子辐射的线偏振光. b. 自然光被大气中的分子散射时，散射光在各方向的偏振状

图 21-18 日出或日落时，太阳光穿过的大气厚度较大，大多数蓝光被散射，所以太阳和周围的大气呈现橙红色

另外，散射光的强度与入射光频率的 4 次方成正比，这说明光的波长越短散射越强，太阳光中波长较短的蓝光要比波长较长的红光散射得更厉害. 因此，晴朗的天空看上去是蓝色的. 但在日出和日落时，太阳光的方向几乎与地平线平行，这时太阳光在大气层中传播的距离较长，太阳光中蓝色的成分大多被散射掉了，因此当你正对着太阳观看日出和日落时，太阳和周围的大气看上去是橙红色的(图 21-18).

21.5 光的双折射

1. 光的双折射现象

一般情况下，光在液体、塑料、玻璃等这类无定形物体和立方系晶体(如岩盐)中传播时，光的速度与光的传播方向无关，也与光的偏振状态无关. 物体的这种性质被称为**各向同性**. 一束光射到各向同性介质的表面时，其折射光线只有一束，并且服从折射定律. 但许多晶体，比如方解石晶体、石英晶体等却显示出**各向异性**的特点. 当一束自然光射到各向异性的介质上时，将产生两束折射光. 一束入射光被分成两束折射光的现象，称为**双折射现象**. 本节主要以方解石晶体为例讨论光的双折射现象.

双折射现象 ▶

方解石又名冰洲石，是透明的碳酸钙($CaCO_3$)晶体. 实验表明，方解石的双折射现象十分明显. 如图 21-19 所示，将方解石晶体放置在一支铅笔上，或放置在一张有字的纸面上，将看到铅笔或字的双重影像. 这说明一束入射光进入方解石晶体后被分成了两束折射光.

如图 21-20 所示，将一束自然光垂直入射于方解石晶体而产生两束折射光，如果将晶体绕入射光的方向转动，发现其中一束折射光仍按入射光的方向在晶体中传播，而另一束光则随着晶体的转动绕前一束光转动. 根据折射定律，当入射角 i=0 时，折射角 r=0，即折射光应该仍按原来的方向传播，可见沿原方向传播的那束折射光遵守折射定律，而另一束折射光则不遵守折射定律. 更一般的实验表明，当改变入射角 i 时，两束折射光中的一束恒遵守折射定律，这束折射光线称为**寻常光线**，通常用 o 表示，简称 **o 光**. 另一束折射光则不遵守折射定律，即当入射角 i 改变时，$\sin i/\sin r$ 的比值不是一个常数，该光束一般也不在入射面内，这束光线称为**非常光线**，通常用 e 表示，

寻常光线(o 光)与非常光线(e 光) ▶

简称 **e 光**. 如果用偏振片来检验这两束折射光，发现 o 光和 e 光都是线偏振光.

图 21-19 光通过方解石晶体后产生的双折射现象

大多数晶体都是各向异性的物质. 由于非常光线(e 光)在晶体内沿不同方向传播时，$\sin i/\sin r$ 的比值不是一个常数，即 e 光的折射率是随它在介质中传播方向的不同而改变的，由于折射率和光的传播速度有关，说明 e 光在晶体内的传播速度也是随传播的方向不同而改变的. 寻常光线(o 光)则不同，它在晶体中传播时，沿各个方向的折射率以及传播速度都是相同的.

◀ 晶体的光轴

研究表明，在双折射晶体内存在着某些特殊的方向，当光沿这些方向在晶体内传播时，o 光和 e 光的折射率相等，传播的速度也相等，这说明当光在晶体内沿这些方向传播时，不发生双折射现象，这些特殊的方向称为**晶体的光轴**. 天然形成的方解石晶体是六面棱体，有八个顶点(图 21-21a)，其中有两个特殊的顶点 M 和 N，与 M、N 两个顶点相交的三条棱边之间的夹角均为 102°的钝角. 从顶点 M 或 N 引出一条直线，使它和该顶点的各邻边成相等的夹角，则该直线即是方解石晶体的光轴.

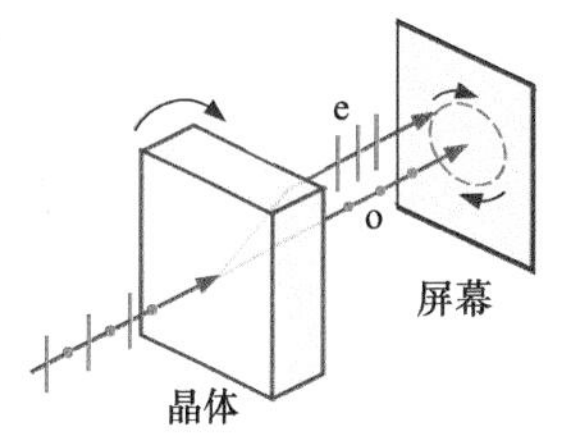

图 21-20 光的双折射现象

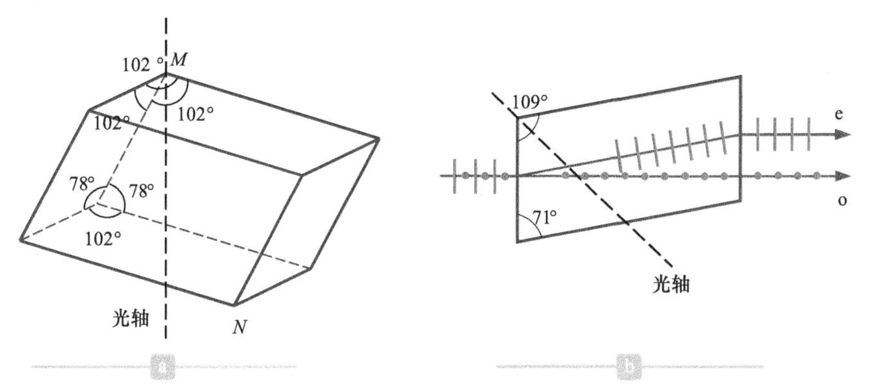

图 21-21 a.方解石晶体的结构和光轴方向. b.当 o 光和 e 光的主平面都在入射面内时，o 光和 e 光的振动方向相互垂直

必须指出，光轴表示的是晶体内的一个特殊方向，而不是指晶体内一条唯一的直线. 所有与该特殊方向平行的直线都可以称为光轴. 因此，在晶体中的任意一点，都可以定出通过该点的光轴. 只有一个光轴方向的晶体，称为**单轴晶体**，方解石、石英、红宝石等是常见的单轴晶体. 有两个光轴方向的晶体称为**双轴晶体**，云母、硫磺、蓝宝石等是双轴晶体. 由于双轴晶体的双折射现象更为复杂，因此本章只讨论单轴晶体的双折射现象.

◀ 单轴晶体和双轴晶体

在晶体内，由光轴和寻常光线(o 光)决定的平面称为 **o 光主平面**，**o 光光矢量的振动方向垂直于 o 光主平面**. 由光轴和非常光线(e 光)决定的平面称为 **e 光主平面**，**e 光光矢量的振动方向平行于 e 光的主平面**. 一般情况下，因为 e 光不一定在入射面内，而 o 光一定在入射面内，所以 o 光主平面和 e 光主平

◀ o 光和 e 光的主平面

面一般并不重合，有一个不大的夹角. 但是，当晶体的光轴在入射面时，o 光主平面、e 光主平面和入射面重合在一起，这时 o 光振动方向和 e 光振动方向相互垂直(图 21-21b). 在实际应用时，都有意选择光轴在入射面内的情形，这可以简化问题的分析.

2. o 光和 e 光在单轴晶体中的传播

在晶体中，寻常光线和非常光线传播的速率一般是不同的. 假设在单轴晶体内有一个子波源 O，由于寻常光线在晶体内各个方向的传播速率相同，所以某时刻 o 光的子波波面(o 波面)为球面. 而非常光线在晶体内沿各个方向的传播速率是不同的，所以同一时刻 e 光的子波波面(e 波面)为旋转椭球面. 但由于沿光轴方向没有双折射现象，两束光在光轴方向传播时的速率是相等的，因此上述两个子波波面同一时刻在光轴上相切，如图 21-22 所示. 在垂直于光轴方向，两光束的速率相差最大.

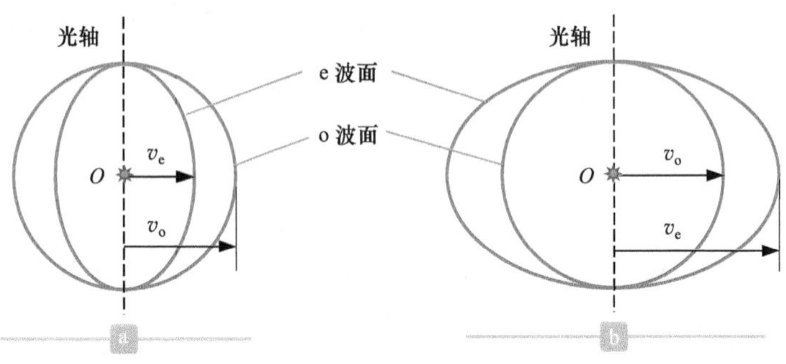

图 21-22 晶体中的子波波面. a.正晶体. b.负晶体

用 v_o 表示 o 光在晶体中的传播速率，v_e 表示 e 光在晶体中沿垂直于光轴方向的传播速率，对于 $v_o>v_e$ 的晶体，旋转椭球面的半长轴与球面半径相等，球面包围椭球面(图 21-22a)，这类晶体(如石英晶体)称为**正晶体**. 而对于 $v_e>v_o$ 的晶体，旋转椭球面的半短轴与球面半径相等(图 21-22b)，这类晶体(如方解石晶体)称为**负晶体**.

正晶体和负晶体 ▶

根据折射率的定义，在晶体中 o 光的折射率 $n_o=c/v_o$，由于 o 光在晶体中沿各方向的传播速率 v_o 相同，所以 o 光的折射率是由晶体材料的性质决定的常数，与光在晶体中的传播方向无关. 但 e 光在晶体内沿各方向传播的速率不同，不存在普通意义上的折射率，通常把真空中的光速 c 与 e 光沿垂直于光轴方向传播速率 v_e 的比值，称为 **e 光的主折射率**，即

e 光的主折射率 ▶

$$n_e=\frac{c}{v_e} \tag{21-5}$$

o 光折射率 n_o 与 e 光主折射率 n_e 是单轴晶体的两个重要光学常数. 一些单轴晶体对于钠黄光(λ=589.3nm)的 n_o 与 n_e 列于表 21-1 中.

表 21-1 几种双折射晶体的 n_o 和 n_e(对波长为 589.3nm 的钠光)

晶体	n_o	n_e
方解石	1.6584	1.4864
电气石	1.669	1.638

续表

晶体	n_o	n_e
石英	1.5443	1.5534
冰	1.309	1.313
金红石(TiO_2)	2.616	2.903

下面根据惠更斯原理，利用作图法绘出 o 光和 e 光在方解石晶体内的波阵面，并说明光在单轴晶体中的双折射现象. 方解石晶体为负晶体，除了沿光轴方向外，e 光在晶体内各方向的传播速率均大于 o 光. 图 21-23～图 21-25 所示的方解石晶体都经过切割加工，使光轴方向与晶体表面的关系如各图所示.

1) 平行自然光正入射，光轴垂直于晶体表面(图 21-23a)

设入射光为平行自然光，由于是正入射，图中两光线同时传播到晶体表面的 A、B 两点. 同一时刻，由入射点 A、B 向晶体内发出的 o 光球形波面和 e 光旋转椭球形波面如图 21-23a 所示. 作平面 OO'与两 o 波面相切，切点分别为 O 和 O'. 由于 o 光和 e 光沿光轴方向的传播速度相等，所以 OO'既是两 o 光波面的切面，同时也是两 e 光波面的切面，o 光和 e 光的传播方向相同，图中的垂直振动和平行振动间不产生光程差和相位差，所以这种情况下不发生双折射现象.

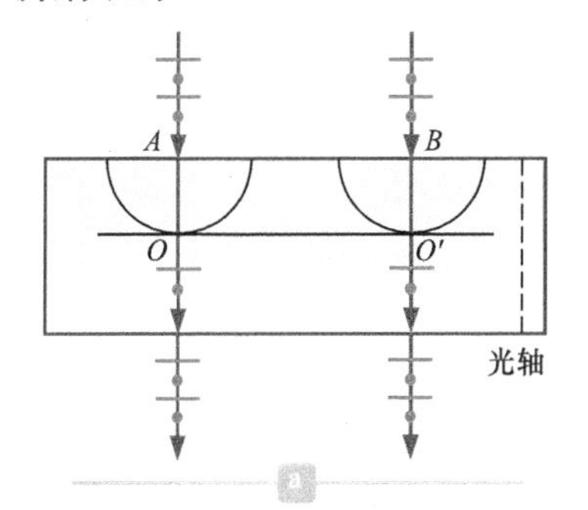

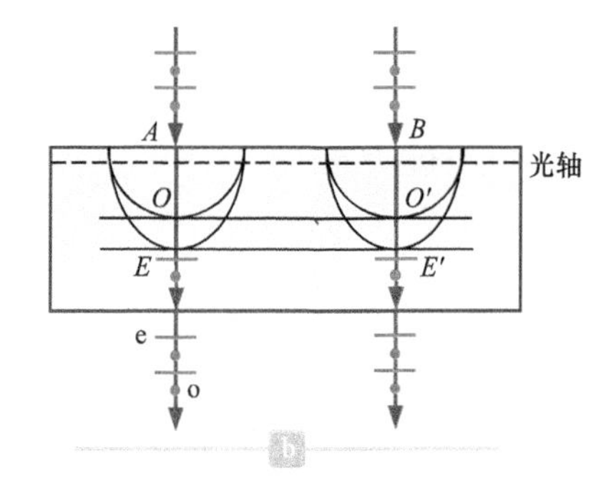

图 21-23 a. 自然光正入射，光轴垂直于晶体表面. b. 自然光正入射，光轴平行于晶体表面

2) 平行自然光正入射，光轴平行于晶体表面(图 21-23b)

由于光在晶体内沿垂直于光轴方向传播，e 光和 o 光在方解石晶体内的传播速度相差最大，e 光光速大于 o 光光速. 同一时刻，两 o 光波面的切面为 OO'，两 e 光波面的切面为 EE'，如图 21-23b 所示. 由 o 光的球形波面和 e 光的旋转椭球形波面可见，o 光和 e 光在晶体内仍沿同一方向传播，并不分开，但 o 光的折射率 n_o 和 e 光在该方向的主折射率 n_e 不相等，因此 o 光和 e 光在晶体内的波长不相等，两光束在晶体内传播时会产生光程差和相位差. 因此尽管 o 光和 e 光沿相同方向传播，仍是有双折射现象的. 在光学实验中经常用到的波片就是按这种情况制作的. 注意 o 光和 e 光的主平面都在图示的纸面中，所以垂直振动(圆点)为 o 光的振动方向，平行振动(短线)为 e 光的振动方向.

3) 平行自然光正入射，光轴与晶体表面斜交(图 21-24a)

在同一时刻，入射点 A 和 B 向晶体内发出的 o 光球形波面和 e 光旋转椭球形波面的位置如图 21-24a 所示. 作平面 OO'与两球面相切，切点分别为 O 和 O'. 同样，作平面 EE'与两旋转椭球面相切，切点分别为 E 和 E'. 引 AO 和 AE 两线就得到 o 光和 e 光在晶体内的两条光线. 这时的 o 光和 e 光在晶体内的传播方向不同，o 光和 e 光彼此分开，且 o 光的振动方向与 e 光的振动方向相互垂直.

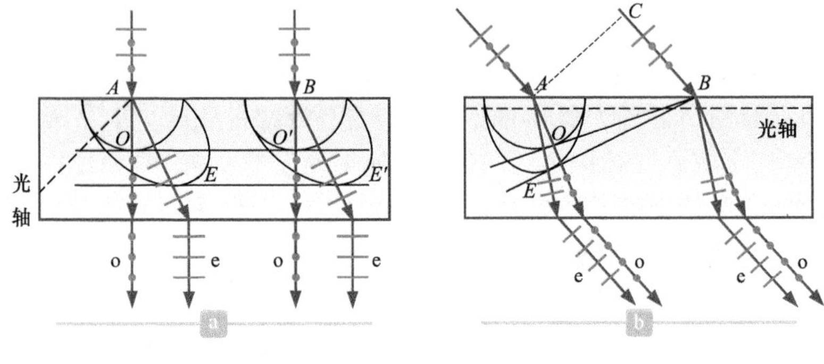

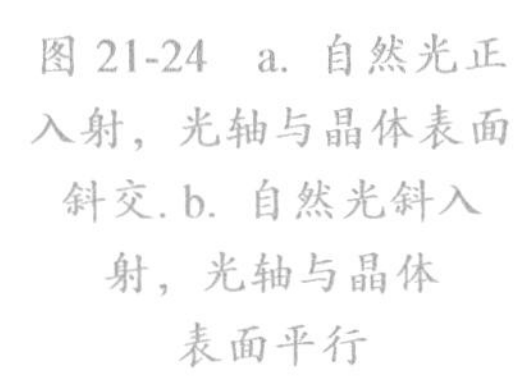
图 21-24　a. 自然光正入射，光轴与晶体表面斜交. b. 自然光斜入射，光轴与晶体表面平行

4) 平行自然光斜入射，光轴与晶体表面平行(图 21-24b)

入射光为平行光，AC 平面为入射光的波面(同相面). 当入射光线 CB 由 C 点传播到 B 点时，自 A 点向晶体内发出的 o 光球形波面和 e 光椭球形波面已到达图 21-24b 所示的位置. 由 B 点作平面 BO 与球面相切，作平面 BE 与椭球面相切，切点分别为 O 和 E，则光线 AO 就是寻常光(o 光)，光线 AE 就是非常光(e 光). 与前面几种情况一样，因光线和光轴都在纸面内，o 光和 e 光的主平面也都在纸面内，所以 o 光振动垂直于纸面(用圆点表示)，e 光振动平行于纸面(用短线表示).

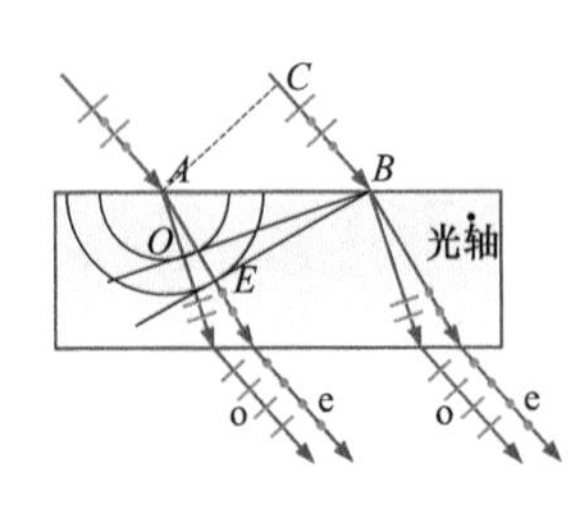

图 21-25　自然光斜入射，光轴垂直于入射面

5) 平行自然光斜入射，光轴垂直于入射面(图 21-25)

由于 e 光沿垂直于光轴方向的传播速度相等，所以由 A 点发出的 o 光波面和 e 光波面在入射面(纸面)内的截线是同心圆. 对方解石晶体，o 光的传播速度 v_o 小于 e 光的传播速度 v_e，所以光线 AO 为 o 光，而光线 AE 为 e 光. 注意在这种情形中，e 光的折射率 $n_e=\sin i/\sin r_e$，式中 i 为入射角，r_e 为 e 光的折射角，n_e 为 e 光的主折射率. 尤其要注意的是，由于图 21-25 中光轴的方向垂直于入射面(纸面)，o 光和 e 光的主平面都垂直于纸面，所以图中短线表示 o 光的振动方向，圆点表示 e 光的振动方向.

在上面 3)、4)、5)三种情形中，由于 o 光和 e 光在晶体内的折射角不同，所以同一根入射自然光的光线从晶体中出射时得到的 o 光和 e 光彼此平行但又彼此分开，其分开的距离取决于 o 光和 e 光的折射率和晶片的厚度，折射率相差越大或晶片越厚，o 光和 e 光分得越开. 但纯净的天然晶体的厚度一般都较小，因而两线偏振光的分开程度很小(参见本章练习题 21-19). 下面将介绍两种常用的由双折射晶体获得线偏振光的器件，它们或将 o 光或 e 光中的一束移去，或使两束偏振光从器件中出射时的角度不同.

3. 偏振棱镜

格兰(Gran)-汤姆孙(Thompson)棱镜是 1968 年提出的，它的原理如图 21-26

所示. 这种偏振棱镜是由一块折射率 $n=1.655$ 的玻璃直角棱镜和一块方解石制成的直角棱镜胶合而成的，方解石的光轴方向如图所示. 胶合剂的折射率 $n=1.655$，与玻璃的折射率相同.

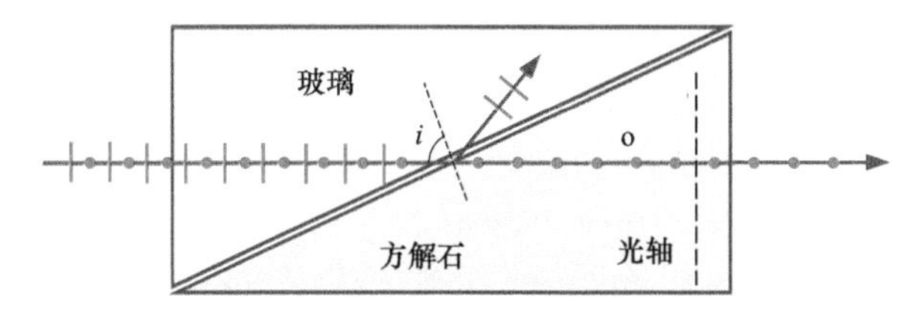

图 21-26 格兰-汤姆孙棱镜

当自然光由左侧水平射入棱镜并到达胶合剂和方解石的分界面时，因为图示的平面为 o 光和 e 光的主平面，所以自然光中的垂直分量(圆点)在方解石中为寻常光(o 光). 方解石的 o 光折射率 $n_o=1.6584$，非常接近于胶合剂的折射率 1.655，所以入射光中的垂直分量可以几乎无偏折地进入方解石晶体. 而自然光中的平行分量(短线)在方解石中为非常光(e 光). 由于方解石的 e 光主折射率 $n_e=1.4864$，小于胶合剂的折射率 1.655，因而存在一个全反射角. 图 21-26 中，入射光在胶合剂-方解石界面上的入射角 i 大于这个全反射角，所以入射光中的平行分量发生全反射而不能进入方解石晶体中. 这样就能将入射光中的平行振动和垂直振动分开，从格兰-汤姆孙棱镜右侧出射的光是偏振化程度很高的线偏振光. 这种偏振棱镜对于所有在水平线上下不超过 10° 的入射光都是适用的.

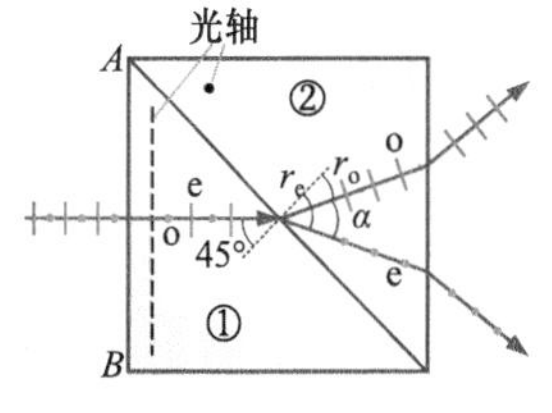

图 21-27 渥拉斯顿棱镜

图 21-27 所示为渥拉斯顿(Wollaston)棱镜，它由两块等腰直角方解石棱镜胶合而成. 可获得两束分得较开的线偏振光. 图中棱镜①的光轴平行于纸面，而棱镜②的光轴垂直于纸面. 自然光由 AB 面垂直进入棱镜①后，被分为 o 光和 e 光，其中 o 光的振动方向垂直于纸面(圆点)，e 光的振动方向平行于纸面(短线). 由于棱镜①和棱镜②的光轴相互垂直，所以棱镜①中的 e 光进入棱镜②后成为 o 光，即棱镜②中 o 光的振动方向平行于纸面，图中 o 光的折射角 r_o 满足

$$n_e \sin 45° = n_o \sin r_o \tag{21-6}$$

棱镜①中的 o 光进入棱镜②后成为 e 光，其振动方向垂直于纸面，e 光的折射角 r_e 满足

$$n_o \sin 45° = n_e \sin r_e \tag{21-7}$$

计算可得，在棱镜②中 o 光和 e 光分开的角度 α 接近 13°，而从棱镜②出射后，o 光和 e 光分开的角度更大.

21.6 椭圆偏振光和圆偏振光

由上册第 6 章我们知道，两个频率相同、振动方向相互垂直、相位差保持恒定的简谐运动合成后，成为椭圆或圆运动. 根据这一原理，可以利用双折射晶体制成的波片获得椭圆偏振光或圆偏振光. **波片**是从单轴晶体上切割

◀ 波片

出的光轴平行于晶体表面的晶体薄片，其作用是使从波片出射的振动方向相互垂直的 o 光和 e 光之间产生一定的光程差和相位差，从而形成椭圆或圆偏振光.

利用波片产生椭圆偏振光和圆偏振光的原理可用图 21-28 说明. 图 21-28a 中，P 为起偏器，它将垂直入射的自然光变为线偏振光，图中波片的厚度为 l. 线偏振光在波片中产生的 o 光折射率为 n_o. 由于波片的光轴平行于波片的表面，因此 e 光在波片中的传播方向垂直于光轴，即 e 光在波片中的折射率为其主折射率 n_e. 设通过起偏器 P 后的线偏振光的振幅为 A，光振动方向与晶片光轴成 θ 角. 此线偏振光垂直射入波片后发生双折射，o 光的振动方向垂直于光轴，e 光的振动方向平行于光轴. 出射的 o 光和 e 光仍沿同一直线传播，但是 o 光和 e 光在晶体中的传播速度不同，当 o 光和 e 光从波片中出射时，产生的光程差 δ 为

$$\delta = (n_o - n_e)l \tag{21-8}$$

相应地，o 光和 e 光的相位差 $\Delta\varphi$ 为

$$\Delta\varphi = \frac{2\pi}{\lambda}(n_o - n_e)l \tag{21-9}$$

式中，λ 为入射单色光在真空中的波长. 由上式可见，通过改变波片的厚度 l，可改变出射的 o 光和 e 光之间的相位差.

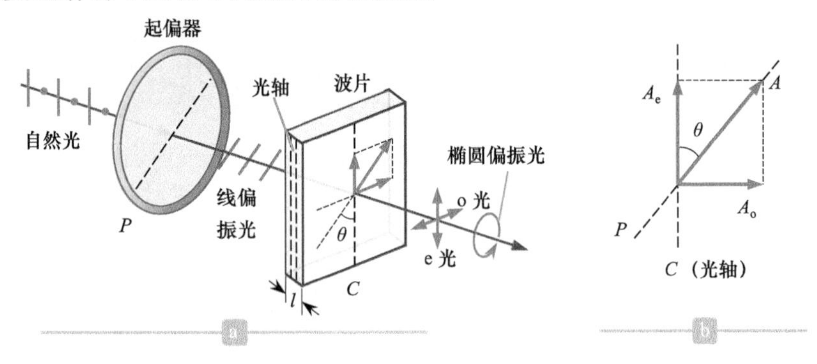

图 21-28 a. (椭)圆偏振光的产生原理. b. 线偏振光通过波片时分解为 o 光和 e 光

入射线偏振光的光强为 $I=A^2$，其振动面与波片光轴夹角为 θ(图 21-28b)，则出射光中 o 光和 e 光的振幅分别为

$$\begin{aligned} A_o &= A\sin\theta \\ A_e &= A\cos\theta \end{aligned} \tag{21-10}$$

于是 o 光和 e 光的光强分别为

$$\begin{aligned} I_o &= A^2\sin^2\theta \\ I_e &= A^2\cos^2\theta \end{aligned} \tag{21-11}$$

这表明出射的 o 光和 e 光的光强与入射光的振动方向与波片光轴之间的夹角 θ 有关. 这样两束振动方向相互垂直而相位差一定的线偏振光相互叠加的结果，即为椭圆偏振光.

如果波片的厚度 l 恰好使从波片出射的 o 光和 e 光的光程差 δ 为

$$\delta=\frac{\lambda}{4}$$

即相应的相位差为

$$\Delta\varphi=\frac{2\pi}{\lambda}\delta=\frac{\pi}{2}$$

则具有这样厚度的波片称为**1/4 波片**，简称$\frac{\lambda}{4}$波片. 它的厚度为

$$l=\frac{\lambda}{4(n_o-n_e)} \tag{21-12}$$

◀ 1/4 波片的厚度

显然,线偏振光通过 1/4 波片后成为正椭圆偏振光. 如果使 $\theta=\pi/4$,则 $A_o=A_e$，这时通过 1/4 波片后的光将为圆偏振光.

如果出射的 o 光和 e 光之间的光程差为

$$\delta=\frac{\lambda}{2}$$

相应的相位差为

$$\Delta\varphi=\frac{2\pi}{\lambda}\delta=\pi$$

这样的波片称为**1/2 波片**，简称$\frac{\lambda}{2}$波片，或**半波片**. 它的厚度为

$$l=\frac{\lambda}{2(n_o-n_e)} \tag{21-13}$$

◀ 1/2 波片的厚度

线偏振光通过 1/2 波片后仍为线偏振光，但其振动面转动了 2θ 角(见例题 21-6).

应该指出，1/4 波片和 1/2 波片都是对一定波长的光而言的，对其他波长的光不适用.

例题 21-6　利用 1/2 波片改变线偏振光的偏振化方向

设一单色线偏振光垂直射入一块 1/2 波片，入射线偏振光的振幅为 A，振动方向与波片光轴成 θ 角，如图 21-29 所示. 试分析出射光的偏振状态.

解　设入射线偏振光的振动方向在Ⅰ、Ⅲ象限内，入射线偏振光刚进入波片时，被分为相位相同的 o 光和 e 光，它们的振幅矢量分别为 $\boldsymbol{A}_o$ 和 $\boldsymbol{A}_e$. 当 o 光和 e 光通过 1/2 波片后，它们的相位差为

$$\Delta\varphi=\frac{2\pi}{\lambda}\delta=\frac{2\pi}{\lambda}\frac{\lambda}{2}=\pi$$

即出射的 o 光和 e 光的相位相反. 为了表示这一相位的变化，令图 21-29 中的 $\boldsymbol{A}_o$ 不动，而使 $\boldsymbol{A}_e$ 反相，即将 $\boldsymbol{A}_e$ 转过角度 π，变为 $\boldsymbol{A}_e'$. 则由图可见，此时出射光仍为线偏振光，但其振动方向从原来的Ⅰ、Ⅲ象限转到了Ⅱ、Ⅳ象限，其振动面转过了 2θ 角度. 由此可见,线偏振光通过 1/2 波片后仍为线偏振光，但其振动面可以通过改变入射光的振动方向与波片光轴之间的夹角 θ 而随意

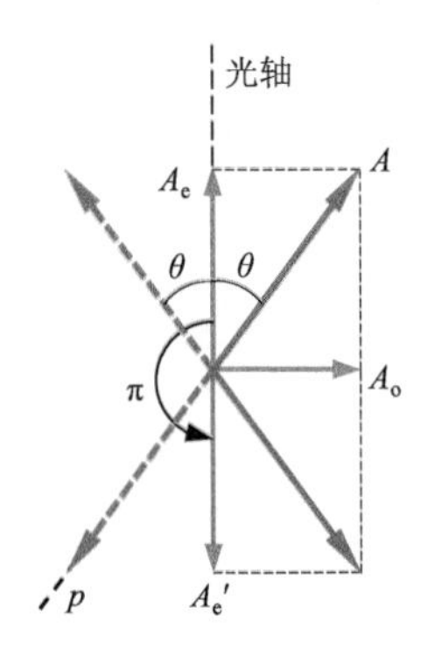

图 21-29 线偏振光通过 1/2 波片后仍为线偏振光，但振动方向可通过改变入射光振动方向和波片光轴间的角度而改变

改变. 当入射线偏振光的振动面与光轴之间的夹角为 45°时，出射线偏振光与入射线偏振光的振动面之间的夹角为 90°.

在例题 21-4 的讨论中，利用两块偏振片也可以将一束线偏振光的振动面转过 90°，但出射线偏振光的光强仅为入射线偏振光光强的 1/4. 而利用 1/2 波片，不但可以随意改变线偏振光的振动方向，而且光强的损失也很小.

21.7 偏振光的干涉

1. 偏振光干涉

使偏振光发生干涉的条件和自然光的干涉条件一样，即只有两列频率相同、振动方向相同和相位差恒定的偏振光才能发生干涉. 观察偏振光干涉的实验装置如图 21-30 所示，在两块偏振片 P_1 和 P_2 之间插入一块波片，通常总是使 P_1 和 P_2 的透振方向相互垂直. 一束单色自然光垂直入射于偏振片 P_1，成为振动方向与 P_1 的透振方向相同的线偏振光. 此单色线偏振光通过厚度为 l 的波片 C 时发生双折射，成为两束沿同一方向传播、振动方向相互垂直、有一定相位差的 o 光和 e 光. 这两束线偏振光在通过偏振片 P_2 时，只有与 P_2 的透振方向相同的分量才可以通过，这样就得到了两束沿 P_2 透振方向振动的相干线偏振光.

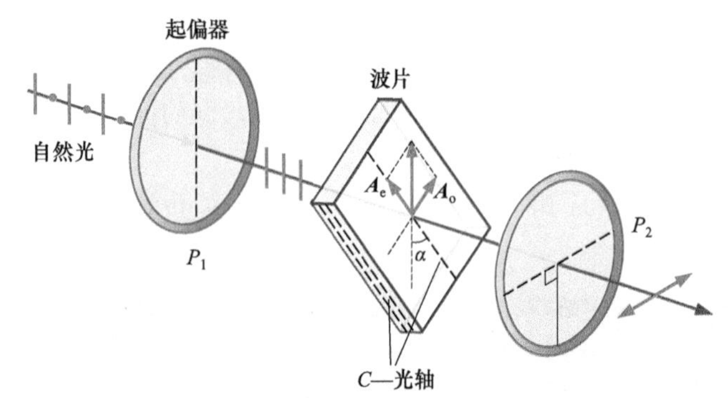

图 21-30 偏振光干涉实验. 线偏振光通过波片后产生的 o 光和 e 光再通过 P_2 后成为两束振动方向相同的相干线偏振光

图 21-31 为光通过 P_1、C 和 P_2 时的振幅矢量图. 图中 P_1、P_2 表示两块偏振片的透振方向，C 为波片的光轴方向，它与 P_1 的夹角为 α. 设入射自然光通过 P_1 后的线偏振光的振幅为 A_1，则通过波片后的 o 光和 e 光的振幅分别为

$$A_o = A_1 \sin\alpha$$
$$A_e = A_1 \cos\alpha$$

当它们通过 P_2 后振幅又分别为

$$A_{o2} = A_o \cos\alpha = A_1 \sin\alpha \cos\alpha$$
$$A_{e2} = A_e \sin\alpha = A_1 \cos\alpha \sin\alpha$$

可见，在 P_1、P_2 正交的情况下，通过 P_2 后的两相干偏振光的振幅 A_{o2} 和 A_{e2} 相等，且都沿 P_2 的透振方向振动.

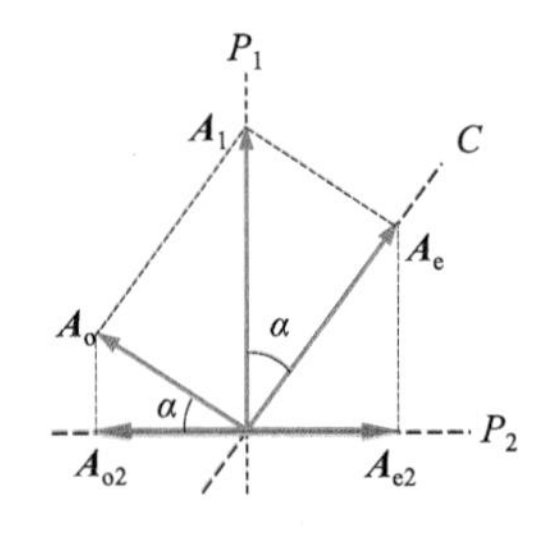

图 21-31 偏振光干涉实验的振幅矢量图

两相干光总的相位差为

$$\Delta\varphi=\frac{2\pi}{\lambda}\left(n_o-n_e\right)l+\pi \tag{21-14}$$

上式中的第一项是线偏振光通过波片时产生的相位差，第二项是 o 光和 e 光通过偏振片 P_2 时产生的附加相位差. 从图 21-31 的矢量图可以看到 A_{o2} 和 A_{e2} 的方向相反，因而附加相位差是 π. 需要说明的是，附加相位差和 P_1、P_2 的透振方向间的夹角有关，当两者平行时，没有附加相位差. 当式(21-14)中的 $\Delta\varphi$ 满足

$$\Delta\varphi=2k\pi\,,\quad k=1,2,\cdots$$

或

$$\left(n_o-n_e\right)l=\left(2k-1\right)\frac{\lambda}{2}\,,\quad k=1,2,\cdots$$

时，两束线偏振光干涉相长；而当

$$\Delta\varphi=\left(2k+1\right)\pi\,,\quad k=1,2,\cdots$$

或

$$\left(n_o-n_e\right)l=k\lambda\,,\quad k=1,2,\cdots$$

时，两束线偏振光干涉相消. 如果入射光是单色自然光，且波片的厚度均匀，则当干涉相长时，P_2 后面的视场最明亮；干涉相消时，视场最暗，但并无干涉条纹产生. 当波片的厚度不均匀时，各处的干涉情况不同，视场中将出现干涉条纹.

当入射光为白光时，由式(21-14)可见，干涉相长和干涉相消的条件是随入射白光中不同波长的光而改变的. 所以当波片的厚度一定时，视场中将出现某种波长的色彩，这种现象称为色偏振. 如果波片的厚度各处不同，则视场中将出现彩色条纹.

例题 21-7　圆偏振光通过偏振片时的干涉

参考图 21-30，如果两块偏振片 P_1 和 P_2 的透振方向之间夹任意角，C 为 1/4 波片，波片的光轴与 P_1 的透振方向之间的夹角为 45°. 一束强度为 I_0 的单色自然光垂直入射于偏振片 P_1，求通过偏振片 P_2 的光强.

解　图 21-32 为线偏振光通过 1/4 波片和偏振片 P_2 后的振幅矢量图. 其中 P_1 和 P_2 分别表示两块偏振片的透振方向，C 表示 1/4 波片的光轴方向，α 表示 P_2 与 C 的夹角. 设自然光通过偏振片 P_1 后的线偏振光振幅为 A_1，则此线偏振光通过 1/4 波片后产生的 o 光和 e 光的振幅 A_o 和 A_e 相等，且

$$A_o=A_e=A_1\cos45°=\frac{\sqrt{2}}{2}A_1$$

它们通过 P_2 后的振幅分别为

$$A_{o2}=A_o\cos\left(90°-\alpha\right)=A_o\sin\alpha$$
$$A_{e2}=A_e\cos\alpha$$

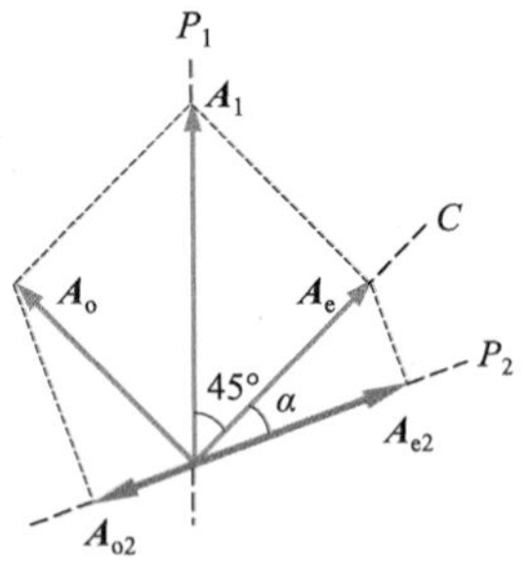

图 21-32 两偏振片透振方向 P_1 和 P_2 夹任意角时的偏振光干涉矢量图

通过 P_2 后的这两个分振动的相位差为

$$\Delta\varphi=\frac{\pi}{2}+\pi$$

可见，o 光和 e 光通过偏振片 P_2 后，是两束频率相同，沿同一方向振动，相位差固定的相干光. 若以 I_2 表示这两束相干光干涉后的光强，则 A_{e2} 和 A_{o2} 干涉后的光强为

$$I_2=A_{e2}^2+A_{o2}^2+2A_{e2}A_{o2}\cos\Delta\varphi=A_{e2}^2+A_{o2}^2$$

将上面 A_{e2} 和 A_{o2} 的值代入上式，得

$$I_2=\left(A_e\cos\alpha\right)^2+\left(A_o\sin\alpha\right)^2=A_e^2=A_o^2=\frac{1}{2}A_1^2=\frac{1}{4}I_0$$

由于通过 P_1 后的线偏振光通过 1/4 波片后是圆偏振光，其光强为

$$I_1=A_1^2=A_e^2+A_o^2$$

上述结果表明，通过偏振片 P_2 后的光强 I_2 是圆偏振光光强的一半，是入射自然光光强的 1/4，并且与偏振片 P_2 的透振方向的取向无关. 这就是用检偏器检验圆偏振光时观察到的现象，这个现象与用偏振片检验自然光时观察到的现象相同.

2. 偏振光的检验

前面提到，判断一束光是线偏振光、部分偏振光还是自然光，只需一块偏振片就能做到. 当入射光垂直入射于偏振片时，以入射光方向为轴转动偏振片，如果在某一方向出射光最强，再转动 90°时光强为零，则说明入射光是线偏振光. 如果转动偏振片时光强有变化，但最小光强不为零，则说明入射光是部分偏振光. 如果转动偏振片时光强无变化，则入射光为非偏振的自然光. 但是，根据例题 21-7 的结果，如果入射光是圆偏振光，则转动偏振片时，透过偏振片的光强也无变化，这说明仅用一块偏振片无法判断入射光是圆偏振光还是自然光. 同样的道理，仅用一块偏振片也无法区分入射光是椭圆偏振光还是部分偏振光. 为了区分圆偏振光和自然光，椭圆偏振光和部分偏振光，可以先使它们分别通过 1/4 波片，再用检偏器来检验. 不同偏振状态的光通过 1/4 波片后偏振状态的变化见表 21-2.

表 21-2 光通过 1/4 波片后偏振状态的变化

入射光	1/4 波片的位置	出射光
线偏振光	振动面与 1/4 波片光轴一致或垂直	线偏振光
	振动面与 1/4 波片光轴成 π/4 角	圆偏振光
	其他位置	椭圆偏振光
圆偏振光	任何位置	线偏振光
椭圆偏振光	椭圆长轴与 1/4 波片光轴成 0 或 π/2 角	线偏振光
	其他位置	椭圆偏振光
部分偏振光	任何位置	部分偏振光
自然光	任何位置	自然光

由表 21-2 可见，如果入射光是圆偏振光，则无论 1/4 波片的光轴方向如何，出射光总是线偏振光，而自然光通过 1/4 波片后仍为自然光，所以在 1/4 波片后用检偏器就可以区分这两种偏振状态的光. 另外，椭圆偏振光在其长轴和 1/4 波片的光轴方向平行或垂直时，出射光就成了线偏振光，而部分偏振光通过 1/4 波片后仍为部分偏振光. 这样，在 1/4 波片后用检偏器也就可以区分这两种光了.

21.8 人为双折射

一些原来是各向同性的固体(如塑料、玻璃、环氧树脂等)和流体(如硝基苯、糖溶液等)在外力或电场、磁场的作用下会显示出各向异性的性质，因而出现双折射现象. 这类双折射现象都是在人为条件的影响下产生的，所以称为**人为双折射**.

1. 应力双折射

有些各向同性的固体在外力的拉伸、压缩或扭曲下在其内部产生应力时，就会获得和单轴晶体一样的各向异性的性质，可以产生双折射. 利用这种性质，可以将原来不透明的工程构件制成透明的塑料模型，放在两块偏振化方向相互垂直的偏振片之间，利用其在外力作用下产生的双折射效应，观察、分析偏振光干涉的条纹分布，从而判断工件内部的应力分布. 这种方法称为**光弹性方法**. 图 21-33a 所示为人造髋关节塑料模型在受力时产生的偏振光干涉图样照片. 图中的干涉条纹与模型所受的应力有关，条纹的疏密则反映了应力的分布情况，条纹越密的地方，应力越集中. 当外力撤去后，如果物体内部在外力作用时产生的应变能够完全恢复，称为弹性应变；如只能部分地恢复，则预留下来的那部分应变称为塑性应变. 图 21-33b 为塑料光盘盒压制后残留的塑性应变的偏振光干涉照片.

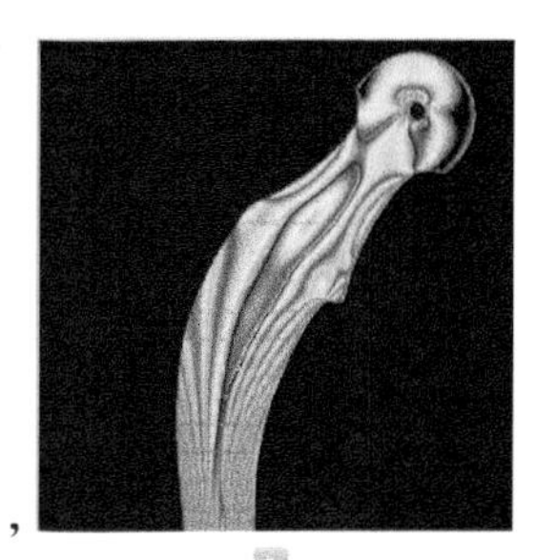
a

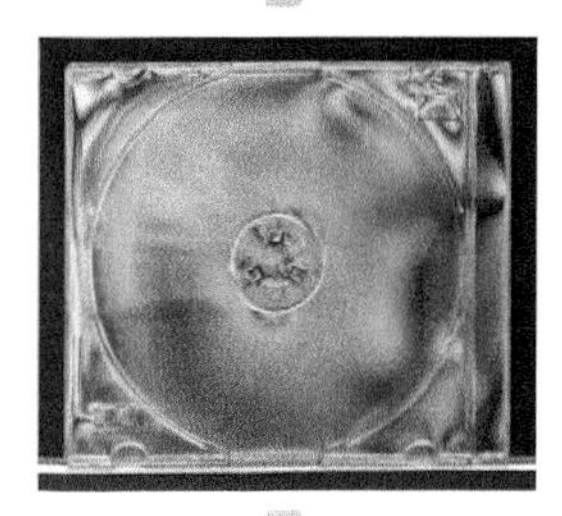
b

图 21-33 a.透明髋关节模型的应力双折射. b.塑料光盘盒的塑性应变

2. 克尔效应

◀ 克尔效应

苏格兰物理学家克尔(J. Kerr)在 1875 年发现，有些非晶体或液体在强电场的作用下会显示出双折射现象，称为**克尔效应**. 液体中的克尔效应是由液体中的各向异性分子在强电场作用下沿电场方向作定向排列而引起的. 能产生克尔效应的液体有苯、二硫化碳、氯仿、水以及硝基苯等，固体有铌钽酸钾晶体(简称 KTN)、钛酸钡等.

在图 21-34 所示的实验装置中，P_1 和 P_2 为两块透振方向相互垂直的偏振片，在它们之间的克尔盒中盛有液体(如硝基苯)，克尔盒内装有两片长为 l，相距为 d 的平行板电极. 当电极未接电源时，P_2 后面的视场是暗的. 接通电源后，液体变成了具有双折射性质的物质，其光轴沿电场方向，P_2 后的视场变亮.

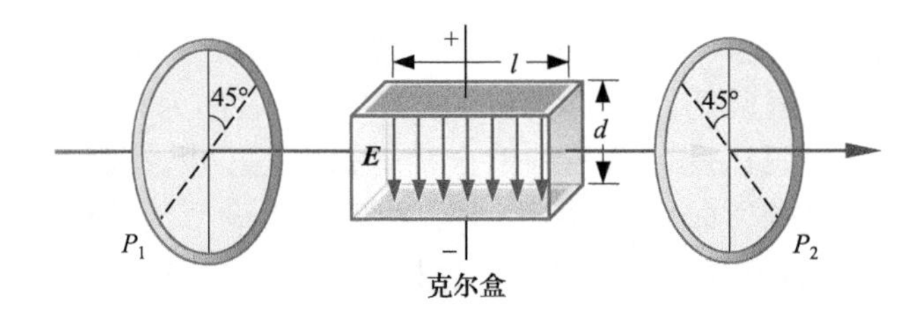

图 21-34 克尔效应. 克尔盒内的液体在竖直方向强电场的作用下产生双折射性质

如果起偏器P_1的偏振化方向与电场$\boldsymbol{E}$的方向(相当于光轴方向)成45°角，则线偏振光通过液体时就分为振幅相等的 o 光和 e 光. 实验表明，折射率之差 $n_e–n_o$ 正比于入射光的波长 λ 和电场强度的平方，因此这一效应又称为二次电光效应. 当 o 光和 e 光通过两极板间长为 l 的液体时，它们的光程差为

$$\delta=\left(n_{\mathrm{e}}-n_{\mathrm{o}}\right)l=k\lambda E^2 l \tag{21-15}$$

式中，k 称为**克尔常数**，它由液体的性质而定. 如果两极板间的电压为 U，则 $E=U/d$，所以有

$$\delta=k\lambda\left(\frac{U}{d}\right)^2 l \tag{21-16}$$

上式表明，当加在克尔盒电极上的电压 U 变化时，光程差 δ 随之变化，从而使通过 P_2 的光强也随之变化. 因此可以用电压对光强进行调制.

克尔效应最重要的一个特点是几乎没有时间上的延迟，它随着电场的有无能很快地产生和消失，所需时间约为 10^{-9}s. 因此利用克尔效应可以制作响应时间极短的光断续器(光开关)，这些断续器已广泛应用于高速摄影、激光测距以及激光通信等装置中.

除克尔效应之外，还有一种非常重要的电光效应，称为泡克耳斯(F. C. A Pockels)效应. 有些晶体，特别是压电晶体，在加了电场后能改变它们的各向异性的性质. 这些晶体在自由状态下是单轴晶体，但在电场的作用下变成了双轴晶体，可以沿原来光轴的方向产生双折射效应. 与克尔效应不同，晶体折射率的变化与电场强度的一次方成正比，所以这种效应也称为线性电光效应. 利用晶体制成的泡克耳斯盒被用作超高速快门、激光器中的 Q 开关等.

21.9 旋光现象

法国物理学家阿拉果(D.F.J. Arago)在 1811 年发现，线偏振光沿光轴方向通过石英晶体时，它的振动面会以光的传播方向为轴转过一定的角度，这种现象称为**旋光现象**，能使振动面旋转的物质称为旋光性物质. 石英晶体、糖溶液、酒石酸溶液等都是旋光性较强的物质. 实验表明，线偏振光在通过旋光性物质时，振动面旋转的角度取决于物质的性质、厚度以及入射光的波长等.

旋光现象 ▶

物质的旋光性可用图 21-35 所示的装置来讨论，图中 C 是旋光物质，其光轴沿光的传播方向，P_1和P_2是两块偏振化方向正交的偏振片. 当它们之间未放置旋光物质时，P_2后的视场是暗的；而当旋光物质放置在P_1和P_2之间时，视场由暗变亮. 如果将P_2旋转某一角度θ，视场又会变暗，这说明线偏振光通过旋光物质后仍然是线偏振的，只是其振动面绕光线转过了一个角度θ.

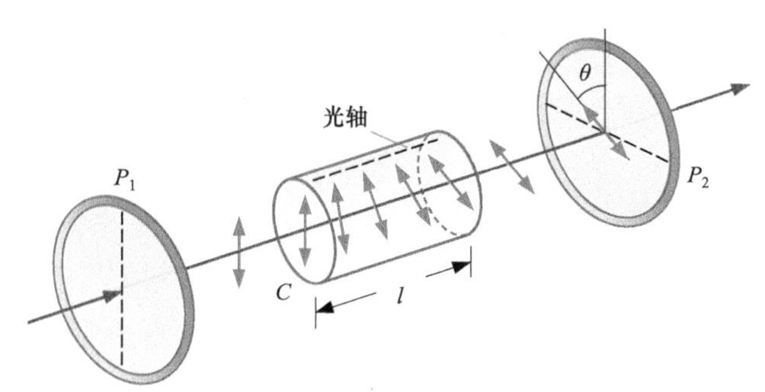

图 21-35　旋光现象. 线偏振光通过旋光物质后振动面发生偏转

实验证明，线偏振光的振动面在通过晶体时旋转的角度θ与光线在晶体内通过的路程l成正比，即

$$\theta = \alpha l \tag{21-17}$$

式中，α称为物质的**旋光率**. 旋光率的数值与晶体的种类有关，还与入射光的波长有关. 例如，石英晶体对波长为 589nm 钠黄光的旋光率为 21.75°/mm，对波长为 408nm 紫光的旋光率为 48.9°/mm. 石英对紫光的旋光率大约是红光的 4 倍，所以当线偏振的白光通过旋光性物质后，不同波长光的振动面会分散在不同的平面内，这种现象称为**旋光色散**.

当线偏振光通过糖溶液、松节油等旋光性液体时，振动面旋转的角度θ可用下式表示：

$$\theta = \alpha c l \tag{21-18}$$

式中，α、l的意义同上；c是旋光性物质的浓度. 上式说明线偏振光通过旋光性液体时，其振动面旋转的角度θ与液体的浓度成正比. 制糖工业中所用的糖量计就是按旋光性液体的这种性质设计的一种测量糖溶液浓度的仪器.

此外还发现，迎着来光的方向看去，有些旋光性介质的振动面顺时针方向旋转，称为右旋物质；而有些旋光性介质的振动面逆时针旋转，称为左旋物质. 例如，葡萄糖为右旋物质，果糖为左旋物质. 有些旋光物质，既有左旋的又有右旋的，如石英晶体，因为其分子有两种互为镜像的螺旋形原子排列结构，因而分左旋石英和右旋石英. 有些化合物分子，它们的原子组成是一样的，但空间结构不同，互为镜像，称为**同分异构体**，因而也分左旋分子和右旋分子. 人工合成的同分异构体，如左旋糖和右旋糖，总是左右旋分子各占一半. 但来自生命体内的同分异构体，如由甘蔗或甜菜榨出来的蔗糖以及生物体内的葡萄糖则都是右旋的. 似乎生物总是愿意消化和吸收右旋糖，而对左旋糖则不感兴趣.

第 21 章练习题

21-1 自然光入射到两个相互重叠的偏振片上，问在下列情形下两个偏振片的偏振化方向之间的夹角分别为多少.

(1) 如果透射光的强度为透射光最大强度的 1/3.

(2) 如果透射光的强度为入射光强度的 1/3.

21-2 两个偏振片 P_1、P_2 叠放在一起，一束强度为 I_0 的线偏振光垂直入射到偏振片上. 入射光穿过第一个偏振片 P_1 后的光强为 $0.75I_0$. 如果将 P_1 抽去后，入射光穿过 P_2 后的光强为 $0.5\ I_0$，求 P_1 和 P_2 的偏振化方向之间的夹角.

21-3 有两个偏振片叠在一起,其偏振化方向之间的夹角为 45°. 一束强度为 I_0 的光垂直入射到偏振片上，该入射光由强度相同的自然光和线偏振光混合而成. 问此入射光中线偏振光的光矢量沿什么方向才能使连续透过两个偏振片后的光束强度最大？在此情况下，透过第一个偏振片和透过两个偏振片的光束强度各是多少？

21-4 一束光由线偏振光和自然光混合而成,当它通过一块偏振片时，透射光强度随偏振片偏振化方向的改变可以变化 5 倍，求入射光束中线偏振光和自然光这两个成分的相对光强.

21-5 强度为 I_0 的自然光入射到一块偏振片上，再使出射光透射到第二块偏振片上. 如果两块偏振片的透振方向之间的夹角为 45°, 求最后出射光束的强度.

21-6 将三块偏振片叠放在一起,其中第二块和第三块偏振片的透振方向分别与第一块偏振片的透振方向成 45°和 90°角. 以强度为 I_0 的自然光入射到第一块偏振片上，试求通过每一块偏振片后的光强.

21-7 只利用两块偏振片,如何才能做到使线偏振光的振动面转过 90°角？最大透射光强与入射光强之比为多少？

21-8 为了使一束线偏振光的振动面转过 90°，同时使总的光强损失小于 5%, 问需要多少块偏振片？假设偏振片对光的吸收和反射损失都忽略不计.

21-9 在两块透振方向正交的偏振片之间插入第三块偏振片，求当最后的透射光强为入射自然光光强的 1/8 时，插入的那块偏振片与第一块偏振片的透振方向之间的夹角.

21-10 (1) 求从空气射向水面的反射光是完全偏振光时的入射角大小.

(2) 这个入射角是否与光的波长有关？

21-11 一束光由空气入射到折射率 n=1.40 的液体上,反射光是完全偏振光,问此光束的折射角是多少.

21-12 若从静止的湖面上反射的太阳光是完全偏振的.

(1) 求太阳在地平线上的仰角.

(2) 在反射光中 $\boldsymbol{E}$ 矢量的振动面是怎样的?

21-13 一束自然光以入射角 58°入射到平板玻璃的表面,反射光是线偏振光. 求透射光束的折射角和玻璃的折射率.

21-14 如果光由介质 1 射向介质 2 时的全反射临界角为 45°, 则光由介质 2 射向介质 1 时的布儒斯特角是多少？

21-15 如题 21-15 图所示，将一块平板玻璃放在水中，板面与水面的夹角为 θ，设水和玻璃的折射率分别为 1.333 和 1.517，要使水面和玻璃板表面的反射光都是完全偏振光，θ 角应为多大？

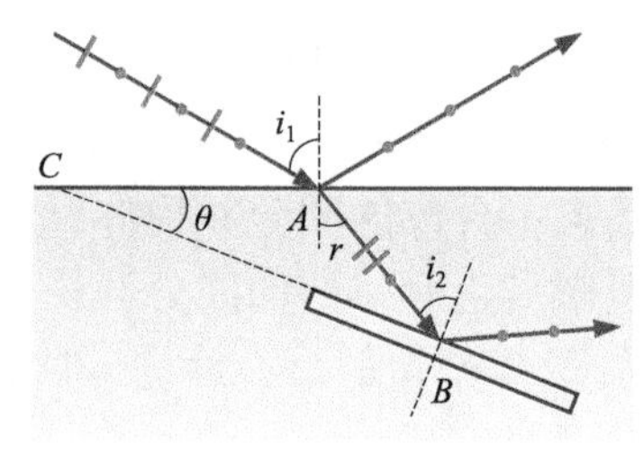

题 21-15 图

21-16 在题 21-16 图所示的各种情形中，以线偏振光或自然光入射于两种介质的分界面，问折射光和反射光各属于什么偏振状态的光？分别用短线和点把振动方向表示出来. 图中 i_0 为布儒斯特角.

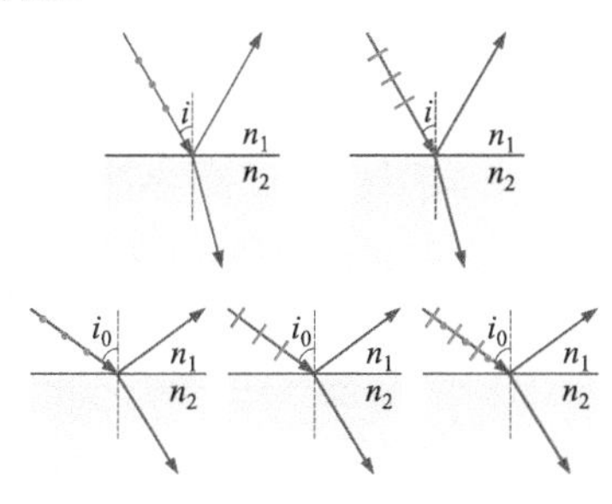

题 21-16 图

21-17 在图 21-23b 中，入射线偏振光在真空中的波长 λ=589nm，方解石晶体的 e 光主折射率 n_e=1.486，o 光的折射率 n_o=1.658. 试求该晶体中寻常光和非寻常光的波长.

21-18 一束线偏振光正入射到方解石波片上，其电矢量振动方向与晶体光轴成 60°角，求两折射光的振幅之比和强度之比.

21-19 如题 21-19 图所示，一束自然光以入射角 i=45°斜射于一方解石波片上，波片厚度 t=1.0cm，晶体的光轴垂直于纸面.

(1) 两条折射光线中，哪一条是 o 光，哪一条是 e 光？

(2) 请用短线和点标出这两条出射光线的光矢量振动方向.

(3) 计算两出射光线之间的垂直距离.

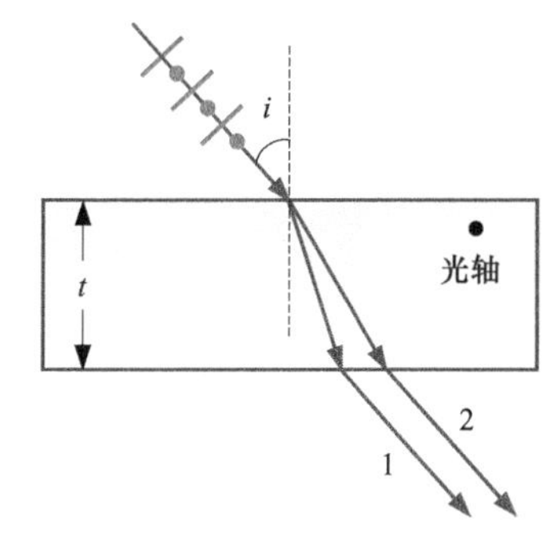

题 21-19 图

21-20 用方解石制成一个正三角形棱镜，光轴垂直于该棱镜的正三角形截面，如题 21-20 图所示. 自然光以入射角 i 入射时，e 光在棱镜内的折射线与棱镜底边平行，求入射角 i，并画出 o 光的传播方向及 o 光和 e 光的光矢量振动方向.

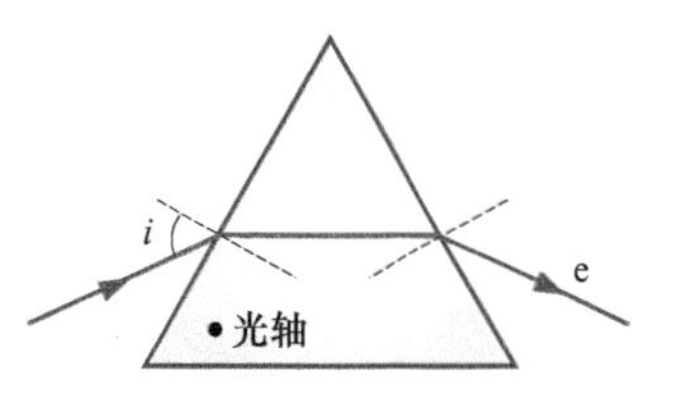

题 21-20 图

21-21 波长 λ=525nm 的线偏振光正入射于一块波片，该波片是由透明的双折射晶体纤维锌矿组成的. 如果要使得透过波片的 o 光和 e 光合成后仍然为线偏振光，且出射光的振动方向与入射光相同，求波片的最小厚度. 已知纤维锌矿的 n_o=2.356，n_e=2.378.

21-22 对于波长 λ=400nm 的光，用方解石制成的 1/4 波片的最小厚度是多少？

21-23 某双折射晶体对于波长 λ=600nm 的寻常光线的折射率是 1.71，非寻常光线的主折射率为 1.74. 若用此晶体做成 1/4 波片，其最小厚度是多少？

21-24 假设石英晶体的 n_o 和 n_e 与波长无关. 某一块石英晶体波片对真空中波长为 800nm 的光是 1/4 波片. 若一束在真空中波长为 400nm 的线偏振光入射到该晶片上且其振动方向与光轴成 45°角，问该透射光的偏振状态是怎样的？

21-25 某光束可能是自然光、线偏振光或部分偏振光，试设计一个实验来对它们作出判断.

21-26 某光束可能是自然光、圆偏振光或线偏振光，试设计一个实验来对它们作出判断.

21-27 在偏振光干涉实验中，两偏振片透振方向之间的夹角为 30°，方解石波片的光轴处于两块偏振片透振方向夹角的角平分线位置，如果入射单色自然光强为 I_0，求：

(1) 从方解石波片出射的 o 光和 e 光的振幅和光强；

(2) 从第二块偏振片出射的 o 光和 e 光的振幅和光强.

21-28 在偏振光干涉实验中，两块偏振片的透振方向相互垂直，一块 1/4 波片的光轴与第一块偏振片的透振方向成 60°角. 设入射单色自然光强度为 I_0，求出射光强.

21-29 两块偏振片的透振方向夹角为 60°，中间插入一块水晶 1/4 波片，其光轴平分上述角度，入射光是光强为 I_0 的自然光.

(1) 通过 1/4 波片后光的偏振状态如何?

(2) 求通过第二块偏振片的光强.

第 21 章练习题答案

第22章 近代物理基础

欧内斯特·索尔维是比利时化学家、工业家，由他发起的索尔维会议每三年一次. 会议主要讨论物理和化学问题. 此图是1927年在布鲁塞尔举行的第5次会议. 会议上的主要争论焦点有：爱因斯坦质疑海森伯的不确定关系；与会者对原子的哥本哈根学派解释进行了激烈争论，同时被由玻尔领导的派系所改进，也被爱因斯坦领导的更加保守的派系所反对，会议以玻尔派系获胜而结束

前面，我们学习的力学、热学、电磁学和光学都属于经典物理学，人们把它们归结为19世纪80年代以前建立的经典物理三大体系，或经典物理的三大支柱，即经典力学、经典统计理论和经典电磁学(含光学). 这三大支柱似乎可以解决当时几乎所有问题，在绝大部分物理学家的眼里，物质世界的运动已经构成了一幅清晰的画面，基本问题都研究清楚了，留给下一代人的工作，只不过是把已有的实验做得更精密一些，使测量数据的小数点后面增加几位有效数字而已. 物理学家可以安心地躺在安乐椅上享清福了. 1900年，著名的英国物理学家开尔文勋爵(原名：威廉·汤姆孙)在一篇瞻望20世纪物理学的文章中说："在已经基本建成的科学大厦中，后辈物理学家只要做些零碎的修补工作就行了"；接着他又说"但是，在物理学晴朗天空的远处，还有两朵小小的令人不安的乌云". 这两朵乌云指的是当时物理学无法解释的两个实验，一个是热辐射实验，另一个是迈克耳孙-莫雷实验. 开尔文真是有眼力. 但他可能也完全没有想到，正是这两朵小小的乌云，不久就发展成为物理学中一场革命的风暴.

本章将讨论光的粒子性或量子性的一些基本概念和现象. 首先介绍热辐射(或黑体辐射)、光电效应、康普顿散射和氢原子光谱等实验规律及其经典物理学所遇到的困难. 接着，介绍为了解释这些规律而引入的量子论，并成

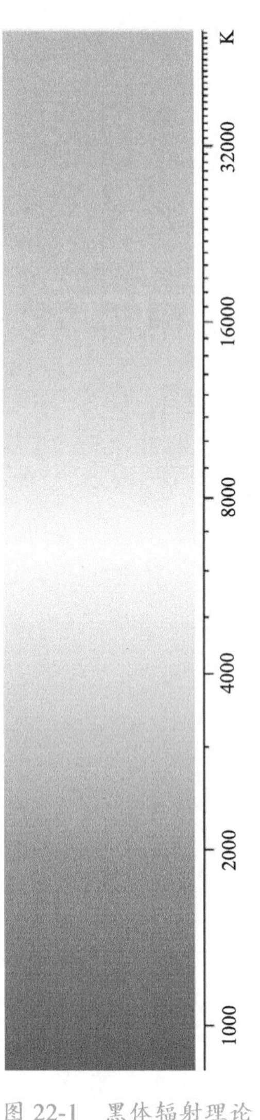

图 22-1 黑体辐射理论的色温表

功地进行了解释. 然后，从光的波动性和粒子性——波粒二象性，引申至实物粒子的波粒二象性以及不确定关系. 通过氢原子及原子的稳定性和线状光谱，引入了核外电子的定态和动态假设，并给出了玻尔的旧量子论. 在此基础上介绍了量子力学描述微观粒子行为的波函数及其所依靠的描述微观粒子动力学行为的方程——薛定谔方程. 并以一维线性谐振子和一维无限深势阱为例，介绍了通过求解薛定谔方程，去描述微观粒子运动的一般方法和思路. 最后简单地介绍了氢原子的量子力学描述.

22.1 黑体辐射与普朗克的量子假设

1. 黑体辐射的基本规律

在日常生活中，一个物体(固体或液体)温度升高时，会向四周放射热量，这叫做热辐射，随着该物体温度的升高，物体的颜色就从暗红渐渐变为橙红，直至白炽耀眼，这时候它放射的热量越来越多. 这些说明了物体温度越高，热辐射就越强烈；温度越高，光谱中最强的辐射的频率越高，即物体颜色就由“红”到“白”到“蓝”，如图 22-1 所示. 太阳离地球约一亿五千万公里，中间绝大部分空间是真空，太阳的光和热怎么能传过来呢?这是一种热辐射，它不是靠介质的传导，也不是靠空气的对流，而是直接以电磁波的形式从太阳上传递过来. 波长比可见光长的红外线具有显著的热效应. 但是，一般从炽热物体上发出的电磁波各种波长都有，我们称它为连续谱，太阳光就是由各种色光混合而成的白色光，在光谱学中称之为宽光谱.

在物理学中，为了表示物体辐射和吸收性质，引入如下几个物理量.

1) 辐射出射度 $M(T, \lambda)$

辐射出射度可以定量地表示物体的热辐射本领，如果 $\mathrm{d}\phi(T, \lambda)$表示物体在单位时间内，通过单位面积，辐射的波长处在$\lambda\to\lambda+\mathrm{d}\lambda$范围内的能量，则辐射出射度(简称辐出度)$M(T, \lambda)$定义为：物体在单位时间内通过单位表面积辐射的处在波长λ附近，单位波长间隔的能量，即

$$M(T,\lambda)=\frac{\mathrm{d}\phi(T,\lambda)}{\mathrm{d}\lambda} \tag{22-1}$$

由于辐出度 $M(T, \lambda)$跟波长有关，所以也称为单色辐出度. 对于不同物体，不同温度，不同波长，辐出度不同. 若要计算全波长的辐出度，应将上式在全波长范围内积分，即

$$\phi(T)=\int_0^{\infty} M(T,\lambda)\mathrm{d}\lambda \tag{22-2}$$

$\phi(T)$称为总的辐出度，不同物体，不同温度辐出度不同.

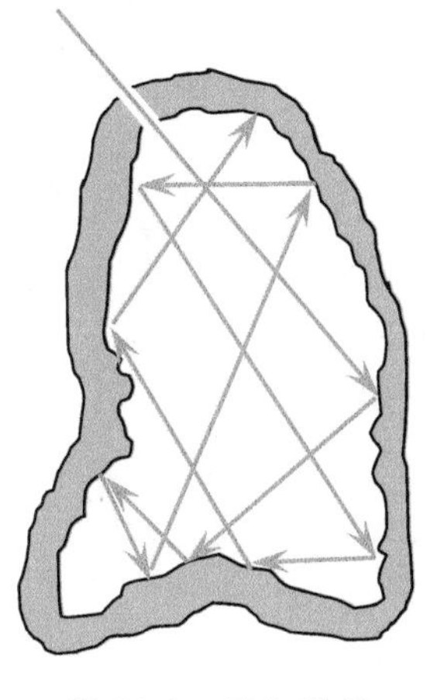
图 22-2 黑体模型

2) 吸收系数与反射系数

当辐射能量投射到物体上时，物体吸收的能量与入射的总能量的比值称为吸收系数，用$\alpha(T, \lambda)$表示；物体反射的能量与入射总能量的比值称为反射系数，用$\beta(T, \lambda)$表示. 物体在温度为 T 时，对某确定波长λ的吸收系数和反

射系数称为单色吸收系数和单色反射系数. 从能量守恒的角度，对于不透明的物体来说，单色吸收系数与单色反射系数的总和为 1，即

$$\alpha(T,\lambda)+\beta(T,\lambda)=1 \tag{22-3}$$

3) 绝对黑体

如果物体在热辐射过程中，在任何温度下，全部吸收投射到其表面的各种波长的辐射能量，那么这种物体称为绝对黑体，简称黑体. 显然，黑体的单色吸收系数为 1，单色反射系数为 0.

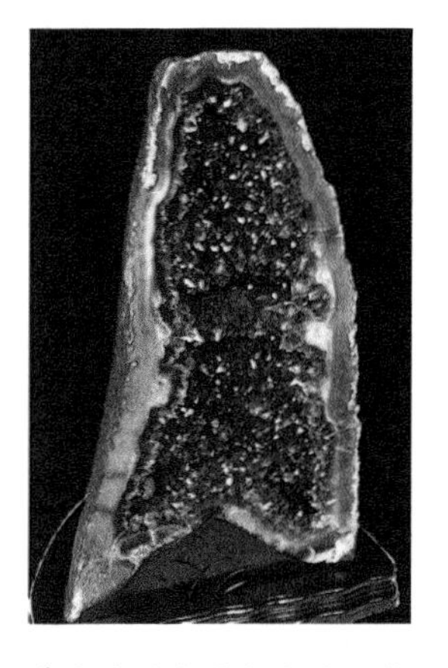

紫水晶的主要成分是二氧化硅，比重 2.65，折射率 1.54～1.55，具二向色性. 从不同角度观赏，可显示出蓝或红的紫色调，通常以混合式或阶式做成刻面. 天然的紫水晶因含铁、锰等矿物质而形成漂亮的紫色，且常会有天然冰裂纹或白色云雾杂质. 具有宝石价值的紫水晶均产在火山岩、伟晶岩或灰岩、页岩的晶洞中

绝对黑体是描述物体热辐射中的理想模型，实际的物理世界中难以找到，人们常常用图 22-2 表示黑体，一个开有小孔的空腔，当某射线射入小孔时，射线经腔内壁多次反射后，能量几乎全被吸收，很难再次从小孔射出. 珠宝店里陈列的紫水晶腔类似于黑体.

虽然不同物体的单色辐出度及单色吸收系数各不相同，但两者之间有内在联系. 1859 年，德国物理学家基尔霍夫研究了与外界隔绝的真空容器内物体之间的热平衡问题，根据热力学的理论，得出如下结论：在相同温度 T 下，任何物体的单色辐出度 $M(T,\lambda)$与其单色吸收系数$\alpha(T,\lambda)$的比值都是相同的，是一个只取决于波长和温度而与物体性质无关的普适函数. 因为黑体的单色吸收系数为 1，所以此普适函数为黑体的单色辐出度 $M_B(T,\lambda)$. 上述结论称为基尔霍夫定律，用公式可表示为

$$\frac{M(T,\lambda)}{\alpha(T,\lambda)}=M_B(T,\lambda) \tag{22-4}$$

19 世纪下半叶，人们对热辐射的研究产生了浓厚兴趣，其中一个原因是工业上需要利用热辐射规律进行高温测量. 比如，炼钢时要求控制炉内温度，而温度可以从辐射光的颜色中得到反映，如果精确掌握炉内热辐射能谱与温度的关系，就可以更好地把握炼钢时机. 这极大地推动了热辐射测量技术的发展. 事实上，从小孔发出的热辐射是充满空腔内的热辐射的一个样本，腔壁温度为 T 的空腔内的辐射和温度为 T 的黑体发出的辐射具有相同的性质. 对于黑体，不管组成它的物质是什么，在同样温度下，具有同样的辐出度曲线. 不同温度下黑体的单色辐出度曲线可由实验测得，图 22-3 画出了不同温度下，黑体的辐出度与波长的关系.

◀ 黑体

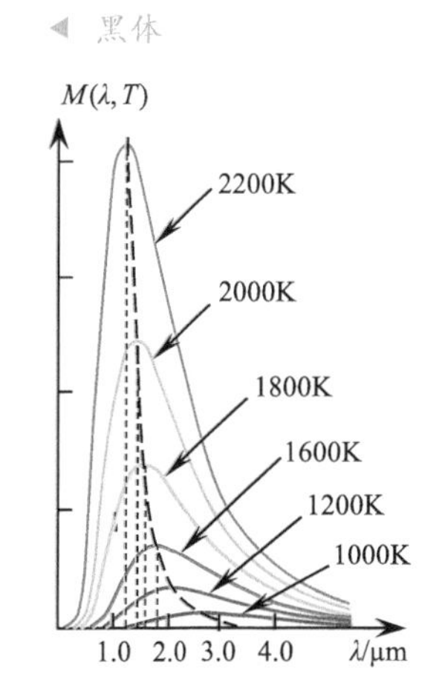

图 22-3 黑体辐射实验曲线

一方面，从图 22-3 可以看出随着温度 T 的升高，黑体的单色辐出度曲线变得更高、更陡，而总的辐出度也随之增加. 根据式(22-2)，黑体总的辐出度 ϕ_B 定义为：在温度为 T 时，单位时间内黑体在全波长(0~∞)范围内辐射的能量，即

$$\phi_B(T)=\int_0^{\infty}M_B(T,\lambda)\,\mathrm{d}\lambda$$

从几何意义说，上式的积分即是曲线下所围的面积. 从图 22-3 可见，温度越高面积越大. 1879 年，德国科学家斯特藩从实验数据中归纳出黑体总的辐出度与温度的关系为

$$\phi_B(T)=\sigma T^4 \tag{22-5}$$

◀ 斯特藩-玻尔兹曼定律

式(22-5)称为斯特藩-玻尔兹曼定律，其中的常数σ称为斯特藩-玻尔兹曼常数，且σ=5.67×10^{-8}W/(m^2·K^4). 根据该定律可知，温度越高，单位面积的黑体辐射的功率越大，这是符合客观事实的.

另一方面，从图 22-3 还可以看出，每个温度下的单色辐出度均有一个峰值，并且其峰值对应的波长λ_m随着温度的升高而减小. 1893 年维恩通过电磁学和热力学理论得到，黑体辐射的峰值波长与其绝对温度成反比，即

维恩位移定律 ▶

$$T\lambda_m = b \tag{22-6}$$

式(22-6)称为维恩位移定律，其中的常数 b=2.898×10^{-3}m·K，该常数由实验测得.

例题 22-1 维恩位移定律 斯特藩-玻尔兹曼定律

人体皮肤的温度约为 35℃，

(1)试求人体皮肤辐射的最强波长 λ_m.

(2)成年人皮肤面积一般在 1.5~2.0m^2，试估算人体的辐射功率.

解 (1) 把人体皮肤的热辐射近似地看作黑体辐射，则由维恩位移定律有

$$\lambda_m = \frac{b}{T} = \frac{2.898\times10^{-3}}{35+273} \approx 9.41(\mu m)$$

可见，人体皮肤的辐射主要在红外区.

(2) 根据斯特藩-玻尔兹曼定律，以及人体的表面积，得

$$P = \phi_B(T)\cdot S = \sigma T^4 S = 5.67\times10^{-8}\times(35+273)^4\times1.5 \approx 765.4(W)$$

这个数值表明，即使以成人皮肤最小面积计算，每秒钟辐射的能量也有 765.4J，约 183cal，可见抱团取暖还是有道理的.

例题 22-2 维恩位移定律 斯特藩-玻尔兹曼定律

(1)已知对于太阳，λ_m=510nm；对于北极星，λ_m=350nm. 假定恒星表面可看作黑体表面，求这些恒星的表面温度，以及每平方厘米表面上的辐射功率.

(2) 已知宇宙微波背景辐射的峰值波长约为 1mm，试求宇宙的平均温度.

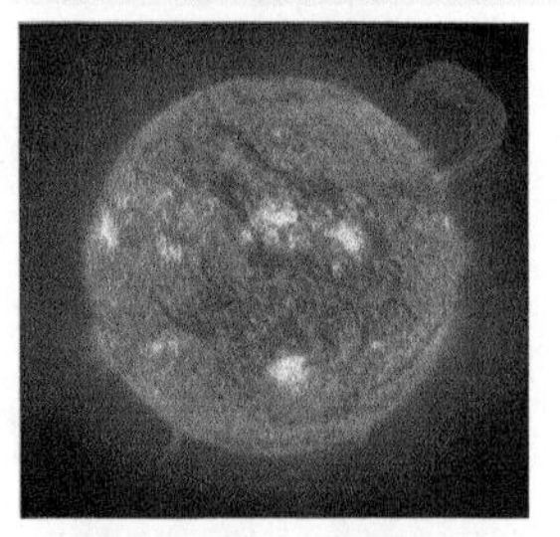
太阳

北极星

解 (1) 由维恩位移定律，有

$$T = \frac{b}{\lambda_m} = \frac{2.898\times10^{-3}}{510\times10^{-9}} \approx 5700(K)$$

即太阳的表面温度为 5700K，将其代入斯特藩-玻尔兹曼定律，可计算辐射功率(每平方厘米)，如下：

$$\phi_B(T) = \sigma T^4 = 5.67\times10^{-8}\times5700^4 \approx 6\times10^7(W/m^2) = 6000(W/cm^2)$$

同样可算得北极星的数据分别为

$$T = \frac{b}{\lambda_m} = \frac{2.898\times10^{-3}}{350\times10^{-9}} \approx 8300(K)$$

$$\phi_B(T) = \sigma T^4 = 5.67\times10^{-8}\times8300^4 \approx 2.7\times10^8(W/m^2) = 27000(W/cm^2)$$

(2) 根据维恩位移定律，宇宙的平均温度为

$$T=\frac{b}{\lambda_m}=\frac{2.898\times10^{-3}}{1\times10^{-3}}=2.898\text{K}$$

可见宇宙中极其寒冷！

2. 经典物理的困难之一与普朗克量子假设

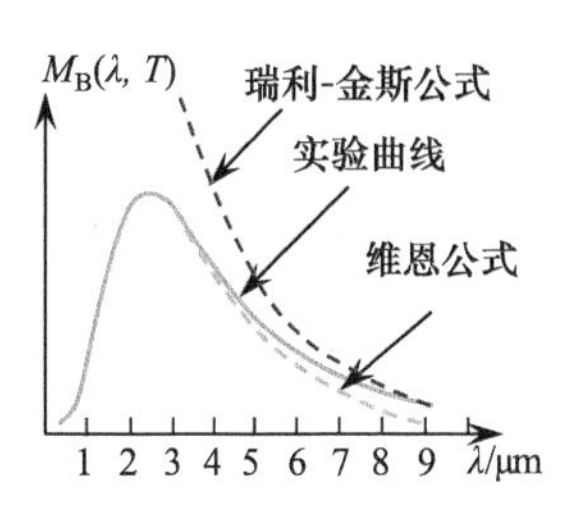

图 22-4 尝试描述黑体辐射能量分布规律的三项工作

针对图 22-3 的黑体辐射出射度的实验曲线，19 世纪末许多物理学家试图用理论解释这个能量辐射曲线. 1896 年，维恩认为当黑体的吸收和辐射处于平衡时，辐射的能量按照频率的分布与麦克斯韦分布律类似，从而得出维恩公式

$$M_B(T,\lambda)=\frac{c_1}{\lambda^5}e^{-\frac{c_2}{\lambda T}} \tag{22-7}$$

式中，c_1 和 c_2 是两个由实验确定的参量；上式称为维恩公式. 实验发现维恩公式只是在短波段与实验结果相符，而在长波段偏离越来越大，如图 22-4 中的蓝色虚线.

1900 年 6 月，英国的物理学家瑞利根据电磁学理论和能均分定理得到了一个结果. 后来，英国的物理学家金斯纠正了瑞利推导中的一个错误，最后得到的瑞利-金斯公式为

$$M_B(T,\lambda)=\frac{2\pi ckT}{\lambda^4} \tag{22-8}$$

◀ 瑞利-金斯公式

式中，k 为玻尔兹曼常量；c 为光速. 但是瑞利-金斯公式也仅仅是在长波范围内与实验符合得比较好. 在波长变短时，偏差逐渐变大，特别是当波长趋于零时，上式将发散，即辐出度将趋于无穷大，这就是物理学史上的“紫外灾难”，如图 22-4 中紫色虚线所示.

1900 年 10 月，普朗克用内插法得到了一个新的公式

$$M_B(T,\lambda)=\frac{2\pi hc^2}{\lambda^5}\frac{1}{e^{\left(\frac{hc}{\lambda kT}\right)}-1} \tag{22-9}$$

◀ 普朗克公式

式中，h=6.626×10^{-34}J · s，称为普朗克常量，由实验测定. 这是一个新的自然常数. 此公式一出，便引起了科学家们普遍的兴趣，它不仅可以在长波段过渡到瑞利-金斯公式，也可以在短波段过渡到维恩公式，还可以在全波段与实验曲线很好地符合！然而它只是一个偶然利用内插法猜中的结果.

1858 年 4 月 23 日~1947 年 10 月 4 日. 1874 年，普朗克进入慕尼黑大学攻读数学专业，后改读物理学专业. 1877 年转入柏林大学，曾聆听亥姆霍兹和基

为了给出式(22-9)一个令人信服的理论，普朗克深入思考并探索了数个星期. 在一个完全脱离了经典物理的假设基础上，成功地推导出了解释黑体辐射出射度公式，即式(22-9).

1900 年 12 月 14 日，普朗克在一篇论文中提出，辐射物质中具有带电的线性谐振子(如分子、原子)，它们能够和周围的电磁场交换能量. 这些谐振子不同于经典物理学中的谐振子，它们的能量只能处于某些特殊的状态. 在这些状态中，相应的能量是某一最小能量 ε(ε称为能量子)的整数倍，即 ε，2ε，3ε，4ε，…，$n\varepsilon$，…，n 为正整数. 对频率为 ν 的谐振子来说，最小能量为

尔霍夫教授的讲课，1879年获得博士学位. 1930年至1937年任德国威廉皇家学会会长，后来该学会为纪念普朗克而改名为马克斯·普朗克学会

$$\varepsilon = h\nu \tag{22-10}$$

在辐射或吸收能量时，振子从这些状态之一，跃迁到其他状态.

普朗克在能量子假说的基础上，推导出黑体辐射公式，即式(22-9). 并且于1900年10月被鲁本斯和克鲍姆的实验证实了. 然而直到1911年，普朗克本人才意识到能量量子化的基本性质，这也是物理世界的革命性成果，普朗克因首次提出量子化，并成功地使物理学摆脱了在黑体辐射中的困局，于1918年获得了诺贝尔奖. 普朗克与爱因斯坦并称为20世纪的两位重要科学家.

能量子 ▶

22.2　光电效应与爱因斯坦的光子方程

1887年，赫兹发现了光电效应现象. 后来，霍瓦、斯托列托夫、勒纳等又做了进一步的研究. 所谓光电效应，就是光照射到金属上，使金属中的电子从表面逸出的现象，这样逸出的电子被称为光电子. 后来，人们又发现，当光照射到某些晶体上时，也会使晶体内部的原子放出光电子. 这些光电子没有从物体中飞出，但可参与晶体内部的电流传导，使晶体的导电性能大大增加. 为了同赫兹最早发现的电子从金属表面逸出从而在金属之外形成运动电流的光电效应相区别，我们把这种光电效应称为内光电效应. 把电子离开金属表面形成运动电流的光电效应称为外光电效应，下面主要讨论外光电效应.

1. 光电效应实验规律

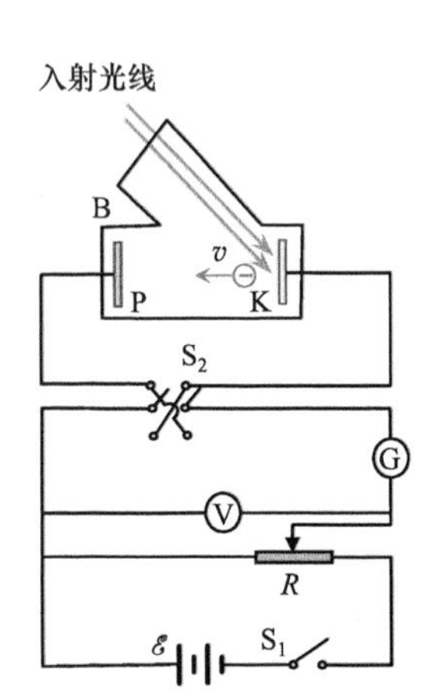

图22-5　光电效应实验装置示意图

图22-5是实验装置的示意图，图中B为真空管，K为阴极，P为阳极. 阴极K在单色光的照射下有光电子逸出. 当阳极与阴极之间加正向电压(即阳极电势高于阴极，开关S_2向上)时，逸出的光电子在加速电场作用下飞向阳极，在回路中形成电流(光电流). 电流和电压分别由电流计G和伏特计V测出. 实验表明，光电流I随电压U的增大而增大，但当电压增至某一数值时，电流逐渐趋向一个饱和值I_s，如图22-6a所示. 实验的具体结果，可归纳为如下五点.

(1) 实验指出，以一定强度的单色光照射电极K时，加速电势差$U(=U_P-U_K)$越大，光电流强度I也越大. 当加速电势差增加到一定值后，I达到饱和电流强度I_s，这是因为单位时间内从阴极K产生的N个光电子已全部到达阳极P，因此$I_s=Ne$，且实验指出，饱和电流强度与光的强度成正比，如图22-6a. 因此得到光电效应的第一条基本定律：单位时间内，受光照射的电极上释出的电子数和入射光的强度成正比.

(2) 实验指出，当U=0时，光电流I一般不等于零. 如图22-6a所示，只有当U变为负值(图22-5中的换向开关S_2向下)时，才迅速减小至零，这时外加的电势差U_a叫遏止电势差. 当U为负值时，电子由K到P的运动方向与电场力的方向相反，可见电子从K极表面逸出时具有一定的初速度，直到

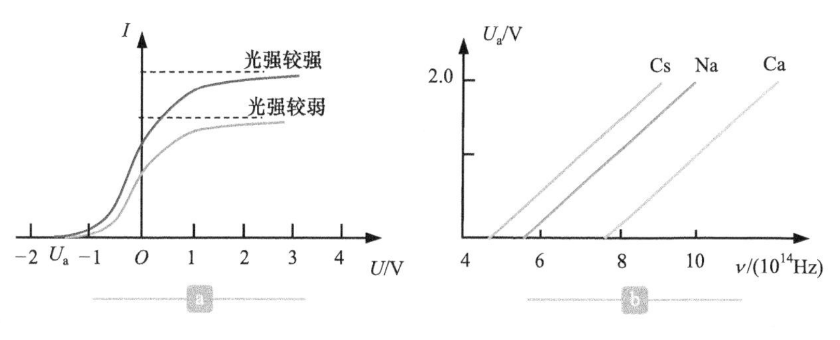

图 22-6 光电效应实验结果. a.(伏安特性曲线)光电流随着加速电势差的变化. b. 密立根的遏止电压和入射光频率关系

$U=U_a$，电子不能到达 P 极时，光电流才为零，所以电子的初动能应等于电子反抗遏止电场力所做的功，即

$$\frac{1}{2}mv^2 = e|U_a| \tag{22-11}$$

(3) 实验表明，遏止电势差和入射光的频率之间具有线性关系，即

$$|U_a| = K\nu - U_0 \tag{22-12}$$

式中，K 和 U_0 都是正数，对不同金属来说，U_0 的量值不同，而对同一种金属，U_0 为恒量. K 为不随金属种类而改变的普适恒量. 这个规律是美国的物理学家密立根发现的. 把式(22-11)代入上式得

$$\frac{1}{2}mv^2 = eK\nu - eU_0 \tag{22-13}$$

由此得到光电效应的第二条基本定律：光电子的初动能随入射光频率ν 线性增加，而与入射光的强度无关.

(4) 因为动能必须是正值，根据式(22-13)知，要使受光照射的物体释出电子，入射光的频率必须满足 $\nu \geqslant U_0/K$ 的条件，若取 $\nu_0=U_0/K$，则表明产生光电效应存在一个最小的入射光频率，这个最小频率称为光电效应的红限频率，简称红限. 实验指出，不同的物质具有不同的红限. 因此，得到光电效应的第三条基本定律：当光照射某一给定金属(或某种物质)时，如果光的频率大于该金属的红限，无论光的强度如何小，都会产生光电效应. 相反如果入射光的频率小于这一金属的红限，无论光的强度如何大，都不会产生光电效应. 因为真空中光的频率与波长、光速的关系为 $\nu = c/\lambda$，所以光电效应的红限频率 ν_0 也有红限波长 λ_0 相对应.

(5) 当入射光频率大于 ν_0 时，即使光强度很弱，光电子的产生也几乎是瞬时的，从光开始照射到产生光电子所经过的时间在 10^{-9} 秒以下.

2. 经典物理的困难之二与光量子假说

按照光的波动说，无法解释上述实验定律. 当金属受光的照射时，金属中的电子受到入射光电矢量 $\boldsymbol{E}$ 的振动的作用而做受迫振动，这样将从入射光中吸收能量，从而逸出金属的表面，逸出时的动能应取决于光振动的振幅，也就是应取决于光的强度，这显然与实验结果相矛盾；按照光的波动说，如果光强足够供应从金属释出电子所需要的能量，那么光电效应对各种频率的光应该都会发生，但实验事实并非如此；按光的波动说，金属中的电子从入射光波中吸收能量，必须积累到一定的量值(至少等于逸出功)，方能释出电子，显然入射光越弱时，能量积累的时间(即从照射到释出电子的时间)就应越长，但通过对照射时间的研究，结果并非如此.

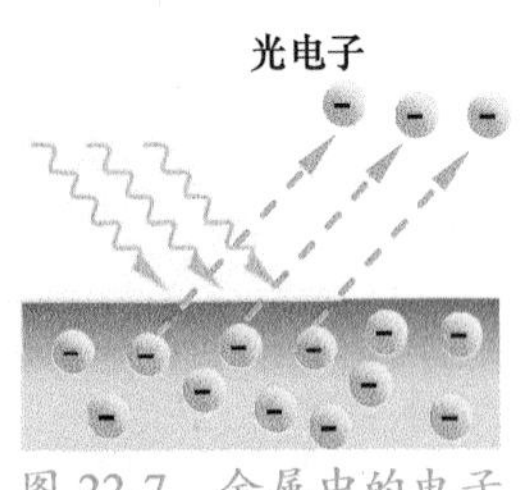

图 22-7 金属中的电子吸收光子能量逸出

显然，在解释光电效应问题上，经典的光的波动学说遇到了困难. 而在19世纪，由于光的波动学说在解释光的干涉、衍射和偏振方面取得了决定性的胜利，人们很难想到光的其他性质，尽管早在1704年，牛顿在他的《光学》著作中就曾经论述过光的粒子性："光线是否是发光物质发射出来的很小的物体？因为这样一些物体能直线穿过均匀介质而不会弯到影子区域里去，这正是光线的本质."

3. 爱因斯坦的光子方程

鉴于光的波动说已不能解释上述实验事实，人们又想起了牛顿的光粒子说. 1905年，爱因斯坦在普朗克量子假说的基础上，进一步提出了关于光的本性的光量子假说. 爱因斯坦认为：光不仅像普朗克已指出过的，在发射或吸收时，具有粒子性，而且光在空间传播时，也具有粒子性，即一束光是一粒一粒以光速 c 运动的粒子流，这些光粒子称为光量子，现称为光子，每一光子的能量是

光量子假设 ▶

光子能量 ▶

$$\varepsilon = h\nu \tag{22-14}$$

ν是光的频率.

按照光子假说，光电效应可解释如下：如图 22-7 所示，金属中的自由电子，从入射光中吸收一个光子的能量 $h\nu$ 时，一部分消耗于电子从金属表面逸出时所需的逸出功 A，A 对于某金属来说是一个正的常量. 另一部分转换为光电子的动能 $\frac{1}{2}mv^2$. 按能量守恒和转换定律，得

光电效应方程 ▶

$$h\nu = \frac{1}{2}mv^2 + A \tag{22-15}$$

上式称为爱因斯坦光电效应方程.

爱因斯坦的光子假说可以完满地解释光电效应的实验规律：

(1) 当入射光频率大于红限时，入射光强度越大，打在金属上的光子越多，激发出的电子越多. 因此，电压越大，光电流越大；然而，由于入射光强度确定时，打出的电子数确定，即单位时间内出来的电子数确定. 所以，当电压大到一定程度时，光电流不再增加，即出现饱和现象是必然结果.

(2) 将式(22-15)移项，并结合式(22-11)可得

$$\frac{1}{2}mv^2 = h\nu - A \tag{22-16}$$

遏止电压 ▶

$$|U_a| = \frac{h\nu}{e} - \frac{A}{e} \tag{22-17}$$

从式(22-16)可见，只要光子能量大于某金属中电子的逸出功 A，就可以打出电子，并且这些电子在没有电压，甚至抵抗一定的电压时，依靠出射电子的动能也可以到达阳极 P，并形成光电流.

(3) 另外，根据式(22-17)可知，由于不同的金属的逸出功不同，因此，红限的大小不同，遏止电压也不同. 因此光子的最大初动能以及遏止电压与入射光频率呈线性关系，即随着ν的增加而增加.

(4) 由式(22-17)可得出当$h\nu < A$时，不管光强多大，即光子数多少，或照射时间多长，都不能产生光电子，因为光子能量不足以使电子克服金属的逸出功而跃出金属表面，不能产生光电效应. 因此，产生光电效应的红限频率为

$$\nu_0 = \frac{A}{h} \tag{22-18}$$

◀ 光电效应红限频率

表 22-1 是一些金属的逸出功、红限频率和红限波长等信息.

表 22-1　一些材料的逸出功

材料	逸出功 A/eV	红限频率 ν_0/(10^{14}Hz)	红限波长 λ_0/nm	波段
铯(Cs)	1.94	4.69	639	红
铷(Rb)	2.13	5.15	582	黄
钾(K)	2.25	5.44	551	绿
钠(Na)	2.29	5.53	541	绿
钙(Ca)	3.20	7.73	388	远紫外
锌(Zn)	3.34	8.07	371	远紫外
铍(Be)	3.90	9.40	319	远紫外
汞(Hg)	4.53	10.95	274	远紫外
金(Au)	4.80	11.60	259	远紫外
铂(Pt)	6.30	19.20	156	远紫外

(5) 因为光子是一次为电子所吸收，因此只要入射光频率超过红限频率，光电子就会产生，不需要能量的积累时间而一触即发.

爱因斯坦的光量子理论和光子方程不仅使光电效应得到了全面的圆满的解释，还丰富了普朗克的量子理论，同时揭示了光的粒子性质. 使人们丰富了对光的本质的认识. 为光的波粒二象性的提出奠定了基础. 由于光电效应方程和光量子理论取得的成功，爱因斯坦获得了 1921 年的诺贝尔物理学奖.

需要注意的是，同一种金属不同的结晶结构，不同的表面清洁程度以及环境，其逸出功或红限不同. 读者在阅读其他书籍时应引起注意.

例题 22-3　光电效应

用波长为 400nm 的紫光去照射金属铯，观察到光电效应. 实验测得遏止电压为 1.87V，试求该金属的红限频率和逸出功.

解　由遏止电压满足的式(22-11)和光电效应方程(22-15)可知，

$$A = h\nu - \frac{1}{2}mv^2 = \frac{hc}{\lambda} - e|U_a|$$
$$= \frac{6.626\times10^{-34}\times3\times10^8}{400\times10^{-9}} - 1.87\times1.6\times10^{-19} \approx 1.9775\times10^{-19}(\text{J})$$
$$= 1.236(\text{eV})$$

其中 c 是真空中的光速. 根据式(22-18)，可计算红限频率，

$$\nu_0=\frac{A}{h}=\frac{1.9775\times10^{-19}}{6.626\times10^{-34}}=2.98\times10^{14}\,(\text{Hz})$$

例题 22-4 光电效应

在一实验中，以频率为 ν_1 的单色光照射某金属表面，光电流的遏止电压为 U_{a1}；改以频率为 ν_2 的单色光照射该金属表面，光电流的遏止电压为 U_{a2}. 设电子的电量 e 为已知，求该金属的逸出功和普朗克常量.

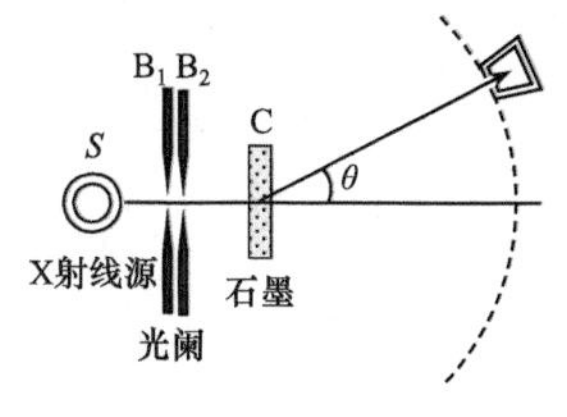

图 22-8 单色 X 射线源 S 发出的波长为 λ_0 的 X 射线经光阑 D 后射入散射物质 C，用 X 射线摄谱仪在不同方向测量散射 X 射线的波长

解 由爱因斯坦光电效应方程可得

$$e|U_{a1}|=h\nu_1-A$$

$$e|U_{a2}|=h\nu_2-A$$

解之得

$$h=\frac{e(U_{a1}-U_{a2})}{\nu_1-\nu_2},\quad A=\frac{e(U_{a1}\nu_2-U_{a2}\nu_1)}{\nu_1-\nu_2}$$

显然，此题目给出了一种测量金属逸出功的方法.

22.3 康普顿效应

在 1920 年以前已有几个不同实验室的科学家(例如，格雷在 1920 年)发现，用 X 射线照射物质，可以观察到散射的 X 射线波长发生改变. 1922 年，美国物理学家康普顿也对此进行了研究，他首先测定出详细的散射线波长谱，并给出一个正确的理论解释，得到了同实验结果完全相符的理论公式. 因此，尽管不是他首先发现，人们仍然把这种现象命名为康普顿效应，康普顿也因此而获得 1927 年的诺贝尔物理学奖.

1. 康普顿效应的实验规律

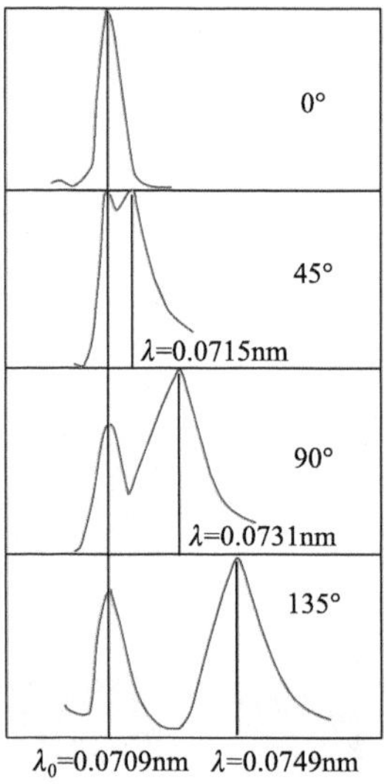

图 22-8 是康普顿实验装置示意图. 从 X 射线源 S 发出的波长为 λ_0 的 X 射线，经两个光阑 B_1、B_2 的准直，投射到散射物质 C(可以是石墨、石蜡、金属等轻原子物质)后向各方向散射. 摄谱仪 A 测量各方面散射光的波长和强度，以观测不同方向散射线中强度随波长的分布. 实验结果如下：

图 22-9 不同散射方向上散射光的能量分布曲线. 左锋对应和入射光波长一致的散射光成分，右峰对应波长较长的散射光成分. 图取自《X 射线与电子》康普顿著(1926)

(1) 根据实验数据画出的曲线如图 22-9 所示，从上至下的第一条曲线显示，θ=0°时，散射波中只有跟入射波相同的波长，即 λ_0=0.0709nm，没有其他波长；第二条曲线对应的散射角为 θ=45°，出现了第二个波峰，对应的波长为 λ=0.0715nm，第一峰值波长仍为 λ_0=0.0709nm；第三条曲线对应的散射角 θ=90°，也有第二个波峰，对应的波长为 λ=0.0731nm；第四条曲线对应的散射角 θ=135°，第二个波峰对应的波长为 λ=0.0749nm. 这表明，在 θ=0°的方向上，散射光只

有一个波长λ_0，跟入射波长相同．但在$\theta\neq0°$的各方向的散射光中却有两个波长的光，即除λ_0以外，还有另外波长为$\lambda=\lambda_0+\Delta\lambda$的散射线．且只要散射角$\theta$相同，各种不同的散射物质所得的$\Delta\lambda$都相同．此外，$\Delta\lambda$随散射角的增大而增大，满足以下关系：

$$\Delta\lambda=2K\sin^2\frac{\theta}{2} \tag{22-19}$$

式中，K是与散射物质无关的普适常数，称为康普顿波长．实验测定，

$$K=0.02426\text{Å}$$

◀ 康普顿波长

式(22-19)所表示的散射波波长的变化$\Delta\lambda$随角度θ变大而变大的现象称为康普顿效应．

(2) 原子量越小的物质，散射光中波长为$\lambda=\lambda_0+\Delta\lambda$的散射线的强度越大，康普顿效应越明显；而原子量越大的物质，康普顿效应越不易观察出来．

2. 经典物理的困难之三与光子理论对康普顿效应的解释

按照经典电磁理论，当电磁波通过物质时，要引起物质内带电粒子做受迫振动，而每个做受迫振动的带电粒子都可看成振荡电偶极子，要向四周辐射电磁波，这就是散射光，因为偶极子辐射电磁波的频率就是偶极子受迫振动的频率，也就是入射电磁波的频率，故按经典电磁理论，散射光的波长应同入射光完全一样，不应该发生变化，即不应该发生康普顿效应．这是经典电磁理论所面临的困难——经典物理困难之三．

康普顿教授是美国著名的物理学家、“康普顿效应”的发现者．1892年9月10日康普顿出生于俄亥俄州的伍斯特．1913年在伍斯特学院以最优异的成绩毕业并成为普林斯顿大学的研究生，1914年获硕士学位，1916年获博士学位，后在明尼苏达大学任教．1920年起任圣路易斯华盛顿大学物理系主任，1923年起任芝加哥大学物理系教授，1945年返回圣路易斯华盛顿大学任第九任校长，1953年起改任自然科学史教授，直到1961年退休，1962年3月15日于加利福尼亚州的伯克利逝世，终年70岁

康普顿利用爱因斯坦的光子理论，把散射看成是光子与散射物质中的电子等粒子发生的弹性碰撞．当光子同外层电子碰撞时，因为外层电子的束缚能较小，可视为自由电子，碰撞的结果是光子中一部分能量传给电子，能量减少，按照光子能量公式(22-14)，散射光频率减小，波长增大．关于光子同内层电子或原子核碰撞的情况，下文将会讨论．这就是康普顿效应的定性解释，下面我们就光子与外层电子碰撞导致能量减小做定量计算．

如图22-10，以碰撞前光子运动方向为x轴，设光子与外层电子碰撞前后能量为$h\nu_0$和$h\nu$．根据狭义相对论可计算光子碰撞前、后的动量为

$$p_0=mc=\frac{mc^2}{c}=\frac{h\nu_0}{c}, \qquad p=\frac{h\nu}{c}=\frac{h}{\lambda}$$

碰撞前后外层电子的能量分别为m_0c^2，mc^2，碰撞前电子的动量近似为0，碰撞动量为mu．于是根据碰撞中的能量守恒，得

$$h\nu_0+m_0c^2=h\nu+mc^2$$

上式可以改写成

$$mc^2=h(\nu_0-\nu)+m_0c^2 \tag{22-20}$$

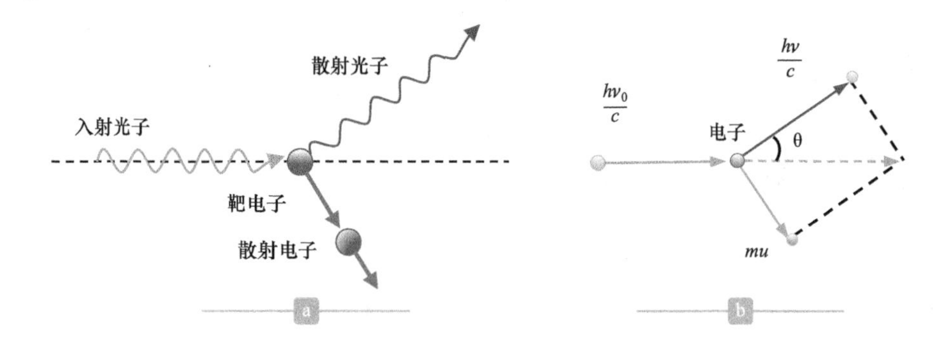

图 22-10 康普顿效应的解释. a. 光子与靶粒子碰撞示意. b. 碰撞服从动量守恒定律

碰撞前后体系服从能量守恒，在图 22-10b 中应用余弦定理，得

$$(mu)^2=\left(\frac{h\nu_0}{c}\right)^2+\left(\frac{h\nu}{c}\right)^2-2\left(\frac{h\nu_0}{c}\right)\left(\frac{h\nu}{c}\right)\cos\theta$$

将上式改写为

$$m^2u^2c^2=h^2\nu_0^2+h^2\nu^2-2h^2\nu_0\nu\cos\theta \tag{22-21}$$

将式(22-20)两边平方后与(22-21)式两边相减，得

$$m^2c^4\left(1-\frac{u^2}{c^2}\right)=m_0^2c^4-2h^2\nu_0\nu(1-\cos\theta)+2m_0c^2h(\nu_0-\nu)$$

考虑相对论的 m 与 m_0 的关系，上式可化简为

$$2m_0c^2h(\nu_0-\nu)=2h^2\nu_0\nu(1-\cos\theta)$$

进一步化简为

$$\frac{c}{\nu}-\frac{c}{\nu_0}=\frac{h}{m_0c}(1-\cos\theta)$$

根据波长与频率的关系有

康普顿散射公式 ▶

$$\Delta\lambda=\lambda-\lambda_0=\frac{h}{m_0c}(1-\cos\theta)=2\frac{h}{m_0c}\sin^2\frac{\theta}{2} \tag{22-22}$$

其中，常数 $h/(m_0c)$即是康普顿波长. 可将相关常数代入算得，即

康普顿波长 ▶

$$K=\frac{h}{m_0c}=\frac{6.626\times10^{-34}}{9.11\times10^{-31}\times3\times10^8}\approx0.2426\times10^{-11}(\text{m})$$

$$=0.02426(\text{Å})=0.002426(\text{nm})$$

康普顿在做实验

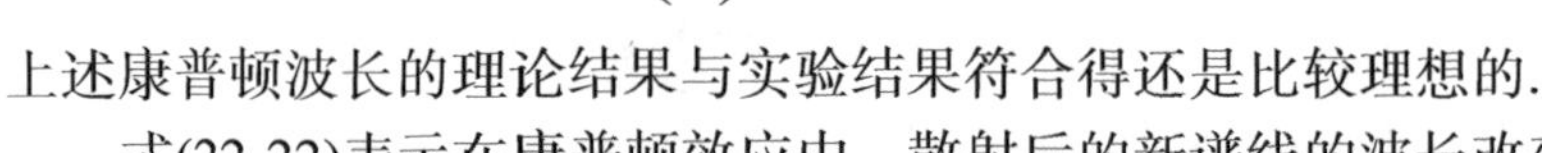

上述康普顿波长的理论结果与实验结果符合得还是比较理想的.

式(22-22)表示在康普顿效应中，散射后的新谱线的波长改变与散射物质以及入射 X 射线的波长都无关，只与散射角θ有关，随散射角θ的增大而增大. 当散射角θ=90° 时，

$$\Delta\lambda=\frac{h}{m_0c}(1-\cos\theta)=2.2426\times10^{-12}\,\text{m}$$

与实验观察结果符合得很好. 这就从理论上很好地解释了康普顿效应.

以上仅讨论了入射 X 射线的光子与散射物体原子中的外层电子或自由电子相互作用的情况. 但是，入射 X 射线的光子，也要与散射物体原子中的内层电子发生相互作用. 由于原子对内层电子的束缚很紧，这种相互作用可看作入射光子与整个原子发生碰撞. 原子的质量要比光子大很多，按照碰撞理论，光子碰撞后不会显著地失去能量，因而散射 X 射线的频率几乎不变. 这就解释了在散射后的光谱中，为什么还有原来波长的 X 射线. 至于康普顿效应与原子序数之间的关系，则可以作如下解释：由于原子序数越高，原子中内层电子的数目越多，在电子总数中，能够近似地看作自由电子的外层电子也就相对地越少. 所以，在康普顿效应中，随着原子序数的增加，波长不变的散射相对增强，波长改变的散射相对减弱，即原谱线的强度增强，新谱线的强度减弱.

另外，由于X射线波长范围为0.01~10nm，而康普顿波长为0.002426nm，这说明波长的改变量与入射波长的比值$\Delta\lambda/\lambda$可达 20%，相当明显. 而可见光的波长范围为 400~760nm，波长的相对改变量很小，因此，相对变化较小.

通过以上讨论可以看出，康普顿效应不仅进一步证实了爱因斯坦的光量子理论，直接地说明了光子具有一定的质量、能量和动量，同时还证实了在微观粒子的相互作用过程中，能量守恒定律和动量守恒定律也是严格成立的.

例题 22-5　康普顿效应

波长为 0.1nm 的 X 射线，被物体中原子的外层电子所散射，在与入射方向成 90° 的方向上观察，

(1) 散射 X 射线的波长是多少？

(2) 反冲电子所获得的能量是多少？

解　(1) 根据式(22-22)，散射后 X 射线的波长改变为

$$\Delta\lambda=\frac{h}{m_0c}(1-\cos\theta)=2.42\times10^{-12}\,\mathrm{m}$$

所以散射 X 射线的波长为

$$\lambda=\lambda_0+\Delta\lambda=1.024\times10^{-10}\,\mathrm{m}=0.1024\mathrm{nm}$$

(2) 根据能量守恒定律，反冲电子所获得的能量就是入射光子损失的能量，所以

$$\begin{aligned}E_0&=h\nu_0-h\nu=\frac{hc}{\lambda_0}-\frac{hc}{\lambda}=\frac{hc\Delta\lambda}{\lambda\lambda_0}\\&=\frac{6.626\times10^{-34}\times3\times10^{8}\times2.4\times10^{-12}}{1.00\times10^{-10}\times1.024\times10^{-10}}\\&\approx4.65\times10^{-17}(\mathrm{J})\\&=2.91\times10^{2}(\mathrm{eV})\end{aligned}$$

22.4 氢原子光谱与玻尔的旧量子理论

1. 原子核式模型

1) 原子的无核模型

直到1900年,原子的结构问题还没有搞清楚. 当时人们从一系列实验(如物质在一定条件可放出阴极射线等)中发现,物质是具有电结构的,也就是说,原子是有电结构的,这一点我们曾在第12章提及过. 最早人们对原子的认识不是有核模型,亥姆霍兹就持这种观点. 他原来认为原子是以太中的涡旋,J.J.汤姆孙发现电子以后,他放弃了以太涡旋的看法,提出了一种原子由带正电荷的均匀球体组成,而负电荷则以一颗颗电子的形式分布在球内. 1903年,J.J.汤姆孙在此基础上发展成著名的"梅子布丁"模型:原子的正电荷像一块布丁,电子则像一颗颗梅子嵌在里面. 汤姆孙试图用电子的数目变化去解释元素周期表. 为了得到稳定的原子,他设想在正电荷环境中的电子,就像在外磁场中一根浮置着的平行磁体一样,并且可以在平衡位置做迅速振动. 通过研究,还得到了一些可能与元素周期表相对应的电子"壳层"结构. 汤姆孙还试图将电子的振动和原子的光谱线联系起来,但没有获得成功,在今天看来,汤姆孙的原子模型虽然是错误的,但他那些认真的研究无疑给后人带来不少有益的启示.

1903年勒纳做了一个实验,用来检验上述模型. 他用电子束射一块金属薄片,并测量穿过金属片的电子的性质. 由于这一薄片有几千个原子层厚,而原子中的物质质量是连续分布的,因此,勒纳预料电子通过薄片后一定会损失许多能量. 但是实验结果却不是这样,绝大部分电子都直接穿过了薄片而不发生偏转.

这一实验结果否定了汤姆孙模型. 勒纳根据实验结果提出,原子所占的大部分空间是空的,只有少数电子在原子中浮动;原子的大部分质量和全部正电荷似乎集中在一个很小的体积上,这是最初的原子核式模型.

2) 原子的有核模型

1903年,日本物理学家长冈半太郎曾提出过原子结构的"土星模型". 他设想原子有一个很小的带正电的核,而电子则像土星光环那样不断绕核运动. 在当时这只是一种思辨式的猜想,不像汤姆孙模型那样作过认真研究,并得到某些实验的支持,所以长冈半太郎模型提出后并没有引起大家注意.

勒纳的测量虽然得到了新的结果,但测量精度不高. 卢瑟福和他的同事们在这个模型基础上,进行了更精细的测量和研究. 1911年,盖革在卢瑟福实验室进行了当时最完整的测量. 与勒纳实验不同,盖革不用电子作为轰击粒子,而用放射性物质R发出的α粒子(即氦核,由两个质子两个中子组成). 这些粒子比电子重7000多倍,因此在与电子碰撞时不会有明显偏转. 他们所用的靶子是薄金片. 由于金有极好的延展性,所以他们可以很容易地将金锤成很薄的箔；而且金原子很重，在与α粒子碰撞时它几乎不会移动.

盖革实验原理如图 22-11 所示. 铅板 D 只容许一束α粒子射出，这一细束α粒子射到金箔 F 上. 穿过金箔的α粒子用一个小荧光屏 C 探测. 把荧光屏放在与入射α粒子束成不同角度θ的方向上，可以记录不同散射角的α粒子数.

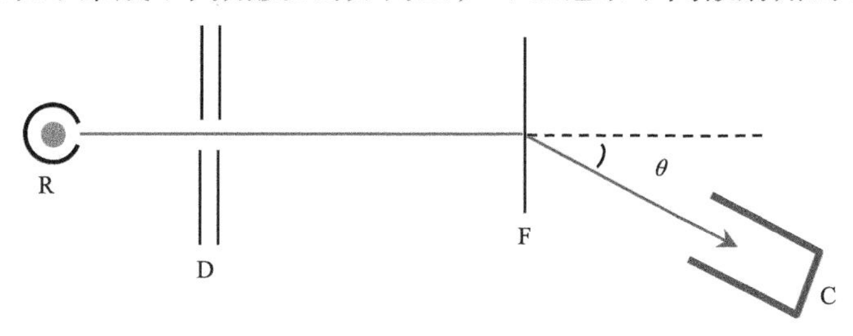

图 22-11 α粒子散射实验装置

盖革的实验结果表明，绝大部分α粒子直接穿过了金箔，不受影响；有少部分α粒子则被强烈地散射，其中有一些几乎直接被反射回来. 这些被反射回来的α粒子只能解释为与很重的粒子发生了对心碰撞. 以上实验事实清楚地说明，原子质量的绝大部分集中在原子体积的很小的一个区域. 根据这些实验，物理学家们从定性的角度基本接受了原子的核式模型. 然而一个理论若要完全被科学界承认，不仅要有定性的解释，还需要更加精密的定量计算和测量. 为此，卢瑟福等利用经典力学和电磁学理论算出α粒子与原子核可以达到的最小距离的数量级为 10^{-13}m. 后来人们利用超高能粒子实验测得，原子核半径数量级为 10^{-15}m. 当前人们普遍接受了原子有核模型.

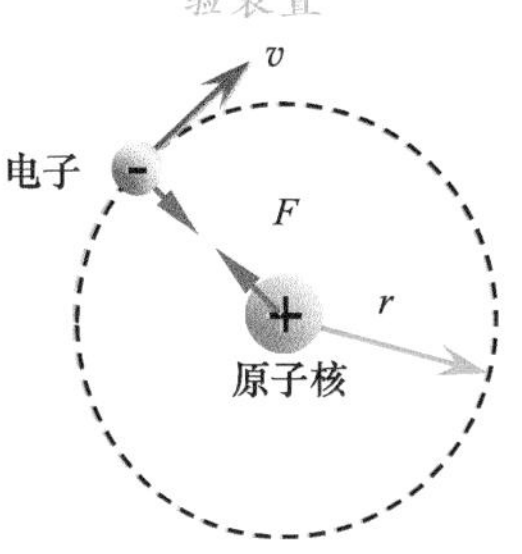

图 22-12 卢瑟福提出了原子的核式结构模型：氢原子中心有一带正电的原子核，它几乎集中了原子的全部质量，而电子则围绕原子核做圆周运动. 原子核质量是电子质量的 1837 倍；原子核的半径大约是 10^{-15}m，而原子的半径约 10^{-10}m

卢瑟福原子核式模型：**原子的中心为一带正电的原子核，它几乎集中了原子的全部质量，电子围绕着这个核旋转，核的大小与整个原子相比是非常小的**，如图 22-12 所示.

2. 氢原子光谱的实验规律

1) 巴耳末与里德伯公式

19 世纪末，许多物理学家对原子光谱进行了系统的研究. 他们让气体放电发出的光和物质燃烧发出的光通过一条窄缝，然后借助分光镜观察. 人们往往发现一系列分立的光谱线，每条谱线都有它特殊的颜色或波长. 这些谱线的位置和强度反映了元素本身的特殊性，即每种元素都有它的特征谱线.

氢原子是最轻的原子，也被当时估计为结构最简单的原子，所以对氢原子光谱的研究更加详细. 从氢气放电管可以获得氢原子光谱，人们很早就发现氢原子光谱在可见光区域有 4 条谱线，如图 22-13 所示，这四条谱线分别为 H_α、H_β、H_γ、H_δ，对应的波长依次为 656.3nm、486.1nm、434.0nm、410.2nm.

由于每条谱线的波长都可以精确地测定，于是许多物理学家都力图通过这些测量发现光谱的规律性. 1885 年，瑞士的一位中学数学教师巴耳末在物理学家的鼓励下首先发现了氢原子光谱线的一个经验公式

$$\lambda=B\frac{m^2}{m^2-4} \tag{22-23}$$

◀ 巴耳末公式

上式称为巴耳末公式，式中，B 为一恒量，其值为 $B=3643.9\times10^{-4}\mu\text{m}$；$m$ 为

整数，取值为 3，4，5，6，…. 图 22-13 表示氢原子的一个谱线系，称为巴耳末系. 巴耳末系的每一条谱线的波长都和公式(22-23)完全符合. 这是在没有任何物理思想指导下，仅仅从几个数字中凑出来的经验公式，显示出巴耳末相当的数学技巧.

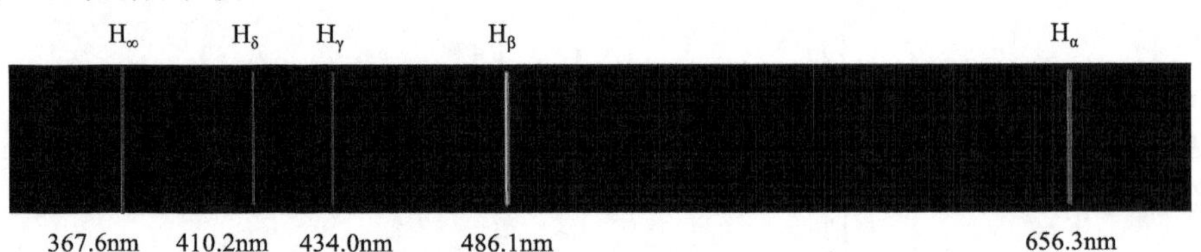

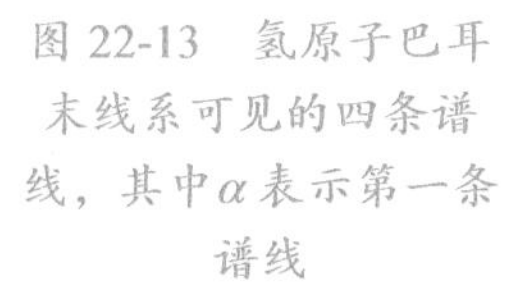

图 22-13 氢原子巴耳末线系可见的四条谱线，其中α表示第一条谱线

瑞典的物理学家里德伯用波长的倒数(称为波数：即单位长度上波的数目) $\tilde{\nu}=1/\lambda$，表示谱线，在研究了大量光谱资料(包括锂、钠、钾、镁、锌、镉、汞、铝等元素的谱线)的基础上，于 1890 年独立提出了氢光谱的普适公式

巴耳末普适公式 ▶

$$\tilde{\nu}=R_{\mathrm{H}}\left(\frac{1}{m^2}-\frac{1}{n^2}\right),\qquad n=m+1,m+2,m+3,\cdots \tag{22-24}$$

式中，m=1，2，3,…；对于每一个 m，$n=m+1$，$m+2$，$m+3$，…. $R_{\mathrm{H}}=1.0967758\times10^7$ m^{-1}，称为里德伯常量，这是实验值.

式(22-24)是氢原子谱线系的普适公式，对于巴耳末系，公式中的 m 取 2，将 m=2 代入上式，即为氢原子巴耳末系用波数表示的各条谱线

$$\tilde{\nu}=R_{\mathrm{H}}\left(\frac{1}{2^2}-\frac{1}{n^2}\right),\qquad n=3,4,5,\cdots \tag{22-25}$$

2) 氢原子的谱线系与线系限

对于里德伯公式中 m 的每一个确定值，n 取大于 m 的一系列整数，就得到一个谱线系. 表 22-2 给出了氢原子 6 个线系的名称和发现时间以及其他相关数据.

表 22-2 氢原子各谱线系相关数据

谱线系名称	m 取值	n 取值	线系最小波长/nm	线系最大波长/nm	发现时间
莱曼系	1	2，3，4，…	91.2	121.6	1906～1914
巴耳末系	2	3，4，5，…	364.6	656.3	1885
帕邢系	3	4，5，6，…	820.4	1875	1908
布拉开系	4	5，6，7，…	1458	4051	1922
普丰德系	5	6，7，8，…	2279	7460	1924
汉弗莱系	6	7，8，9，…	3282	12370	1953

从表 22-2 中谱线系的发现时间可见，巴耳末线系发现得最早，这个线系的四条主要谱线都在可见光范围，而其他线系谱线均不在可见光范围，这或许是巴耳末线系最早发现的原因. 从该表中还可以知道每个线系的系限波长所谓系限波长是指该线系的最大波长和最小波长. 以巴耳末线系为例，该线系的最大波长 656.3nm 是指 n=3 时，从式(22-25)算出的该线系的第一条谱

线的波长；该线系的最小波长 364.6nm 是指 $n\to\infty$时，从式(22-25)算出的该线系的最后一条谱线的波长. 读者可以自行验证一下其他线系的系限波长. 图 22-14 给出了氢原子 6 个线系的谱线图.

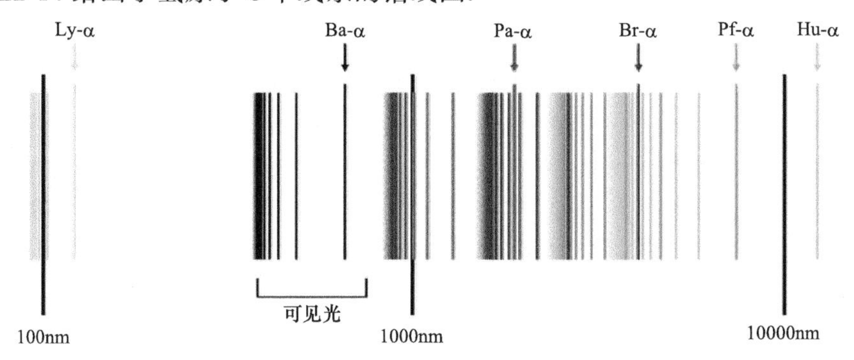

图 22-14 氢原子的 6 个谱线系，其中的α表示该线系的第一条谱线

3) 原子光谱的一般规律

到了 20 世纪初，关于原子光谱的实验规律可归纳如下：①谱线的波数由两个光谱项的差值决定；②如果前项的整数参变量保持定值，后项整数参变量取不同的数值，则可给出同一谱线系中各谱线的波数；③改变前项变量的数值则可给出不同光谱线系；④所有谱线都是线状. 由于当时对原子的内在结构一无所知，这些实验规律在很长一段时间内没有得到满意的解释.

卢瑟福(1871～1937)，英国著名物理学家，为知名原子核物理学之父. 学术界公认他为继法拉第之后最伟大的实验物理学家. 卢瑟福首先提出放射性半衰期的概念，证实放射性涉及从一个元素到另一个元素的嬗变. 他又将放射性物质按照贯穿能力分类为 α 射线与 β 射线，并且证实前者就是氦离子. 因为“对元素蜕变以及放射化学的研究”，他荣获 1908 年诺贝尔化学奖

3. 玻尔的氢原子理论

1) 卢瑟福原子模型的局限性

尽管卢瑟福的原子有核模型可以解释α粒子的大角度散射，但是在解释氢原子光谱方面却面临一些困难，主要表现在如下三个方面：

(1) 原子的特定大小. 依据万有引力定律，行星绕太阳旋转，其轨道半径可以不受任何限制. 但原子却有一定的尺度，无论通过什么方法获得的氢原子，其直径大小基本上都是 0.1nm.

(2) 原子的稳定性. 根据经典电磁场理论，围绕核运转的电子由受到向心力，即库仑力的作用而做加速运动，因而会由于不断地辐射电磁波而失去能量，并且半径会很快减小，并会在 10s 内崩塌在原子核上，然而，实际上原子是具有稳定结构的.

(3) 线状光谱的存在. 随着电子在核外旋转，连续地辐射能量，因此辐射的光谱应该具有连续的波长或频率，但实际上原子的光谱是线状的，非连续谱的.

2) 玻尔的三条基本假设

玻尔是丹麦杰出的物理学家，近代物理学的奠基者之一. 1912 年 3 月玻尔来到曼彻斯特在卢瑟福的实验室工作. 玻尔认为：要解决卢瑟福原子模型中的稳定问题，必须应用量子假设. 也就是说，要描述原子现象就必须对经典概念进行一番彻底的改造. 1913 年玻尔在《哲学杂志》上发表了有关原子和分子构造的三篇论文. 其中提出了三条基本假设：

◀ 玻尔定态假设

(1) 定态假设：原子只能处于一系列不连续的稳定能量状态中，在这种状态中电子围绕原子核在固定的圆周轨道上运动，但不向外辐射电磁波. 这种稳定状态称为定态. 相应的能量分别为 E_1，E_2，E_3，… ($E_1<E_2<E_3<\cdots$).

(2) 动态(或频率条件)假设：原子中在某一轨道上运动的电子，由于某种原因从高能态向低能态跃迁时，向外辐射电磁波. 电磁波的频率 ν 由下式决定：

玻尔动态假设 ▶

$$h\nu = |E_n - E_m| \tag{22-26}$$

相反，若用某一频率的光照射原子，使原子吸收光子能量，从而使原子由低能态跃迁到高能态. 无论原子辐射还是吸收能量，都必须满足式(22-26).

(3) 量子化条件假设：在电子绕核做圆周运动时，只有电子的角动量 L 等于$(h/2\pi)$整数倍的那些轨道才是可能的，即

玻尔轨道角动量量子化 ▶

$$L = n\hbar \tag{22-27}$$

式(22-27)中 $\hbar=\dfrac{h}{2\pi}$，n 称为主量子数.

3) 玻尔理论对氢原子光谱的解释

玻尔将上述假设运用于氢原子模型，计算出了氢原子各个稳定态的电子轨道半径和能量并用电子跃迁解释了氢原子光谱，尤其是从理论上推出了与实验符合得很好的里德伯常量，取得了很大成功.

(1) 定态轨道半径. 研究发现氢原子的原子核(即质子)质量约为电子质量的 1836 倍，因此当电子围绕核旋转时，核基本不动. 计算可知原子中电子受到的库仑力远远大于万有引力，电子在原子核外做圆周运动的向心力几乎全部由库仑力提供. 并且，玻尔认为，电子的轨道半径要满足量子化，因此有

$$\frac{1}{4\pi\varepsilon_0}\frac{e^2}{r^2} = \frac{mv^2}{r}$$

$$mvr = n\frac{h}{2\pi}, \quad n=1,2,3,\cdots$$

将以上两式中的 v 消去，用 r_n 表示 n 值对应的轨道半径，有

$$r_n = n^2\frac{\varepsilon_0 h^2}{\pi m e^2}, \quad n=1,2,3,\cdots \tag{22-28}$$

式中，h 为普朗克常量；ε_0 为真空的介电常数；m 为电子质量；e 为电子电量. 由上式可见氢原子中电子轨道半径与主量子数 n 的平方成正比. 若 n 取 1，代入上式，可计算出氢原子的最小轨道半径，称为玻尔半径 $a=5.29\times10^{-11}$m. 这个数值几乎是氢原子的尺度，与实验测量结果符合得很好. 将 a 代入上式，可将式(22-28)表示为

$$r_n = n^2 a \tag{22-29}$$

上式表明，由于电子轨道角动量的量子化，电子的轨道半径不能连续变化了，而只能取一些固定的半径，如 $a,4a,9a,\cdots,n^2a,\cdots$.

(2) 定态能量. 氢原子的总能量是电子轨道运动的动能与电势能之和，取电子离原子核无穷远时为势能参考点，于是氢原子的总能量为

$$E_n = -\frac{1}{4\pi\varepsilon_0}\frac{e^2}{r_n}+\frac{1}{2}mv_n^2$$

考虑圆周运动的向心力和半径量子化

$$m\frac{v_n^2}{r_n}=\frac{1}{4\pi\varepsilon_0}\frac{e^2}{r_n^2}, \quad r_n = n^2\frac{\varepsilon_0 h^2}{\pi m e^2}$$

于是得

$$E_n = -\frac{me^4}{8\varepsilon_0^2 h^2 n^2}, \quad n=1,2,3,\cdots \tag{22-30}$$

◀ 玻尔氢原子基态能量

式(22-30)表明，氢原子的能量只跟主量子数 n 有关，当主量子数确定时，氢原子的能量是确定的、稳定的、不变的. 这就是稳态假设. 并且上式还表明，氢原子的能量不是连续变化的，而是量子化的. 由于能量是以 n 来区别的，不同的 n 称为不同的能量级，简称能级. 由于式(22-30)前边是负号，所以 $n=1$ 时，氢原子能级 E_1 最低. 能级越低越稳定，所以最低能量态 E_1 称为基态. 将其他常数代入式(22-30)，可算得基态能量为

$$E_1 = -13.58\text{eV}$$

而其他各能级的能量均比基态高，能级越高越不稳定，故称为激发态，其他激发态的能级表示为

$$E_n = \frac{E_1}{n^2} = -\frac{13.58}{n^2}\text{eV} \tag{22-31}$$

◀ 玻尔氢原子能级

将上式代入动态假设，可得氢原子跃迁时辐射或吸收的光子能量为

$$\varepsilon = h\nu = |E_n - E_m| = 13.58\left(\frac{1}{m^2}-\frac{1}{n^2}\right)\text{eV} \tag{22-32}$$

显然，上式表明，量子数 n 越大，所对应的能级越高. 当 $n\to\infty$时，$E_\infty=0$，此时，$r\to\infty$，即电子已跑到无穷远，脱离了原子核的束缚成为自由电子.

(3) 结合能. 由于吸收某一粒子的能量，电子从某一轨道跃迁至无穷远的过程称为电离. 显然从基态被电离时，电子所需吸收的最小能量最大. 这个能量称为电离能. 相反，电子在无穷远，从静止跃迁至基态将释放能量，该能量称为结合能. 显然，无论是从基态电离所需要的电离能，还是从无穷远返回基态释放的结合能，在数值上是相等的，即

$$E_{结合}=E_{电离}=E_\infty - E_1 = 13.58\text{eV} \tag{22-33}$$

◀ 氢原子的结合能

上式表明，若将电子从基态激发至无穷远，所需要的最小能量为 13.58eV，但从其他能级(E_n)脱离原子核的束缚成为自由电子所需要的能量可以小一些，但需要满足下式：

$$\Delta E \geqslant E_\infty - E_n = -E_n \tag{22-34}$$

(4) 玻尔理论对氢原子光谱规律的解释. 按照玻尔的假设，氢原子从高能态 n 向低能态 m 跃迁时($n>m$)，辐射电磁波的频率可由式(22-26)计算

$$\nu=\frac{E_n-E_m}{h}$$

将式(22-32)代入上式，并考虑$\tilde{\nu}=\frac{1}{\lambda}=\frac{\nu}{c}$，得

玻尔氢原子波数公式 ▶

$$\tilde{\nu}=\frac{me^4}{8\varepsilon_0^2h^3c}\left(\frac{1}{m^2}-\frac{1}{n^2}\right) \tag{22-35}$$

式(22-35)是玻尔理论算得的结果，而式(22-24)是里德伯根据实验数据推算的经验公式，将两式比较系数，可得

里德伯常量理论公式 ▶

$$R_{\mathrm{H}}=\frac{me^4}{8\varepsilon_0^2h^3c} \tag{22-36}$$

将相关常数代入上式，可得

$$R_{\mathrm{H}}=1.0973732\times10^7\,\mathrm{m}^{-1}$$

这是根据玻尔假设得出的理论值，与实验值 $1.0967758\times10^7\mathrm{m}^{-1}$ 符合得相当好！利用玻尔理论推导时我们是假设原子核质量很大，认为原子核不动，而只有电子围绕核旋转，而从力学角度严格计算时，应该认为电子和核均绕着它们的质心运动，尽管质心离核很近. 我们可以通过经典力学找到它们的质心，并认为电子以折合质量绕质心做圆周运动，经修正后，里德伯常量的理论值与实验值差别也不大. 人们普遍认为玻尔理论计算的氢原子光谱及其相关数据与实验符合得如此之好，在科学历史上是罕见的.

尼尔斯·亨利克·戴维·玻尔(1885～1962)，丹麦物理学家，哥本哈根大学硕士/博士，丹麦皇家科学院院士，曾获丹麦皇家科学文学院金质奖章，英国曼彻斯特大学和剑桥大学名誉博士学位，1922 年获得诺贝尔物理学奖. 玻尔通过引入量子化条件，提出了玻尔模型来解释氢原子光谱；提出互补原理和哥本哈根诠释来解释量子力学，他还是哥本哈根学派的创始人，对二十世纪物理学的发展有深远的影响

应用玻尔理论可以成功地解释氢原子光谱中各线系及线系中每条谱线形成的原因. 一般情况下氢原子中的电子总是处于基态，当有粒子碰撞、光照、热激发等外界因素的作用时，电子获得能量而跃迁到激发态上，处于激发态上的电子是不稳定的，它们会自动地跃迁回较低的能级上，同时发射一定频率的光. 在式(22-35)中，如果主量子数 n 取 1，即 $n=1$，电子从 $n\geqslant2$ 的各能级向 $n=1$ 的能级跃迁所发射的光谱，就是莱曼线系的光谱；若 $n=2$，而电子从 $n\geqslant3$ 的各个能级向 $n=2$ 的能级跃迁时，就得到了巴耳末线系的谱线，以此类推可以得到氢原子的所有谱线. 氢原子各能级之间跃迁所发出的谱线构成各线系，可以用所谓的能级跃迁图表示，如图 22-15 所示.

应用玻尔理论不仅完美地解释了氢原子光谱的实验规律，还成功地解释了类氢离子(如 He^+，Li^{2+}，Be^{3+}等)光谱. 从而使卢瑟福-玻尔原子模型以及能级、定态跃迁等概念得到广泛的认可. 然而玻尔理论也存在着缺陷，例如，无法解释原子光谱不是严格的线状谱，而是有一定宽度；无法计算光谱的强度；更无法解释原子光谱在磁场中的分裂以及精细结构等现象. 这表明：玻尔理论并不是一个完善的理论，是在一系列假设基础上得出的，比如轨道角动量量子化. 氢原子的玻尔理论代表了原子结构的量子理论发展的开始，它是经典理论与量子概念相结合的产物，不是一个内部自洽的彻底的理论. 但是，玻尔理论为探索微观世界开辟了道路. 为更彻底的理论量子力学奠定了一定的基础，能级、跃迁等概念在量子力学中仍适用.

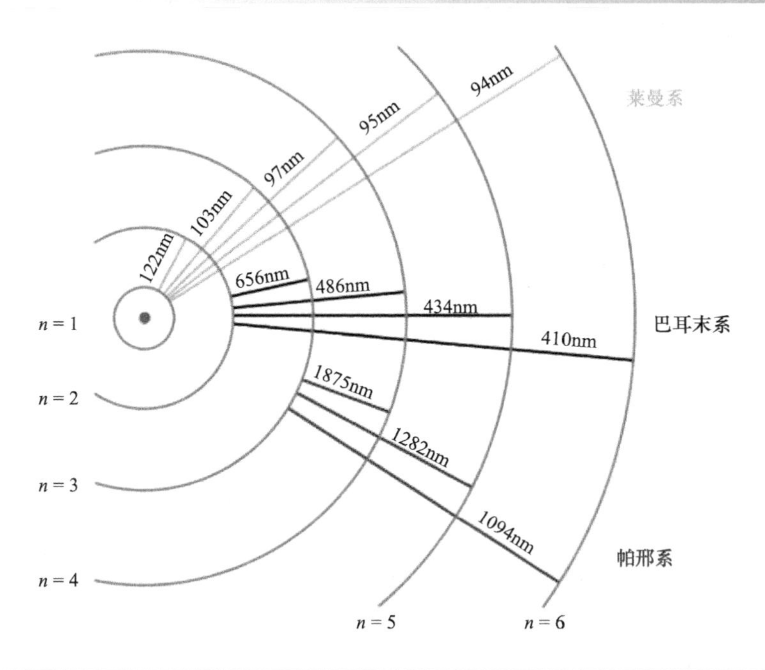

1963 年，丹麦举行了玻尔模型发表五十周年的纪念活动并发行了纪念邮票. 邮票中绘有玻尔的肖像以及氢原子能级差公式，其他一些国家也发行了玻尔的纪念邮票

图 22-15 氢原子的能级与常见谱线系

例题 22-6 氢原子光谱的系限波长

试计算氢原子巴耳末线系最大波长和最小波长.

解 在巴耳末线系中，m=2，而 n 从 3 到∞，所以该线系的最大波长对应着 m=3，而最小波长对应着 $m\to\infty$，因此，根据式(22-35)和里德伯常量可分别算得巴耳末系最大波长，

$$\tilde{\nu}=\frac{1}{\lambda_{\infty}}=R_{\mathrm{H}}\left(\frac{1}{m^2}-\frac{1}{n^2}\right)=1.0973732\times10^7\left(\frac{1}{2^2}-\frac{1}{3^2}\right)$$

即

$$\lambda_{\infty}=656.1\mathrm{nm}$$

最小波长

$$\tilde{\nu}=\frac{1}{\lambda_{\min}}=R_{\mathrm{H}}\left(\frac{1}{m^2}-\frac{1}{n^2}\right)=1.0973732\times10^7\left(\frac{1}{2^2}-\frac{1}{\infty^2}\right)$$

$$\lambda_{\min}=364.5\mathrm{nm}$$

读者可以参照本例题自行计算其他线系的最大波长和最小波长，以便验证表 22-1 中的结果.

例题 22-7 氢原子光谱

若某粒子以 12.10eV 的能量撞击处于基态的氢原子，问电子可能被激发到哪个能级？被激发的电子向低能级跃迁时能够产生几条谱线？它们属于哪个线系？

解 根据式(22-32)，对于基态 m=1，若 n=3，可得

$$\varepsilon=h\nu=13.58\left(\frac{1}{1^2}-\frac{1}{3^2}\right)\approx12.07(\mathrm{eV})$$

如果 $m=1$，$n=4$，可得

$$\varepsilon=h\nu=13.58\left(\frac{1}{1^2}-\frac{1}{4^2}\right)\approx 12.73(\mathrm{eV})$$

由于入射的粒子能量为 12.10eV，电子吸收该能量可以从基态跃迁到第二激发态($n=3$)，不足以跃迁到第三激发态($n=4$). 所以可以跃迁到 $n=3$ 的能级. 从 $n=3$，向下跃迁产生 3→1，2→1 和 3→2 等三条谱线. 前两条谱线属于莱曼线系，第三条属于巴耳末线系. 请读者思考，如果撞击的粒子能量为 12.74eV，那么激发后的电子，向下跃迁可以产生几条谱线呢?

22.5 物质的波粒二象性

1. 光的波粒二象性

任何理论的正确性都是要经过实验验证的，19 世纪一系列实验现象均证实了光的波动性，如干涉、衍射和偏振. 而 20 世纪初，黑体辐射、光电效应和康普顿效应等现象又证实了光的粒子性. 在 19 世纪的差不多一个世纪里，科学家们都接受并应用波动理论去解释光的各种现象，因此，光的波动性是毋庸置疑的. 在对光的本性的解释上，不应该在光子论和波动论之间进行取舍，而应该把它们同样地看作是对于光的本性的不同侧面的描述. 光在传播过程中表现出波的特性，而在与物质相互作用的过程中表现出粒子的特性. 这就是说，光具有波和粒子这两重特性，可称为光的波粒二象性，即光既是粒子，也是波，这在人们的经典观念中是不容易接受的. 但是，用统计的观点可以把两者统一起来. 光是由具有一定能量、动量和质量的微观粒子组成的，在它们运动的过程中，在空间某处发现它们的概率遵从波动的规律.

从粒子性的观点，光具有能量 E 和动量 p，而从波动性的角度，光具有波长和频率，在爱因斯坦的光子理论和康普顿效应的解释中，我们分别给出了粒子性与波动性物理量之间的关系，即，

光的波粒二象性 ▶

$$E=h\nu \tag{22-37}$$

$$p=\frac{h}{\lambda} \tag{22-38}$$

式中，E、p 为光子的能量与动量；λ、ν 分别为光的波长与频率.

实际上，这里所说的粒子和波，都是人们经典观念中对物质世界认识上的一种抽象和近似. 这种抽象和近似是不能用来对微观世界的事物作出恰当的描述的，因为微观世界的事物有着与宏观世界的事物不同的性质和规律. 从这个意义上说，光既不是粒子，也不是波，或者既不是经典观念中的粒子，也不是经典观念中的波.

例题 22-8　光的波粒二象性

分别计算波长 $\lambda_1=600\mathrm{nm}$ 的红光和波长 $\lambda_2=0.1\mathrm{nm}$ 的 X 射线光子的能量、质量和动量.

解 对于红光，光子的能量、质量和动量为

$$E = h\nu = \frac{hc}{\lambda} = \frac{6.63\times10^{-34}\times3.0\times10^{8}}{600\times10^{-9}} \approx 3.31\times10^{-19}(\text{J})$$

$$m = \frac{h\nu}{c^2} = \frac{h}{\lambda c} = \frac{6.63\times10^{-34}}{600\times10^{-9}\times3.0\times10^{8}} \approx 3.68\times10^{-36}(\text{kg})$$

$$p = \frac{h}{\lambda} = \frac{6.63\times10^{-34}}{600\times10^{-9}} \approx 1.10\times10^{-27}(\text{kg}\cdot\text{m/s})$$

对于 X 射线

$$E = h\nu = \frac{hc}{\lambda} = \frac{6.63\times10^{-34}\times3.0\times10^{8}}{0.10\times10^{-9}} \approx 1.99\times10^{-15}(\text{J})$$

$$m = \frac{h\nu}{c^2} = \frac{h}{\lambda c} = \frac{6.63\times10^{-34}}{0.10\times10^{-9}\times3.0\times10^{8}} \approx 2.21\times10^{-32}(\text{kg})$$

$$p = \frac{h}{\lambda} = \frac{6.63\times10^{-34}}{0.10\times10^{-9}} \approx 6.63\times10^{-24}(\text{kg}\cdot\text{m/s})$$

2. 德布罗意物质波假设

光的干涉和衍射现象证明了光的波动性，黑体辐射、光电效应和康普顿效应等新的实验事实又证明了光的粒子性. 在 1923～1924 年，光的波粒二象性作为一个普通概念已为人们所理解和接受. 1924 年法国青年物理学家德布罗意把光的波粒二象性推广到了实物粒子：自然界在许多方面都具有明显的对称性，如果光具有波粒二象性，则实物粒子(如电子、原子和分子等)也应该具有波粒二象性. 德布罗意在他的博士论文《量子理论的研究》中这样写道："整个世纪以来，在辐射理论上，比起波动的研究方法来说，是过于忽略了粒子的研究方法；在实物理论上，是否发生了相反的错误呢？我们是不是关于粒子的图像想得太多，而过分地忽略了波的图像呢？"同时他大胆地提出假设：不只是辐射具有波粒二象性，一切实物粒子也具有波粒二象性. 这种与实物粒子相联系的波称为物质波. 后来人们常说德布罗意波.

德布罗意把对光的波粒二象性的描述直接运用到实物粒子上，得到了描述实物粒子性的物理量：能量 E 和动量 p，与描述实物粒子波动性的物理量：频率 ν 和波长 λ 之间的关系式

$$E = mc^2 = h\nu \tag{22-39}$$

◀实物粒子的波粒二象性

$$p = mv = \frac{h}{\lambda} \tag{22-40}$$

式中，h 为普朗克常量. 以上两式称为德布罗意公式，也称为德布罗意关系. 上式中的波长可以表示为

$$\lambda = \frac{h}{p} = \frac{h}{mv} \tag{22-41}$$

式中，λ 表示实物粒子波的波长，也称为德布罗意波长. 如果用粒子的静止质量 m_0 表示，则上式变为

$$\lambda=\frac{h}{m_0 v}\sqrt{1-\frac{v^2}{c^2}} \tag{22-42}$$

在速度不是很快的情况下，可以忽略相对论效应，即 $v<<c$ 时，粒子动量为 $p=m_0v$， 动能为 $E_k=\frac{1}{2}m_0v^2$，于是德布罗意波长可如下计算：

$$\lambda=\frac{h}{m_0 v}=\frac{h}{\sqrt{2m_0E_k}} \tag{22-43}$$

例题 22-9 实物粒子的波粒二象性

(1)一个电子在 100V 电压的作用下被加速后，其德布罗意波长是多少？

(2)一个质量为 10^{-8}kg 的尘埃粒子以 10m/s 的速率运动，其德布罗意波长是多少？

解 (1) 经过 100V 电压加速后电子的速率不是很快,可以忽略相对论效应，因此其速率为

$$v=\sqrt{\frac{2eU}{m_e}}$$

其动量为

$$p=m_ev=\sqrt{2eUm_e}=\sqrt{2\times1.60\times10^{-19}\times100\times9.11\times10^{-31}}$$
$$=5.40\times10^{-24}(\text{kg}\cdot\text{m/s})$$

海森伯(1901～1976)，德国著名物理学家，量子力学的主要创始人，哥本哈根学派的代表人物，1932年诺贝尔物理学奖获得者. 量子力学是整个科学史上最重要的成就之一，他的《量子论的物理学基础》是量子力学领域的一部经典著作. 鉴于他的重要影响，在美国学者麦克·哈特所著的《影响人类历史进程的 100 名人排行榜》，海森伯名列第 43 位

根据德布罗意关系，有

$$\lambda=\frac{h}{p}=\frac{6.63\times10^{-34}}{5.40\times10^{-24}}=1.23\times10^{-10}(\text{m})$$

(2) 将尘埃颗粒的质量和速率代入德布罗意关系得

$$\lambda=\frac{h}{mv}=\frac{6.63\times10^{-34}}{10^{-8}\times10}=6.63\times10^{-27}(\text{m})$$

从电子的德布罗意波长看，其尺度可以跟原子的大小相比拟，在原子范围内，电子的波动性是很明显的. 因此，从微观上，电子是没有轨道概念的，或者说对于原子中的电子谈轨道是没有意义的. 而尘埃颗粒的德布罗意波长只有 10^{-27}m，比原子核(10^{-15}~10^{-14}m)的尺度还小得多，所以一般观察不到其波动性，没有明显的波动效应.

应该指出的是，尽管 1924 年，德布罗意关于实物粒子波粒二象性是在光的波粒二象性的启发下提出来的，但是三四年之后的 1927 年和 1928 年分别由戴维孙-革末和 G.P.汤姆孙分别通过电子在晶体上的衍射得到了证实，并利用电子的波动性于 1937 年制成了电子显微镜，该显微镜可以将微观粒子放大 12000 倍. 直到当今电子显微镜还在物质的微观结构分析与材料分析中发挥着不可替代的作用. G.P.汤姆孙与戴维孙一起由于在电子显微镜方面的贡献分享了 1937 年的诺贝尔物理学奖.

22.6 不确定关系

在经典力学中，一个物体的位置和动量是可以同时确定的. 如果已知物体在某一时刻的位置和动量及其受力情况，通过求解动力学方程，可以精确地预测在此之后任意时刻物体的位置和动量，并且可以求得物体运动的轨道. 对于微观粒子而言，由于它的粒子性，可以谈论它的动量和位置；但由于它的波动性，任一时刻粒子不具有确定的位置. 故由于波粒二象性，任意时刻微观粒子的位置和动量都有一个不确定量，即不能同时用位置和动量来准确地描述粒子的运动.

1927 年德国物理学家海森伯在分析了若干理想实验之后，把这种不确定关系定量地表示出来，这就是著名的测不准原理(现称为不确定关系). 下面以电子单缝衍射实验为例来说明.

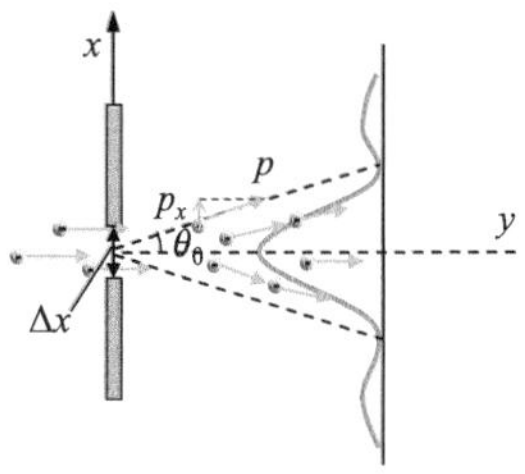

如图 22-16 所示，一束动量为 p 的电子沿 y 轴方向运动，通过缝宽为 $a(a=\Delta x)$的单缝后发生衍射现象，而在屏上形成衍射条纹. 对于一个电子而言，我们无法确切地说出它通过狭缝的哪一点，但可以说出电子在 x 方向上的不确定范围是Δx. 同时电子在通过狭缝的瞬时产生了衍射，电子的动量方向也发生了改变，即 $p_x\neq 0$. 如果忽略衍射的次极大，认为所有电子都落在中央极大内，因而电子在通过狭缝时，运动方向可以产生的最大偏角为θ_0. 设电子束中的任意电子经过狭缝后，其衍射角为θ，x 方向的动量为 $p_x= p\sin\theta$，则有

图 22-16 单缝宽度为Δx，使一束电子沿 y 轴方向射向狭缝，在缝后放置照相底片，以记录电子落在底片上的位置

$$0\leqslant p_x\leqslant p\sin\theta_0$$

即电子通过狭缝时在 x 方向上的动量不确定量为

$$\Delta p_x=p\sin\theta_0 \tag{22-44}$$

根据单缝衍射极小条件，$a\sin\theta=k\lambda$，得第一级极小(k=1)条件

$$a\sin\theta_0=\Delta x\sin\theta_0=\lambda$$

将式(22-44)代入上式中并整理得

$$\Delta x\Delta p_x=\frac{\lambda}{p} \tag{22-45}$$

把德布罗意关系代入，得

$$\Delta x\Delta p_x=h \tag{22-46}$$

如果把衍射的次极大也考虑在内，则Δp_x将比上式所给出的更大，于是有

$$\Delta x\Delta p_x\geqslant h$$

通过更加严格的推导，可得

$$\Delta x\Delta p_x\geqslant\frac{\hbar}{2} \tag{22-47}$$

式(22-47)称为海森伯不确定关系，由于上式常用于估算，所以常常简化为

$$\Delta x\Delta p_x\geqslant\hbar \tag{22-48a}$$

◀ 位置与动量的不确定关系

将上式推广到其他坐标分量，可得另外两个方向的不确定关系

$$\Delta y \Delta p_y \geqslant \hbar \tag{22-48b}$$

$$\Delta z \Delta p_z \geqslant \hbar \tag{22-48c}$$

不确定关系不仅适用于电子，也适用于其他微观粒子. 此关系表明：对于微观粒子不能同时具有确定的位置和确定的动量. 具体地说：位置不确定量越小，则动量不确定量就越大；反之亦然. 如果粒子的位置完全确定，即$\Delta x=0$，则粒子的动量值就完全不确定，即$\Delta p_x \to \infty$，反之亦然. 微观粒子的这种属性是波粒二象性的结果，是不以人的意志为转移的. 它反映了同时测量一个粒子的位置和动量的精确度的极限，不确定关系是物质的客观规律，不是测量仪器不够先进或不够精确，也不是测量方法不科学，不是人的主观能力可以改变的.

不确定关系是自然界的普遍原理，而且有许多种不同的表现形式，如时间和能量、角位置和角动量之间也存在这种关系，即

能量与寿命的不确定关系 ▶

$$\Delta E \Delta t \geqslant \hbar \tag{22-49}$$

角度与角动量的不确定关系 ▶

$$\Delta \phi \Delta L \geqslant \hbar \tag{22-50}$$

与能量和时间联系着的不确定性存在于原子能级的情况中，实际上能级都不是单一值，而是具有一定的宽度ΔE，也就是说电子处在某能级时，实际的能量有一个不确定的范围ΔE. 在同类大量原子中，停留在相同能级上的电子有的停留时间长，有的停留时间短，可以用一个平均寿命Δt来表示. 能级宽度可以通过谱线宽度测出，从而可以推知能级的平均寿命. 由于原子的基态能级是稳定的，所以对于基态$\Delta E=0$，$\Delta t \to \infty$. 这个原理不但适用于原子中核外电子的能级，也适用于原子核及基本粒子问题. 粒子能量的不确定导致了跃迁时能级变化的不确定，因此原子光谱才表现为非线状谱.

例题 22-10　不确定关系

玻尔理论算得氢原子中电子的运动速率为2.2×10^6m/s，如果它的不确定量为1.0%，求电子位置的不确定范围.

解　根据题意，电子动量的不确定量为

$$\Delta p_x = m\Delta v_x = 9.11\times10^{-31}\times2.2\times10^{6}\times0.01$$
$$\approx 2.0\times10^{-24}(\mathrm{kg\cdot m/s})$$

根据式(22-48a)得

$$\Delta x=\frac{\hbar}{\Delta p_x}=\frac{6.63\times10^{-34}}{2\times3.14\times2.0\times10^{-24}}\approx5.28\times10^{-11}(\mathrm{m})$$

此值与氢原子的基态轨道半径(玻尔半径)几乎相同.

例题 22-11　不确定关系

一质量为0.01kg的子弹，从直径为5mm的枪口射出，试用不确定关系计算子弹射出枪口时的横向速度.

解 显然枪口的直径是子弹射出枪口时的位置不确定量Δx，因为$\Delta p_x=m\Delta v_x$，所以由不确定关系得

$$\Delta v_x=\frac{\hbar}{m\Delta x}=\frac{6.63\times10^{-34}}{2\times3.14\times0.01\times5\times10^{-3}}\approx2.1\times10^{-30}(\mathrm{m/s})$$

例题 22-12 不确定关系

(1) 设电子在某激发态的平均寿命为$\Delta t=1\times10^{-8}$ s，求该激发态的能级宽度.

(2) 设电子从某高能态向低能态跃迁时产生的辐射波长为400nm，并测得该谱线宽度为1×10^{-5} nm，求电子处于该激发态的平均寿命.

解 (1) 由能量和时间的不确定关系：

$$\Delta E=\frac{\hbar}{\Delta t}=\frac{6.63\times10^{-34}}{2\times3.14\times10^{-8}}\approx1.06\times10^{-26}\,(\mathrm{J})\approx6.63\times10^{-8}(\mathrm{eV})$$

此数值表明，处于基态的氢原子能量的不确定度不是很大，因此谱线宽度不是很大，但是由于ΔE非零，故为非线状谱.

(2) 根据$E=h\nu=\dfrac{hc}{\lambda}$可得$\Delta E=\dfrac{hc}{\lambda^2}\Delta\lambda$. 所以，该激发态的平均寿命为

$$\Delta t=\frac{\hbar}{\Delta E}=\frac{h}{2\pi}\cdot\frac{\lambda^2}{hc}\cdot\frac{1}{\Delta\lambda}=\frac{\lambda^2}{2\pi c\Delta\lambda}$$

$$=\frac{(400\times10^{-9})^2}{2\times3.14\times3\times10^8\times10^{-5}\times10^{-9}}\approx8.5\times10^{-9}\ \mathrm{s}$$

此数据表明，电子在该能态上的寿命为8.5×10^{-9}s，这个时间与光电效应发生的时间数量级相同，这是巧合还是它们之间可以相互佐证呢？

德布罗意父母早逝，从小就酷爱读书. 从18岁开始在巴黎索邦大学学习历史，并且于1910年获巴黎索邦大学文学学士学位. 1911年，他听到作为第一届索尔维物理讨论会秘书的莫里斯谈到关于光、辐射、量子性质等问题的讨论后，激起了对物理学的强烈兴趣，并转向研究理论物理学. 1913年又获理学士学位. 他的哥哥(M. 德布罗意)是一位实验物理学家，是X射线方面的专家，拥有设备精良的私人实验室. 从他哥哥那里，德布罗意了解到普朗克和爱因斯坦关于量子方面的工作，选择了物理学的研究道路，并且希望通过物理学研究获得博士学位

22.7 量子力学基础

前几节，从黑体辐射、光电效应、康普顿效应等现象到解释，从氢原子的稳定性和线状光谱到玻尔理论，以及物质的波粒二象性等均暗示着微观粒子有着与经典宏观物体不同的属性和规律，如微观粒子能量的量子化，物理量的不确定性，以及波动与粒子的两重性等. 尽管通过能量量子化、光量子以及角动量量子化假设以及继承的经典理论，一些问题得到了一定程度的解决，但均伴随着半经典半量子的不和谐因素，本节我们将介绍能够使这些问题得到相对圆满解答的理论——量子力学初步.

1. 波函数及其基本性质

1) 微观粒子状态波函数

为了阐明微观粒子的波动性，我们首先建立物质波函数的概念. 由于微观粒子具有波动性，因而无法像经典物理那样用轨道来描述它的运动状态. 在量子力学中用波函数来描述微观粒子的行为. 它是时间和空间的函

数，通常用$\Psi(r,t)$表示. 那么它的物理意义究竟是什么呢?人们从光的波粒二象性之间的关系得到启发，在光(或电子)的单缝衍射实验中，强度有极大值的地方，恰好应是光子出现几率最大的地方，即光强应该与该处光子出现的几率成正比.

我们仍以上节的电子单缝衍射为例来说明波函数的物理意义. 如图 22-16，一束电子穿过单缝，在屏上形成衍射图像. 从粒子的观点看，衍射图样的形成是由于电子不均匀地射向屏幕各处，有的地方电子很密集，有的地方电子很稀疏，这表示电子射到各处的几率是不同的. 电子密集的地方表示它到达那里的几率大；反之，电子稀疏的地方，表示它到达那里的几率小. 另一方面，从波动的观点看，电子密集的地方表示那里波的强度大，电子稀疏的地方则表示波的强度小. 所以可以说某处德布罗意波强度的大小反映了在该处电子出现几率的大小. 或者说，在某处德布罗意波的强度与该处粒子出现的几率成正比. 这就是德布罗意波函数的统计解释. 这种解释最早由玻恩所提出，因此他获得了 1954 年的诺贝尔物理学奖.

2) 波函数的物理意义和基本性质

(1) 几率密度与几率. 根据德布罗意波的这种统计解释，在量子力学中用波函数$\Psi(\boldsymbol{r},t)$描述微观粒子行为，它可以是实数，也可以是复数. 量子力学规定波函数$\Psi(\boldsymbol{r},t)$模的平方代表粒子的几率密度，即$|\Psi(\boldsymbol{r},t)|^2=\Psi(\boldsymbol{r},t)^*\Psi(\boldsymbol{r},t)$，* 表示复数$\Psi(\boldsymbol{r},t)$的共轭. 换言之，**$|\Psi(\boldsymbol{r},t)|^2$表示在$t$时刻，空间$\boldsymbol{r}$附近单位体积中发现粒子的几率.** 于是在$\boldsymbol{r}$处取一小体积元 d$V$，在该体元中找到粒子的几率 d$w$为

几率密度与几率 ▶

$$\mathrm{d}w=|\Psi(\boldsymbol{r},t)|^2\,\mathrm{d}V \tag{22-51}$$

这里t是时间，$\boldsymbol{r}$表示考察点的位置$P(x, y, z)$.

(2) 波函数具有单值性、连续性、有界性. 由于波函数的模平方代表粒子的几率密度，是确定的. 因此，波函数应该是时间和空间的连续函数，并且应具有单值性、有限性.

(3) 波函数的归一性. 因为波函数表示粒子在真实的时空中的几率分布，粒子应该百分之百地分布在现实的时空中，因此，几率密度对于全空间的积分应等于 1. 故有

波函数归一化条件 ▶

$$\iiint_{(V)}|\Psi(\boldsymbol{r},t)|^2\mathrm{d}V=1 \tag{22-52}$$

通过数学方法导出波函数后，利用归一化条件确定常数的过程称为波函数的归一化.

对以上的讨论还须作些说明，以便对微观粒子的波粒二象性有进一步的认识. 首先在上面所讨论的电子衍射实验中，电子是作为一个整体在运动，各个电子落在屏幕上形成的是一个个不连续的点，并不是一个电子成了一列波后再被分割. 这说明经典粒子的颗粒性的概念在微观粒子中仍被保留了下来. 其次微观粒子的波动性表现在其传播过程中与经典波一样，满足相干叠加原理. 但是它又与经典波不同，即微观粒子的波函数本身并没有具体的物

理意义. 真正有意义的是$|\Psi(\boldsymbol{r},t)|^2$. 经典波的波函数本身(如光波中电场强度矢量)有确切的物理意义，并且可以直接测量. 而波函数表示的粒子状态及其物理量是通过对波函数进行相应的运算或变换求得的.

由此可见，微观粒子的波粒二象性，既不完全是经典的波，也不完全是经典的粒子，它只部分地保留了经典的波动性和粒子性的概念，而这二重性又在几率波的概念上统一起来了.

如果找到了波函数的具体形式，就可以计算在空间各处找到粒子的几率，同时，在已知物理量与波函数关系的情况下，就可以确定该粒子的其他物理量的平均值. 因此，知道了粒子的波函数也就知道了它的运动状态. 当然波函数的具体形式和粒子所处的环境有关，这里的环境(力场)常用势函数 $U(\boldsymbol{r},t)$的形式给出. 量子力学的一个核心任务就是找到处于各种不同力场中的波函数形式. 这一点跟经典力学中，通过波的动力学方程和边界条件与初始条件求解波方程的过程类似.

2. 薛定谔方程

经典物理学研究问题的方法是，通过建模并写出描述系统的动力学方程，根据系统所处环境的边界条件和初始条件求解方程，从而得出描述系统行为的方程，在量子力学中情况也是如此. 在德布罗意和爱因斯坦关于粒子波动理论的启发下，薛定谔于 1926 年通过四篇论文介绍了他在以自己名字命名的薛定谔方程的基础上,通过含时间和不含时间的本征值问题的量子化方法，对于氢原子的结构和行为进行了描述，受到了学术界的认可，从而建立了描述非相对论条件下，微观粒子行为的薛定谔方程，即

$$\mathrm{i}\hbar\frac{\partial}{\partial t}\Psi=-\frac{\hbar^2}{2m}\nabla^2\Psi \tag{22-53}$$

◀ 自由粒子薛定谔方程

$$\mathrm{i}\hbar\frac{\partial}{\partial t}\Psi=\left(-\frac{\hbar^2}{2m}\nabla^2+U\right)\Psi \tag{22-54}$$

◀ 在 U 势场中的薛定谔方程

式(22-53)和式(22-54)称为薛定谔方程，前者适用于没有外力场的自由粒子，后者则适用于有外力场的情况，其中的 U 即是粒子在外力场中的势能函数.

薛定谔方程中的 i 是虚单位，而∇^2称为拉普拉斯算符，是一个关于空间坐标的二阶偏导数运算，在不同的坐标系中表达式不同，它在直角坐标、球坐标以及柱坐标系中分别对应如下的运算：

$$\nabla^2\Psi=\frac{\partial^2\Psi}{\partial x^2}+\frac{\partial^2\Psi}{\partial y^2}+\frac{\partial^2\Psi}{\partial z^2} \tag{22-55a}$$

◀ 直角坐标中的拉普拉斯算子

$$\nabla^2\Psi=\frac{1}{r^2}\frac{\partial}{\partial r}\left(r^2\frac{\partial\Psi}{\partial r}\right)+\frac{1}{r^2\sin\theta}\frac{\partial}{\partial\theta}\left(\sin\theta\frac{\partial\Psi}{\partial\theta}\right)+\frac{1}{(r\sin\theta)^2}\frac{\partial^2\Psi}{\partial\phi^2} \tag{22-55b}$$

◀ 球坐标中的拉普拉斯算子

$$\nabla^2\Psi=\frac{1}{\rho}\frac{\partial}{\partial\rho}\left(\rho\frac{\partial\Psi}{\partial\rho}\right)+\frac{1}{\rho^2}\frac{\partial^2\Psi}{\partial\phi^2}+\frac{\partial^2\Psi}{\partial z^2} \tag{22-55c}$$

◀ 柱坐标中的拉普拉斯算子

式(22-53)和式(22-54)均称为含时间的薛定谔方程，如果势能函数 $U(\boldsymbol{r})$与时间无关，则波函数可以将空间和时间分离，即

$$\Psi(\boldsymbol{r},t)=\Psi(\boldsymbol{r})f(t)$$

再考虑德布罗意平面简谐波理论，上式可以写为

含时波函数 ▶

$$\Psi(\boldsymbol{r},t)=\Psi(\boldsymbol{r})\cdot \mathrm{e}^{-\mathrm{i}Et/\hbar} \tag{22-56}$$

式中，E 为粒子的能量；i 是虚单位. 将上式代入薛定谔方程，消去时间 t 的相关项得

定态薛定谔方程 ▶

$$\left(-\frac{\hbar^2}{2m}\nabla^2+U\right)\Psi=E\Psi \tag{22-57}$$

式(22-57)称为定态薛定谔方程，所谓定态就是指粒子的能量不随时间改变的状态. 定态的薛定谔方程中，除了势能函数 U 之外，只有对波函数的空间二阶导数，因此在考虑波函数的基本性质、势能函数以及边界条件等因素，求解出来的关于空间的波函数 $\Psi(\boldsymbol{r})$ 代入式(22-56)后就得到了描述粒子状态的波函数. 下面举几个例子说明如何应用定态薛定谔方程和势能函数以及边界条件导出具体的波函数.

3. 利用薛定谔方程求解波函数举例

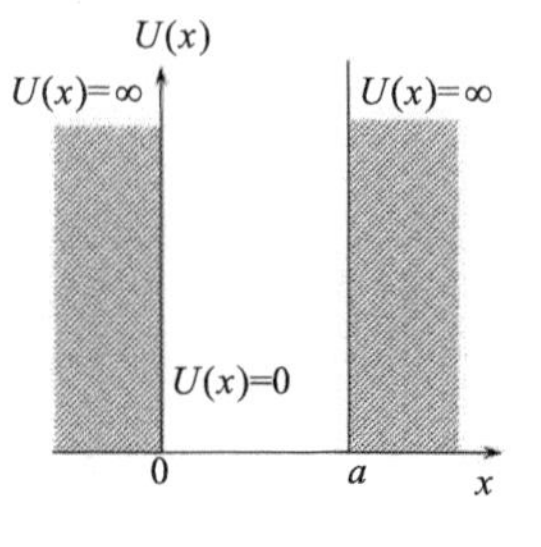

图 22-17 一维无限深势阱

1) 一维无限深势阱

通常把在无限远处为零的波函数所描述的状态称为束缚态. 一般地说，束缚态的能级是分立的、不连续的离散谱. 现在讨论一种最简单的理想化束缚模型——一维无限深势阱，如图 22-17 所示. 假设一个粒子处于无限深方势阱中，即

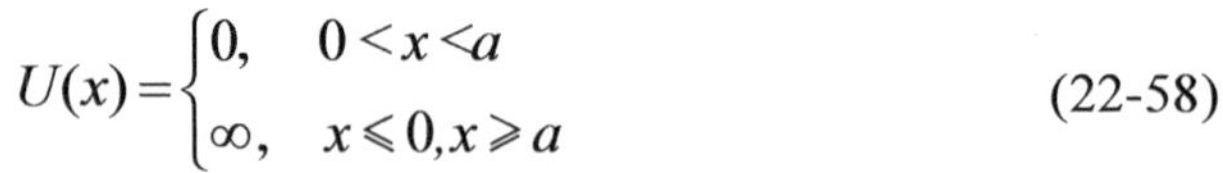

$$U(x)=\begin{cases}0, & 0<x<a\\ \infty, & x\leqslant 0, x\geqslant a\end{cases} \tag{22-58}$$

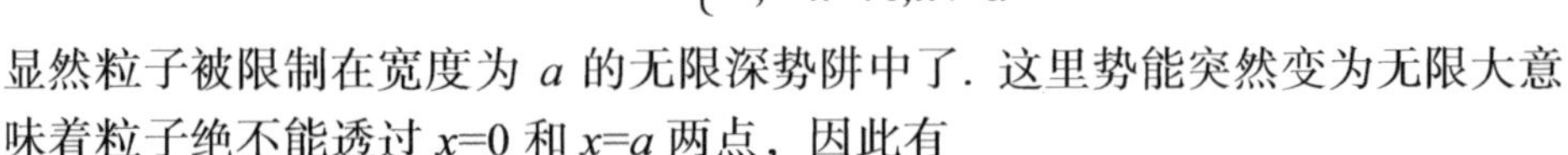

显然粒子被限制在宽度为 a 的无限深势阱中了. 这里势能突然变为无限大意味着粒子绝不能透过 x=0 和 $x=a$ 两点，因此有

$$\Psi(x,t)=0,\quad x\leqslant 0 \text{或} x\geqslant a$$

由于 $U(x)$与时间无关所以服从定态薛定谔方程

$$-\frac{\hbar^2}{2m}\frac{\mathrm{d}^2\Psi(x)}{\mathrm{d}x^2}+U(x)\Psi(x)=E\Psi(x)$$

考虑粒子在势阱中势能为零，即 $U(x)=0$，故上式变成

$$-\frac{\hbar^2}{2m}\frac{\mathrm{d}^2\Psi(x)}{\mathrm{d}x^2}=E\Psi(x) \tag{22-59}$$

令

$$k^2=\frac{2mE}{\hbar^2} \tag{22-60}$$

可将式(22-59)变为

$$\frac{\mathrm{d}^2\Psi(x)}{\mathrm{d}x^2}+k^2\Psi(x)=0,\quad 0<x<a \tag{22-61}$$

这是一个一元二阶常系数齐次微分方程，其通解为

$$\Psi(x) = A\sin(kx+\phi) \tag{22-62}$$

因为粒子所处的势阱无限深，不可能在 $x=0$ 和 $x=a$ 处找到粒子，所以，有边界条件 $\Psi(0)=0$ 和 $\Psi(a)=0$，代入式(22-62)，得

$$\Psi(0) = A\sin\phi=0$$

因为 A 不会为零，所以，$\phi=0$. 另外根据第二个边界条件，有

$$\Psi(a) = A\sin(ka)=0$$

显然 $A\neq0$，只有

$$\sin(ka)=0$$

为了满足上式，只有

$$ka=n\pi, \quad n=1,2,3,\cdots$$

将 $k=\dfrac{n\pi}{a}$ 代入式(22-60)，得粒子的能量为

$$E_n = n^2\frac{\pi^2\hbar^2}{2ma^2}, \quad n=1,2,3,\cdots \tag{22-63}$$

应该注意：①上式中若 $n=0$，则 $\Psi=0$，没有物理意义；若 n 取负整数，尽管能量仍为正，但波函数是负的，也没有实际意义. ②在这里，由于粒子只能被束缚在一维无限深势阱中，在这种束缚状态下构成的分立能级是自然的、自洽的. 不像玻尔理论中的量子化条件是生搬硬套的.

若要得到具体的波函数，还需要确定常数 A，我们知道波函数需要满足归一化条件，即

$$\int_0^a|\Psi|^2\mathrm{d}x = \int_0^a A^2\sin^2\left(\frac{n\pi}{a}x\right)\mathrm{d}x = 1$$

其中积分：

$$\int_0^a \sin^2\left(\frac{n\pi}{a}x\right)\mathrm{d}x = \frac{a}{2}$$

故有 $A=\sqrt{\dfrac{2}{a}}$，A 称为归一化常数. 所以一维无限深势阱中粒子的定态波函数为

$$\Psi(x)=\begin{cases}\sqrt{\dfrac{2}{a}}\sin\dfrac{n\pi}{a}x, & 0<x<a\\ 0, & x\leqslant 0,\ x\geqslant a\end{cases} \tag{22-64}$$

考虑到随时间变化的部分，得含时一维无限深势阱的波函数为

$$\Psi(x,t)=\sqrt{\frac{2}{a}}\sin\left(\frac{n\pi}{a}x\right)\cdot \mathrm{e}^{-\mathrm{i}Et/\hbar} \tag{22-65}$$

其中，

$$E_n = n^2\frac{\pi^2\hbar^2}{2ma^2}=\frac{n^2h^2}{8ma^2}, \quad n=1,2,3,\cdots$$

显然，这是驻波形式的解，其空间部分函数 $\Psi(x)$ 表示驻波的振幅，而找到粒

埃尔温·薛定谔(E. Schrödinger, 1887～1961)，著名的奥地利理论物理学家，量子力学的重要奠基人之一，同时在固体比热、统计热力学、原子光谱等方面享有成就. 1933年因薛定谔方程获诺贝尔物理学奖. 薛定谔方程是量子力学中描述微观粒子(如电子等)在运动速率远小于光速时的运动状态的基本定律，在量子力学中占有极其重要的地位，它与经典力学中的牛顿运动定律的价值相似. 另外，薛定谔对分子生物学的发展也做过工作. 由于他的影响，不少物理学家参与了生物学的研究工作，使物理学和生物学相结合，形成了现代分子生物学的最显著的特点之一

◀ 一维无限深势阱能级量子化

子的几率密度为

一维无限深势阱几率密度

$$|\Psi(x,t)|^2=\frac{2}{a}\sin^2\left(\frac{n\pi}{a}x\right)$$

一维无限深势阱中粒子的能量、波函数和粒子的几率密度的分布如图 22-18 所示(其中的一系列虚线表示粒子的能级，黑色实线表示对应的波函数，而红色线表示其几率分布.

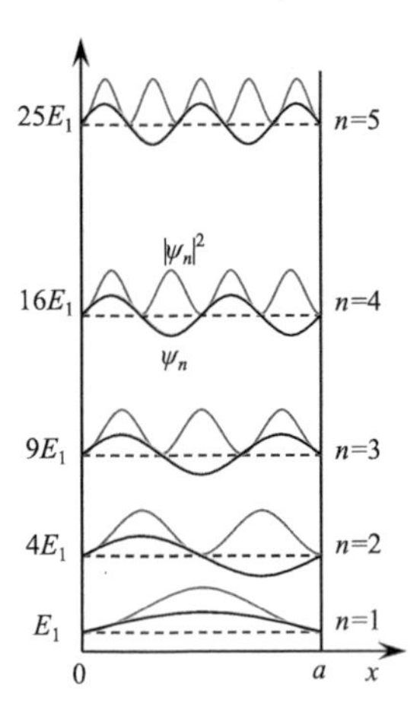

图 22-18 不同能级下的波函数与几率密度. 黑色曲线是波函数，红色曲线是几率密度

从以上结果中可以看出:

(1) 粒子的最低能级 $E_1=h^2/(8ma^2)\neq 0$，这与经典粒子不同. 这是微观粒子波动性的表现，“静止的波”是没有意义的. 由不确定关系估算的结果与此数量级相同.

(2) 由于 E_n 与 n^2 成正比，能级分布是不均匀的. 能级越高，能级密度越大. 但 $n\to\infty$时，$\Delta E_n=\frac{h^2}{8ma^2}[(n+1)^2-n^2]\approx\frac{h^2}{8ma^2}2n$，而$\Delta E_n/E_n=2/n\to 0$，即当 n 很大时，能量的相对变化很小，此时可认为能量是连续的.

(3) 从图 22-18 可以看出，除端点(x=0，a)之外波节数为 n–1. 节点越多，波长越短，动量也就越大，因而能量越高.

2) 一维势垒——隧道效应

一个能量为 E 的粒子，在如图 22-19 所示势场中运动，该势场的势能函数如下:

$$U(x)=\begin{cases}0, & x<0 \quad \text{I}\\ U_0, & 0\leqslant x\leqslant a \quad \text{II}\\ 0, & x>a \quad \text{III}\end{cases} \tag{22-66}$$

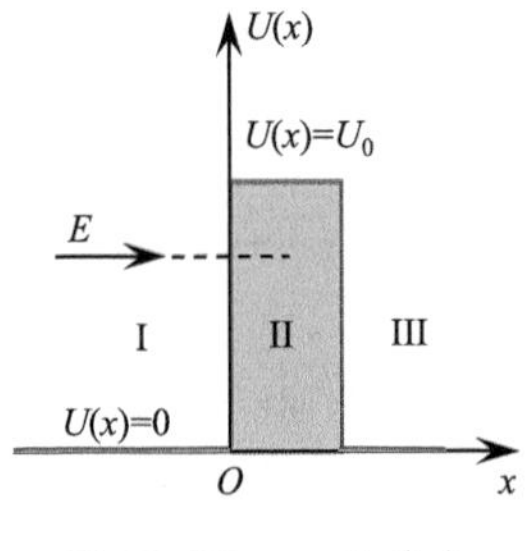

图 22-19 一维势垒

式(22-66)表明，在 x 的负半轴以及 $x>a$ 的区域，势能为零；而在 $0\leqslant x\leqslant a$ 的区域内势能为一个常量 U_0. 可见该势场形如一堵高度为 U_0 的墙，量子力学称之为势垒. 此处讨论的情形是，粒子的能量 E 小于势能 U_0，即 $E<U_0$. 按照经典理论，由于粒子能量小于势能 U_0，所以无法跃过势垒到另外一边运动. 也就是说，如果粒子在 x 轴负半区运动，它不可能穿过势垒 U_0 出现在 $x>0$ 的区域. 那么从量子力学观点，情况如何呢?

现在我们根据上述势场和薛定谔方程，求解出描述粒子运动的波函数. 因为势场把空间分成三个区域，故波函数也应该是分区域不同的，设在上述三个区域的波函数分别为 $\Psi_1(x)$、$\Psi_2(x)$、$\Psi_3(x)$. 由于 I、III 区的势能均为零，边界条件相似，求解 $\Psi_1(x)$与 $\Psi_3(x)$过程相同，因此下边仅考虑 $\Psi_1(x)$ 、$\Psi_2(x)$. 根据薛定谔方程，在 I、II 区域中的定态薛定方程分别为

$$-\frac{\hbar^2}{2m}\frac{\mathrm{d}^2\Psi_1(x)}{\mathrm{d}x^2}=E\Psi_1(x) \tag{22-67}$$

$$-\frac{\hbar^2}{2m}\frac{\mathrm{d}^2\Psi_2(x)}{\mathrm{d}x^2}+U_0\Psi_2(x)=E\Psi_2(x) \tag{22-68}$$

令

$$k^2=\frac{2mE}{\hbar^2}$$

$$k'^2=\frac{2m(U_0-E)}{\hbar^2} \tag{22-69}$$

将上述两式分别代入式(22-67)、式(22-68)，整理得

$$\frac{\mathrm{d}^2\Psi_1(x)}{\mathrm{d}x^2}+k^2\Psi_1(x)=0$$

$$\frac{\mathrm{d}^2\Psi_2(x)}{\mathrm{d}x^2}-k'^2\Psi_2(x)=0$$

上述两方程的通解分别为

$$\Psi_1(x)=A\sin(kx+\phi)$$

$$\Psi_2(x)=B\mathrm{e}^{-k'x}$$

上述两式中：A、B均为待定系数，可由波函数的标准条件和边界条件来确定. $\Psi_2(x)$为衰减解，这表明，当粒子从Ⅰ区闯入Ⅱ区时，由于势垒的作用，波函数随x的增大按照e的指数衰减而非振荡变化，衰减的速度与k'成正比，如图22-20所示. 由式(22-69)可见，U_0越大，E越小，k'越大，衰减越快. 这说明，势垒越高，粒子能量越小，跃过势垒的可能性越小. $\Psi_1(x)$表明粒子在Ⅰ区是自由振荡的，其振幅A和初相位ϕ由初始条件决定. 当粒子通过势垒到Ⅲ区时，尽管仍是振荡的，但幅度有所减小，其减小的程度可用透射系数表示，读者可参见《量子力学》有关的章节.

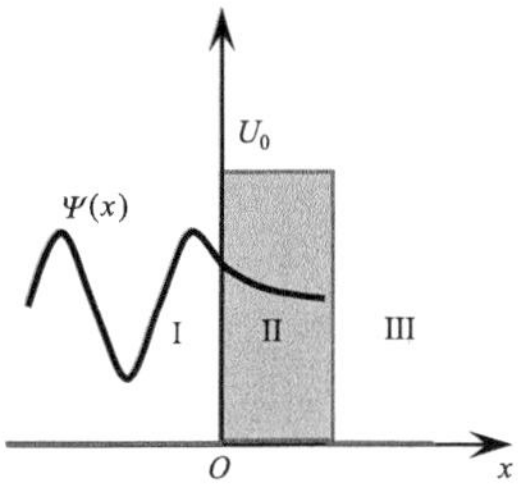

图 22-20 一维势垒贯穿

3) 一维谐振子

在经典物理中，谐振子被用作许多力学和电学振荡的模型，同样在量子力学中，谐振子也可作为实际系统的理想化模型，固体中原子的振动可以用这样的模型近似研究. 一维谐振子的势能函数为

$$U(x)=\frac{1}{2}kx^2=\frac{1}{2}m\omega^2x^2 \tag{22-70}$$

式中，$\omega=\sqrt{k/m}$，是谐振子的固有圆频率；m是振子的质量；x是振子离开平衡位置的位移. 将此式代入定态薛定谔方程，即式(22-57)，可得这种一维谐振子的定态薛定谔方程为

$$\frac{\mathrm{d}^2\Psi(x)}{\mathrm{d}x^2}+\frac{2m}{\hbar^2}\left(E-\frac{1}{2}m\omega^2x^2\right)\Psi(x)=0 \tag{22-71}$$

这是一个一元二阶变系数的常微分方程，求解过程较为复杂. 因此，我们将不再给出波函数的解析式，只是特别指出：为了使波函数满足单值、连续、有限等物理条件，谐振子的总能量E只能是作如下选择：

$$E_n=\left(n+\frac{1}{2}\right)\hbar\omega=\left(n+\frac{1}{2}\right)h\nu,\quad n=0,1,2,3,\cdots \tag{22-72}$$

◀ 谐振子能量量子化

这表明，谐振子的能量也是量子化的，非连续的. n也称为量子数. 与一维无限深势阱中粒子不同的是，谐振子的能级是等间距的.

另外，由式(22-72)可见，谐振子的最低能量不是零，而是$E_0=h\nu/2$. 在经

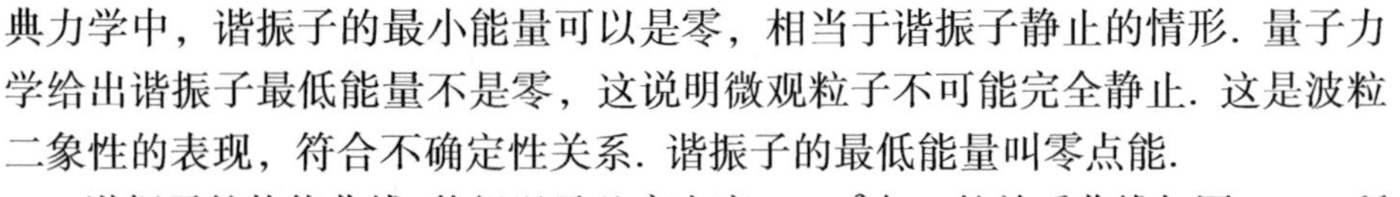

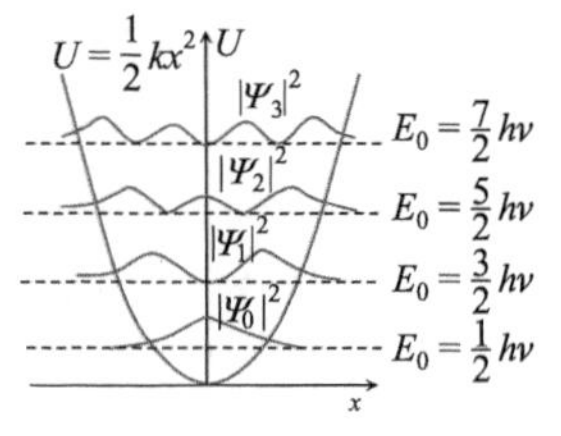

图 22-21 一维谐振子能级及几率分布

典力学中，谐振子的最小能量可以是零，相当于谐振子静止的情形. 量子力学给出谐振子最低能量不是零，这说明微观粒子不可能完全静止. 这是波粒二象性的表现，符合不确定性关系. 谐振子的最低能量叫零点能.

谐振子的势能曲线，能级以及几率密度$|\Psi(x)|^2$与x的关系曲线如图 22-21 所示. 由图可以看出，在任一能级E_n上，在势能曲线$U=U(x)$以外，$|\Psi|^2$并不等于零，这也反映了微观粒子运动的特点，即粒子在运动中有可能透入经典理论认为它不可能出现的区域.

4. 利用薛定谔方程求解氢原子

薛定谔方程最初的成功应用就是精确地求解了氢原子的能级. 氢原子是最简单的原子，人们一直用它作为物质结构理论的试金石. 将薛定谔方程应用于氢原子，由此方程的解揭示了原子中电子能量及其他物理量的量子化的必然性；而在玻尔理论中量子化的条件是作为假设提出的.

下面将薛定谔方程应用于氢原子问题. 由于解这个问题的薛定谔方程及其波函数所涉及的数学方法较繁琐，牵涉较多的量子力学原理，本书中主要以它们的由来、物理意义和结果为重点，略去一些数学方法的细节.

1) 氢原子的定态薛定谔方程

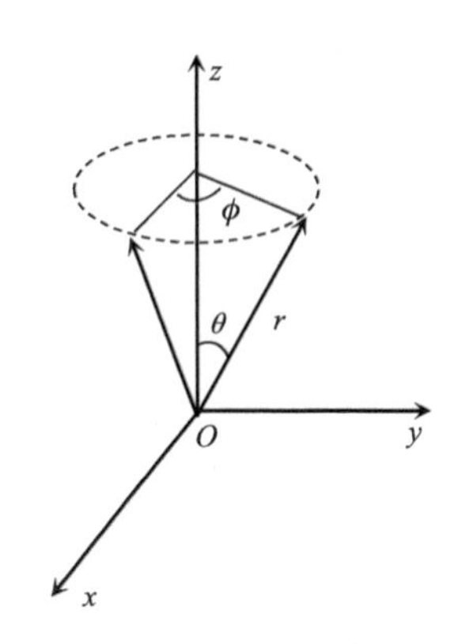

图 22-22 球坐标系

氢原子是由一个带负电$(-e)$的电子和带正电$(+e)$的原子核组成的. 由于原子核的质量远大于电子的质量，为使问题简化，近似认为原子核是静止不动的，而质量为m的电子处于原子核的库仑势场中，其势能为

$$U(r)=-\frac{e^2}{4\pi\varepsilon_0 r} \tag{22-73}$$

式中，r为电子和原子核之间的距离.

由于势场不随时间变化，这是一个定态问题，因此氢原子中电子的波函数必须满足定态的薛定谔方程

氢原子定态薛定谔方程 ▶

$$\left(-\frac{\hbar^2}{2m}\nabla^2-\frac{e^2}{4\pi\varepsilon_0 r}\right)\Psi(r,\theta,\phi)=E\Psi(r,\theta,\phi) \tag{22-74}$$

其中，$\Psi(r,\theta,\phi)$是氢原子中电子的波函数，由于氢原子中的电子所处的势场只与矢径r有关，问题具有一定的球对称性，故波函数选取球坐标系计算比较方便. E是氢原子中电子的能量.

在球坐标系中的拉普拉斯算符为

$$\nabla^2\Psi=\frac{1}{r^2}\frac{\partial}{\partial r}\left(r^2\frac{\partial\Psi}{\partial r}\right)+\frac{1}{r^2\sin\theta}\frac{\partial}{\partial\theta}\left(\sin\theta\frac{\partial\Psi}{\partial\theta}\right)+\frac{1}{(r\sin\theta)^2}\frac{\partial^2\Psi}{\partial\phi^2}$$

式中，r是核到空间点的距离，如图 22-22 所示，θ是r与坐标z轴的夹角，ϕ是r绕z轴的转角.

由于势场$U(r)$具有球对称性，故求解式(22-74)时，可以采用分离变量法，即波函数可以写为

波函数分离变量 ▶

$$\Psi(r,\theta,\phi)=R(r)\cdot\Theta(\theta)\cdot\Phi(\phi) \tag{22-75}$$

式中，$R(r)$为径向坐标 r 的函数，$\Theta(\theta)$为θ的函数，$\Phi(\phi)$为ϕ的函数. 将上式代入式(22-74)，经过一系列的换算、整理、化简，可得出关于 $R(r)$、$\Theta(\theta)$和$\Phi(\phi)$的三个微分方程分别为

(1) 径向波函数方程：

$$\frac{1}{r^2}\frac{\mathrm{d}}{\mathrm{d}r}\left(r^2\frac{\mathrm{d}R}{\mathrm{d}r}\right)+\left[\frac{2m}{\hbar^2}\left(E+\frac{e^2}{4\pi\varepsilon_0 r}\right)-\frac{l(l+1)}{r^2}\right]R=0 \tag{22-76}$$

(2) 轨道角动量波函数方程：

$$\frac{1}{\sin\theta}\frac{\mathrm{d}}{\mathrm{d}\theta}\left(\sin\theta\frac{\mathrm{d}\Theta}{\mathrm{d}\theta}\right)+\left[l(l+1)-\frac{m_l^2}{\sin^2\theta}\right]\Theta=0 \tag{22-77}$$

(3) 方位角波函数方程：

$$\frac{\mathrm{d}^2\Phi}{\mathrm{d}\phi^2}+m_l^2\Phi=0 \tag{22-78}$$

上述三式中，E、l 和 m_l 分别是氢原子的能量、角量子数和磁量子数，而能量 E 由主量子数 n 来决定.

2) 描述氢原子状态的三个量子数

下面，分别介绍 n、l 和 m_l 这三个量子数和简并态.

A.n、l 和 m_l 三个量子数

a.能量量子化——主量子数 n

解式(22-74)的径向波函数的薛定谔方程，可以得到氢原子中电子的量子化能量(即氢原子的能级)

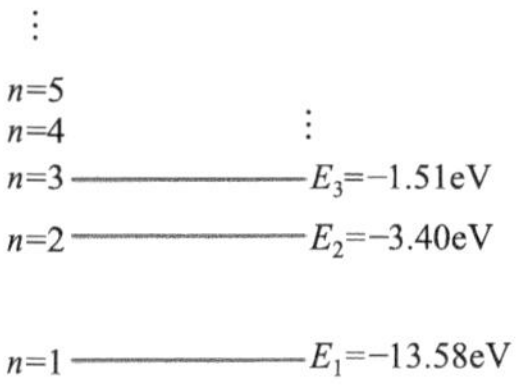

$$E_n=-\frac{1}{n^2}\frac{me^4}{8\varepsilon_0^2h^2}=-\frac{1}{n^2}\left(\frac{e^2}{4\pi\varepsilon_0 c\hbar}\right)^2\frac{mc^2}{2}=-\frac{1}{n^2}\frac{\alpha^2mc^2}{2},\quad n=1,2,3,\cdots \tag{22-79}$$

⋮
n=5
n=4 ⋮
n=3 —— $E_3=-1.51\text{eV}$
n=2 —— $E_2=-3.40\text{eV}$
n=1 —— $E_1=-13.58\text{eV}$

图 22-23 氢原子的能级

式中，主量子数 n 的取值为 1、2、3 等正整数；m 是电子的静质量；$\alpha=\dfrac{e^2}{4\pi\varepsilon_0 c\hbar}$ 称为精细结构常数，近似值为$\alpha=\dfrac{1}{137}$. 式(22-79)还可以写为

◀ 氢原子能级量子化

$$E_n=-\frac{E_1}{n^2},\quad n=1,2,3,\cdots \tag{22-80}$$

其中，氢原子中电子的基态能量

◀ 氢原子基态能量

$$E_1=-\frac{\alpha^2mc^2}{2}=-13.58\text{eV}$$

氢原子中电子能级如图 22-23 所示.

上式的能量公式与玻尔理论得到的能量公式完全一致，然而它是通过严格求解薛定谔方程自然得到的，不像玻尔理论那样要人为地假设量子化的条件. 这表明量子力学是一个完整、自洽的理论. 按照量子力学理论，原子中的电子以“电子云”的形态绕核运动，没有确定的轨道，但具有一系列由主量子数 n 所表征的稳定的能量状态，即定态. 在这定态中，原子不辐射能量. 只有当电子从一个定态跃迁到另一定态时，才发射或吸收单色光.

在氢原子(或类氢原子)中，电子的能量只由主量子数 n 确定. 而在多电子

原子中，由于电子之间还存在相互作用力等因素，其量子化能量不仅与主量子数 n 有关，而且还与下面要介绍的角量子数 l 有关.

b. 角动量量子化——角量子数 l

在氢原子中，电子绕核转动的轨道角动量 L 是一个守恒量. 它也是不连续的，只能取一系列的离散值，称为角动量量子化. 其数值为

角动量量子化 ▶

$$L=\sqrt{l(l+1)}\hbar,\quad l=0,1,2,\cdots,n-1 \tag{22-81}$$

角量子数 l 又称为副量子数. 在解薛定谔方程时，径向波动方程还要求 l 的最大取值为主量子数 n 减 1，即在 n 为一定值时，l 为 0，1，2，…，$n-1$，有 n 个取值，例如，$n=1$，$l=0$；$n=2$，$l=0$，1；…；$n=5$，$l=0$，1，2，3，4，…. 所以式(22-81)还可以写为

$$L=0,\sqrt{2}\hbar,\sqrt{6}\hbar,\cdots,\sqrt{l(l+1)}\hbar$$

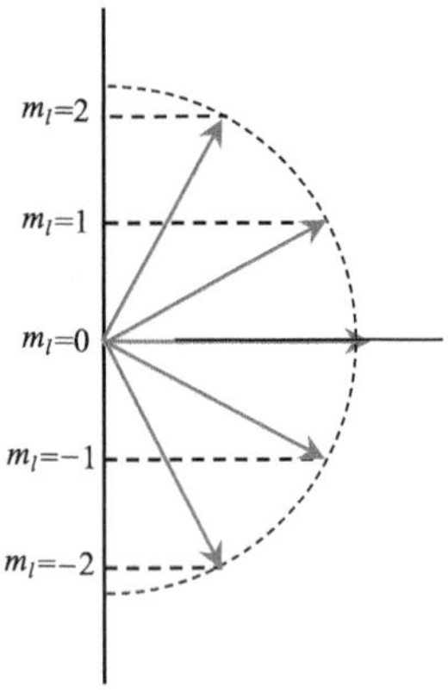

由此可见，量子力学氢原子理论的轨道角动量与玻尔理论的角动量有很大的不同. 虽然玻尔理论中的角动量 $L=n\hbar$，是量子化的，但是 L 不能取零，而且 L 是 $\hbar$ 的正整数倍. 而量子力学氢原子理论的角动量 L 可以取零，当 L 不是零时，L 是 $\hbar$ 的无理数倍. 所以，玻尔理论中的轨道角动量量子化假设 $L=n\hbar$ ($n=1,2,3,\cdots$)并不正确，只有在 n 和 l 的取值都很大时

$$L=\sqrt{n(n-1)}\hbar\ \approx n\hbar$$

玻尔理论中的角动量关系才近似成立.

图 22-24 能级简并

c. 空间量子化——磁量子数 m_l

在角量子数 l 一定的情况下，轨道角动量 L 的大小已经确定. 角动量是矢量. 从经典力学的观点来看，它在空间的取向可以是任意的，不作任何限制. 但是，在解式(22-77)时，得到的角动量 L 在某个特殊方向上的分量必须是量子化的. 这就是说，角动量在空间的取向不能是任意的，它只有一些特殊的取向. 如外场在 z 轴方向，这些取向的角动量在 z 轴方向上的投影为

角动量分量量子化 ▶

$$L_z=m_l\hbar,\quad m_l=0,\pm1,\pm2,\cdots,\pm l \tag{22-82}$$

由此可见，在磁场作用下，角动量在 z 轴方向投影的取值也是量子化的，称为空间取向量子化. 如图 22-24 所示，图中表示 $l=2$ 时角动量 L 的大小 $L=\sqrt{6}\hbar$. 角动量在外磁场方向上的投影为 $m=0,\pm1,\pm2$，共有 $2l+1=5$ 个. 它们与外磁场(z 轴方向)的夹角分别为

$$\theta=\arccos 0=\frac{\pi}{2},\qquad \theta=\pm\arccos\frac{1}{\sqrt{6}},\qquad \theta=\pm\arccos\sqrt{\frac{2}{3}}$$

B. 能级简并

从上面的讨论可知，在同一个能级 E_n 状态时，角量子数 l 可以有几个不同状态($l=0,1,2,\cdots,n-1$)，在同一个角量子数 l 下，磁量子数可以有 $2l+1$ 个不同取值($m_l=0,\pm1,\pm2,\cdots,\pm l$)，人们把这种情况称为能级简并，即在主量子数 n 确定时，能级 E_n 确定，有 $l=0,1,2,\cdots,n-1$ 这 n 个不同角量子数或状态，它们具有相同的能量，这些状态是简并的，在 l 的角量子态中又有 $2l+1$ 个磁量子

态(m_l=0, ± 1, ± 2,⋯, ± l)，所以在能级 n 上，共有 $\sum_{l=0}^{n-1}(2l+1)=n^2$ 个不同的量子态，或简并态.

3)电子自旋与第四个量子数

A. 施特恩-格拉赫实验

1921 年，施特恩和格拉赫为检验电子角动量量子化，设计了如下实验. 如图 22-25 所示，让一束处于 s 态(l=0)的氢原子通过一个非均匀的磁场，然后射到感光底板 P 上. 实验发现，原子射线在磁场中发生偏转，并在感光板上出现两条分立的痕迹，这说明，处于 s 态的氢原子仍具有磁矩. 但是，处于 s 态的电子，其角量子数 l=0，这就意味着原子轨道角动量为零，即

$$L=\sqrt{l(l+1)}\hbar=0$$

这样，由原子轨道角动量为零可知原子轨道磁矩也为零，即

$$\mu=-\frac{e}{2m}L=0$$

也就是说，由于 s 态原子中电子绕核运动的角动量和磁矩都是零，在非均匀的磁场中本不应受到作用力，但是施特恩-格拉赫实验却说明 s 态原子不但有磁矩，而且此磁矩在磁场中的取向是量子化. 所以，用 n、l、m_l 三个量子数描述的电子运动是不完整的.

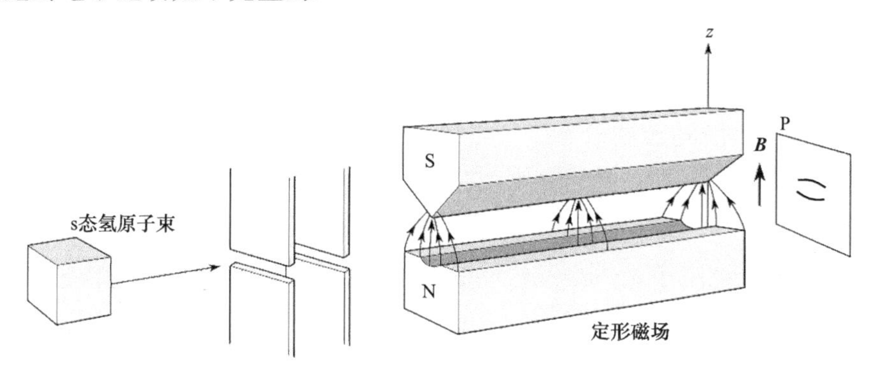

图 22-25 施特恩-格拉赫实验

B. 电子自旋

为了解释这一实验结果，1925 年荷兰的两位大学生乌伦贝克和古兹密特提出了电子除了轨道运动以外，还有自旋运动的假设，并人为地规定了自旋角动量 L_s(有些书上也用 s 来表示自旋角动量)必须遵从的量子化条件

$$L_s=\sqrt{s(s+1)}\hbar \tag{22-83}$$

◀ 电子自旋角动量

式中，s 称为自旋量子数. 同时，还人为地规定了电子的自旋角动量在空间的取向也是量子化的，L_s 在外场方向上的分量 L_{sz} 只能取下列值：

$$L_{sz}=m_s\hbar,\quad |m_s|\leqslant s \tag{22-84}$$

式中，m_s 称为自旋磁量子数. 因 m_s 所能取的值和 m_l 相似，共有 2s+1 个，但因实验表明 L_s 只有两个取值，这样令 2s+1=2，求得

$$s=\frac{1}{2}$$

于是，自旋磁量子数也只能取两个值

自旋磁量子数 ▶

$$m_s = \pm\frac{1}{2}$$

与此对应的自旋角动量和其在磁场方向的分量分别是

$$L_s = \frac{\sqrt{3}}{2}\hbar, \quad L_{sz} = \pm\frac{1}{2}$$

上式也表明，电子自旋角动量在空间是量子化的，并只能取两个值，一个与磁场方向平行，另一个与磁场方向反平行. 其电子的自旋量子数 s=1/2，它与外磁场 B 的取向平行时，$m_s = \frac{1}{2}$；反平行时，$m_s = -\frac{1}{2}$.

用电子自旋的概念可以解释施特恩-格拉赫实验的结果. 实验中处于 s 态的原子虽然没有轨道磁矩，但有自旋磁矩，自旋磁矩在不均匀外磁场中有两个取向，使原子束分裂成两条. 施特恩-格拉赫实验不仅证明了电子自旋的存在，而且也证明了电子自旋空间取向也是量子化的.

C. 四个量子数

可以看到，电子自旋最初并不是解薛定谔方程的自然结果，而是人为提出的一种经典图像. 1928 年狄拉克建立了相对论量子力学，并由此自然得出了 n、l、m_l 和 m_s 四个量子数，完整地描述了原子核外电子的运动状态. 原子中各个电子的运动状态由如下四个量子数决定.

(1) 主量子数 n：n=1,2,3,⋯. 它决定电子能量的主要部分.

(2) 角(副)量子数 l：l=0,1,2,⋯,n−1. 它决定电子绕核运动的角动量大小，对电子能量也有影响.

(3) 磁量子数 m_l：m_l=0, ± 1, ± 2,⋯, ± l. 它决定电子绕核运动的角动量矢量在外磁场中的取向.

(4) 自旋磁量子数 m_s：$m_s = \pm\frac{1}{2}$. 它决定电子自旋角动量在外磁场中的取向.

由于四个量子数表示了电子运动状态，故可以用(n, l, m_l, m_s)的形式表示电子的可能状态，如 $(1,0,0,1/2)$ 、$(1,0,0,-1/2)$ 等.

第 22 章练习题

22-1 实验表明，黑体辐射实验曲线的峰值波长 λ_m 和黑体温度的乘积为一常数，即 $\lambda_m T = b = 2.897\times10^{-3}\text{m}\cdot\text{K}$. 实验测得太阳辐射波谱的峰值波长 $\lambda_m = 510\text{nm}$，设太阳可近似看作黑体，试估算太阳表面的温度.

22-2 宇宙大爆炸遗留在宇宙空间的均匀背景辐射相当于 3K 黑体辐射. 求：

(1)此辐射的单色辐出度在什么波长下有极大值.

(2)地球表面接收此辐射的功率是多少.

22-3 将星球看作绝对黑体，利用维恩位移定律测量 λ_m 便可求得 T. 这是测量星球表面温度的方法之一. 设测得：太阳的 λ_m=0.55μm，北极星的 λ_m=0.35μm，天狼星的 λ_m=0.29μm，试求这些星球的表面温度.

22-4 用辐射高温计测得炉壁小孔的辐射出射度(总辐射本领)为 $22.8\mathrm{W/cm^2}$，求炉内温度.

22-5 对于波长 λ=491nm 的光，某金属的遏止电压为 0.71V，当改变入射光波长时其遏止电压变为 1.43V，求与此相应的入射光波长是多少?

22-6 钾的光电效应红限相应于 577nm，若用波长 400nm 的紫光照射，求钾的逸出功和所释放光电子的最大动能.

22-7 铝表面电子的逸出功为 6.72×10^{-19}J，今有波长为 $\lambda = 2.0\times10^{-7}$m 的光投射到铝表面上. 试求:

(1)由此产生的光电子的最大初动能;

(2)遏止电势差;

(3)铝的红限波长.

22-8 在一定条件下，人眼视网膜能够对 5 个蓝绿光光子 $\lambda = 5.0\times10^{-7}$m 产生光的感觉. 此时视网膜上接收到光的能量为多少?如果每秒钟能吸收 5 个这样的光子，则到达眼睛的功率为多大?

22-9 设太阳照射到地球上光的照度为 $8\mathrm{W/m^2}$，如果平均波长为 500nm，则每秒钟落到地面上 $1\mathrm{m^2}$的光子数量是多少?若人眼瞳孔直径为 3mm，每秒钟进入人眼的光子数是多少?

22-10 波长 λ_0=0.0708nm 的 X 射线在石蜡上受到康普顿散射，求在$\pi/2$ 和π方向上所散射的 X 射线波长各是多大?

22-11 已知 X 射线光子的能量为 0.60 MeV，在康普顿散射之后波长变化了 20%，求反冲电子的能量.

22-12 在康普顿散射中，入射光子的波长为 0.0030nm，反冲电子的速度为 $0.60c$，求散射光子的波长及散射角.

22-13 在康普顿效应的实验中，若散射光波长是入射光波长的 1.2 倍，则散射光子的能量ε与反冲电子的动能 E_k之比ε/E_k等于多少?

22-14 在康普顿散射中，入射 X 射线的波长为 0.003nm，当光子的散射角为 90° 时，求散射光子波长及反冲电子的动能.

22-15 实验发现基态氢原子可吸收能量为 12.75eV 的光子.

(1)试问氢原子吸收光子后将被激发到哪个能级?

(2)受激发的氢原子向低能级跃迁时，可发出哪几条谱线?请将这些跃迁画在能级图上.

22-16 以动能 12.5eV 的电子通过碰撞使氢原子从基态激发时，最高能激发到哪一能级?当回到基态时能产生哪些谱线?

22-17 处于基态的氢原子被外来单色光激发后发出巴尔末线系中只有两条谱线，试求这两条谱线的波长及外来光的频率.

22-18 氢原子光谱的巴耳末线系中，有一光谱线的波长为 434nm，试求:

(1)与这一谱线相应的光子能量为多少电子伏特;

(2)该谱线是氢原子由能级 E_n 跃迁到能级 E_m 产生的，n 和 m 各为多少?最高能级为 E_5 的大量氢原子跃迁时，能够形成几个谱线系、共几条谱线. 请在氢原子能级图中表示出来，并说明波长最短的是哪一条谱线.

22-19 当氢原子从某初始状态跃迁到激发能(从基态到激发态所需的能量)为ΔE=10.19 eV 的状态时，发射出光子的波长是 486nm. 求该初始状态的能量和主量子数.

22-20 为使电子的德布罗意波长为 0.1nm，需要多大的加速电压?

22-21 具有能量 15eV 的光子，被氢原子中处于第一玻尔轨道的电子所吸收，形成一个光电子. 问此光电子远离质子时的动能多大?它的德布罗意波长是多少?

22-22 若一个电子的动能等于它的静能，试求:

(1)该电子的速度为多大?

(2)其相应的德布罗意波长是多少? (考虑相对论效应)

22-23 光子与电子的波长都是 0.2nm，它们的动量和总能量各为多少?

22-24 已知中子的质量 1.67×10^{-27}kg，当中子的动能等于温度为 300K 的平动动能时，其德布罗意波长为多少?

22-25 一个质量为 m 的粒子，约束在长度为 L 的一维线段上．试根据测不准关系估算这个粒子所具有的最小能量的值．

22-26 从某激发能级向基态跃迁而产生的谱线波长为 400nm，测得谱线宽度为 10^{-5}nm，求在该激发能级上的平均寿命．

22-27 一波长为 300nm 的光子，假定其波长的测量精度为百万分之一，求该光子位置的不确定量．

22-28 同时测量能量为 1keV 的作一维运动的电子位置与动量时，若位置的不确定值在 0.1nm 内，则动量的不确定值的百分比 $\Delta p/p$ 至少为何值?

22-29 一电子的速率为 3×10^6m/s，如果测定速度的不准确度为 1%，同时测定位置的不确定量是多少?如果这是原子中的电子，可以认为它做轨道运动吗?

22-30 在激发能级上的钠原子的平均寿命 1×10^{-8}s，发出波长 589.0nm 的光子，试求能量的不确定量和波长的不确定量．

22-31 粒子在一维矩形无限深势阱中运动，其波函数为：$\phi_n(x)=\sqrt{\dfrac{2}{a}}\sin\dfrac{n\pi x}{a}\ (0<x<a)$，若粒子处于 $n=1$ 的状态，试求在区间 $0<x<a/4$ 发现粒子的几率．

22-32 将单摆看成是量子谐振子，设摆长为 1m，试估计相邻两量子态的能量差为多少?这种能量差能观察到吗?

第 22 章练习题答案